Henry Schäfer

Unternehmens-investitionen

Grundzüge in Theorie und Management

Zweite, überarbeitete Auflage
mit 169 Abbildungen
und 98 Tabellen

Physica-Verlag
Ein Unternehmen
von Springer

Professor Dr. Henry Schäfer
Universität Stuttgart
Betriebswirtschaftliches Institut
Abt. III
Keplerstraße 17
70174 Stuttgart
E-mail: h.schaefer@bwi.uni-stuttgart.de

ISBN 3-7908-1580-2   2. Auflage   Physica-Verlag Heidelberg

ISBN 3-7908-1202-1   1. Auflage   Physica-Verlag Heidelberg

Bibliografische Information Der Deutschen Bibliothek

Die Deutsche Bibliothek verzeichnet diese Publikation in der Deutschen Nationalbibliografie; detaillierte bibliografische Daten sind im Internet über http://dnb.ddb.de abrufbar.

Dieses Werk ist urheberrechtlich geschützt. Die dadurch begründeten Rechte, insbesondere die der Übersetzung, des Nachdrucks, des Vortrags, der Entnahme von Abbildungen und Tabellen, der Funksendung, der Mikroverfilmung oder der Vervielfältigung auf anderen Wegen und der Speicherung in Datenverarbeitungsanlagen, bleiben, auch bei nur auszugsweiser Verwertung, vorbehalten. Eine Vervielfältigung dieses Werkes oder von Teilen dieses Werkes ist auch im Einzelfall nur in den Grenzen der gesetzlichen Bestimmungen des Urheberrechtsgesetzes der Bundesrepublik Deutschland vom 9. September 1965 in der jeweils geltenden Fassung zulässig. Sie ist grundsätzlich vergütungspflichtig. Zuwiderhandlungen unterliegen den Strafbestimmungen des Urheberrechtsgesetzes.

Physica-Verlag ist ein Unternehmen von Springer Science+Business Media
springer.de

© Physica-Verlag Heidelberg 1999, 2005
Printed in Germany

Die Wiedergabe von Gebrauchsnamen, Handelsnamen, Warenbezeichnungen usw. in diesem Werk berechtigt auch ohne besondere Kennzeichnung nicht zu der Annahme, dass solche Namen im Sinne der Warenzeichen- und Markenschutz-Gesetzgebung als frei zu betrachten wären und daher von jedermann benutzt werden dürften.

Umschlaggestaltung: Erich Kirchner
Herstellung: Helmut Petri
Druck: Strauss Offsetdruck

SPIN 11394549   43/3153 – 5 4 3 2 1 0 – Gedruckt auf säurefreiem Papier

Vorwort zur zweiten Auflage

Die in der ersten Auflage getroffene Themen- und Stoffauswahl hatte sich insgesamt bei der Leserschaft bewährt, weshalb für weitere inhaltliche Erweiterungen in der zweiten Auflage kein Anlass bestand. Die zweite Auflage zeichnet sich daher vor allem durch Korrekturen der ersten Auflage und Verbesserungen in den Darstellungen und Erläuterungen aus. Auch die zweite Auflage wäre nicht ohne die tatkräftige Unterstützung des Lehrbuch-Teams entstanden. Zuvorderst gebührt Dipl.-Math. Reinhard Ansorge und Dipl.-Kfm. Gunner Langer großen Dank. Ihrem konzentrierten Blick und Sachverstand sind sowohl viele Verbesserungen und Anregungen zu verdanken, als auch das Management der technischen Umsetzung. Hierbei wurde das Team durch die zuverlässige und immer engagierte studentische Hilfskraft, cand. rer. pol. Beate Frank, ebenfalls hervorragend unterstützt.

Stuttgart, im Dezember 2004   Henry Schäfer

Vorwort zur ersten Auflage

„Entscheidungen für oder gegen eine Investition gehören zu den schwierigsten, weil meist unwiderruflich und vielfach existenzbestimmenden Aufgaben der Unternehmensführung" (*Gutenberg* 1962). Das vorliegende Lehrbuch ist bestrebt, dieser Relevanz Rechnung zu tragen. Es geht mit seiner Behandlung der Unternehmensinvestitionen über den Bereich der allgemeinen Betriebswirtschaftslehre hinaus. Zu diesem Zweck werden Methoden vorgestellt, die überwiegend dem neoklassischen Paradigma zuzuordnen sind. Insofern wird die Investitionstheorie zum Teil auch im Kontext der Kapitalmarkttheorie präsentiert.

Im vorliegenden Buch wurden die zentralen Ergebnisse aus den Forschungsprogrammen der Investitionstheorie zusammengestellt. Ziel ist es, in die Grundlagen einzuführen, aber auch tiefergehende Fragestellungen zu behandeln. Darüber hinaus soll ein zusammenhängendes Verständnis zentraler Teilgebiete der Investitionstheorie vermittelt werden. Das Buch ist so ausgerichtet, dass es insbesondere Leserinnen und Leser anspricht, die sich im Rahmen von Studium oder Weiter- und Fortbildung in das Gebiet der Unternehmensinvestitionen einarbeiten wollen.

Das Lehrbuch wurde nach dem didaktischen Anspruch des ergänzenden Buches, „Unternehmensfinanzen", entwickelt, welches vom Autor im gleichen Verlag erschienen ist. Jedes Kapitel wird mit Leitfragen eröffnet, um die Orientierung vorab zu ermöglichen. Die anschließende Darstellung der Stoffgebiete ist mit Schaubildern und Beispielen angereichert, um kompliziertere Sachverhalte zu verdeutlichen. An ausgewählten Stellen werden im Text Lesehinweise gegeben, die als Empfehlung zum Studium vertiefender und weitergehender Inhalte zu verstehen sind.

Ich möchte an dieser Stelle auch all jenen danken, die aktiv zum Gelingen dieses Lehrbuches beigetragen haben: Dipl.-Kfm. Adrian Pehl und Dipl.-Kfm. Ralf Stederoth übernahmen weite Teile der Schreibarbeiten, der Grafikerstellung und des Korrekturlesens, Dipl.-Kfm. Thomas Schneider wirkte bei Redigierarbeiten mit. Mein Dank gilt auch meiner Familie für ihre Unterstützung und ihr Verständnis.

Oberursel/Taunus, im Januar 1999　　　　　　　　　　　　　　　　Henry Schäfer

Inhaltsverzeichnis

Abkürzungsverzeichnis   XIII

Kapitel I   Grundlagen zu Unternehmensinvestitionen   1

1 Was kennzeichnet eine Investition?	2
1.1 Ein Einstieg	3
1.2 Leistungswirtschaftlicher Ansatz	4
1.3 Finanzwirtschaftlicher Ansatz	5
1.3.1 Die Rolle des neoklassischen Paradigmas	6
1.3.2 Höhe und Dauer der Kapitalbindung	8
1.3.3 Unsicherheit	9
1.3.4 Zurechnungs- und Interdependenzprobleme	13
1.3.5 Versunkene Kosten und Flexibilität	15
1.4 Neo-institutionenökonomische Sichtweise	17
2 Zentrale Unterscheidungen in Investitionsarten	18
3 Bedeutung des Entscheidungsmodells	20
4 Arten von Investitionsentscheidungen	22
5 Verfahren der Investitionsbewertung im Überblick	24
6 Vorgehensweise und Ausblick auf die folgenden Kapitel	26

Kapitel II   Statische Verfahren der Investitionsbewertung   29

1 Methodische Grundlagen	29
2 Kostenvergleichsrechnung	31
2.1 Zentrale Kostenkomponenten	31
2.1.1 Durchschnittliche (kalkulatorische) Abschreibung	32
2.1.2 Durchschnittliche (kalkulatorische) Zinsen	34
2.2 Methoden und Einsatzgebiete	39
2.2.1 Auswahlprobleme: Gesamt- und Stückkostenvergleiche, kritische Menge	40
2.2.2 Ersatzprobleme	46
2.3 Zusammenfassung und Kritik	48

3	Gewinnvergleichsrechnung	49
	3.1 Problematik der Gewinnvergleichsrechnung	50
	3.2 Verfahren der Gewinnvergleichsrechnung und Anwendung	50
	3.3 Erweiterungen	52
	3.4 Zusammenfassung und Kritik	55
4	Rentabilitätsrechnung	56
	4.1 Verfahrensweisen	56
	4.2 Zusammenfassung und Kritik	59
5	Amortisationsrechnung	60
	5.1 Verfahrensgrundlagen	60
	5.2 Durchschnittsverfahren	62
	5.3 Kumulationsverfahren	63
	5.4 Kritik	64
6	Methodenvergleich und Beurteilung statischer Verfahren	64

Kapitel III   Zeit, Präferenzen und Kapitalmarkt   67

1	Methodische Grundlagen	67
	1.1 Das Zielsystem des Entscheidungsträgers	67
	1.2 Bedeutung und Dimensionen von Geldeinkommensströmen	71
	1.3 Einkommensströme und Zeitpräferenzen	74
2	Hypothese des vollkommenen Kapitalmarkts	79
3	Entscheidung über Konsum und Investition – *Fisher*-Separation	82
	3.1 Konsum und Sparen im Zwei-Perioden-Modell	83
	3.2 *Fisher*-Separation	88
4	Die finanzmathematische Behandlung von Zeit und Investition	93
	4.1 Zentrale Annahmen	95
	4.2 Besonderheiten der Datenermittlung	96
	4.3 Finanzmathematische Grundlagen	97
	4.3.1 Barwert, Gegenwartswert und Endwert	98
	4.3.2 Barwertermittlung und Eigenschaften von Zahlungsreihen	105
	4.3.3 Annuität	110
	4.3.4 Zusammenfassung	112

Kapitel IV   Dynamische Verfahren der Investitionsrechnung   113

1	Vermögenswertmethoden	113
	1.1 Kapitalwertmethode	114
	1.1.1 Kapitalwertbegriff und -funktion	114
	1.1.2 Vorteilhaftigkeitsvergleich mittels Kapitalwertkriterium	120

      1.1.3   Rolle der Ergänzungsinvestition   122
1.2 Annuitätenrechnung   128
      1.2.1   Methodik der Annuitätenrechnung   128
      1.2.2   Vorteilhaftigkeitsvergleich mittels Annuitätenmethode   130
1.3 Vergleich von Kapitalwert- und Annuitätenmethode   131
1.4 Bestimmung von Nutzungsdauer und Ersatzzeitpunkt   132
      1.4.1   Optimale Nutzungsdauer eines geplanten Investitionsobjekts   133
             1.4.1.1   Betrachtung einer einmaligen Investition –
                          Grundmodelle   134
             1.4.1.2   Betrachtung von Investitionsketten   139
      1.4.2   Optimaler Ersatzzeitpunkt   143
2 (Dynamische) Amortisationsrechnung   **146**
2.1 Methodik der (dynamischen) Amortisationsrechnung   147
2.2 Vorteilhaftigkeitsvergleich mithilfe der Amortisationsrechnung   149
3 Rentabilitätsorientierte Bewertung (Methode des internen Zinsfußes)   **150**
3.1 Methodische Grundlagen   150
3.2 Ökonomischer Gehalt   152
3.3 Finanzmathematische Anmerkungen   155
3.4 Anwendungsformen der Methode des internen Zinsfußes   157
3.5 Bedeutung der Wiederanlageprämisse   159
3.6 Alternative Renditemaße   163
      3.6.1   Initialverzinsung   163
      3.6.2   Modifizierte Methode des internen Zinsfußes
            (*Baldwin*-Methode)   165
4 Zusammenfassende Beurteilung   **167**

Kapitel V   Erweiterungen der dynamischen Verfahren   **169**

1 Vollkommener Kapitalmarkt und sichere Erwartungen   **169**
1.1 Berücksichtigung von Preisänderungen   170
      1.1.1   Realer versus nominaler Zinssatz   170
      1.1.2   Zahlungsströme und Preisniveauänderungen   172
1.2 Kapitalwertmethode bei Zahlungsströmen in Fremdwährung   175
1.3 Integration von Steuern   176
      1.3.1   Steuerbedingte Änderungen der Zahlungsreihe   177
      1.3.2   Steuerbedingte Änderungen des Kalkulationszinsfußes   178
      1.3.3   Nutzungsdauer im Grenzwertkalkül unter Berücksichtigung
            von Steuern   180
1.4 Modifikationen der dynamischen Verfahren bei nicht flacher
     Zinsstrukturkurve   180
      1.4.1   Verlaufsformen und Erklärungen von Zinsstrukturkurven   181
      1.4.2   Theoretische Erklärungsansätze für Zinsstrukturkurven   186

1.4.3	Nicht flache Zinsstrukturkurve und finanzmathematische Konsequenzen	187
1.4.4	Barwertbestimmung mithilfe von Forward Rates	193
1.4.5	Barwertermittlung mittels (theoretischer) Spot Rates	197
1.4.6	Barwertbestimmung mittels Zerobondabzinsungsfaktoren	198

2 Unvollkommener Kapitalmarkt und sichere Erwartungen — **201**
2.1 Fisher/ Hirshleifer-Modell — 202
2.2 Vermögensendwertmethode — 206
    2.2.1 Vermögensendwert mittels Kontenausgleichsverbot — 206
    2.2.2 Vermögensendwert mittels Kontenausgleichsgebot — 208
2.3 Methode der vollständigen Finanzpläne — 211
2.4 Entscheidung über Investitions- und Finanzierungsprogramme — 213
    2.4.1 Klassische Vorgehensweise — 213
    2.4.2 Dean-Modell — 216
    2.4.3 Einblick und Kritik zu Modellen der linearen Programmierung — 220

Kapitel VI Investitionsrechnung unter Unsicherheit bei Einzelinvestitionen 223

1 Methoden der Praxis: Korrekturverfahren — **223**
2 Methodische Grundlagen von Entscheidungen unter Unsicherheit — **226**
3 Entscheidung bei Unsicherheit im engeren Sinne — **229**
3.1 Minimax-Regel (Pessimismus-, Wald-Regel) — 231
3.2 Maximax-Regel (Optimismus-Regel) — 231
3.3 Hurwicz-Prinzip — 232
3.4 Laplace-Regel — 233
3.5 Savage/ Niehans-Kriterium — 234
4 Entscheidungskriterien bei Risiko — **236**
4.1 Erwartungswertkriterium (μ- oder Bayes-Kriterium) — 237
4.2 Bernoulli-Prinzip — 240
    4.2.1 Risikonutzenfunktion und Auswahlentscheidung — 240
    4.2.2 Arten der Risikoneigung — 242
4.3 $\mu\sigma$-Prinzip — 247
    4.3.1 Einige statistische Grundlagen — 247
    4.3.2 Methodik des $\mu\sigma$-Prinzips — 251
4.4 Entscheidungstheorie und Investitionstheorie — 259
5 Unsicherheitsaufdeckende Verfahren — **260**
5.1 Sensitivitätsanalyse — 261
5.2 Risikoanalyse — 264
5.3 Risikomanagement und Value at Risk-Modelle — 274

Kapitel VII Risiko, Kapitalmarkt und Investitionsbewertung 277

1 **Portfolio Selection (Portfoliotheorie)** 277
   1.1 Die Annahmen zur Bildung von Aktienportefeuilles 278
   1.2 Grundlegende statistische Zusammenhänge 280
   1.3 Drei zentrale Fallunterscheidungen 290
   1.4 Bestimmung des optimalen Portefeuilles 298
   1.5 Die „Kurve der guten Handlungsmöglichkeiten" (Efficient Frontier) 300
   1.6 Separation von Portefeuillestruktur und Risikoneigung 302
   1.7 Alternativen und Erweiterungen 309
2 **Capital Asset Pricing Model (CAPM)** 311
   2.1 Ex ante-Version des CAPM 311
      2.1.1 Universelle Separation und Marktportfolio 312
      2.1.2 Kapitalmarktlinie („Capital Market Line") 314
      2.1.3 Wertpapiermarktlinie („Security Market Line") 317
   2.2 Ex post-Version des CAPM 321
   2.3 Kritik am CAPM 326
   2.4 Erweiterungsansätze 328
      2.4.1 Multi-Beta-CAPM 328
      2.4.2 Arbitrage Pricing Theory (APT) 329
3 **Kalkulationszinsfuß und CAPM** 330
   3.1 CAPM und Methode des internen Zinsfußes 331
   3.2 Kapitalwertmethode und CAPM 335
4 **Kapitalstruktur als Grundlage des Kalkulationszinsfußes** 337
   4.1 WACC-Ansatz 338
   4.2 Flows to Equity-Ansatz (FTE) 340
   4.3 Adjusted Present Value-Methode (APV) 342

Kapitel VIII Investitionstheorie und Realoptions-Ansatz 345

1 **Vorüberlegungen** 345
2 **Finanzoptionen** 347
   2.1 Begriffliche Grundlagen 348
   2.2 Determinanten des Optionspreises 356
   2.3 Theorie der Optionsbewertung 366
      2.3.1 Das Binomialmodell 367
      2.3.2 Das *Black/Scholes*-Modell (Contingent Claims-Analyse) 375
3 **Risikobewertung von Investitionsobjekten mittels Realoptions-Ansatz** 387
   3.1 Zwei zentrale Gruppen von Realoptionen 388
   3.2 Realoptions-Ansatz 390
      3.2.1 Kapitalwertmethode und Realoptions-Ansatz 390

    3.2.2   Analogie zwischen Finanzoptions- und Realoptions-Ansatz   394
    3.2.3   Bewertung von Realoptionen   395
  3.3 Investitionsregel im Realoptions-Ansatz   400
  3.4 Modellierung von Realoptionen – Verfeinerungen   402
  3.5 Kritik und Ausblick   404

Kapitel IX   Investitionstheorie und Neo-Institutionenökonomik   407

1 Vorüberlegungen   **408**
  1.1 Gleichgewichtstheoretische Grundlagen   408
  1.2 Elemente der Prinzipal-Agent-Beziehung   409
2 Prinzipal-Agent-Beziehung und Investitionstheorie   **413**
  2.1 Ein konfliktfreies Grundmodell   413
  2.2 Moral Hazard und Investitionspolitik   416

Literaturverzeichnis   **419**

Stichwortverzeichnis   **431**

Abkürzungsverzeichnis

Abb.	Abbildung
Abs.	Absatz
abzgl.	abzüglich
AfA	Absetzung für Abnutzungen
AG	Aktiengesellschaft
AGB	Allgemeine Geschäftsbedingungen
AGn	Aktiengesellschaften
akt.	aktualisiert/ aktualisierte
AktG	Aktiengesetz
APT	Arbitrage Pricing Theory
APV	Adjusted Present Value
Art.	Artikel
AV	Anlagevermögen
BAKred	Bundesaufsichtsamt für das Kreditwesen
BAV	Bundesaufsichtsamt für das Versicherungs- und Bausparwesen
Bd.	Band
bearb.	bearbeitete
bes.	besonders
BGB	Bürgerliches Gesetzbuch
Bill.	Billion/ Billionen
BIS/BIZ	Bank for International Settlements/ Bank für Internationalen Zahlungsausgleich
bzw.	beziehungsweise
CAPM	Capital Asset Pricing Model
CF	Cash Flow
c.p.	ceteris paribus
DAX	Deutscher Aktien-Index
DDR	Deutsche Demokratische Republik
dgl.	dergleichen/ desgleichen
d.h.	das heißt
DJ STOXX	Dow Jones Aktienindex
DM	Deutsche Mark
durchges.	durchgesehene
EC	Euroscheck
eG	eingetragene Genossenschaft
einschl.	einschließlich
EK	Eigenkapital
erw.	erweitert/ erweiterte
ESt	Einkommensteuer
EStG	Einkommensteuergesetz
EStR	Einkommensteuerrichtlinie
Euro	Europäische Währungseinheit
e.v.v.	et vice versa
EWWU	Europäische Wirtschafts- und Währungsunion
Fa.	Firma
F&E	Forschung und Entwicklung
FK	Fremdkapital

Fn.	Fußnote
FTE	Flow to Equity
GE	Geldeinheit/ Geldeinheiten
gem.	gemäß
GenG	Genossenschaftsgesetz
GmbH	Gesellschaft mit beschränkter Haftung
GmbHG	GmbH-Gesetz
H.	Heft
HGB	Handelsgesetzbuch
HP	Hedge Portfolio
HPR	Hedge Portfolio einer Realoption
Hrsg.	Herausgeber
HV	Hauptversammlung
i.d.R.	in der Regel
i.e.S.	im engeren Sinne
inkl.	inklusive
i.S.v.	im Sinne von
i.V.	in Vertretung
i.w.S.	im weiteren Sinne
jährl.	jährlich
Jg.	Jahrgang
KapErhG	Kapitalerhöhungsgesetz
Kfz	Kraftfahrzeug
KG	Kommanditgesellschaft
KGaA	Kommanditgesellschaft auf Aktien
KKP	Kaufkraftparitätentheorie
konst.	konstant
KonTraG	Gesetz zur Kontrolle und Transparenz im Unternehmensbereich
KSt	Körperschaftssteuer
kurzfr.	kurzfristig
KWA	Kosten-Wirksamkeitsanalyse
KWG	Kreditwesengesetz
KZF	Kalkulationszinsfuß
KZP	Kalkulationszeitpunkt
langfr.	langfristig
LCF	Cash Flows from the Project to Equityholders of a Levered Firm
Lkw	Lastkraftwagen
LP	Lineare Programmierung
lt.	laut
MAPI	Machinery and Allied Products Institute
max.	maximal/ maximale
ME	Mengeneinheit
MEC	Marginal Efficiency of Capital
mind.	mindestens
Mio.	Million/ Millionen
mm	Millimeter
Mrd.	Milliarde/ Milliarden
NKA	Nutzen-Kosten-Analyse
No.	Number

Nr.	Nummer
n.v.	nicht vorhanden
NWA	Nutzwertanalyse
o.g.	oben genannte(n)
OHG	Offene Handelsgesellschaft
p.a.	per anno
Pkw	Personenkraftwagen
RAROC	Risk Adjusted Return on Capital
RBF	Rentenbarwertfaktor
ROE	Return on Equity
ROI	Return on Investment
RORAC	Return on Risk Adjusted Capital
S.	Seite
s.	siehe
SG	Schmalenbach-Gesellschaft
s.o.	siehe oben
sog.	sogenannte(r,s)
Sp.	Spalte
Tab.	Tabelle
u.	und
u.a.	und andere
u.a.m.	und anderes mehr
UCF	Cash Flows to the Unlevered Equityholders
überarb.	überarbeitet/ überarbeitete
UK	United Kingdom
usw.	und so weiter
u. U.	unter Umständen
UV	Umlaufvermögen
VAG	Versicherungsaufsichtsgesetz
VAR	Value at Risk
vgl.	vergleiche
VOFI	vollständiger Finanzplan
völl.	völlig
Vol.	Volume
vollst.	vollständig
VR	Volks- und Raiffeisenbanken
WACC	Weighted Average Cost of Capital
WAT	Wertadditivitätstheorem
wesentl.	wesentlich/ wesentliche
WGF	Wiedergewinnungsfaktor
WpHG	Wertpapierhandelsgesetz
XETRA	Exchange Electronic Trading
z.B.	zum Beispiel
ZBAF	Zerobondabzinsungsfaktor
Ziff.	Ziffer/ Ziffern
zit.	zitiert
z.T.	zum Teil
zzgl.	zuzüglich

Kapitel I   Grundlagen zu Unternehmensinvestitionen

„Most, probably, of our decisions to do something positive, the full consequences of which will be drawn out over many days to come, can only be taken as a result of animal spirits – of a spontaneous urge to action rather than inaction, and not as the outcome of a weighted average of quantitative benefits multiplied by quantitative probabilities" (*Keynes* 1936, S. 161). Das Zitat des berühmten britischen Nationalökonomen *John Maynard Keynes* aus seinem Werk „The General Theory of Employment, Interest, and Money" ist geeignet, zu skizzieren, worauf Leserinnen und Leser dieses Lehrbuchs stoßen werden:

- Im Zentrum der Behandlung von Unternehmensinvestitionen stehen Methoden, die **Entscheidungen** für die Auswahl von Investitionen (wie alle ökonomischen Entscheidungen) auf eine rationale Grundlage stellen. Der eigentlichen Investitionsentscheidung geht die Bewertung des oder der Investitionsobjekte voraus.

- Bevor auf einzelne Methoden und Verfahrensweisen innerhalb der Investitionstheorie eingegangen werden kann, ist es erforderlich, sich mit den zentralen Begriffen „Investition" und „Investitionsobjekt" vertraut zu machen. Es wird sich in den nachfolgenden Ausführungen dieses Kapitels zeigen, dass diese Begriffe in enger Verbindung mit **Mehrperiodigkeit** und **Unsicherheit** stehen.

- **Ausgeklammert** wird aus dem vorliegenden Lehrbuch der Prozess, wie es zur Entdeckung von Anlässen kommt, die zu einer Investitionsentscheidung führen. So mögen für Unternehmen in der Pharmaindustrie neue Erkenntnisse der Forschung bestimmend sein für Investitionen in neue Produktionsverfahren oder spezialisierte Unternehmensberater entwickeln bestimmte Softwareprogramme, um Unternehmen die Umstellung auf den Jahrtausendwechsel zu ermöglichen. Die Tatsache, dass es täglich in Unternehmen aus ganz unterschiedlichen Gründen millionenfache **Investitionsanlässe** gibt, wird nachfolgend nicht näher untersucht, sondern als gegeben unterstellt. Insofern mag die Vorstellung von *Keynes* hilfreich sein, Investitionen würden durch „Animal Spirits" ausgelöst. Behandelt werden dagegen die Modelle, mit denen Investitionsentscheidungen rational begründet werden können (und welchen Einschränkungen sie unterliegen).

Damit ist die inhaltliche Spannweite dieses Buches und der wissenschaftsmethodische Ansatz gewiesen.

Zur Einführung möchte das Kapitel I auf folgende **Fragen** grundlegend Antworten geben:

(1) Welche Schwierigkeiten bereitet es, den Investitionsbegriff eindeutig zu bestimmen?

(2) Lassen sich bestimmte Eigenschaften isolieren, die Investitionen kennzeichnen?

(3) Welche wirtschaftswissenschaftlichen Paradigmen bestimmen den Blickwinkel des Forschers in der Definitionsfrage?

(4) Wie wird die Vielfalt der in der Realität ablaufenden Investitionsvorgänge kategorisierbar?

(5) Welches sind zentrale Gruppen von Investitionsbewertungs- und Investitionsrechenverfahren?

1 Was kennzeichnet eine Investition?

„Investition wird in der betriebswirtschaftlichen Literatur unterschiedlich definiert". (*Swoboda* 1993, S. 595). In der Tat ist der Begriff „Investition" alles andere als klar definiert und diese Problematik geht (nicht ohne Grund) einher mit der Schwierigkeit, den Begriff „Finanzierung" zu definieren. Es wird noch zu zeigen sein, dass Investition und Finanzierung wie zwei Seiten einer Medaille zu verstehen sind. Nachfolgend sollen zum Einstieg fünf **Zitate** aus Lehrbüchern die Bandbreite der vorfindbaren wissenschaftlichen Anschauungen zum Begriffspaar **„Investition und Finanzierung"** aufzeigen:

(1) „Die im finanziellen Bereich zu lösende zentrale Aufgabe besteht in der Bereitstellung des zur Durchführung des Unternehmenszweckes oder speziellen Betriebsvorhaben erforderlichen Kapitals, in der Abstimmung des bereitgestellten bzw. bereitzustellenden Kapitals nach Art und Höhe auf die zu finanzierenden Vorhaben, in Maßnahmen zur Aufrechterhaltung des finanziellen Gleichgewichts" (*Gutenberg* 1958, S. 97).

(2) „Eine Investition ist durch einen Zahlungsstrom gekennzeichnet, der mit Ausgaben beginnt und in späteren Zahlungszeitpunkten Einnahmen bzw. Einnahmen und Ausgaben erwarten läßt. (...) Für die Beurteilung der Vorteilhaftigkeit von Geldbeschaffungsmaßnahmen sprechen wir von Finanzierung dann, soweit irgendeine Handlung für das Unternehmen durch einen (zusätzlichen) Zahlungsstrom gekennzeichnet ist, der mit Einnahmenüberschüssen beginnt und spätere Ausgaben- und Einnahmenüberschüsse in einzelnen Zahlungszeitpunkten erwarten läßt" (*Schneider* 1992, S. 20f.).

(3) „Investment, in its broadest sense, means the sacrifice of current dollars for future dollars. Two different attributes are generally involved: time and risk" (*Sharpe/ Alexander/ Bailey* 1999, S. 1).

(4) „Finanzierungsentscheidungen sind (...) Entscheidungen über die Gestaltung finanzieller Beziehungen zwischen dem kapitalaufnehmenden Unternehmen und den Kapitalgebern (...). Finanzierung umfasst somit alle Maßnahmen der Mittelbeschaffung und -rückzahlung und damit der Gestaltung der Zahlungs-, Informations-, Kontroll- und Sicherungsbeziehungen zwischen Unternehmen und Kapitalgebern" (*Drukarczyk* 1999, S. 2-3).

(5) „Companies make capital investments in order to create and exploit profit opportunities. (...) Opportunities are options – rights but not obligations to take some action in the future. Capital investments, then, are essentially about options" (*Dixit/ Pindyck* 1995, S. 105).

Mit der inhaltlichen Spannweite der ausgewählten Zitate lässt sich erahnen, auf welche umfassende Aufgabe man bei dem Versuch einer Begriffsbestimmung stoßen wird. Um einen ersten Ansatzpunkt für die weitere Begriffsklärung zu erhalten, ist es zweckmäßig (und gängig), die Wissenschaftsmethodik zu bemühen. Die Grundlage zur weiteren Begriffsklärung bildet der **entscheidungsorientierte, praktisch-normative Ansatz** innerhalb der Forschungskonzeptionen der Betriebswirtschaftslehre (vgl. *Chmielewicz* 1970):

- Aus Ziel-Mittel-Relationen werden Handlungsanweisungen entwickelt, die Hilfestellungen bei betrieblichen Entscheidungen geben sollen.

- Es gibt unterschiedliche methodische und inhaltliche Konzepte zur Lösung betriebswirtschaftlicher Gestaltungsaufgaben.

- Dabei wird zu vorgegebenen Zielen seitens der Betriebswirtschaftslehre nicht wertend Stellung genommen.

1 Was kennzeichnet eine Investition?

Die Diskussion um die Bestimmung des Begriffs „Investition" hat in der Finanzierungs- und Investitionstheorie **Tradition**. Im Weiteren wird der Begriff „Investition" begrifflich anhand eines Beispiels in den gängigen Forschungsbahnen entwickelt.

1.1 Ein Einstieg

Aus der Sichtweise der der Volkswirtschaftslehre zuzuordnenden Lehre von der Güterordnung nach *Menger* bilden **Investitionsgüter** die Objekte der Investitionstheorie und -bewertung. Es handelt sich um **produzierte Produktionsmittel**. Diese unter dem Begriff Realkapital zusammengefassten Güter sind ein abgeleiteter Produktionsfaktor, denn sie wurden im Wirtschaftsprozess selbst aus anderen (höheren) Gütern hergestellt. Investitionsgüter dienen der Erzeugung von Gütern erster Ordnung, die der (End-)Nachfrage der privaten Haushalte dienen.

Beispiel: Ein Business-Anzug stellt ein Gut erster Ordnung dar. Um ihn herzustellen ist u.a. vom Bekleidungshersteller eine Nähmaschine im Einsatz. Diese stellt ein Gut zweiter (= höherer) Ordnung dar. Die Nähmaschine besteht zu einem überwiegenden Teil aus Stahl, was das Gut dritter Ordnung beschreibt. Der Stahl wird aus Eisen gewonnen, was das Gut vierter Ordnung darstellt. Die Güterordnungen lassen sich so immer weiter fortsetzen (vgl. auch *Eisen/ Mahr* 1986, S. 70).

Investitionsgüter geben über ihre Lebens- bzw. Nutzungsdauer einen Strom von Nutzeneinheiten ab. Statistisch gesehen handelt es sich um **dauerhafte Produktionsmittel**, wenn ihre Nutzung mehr als ein Jahr beträgt (vgl. *Steiner* 1993, S. 600). Mit diesem Begriff eng verbunden ist der des **Investitionsobjekts**. Es handelt sich um eine Verfeinerung des Begriffs **Investitionsgut**. Investitionsobjekt ist ein einzelnes Vermögensgut oder eine Gruppe von Vermögensgegenständen. Man unterscheidet wie folgt:

- **Isolierte Investitionsobjekte** bestehen aus einem einzelnen Aggregat (z.B. Lkw) (vgl. *Zechner* 1993, S. 601).

- „Eine *Kombination* verschiedener Investitionsprojekte heißt *Investitionsprogramm*. Ein *zulässiges Investitionsprogramm* enthält *Art* und *Umfang* der geplanten Projekte unter Berücksichtigung von Nebenbedingungen und im Hinblick auf die vorgegebene Zielfunktion" (*Busse von Colbe/ Laßmann* 1990, S. 197). **Teilinvestitionsprogramme** stellen eine Gruppe aufeinander abgestimmter Aggregate dar.

> Im Handelsblatt vom 30.06.1998 war hierzu auf S. 15 folgende Meldung zu lesen, die auszugsweise wiedergegeben ist:
>
> *„Messe Frankfurt/1,5-Milliarden-Investitionsprogramm – Finanzierung aus eigener Kraft geplant. Umsatz soll binnen zehn Jahren verdreifacht werden.*
> *(...) Die Messe Frankfurt will in den nächsten Jahren ein ehrgeiziges Investitionsprogramm durchziehen und ihren Umsatz verdreifachen. Geschäftsführer Raimund Hosch kündigte an, bis zum Jahr 2007 werde die Messe 1,5 Mrd. DM investieren, davon etwa 1 Mrd. DM in die Erweiterung ihres Geländes in Frankfurt und 500 Mio. DM in den Ausbau des Messegeschäfts im In- und Ausland bzw. den Aufbau neuer Geschäftsfelder. (...)"*

Soweit eine Einführung in zentrale Begriffsvarianten um den Investitionsbegriff. Nachfolgend werden die betriebswirtschaftlichen Erklärungsansätze erläutert.

1.2 Leistungswirtschaftlicher Ansatz

Zum Einstieg kann man sich an den Investitionsbegriff im Sinne der Ausführungen von *Perridon/ Steiner* herantasten: „Die etymologische Wurzel ist im lateinischen ‚**investire = einkleiden**' zu suchen (...)" (*Perridon/ Steiner* 2002, S. 27). Im nachfolgenden Beispiel wird anhand einer Geschäftsidee deutlich werden, wie der Begriff des „Einkleidens" im wirtschaftlichen Kontext zu verstehen ist.

Beispiel: Die mittelständische Warenhauskette Alles & Billig GmbH (kurz A&B) mit sieben Filialen im Rhein-Main-Gebiet wird aus Altersgründen vom alleinigen Eigentümer, Ernst Osborn, an dessen einzigen Abkömmling, Sohn Bruno Ignaz Osborn (kurz B.I.O. genannt), übertragen. B.I.O. hat nach erfolgreichem Abschluss des betriebswirtschaftlichen Studiums zehn Jahre im elterlichen Unternehmen in verschiedenen betrieblichen Funktionen die Warenhauskette kennen gelernt und ausgewählte Führungsaufgaben inne gehabt. Er fühlt sich für seine neue Aufgabe gut mit praktischen Erfahrungen vorbereitet. Besonders bewegt hat ihn in seiner „Einarbeitungszeit", dass er eine Menge des ihm während des BWL-Studiums häufig so abstrakt erschienenen Wissens wiederfand – in der betriebspraktischen Warenhauswelt von A&B.

Während seines Studiums hat B.I.O. die inhaltliche und politische Auseinandersetzung mit der ökologischen Bewegung in den Bann geschlagen (sehr zum Missfallen seines Vaters) und trotz zehnjährigem Abstand zur Universitätszeit ist in ihm ein signifikanter Rest an ökologischer Weltanschauung hängen geblieben. Aus diesem Grund mag es nicht verwundern, dass B.I.O. mit der Nachfolgeregelung zu seinen Gunsten auch die Realisierung seines großen Traums in greifbare Nähe gerückt sieht: Die Umwandlung der aus seiner Sicht „angestaubten" und wirtschaftlich wenig erfolgreichen Warenhauskette A&B in zwei ökologische Einkaufs- und Erlebnisparks mit der Bezeichnung „Alles Öko".

B.I.O.s Geschäftsidee hat folgende Grundelemente: Schließung von fünf der sieben A&B-Filialen, Umbau und geschäftliche Neuausrichtung der beiden verbleibenden Filialen zu ökologisch ausgerichteten Einkaufs- und Erlebnisparks. Die Standorte dieser beiden Filialen sind im Zentrum von Wirtschafts- und Wohnräumen des Rhein-Main-Gebiets verkehrsmäßig gut angebunden (vor allem auch durch den öffentlichen Personennahverkehr). Die Umsetzung dieser Geschäftsidee erfordert zahlreiche Maßnahmen, u.a. sind dies:

- Die verbliebenen beiden Kaufhausfilialen müssen grundlegend baulich entkernt werden und ein ökologisches „Outfit" erhalten.
- Das Personal muss teilweise ausgetauscht, zumindest aber umgeschult und für die Anforderungen kritischer Konsumenten und erklärungsbedürftiger Produkte qualifiziert werden.
- Mehrere Werbekampagnen sind durchzuführen.
- Die bestehende Aufbau- und Ablauforganisation ist zu verändern.
- Das Warenlager ist komplett umzusortieren, etc.

Seine betriebswirtschaftliche Schulung sagt B.I.O., dass er vor einer umfassenden Veränderung des gegenwärtigen Vermögensbestands der A&B-Kaufhauskette steht. Er erinnert sich an einen Satz aus dem Werk von *Ballmann*, der ihm während seines BWL-Studiums im Rahmen eines Proseminar-Referats zu betriebswirtschaftlichen Grundlagen auffiel. *Ballmann* bezeichnete mit Investition „(...) die Umformung der transzendenten Unternehmensidee in die reale Gestalt der Betriebsapparatur. Sie erfolgt durch Kombination von materiellen Anlagegütern" (*Ballmann* 1954, S. 5). B.I.O.s Vorhaben, das ökologische Kaufhaus „Alles Öko" aufzubauen, stellt eine solche transzendente Unternehmensidee dar.

Eine Vorstellung von Investition wie sie im Beispielfall erwähnt wurde rührt aus der traditionellen (Finanzierungs- und) Investitionstheorie, in der ein **leistungswirtschaftlicher Investitionsbegriff** vorherrscht. Er setzt sich wiederum aus einem kombinations- und einem vermögensbestimmten Begriff zusammen (vgl. *Perridon/ Steiner* 2002, S. 27-28).

Beim **vermögensbestimmten Investitionsbegriff** orientiert man sich an der Aktivseite der Unternehmensbilanz. Investition ist in diesem Sinne die Umwandlung von Kapital in betrieblich benötigte, produktive Faktoren (des Güterbereichs) und Finanzanlagen (im Finanzbereich). Investition stellt eine Zuführung zum Bestand des Geld-, Sach- oder Gesamtvermögens eines Unternehmens dar - unabhängig davon, ob ein Zahlungsvorgang stattfindet. Abgestellt wird auf die Umwandlung von Kapital in Vermögen:

- **Investition** ist **Kapitalbindung** in Beständen (Anlage- bzw. Umlaufvermögen).
- **Kapitalfreisetzung** wird mit **Desinvestition** bezeichnet.

Auf der leistungswirtschaftlichen Ebene korrespondiert die vermögensbestimmte Definition mit der **kombinationsbestimmten**. Im Zentrum dieser investitionstheoretischen Vorstellung steht das Zusammenfügen neuer und bereits vorhandener Investitionsobjekte zu einem veränderten Produktionsprozess und Güteroutput.

Vermögens- und leistungsbestimmter Investitionsbegriff resultieren aus einer güterwirtschaftlichen Sichtweise des Unternehmens und seines Wertschöpfungsprozesses (vgl. *Schäfer* 2002, S. 51-55). Damit korrespondiert die Vorstellung vom Begriff der Finanzierung: Bereitstellung des zur Beschaffung der produktiven Faktoren und Finanzanlagen benötigten Kapitals (aus externen wie auch internen Quellen).

Die vorgenannten Investitions- und Finanzierungsdefinitionen kennzeichnen ihre Zugehörigkeit zum traditionellen Paradigma der **Finanzierungslehre**. Wie in späteren Kapiteln zu zeigen sein wird, weist diese traditionelle Betrachtungsweise methodische Mängel auf (z.B. kein operationales Zielsystem, aus dem Investitionskalküle abgeleitet werden können sowie reine heuristische Empfehlungen für Investitionsentscheidungen). Doch nach wie vor stellen Elemente dieser Anschauung Grundlagen für Investitionsbewertungsverfahren dar, die wie die Gruppe der statischen Methoden in der Praxis Verbreitung und Akzeptanz haben.

1.3 Finanzwirtschaftlicher Ansatz

Von den theoretischen Hintergründen zurück zum Beispielfall.

Beispiel: B.I.O. stellt sehr schnell fest, dass er zwar von seiner Geschäftsidee überzeugt ist, aber es beim reinen „Verschieben" von Vermögen ja nicht bleibt. Er benötigt zusätzliches Kapital, das er aus eigenen Quellen nicht aufbringen kann, ein oder mehrere neue Kapitalgeber sind erforderlich. Da B.I.O. nicht verhehlen kann, dass in seiner Geschäftsidee auch ein gut Teil Unabwägbarkeiten stecken (beispielsweise, ob das breite ökologische Bekenntnis der deutschen Bevölkerung, resp. im Rhein-Main-Gebiet, sich auch in entsprechende Kaufhandlungen umsetzen lässt, also ausreichende Nachfrage kaufkräftiger Konsumenten vorhanden ist), versucht er Eigenkapitalgeber für seine Investitionen zu finden. Für B.I.O. wird also die güterwirtschaftliche Seite in seinen weitergehenden Gedanken sehr schnell durch das vorrangige Problem der Kapitalbeschaffung abgelöst. Aber wer sollte sich an seinem Projekt finanziell beteiligen, zudem noch bereit sein, u. U. Verluste zu tragen und womöglich im schlechtesten Fall auch mit seinem gesamten Kapital für die Forderungen von Gläubigern zu haften (also Kapitalvernichtung zu riskieren)? B.I.O. glaubt kaum unter früheren ökologie-begeisterten Kommilitonen kapitalstarke Geldgeber finden zu können und besinnt sich darauf, dass nur die Aussicht auf hohe Ausschüttungen oder Wertsteigerungen des eingebrachten Kapitals bereitwillige Eigenkapitalgeber finden lässt. Das setzt voraus, dass B.I.O. potenziell interessierten Eigenkapitalgebern Ausschüttungsmöglichkeiten in Aussicht stellen kann. Zu diesem Zweck macht er sich Gedanken über die Ein- und Auszahlungen, die er über seinen Planungszeitraum von fünf Jahren erwarten kann und an dem ein Eigenkapitalgeber teilhaben könnte.

Mit dieser Betrachtung wird das Augenmerk weggelenkt von einer güterwirtschaftlichen hin zu einer finanzwirtschaftlichen Betrachtung. Nach wie vor wird die Vorstellung des vermögensorientierten Investitionsbegriffs (Umwandlung von Finanzmittel in Güter) nicht aufgegeben, doch verlagert sich jetzt die Betrachtung auf die Zahlungsebene (Umwandlung von Zahlungen in Güter). Man kann sich den zahlungsstromorientierten Ansatz dadurch verständlich machen, indem man jede Unternehmenstätigkeit als Wertschöpfung versteht, die in Geld- und Güterströme eingeteilt wird. Der finanzwirtschaftliche Ansatz basiert auf einem zahlungsstrombestimmten Investitionsbegriff, der auf *Boulding* zurückgeht. Er versteht unter einer Investition „(...) a series of payments, (...) some of which are positive and some of which are negative, each being associated with a certain date; (...)" (*Boulding* 1936, S. 196). Im deutschsprachigen Raum hat diese Definition vor allem durch Schneider die weiteste Verbreitung gefunden (vgl. *Schneider* 1992, S. 20).

Im finanzwirtschaftlichen Bereich findet sich ergänzend auch der **dispositionsbestimmte Investitionsbegriff**. Demzufolge wird mit Investition ein Zustand beschrieben, der die Dispositionsfreiheit der Unternehmensleitung hinsichtlich einer anderweitigen Verwendung der Finanzmittel einschränkt, wenn diese einmal als Kapital in Vermögen gebunden wurden (vgl. *Götze/ Bloch* 2002, S. 5).

Güter- und Geldströme verlaufen zeitlich verschoben, mithin ist es notwendig, dass eine „Vorausfinanzierung" von Produktionsfaktoren stattfindet. Zum **leistungsbezogenen Geldstrom** tritt ein **Kapitalmarktgeldstrom**. Der Betriebsablauf lässt sich dann als Prozess **Geld-Ware-Geld** erfassen. Zur Planung, Durchführung und Kontrolle der Geldströme ist ein eigenständiger betrieblicher Funktionsbereich nötig, genannt **Kapitalwirtschaft**. Ziel dieses Funktionsbereiches ist die Sicherung und Regulierung der Geldströme im bzw. für ein Unternehmen.

1.3.1 Die Rolle des neoklassischen Paradigmas

Nach der moderneren Betrachtungsweise des Investitionsbegriffs - „**neoklassischer Ansatz**" - stellen Investition und Finanzierung zielgerichtete Handlungen dar, denen Entscheidungen zwischen sicheren gegenwärtigen und unsicheren zukünftigen Möglichkeiten (= Opportunities) vorausgehen. Diese zeitverschiedenen Möglichkeiten werden durch Zahlungsgrößen beschrieben. Damit ist eindeutig, dass sich die moderne Betrachtungsweise im Gegensatz zur traditionellen Sicht nicht am Güter-, sondern am Geldstrom orientiert. Die moderne Betrachtungsweise ist eine geldwirtschaftliche, **monetäre** Betrachtungsweise. Das Unternehmen wird mittels Zahlungsreihen abgebildet. Investition im Sinne eines Geldstroms dient nach dieser Denkweise dazu, den Güterstrom eines Unternehmens zu ermöglichen. Mittels Investitionen sind also zukünftige Güterströme der Beschaffung und der Produktion sowie des Absatzes erst möglich.

Investition ist in diesem Verständnis als **Ausgabe** für Vermögensbestände zu interpretieren. Im Vordergrund stehen Zahlungsströme - unabhängig davon, ob es zu einer Veränderung in den übrigen Vermögensbeständen kommt. Demnach gilt dann: Eine **Investition** besteht aus einem abgrenzbaren Zahlungsstrom, beginnend mit einer Auszahlung (vgl. *Schneider* 1992, S. 10).

Beispiel: B.I.O. plant, dass der gesamte Umbau seiner zwei Filialen abzüglich der Einzahlungen aus dem Liquidationserlös (= Verkauf) der nicht mehr benötigten fünf Filialen insgesamt ein Investitionsvolumen von *10* Mio. € erfordert. B.I.O. rechnet damit, dass die neu hergerichteten Filialen fünf Jahre betrieben werden können (= Nutzungsdauer). Danach mag der Ökologie-Trend nicht mehr so nachhaltig sein, dass er wirtschaftlich in Form seiner Geschäftsidee genutzt werden kann. Während der Nutzungsdauer ergeben sich laufende Auszahlungen pro Jahr in Höhe von *1,5* Mio. € (z.B. für Löhne, Material, Energie). B.I.O. rechnet mit laufenden Einzahlungen aus dem Verkauf der ökologischen Waren in Höhe von jährlich *3,5* Mio. €. Am Ende der (wirtschaftlichen) Nutzungsdauer würde

1 Was kennzeichnet eine Investition?

er die zwei ökologischen Kaufhäuser verkaufen und sich auf eine Südseeinsel zurückziehen. Er erwartet nach diesen fünf Jahren einen Liquidationserlös in Höhe von *500.000 €*. Daraus ergibt sich folgende Zahlungsreihe der Investition „Alles Öko":

t_0	t_1	t_2	.....	t_5
- 10.000.000	- 1.500.000	- 1.500.000	.....	- 1.500.000
	+ 3.500.000	+ 3.500.000	.....	+ 3.500.000
				+ 500.000
- 10.000.000	+ 2.000.000	+ 2.000.000	.....	+ 2.500.000

In allgemeiner Form resultiert daraus:

a_0	a_1	a_2	.....	a_5
	e_1	e_2	.....	e_5, L_5

a_0	d_1	d_2	.....	d_5

Folgende Komponenten enthalten die Zahlungsströme:

a_0 = Anschaffungsauszahlung,
$a_1,..., a_5$ = laufende Auszahlungen pro Periode,
$e_1,..., e_5$ = laufende Einzahlungen pro Periode,
L_5 = Liquidationserlös im fünften Jahr,
$d_1,..., d_5$ = laufende Ein- bzw. Auszahlungsüberschüsse pro Periode.

Mit diesem Investitionsbegriff korrespondiert derjenige der **Finanzierung**. Sie wird im neoklassischen Sinne ebenfalls als Zahlungsreihe verstanden, die – im Gegensatz zur Investition - mit einer Einzahlung beginnt und (i.d.R.) später Auszahlungsüberschüsse aufweist (vgl. *Schneider* 1992, S. 11).

Beispiel: B.I.O. wird neben der Hinzunahme eines zusätzlichen Gesellschafters auch weitere Kredite seiner Hausbank benötigen. Ein Darlehen in Höhe von *1 Mio. €* mit einer Laufzeit von fünf Jahren wird ihm zu einem Zinssatz von *10%* p.a. angeboten. Die Tilgung soll in einer Summe am Ende der Laufzeit erfolgen („endfällige Tilgung"). Daraus ergibt sich folgende Zahlungsreihe:

t_0	t_1	t_2	.....	t_5
+ 1.000.000	- 100.000	- 100.000	.....	- 100.000
			.....	- 1.000.000
+ 1.000.000	- 100.000	- 100.000	.....	- 1.100.000

Auch die Finanzierungsseite lässt sich in allgemeiner Form formulieren:

e_0	a_1	a_2	.....	a_5
				M_5

Dabei gilt zusätzlich:

e_0 = Zahlungsmittelzufluss in t_0,
$a_1,..., a_5$ = laufende Auszahlungen pro Periode für Zinsen,
M_5 = Tilgung des Kredits am Ende des fünften Jahres.

Der zahlungsstrombestimmte Investitionsbegriff liegt den dynamischen Verfahren der Investitionsbewertung zugrunde. Die Bedeutung von Zahlungsströmen resultiert in der neoklassischen Sichtweise aus der Zielsetzung, aufgrund derer Anleger bereit sind, Kapital für Investitionen bereitzustellen: **Maximierung des Anlegernutzens** mittels Konsumeinkommensströmen. Investitionen werden aus Sicht der

Eigenkapitalgeber als Quellen zukünftiger Einzahlungsüberschüsse verstanden, die Ausschüttungen in späteren Perioden ermöglichen. Diese fließen als Einkommen aus Kapitalvermögen den Eigenkapitalgebern zu und können von ihnen zu Konsum (oder Sparen) verwendet werden. Auch für Fremdkapitalgeber lässt sich diese Überlegung anstellen: Sie beziehen aus einer Kreditvergabe oder einem Anleiheerwerb zukünftig über die Kredit- oder Anleihelaufzeit ein Zinseinkommen. Der wesentliche Unterschied in den Zahlungsströmen von Eigen- und Fremdkapitalgebern ist, dass letztere vom Unternehmen eine vertraglich vereinbarte Form der Einkommenszahlung vom Kapitalnehmer erhalten und zwar bevor die Eigenkapitalgeber bedient werden. Eigenkapitalgeber sind dagegen aus dem nach Abzug aller vertraglich festgelegten Einkommensansprüche von Unternehmensbeteiligten (neben Zinszahlungen vor allem noch Lohn- und Gehaltszahlungen) zu entlohnen. Man bezeichnet sie als Bezieher von **Residualeinkommen** (vgl. *Schäfer* 2002, S. 62). Vereinbar mit dem Einkommensstreben ist es, wenn statt periodischer Entnahmemöglichkeiten aus einem Unternehmen, resp. dessen Investitionsobjekten, ein Vermögenszuwachs am Ende der Investitionsdauer erzielt wird (Zielsetzung der Vermögensendwertmaximierung). Durch Veräußerung des Investitionsobjekts lässt sich dann aus dem Liquidationserlös ein Zahlungsstrom erzielen, der unter den Kapitalgebern anteilsmäßig aufgeteilt wird. Es sind also die finanziellen Ziele der Kapitalgeber, die letztendlich zum zahlungsstromorientierten (Finanzierungs- und) Investitionsbegriff führen (dieser Aspekt wird in Kapitel III detailliert behandelt).

Eine besondere Rolle spielt im neoklassischen Paradigma der Investitions- und Finanzierungstheorie der **vollkommene** und **vollständige Kapitalmarkt**. Damit wird die Handelbarkeit eines jeden Zahlungsstroms ermöglicht, unabhängig davon, welche Breite bzw. Höhe, zeitliche Struktur und Unsicherheitsgrad er inne hat. Zahlungsströme werden dadurch bewertbar und durch Marktwerte ausgedrückt. Einzelne Marktwerte von Zahlungsströmen lassen sich überdies zusammenfassen, indem sie einfach addiert werden können (sog. **Wertadditivitätstheorem**, kurz WAT genannt). Damit kann jeder Zahlungsstrom individuell (hinsichtlich Breite/Höhe, zeitlicher Struktur und Unsicherheitsgrad) gestaltet werden. Die Finanzierung ist im Idealmodell für die Investition ohne Bedeutung (**Irrelevanztheorem**).

Beispiel: B.I.O. findet im kapitalstarken und wagemutigen Millionärssohn Anton Gier, von Geschäftsfreunden kurz AG genannt, auf dem Frankfurter Opernball einen interessierten Eigenkapitalgeber, der vom Projekt begeistert ist und „einsteigen" will. Er interessiert sich weniger für hohe Ausschüttungen pro Jahr, da er materiell gut versorgt ist, sondern für einen hohen Liquidationserlös am Ende der geplanten fünfjährigen Nutzungsdauer. AG ist auf seinem Gebiet das, was man einen „Profi" nennt und nach der Geschäftsanbahnung auf dem Opernball warten auf B.I.O. komplizierte und lange Gespräche mit den Finanzberatern von AG. Sie machen B.I.O. wiederum klar, was er auch aus dem Studium in Vorlesungen zum speziellen BWL-Fach Finanzierung gehört hat: Investitionen kennzeichnen besonders deren strategische Eigenschaften. Im Einzelnen muss er sich auf die Fragen der Berater seines potenziellen Geldgebers über folgende Aspekte seiner Geschäftsidee, mithin seiner Investition, selbst Klarheit verschaffen: Höhe und Dauer der Kapitalbindung, Ausmaß der Unsicherheit, Grad der Flexibilität des Projkts, Abhängigkeiten zwischen den einzelnen Bestandteilen der Investitionsmaßnahme.

1.3.2 Höhe und Dauer der Kapitalbindung

Investitionen können meist nicht mit einem betraglich uneingeschränkt verfügbaren Kapital finanziert werden. Das sog. **Kapitalbudget** ist nur im theoretischen Fall des vollkommenen Kapitalmarkts unbegrenzt vorhanden. In der Realität ist es wegen vieler noch zu behandelnder **Friktionen auf Kapitalmärkten** knapp. Traditionelle

Ansicht ist es, dass mit zunehmender Verschuldung eines Unternehmens die von den Kapitalgebern geforderte Rendite wegen des wachsenden Ausfallrisikos ihrer Kapitalvergabe wächst. Zunehmender Kapitalbedarf für weitere Investitionen kann daher oft nur vom Kapitalnehmer mit Zugeständnissen in Risikoaufschlägen und damit höheren Kapitalkosten beschafft werden (vgl. *Schäfer* 2002, S. 106ff.). Es kann auch zu Fällen kommen, in denen gerade bei hoher Verschuldung der Kapitalnehmer von jeder weiteren Kapitalbeschaffung ausgeschlossen wird (strenge Kapitalrationierung). Meist stehen in Unternehmen mehr Investitionsobjekte zur Realisierung an, als Kapital zu deren Finanzierung verfügbar ist. Die Kapitalknappheit hat daher häufig einen erheblichen Einfluss auf die Akzeptanz und Durchführung von Investitionen.

Neben der hohen Kapitalbindung sind Investitionen meist durch die **Langfristigkeit in der Kapitalbindung** gekennzeichnet. Mit Zahlung des Anschaffungswerts sind über die Zeit der Nutzung des Investitionsobjekts in hohem Anteil fixe Werteströme wie Zinszahlungen und Ausschüttungen sowie Abschreibungen verbunden.

Beispiel: B.I.O. hat durch Vorverhandlungen sichergestellt, dass die in seiner neuen Strategie überflüssig gewordenen fünf Kaufhäuser an einzelne Konkurrenten verkauft werden können: Es liegt ihm zu jedem dieser Kaufhäuser ein „Letter of Intend" vor, aus dem die potenziellen Kaufinteressenten eine vorvertragliche Zusicherung unter Angabe der späteren Vertragsbedingungen abgegeben haben. Der Erlös aus der Liquidation der Kaufhäuser wird demzufolge nach Steuern und Transaktionskosten etwa bei *2,5* Mio. € liegen. Dieser Liquidationserlös geht vollständig als Eigenkapital von B.I.O. in die Finanzierung des neuen ökologischen Projekts ein. Der gesamte Kapitalbedarf für die geplante Investition beträgt *10* Mio. €, woraus sich eine derzeitige Finanzierungslücke von 7,5 Mio. € ergibt, die durch die Aufnahme des zweiten Gesellschafters, AG, geschlossen werden soll. Die anfängliche Kapitalbindung des Investitionsprogramms beträgt demzufolge *10* Mio. €. Die Dauer der Kapitalbindung wird mit fünf Jahren von B.I.O. angenommen, wobei sich der gebundene Kapitalbetrag jährlich reduziert. Im Durchschnitt geht B.I.O. der Einfachheit halber von einem hälftigen gebundenen Kapitalbetrag aus (*5* Mio. €).

1.3.3 Unsicherheit

Mit wachsender Länge der Nutzungsdauer eines Investitionsobjekts lässt sich aus gegenwärtiger Sicht immer weniger genau vorhersagen, welche Wirkungen in welchem quantitativen Umfang mit einer Investition verbunden sein werden. Investitionen kennzeichnet in der Tat neben dem Zeitaspekt auch die Unsicherheit. Wegen der hohen Bedeutung der Unsicherheit in der Investitionstheorie bedarf es einer weitergehenden inhaltlichen Auseinandersetzung mit diesem Begriff.

Die Zukunft und die dort stattfindenden Ereignisse haben für die Menschen von jeher eine hohe und außergewöhnliche Bedeutung. Ihre Auseinandersetzung lässt sich bis weit in die Menschheitsgeschichte zurückverfolgen. Anfangs waren es in erster Linie Unsicherheiten über klimatische und meteorologische Phänomene wie die Frage nach der Regelmäßigkeit von jahreszeitlichen Wetterverhältnissen, die die existenzielle Absicherung der Menschen in ihren Lebensgrundlagen vor allem im Ackerbau oder den Wanderungen bestimmter für die Versorgung wichtiger Wildtiere betrafen. Regentänze, mystische Beschwörungen und Opferbringungen waren die aus heutiger Sicht unbeholfenen und wenig Erfolg versprechenden Umgangsformen mit solcherart Unsicherheiten zukünftiger Umweltzustände. In höheren Völkerkulturen wie den Ägyptischen Hochkulturen verfiel man auf eine andere ganz grundsätzliche Umgangsform mit der Unsicherheit: Man hielt die Zeit an.

„Für den Menschen heftet sich an die Zukunft die Vorstellung des Ungewissen, die Furcht einflößt. Mit dem Ablauf der Zeit kommt Veränderung, vielleicht Verfall. Könnte der Mensch das Verrinnen der Zeit anhalten, wäre er von manchen Ungewissheitsahnungen und Unsicherheitsgefühlen befreit. (...) Bringt man es fertig, die vergänglichen und zeitgebundenen Erscheinungen mit dem Zeitlosen und Stabilen zu verknüpfen, so kann man Zweifel und Ängste bannen. Die Alten erreichten das, indem sie Mythen schufen, in denen die Erscheinungen und Geschehnisse ihrer kleinen Welt als bloße Augenblicksspiegelungen der ewigen, felsartig stabilen Ordnung der Götter hingestellt wurden" (*Wilson* 1986, S. 353).

Spätestens seit der Aufklärung und erst Recht mit Beginn der industriellen Revolution mit ihrer historisch nie dagewesenen Dynamik ist diese Form der Unsicherheitsbewältigung weder ökonomisch noch in sonstiger Weise im gesellschaftlichen Leben zu vertreten. Mit dem Voranschreiten der Naturwissenschaften und ihrer Hilfswissenschaften, in erster Linie der Mathematik und Statistik, war auch das Bestreben von Menschen verbunden, Unsicherheit „in den Griff zu bekommen". Es mag kaum verwundern, dass erste Ansätze hierzu dort stattfanden, wo menschliche Taten die Quittung für Handlungen unter Unsicherheit sofort und direkt durch das entsprechende Ergebnis erhielt: im Glücksspiel. Mathematiker wie der Schweizer *Bernoulli* oder der Franzose *Pascal* sind die Exponenten der Entwicklung von Elementen einer Wahrscheinlichkeitstheorie, ohne die heute das Management von Risiko undenkbar und der Rückfall in den Mystizismus unausweichlich wäre.

Lesehinweis: Eine sehr instruktive Einführung in diese Thematik liefert *Bernstein* (1996).

Im Kontext der neoklassischen Investitions- und Finanzierungstheorie wird Bezug genommen auf **exogene** bzw. technische **Unsicherheit**, die nicht aus dem Verhalten der Marktteilnehmer resultiert, sondern durch zukünftige Umweltzustände bedingt ist (vgl. *Hirshleifer/ Riley* 1979). Dies setzt unter Informationsgesichtspunkten voraus, dass Kapitalgeber und -nehmer gleichen Informationsstand über Umweltzustände haben, von denen Einflüsse auf die Vertragsbeziehung ausgehen. Erst dann ist es möglich, bedingte Finanzkontrakte zu formulieren (Annahme der **symmetrischen Informationsverteilung**).

Neben der Unsicherheit existiert die Vorstellung von Risiko, das in der Umgangssprache häufig mit **Verlustgefahr** assoziiert wird. In diesem Verständnis wäre Risiko „(...) die Möglichkeit des Eintritts eines ungünstigen Falles, für den die getroffene Entscheidung nicht optimal (im Sinne der eigenen Zielsetzung) war" (*Krelle* 1961, S. 15). Unsicherheit wäre dann als mangelnde Kenntnis oder **unvollkommene Information** beschrieben, keinen Verlust zu erleiden bzw. einen (positiven) Gewinn zu erhalten. Letzteres würde man als **Chance** bezeichnen können (vgl. *Krelle* 1961, S. 90). Sich beim Risiko auf den Aspekt des Verlusts zu beschränken, ist nur solange statistisch haltbar, wie ausschließlich negative Ausprägungen von Zufallsvariablen auftreten. Unterliegen aber auch positive Ausprägungen einer Variablen dem Zufall, ist die vorgestellte Unterscheidung wenig hilfreich.

Es hat sich denn auch in den Wirtschaftswissenschaften eine andere Vorstellung von Risiko und Unsicherheit etabliert, die zum Einstieg am Besten mit dem klassischen Zitat von *Knight* beschrieben werden kann:

„The practical difference between the two categories, risk and uncertainty, is that in the former the distribution of the outcome in a group of instances is known (either through calculation on a priori or from statistics of past experience), while in the case of uncertainty this is not true" (*Knight* 1921, S. 233).

Das Zitat weist auf die Bedeutung von Wahrscheinlichkeiten für die Trennung von Unsicherheit und Risiko hin. Sie beziehen sich im Fall von Investitionsbewertungen auf die erwartete Höhe der Zahlungsreihen eines Investitionsobjekts im Verlauf

1 Was kennzeichnet eine Investition?

seiner Nutzungsdauer. Mittels der Angabe von Wahrscheinlichkeiten gelingt die **Überführung von Unsicherheit in Risiko**. Nachfolgende Abb. I-1 gibt einen Überblick über die moderne, auf *Knight* aufbauende Unterscheidung von Unsicherheit und Risiko, die sich um die Erwartungsbildung rankt.

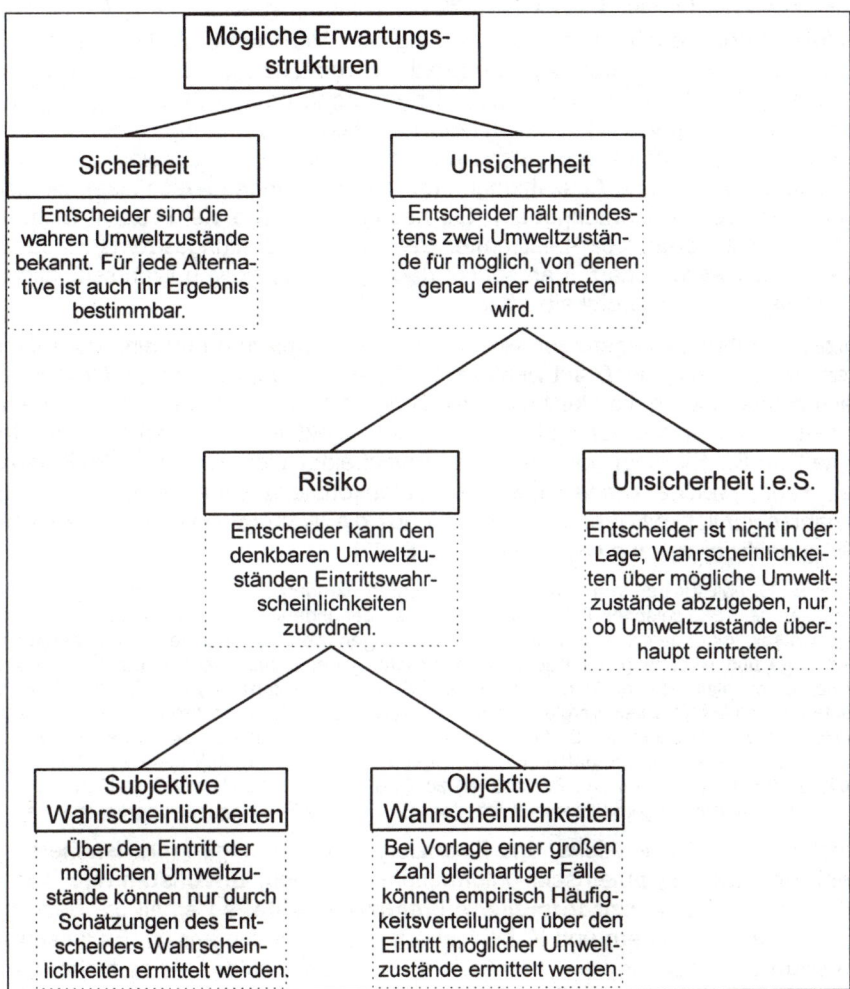

Abb. I-1: Umweltzustände und Erwartungsstrukturen

Am seltensten dürfte in der Praxis der Fall auftreten, der in vielen der investitionstheoretischen und –praktischen Entscheidungsmodellen in den nachfolgenden Kapiteln die größte Rolle spielt: Der Eintritt eines zukünftigen Umweltzustands hat eine Wahrscheinlichkeit von 100%. Liegt ein solcher Fall vor, ist eine Investitionsentscheidungen bei **Sicherheit** gekennzeichnet.

Die Bestimmung von **Unsicherheit** basiert im modernen Verständnis (der Entscheidungs- und der Investitionstheorie) grundlegend auf der Möglichkeit sowie der Art und Weise, **Wahrscheinlichkeiten** zu **bilden**. Es gibt zwei Möglichkeiten, hierfür Maßzahlen zu ermitteln:

(1) Bildung **objektiver Wahrscheinlichkeiten** auf der Grundlage sog. „empirischer Häufigkeitsverteilungen". Typische Überlegung: In der Vergangenheit

war bereits eine größere Anzahl ähnlicher Investitionsentscheidungen getroffen worden. Es liegen Erfahrungen vor und es lassen sich hieraus empirische Häufigkeitsverteilungen der Ergebnisse ermitteln. Man bezeichnet diese als objektive Wahrscheinlichkeiten. Im Investitionsbereich sind sie (insbesondere für Großprojekte) selten bestimmbar.

(2) Meist mehr Bedeutung für die Bildung von **Wahrscheinlichkeiten** hat ihre Ermittlung auf der Grundlage **subjektiver** Vorstellungen. Der Entscheidungsträger hat persönliche, individuelle Erfahrungen oder stellt Überlegungen an, welcher Art und wie hoch das mit der Investition verbundene Risiko sein könnte (= Expertenschätzung). Anschließend versieht der Entscheidungsträger die zukünftigen Ein- und Auszahlungen (bzw. Einzahlungsüberschüsse) mit Ziffern (in Form von Prozentangaben). Sie besagen, mit wie viel Prozent Sicherheit (oder Unsicherheit) ein bestimmter Betrag eines Zahlungsstroms im Jahre x angesetzt werden darf. Man spricht dann von „subjektiven Wahrscheinlichkeiten" oder „Glaubwürdigkeitsziffern".

Besitzt ein Entscheidungsträger keinerlei Informationen, um den einzelnen Ergebnissen unterschiedliche Glaubwürdigkeitsziffern zuzuordnen, so erhält jede Entscheidungsalternative die gleiche Glaubwürdigkeitsziffer für ihr jeweiliges Ergebnis. Es besteht eine Investitionsentscheidung bei objektiver Unsicherheit bzw. **Unsicherheit i.e.S.**. Sie liegt vor, wenn der Entscheider sich zwar ein Urteil darüber bilden kann, welche Umweltzustände (Datenkonstellationen) eine positive Eintrittswahrscheinlichkeit haben, darüber hinaus die Wahrscheinlichkeiten aber nicht näher quantifizieren kann (vgl. *Laux* 2003, S. 23).

Beispiel: B.I.O. hält für den von ihm zugrunde gelegten Planungszeitraum von fünf Jahren, innerhalb dessen sein ökologisches Projekt das anfänglich gebundene Kapital komplett wieder amortisiert haben soll, folgende drei Umweltzustände für erwägenswert: (i) Verschlechterung der konjunkturellen Lage und Rückgang der Kaufkraft, (ii) Erhöhung der Lohnkosten aufgrund ökologischer, d.h. auch personalintensiverer Wirtschaftsweise, (iii) hohe Akzeptanz des Projekts durch die Konsumenten. Da es bis dato kein vergleichbares Projekt und damit keine statistisch basierten Vergangenheitswerte gibt, versucht sich B.I.O. aufgrund des insistierens von AG, „der wissen will, woran er ist", mit subjektiven eigenen Schätzungen. Im Ergebnis hält er den Eintritt des Umweltzustands (i) zu *20%*, Zustand (ii) zu *10%* und Zustand (iii) zu *70%* für wahrscheinlich. AG stellt nur lakonisch fest, dass er in beiderseitigem Interesse hofft, dass B.I.O. keine Fehleinschätzung geliefert hat.

Unterstellt man in Investitions- und Finanzierungsbeziehungen (praxisnähere) Gegebenheiten wie asymmetrische Informationsverteilung, **unvollständige Kapitalmärkte** und **nicht explizit formulierte Finanzkontrakte**, so erhält die Beziehung zwischen Kapitalnehmern und Kapitalgebern eine neue Dimension. Es lassen sich dann andere Kategorien von Unsicherheit und Risiko bilden, als es bisher dargelegt wurde. Die wichtigsten Phänomene des Informationsproblems in der Beziehung zwischen Kapitalgeber und -nehmer sind die der **endogenen Unsicherheit** aufgrund **asymmetrischer Informationsverteilung**. Die Allokation von Kapital auf Finanzmärkten ist bei endogenen Unsicherheiten zwar prinzipiell möglich, aber **nicht** zwingend **pareto-optimal**, da Transaktionskosten anfallen (vgl. *Schäfer* 2002, S. 68-74). Die Handlungen der Kapitalgeber und -nehmer werden einem Einnahmen-Ausgaben-, häufig auch nur einem Kosten-Nutzen-Kalkül unterworfen. Ferner gewinnen Finanzmärkte in einem solchen nicht-walrasianischen Paradigma Funktionen: hinsichtlich Motivierung, Überwachung und in einigen Fällen Ersatz des Managements von Unternehmen.

Ein weiteres Verständnis von Unsicherheit kommt aus der Spieltheorie. Wirtschaftssubjekte sind in ihren Wirtschaftshandlungen häufig miteinander verbunden und auf einander angewiesen. So sind neben den sich auf die Gegenwart beziehenden Informationen auch die vergangenen Erfahrungen, deren Interpretation und geistige Verarbeitung von Bedeutung. Sind für das Auftreten von Unsicherheit vor allem die unbekannten Reaktionen rational handelnder Gegenspieler verantwortlich, so liegt **strategische Unsicherheit** vor (vgl. *Shubik* 1975, S. 563).

Beispiel: Der zukünftige Mitgesellschafter von B.I.O., der Großanleger AG, möchte entsprechend seines Grundprinzips nicht aktiv in der Geschäftsführung von „Alles Öko" vertreten sein, da er von der Unternehmensführung eines Handelsunternehmens nach eigenem Bekunden überhaupt keine Ahnung hat. Die alleinige Geschäftsführung läge dann in den Händen von B.I.O., der sich noch einen Stellvertreter in die Geschäftsführung wünscht. Hierzu hat er auch schon einen Kandidaten, seinen früheren Kommilitonen und „Zechkumpanen", Hans Im-Glück, der aktiv in überregionalen Bürgerinitiativen tätig ist und eine neue Herausforderung sucht. AG kann B.I.O. diese (wie er meint halsbrecherische Personalentscheidung) nicht ausreden, da B.I.O. ihm entgegen hält, dass mit Hans Im-Glück ein Exponent und landesweit medienbekannter Vertreter ökologischer Bewegungen vorhanden ist, der entsprechende Werbewirksamkeit für das „Alles Öko"-Projekt quasi kostenlos mitbringt. Kopfzerbrechen bereitet AG, wie er sicher sein kann, dass B.I.O. und erst recht dieser von ihm nur widerwillig akzeptierte Hans Im-Glück nicht frei in ihrer Geschäftsführung schalten und walten und sein Eigenkapital durch Faulheit, vielleicht auch Inkompetenz oder „alternativen Schlendrian" aufs Spiel setzen. Besonders beunruhigt ihn, dass er einen noch so ausgefeilten Gesellschaftervertrag aufsetzen lassen und dennoch nicht ein erhebliches Maß an Restunsicherheit ausschalten kann. Auf der anderen Seite weiß B.I.O. um dieses Problem von AG und um dessen Dilemma. B.I.O. ist auf der anderen Seite ganz froh, damit auch etwas Handlungsfreiheit von seinem Partner zu bekommen und „nicht vollständig unter dessen Fuchtel zu stehen", wie er dies einmal gegenüber Hans Im-Glück ausdrückte. Aber auch B.I.O. nagen Sorgen um Verhaltensunsicherheit: Inwiefern ist sein zukünftiger stellvertretender Geschäftsführer, Hans Im-Glück, wirklich noch der kalkulierbare ehemalige Kommilitone, auf dessen Hilfe er sich früher in brenzligen Situationen (wie Klausuren) immer verlassen konnte? Seine Bürgerinitiativen hatte er jedenfalls immer fest im Griff. Aber war nicht einmal der Verdacht durch die Medien gegangen, Im-Glück hätte einige Male mit Trinkwasser verschmutzenden Firmen Geheimabkommen getroffen, mit der „Gegenseite gekungelt", wie er solches Verhalten in einem ähnlichen Fall in einem anderen Bundesland einmal selbst bezeichnete?

Lesehinweise: Eine weitergehende Diskussion der Begriffe „Unsicherheit" und „Risiko" findet sich in *Schneider* (1992, S. 70-74) sowie *Hirshleifer/ Riley* (1979).

1.3.4 Zurechnungs- und Interdependenzprobleme

Investitionen weisen in ihren Werteströmen häufig Abhängigkeiten verschiedenster Art auf. So können Anschaffungsausgaben zu Beginn der Nutzungsdauer und ein möglicherweise vorhandener Liquidationserlös am Ende der Nutzungsdauer meist direkt einem Investitionsobjekt zugerechnet werden. Doch bei den im Verlauf der Nutzungsdauer auftretenden laufenden Ein- bzw. Auszahlungen (bzw. allgemein Werteströmen) dürfte eine eindeutige Zuordnung wesentlich schwieriger zu bewerkstelligen sein.

In den in den nachfolgenden Kapiteln vorgestellten Verfahren und Theorien der Investitionsbewertung wird bis auf gesonderte Stellen vereinfacht unterstellt, dass alle Werteströme eines Investitionsobjekts isolierbar und ihm zurechenbar sind. Für die Praxis der Investitionsbewertung sorgt allerdings das sog. **Interdependenzproblem** dafür, dass eine genaue Überprüfung der Zurechenbarkeit von Werteströmen vor Durchführung der Investitionsbewertung erforderlich wird. Es ist daher von Bedeutung, die Bereiche zu strukturieren, nach denen das Interdependenzproblem in Erscheinung treten kann.

Zum einen handelt es sich um die Klärung der **Arten von Interdependenzen**. Es finden sich folgende Unterscheidungen in der Literatur:

- Interdependenzen in den **Zahlungsströmen** eines Investitionsobjekts.

  Beispiel: Der zukünftige Mitgesellschafter von B.I.O., der Großanleger AG, erklärt B.I.O., dass er sein Eigenkapital nicht in einem Betrag zur Verfügung stellen will, sondern jeweils nur nach Abschluss eines Abschnitts des geplanten Investitionsprogramms „Alles Öko".

- Interdependenzen **zwischen Investitionsobjekten**. Hierbei lassen sich Ursachen nach technischer und wirtschaftlicher Art unterscheiden (vgl. auch *Weingartner* 1977, S. 1429ff.):

  ♦ **Zeitlich-horizontale Interdependenzen** können durch gleichzeitige Beschaffung mehrerer Investitionsobjekte entstehen.

    Beispiel: Auf Anfrage von B.I.O. bietet der Lieferant der Verkaufsregale an, einen beträchtlichen Mengenrabatt zu gewähren, wenn B.I.O. zusätzlich auch Verkaufstheken von ihm bezieht. Zwar wollte B.I.O. die Verkaufstheken bei einem ihm bekannten Massivholz-Möbelhändler beschaffen, doch das Angebot lässt ihn schwankend werden.

  ♦ Weiterhin sind **zeitlich-vertikale Interdependenzen** zu unterscheiden. So werden Investitionen der Gegenwart durch künftige Investitionen oder Desinvestitionen wertvoller oder weniger wertvoll. Des Weiteren werden meist heutige Investitionen durch zeitlich vorausgegangene Investitionen beeinflusst.

    Beispiel: B.I.O. möchte die beiden „Alles Öko"-Kaufhäuser komplett in Naturholz ausstatten. Dadurch ergeben sich feuerpolizeilich besondere Anforderungen an den Brandschutz. Da die Gebäude der beiden in Frage kommenden Kaufhäuser Ende des 19. Jahrhunderts errichtet wurden, sind nicht alle erforderlichen Bestimmungen umsetzbar. Es müssen daher teilweise Zugeständnisse an die ökologische Ausstattung gemacht werden.

- Interdependenzen können ferner für Investitionen zwischen **betrieblichen Funktionsbereichen** bestehen.

  Beispiel: B.I.O. betrachtet als Nukleus seiner ökologischen Kaufhausidee die überall im Kaufhaus den Kunden umgebende esoterische Erlebniswelt, die ihn für die Dauer des Kaufhausbesuchs abkoppeln soll von den Verkrampfungen und Belastungen seiner sonst erlebten materialistischen Alltagswelt. Diese Wellness verspricht nach B.I.O. eine erhöhte Kaufbereitschaft.

Als grundsätzliche **Möglichkeiten** zur Berücksichtigung des Interdependenzproblems sind festzuhalten:

- Ein Weg ist die **Problemabstraktion**, d.h. der Entscheidungsträger ignoriert das Problem. Dies kann auf folgende Weisen geschehen:

  ♦ **Vernachlässigung** von Interdependenzen als bewusste Vereinfachung von Entscheidungsproblemen, z.B. bei geringer Bedeutung, bei hohen Erfassungskosten oder aus Gründen der Praktikabilität.

  ♦ Formulierung von Modellen, deren Annahmen **Interdependenzen aufheben**, so dass eine isolierte Beurteilung von Handlungsalternativen gerechtfertigt ist. Ein solcher Weg wird mit Annahme des vollkommenen Kapitalmarkts bei Sicherheit beschritten. Diese außerordentlich zentrale Annahme der dynamischen Investitionsbewertungsverfahren ermöglicht die Beurteilung der Vorteilhaftigkeit von Investitionsobjekten ohne Berücksichtigung ihrer Finanzierungsmöglichkeiten (Separationstheorem).

- Explizite Berücksichtigung des Interdependenzproblems. Hierzu sind verschiedene Verfahren zu unterscheiden. Die Komplexität von Modellen und Rechenverfahren wird dadurch sehr schnell groß.

1 Was kennzeichnet eine Investition?

Vorgehensweisen im Umgang mit **Interdependenzen** in der **Investitionstheorie** lassen sich wie folgt unterscheiden:

- Interdependenzen der Zahlungsströme eines Investitionsobjekts werden aus Kosten- und Praktikabilitätsgründen bei der Beschaffung meist **vernachlässigt** und evtl. in Folgeentscheidungen (z.B. über die Nutzungsdauer) erfasst.

- Bei **Berücksichtigung** von Interdependenzen zwischen Investitionsobjekten kommen folgende **Verfahrensweisen** zur Anwendung:
  - **Zusammenfassung** von Investitionsobjekten zu Investitionskomplexen.
  - Erfassung der **Differenz** der Zahlungsströme (= Differenzmethode) mit dem neuen Investitionsobjekt oder ohne. Die Differenz wird dem neuen Investitionsobjekt zugerechnet, was nur bei relativ großen Investitionsobjekten möglich ist, da Differenzen sonst nicht in Erscheinung treten.
  - **Beschränkung** auf die Auszahlungs- oder Ausgabenströme bzw. auf Kosten. Diese Vorgehensweise kann erfolgen
    - bei Investitionsobjekten mit gleichen Einzahlungen,
    - falls ein neues Investitionsobjekt die Einzahlungen aus dem in Betrieb befindlichen Objekt nicht verändert.

<u>Lesehinweise:</u> Die Diskussion des Interdependenzproblems ist nicht neueren Datums, hat aber in ihrer grundsätzlichen Bedeutung bis heute nichts eingebüßt. Insofern ist das Studium grundlegender Beiträge nach wie vor empfehlenswert: *Jacob* (1964), *Moxter* (1965), *Kern* (1974, S. 70ff.).

1.3.5 Versunkene Kosten und Flexibilität

Investitionen weisen ein weiteres wichtiges Merkmal auf: Sie sind meist nach ihrer Durchführung **kaum** noch reversibel. Getätigte Investitionen, die sich im Nachhinein als nicht vorteilhaft herausstellen und mithin die Investitionsentscheidung nachträglich als falsch angesehen werden muss, führen zu versunkenen Kosten (= **Sunk Costs**, vgl. zum Begriff *Krahnen* 1991, S. 22ff.). Versunkene Kosten entstehen, wenn einmal getätigte Investitionsausgaben nicht mehr zurückgewonnen werden können. Dies ist dann der Fall, wenn ein Investitionsobjekt zwar noch einen Gebrauchs- und Restbuchwert hat, aber sein Liquidationserlös geringer ist. Die betragliche Differenz zwischen Restbuchwert und Liquidationserlös bezeichnet versunkene Kosten.

Es ist vorstellbar, dass ein Investitionsobjekt, das vor Ablauf seiner geplanten Nutzungsdauer veräußert werden soll, vor allem dann zu hohen versunkenen Kosten führt, wenn es ganz spezifischen Produktionszwecken dient. Es weist eine hohe Individualität auf, stellt sozusagen eine „Maßanfertigung" dar, die im Extremfall für andere Investoren ohne Wert ist und daher nicht nachgefragt wird. Man bezeichnet sie auch als **idiosynkratische Investitionen** (vgl. *Williamson* 1985).

Eine weitere häufige Ursache für das Entstehen versunkener Kosten ist das Problem der **adversen Selektion**. Nach den Erkenntnissen des Forschungsbeitrags zum sog. „Lemon Problem" von *Akerlof* (1970) gibt es Fälle, in denen die objektive Qualität gebrauchter Güter von potenziellen Käufern nicht erkannt werden kann, da sie sich ihrer Beurteilung entziehen. Unterstellt man mangels besserer Angaben, dass Käufer von einer Gleichverteilung der für sie nicht beobachtbaren Qualitäten ausgehen, so sind sie nur bereit, den Preis für Güter mit durchschnittlicher Qualität zu zahlen. Aufgrund dieser Handlungen ziehen sich die Anbieter qualitativ hochwertiger aber als solche nicht unterscheidbarer Güter vom Markt zurück, da sie für ihre Güter wegen des Qualitätsproblems keinen angemessenen Preis erzielen können. Letztendlich verbleiben nur die Anbieter geringerer Qualität, wodurch die durchschnittliche Qualität der übrigen angebotenen Güter sinkt. Die Käufer bieten daraufhin wiederum niedrigere Preise, so dass im Verlauf des eingesetzten Prozesses der Markt für Güter mit **Qualitätsunsicherheit** nicht mehr funktionieren wird. Immer mehr Anbieter werden den Markt verlassen (vgl. hierzu auch *Schäfer* 2002, S. 128f.). Stellen Investitionsobjekte in besonderem Maße Güter mit schwer erkennbaren Qualitätsmerkmalen dar, so steigt die Wahrscheinlichkeit, dass es zu versunkenen Kosten kommt. Liquidation und Verkauf solcher Investitionsobjekte wird unter diesen Umständen im Extrem vollständig unterbleiben.

Wird der Zeitpunkt der Realisierung einer Investition in die Zukunft verschoben, erhält der Entscheidungsträger **Flexibilität**. Er kann auf neue Informationen warten, die für ihn aus gegenwärtiger Sicht nicht oder nur unzureichend bekannt sind. Dadurch lässt sich das Problem der Irreversibilität entschärfen, da gewartet werden kann, ob nach Eintritt bestimmter, evtl. erwarteter Informationen in der Zukunft die geplante, nicht realisierte Investition noch vorteilhaft ist. Zeigt sich im Verlauf der Wartezeit, dass sich z.B. die Preis- oder Kostenentwicklung, die mit der Investition verbunden wäre, unvorteilhafter entwickelt hat als zuvor angenommen, kann auf die Durchführung der Investition verzichtet werden. Es sind keine versunkenen Kosten angefallen. Zeitliche Flexibilität erhält dadurch einen eigenständigen Wert. Flexibilität schaffen oder erhalten muss sich in der Bewertung einer Investition niederschlagen. In diesem Sinne besteht eine enge Verwandtschaft zu Finanzoptionen (vgl. *Möller/ Beißinger* 1994, S. 270).

Beispiel: B.I.O. und AG sind nach zweimonatigen Verhandlungen, Gesprächen und manchen Ärgernissen noch einmal zusammengekommen, um sich endgültig darüber im Klaren zu werden, ob sie das „Alles Öko"-Projekt definitiv realisieren wollen. Sie sind sich darüber einig, dass für beide „viel auf dem Spiel" steht. Sie gehen ein Worst Case-Szenario durch: Würde das Projekt realisiert, die Investitionssumme von *10* Mio. € verausgabt und würde sich nach kurzer Zeit herausstellen, dass sich die erwarteten positiven wirtschaftlichen Effekte nicht einstellen, hätte man eine Fehlinvestition getätigt (einen sog. Flop). AG, der in diesem Projekt die Eigenkapitalmehrheit vereinbarungsgemäß hielte, kündigt im Gespräch für einen solchen Fall an, dass er sofort in Liquidation gehen würde und die ursprünglich beschafften Investitionsobjekte einzeln veräußern wolle. B.I.O., selber nachdenklich geworden, gibt zu bedenken, dass es sich bei den Einrichtungsgegenständen etc. überwiegend um spezielle Anfertigungen handelt, die nicht ohne Weiteres an Andere verkauft werden können. Zwar gäbe es sog. Bioläden und ähnliches, doch deren Betriebsgröße ist viel zu klein, um diese großen Spezialanfertigungen erwerben zu können. Letztendlich würden sie auf dem größten Teil der einstigen Anschaffungen „sitzen bleiben". Er, B.I.O., hätte einmal gelernt, dass man so etwas dann als versunkene Kosten bezeichnet. AG sagt, dass er grundsätzlich nicht in „geschäftliche Einbahnstraßen fährt". Ob das nun versunkene Kosten wären oder nicht, auf jeden Fall will er nicht durch das Projekt „finanziell absaufen". B.I.O. versucht angesichts der spürbaren Emotionalisierung des Gesprächs Sachlichkeit zu wahren und schlägt vor, noch einmal zu überlegen, an welchem Ereignis das Projekt ernsthaft scheitern könne. Für AG ist das schon von vornherein klar identifiziert: Reicht das durch Umfragen belegte weltweit sicherlich einmalige ökologische Bewusstsein deutscher Konsumenten bis zum Geldbeutel? Darüber wurden sich B.I.O. und AG während ihrer Verhandlungsrunden immer uneiniger. Ob es an der Gesprächsatmosphäre lag oder sich dieser Schritt als logische Folge der Ergebnisse vorangegangener Gesprächsrunden abzeichnete, weiß heute keiner mehr zu sagen. AG jedenfalls machte folgenden Vorschlag: Sie sollten das „Alles Öko"-Projekt nicht sofort realisieren, sondern die Investitionen aufschieben bis nach dem Ende der Landtagswahl. Dann würde man zumindest am Wahlergebnis erkennen können, wie groß die Begeisterung für „grüne Investitionen" noch ist.

1.4 Neo-institutionenökonomische Sichtweise

Nach den Vorstellungen der neoklassischen Investitions- und Finanzierungstheorie sind aufgrund der Annahme des vollkommenen Kapitalmarkts Einzahlungsüberschüsse einer Investition lediglich auf verschiedene Parten aufzuteilen. Es ist Aufgabe des Finanzmanagements unter Einschaltung des Kapitalmarkts für ein zu realisierendes Investitionsprogramm möglichst eine optimale Partenaufteilung vorzunehmen (vgl. *Schäfer* 2002, S. 67).

Mit der Annahme des vollkommenen Kapitalmarkts gelingt in neoklassischen Modellen eine elegante und rationale Begründung von Investitionskalkülen. Es erweist sich jedoch das Problem der endogenen Unsicherheiten aufgrund asymmetrischer Informationsverteilungen zwischen (investierenden) Kapitalnehmern und (finanzierenden) Kapitalgebern als Bedrohung für die Gültigkeit der unter den restriktiven Annahmen des vollkommenen Kapitalmarkts begründeten Investitionskalküle. Die **Asymmetrie** in der **Informationsverteilung** wird bei Investitions- und Finanzierungsentscheidungen durch den Umstand charakterisiert, dass die investierenden Kapitalnehmer, d.h. die Mitglieder der Unternehmensleitung, i.d.R. aktueller und umfassender über die die zukünftigen Ein- und Auszahlungen bestimmenden Einflussfaktoren informiert sind, als es der Kapitalgeberseite möglich ist. Diese sieht sich daher häufig dem Problem gegenüber, dass ihnen die Qualität der Investitionsentscheidung, die sie finanzieren sollen, im voraus nicht bekannt ist. Ist die Investition dann realisiert und sind die Finanzmittel gebunden, so kann bei asymmetrischer Informationsverteilung der **diskretionäre Handlungsspielraum** der besser informierten Kapitalnehmerseite von ihr einseitig zu Lasten der Wohlfahrt der Kapitalgeberseite genutzt werden. Kapitalgeber können vor Überraschungssituationen (**Hold Up**) gestellt werden und grundsätzlich einem **moralischen Risiko** ausgesetzt sein, wenn sie die Handlungen der Kapitalnehmer nicht beobachten und kontrollieren können.

Unter den Bedingungen asymmetrischer Information und **Verhaltensunsicherheit** kann die Gestaltung von Finanzierungen aus Sicht der Kapitalgeber nicht mehr auf das „Nehmen einer Parte" beschränkt bleiben. Es bedarf zusätzlicher **Kooperationsdesigns**, um Interessenskonflikte zu regeln und Wohlfahrtseinbußen zu vermeiden bzw. zu mildern. Zu diesem Zweck sind eine Reihe von Institutionen wie Vertragsformen, Finanzintermediäre bis hin zu staatlichen Aufsichten geeignet, in einer Arbeitsteilung ihren Beitrag zu leisten. Die Art und der Umfang durchführbarer Investitionen hängt unter solchen **Prinzipal-Agent-Relationen** von der Gestaltung der Beziehung zwischen Kapitalnehmern und Kapitalgebern ab. Es kommt darauf an, wie effizient diese Partnerschaft geregelt ist und nicht nur, wie hoch das verfügbare Kapitalbudget ausfällt, um Aussagen über die Durchführbarkeit von Investitionen zu gewinnen. Neben der Beschreibung und Erklärung real existierender Institutionen, die zusätzlich zu Kapitalmärkten Investitions- und Finanzierungsbeziehungen regeln (positivistischer Ansatz) widmet sich die **Neo-Institutionenökonomik** in ihrer normativen Ausrichtung der Entwicklung von Handlungsalternativen für anreizkompatible und risikoeffiziente Vertragsgestaltungen.

2 Zentrale Unterscheidungen in Investitionsarten

In der betrieblichen Praxis - und in der gesamten Volkswirtschaft - getätigte **Investitionen** lassen sich nach verschiedenen Kriterien (wie Art der Investoren, Umschlagszeit, Objektbezug, Zweck) ordnen. Für die in diesem Lehrbuch gewählte Umgangsweise mit Investitionen sind folgende Eingrenzungen von Bedeutung:

- Nach der Art der Investoren betrachtet steht im Vordergrund die Gruppe der Unternehmen. Deren Investitionen schlagen sich als Bestandsmehrungen beim **Privatkapital** bzw. **direkt produktiven Kapital** nieder. Es handelt sich um jene Produktionsmittel, die den Unternehmen zur Herstellung anderer Güter dienen. Investitionen in privates Vermögen erhöhen oder erhalten direkt die Produktionskapazität von Unternehmen. Zahlreiche Erkenntnisse der nachfolgenden Kapitel lassen sich aber auch auf die beiden übrigen volkswirtschaftlichen Investorengruppen – öffentliche und private Haushalte – übertragen.

> Im Handelsblatt vom 29.04.1998 war hierzu auf S. 23 folgende Meldung zu lesen, die auszugsweise wiedergegeben ist:
>
> *„Neue Länder. Projekte in Höhe von 1,1 Bill. DM*
> *(...) Die Förderung des Aufbaus in Ostdeutschland durch die Bundesregierung hat in den neuen Ländern bis 1997 Investitionen von mehr als 1.100 Mrd. DM ausgelöst. (...) Zur Verbesserung der Infrastruktur in den neuen Ländern wurden bisher insgesamt rund 162 Mrd. DM investiert. Im Verkehrsbereich schlugen 76 Mrd. DM für Schienenwege, Bundesfernstraßen und Wasserstraßen zu Buche. Die Deutsche Telekom AG investierte rund 50 Mrd. DM in die Telekommunikationsinfrastruktur. Für die wirtschaftsnahe Infrastruktur wurden vor allem im kommunalen Bereich rund 24 Mrd. DM zur Verfügung gestellt. Dies habe Investitionen von rund 36 Mrd. DM auf den Weg gebracht (...)."*

- Hinsichtlich ihres Objektbezugs werden Investitionen in Kategorien unterteilt:

  - **Sach**- (= Real- bzw. materielle)**investitionen** betreffen die leistungswirtschaftliche Sphäre des Unternehmens (z.B. Grundstückserwerb, Kauf von Gebäuden, Maschinen, sowie industrielle Lageraufstockungen). Es handelt sich um Investitionen in Sachanlagen und in Sachgüter, resp. der Vorräte des Umlaufvermögens („ohne geleistete Anzahlungen"). Auszahlungen für Sachinvestitionen lassen sich den Investitionsobjekten i.d.R. eindeutig zurechnen, Zuordnungsprobleme bereiten dagegen häufiger Einzahlungen.

  - **Immaterielle Investitionen** werden meist zu den Sachinvestitionen gezählt, da sie weitgehend in Sachgütern verkörpert sind (z.B. Investitionen in Forschung & Entwicklung, Aus- und Weiterbildung, Sozialleistungen). Noch mehr als bei Sachinvestitionen trifft für sie das Merkmal zu, dass sich ihnen Auszahlungen genau, aber Einzahlungen meist nur unter großen Schwierigkeiten oder gar nicht zurechnen lassen.

  - **Finanzinvestitionen** berühren in geringerem Umfang die leistungswirtschaftliche Sphäre. Sie sind in erster Linie der Finanzsphäre eines Unternehmens zuzurechnen. Zu ihnen zählen der Erwerb von Beteiligungs- und Forderungsrechten und sie können anlageorientiert und/oder spekulativer Natur sein. Sie kennzeichnet zudem, dass sich sowohl die mit ihnen ver-

2 Zentrale Unterscheidungen in Investitionsarten

bundenen Aus- als auch die Einzahlungen den einzelnen Investitionsobjekten meist problemlos zurechnen lassen.

- Je nachdem wie Investitionen auf den Produktionsprozess einwirken, lassen sich zwei große Gruppen unterteilen – **Netto-** und **Re-Investitionen**. Beide Gruppen zusammen stellen die **Bruttoinvestitionen** eines Unternehmens dar. Man unterscheidet bei solchen (**wirkungsbezogenen**) **Investitionen** in folgende Kategorien:

    ♦ Unter dem Aspekt Investitionszweck bzw. -wirkung sind zum einen die **Nettoinvestitionen** für die weiteren Ausführungen von Bedeutung. Sie bezeichnen Investitionen, die erstmalig oder zusätzlich, über die durch Abschreibungen erfassten Wertminderungen des Vermögens im Unternehmen hinaus vorgenommen werden. Rein buchhalterisch gesehen stellen sie die Bruttoinvestitionen nach Abzug der Abschreibungen dar. Neben **Gründungsinvestitionen** zählen zu Nettoinvestitionen auch die **Erweiterungsinvestitionen**. Sie setzen einen Vermögensbestand eines Unternehmens voraus und erhöhen dessen Produktionskapazität. Erweiterungsinvestitionen spielen unter den Nettoinvestitionen gemessen am Investitionsvolumen die wichtigste Rolle.

> Im Handelsblatt vom 06.04.1998 war hierzu auf S. 14 folgende Meldung zu lesen, die auszugsweise wiedergegeben ist:
>
> *„Wacker-Chemie/Rekordgeschäftsjahr. Eine gute Milliarde für Investitionen*
> *(...) Die Wacker-Chemie GmbH, München, deren Kapital zu gleichen Teilen bei Hoechst und der Familie Wacker liegt, verzeichnete 1997 ihr bisher bestes Geschäftsjahr und hofft auf eine positive Entwicklung auch im laufenden Jahr. (...) Das Investitionsbudget steigt 1998 auf die Rekordsumme von 1,2 Mrd. DM. Knapp die Hälfte davon fließt in den Bereich Halbleiter (Silicium-Wafer für die Chip-Fertigung). Auf die neue 200-mm-Scheiben-Fabrik in Singapur (Gesamtkosten: 600 Mill. DM), die ab Mitte 1999 produzieren soll, entfallen davon 250 Mill. DM. Außerdem wird die 200-mm-Scheiben-Kapazität in Burghausen erweitert und das zweite Werk in Portland/Oregon komplettiert. (...)"*

    ♦ Die zweite große Gruppe der Investitionen betrifft **Re-Investitionen**, auch als Ersatzinvestitionen i.w.S. bezeichnet. Buchhalterisch gesehen sind sie der Gegenwert der Abschreibungen; sie dienen dem Erhalt der Produktionskapazität. Es steht die Überlegung im Vordergrund, dass ein neues Investitionsobjekt an die Stelle eines bisher vorhandenen Investitionsobjekts tritt:

> Im Handelsblatt vom 13.05.1998 war hierzu auf S. 13 folgende Meldung zu lesen, die auszugsweise wiedergegeben ist:
>
> *„BMW plant Großinvestition in Spartanburg*
> *Nach Rekordwerten im abgelaufenen Jahr rechnet die BMW AG auch 1998 mit Steigerungen von Absatz, Umsatz und Gewinn (...). Für das Gesamtjahr wird zudem mit einem Gewinnzuwachs gerechnet. Pischetsrieder kündigte eine neue Investition von 600 Mill. $ am US-Standort Spartanburg zur Erweiterung des Werkes an. Dort soll nicht nur die Produktion des Roadsters Z3 ausgeweitet werden, sondern vor allem das geplante neue sportlich-geländegängige BMW-Fahrzeug in Serie gehen. Dieses „SAV" (Sports Activity Vehicle) soll „exklusiv" in den USA gebaut werden. (...)"*

Auch in der Kategorie der Re-Investitionen können mehrere Gruppen unterschieden werden:

- Bei **reinen Ersatzinvestitionen** wird ein in Betrieb befindliches Investitionsobjekt durch ein identisches Objekt ersetzt.

- Unter **Rationalisierungsinvestitionen** (bzw. Modernisierungsinvestitionen) findet ebenfalls der Ersatz eines alten Investitionsobjekts durch ein neues statt; es kommt jetzt aber zusätzlich entweder zu Senkungen in den Produktionskosten oder zu Steigerungen in der Qualität der produzierten Güter. Voraussetzung für diese Effekte ist, dass technischer Fortschritt in Form von Prozessinnovationen in den betrieblichen Produktionsprozess integriert wird.

- Mit **Umstellungsinvestitionen** gehen mengenmäßige Veränderungen im bestehenden Produktionsprogramm einher.

- Zusätzlich zum Effekt der Umstellungsinvestitionen ermöglichen **Diversifizierungsinvestitionen** mengenmäßige Veränderungen im neu konzipierten Produktionsprogramm. Hierzu zählen auch die Erschließung neuer Märkte oder Beteiligung an branchenfremden Unternehmen.

- **Sicherungsinvestitionen** dienen der Sicherung des Unternehmensbestands. Hierzu werden vor allem immaterielle Investitionen eingesetzt. Typischerweise finden diese in den betrieblichen Teilbereichen Forschung & Entwicklung sowie Human Resource Management statt.

3 Bedeutung des Entscheidungsmodells

Da das pragmatische Wissenschaftsziel im modernen Verständnis für die (Finanzierungs- und) Investitionstheorie von besonderer Bedeutung ist, nimmt die damit verbundene Entscheidungslogik eine zentrale Rolle ein. Folgende Komponenten sind hierbei zu unterscheiden (vgl. *Laux* 2003, S. 19ff.):

- Die **Entscheidung** ist das Ergebnis eines Prozesses, d.h. einer gedanklichen Ordnung. Im Verlauf des **Prozesses** wird aus verschiedenen Alternativen unter Berücksichtigung von Parametern die der Zielsetzung entsprechende Alternative ausgewählt.

- Der Entscheidungsprozess setzt sich aus bestimmten **Teilprozessen** zusammen, die nachfolgend erläutert werden.

  - **Problemformulierung**: Am Ausgangspunkt des Entscheidungsprozesses steht der Teilprozess der Wahrnehmung bestimmter Symptome (z.B. stellt die Controlling-Abteilung eines Unternehmens fest, dass der Absatz in einem Produkt kontinuierlich zurückgeht).

  - **Präzisierung des Zielsystems**: Die Lösung eines zuvor formulierten Problems muss auf der Grundlage der Ziele des Entscheidungsträgers erfolgen. Das System der Ziele ist gleichsam ein Filter zur Erforschung geeigneter Handlungsalternativen und deren anschließenden Beurteilung.

  - **Erforschung** der möglichen **Handlungsalternativen**: Basierend auf dem Zielsystem werden die möglichen Handlungsalternativen zusammengestellt. Quellen bilden Erfahrungen (soweit sie vorliegen) und/oder Kreativität (ins-

3 Bedeutung des Entscheidungsmodells

besondere, wenn das zu lösende Problem bislang einmaliger Natur ist). Ferner werden Beschränkungen analysiert, die die Umsetzung möglicher Handlungsalternativen beeinflussen (z.B. Finanzierungsengpässe). Die danach verbleibenden Alternativen müssen in ihren Konsequenzen abgeschätzt werden (evtl. können Prognosen in Form von Wahrscheinlichkeitsverteilungen abgegeben werden).

♦ **Auswahl** einer **Handlungsalternative**: Aus den durch die vorangegangenen Schritte eingegrenzten Handlungsalternativen ist eine Auswahl zu treffen. Es gilt diejenige Handlungsalternative zu bestimmen, die die beste Lösung in Hinblick auf die angestrebten Ziele erbringt.

♦ Entscheidungen in der **Realisationsphase**: Im Anschluss an die Entscheidung über die optimale Handlungsalternative erfolgt ihre Realisierung, die sich aus mehreren Detailentscheidungen zusammensetzt.

Aufbauend auf den vorangegangenen Grundüberlegungen kann für jede Entscheidung ein bestimmter grundsätzlicher logischer Aufbau festgestellt werden. Er wird als **Entscheidungsmodell** bezeichnet. Abb. I-2 zeigt Basiselemente eines solchen Entscheidungsmodells.

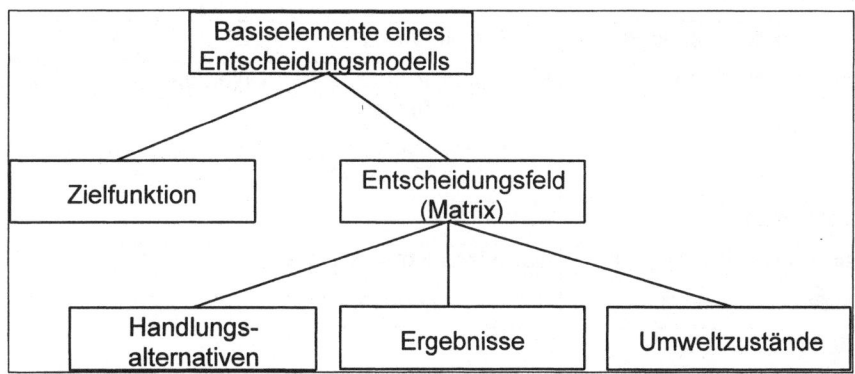

Abb. I-2: Aufbau eines Entscheidungsmodells (vgl. *Laux* 2003, S. 20)

Wie aus Abb. I-2 hervorgeht besteht ein Entscheidungsmodell neben der Zielfunktion aus dem **Entscheidungsfeld**, das i.d.R. als Entscheidungsmatrix abgebildet wird. Zuerst sollen hier die wesentlichen Komponenten für den Aufbau des Entscheidungsfelds qualitativ beschrieben werden:

- Zum einen sind **Handlungsalternativen** Teil des Entscheidungsfelds. Um von Alternativen sprechen zu können, bedarf es der Existenz von mindestens zwei Handlungsmöglichkeiten. Handlungsalternativen sind durch Werte solcher Größen gekennzeichnet, die der Entscheidungsträger eigenständig variieren kann (z.B. Produktionsmenge). Die für den Entscheider beeinflussbaren Größen werden als Entscheidungsvariablen oder Aktionsparameter bezeichnet.

- Zur Beurteilung der Alternativen müssen die verbundenen Konsequenzen erfasst werden, soweit sie die Zielgrößen des Entscheiders betreffen. Eine Wertekonstellation der Zielgrößen wird als **Ergebnis** bezeichnet. Jeder Entscheider hat sich an einer Zielgröße (z.B. Kapitalwertmaximierung) zu orientieren.

- Welches Ergebnis bei der Wahl einer bestimmten Alternative erzielt wird, hängt auch von Größen ab, die der Entscheider nicht beeinflussen kann. Sie werden als entscheidungsrelevante Daten bezeichnet (z.B. Verkaufspreise der Konkurrenten). Nur ausnahmsweise kennt der Entscheider mit Sicherheit die Ausprägungen aller entscheidungsrelevanten Daten (= **einwertige** Erwartungen). In der Regel hat der Entscheider **mehrwertige Erwartungen** und muss infolgedessen unter Unsicherheit handeln. Die einander ausschließenden Konstellationen von Ausprägungen der entscheidungsrelevanten Daten werden als **Umweltzustände** bezeichnet.

Im Überblick zum Entscheidungsmodell nach Abb. I-2 findet sich noch die Zielfunktion. Zur Aufstellung der **Zielfunktion** für ein Entscheidungsmodell muss der Zielträger sein(e) Ziel(e) nach ihrem Inhalt, dem Ausmaß der angestrebten Zielerreichung und der zeitlichen Distanz präzisieren. Abb. I-3 gibt einen Überblick über die zentralen Komponenten, die eine Zielfunktion enthalten sollte.

Zielträger	
Unternehmensinteressenten	• Einzelpersonen (z.B. Kreditinstitut)
	• Personengruppen (z.B. Klein- und Großaktionäre)
Unternehmen	vertreten durch die Unternehmensleitung
Zielinhalte	
Nicht finanzielle Zielgrößen	z.B. Macht, Prestige
Finanzielle Zielgrößen	• in personenbezogenen Unternehmen, z.B. Einkommen, Vermögen
	• in firmenbezogenen Unternehmen, z.B. Ausschüttungen, Marktwert des Eigenkapitals
Zielvorschrift	
Extremierung der Zielgrößen	Maximierung bzw. Minimierung
Satisfizierung der Zielgrößen	Anspruchsniveau setzen
Zeitlicher Bezug	
Kurzfristig	< 1 Jahr
Mittel- bis langfristig	≥ 1 Jahr

Abb. I-3: Zentrale Komponenten einer Zielfunktion

<u>Lesehinweise:</u> Das Entscheidungsmodell insbesondere bei Mehrfachzielsetzungen diskutieren u.a. *Chmielewicz* (1970), *Heinen* (1966, S. 52f.) und *Mus* (1975).

4 Arten von Investitionsentscheidungen

Es ist gängige Auffassung in den Wirtschaftswissenschaften, dass jedes ökonomische Handeln einer Rationalität zu unterstellen ist. Ökonomisch rational handeln heißt, dem **Wirtschaftlichkeitsgrundsatz** (wirtschaftliches Prinzip, ökonomisches Prinzip) zu folgen (vgl. *Pack* 1965, S. 525):

- Mit einem gegebenen Einsatz von Ressourcen den größtmöglichen wirtschaftlichen Erfolg erzielen **(Maximalprinzip)**.

- Einen angestrebten wirtschaftlichen Erfolg mit dem minimal möglichen Ressourceneinsatz verwirklichen **(Minimalprinzip)**.

4 Arten von Investitionsentscheidungen

Das diesbezüglich grundsätzliche Problem bei Investitionsbewertungen als Grundlage von Investitionsentscheidungen mag das folgende Zitat verdeutlichen: „Beabsichtigte Investitionsentscheidungen stellen Investitionsrechnungen meist vor eine komplexe Aufgabe: Zu jedem künftigen Zeitpunkt ist auf der Basis zugänglicher Informationen über die monetären Auswirkungen einer Investition oder Investitionsbündels zu berücksichtigen, dass bei einer für die Investitionsrechnung vorgegebenen Zielsetzung und Risikoneigung des Investors, die Kapitalbeschaffung (Mittelherkunft) und die Kapitalverwendung (Mittelverwendung) projekt- oder gar programmbezogen aufeinander abzustimmen sind" (*Kern* 1974, S. 29).

Um den Komplexitätsgrad zu reduzieren (weil ansonsten höchste Isomorphie von Modell und Wirklichkeit erforderlich wäre), werden Investitionsentscheidungen nach bestimmten Merkmalen klassifiziert und ihnen bestimmte Typen von Investitionsbewertungsverfahren zugeordnet, die geeignet sind, das jeweilige Investitionsentscheidungsproblem zu lösen. Es sollen Entscheidungen herbeigeführt werden, die sich nach ihrer Art in ganz bestimmter Weise strukturieren lassen.

Objektbezogene (Einzel-)Entscheidungen sind danach zu unterscheiden, ob es sich um die Auswahl eines Investitionsobjekts handelt (Einzelentscheidungen i.e.S.) oder hinsichtlich der Nutzungsdauer (Sequenzentscheidungen) (vgl. *Kern* 1974, S. 33-35 und *Lücke* 1975, S. 377):

- Einzelentscheidungen i.e.S.:

    ♦ Im Rahmen des **Vorteilhaftigkeitsproblems** wird eine **Ja-Nein-Entscheidung** getroffen. Hierbei handelt es sich um die Entscheidung über ein einzelnes, isoliert betrachtetes Investitionsobjekt. Gängig ist auch die Vorstellung, es handelt sich um eine Entscheidung zwischen den Alternativen „Durchführung einer Investition" (inkl. ihrer Finanzierung) und „Unterlassung der Investition". Zur Unterlassungsalternative zählt auch der Verzicht auf die Finanzierung bzw. die Alternativanlage, wenn der Investor über eigene Finanzmittel verfügt. Insofern lässt sich das Vorteilhaftigkeitsproblem auch als Wahlproblem verstehen (vgl. *Grob* 1989, S. 11).

    ♦ Das **eigentliche (Aus-)Wahlproblem** besteht bei der Auswahl eines Investitionsobjekts aus mehreren Alternativen, die sich gegenseitig ausschließen (**Entweder-Oder-Vergleich, Alternativvergleich**). Die Ursache für einen solchen Vergleich kann in technisch-sachlichen Gründen liegen (z.B. ein anzuschaffender Lkw auf der Basis von vier alternativen Herstellertypen) oder wenn die Finanzierung nur begrenzte Finanzmittel erbringen wird und nicht alle Projekte realisiert werden können. Zentral ist bei Wahlentscheidungen, dass grundsätzlich damit eine Ja-Nein-Entscheidung verbunden werden kann. Dies wird das dominierende Entscheidungskriterium sein und erst wenn es erfüllt ist, wird eine Auswahlentscheidung überhaupt vorzunehmen sein.

- Die **Sequenzentscheidung** im Rahmen der Investitionsbewertung bezieht sich auf das Problem, die Investitionsobjekte **während** ihrer **Nutzungsdauer** betreffen. Folgende Entscheidungstypen werden hierunter subsumiert:

    ♦ Das **Nutzungsdauerproblem** hat die Bestimmung der **optimalen Nutzungsdauer** zum Gegenstand. Es handelt sich um ökonomische (und nicht technische) Entscheidungen über einzelne Investitionsobjekte, die sich (noch nicht) im Betrieb befinden. Normalerweise wird die Nutzungsdauer von Investitionsobjekten durch dessen **technische** oder **vertragliche** Nut-

zungsdauer begrenzt. Die ökonomische muss mit einer solchen vertraglichen oder technischen Nutzungsdauer nicht zwangsläufig übereinstimmen. Dies ist insbesondere durch technischen Fortschritt bei neuen substitutionalen Investitionsobjekten, Bedarfsänderungen auf den Absatzmärkten oder bei Qualitätsverschlechterungen des in Betrieb befindlichen Investitionsobjekts möglich.

♦ Eine spezielle Form des Nutzungsdauerproblems stellt die Entscheidung über den **optimalen Ersatzzeitpunkt** dar. Hierbei ist es die Aufgabe zu entscheiden, in welchem Zeitpunkt ein in Betrieb befindliches Investitionsobjekt durch ein neues zu ersetzen ist.

Werden **objekt- und zeitbezogene Wahlprobleme** (eigentliches Wahlproblem und Sequenzproblem) betrachtet, so sind Investitionsentscheidungen nicht mehr sukzessiv, sondern simultan zu erfassen. Die Investitionsentscheidung wird unter expliziter Berücksichtigung von Nebenbedingungen vorbereitet. Die **Programmentscheidung** umfasst dann die Festlegung der jeweiligen Investitionsvolumina für die möglichen Investitionsobjekte. Es stellt sich die Frage nach der ökonomisch sinnvollsten Kombination mehrerer Investitionsobjekte, die sich gegenseitig nicht ausschließen. Je nach Komplexitätsgrad ist in **partielle** und **totale Programmentscheidungen** zu trennen.

5 Verfahren der Investitionsbewertung im Überblick

Unter einem Verfahren (oder einer Methode) wird ein **planvolles Vorgehen** hinsichtlich der Art und Weise, in der eine Problemlösung herbeigeführt wird, verstanden. Reale Investitionsprobleme werden bei Investitionsbewertungsverfahren hinsichtlich ihrer Struktur in einem rechnerischen oder mathematischen Modell abgebildet. Ziel ist es, eine zur Entscheidung anstehende Investition oder eine Vielzahl von Investitionsmaßnahmen zu bewerten. Die **Bewertung** bildet die Grundlage, um in einem Entscheidungsmodell Aussagen darüber treffen zu können, ob eine Investition wirtschaftlich vorteilhaft ist oder nicht. Dies erfordert vor der Bewertung die Isolierung von Kriterien, mit denen man **Vorteilhaftigkeit** misst. In diesem Sinne werden Investitionen auch auf ihre Wirtschaftlichkeit hin „gerechnet" und bilden so die Voraussetzung für eine rationale Investitionsentscheidung.

Grundlegend ist die Unterscheidung von Arten der Investitionsrechenverfahren (auch **Wirtschaftlichkeitsrechnungen** genannt) danach, ob es sich um Investitionsobjekte im einzelwirtschaftlichen (betriebswirtschaftlichen) Bereich oder im gesamtwirtschaftlichen (volkswirtschaftlichen) Umfeld handelt. Im vorliegenden Lehrbuch wird der einzelwirtschaftliche, d.h. **Unternehmensbereich** den Rahmen darstellen, in dem Investitionsbewertungsverfahren vorgestellt werden. Es handelt sich um monetäre Bewertungsverfahren, da sie auf pekuniären Wertgrößen basieren. In wenigen Fällen der einzelwirtschaftlichen Investitionsbewertung kommen auch (trägerbezogene) Nutzwertanalysen zur Anwendung. Solche Verfahrensweisen haben ihre eigentliche Bedeutung jedoch in der Beurteilung von Vorhaben und Maßnahmen mit investivem Charakter im Bereich der **gesamtwirtschaftlichen Investitionsbewertung**. Hier unterscheidet man zwischen Investitionsbewertungsverfahren, bei denen monetäre Wertgrößen Eingang finden, wie es bei Nutzen-Kosten- oder Kostenwirksamkeitsanalysen der Fall ist. Andere Verfahren operieren nicht mit monetären Größen. Da diese Verfahren nicht weitergehend behandelt werden, sollen einige kurze Hinweise gegeben werden:

- Im Rahmen einer **Kosten-Wirksamkeitsanalyse** (KWA) werden die Kosten eines Projekts in Geldeinheiten ermittelt und die Wirksamkeiten nach technischen Skalen ausgewiesen. Es besteht bei diesen Bewertungsverfahren eine Dimensionsverschiedenheit, wodurch die Aussagekraft der KWA eingeschränkt ist (vgl. *Horsmann/ Ilgmann* 1978, S. 55ff.).

- Bei der **Nutzwertanalyse** (NWA) werden nicht monetäre Beurteilungskriterien der Bewertung zugrunde gelegt und miteinander verknüpft. Das Ergebnis ist ein dimensionsloser Ordnungsindex. Er gibt den Punkteabstand oder die Rangposition einer Alternative gegenüber den übrigen an. Mit der NWA wird somit ausschließlich eine Rangordnung unter Alternativen hergestellt, es erfolgt keine Bewertung (vgl. zur Methode *Zangemeister* 1973).

- Vergleichbar mit betriebswirtschaftlichen Investitionsbewertungsverfahren ist die **Nutzen-Kosten-Analyse** (NKA). Sie ist monetär ausgerichtet, d.h. die relevanten Nutzen- und Kostenkomponenten einer gesamtwirtschaftlichen Investition werden in Geldeinheiten gemessen. Sie sind über eine Zeitschiene verteilt und werden auf einen gemeinsamen Kalkulationszeitpunkt diskontiert. Die Aussagekraft dieser Methode ist nur dann gegeben, wenn die Effekte der zu beurteilenden Investition verlässlich in monetäre Einheiten transferiert wurden (vgl. zum Verfahren *Mishan* 1975).

Weiterführend verbleiben die Betrachtungen im Bereich der **einzelwirtschaftlichen Investitionsbewertungsverfahren**. Die diesbezügliche Systematisierung wird am häufigsten in folgende Gruppen vorgenommen:

- Oft ist die Unterscheidung in statische und dynamische Investitionsbewertungsverfahren in der wissenschaftlichen Literatur vorzufinden. Während **statische Verfahren** Input- und Outputströme nur einer Gesamt- oder Durchschnittsperiode betrachten, legen **dynamische Investitionsbewertungsverfahren** den Modellen den vollständigen Zeitraum der Ein- und Auszahlungsströme zugrunde. Sie bedienen sich ferner der Finanzmathematik.

- Eine weitere Unterscheidung ist die zwischen **kapital-** und **produktionstheoretischen Modellen**. Zur erstgenannten Gruppe zählen dynamische Methoden der Investitionsbewertung und zur zweiten die aus ihnen hervor gegangenen sukzessiven Verfahren für Programmentscheidungen.

- Nach *Schneider* (1992, S. 30) unterscheidet man zwischen finanzwirtschaftlichen **Totalmodellen**, die einen vollständigen und zielgerechten Finanzplan erfordern, und den **Partialmodellen**, die mit Pauschalannahmen arbeiten (z.B. hinsichtlich der zeitlichen Struktur von Ein- und Auszahlungsströmen).

- Als **traditionelle** Verfahren werden Modelle mit relativ einfacher Abbildung der realen Investitionssituation bezeichnet. Sie werden mit rechnerischen Kalkülen oder der Finanzmathematik gelöst. Als **moderne** Verfahren bezeichnet man Investitionsrechenmodelle, die überwiegend dem Gebiet des Operations Research entstammen und vor allem aus Modellen der linearen Programmierung bestehen.

<u>Lesehinweis:</u> Einen modernen Überblick über die Arten von Investitionsbewertungsverfahren liefert *Luehrman* (1997a).

6 Vorgehensweise und Ausblick auf die folgenden Kapitel

Abschließend soll die Vorgehensweise der folgenden Kapitel des Lehrbuchs und deren Zusammenhänge erläutert werden. Die nachfolgenden Ausführungen zur Investitionstheorie beginnen in **Kapitel II** mit den **statischen Verfahren** der Investitionsbewertung. Kennzeichnend für sie ist die **einperiodige Betrachtungsweise** von Investitionsvorgängen. Sie haben sich aus der betrieblichen Praxis heraus entwickelt, sind jedoch in den Wirtschaftswissenschaften umstritten. So weist *Biergans* (1979, S. 86ff.) darauf hin, dass einige Wirtschaftswissenschaftler diese Verfahren von vornherein als „unwissenschaftlich" bezeichnen und daher meist auch gar nicht in ihren Arbeiten erwähnen. Andere Wissenschaftler befürworten dagegen grundsätzlich die Berechtigung dieser Verfahren. Im vorliegenden Lehrbuch wird die wissenschaftliche Skepsis weitgehend geteilt. Da empirische Erhebungen jedoch zeigen, dass diese Verfahren in der Praxis eine Rolle spielen (und sei es als **„Daumenregeln"**), soll ihnen in angemessenem Umfang Raum in diesem Lehrbuch gewidmet werden. Es lassen sich zudem die Widersprüche dieser Methoden für eine rationale Investitionsentscheidung veranschaulichen.

In Abb. I-4 ist zum Überblick der Aufbau der Kapitel skizziert, die den statischen Investitionsrechenverfahren folgen.

	Erwartungen	Kapitalmarkt	
		vollkommen	unvollkommen
	sicher	A	B
Grundlagen-modelle	→	• *Fisher*-Modell • dynamische Investitions-rechenverfahren	• *Fisher/ Hirshleifer*-Modell • Simultan-planungsmodelle (*Dean*-Modell, lineare Programmierung)
Lehrbuch-stellen	→	Kapitel III, IV, V	Kapitel V
	unsicher	C	D
Grundlagen-modelle	→	• Portfolio Selection-Theorie, • Capital Asset Pricing Model, • Arbitrage Pricing Theory, • Optionspreis-theorie	• Prinzipal-Agent-Modelle • Modelle der adversen Selektion
Lehrbuch-stellen	→	Kapitel VI, VII, VIII	Kapitel IX

Abb. I-4: Aufbau der Kapitel im Spiegel von Annahmenkombinationen

6 Vorgehensweise und Ausblick auf die folgenden Kapitel

Kapitel III begründet ausgehend von der zentralen Kritik an den statischen Verfahren, weshalb dem Kapitalmarkt in der modernen (Finanzierungs- und) Investitionstheorie zentrale Funktionen zukommen. Als Kapitalmarkt ist in der Interpretation von *Schneider* zu verstehen:

> „Der Kapitalmarkt wird hier als Name für die Gesamtheit der Finanzmärkte verwendet, also als Sammelbegriff für Märkte, auf denen Nachfrager nach Geld heute mit Nachfragern für künftige Einnahmenansprüche zusammentreffen und Anbieter von Geld heute mit Anbietern künftiger Einnahmenansprüche" (*Schneider* 1992, S. 12). Der Kapitalmarkt schließt den Geldmarkt ein.

Es wird in einem ersten Ansatz die Annahme eines **vollkommenen Kapitalmarkts mit sicheren Erwartungen** getroffen. Diese **Annahmenkombination A** weist außerordentlich bequeme Eigenschaften für investitionstheoretische Fragestellungen auf. Sie bietet für praktische Planungen und wissenschaftliche Theorien eine wichtige Grundlage und erleichtert didaktisch den Einstieg in die kapitalmarktorientierte Investitionstheorie. Im Rahmen des neoklassischen Paradigmas bewegen sich die Ausführungen im sog. *Fisher*-**Modell**, deren wichtigstes Ergebnis die Separation von Konsum- und Investitionsentscheidung ist. Während Kapitel III in diesem Annahmenkontext kapitalmarkttheoretische und finanzmathematische Grundlagen vermittelt, stellt **Kapitel IV** die darauf basierenden klassischen dynamischen Investitionsbewertungsverfahren und deren wesentlichen Anwendungsfelder dar. Die zentrale methodische Grundlage bildet das Kapitalwertverfahren.

Erfolgt die Darstellung der Investitionsrechenverfahren in Kapitel IV noch unter sehr restriktiven Annahmen (z.B. werden Preisniveauänderungen, Steuern und Zinssatzstrukturen außer Acht gelassen), bemüht sich die erste Hälfte von **Kapitel V** um Lockerung der restriktiven Annahmen. Während die erste Hälfte von Kapitel V noch im Rahmen der Annahmenkombination A entwickelt wird, operiert die zweite Hälfte unter einer ersten Modifikation und mehr Realitätsnähe: Während die **Erwartungen** noch als **sicher** gelten, weist der **Kapitalmarkt Unvollkommenheiten** auf (**Annahmenkombination B**). Insbesondere wird der Kalkulationszinsfuß differenziert. Der unvollkommene Kapitalmarkt bewirkt, dass kein einheitlicher gleichgewichtiger Zinssatz mehr existiert. Zinssätze werden gespalten (in Soll- und Habenzinssätze), da mit der Kapitalallokation **Transaktionskosten** verbunden sind. Ferner wirft der unvollkommene Kapitalmarkt das Problem der **Kapitalrationierung** auf. Kapital ist für die Durchführung von Investitionen nicht mehr in beliebigem Umfang verfügbar. Dies führt dazu, dass der Kalkulationszinsfuß endogen aus dem Prozess der Kapitalbudgetierung ermittelt werden muss. Das neoklassische Paradigma wird in dieser Annahmenkombination durch das *Fisher/ Hirshleifer*-Modell, die Ansätze der vollständigen Finanz- und Investitionspläne sowie die Simultanplanung (*Dean*-Modell und Modelle der linearen Programmierung) getragen.

Kapitel VI bis VIII ist zu eigen, dass sie auf der **Annahmenkombination C** basieren, die **Erwartungen** als **unsicher** voraussetzt, wohingegen die **Kapitalmärkte** wieder als **vollkommen** angesehen werden. Damit bewegt man sich im neoklassischen Paradigma der Finanzierungs- und Kapitalmarkttheorie. Der Behandlung von Risiko wird hier breiter Raum geschenkt, da ihre Bedeutung für Investitionsprozesse als außerordentlich hoch zu erachten ist. Die in den 90er Jahren sprunghafte Annäherung der real existierenden, börsenmäßig organisierten Kapitalmärkte mag bis zu einem gewissen Grad die Wiedereinführung der Annahme des vollkommenen Kapitalmarkts auch aus empirischer Sicht rechtfertigen. Auf dieser Grundlage widmet **Kapitel VI** seine Ausführungen vor allem den statistischen Instrumenten und Zusammenhängen, die für eine Bewertung von Investitionen bei

Risiko benötigt werden. In **Kapitel VII** wird zum einen mit der **Portfolio Selection-Theorie** ein Modell zur optimalen Mischung von risikotragenden und risikofreien Investitionsobjekten vorgestellt. Es zeichnet sich aus einzelwirtschaftlicher Sicht durch seinen Ansatz der Risikoreduktion mittels Diversifikation aus. Es bildet zusätzlich auch das methodische Fundament für eine gleichgewichtige Kapitalmarktsicht, die im **Capital Asset Pricing Model** formuliert wird. Mit diesem Gleichgewichtsmodell wird der Kalkulationszinsfuß um eine (Gleichgewichts-)Risikokomponente ergänzt und in den klassischen dynamischen Investitionsrechenverfahren kann das mit einer Investition verbundene Risiko integriert werden.

Kapitel VIII entwickelt auf der Grundlage des vollkommenen Kapitalmarkts die gleichgewichtige neoklassische Kapitalmarkttheorie für die Investitionstheorie weiter. Zum vollkommenen Kapitalmarkt tritt dessen Vollständigkeit, indem Zukunftsmärkte eingeführt werden. Mithilfe der Erkenntnisse der Theorie von Finanzoptionen, die kurz vorgestellt werden, steht Kapitel VIII vollständig unter dem Aspekt der Flexibilisierung von Investitionsentscheidungen. Unter dem methodischen Dach sog. **Realoptionen** werden die analytischen Grundlagen entwickelt, mit denen Investitionsentscheidungen begründet werden können, die aufschiebbar sind. Es gilt jetzt nicht mehr das „Jetzt-oder-nie-Prinzip" für die Investitionsentscheidung, wie es in allen investitionstheoretischen Modellen der vorangegangenen Kapitel implizit vorlag, sondern Flexibilität erhält für die Investitionspolitik Bedeutung und einen eigenständigen Wert. Dies ergänzt Wertparameter wie sie in Gestalt des Kapitalwerts oder des internen Zinsfußes in den vorangegangenen Kapiteln entwickelt wurden.

Zum Abschluss behandelt **Kapitel IX** die **Annahmenkombination D** in der Zusammensetzung aus **unsicheren Erwartungen und unvollkommenem Kapitalmarkt**. Diese Kombination weist den Weg in die neo-institutionalistische Finanzierungs- und Investitionstheorie. Asymmetrische Informationsverteilung zwischen Kapitalgeber und -nehmer und divergierende Interessen führen zu **endogenen Unsicherheiten**. Sie stellen Kapitalgeber und -nehmer vor ganz spezifische gegenseitige Verhaltensabhängigkeiten, die man mit dem **Prinzipal-Agent-Ansatz** methodisch zu erfassen sucht. Investitionsentscheidungen sind dann in ihren Wirkungen für die schlechter informierte Partei, i.d.R. die Kapitalgeber, nicht zwingend erkennbar. Moralisches Risiko kann Kapitalnehmer „verführen" und zu Über- oder Unterinvestitionsproblemen verleiten.

<u>Lesehinweise:</u> Die Abgrenzung der Inhalte des Lehrbuchs ist auch vor dem Hintergrund von Entwicklung und Stand der Finanzierungs- und Investitionstheorie zu sehen. Um hierzu einen Eindruck zu gewinnen, seien nachfolgende Literaturstellen zur Lektüre den Leserinnen und Lesern „ans Herz gelegt": Die Entwicklungslinien der Finanzierungs- und Investitionstheorie zeichnen *Steiner/ Kölsch* (1989) und *Loistl* (1990) nach. Ergänzend sollten die neueren Entwicklungen auf dem Gebiet der Finanzmarkttheorie von *Franke* (1993) beachtet werden. *Krahnen* (1993) liefert eine Tour d'Horizon zur Finanzierungstheorie zwischen Markt und Institution.

Kapitel II Statische Verfahren der Investitionsbewertung

Verfahren der statischen Investitionsbewertung und -rechnung werden häufig als sog. **Praktikerverfahren** bezeichnet. Wenn sie auch nicht im Zentrum eines Lehrbuchs zur Investitionstheorie stehen, so ist zumindest ihre Darstellung in wesentlichen Zügen ein Gebot der Vollständigkeit.

> Im Kapitel II sollen auf folgende **zentrale Fragen** Antworten gegeben werden:
> (1) Auf welchen methodischen Grundlagen basieren statische Investitionsrechenverfahren ihre Handlungsempfehlungen?
> (2) Was sind die Merkmale der Kostenvergleichsrechnung und welche Anwendungsgebiete kennzeichnet diese Verfahrensgruppe?
> (3) Unter welchen Umständen ist auf eine Gewinnvergleichsrechnung überzugehen und was sind ihre speziellen Einsatzgebiete in der Investitionsrechnung?
> (4) Was kennzeichnet Verfahren der Rentabilitätsrechnung?
> (5) Welche Grundüberlegung liegt der Amortisationsrechnung zugrunde und welche Verfahrensweisen werden dort angewendet?
> (6) Welche zentralen methodischen Schwächen weisen statische Investitionsrechenverfahren auf und wo liegen die Ansatzpunkte zu rationalen Modellen der Investitionsbewertung und -rechnung?

1 Methodische Grundlagen

Statische Verfahren werden auch als einfache, einperiodige oder kalkulatorische Verfahren der Investitionsbewertung bezeichnet. Wesentliche Merkmale dieser Verfahren bestehen wie folgt:

- Sie sind durch eine Vielzahl von Varianten gekennzeichnet, haben sich in der **betrieblichen Praxis** entwickelt und besitzen dort eine hohe Akzeptanz sowie Verbreitung.
- Die wirtschaftlichen Wirkungen des zu bewertenden Investitionsobjekts werden mit **Kosten** und **Erlösen** erfasst. Eine Ausnahme bilden Ein- und Auszahlungen, die der Amortisationsrechnung zugrunde liegen.
- Jedes Investitionsobjekt wird isoliert in seinem betrieblichen Einsatz betrachtet. Mögliche technische, organisatorische oder wirtschaftliche **Interdependenzen** zwischen dem zu beurteilenden Investitionsobjekt und bereits vorhandenen oder in Zukunft anzuschaffenden Investitionsobjekten bleiben **unbeachtet** und gehen mit ihren Wirkungen nicht in die Vorteilhaftigkeitsüberlegung ein.
- Alle Größen der Vorteilhaftigkeitsberechnung werden als **betraglich sicher** unterstellt.

Das Charakteristische für statische Verfahren ist, dass sie die zeitliche Verteilung finanzieller **Investitionswirkungen einperiodisch** betrachten. Man kann in diesem Sinne zwei Arten von Wertströmen unterscheiden (vgl. *Kern* 1974, S. 43):

(1) **Einmalige Größen** sind in erster Linie durch die Anschaffungskosten (z.B. aufgrund der Beschaffung einer Maschine) und dem Liquidationserlös bestimmt.

An den Anschaffungsausgaben lässt sich die Vorgehensweise statischer Verfahren verdeutlichen: Sie berücksichtigen lediglich die periodischen Abschreibungen und die durchschnittlich anfallenden Finanzierungs(zins-)kosten, deren Bezugsbasis das durchschnittlich durch die Investition gebundene Kapital ist. Dies ist nur in dem extremen Fall zulässig, in dem über den Betrachtungszeitraum ein gleichförmiger Wertestrom pro Periode existiert und damit eine stetige konstante Wertfunktion vorliegt.

(2) Des Weiteren werden laufende, d.h. **jährliche Wertgrößen** (z.B. Personalausgaben) statischen Verfahren zugrunde gelegt. Ihre Besonderheit ist, dass sie unabhängig von den tatsächlichen während der Nutzungsdauer anfallenden Betragsgrößen in einem repräsentativen Betrag und quasi zeitlos angesetzt werden. Eine solche Vorgehensweise wird mit einer der drei folgenden **Begründungen** zu rechtfertigen versucht (vgl. *Olfert* 2003, S. 147-148):

- Eine rigide Vorgehensweise ist es, ausschließlich die **Anfangsperiode**, also das erste Jahr der Nutzungsdauer mit ihren Wertgrößen zugrunde zu legen. Man nennt die Wertgrößen **unechte Durchschnittskosten** bzw. **–erlöse** (vgl. *Biergans* 1979, S. 92f.). Auf dieser Grundlage operierende Investitionsrechenverfahren werden als **primitive statische Verfahren** bezeichnet (vgl. *Däumler* 2003, S. 160). Nur in seltenen Fällen dürfte dieses Vorgehen methodisch gerechtfertigt sein, da i.d.R. die Wertgrößen des ersten Jahres nicht repräsentativ für die Größen sind, die während der gesamten Nutzungsdauer anfallen.

- Geht man zur Vereinfachung von in Zukunft sicheren Daten und der weiteren Einschränkung aus, dass nur die in der Gegenwart gültigen Daten (z.B. Personalkostenfaktoren) Grundlagen der Rechnung sind und drittens von der modellhaften Vorstellung, dass diese Ausgaben jährlich in gleicher Höhe anfallen, so kann ein Jahr als repräsentativ für die gesamte Nutzungsdauer angesehen werden. Bei den statischen Methoden ist damit die Wertigkeit einer Zahlung unabhängig vom Zahlungstermin. Eine Zahlung in Höhe von beispielsweise *1.000 €* in der Gegenwart und eine weitere Zahlung zu einem beliebigen späteren Zeitpunkt sind gleichwertig. Deshalb kann man einen **repräsentativen Zeitraum**, normalerweise das Geschäftsjahr, zugrunde legen.

- Eine andere Verfahrensweise ist die Bildung einer **Durchschnittsperiode**. Zu diesem Zweck werden alle laufenden Wertgrößen aus den jeweiligen Subperioden der Nutzung (i.d.R. die einzelnen Jahre der Nutzungsdauer) addiert und das arithmetische Mittel gebildet (zur Methodik vgl. Kapitel VI).

Wertgrößen, die entweder auf der Methode eines repräsentativen Zeitraums oder einer Durchschnittsperiode basieren, werden als **echte Durchschnittskosten bzw. –erlöse** bezeichnet (vgl. *Biergans* 1979, S. 92f.). Statische Verfahren, die auf Durchschnitts- oder Repräsentativgrößen aufbauen, bezeichnet man auch als **verbesserte statische Verfahren** (vgl. *Däumler* 2003, S. 160).

Wenn nicht mehr der gesamte Investitionszeitraum betrachtet wird, sondern nur noch eine Periode, kann die Investitionsbewertung nicht über Zahlungsströme, sondern nur über Wertverzehr erfolgen (jahresbezogene Betrachtung). Treten größere Ausgaben zu unterschiedlichen Zeitpunkten auf (z.B. die Beschaffung neuer Reifen für einen Pkw alle drei Jahre), so können diese linear auf die Nut-

1 Methodische Grundlagen

zungsdauer verteilt werden, damit die jährlichen Ausgaben wieder in gleich großer Höhe vorliegen.

Im Rahmen der statischen Methoden unterscheidet man vier Rechenverfahren: **Kostenvergleichsrechnung**, **Gewinnvergleichsrechnung**, **Rentabilitätsrechnung** sowie **Amortisationsrechnung**. Letztgenannte wird auch bei den dynamischen Methoden eingesetzt. Die statischen Verfahren werden der Reihe nach vorgestellt, und es werden Anwendungsvoraussetzungen sowie -besonderheiten aufgezeigt.

2 Kostenvergleichsrechnung

In der Kostenvergleichsrechnung wird eine Vorteilhaftigkeitsentscheidung ausschließlich auf der Grundlage von Kosten durchgeführt. Erlös-, Gewinn- oder Rentabilitätsgrößen werden zur Beurteilung von Investitionsobjekten nicht herangezogen. Einsetzbar ist die Kostenvergleichsrechnung für folgende Entscheidungssituationen:

- Beim **Auswahlproblem** geht es um die Ermittlung der relativen Kostenvorteile von mehreren einander ausschließenden Investitionsobjekten (beispielhafte Entscheidungssituation: Welche Maschine soll installiert werden?).

- Des Weiteren ist die Kostenvergleichsrechnung bei **Ersatzproblemen** anwendbar. Liegen die Kosten eines im Betrieb eingesetzten Investitionsobjekts über oder unter denen des zum Vergleich anstehenden neuen Investitionsobjekts? Im ersten Fall ist das alte Investitionsobjekt still zu legen und durch das neue Investitionsobjekt zu ersetzen. Ansonsten unterbleibt der sofortige Ersatz vor Ablauf der geplanten Nutzungsdauer.

- Die Kostenvergleichsrechnung ist generell bei **kleineren Ersatz- und Rationalisierungsinvestitionen** sinnvoll (z.B. bei Ersatz eines Kopiergeräts). Nur in diesen Fällen kann davon ausgegangen werden, dass die Investitionsentscheidungen nicht die Erlöse beeinflussen.

2.1 Zentrale Kostenkomponenten

Grundlage des Kostenvergleichs sind Gesamtkosten, entweder als absolute **Periodenkosten** oder als **Stückkosten**. In beiden Fällen gibt es zur Kostenerfassung zwei Möglichkeiten:

(1) Zusammenstellung der Gesamtkosten nach fixen und variablen Kostengruppen ohne weitere Spezifikation nach Kostenarten.

(2) Gliederung der Gesamtkosten nach bestimmten Kostenarten bzw. -gruppen. Diese Systematik ist häufiger in Literatur und Praxis anzutreffen, weshalb sie nachfolgend näher erläutert werden soll.

Insgesamt unterscheidet man bei Vorgehen (2) in Kapitalkosten (= K_{DZ}) und Betriebskosten (= K_B) als Kalkulationsgrundlagen der **Gesamtkosten**:

$$K = K_{DZ} + K_B \qquad (\text{II-1})$$

Die Gruppe der **Betriebskosten** umfasst beschäftigungsfixe und –variable Kostenarten (z.B. Löhne, Gehälter und Lohnnebenkosten, Materialkosten, Energiekosten) (vgl. *Olfert* 2003, S. 153f.).

Die zweite Kostengruppe besteht aus **Kapitalkosten**, wird auch Kapitaldienst genannt und setzt sich wie folgt zusammen (vgl. *Hax* 1993, S. 15):

$$K_{DZ} = K_D + K_Z \qquad \text{(II-2)}$$

mit

K_D = kalkulatorische Abschreibungen,
K_Z = kalkulatorische Zinsen.

Die Ermittlung des Kapitaldiensts steht in engem Zusammenhang mit dem unterstellten Kapitalbindungs- bzw. Kapitalfreisetzungsverlauf, was nachfolgend näher erläutert wird.

2.1.1 Durchschnittliche (kalkulatorische) Abschreibung

Der Ansatz kalkulatorischer Abschreibungen dient aus der Sicht der Leistungs- und Kostenrechnung der periodischen Erfassung von Wertminderungen materieller und immaterieller Gegenstände des Anlagevermögens. Aus finanzwirtschaftlicher Sicht erfasst sie über die verdienten Abschreibungsgegenwerte die Amortisation des gebundenen Kapitals (vgl. *Schäfer* 2002, S. 469f.). Üblicherweise wird in Kostenvergleichsmodellen ein **linearisierter Abschreibungsverlauf** unterstellt.

Sieht man vorerst von der Möglichkeit ab, dass am Ende der Abschreibungsdauer ein **Liquidationserlös** aus dem Verkauf eines Vermögensgegenstands erzielt werden könnte, so errechnet man die **lineare Abschreibung** aus Anschaffungskosten und Abschreibungsdauer (i.d.R. die vom Investor geplante Nutzungsdauer) mit der Formel

$$K_D = \frac{A}{T} \qquad \text{(II-3)}$$

mit

A = Anschaffungskosten,
T = Abschreibungsdauer (i.d.R. identisch mit der geplanten Nutzungsdauer).

Beispiel: Die Abschreibung ist der wertmäßige Verbrauch einer technischen Einrichtung zu Anschaffungskosten in Höhe von *A = 100 €*. Die Nutzungsdauer (*T*) betrage *10 Jahre*. Eine lineare Abschreibung erfasst wertmäßig einen gleichbleibenden Wertverzehr über die gesamte Nutzungsdauer – in diesem Fall *D = 10 €* pro Jahr. Grafisch lässt sich dies auf der Grundlage der Werte wie in Abb. II-1 veranschaulichen:

2 Kostenvergleichsrechnung 33

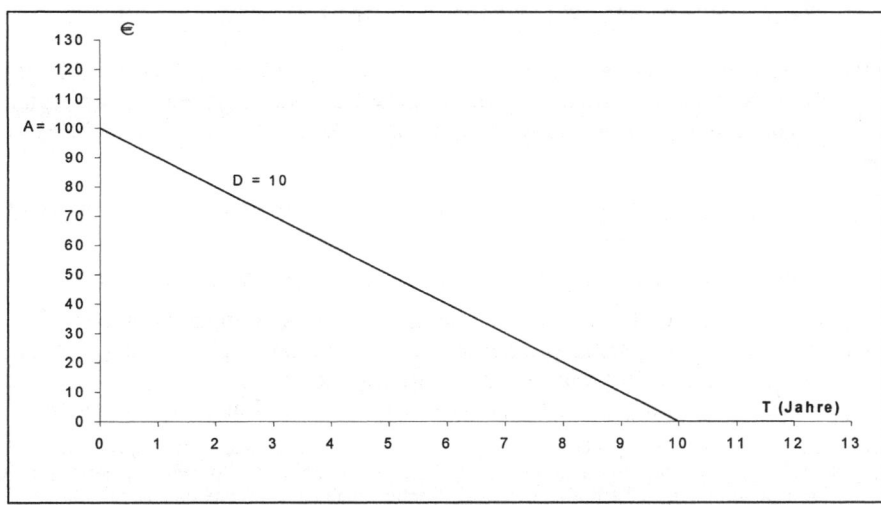

Abb. II-1: Linearer Abschreibungsverlauf ohne Liquidationserlös

Kann man am Ende der Abschreibungsdauer das Investitionsobjekt wieder veräußern (z.B. auf einem Markt für gebrauchte Maschinen), so erzielt man einen **Liquidationserlös**. Der Wertverzehr ist dann anzupassen. Er besteht aus der Differenz von Anschaffungskosten und Liquidationserlös. Die lineare Abschreibung errechnet sich unter Berücksichtigung eines Liquidationserlöses (= L) wie folgt:

$$K_D = \frac{A-L}{T} \qquad (II-4)$$

Beispiel: Angenommen, zusätzlich zu den Investitionsausgaben des vorangegangenen Beispiels (*100 €*) sei ein Liquidationserlös am Ende des zehnten Jahres in Höhe von *20 €* zu berücksichtigen. Man ermittelt dann aufgrund Gleichung (II-4) eine durchschnittliche kalkulatorische Abschreibung von *8 €* pro Jahr. Abb. II-2 veranschaulicht diese Zusammenhänge.

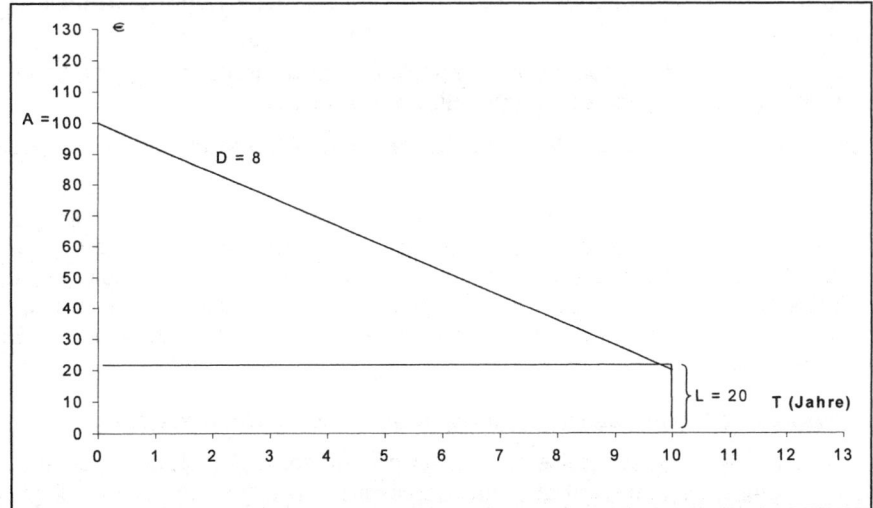

Abb. II-2: Linearer Abschreibungsverlauf mit Liquidationserlös

2.1.2 Durchschnittliche (kalkulatorische) Zinsen

Kalkulatorische Zinsen finden in der Kostenvergleichsrechnung Berücksichtigung, um die Kapitalkosten zu erfassen. Hierbei ist auf die jeweilige **Finanzierungsart** des Investitionsobjekts für die Bestimmung des Kalkulationszinsfußes (= KZF) abzustellen:

- Im Fall vollständiger **Kreditfinanzierung** ist als kalkulatorischer Zinssatz der Kreditzinssatz einzusetzen.

- Bei **Beteiligungsfinanzierung** kommt der Eigenkapitalkostensatz zum Ansatz.

- Werden für die Durchführung der Investition eigene Finanzmittel des Unternehmens verwendet (**Selbstfinanzierung**), kommt ein Opportunitätskostensatz zum Tragen. Dieser wird mittels der Ertragsrate der zur betrachteten Investition alternativen Verwendungsmöglichkeit der einsetzbaren Finanzmittel bestimmt.

    Beispiel: Die Deutsche Bahn AG investiert einen Teil ihrer aus Umsatzerlösen gewonnenen Finanzmittel in Schienenfahrzeuge und bindet so diese Finanzmittel aus der Selbstfinanzierung in ihrem Anlagevermögen. Alternativ zu diesen Sachinvestitionen könnte das Unternehmen Finanzinvestitionen am Kapitalmarkt tätigen, etwa Anlage der liquiden Mittel in Bundesanleihen zur aktuellen Rendite. Damit hätte die Deutsche Bahn AG Zinseinnahmen erzielen können. Da das Unternehmen aber anstelle der Kapitalmarktanlage Schienenfahrzeuge erworben hat, entgehen ihr diese Zinsen. Nur dann, wenn dieser Zinsentgang durch Einnahmen (aus „Fahrkartenerlösen") gedeckt ist, ist aus ökonomischer Sicht die Investition in die Fahrzeuge sinnvoll.

- Bei **Mischfinanzierungen** wird der Zinssatz der Einzelfinanzierungen entsprechend der Anteile der Finanzmittel gewichtet.

Neben der Bestimmung des relevanten Zinssatzes ist das im Unternehmen gebundene betriebsnotwendige Kapital, auf das die kalkulatorischen Zinsen zu berechnen sind, festzulegen. Über die Nutzungsdauer verringert sich dieses Kapital. Diesbezüglich sind drei Fälle der möglichen Kapitalfreisetzung (= Amortisation) zu unterscheiden:

(1) Das im zu beurteilenden Investitionsobjekt gebundene Kapital wird durch die während der Nutzungsdauer anfallenden Umsatzerlöse **kontinuierlich** freigesetzt.

(2) Die Freisetzung des gebundenen Kapitals erfolgt während der Nutzungsdauer jeweils am Periodenende und damit **diskontinuierlich**.

(3) Über die Nutzungsdauer bleibt die Kapitalbindung **konstant** betraglich bestehen.

Um Angaben über das während der Nutzungsdauer im Investitionsobjekt durchschnittlich gebundene Kapital zu erhalten, ist jeweils für das betrachtete Investitionsobjekt der gültige Kapitalfreisetzungsverlauf zu bestimmen. Kapitalbindung und -freisetzung stehen somit in einer komplementären Beziehung. Die Annahmen und die Wirkungen auf den Kapitalfreisetzungsverlauf werden nachfolgend im Einzelnen erläutert.

Kalkulatorische Zinsen aufgrund kontinuierlicher Kapitalfreisetzung

Eine kontinuierliche Kapitalfreisetzung stellt die häufigste Annahme einer Amortisation von **gebundenem Kapital in abnutzbarem Vermögen** dar. Hierbei liegt die Fiktion zugrunde, dass eine **abschreibungssynchrone Tilgung** eines Kredits vorliegt, mit dem das betrachtete Investitionsobjekt finanziert wurde (vgl. *Biergans*

1979, S. 90). Insofern bezieht sich dieser Verlauf der Kapitalfreisetzung auf eine Fremdfinanzierung. Insbesondere wenn keinerlei explizite Angaben über den Verlauf der Kapitalfreisetzung vorhanden sind, wird die kontinuierliche Amortisation unterstellt.

<u>Beispiel:</u> Kontinuierliche Kapitalfreisetzungsverläufe wird man u.a. im Einzelhandel unterstellen können, wo tägliche Umsatzerlöse für die Freisetzung des gebundenen Kapitals sorgen. Hier lässt sich die Analogie zu einer kontinuierlichen Freisetzung für solche Investitionsobjekte begründen, die in Zusammenhang mit der Generierung solcher Umsatzerlöse in direktem verursachungsgerechten Zusammenhang stehen (z.B. die Verkaufsfiliale einer Kaufhauskette). Zur Veranschaulichung des kontinuierlichen Kapitalfreisetzungsverlaufs sei auf folgendes Zahlenbeispiel zurückgegriffen: Eine Investition bestehe aus einer Anschaffungsausgabe in Höhe von 2.000 €, die Nutzungsdauer betrage fünf Jahre. Es lässt sich auf der Grundlage kontinuierlicher Kapitalfreisetzung die Kapitalbindung in der Form $\frac{A}{2}$ bestimmen. Auf die Beispielwerte übertragen erhält man: $\frac{2.000}{2} = 1.000\,€$. Abb. II-3 bildet diesen Zusammenhang grafisch ab. Die durchgezogene fallende Gerade zeigt die Vorstellung einer über das Jahr gleichbleibenden Kapitalfreisetzung wie sie für kontinuierliche Verläufe kennzeichnend ist. Die (gestrichelten) Treppenstufen zeigen im Vergleich dazu die Kapitalfreisetzung bei diskontinuierlichem Verlauf.

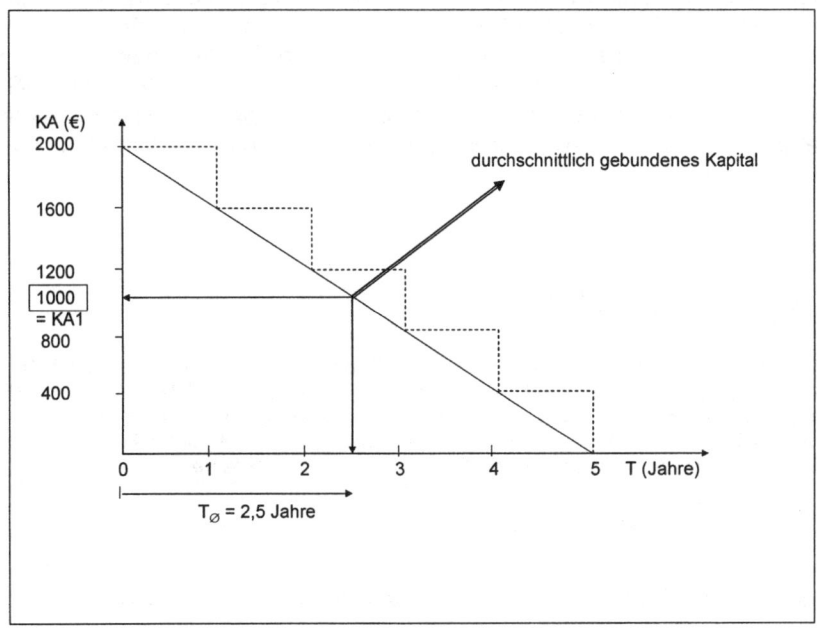

Abb. II-3: Stilisierter Verlauf kontinuierlicher Kapitalfreisetzung

Aus dem Verlauf der Kapitalfreisetzung ist Folgendes ersichtlich: Während bis Ende des ersten Jahres noch *2.000 €* gebunden sind, sinkt die Kapitalbindung im zweiten Jahr auf *1.600 €* usw. Die jährlich zurückfließenden *400 €* können (bei unterstellter Selbstfinanzierung des betrachteten Investitionsobjekts) am Kapitalmarkt verzinslich angelegt werden. In Abb. II-3 erkennt man, dass im Mittel die Hälfte der Anschaffungskosten gebunden ist und kalkulatorisch verzinst werden muss.

Die durchschnittliche kontinuierliche Kapitalbindung wird nachfolgend mit *KA1* bezeichnet und im Fall eines fehlenden Liquidationserlöses berechnet mit:

$$KA1 = \frac{A}{2} \qquad (II-5)$$

Auf dieser Basis ermittelt man anschließend die kalkulatorischen Zinsen:

$$K_z = \frac{A}{2} \cdot i \qquad (II-6)$$

mit

i = Kalkulationszinsfuß.

Neben dem durchschnittlich gebundenen Kapital lässt sich in ähnlicher Weise die durchschnittliche Laufzeit der Anschaffungskosten (= $T_\varnothing$) und damit des ursprünglich eingesetzten Kapitals ermitteln:

$$T_\varnothing = \frac{T}{2} \qquad (II-7)$$

Beispiel: Mit den Daten des vorangegangenen Beispiels ergibt sich als durchschnittliche Laufzeit:

$T_\varnothing = \frac{5}{2} = 2{,}5$ Jahre.

Die bisherigen Überlegungen lassen sich durch den **Liquidationserlös** ergänzen. Aufgrund des Liquidationserlöses ist nicht mehr die volle Höhe der Anschaffungskosten durch die Umsatzerlöse freizusetzen, sondern nur noch der um den Liquidationserlös verminderte Betrag *(A - L)*. Er unterliegt der kontinuierlichen Kapitalfreisetzung, ist über die geplante Nutzungsdauer durchschnittlich zur Hälfte gebunden und muss entsprechend verzinst werden. Aufgrund dieser Vorüberlegungen erhält man für die **kalkulatorische Verzinsung** unter Berücksichtigung eines Liquidationserlöses:

$$K_z = KA1_L \cdot i \qquad (II-8)$$

mit $KA1_L = \frac{A-L}{2} + L = \frac{A+L}{2}$

Beispiel: Das Investitionsobjekt aus dem bisherigen Beispiel soll zu diesem Zweck nach Ablauf der fünfjährigen Nutzungsdauer verkauft werden und erbringe einen Liquidationserlös von *200 €*. In diesem Fall ist der nach Ablauf der geplanten Nutzungsdauer zu erzielende Liquidationserlös über fünf Jahre gebunden und wird in voller Höhe kalkulatorisch verzinst. Unter Berücksichtigung der Beispielwerte beträgt die durchschnittliche Kapitalbindung über fünf Jahre

$KA1_L = \frac{2.000 - 200}{2} + 200 = 1.100 \text{ €}$.

Kalkulatorische Zinsen bei jährlicher diskontinuierlicher Kapitalfreisetzung

Erfolgt der Rückfluss der aus den in den Umsatzerlösen enthaltenen Abschreibungsgegenwerte nicht kontinuierlich über die Nutzungsdauer, wird ein jeweils zum Periodenende bezogener Mittelrückfluss unterstellt. Die Kapitalfreisetzung findet zu den am **Periodenende folgenden Zahlungseingängen** statt. Hierbei handelt es sich ebenfalls um eine Anwendung im Bereich des abnutzbaren Anlagevermögens.

Beispiel: Unternehmensberater stellen häufig ihren Mandanten Rechnungen zum Halbjahr, Energieversorgungsunternehmen ziehen bei ihren Kunden per Lastschrift meist im Zweimonatsrhythmus den Gegenwert für die Versorgungsleistung (z.B. Strom, Erdgas) ein und Versicherungsgesellschaften stellen den Versicherten jährliche Prämienforderungen (z.B. bei der Pkw-Haftpflichtversicherung) in Rechnung.

Wird die Kapitalfreisetzung eines zu beurteilenden Investitionsobjekts aufgrund solcher Mittelrückflussfolgen bewerkstelligt, wird häufig aus Vereinfachungsgrün-

2 Kostenvergleichsrechnung

den unterstellt, dass sich das gebundene Kapital immer am Ende eines Jahres der Abschreibungsdauer um den linearen Abschreibungsbetrag vermindert. Die durchschnittliche Kapitalbindung ohne Liquidationserlös bei diskontinuierlicher Kapitalfreisetzung (= KA2) erhält man mit der Formel

$$KA2 = A \cdot \frac{T+1}{2T} \qquad \text{(II-9a)}$$

wenn T ungerade, und

$$KA2 = \frac{A}{2} \qquad \text{(II-9b)}$$

wenn T gerade.

Beispiel: Legt man die Werte des vorangegangenen Beispiels zugrunde, so ergibt sich
$KA2 = 2.000 \cdot \frac{5+1}{2 \cdot 5} = 1.200 \, €$.

Auch für diesen Verlauf der Kapitalfreisetzung lässt sich die **durchschnittliche Laufzeit** des ursprünglich eingesetzten Kapitals errechnen:

$$T_\emptyset = \frac{T+1}{2T} \cdot T = \frac{T+1}{2} \qquad \text{(II-10)}$$

Beispiel: Wiederum bezogen auf das Beispiel erhält man: $T_\emptyset = \frac{5+1}{2 \cdot 5} \cdot 5 = 3$ Jahre.

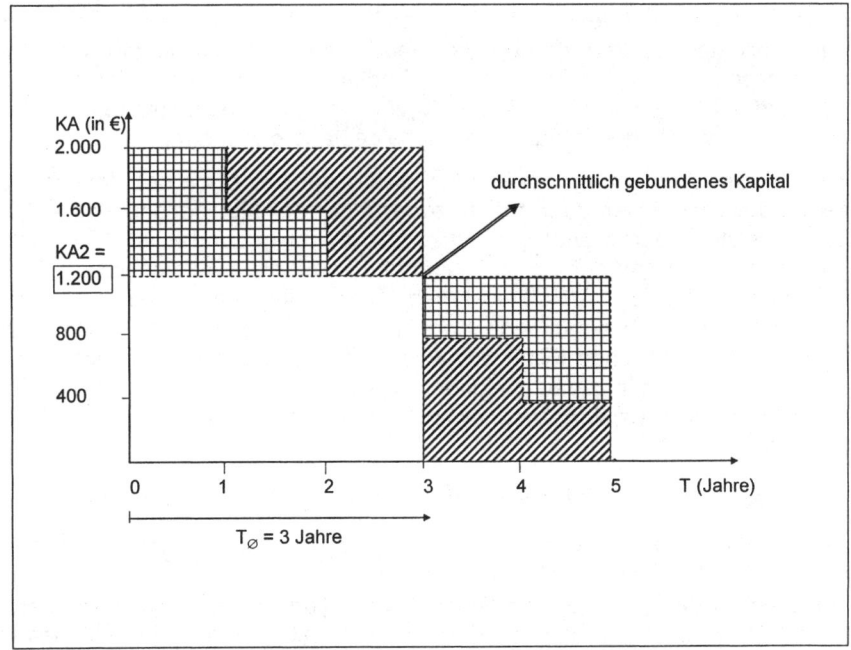

Abb. II-4: Typischer Verlauf diskontinuierlicher Amortisation

Durchschnittlich gebundenes Kapital und Laufzeit sind im Fall diskontinuierlicher Freisetzung also in ihren Werten gegenüber dem Fall kontinuierlicher Amortisation höher. In Abb. II-4 lässt sich dieser Sachverhalt verdeutlichen. So markieren die karierten Flächen, dass in den ersten Jahren der Nutzungsdauer des Investitionsobjekts überdurchschnittlich gebundenes Kapital auf die späteren Jahre verteilt wird. In jenen Jahren ist Kapital unterdurchschnittlich gebunden.

Die Berücksichtigung eines Liquidationserlöses führt zu folgender Modifikation des **gebundenen Kapitals bei diskontinuierlicher Kapitalfreisetzung**:

$$KA2_L = (A - L) \cdot \frac{T+1}{2T} + L \qquad (\text{II-11})$$

Beispiel: Für die Werte des Beispiels errechnet man:
$KA2_L = (2.000 - 200) \cdot 0,6 + 200 = 1.280 \, €.$

Die auf dieser Kapitalfreisetzungsbasis ermittelten kalkulatorischen Zinsen werden dann wieder mit dem KZF berechnet:

$$K_Z = KA2_L \cdot i \qquad (\text{II-12})$$

Mit dem kontinuierlichen und dem diskontinuierlichen Verlauf liegen zwei unterschiedliche Kapitalfreisetzungsannahmen für die Ermittlung kalkulatorischer Zinsen vor. Als Fazit der bisherigen Überlegungen sind folgende **Erkenntnisse** zu ziehen:

- Die Berechnung der durchschnittlichen Zinsen pro Jahr mit den beiden Verfahren führt zu unterschiedlichen Ergebnissen. Die Ursache liegt darin, dass bei diskontinuierlicher Tilgung das durchschnittlich gebundene Kapital höher liegt als bei kontinuierlicher Tilgung (vgl. Abb. II-4). Während bei kontinuierlicher Tilgung auch während des Jahres eine kontinuierliche Amortisation erfolgt und in den einzelnen Jahren dementsprechend „nur" das zu Zeitpunkten linear-arithmetische Mittel des Anfangs- und Endkapitals eines jeden Jahres gebunden wird, ist bei diskontinuierlicher Tilgung während des gesamten Jahres der zu Anfang des Jahres vorhandene Kapitalbestand gebunden.

- Die zeitliche Verlagerung der Tilgung jeweils auf das Ende des Jahres hat zur Folge, dass im letzten Jahr der Nutzungsdauer der Liquidationserlös am Ende des vorletzten Jahres über das ganze letzte Jahr gebunden ist. Die letzte Tilgung am letzten Tag der Laufzeit verringert somit die durchschnittliche Kapitalbildung während der Laufzeit nicht mehr. Da nur die vorhergehenden Tilgungen das durchschnittlich gebundene Kapital verringern, ergibt sich letzteres auch nicht als arithmetisches Mittel aus Anschaffungskosten und Liquidationserlös am Ende der Nutzungsdauer, sondern als arithmetisches Mittel aus Anschaffungskosten und Liquidationserlös am Ende der vorletzten Periode der Nutzungsdauer.

Kalkulatorische Zinsen auf das jährlich vollständig gebundene Kapital

In diesem Fall bleibt das durch die Anschaffungskosten des Investitionsobjekts eingesetzte Kapital während der gesamten Nutzungsdauer durchschnittlich **in voller Höhe gebunden**. Dadurch findet die Amortisation erst am Nutzungsdauerende statt. Es handelt sich um eine Annahme zur Kapitalbindung im Bereich des langfristigen Anlage- und Umlaufvermögens. Beim Umlaufvermögen besteht hinsichtlich der Kapitalbindung die Vorstellung, dass Bestände an z.B. Roh-, Hilfs- und Betriebsstoffen oder Halbfertig- und Fertigerzeugnissen nach Verbrauch umgehend in vollem Verbrauchsumfang wieder aufgefüllt werden. Die durchschnittliche

Kapitalbindung ohne Liquidationserlös wird durch die Anschaffungskosten der Investition zu Beginn des Abschreibungszeitraums bestimmt:

$KA3 = A$ (II-13)

Die Berücksichtigung des Liquidationserlöses modifiziert die durchschnittliche Kapitalbindung nicht:

$KA3_L = (A - L) + L = A$ (II-14)

Die kalkulatorischen Zinsen auf der Basis von KA3 sind wie folgt beschrieben:

$K_z = KA3 \cdot i$ (II-15)

Nachfolgende Abb. II-5 fasst die Überlegungen zusammen.

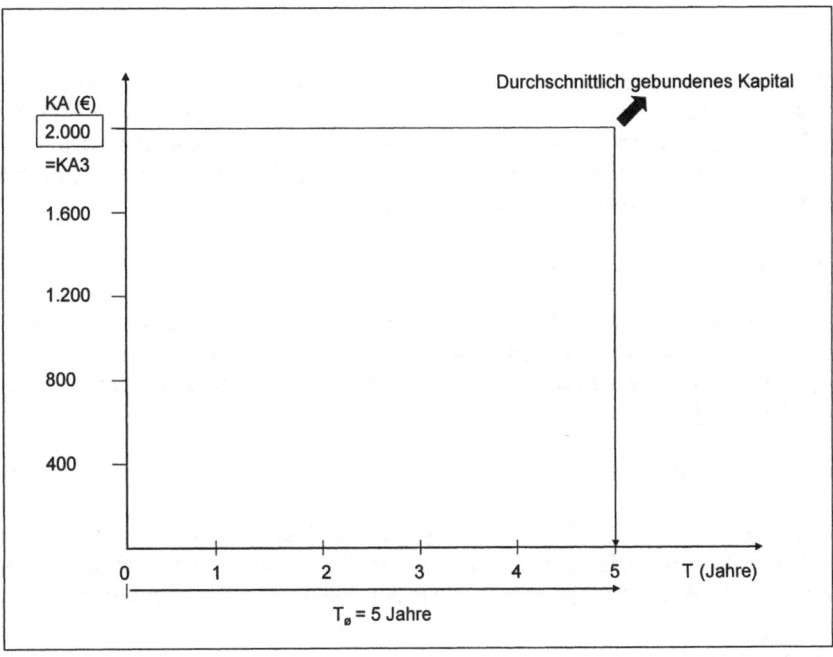

Abb. II-5: Typischer Verlauf gleichbleibender Amortisation

2.2 Methoden und Einsatzgebiete

Kostenvergleichsrechnungen begründen Investitionsentscheidungen mit dem Kriterium der Gesamtkosten. Entsprechend des ökonomischen Prinzips ist die Anwendung der Kostenvergleichsrechnungsmethoden nur in Fällen von Alternativvergleichen rational. In solchen Fällen wird die Entscheidung auf der Grundlage der niedrigsten relativen Gesamtkosten begründet. Typische Anwendungsfälle sind **reine Ersatzinvestitionen**, bei denen zwischen einem in Betrieb befindlichen Investitionsobjekt (alt) und einem anzuschaffenden Alternativobjekt (neu) zu entscheiden ist. Ein weiterer geeigneter Entscheidungsfall für die Anwendung dieser Methode ist die Auswahl zwischen **alternativ anzuschaffenden Investitionsobjekten**. Da das Entscheidungskalkül ausschließlich auf Kosten beruht und dadurch von der Erlösseite (= E) abstrahiert wird, dürfen von den zu beurteilenden Investitionsobjekten keine Erlöswirkungen ausgehen. Nur wenn die Einhaltung dieser Bedingung im einzelnen Entscheidungsfall gewährleistet ist, kann die Kostenvergleichsrechnung zum Einsatz kommen.

2.2.1 Auswahlprobleme: Gesamt- und Stückkostenvergleiche, kritische Menge

Für die weitere Betrachtung spielt die Produktions- bzw. Leistungskapazität der zu beurteilenden Investitionsobjekte eine zentrale Rolle. Nur im Fall gleicher Kapazitäten der zu beurteilenden alternativen Investitionsobjekte kann der Kostenvergleich auf absoluten Perioden(Gesamt-)Kosten beruhen. Andernfalls ist auf einen Stückkostenvergleich überzugehen.

Fall I: Gleiche Kapazität

Das Entscheidungskriterium für die Durchführung der Investition sind die minimalen relativen Gesamtkosten der Periode. Dasjenige Investitionsobjekt $J \in \{1,2,...,j,$ $..., n / E_j = const.\}$ ist daher am vorteilhaftesten, das die niedrigsten absoluten Periodenkosten K_j aufweist (bei Konstanz der Erlöse E_j). Es folgt formal folgende Entscheidungsregel (vgl. *Kern* 1974 S. 122-124):

$$K_J = \min_j \{K_j | K_j > 0; \quad E_j = const.\} \tag{II-16}$$

Anstelle der absoluten Kosten alternativer Investitionsobjekte können als Entscheidungsgrundlage auch deren **Kostendifferenzen**, d.h. Kostenersparnisse dienen. Zwischen alternativen Investitionsobjekten ist dann dasjenige Objekt J vorzuziehen, für das gilt:

$$K_J = \min_j \{K_j | K_j - K_{h \neq j} < 0 \quad \forall \quad h \in J; \quad E_j = const.\} \tag{II-17}$$

In der Praxis hat sich die Zusammenstellung der Gesamtkosten in Form der sog. **orthodoxen Ingenieurformel** herausgebildet. Demzufolge bestehen die Gesamtkosten eines Investitionsobjekts aus folgenden bekannten Komponenten:

$$K = K_B + \frac{A}{T} + KA \cdot i \tag{II-18a}$$

Mit dem Liquidationserlös ist Gleichung (II-18a) zu modifizieren:

$$K = K_B + \frac{A-L}{T} + KA_L \cdot i \tag{II-18b}$$

Beispiel: In der Zentrale eines Handelsunternehmens stehen zwei Kopiergeräte, *RX* und *MI*, mit folgenden in (Tab. II-1) zusammengefassten wirtschaftlichen Daten, alternativ zur Anschaffung. Es soll zwischen diesen beiden eine Entscheidung auf der Basis der Kostenvergleichsrechnung herbeigeführt werden (Anmerkung: kontinuierliche Amortisation).

2 Kostenvergleichsrechnung

Merkmale der Investitionsobjekte	Kopierer RX (€/Jahr)	Kopierer MI (€/Jahr)
Anschaffungskosten	100.000	160.000
Geplante Nutzungsdauer	8 Jahre	8 Jahre
Leistungsmenge (Einheiten/Jahr)	15.000	15.000
Kalkulationszinsfuß	10 %	10 %
Liquidationserlös	0	0
Löhne (inkl. Lohnnebenkosten)	75.000	40.000
Materialkosten	150.000	155.000
Werkzeugkosten	10.000	12.000
Energiekosten	20.000	24.000
Raumkosten	5.000	6.000
Instandhaltungskosten	20.000	25.000
Gemeinkosten und Gehälter	15.000	15.000
Versicherungskosten	10.000	13.000

Tab. II-1: Beispieldaten zur Kostenvergleichsrechnung

Man gelangt nach Ermittlung der noch fehlenden Kostenkomponenten des Kapitaldiensts in der gesamten Kostenzusammenstellung zu folgender Arbeitstabelle (Tab. II-2):

Kosten der Investitionsobjekte	Kopierer RX (€/Jahr)	Kopierer MI (€/Jahr)
Kalkulatorische Abschreibungen: $\frac{\text{Anschaffungsausgabe}}{\text{Nutzungsdauer}} = \frac{A}{T}$	12.500	20.000
Kalkulatorische Zinsen $\left(\frac{A}{2} \cdot i\right)$	5.000	8.000
Raumkosten	5.000	6.000
Instandhaltungskosten	20.000	25.000
Gemeinkosten und Gehälter	15.000	15.000
Versicherungen	10.000	13.000
Gesamte fixe Kosten (K_f)	67.500	87.000
Löhne (einschl. Lohnnebenkosten)	75.000	40.000
Materialkosten	150.000	155.000
Werkzeugkosten	10.000	12.000
Energiekosten	20.000	24.000
Gesamte variable Kosten (K_v)	255.000	231.000
Gesamtkosten (K_g)	322.500	318.000

Tab. II-2: Kostenvergleichsrechnung mit variablen Stückkosten

Aus der Ermittlung der Gesamtkosten der jeweiligen Kopiergeräte geht hervor, dass das Modell *MI* mit *318.000 €* um *4.500 €* unter den Gesamtkosten des Modells *RX* liegt. Entsprechend der Optimierungsanforderung, die gesamtkostenminimale Alternative vorzuziehen, ergibt sich für den Entscheidungsträger, dass das Kopierer-Modell *MI* vorzuziehen ist. Für das Zustandekommen dieser

Priorität unter den beiden Investitionsalternativen ist eine kurze Analyse der relativen Kostenstruktur aufschlussreich:

- Es zeigt sich, dass bei Gegenüberstellung der gesamten fixen Kosten der Kopierer *RX* um *19.500 €* niedrigere Kosten aufweist. Verantwortlich hierfür sind vor allem die höheren Kapitalkosten, was wiederum durch die signifikanten Unterschiede in den Anschaffungskosten begründet ist: Der Kopierer *RX* weist mit *100.000 €* um *60.000 €* niedrigere Anschaffungskosten gegenüber dem Kopierer *MI* auf.

- Bei Vergleich der gesamten variablen Kosten kehrt sich das Bild um: Nun verfügt der Kopierer *MI* mit *24.000 €* über einen relativen Kostenvorteil. Ohne die technischen Ausgestaltungen der beiden Investitionsobjekte zu kennen, kann aus den niedrigeren variablen Kosten von Kopierer MI darauf geschlossen werden, dass es sich hier um das Objekt mit höherem technischen Fortschritt handelt.

- In der Gesamtschau der Kosten zeigt sich, dass der Kopierer *MI* seinen Nachteil im Fixkostenbereich von *19.500 €* durch seinen Vorteil im variablen Kostenbereich (*24.000 €*) zu einem Gesamtkostenvorteil von *4.500 €* netto darstellt.

Fall II: Ungleiche Kapazität

Als Anschaffungsalternativen können Investitionsobjekte unterschiedliche technisch maximale Leistungs- bzw. Ausbringungsmengen bei einem Alternativvergleich aufweisen. In diesem Fall sind die Investitionsalternativen auf der Grundlage der jeweiligen individuellen Leistungsmengen vergleichbar zu machen. Die Gesamtkosten pro Periode werden zur Leistungsmenge ins Verhältnis gesetzt. Mittels der dadurch gewonnenen Stückkosten wird die relative Vorteilhaftigkeit wie bisher durch das Objekt mit den niedrigsten relativen Stückkosten entschieden.

Zur Ermittlung der Stückkosten wird auf die Gesamtkostenfunktion zurückgegriffen, entweder in der Struktur nach variablen und fixen Kosten oder in der Trennung nach Betriebskosten und Kapitaldienst entsprechend der Ingenieurformel. Anschließend werden sie durch die Leistungsmenge (= *m*) des Investitionsobjekts dividiert (vgl. *Blohm/ Lüder* 1995, S. 160-161):

$$k = \frac{K_B}{m} + \frac{K_{DZ}}{m} \qquad (II-19)$$

bzw.

$$k = \frac{K_B}{m} + \frac{K_D}{m} + \frac{K_Z}{m} \qquad (II-20)$$

mit

k = Gesamtstückkostensatz.

Für die **Auswahlentscheidung** auf dieser Grundlage gilt dann:

$$k_J = \min_j \{k_j \mid k_j > 0;\ E_j = const.\} \qquad (II-21)$$

Beispiel: Gegeben sind zwei Fertigungsmaschinen *M 1* und *M 2* mit unterschiedlicher maximaler Kapazität (Tab. II-3). Alle Daten beziehen sich auf die maximale Fertigungskapazität.

2 Kostenvergleichsrechnung

Merkmale der Investitionsobjekte	M 1 (€/Jahr)	M 2 (€/Jahr)
Anschaffungskosten	90.000	40.000
Nutzungsdauer	8 Jahre	8 Jahre
Leistungsmenge	24.000 Stück	16.000 Stück
Liquidationserlös am Ende der Nutzungsdauer	10.000	0
Kalkulationszinssatz	10 %	10 %
sonstige Fixkosten	2.000	2.000
Lohnkosten	8.500	13.000
Materialkosten	3.500	3.000

Tab. II-3: Daten zur Stückkostenvergleichsrechnung

Kosten der Investitionsobjekte	M 1 (€/Jahr)	M 2 (€/Jahr)
Abschreibung	10.000	5.000
Kalkulatorische Zinsen	5.000	2.000
sonst. Fixkosten	2.000	2.000
Gesamte fixe Kosten (K_f)	*17.000*	*9.000*
Stückfixe Kosten (k_f)	*0,71*	*0,56*
Lohnkosten	8.500	13.000
Materialkosten	3.500	3.000
Gesamte variable Kosten (K_v)	*12.000*	*16.000*
Stückvariable Kosten (k_v)	*0,50*	*1,00*
$k_g = k_f + k_v$	*1,21*	*1,56*

Tab. II-4: Stückkostenvergleich

Der Stückkostenvergleich zeigt, dass die Fertigungsmaschine *M 1* mit Stückkosten in Höhe von *1,21* € um *0,35* € pro produziertem Stück niedrigere Kosten verursacht. *M 1* ist daher *M 2* in der Anschaffung vorzuziehen.

Fall III: Kritische Menge

Investoren können u.U. keine genauen Angaben über die voraussichtliche Produktionsmenge treffen. So können unvorhergesehene Absatzsituationen schwankende Auslastungen zur Folge haben. In diesem Fall bietet sich die Ermittlung der kritischen Menge (= m_k) an.

Die **kritische Menge** bzw. Auslastung (= Grenzleistungsmenge), ist diejenige Produktionsmenge, bei der die durchschnittlichen Kosten pro Periode der zu vergleichenden Investitionsobjekte gleich hoch sind.

Mit dieser Größe verfügt ein Investor über einen Schwellenwert (= Break Even-Point), der angibt, ab welcher Produktionsmenge ein **Wechsel in der Vorteilhaftigkeit** der Investitionsalternativen durch den Vergleich der Stückkosten vorliegt. Dabei ist es unerheblich, ob die Investitionsalternativen in ihren Leistungsmengen differieren oder identisch sind. Für m_k gilt bei Vergleich zweier Investitionsobjekte auf der Basis ihrer Gesamtkostenfunktionen:

$$K_1 = K_2 \tag{II-22}$$

Die Kostenfunktionen zweier Investitionsalternativen sind wie folgt beschrieben:

$$K_1 = K_{f1} + m \cdot k_{v1} \qquad \text{(II-23a)}$$

$$K_2 = K_{f2} + m \cdot k_{v2} \qquad \text{(II-23b)}$$

Die Kostenfunktion auf der Basis der kritischen Menge erhält man, indem man die beiden Kostenfunktionen mit m_k reformuliert:

$$K_1 = K_{f1} + m_k \cdot k_{v1} \qquad \text{(II-24a)}$$

$$K_2 = K_{f2} + m_k \cdot k_{v2} \qquad \text{(II-24b)}$$

Durch Gleichsetzen von Gleichung (II-23a) und (II-23b) erhält man die gesuchte **Bestimmungsgleichung**:

$$k_{v1} \cdot m_k + K_{f1} = k_{v2} \cdot m_k + K_{f2} \qquad \text{(II-25)}$$

$$k_{v1} \cdot m_k - k_{v2} \cdot m_k = K_{f2} - K_{f1} \qquad \text{(II-26)}$$

$$m_k \cdot (k_{v1} - k_{v2}) = (K_{f2} - K_{f1}) \qquad \left| \cdot \frac{1}{(k_{v1} - k_{v2})} \right. \qquad \text{(II-27)}$$

Die **Bestimmungsgleichung** für m_k lautet daraufhin:

$$m_k = \frac{K_{f2} - K_{f1}}{k_{v1} - k_{v2}} \qquad \text{(II-28)}$$

Beispiel: Zwischen folgenden zwei Investitionsobjekten ist eine Auswahl mittels Kostenvergleich durchzuführen (bei kontinuierlicher Amortisation des eingesetzten Kapitals).

Merkmale der Investitionsobjekte	Maschine 1 (€/Jahr)	Maschine 2 (€/Jahr)
Anschaffungskosten	60.000	90.000
Liquidationserlös	0	0
Nutzungsdauer	6 Jahre	6 Jahre
Auslastung	12.000 Stück	15.000 Stück
Zinssatz	7 %	7 %
Sonstige fixe Kosten	2.850	3.150
Löhne und Lohnnebenkosten	15.600	9.000
Energie	6.000	5.250
Sonst. variable Kosten	3.600	3.750

Tab. II-5: Daten zur Berechnung der kritischen Menge

Ausgehend von den Grunddaten der beiden Investitionsobjekte erfolgt im nächsten Schritt die Ermittlung der gesamten variablen und gesamten fixen Kosten.

2 Kostenvergleichsrechnung

Kosten der Investitionsobjekte	Maschine 1 (€/Jahr)	Maschine 2 (€/Jahr)
Kalkulatorische Abschreibungen	10.000	15.000
Kalkulatorische Zinsen	2.100	3.150
Sonstige fixe Kosten	2.850	3.150
Gesamte Fixkosten	*14.950*	*21.300*
Löhne und Lohnnebenkosten	15.600	9.000
Energie	6.000	5.250
Sonstige variable Kosten	3.600	3.750
Gesamte variable Kosten	*25.200*	*18.000*
Anmerkungen (Angaben in €): Berechnung der kalkulatorischen Abschreibung: $K_{D1} = \frac{60.000}{6} = 10.000$, $K_{D2} = \frac{90.000}{6} = 15.000$, Berechnung kalkulatorischer Zinsen: $K_{Z1} = \frac{60.000}{2} \cdot 0{,}07 = 2.100$, $K_{Z2} = \frac{90.000}{2} \cdot 0{,}07 = 3.150$.		

Tab. II-6: Arbeitstabelle zur Berechnung der kritischen Menge

Damit verfügt man über die entsprechenden Daten zur Berechnung der kritischen Menge. Als gesamte fixe Kosten und variable Stückkosten errechnet man für die jeweilige Maschine:

$K_{f1} = 14.950$ €, $k_{v1} = \frac{K_{v1}}{m} = \frac{25.200}{12.000} = 2{,}10$ €, $K_{f2} = 21.300$ €, $k_{v2} = \frac{K_{v2}}{m} = \frac{18.000}{15.000} = 1{,}20$ €.

Durch Einsetzen der gewonnen Daten in Gleichung (II-28) ermittelt man die kritische Menge:

$m_k = \frac{21.300 - 14.950}{2{,}10 - 1{,}20} \approx 7056$ Stück.

Setzt man den Wert für die kritische Menge in eine der Kostenfunktionen ein, erhält man die Gesamtkostenfunktionen an der Stelle m_k:

$K_1 = 2{,}10 \cdot m_k + 14.950$

$K_1 = 2{,}10 \cdot 7.056 + 14.950$

$K_1 = 29.767 = K_2$

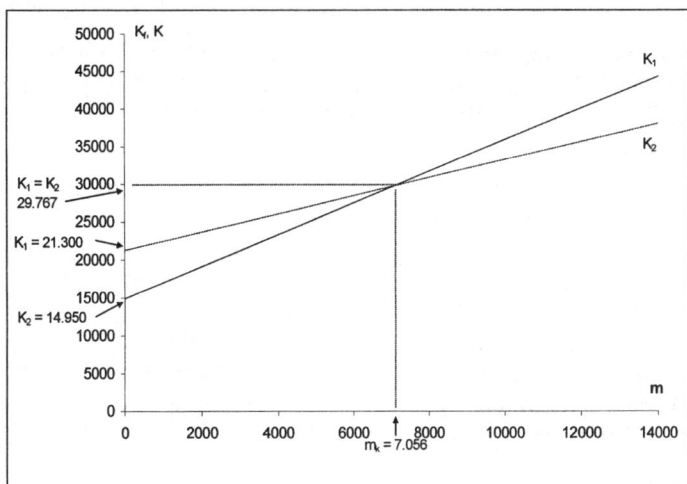

Abb. II-6: Grafische Ermittlung der kritischen Menge

In Abb. II-6 sind die Zusammenhänge grafisch verdeutlicht. Für den Investor haben die Ergebnisse folgende Aussage:

- Ab einer Produktionsmenge von $m_k = 7.056$ Stück wechselt die Vorteilhaftigkeit der Investitionsalternativen. Bei einer geringeren Produktionsmenge ist die Maschine 1 wegen der niedrigeren Fixkosten vorteilhafter; bei einer höheren Produktionsmenge wechselt die Vorteilhaftigkeit zugunsten von Maschine 2.

- Bei der kritischen Produktionsmenge von 7.056 Stück besteht zwischen den Investitionsalternativen kein Unterschied hinsichtlich ihrer relativen Vorteilhaftigkeit. Der Investor ist in seiner Entscheidung indifferent zwischen Maschine 1 und Maschine 2. Die Kostenvergleichsrechnung kann ihm an dieser Stelle keine Entscheidungsfundierung bieten.

Mit der kritischen Menge erhält man einen Hinweis darauf, ab welcher Leistungsmenge die Vorteilhaftigkeiten von alternativen, sich ausschließenden Investitionsobjekten wechseln. Damit besteht bis zu einem gewissen Grad eine Einschätzung auch der Vorteilhaftigkeit der Investitionsobjekte unter Unsicherheit, da erkennbar ist, bis zu welcher Schwankungsbreite der Leistungsmenge um einen Mittelwert die jeweilige Vorteilhaftigkeit eines Investitionsobjekts erhalten bleibt und an welcher Stelle sie wechselt.

2.2.2 Ersatzprobleme

Mit der Kostenvergleichsrechnung lässt sich auch Antwort auf folgende Fragen geben:

- Soll eine vorhandene **Anlage vor Ablauf** ihrer **geplanten restlichen Nutzungsdauer** durch eine neue **ersetzt** werden (wobei vereinfachend eine reine Ersatzinvestition unterstellt wird)? Damit ist eine weitere Frage verbunden:

- Wann ist der **günstigste Ersatzzeitpunkt**?

Wie beim Alternativenvergleich gilt auch für diese Berechnung, dass bei gleicher Produktionsmenge der Vergleich auf den durchschnittlichen Periodenkosten der Alternativen und bei unterschiedlicher Produktionsmenge auf den Stückkosten basiert. Zu beachten ist, dass Größen in der **Ingenieurformel anzupassen** sind:

- Wahl der **Vergleichsperiode**: Die Vergleichsperiode ist grundsätzlich nicht von vornherein festgelegt. Die **optimale** Vergleichsperiode ist diejenige, bei der die Durchschnittskosten des alten noch in Betrieb befindlichen Investitionsobjekts ihr Minimum erreichen.

- Bei der **neuen Anlage** werden Betriebskosten und Kapitalkosten in gleicher Weise wie beim Alternativenvergleich angesetzt.

- Es kann vorkommen, dass bei der alten Anlage zu Beginn des Betrachtungszeitraums ein Liquidationserlös existiert. Da dies einen in die Zukunft gerichteten Wertverzehr darstellt, ist er der Vergleichsrechnung zugrunde zu legen und wie der Kapitaleinsatz eines neuen Investitionsobjekts zu behandeln. Der Liquidationserlös wird auf die noch verbliebenen Jahre der Nutzungsdauer verteilt. Statt der üblichen kalkulatorischen Abschreibung wird die **durchschnittliche Verringerung des Liquidationserlöses** (= dL) angesetzt:

2 Kostenvergleichsrechnung

$$dL = \frac{L_0 - L_v}{v} \qquad (II-29)$$

mit

L_0 = Liquidationserlös zu Beginn der Vergleichsperiode,
L_v = Liquidationserlös am Ende der Vergleichsperiode,
v = Vergleichsperiode.

- Ferner werden die kalkulatorischen Zinsen vom Liquidationserlös und für das in der Vergleichsperiode gebundene durchschnittliche Kapital angesetzt:

$$K_{Zv} = \frac{L_0 + L_v}{2} \cdot i \qquad (II-30)$$

- Typischerweise liegen beim **Ersatzproblem** die **Kapitalkosten** der **neuen Anlage über** denen der **alten Anlage**.

Gedanklich ist von der vorgenannten Begründung der Integration des Liquidationserlöses in die Vergleichsrechnung die Behandlung des Restbuchwerts des alten Investitionsobjekts am Anfang der Vergleichsperiode zu unterscheiden. Grundsätzlich ist die separate Berücksichtigung von Restbuchwerten in den Kapitalkosten der alten Anlage abzulehnen, da hier Kosten zugewiesen werden, die in der Vergangenheit entstanden sind (vgl. *Perridon/ Steiner* 2002, S. 47).

Die Gesamtkostenfunktionen für das alte und für das neue Investitionsobjekt unter Berücksichtigung vorangegangener Ausführungen lauten:

$$K_{alt} = K_{B,alt} + \frac{L_0 - L_v}{v} + \frac{L_0 + L_v}{2} \cdot i \qquad (II-31)$$

$$K_{neu} = K_{B,neu} + \frac{A - L_T}{T} + \frac{A + L_T}{2} \cdot i \qquad (II-32)$$

mit

K_{alt}, K_{neu} = gesamte Periodenkosten des alten/neuen Investitionsobjekts,
$K_{B,alt}$, $K_{B,neu}$ = laufende Kosten des alten/neuen Investitionsobjekts pro Periode.

Als **Entscheidungsregel** gilt im Periodengesamtkostenvergleich wie auch im Stückgesamtkostenvergleich: Ersatz zu Beginn der Vergleichsperiode, wenn die durchschnittlichen Periodenkosten (Stückkosten) der **alten Anlage** größer sind als die durchschnittlichen Periodenkosten (Stückkosten) der **neuen Anlage**:

$$K_{J,neu} = \min_j \{K_{j,neu} | K_{j,neu} - K_{j,alt} < 0; \ E_j = const.\} \qquad (II-33)$$

Mithilfe der Kostenvergleichsrechnung sind auch Entscheidungen zu Ersatzproblemen begründbar, bei denen es sich in der neuen Anlage nicht um eine reine Ersatzinvestition, sondern um eine **Rationalisierungsinvestition** handelt. Wenn die zu vergleichenden Anlagen dieselbe Nutzungsdauer besitzen, kann eine Kostenvergleichsrechnung auf Gesamtkostenbasis problemlos durchgeführt werden.

Beispiel: Zur Überprüfung der Vorteilhaftigkeit einer Ersatzinvestition stehen nachfolgende Daten zur Verfügung. Es ist zu begründen, ob die in Betrieb befindliche Anlage vor dem Ende ihrer geplanten Restnutzungsdauer durch die neue Anlage ersetzt werden soll. (Anmerkung: Die Kapitalfreisetzung erfolgt kontinuierlich).

Merkmale der Investitionsobjekte	alte Anlage (in €)	neue Anlage (in €)
Anschaffungskosten	40.000	90.000
Liquidationserlös alte Anlage zu Beginn der Restnutzungsdauer	18.000	0
Restnutzungsdauer der alten Anlage	3 Jahre	-
Nutzungsdauer der neuen Anlage	-	8 Jahre
Liquidationserlös neue Anlage am Ende der Nutzungsdauer	-	10.000
Auslastung	12.000	12.000
Zinssatz	10 %	10 %
Sonstige fixe Kosten	2.000	2.000
Löhne und Lohnnebenkosten	15.000	7.000
Materialkosten	4.000	3.000

Tab. II-7: Daten zum Ersatzproblem

Ausgehend von den Grunddaten der beiden Investitionsobjekte erfolgt im nächsten Schritt die Ermittlung der gesamten Kosten.

Kosten der Investitionsobjekte	alte Anlage (in €)	neue Anlage (in €)
Durchschnittliche Verringerung des Liquidationserlöses	6.000	-
Kalkulatorische Abschreibung	-	10.000
Kalkulatorische Zinsen	900	5.000
Sonstige fixe Kosten	2.000	2.000
Löhne und Lohnnebenkosten	15.000	7.000
Materialkosten	4.000	3.000
Gesamtkosten pro Jahr	*27.900*	*27.000*

Anmerkungen (Angaben in €):

kalkulatorische Abschreibung: $K_{D,neu} = \dfrac{90.000 - 10.000}{8} = 10.000$, $dL_{alt} = \dfrac{18.000}{3} = 6.000$,

kalkulatorische Zinsen: $K_{Z,neu} = \dfrac{90.000 + 10.000}{2} \cdot 0{,}1 = 5.000$, $K_{Zv} = \dfrac{18.000}{2} \cdot 0{,}1 = 900$.

Tab. II-8: Arbeitstabelle zum Ersatzproblem

Da die gesamten Kosten der neuen Anlage um *900 €* pro Jahr niedriger liegen als diejenigen der alten Anlage, ist ein vorzeitiger Ersatz aufgrund des Kostenvergleichs wirtschaftlich gerechtfertigt.

2.3 Zusammenfassung und Kritik

Hinsichtlich der Kostenvergleichsrechnung sind folgende Einwendungen bzw. Anwendungsbeschränkungen anzubringen (vgl. *Blohm/ Lüder* 1995, S. 165-166 und *Perridon/ Steiner* 2002, S. 48-49):

- Die zentrale zu beachtende Annahme ist, dass die **Erträge** der zu vergleichenden Investitionsobjekte **gleich hoch** sein müssen. **Andernfalls** dürfen Kostenvergleichsrechnungen **nur** durchgeführt werden,

- **wenn** auf dem zu vergleichenden Investitionsobjekt das **gleiche Produkt** hergestellt wird (was bei Anlagen zur Massen- oder Serienproduktion regelmäßig der Fall sein wird), und

- die Anlage mit der **höheren Produktionsmenge** regelmäßig die **niedrigeren Stückkosten** aufweist und

- wenn der **Preis unabhängig von der Produktionsmenge** ist und die Kosten je Leistungseinheit der kostenminimalen Anlage nicht unterschreitet.

Sind diese Voraussetzungen nicht gegeben, ist eine Gewinnvergleichsrechnung durchzuführen. Liegt bei den zu vergleichenden Investitionsobjekten zudem noch ein unterschiedlicher Kapitaleinsatz aufgrund unterschiedlicher Anschaffungskosten vor, ist auf die Rentabilitätsvergleichsrechnung überzugehen.

- Es wird grundsätzlich ein **starrer Kostenvergleich** vorgenommen. Beispielsweise wird nicht ermittelt, inwieweit bei einer neuen Anlage variable Kosten (z.B. Löhne) durch fixe (z.B. Abschreibungen) ersetzt werden.

- Es sind nur Alternativenvergleiche oder Sequenzentscheidungen begründbar. Die dadurch ermittelte relative Vorteilhaftigkeit muss auch eine absolute Vorteilhaftigkeit aufweisen. Da dies methodisch mit der Kostenvergleichsrechnung in ökonomisch sinnvoller Weise nicht möglich ist, müssen die zur Überprüfung anstehenden, sich gegenseitig ausschließenden Investitionsobjekte auch ohne rechnerische Überprüfung absolut vorteilhaft sein.

- Es erfolgt **keine** Berücksichtigung der **zeitlichen Kostenstruktur**. Allerdings kann mit der Kostenvergleichsrechnung in bestimmten Fällen eine Annäherung an die Ergebnisse einer Annuitätenrechnung (s. Kapitel IV) erreicht werden.

- Die **Kostenauflösung** ist **nicht immer problemlos** möglich.

Anwendungsschwerpunkte der Kostenvergleichsrechnung sind aus den genannten Gründen dort zu sehen, wo Investitionen am ehesten gleiche Erträge und jährlich konstante Betriebskosten aufweisen. Der Einsatz dieser Methoden erfolgt daher überwiegend zur Beurteilung **kleinerer Ersatz- und Rationalisierungsinvestitionen**. Ferner wird meist unterstellt, dass eine Innenfinanzierung vor allem aus verdienten Abschreibungsgegenwerten zugrunde liegt. In der betrieblichen Praxis mittelständischer Unternehmen spielt nach den empirischen Untersuchungen von *Heidtmann/ Däumler* (1997, S. 11) die Kostenvergleichsrechnung eine untergeordnete Rolle. Eine größere Bedeutung dieser Methode stellten *Grabbe* (1976) und *Wehrle-Streif* (1989) für Großunternehmen fest.

3 Gewinnvergleichsrechnung

Die Kostenvergleichsrechnung lässt sich in die Gewinnvergleichsrechnung überführen. Das Entscheidungskriterium wird dann mit dem durchschnittlichen Gewinn einer Investition pro Periode definiert. Anzuwenden ist dieses Kriterium beim absoluten und beim relativen Vorteilhaftigkeitsvergleich, wenn sich die zu beurteilenden Investitionsprojekte hinsichtlich ihrer Erlöse unterscheiden. Anwendungsschwerpunkte sind **Erweiterungsinvestitionen**, da von ihnen Auswirkungen auf die Erlösseite ausgehen. In dieser Hinsicht unterscheiden sich die Anwendungsvoraussetzungen von Gewinnvergleichs- und Kostenvergleichsrechnung.

3.1 Problematik der Gewinnvergleichsrechnung

Die Ergebnisse des Gewinnvergleichs liefern beim Alternativenvergleich hinsichtlich der Vorteilhaftigkeit nur dann zutreffende Entscheidungsgrundlagen, wenn Laufzeit und Kapitaleinsatz gleich hoch sind (vgl. *Schierenbeck* 2003, S. 347f.):

- Unterscheiden sich die Laufzeiten, so ist statt eines Perioden- oder Stückgewinnvergleichs der Gesamtgewinn unter Berücksichtigung einer Differenzinvestition über die jeweilige Laufzeit als Kriterium zugrunde zu legen.
- Analog gilt es eine Differenzinvestition auch bei unterschiedlichem Kapitaleinsatz zu berücksichtigen, wenn die einzusetzenden Finanzmittel für das Unternehmen knapp sind, was den Regelfall darstellen dürfte. Alternativ kann statt einer Gewinnvergleichsrechnung mittels Differenzinvestition eine Rentabilitätsvergleichsrechnung durchgeführt werden.

Die Gewinnvergleichsrechnung ist anwendbar, um die Wirtschaftlichkeit eines einzelnen Investitionsobjekts und die von Alternativen zu bestimmen.

3.2 Verfahren der Gewinnvergleichsrechnung und Anwendung

Um zur Gewinnvergleichsrechnung zu gelangen, wird die Kostenfunktion wie sie aus der Kostenvergleichsrechnung bekannt ist um die Erlöskomponente erweitert: Aus der Differenz von Gesamterlösen und -kosten ergibt sich der Gewinn (= G) eines Investitionsobjekts:

$$G = E - K \qquad (II\text{-}34)$$

bzw. nach den Komponenten der Erlös- und Kostenfunktion aufgeteilt:

$$G = p \cdot m - K_f - m \cdot k_v \qquad (II\text{-}35a)$$

oder

$$G = m \cdot (p - k_v) - K_f \qquad (II\text{-}35b)$$

Dabei bezeichnen $(p-k_v)$ den **Deckungsbeitrag** pro Stück bzw. Deckungsspanne (= dB) und $[m(p-k_v)]$ den absoluten Deckungsbeitrag pro Periode (= DB). Somit gilt für (II-34b) auch folgende Formulierung:

$$G = m \cdot dB - K_f \qquad (II\text{-}35c)$$

Wird der Gewinn eines Investitionsobjekts als Durchschnittsgröße verstanden, die sich aus sämtlichen Perioden t der geplanten Nutzungsdauer T zusammensetzt, so bestimmt sich der Gewinn wie folgt:

$$G = \frac{1}{T} \cdot \sum_{t=1}^{T}(E_t - K_t) \qquad (II\text{-}36)$$

Ausgehend von den Gleichungen für die Gewinnermittlung (II-33 bis II-34c) kommt in der Gewinnvergleichsrechnung eine „**variierte Ingenieurformel**" zur Anwendung.

Einige **kritische Betrachtungen** zum **Gewinnbegriff** der Gewinnvergleichsrechnung sind an dieser Stelle anzustellen:

3 Gewinnvergleichsrechnung

- Die materielle **Bestimmung des Gewinns** kann grundsätzlich nach verschiedenen Konzepten erfolgen. So können neben betriebswirtschaftlich-kalkulatorischen auch handelsrechtliche, steuerrechtliche oder pagatorische Gewinne zugrunde gelegt werden. Allerdings verlangt die einheitliche Methodik der statischen Investitionsrechenverfahren die Verwendung betriebswirtschaftlich-kalkulatorischer Größen, da die statischen Methoden auf diesem Bewertungskonzept basieren. *Grob* (1989, S. 165-166) verweist darauf, dass bei Verwendung kalkulatorischer Komponenten die Bezeichnung Gewinnvergleichsrechnung unzutreffend ist. Es müsste korrekt von einer Betriebsergebnisvergleichsrechnung gesprochen werden. Der Begriff „Gewinnvergleichsrechnung" setzt voraus, dass Ertrag und Aufwand gegenübergestellt werden (Größen aus der Periodenerfolgsrechnung). Da der Begriff „Gewinnvergleichsrechnung" in dieser Form in Wissenschaft und Praxis eingeführt ist, soll weiterhin der Begriff verwendet werden.

- Die Gewinnvergleichsrechnung lässt sich nur dann anwenden, wenn eine genaue Zurechnung der **Gewinne** auf jedes einzelne Investitionsobjekt **verursachungsgerecht** möglich ist. In der Praxis stellen sich die dem einzelnen Investitionsobjekt zurechenbaren **Erlöse** häufig als Problem dar.

Fall I: gleich hohe Produktionskapazitäten

Die variierte Ingenieurformel bei Periodenkosten/-erlösen hat als Ausgangspunkt die Kostengleichung der orthodoxen Ingenieurformel gemäß (II-17b). Es folgt aus der Verbindung der Erlösfunktion mit der Kostenfunktion:

$$G = p \cdot m - K_B - K_D - K_Z \qquad (II\text{-}37)$$

Fall II: unterschiedliche Produktionskapazitäten

Hier gilt die Stückkostengewinnfunktion (mit g = Stückgewinn) basierend auf der variierten Ingenieurformel bei Stückkosten und -erlösen:

$$g = \frac{E}{m} - \frac{K_B}{m} - \frac{K_D}{m} - \frac{K_Z}{m} \qquad (II\text{-}38)$$

Unter Bezugnahme auf die Gewinngleichung lassen sich dann die Entscheidungskriterien für die jeweiligen Fälle von Investitionsentscheidungen zusammenstellen (wobei hier nur auf Periodengrößen Bezug genommen ist, die Aussagen gelten sinngemäß für Stückgrößen):

Entschei-dungs-situation	Entscheidungsregel	
	formal	verbal
reines Vor-teilhaftig-keitsproblem	$G_J > 0$	Dasjenige Investitionsobjekt J ist vorteilhaft, das einen positiven Gewinnbeitrag erwirtschaftet.
Wahlproblem	$G_J = \max_j \{G_j | G_j > 0\}$	Dasjenige Investitionsobjekt $J \in \{1, 2, ..., j, ..., n\}$ aus der Menge absolut vorteilhafter Investitionsobjekte ist am vorteilhaftesten, das den größten Gewinnbeitrag G_J aufweist.
Ersatz-problem	$G_{J,neu} =$ $\max_j \{G_{j,neu} | G_{j,neu} > G_{j,alt}\}$	Der Ersatz des alten Investitionsobjekts durch ein neues zu Beginn der Vergleichsperiode ist vorteilhaft, wenn der durchschnittliche Periodengewinn der neuen Anlage größer ist als der durchschnittliche Periodengewinn der alten Anlage.

Abb. II-7: Überblick zu den Entscheidungsregeln bei Anwendung der Gewinnvergleichsrechnung

Lesehinweis: Ein vertiefendes Beispiel bietet *Rolfes* (1986).

3.3 Erweiterungen

Häufig sind neue Investitionen vor dem Hintergrund unsicherer Informationen mittels einer Investitionsrechnung zu beurteilen. Meist sind die Kostenkomponenten einigermaßen zuverlässig quantifizierbar. Auf der Absatzseite bestehen mit hoher Wahrscheinlichkeit Informationsdefizite.

Um solche Unsicherheiten im Vorfeld der Investitionsentscheidung in ihrem Ausmaß auf die Investitionen abschätzen zu können, stehen im Rahmen der Gewinnvergleichsrechnung folgende zwei Verfahren zur Verfügung:

- Ermittlung der kritischen Menge im Rahmen des Alternativvergleichs,
- Ermittlung der Gewinnschwelle (Break Even-Point) für den Fall des isolierten Vergleichs.

Ermittlung der kritischen Menge bzw. Auslastung

Das **Ziel** dieser Verfahrensanwendung besteht darin, diejenige **Produktionsmenge** zu ermitteln, bei der die **Gewinne** der zu vergleichenden Investitionsobjekte **gleich** sind. Die kritische Menge bezeichnet wiederum auch die Auslastung, bei der die Vorteilhaftigkeiten der Vergleichsobjekte wechseln. Unterhalb dieser kritischen Menge ist das eine, oberhalb das andere Investitionsobjekt vorteilhaft (Basis: höherer Periodengewinn). Die Herleitung erfolgt durch Gleichsetzen der Gewinnfunktionen der zu vergleichenden Investitionsobjekte (hier bezogen auf den Fall zweier Investitionsalternativen):

3 Gewinnvergleichsrechnung

$$G_1 = G_2 \tag{II-39}$$

mit folgenden Gewinnfunktionen:

$$G_1 = p_1 \cdot m - k_{v1} \cdot m - K_{f1} \tag{II-40a}$$

$$G_2 = p_2 \cdot m - k_{v2} \cdot m - K_{f2} \tag{II-40b}$$

Durch Gleichsetzen und Auflösen nach *m* erhält man die Bestimmungsgleichung für die **kritische Menge** m_k:

$$p_1 \cdot m - k_{v1} \cdot m - K_{f1} = p_2 \cdot m - k_{v2} \cdot m - K_{f2}$$

$$p_1 \cdot m - k_{v1} \cdot m - p_2 \cdot m + k_{v2} \cdot m = K_{f1} - K_{f2}$$

$$m \cdot (p_1 - k_{v1} - p_2 + k_{v2}) = K_{f1} - K_{f2}$$

$$m = m_k = \frac{K_{f1} - K_{f2}}{p_1 - k_{v1} - p_2 + k_{v2}} \tag{II-41}$$

Berechnung der Gewinnschwelle

Mithilfe des **Break Even-Point** erhält man die Angabe über diejenige Produktionsmenge, ab der bei Ausdehnung der Produktion die Erlöse des zu beurteilenden Investitionsobjekts dessen Kosten übersteigen. Diese Gewinnschwelle bezeichnet auch die Auslastung, bei der die Vorteilhaftigkeit des Investitionsobjekts wechselt. Unterhalb dieser kritischen Menge übersteigen die Kosten die Erlöse, oberhalb wird ein Gewinn erwirtschaftet und das Investitionsobjekt ist vorteilhaft. Die Berechnung des Break Even-Point erfolgt durch Gleichsetzen der Erlös- mit der Kostenfunktion und Auflösung nach der Produktionsmenge *m*. Für die **Gewinnschwellenberechnung** gilt als Ausgangspunkt $G = p \cdot m - k_v \cdot m - K_f$ mit $G \overset{!}{=} 0$. Mittels Umstellung und Auflösung nach *m* erhält man die Bestimmungsgleichung für die Menge, an der der Gewinn Null ist (= m_g):

$$m = m_g = \frac{K_f}{p - k_v} \tag{II-42a}$$

$$m_g = \frac{K_f}{dB} \tag{II-42b}$$

Beispiel: DJ Oldie, ein alternder Diskjockey für Hits der 1960er und 1970er Jahre, hat seit einiger Zeit eine neue Stellung als Product Manager eines Unternehmens, das bespielte Tonträger herstellt. Zur Ankurbelung des CD-Absatzes ließ DJ Oldie eine „Flower Power"-CD mit Hits zusammenstellen, die während der Open-Air-Festivals der späten 1960er und 1970er Jahre zu hören waren. DJ Oldie hat das Produkt durch Erhebungen der hausinternen Marktforschungsabteilung testen lassen und kann reges Kaufinteresse erwarten. Ferner wurde ein maximaler Verkaufspreis von *13* €/Stück und eine Absatzmenge von *1 Mio. Stück* prognostiziert. Damit wären jährliche Erlöse in Höhe von *13 Mio. €* zu erwarten. DJ Oldie ist sich der Sache sicher und unterstellt, dass die Prognosen eintreten werden.

Geplant wird, dass trotz der kurzen Produktlebenszyklen auf dem Markt, die „Flower Power"-CD *2,5* Jahre am Markt Bestand haben wird. Der Kapitalbedarf über diese Zeit wird wie folgt veranschlagt: Anlagen zur Produktion etc. *1,8 Mio. €*, Warenbestände *700.000 €* und Forderungen *900.000 €*.

Da nun DJ Oldie vor Produkteinführung einen Kostenvoranschlag zum Zweck der Genehmigung durch die Unternehmensleitung einholen muss, erstellt er als Anlage zu seinem Kostenvoranschlag eine Gewinnschwellenrechnung. Zuerst stellt er die Gesamtkosten zusammen:

Investitionsdaten	€/Stück	€ (in tausend)/Jahr
Materialkosten	4,80	4.800
Lohnkosten	2,30	2.300
Energiekosten	0,50	500
Sonstige variable Kosten	0,20	200
Summe der variablen Kosten	*7,80*	*7.800*
Kalkulatorische Abschreibung		720[1]
Kalkulatorische Zinsen (i = 0,05)		143[2]
Werbung		2.000
Sonstige Fixkosten		1.165
Summe Fixkosten		*4.028*
Gesamtkosten		**11.828**

[1] $\frac{1.800.000}{2,5} = 720.000\ €$ [2] $K_{Z1} = \frac{2,5+1}{2 \cdot 2,5} \cdot 1.800.000 \cdot 0,05 = 63.000\ €$,

$K_{Z2} = 700.000 + 900.000 = 1,6$ Mio. , $1,6$ Mio. $\cdot\ 0,05 = 80.000\ €$,

$K_Z = K_{Z1} + K_{Z2} = 143.000\ €$.

Tab. II-9: Gesamtkostenermittlung

Die Ermittlung der Gesamtkosten basiert auf folgenden Überlegungen:

- Die Anlagen unterliegen einer Abnutzung über die Dauer des Produktlebenszyklusses von 2,5 Jahren. Danach sind sie nicht für andere CD-Produktionen einsetzbar.
- Die Beständeläger und der Forderungsbestand sind im Durchschnitt über die 2,5 Jahre in vollem betraglichen Umfang aufrecht zu erhalten. Eine Abschreibung ist nicht vorzunehmen.
- Durchschnittlich sind als gebundenes Kapital die gesamten Bestände und Forderungen als Kapitalbindung (i.S. von KA3) anzusetzen. Die durchschnittliche Kapitalbindung der Anlagen wird durch einen diskontinuierlichen Verlauf beschrieben, da die Großhändler immer am Jahresende zahlen (= KA2).

Mit der Zusammenstellung der Gesamtkosten und den prognostizierten Erlösen stellt DJ Oldie die Gewinnrechnung auf:

Gewinnermittlung	€ (in tausend)/Jahr
Erlös	13.000
Variable Kosten	- 7.800
= Deckungsbeitrag	*5.200*
Fixkosten	- 4.028
= Gewinn	**1.172**

Tab. II-10: Gewinnrechnung

Mit diesen Angaben errechnet DJ Oldie den Break Even-Point der Absatzmenge (m_g):

$m_g = \frac{4.028.000}{13-7,8} = 774.615$ Stück. Den Erlös dieser Absatzmenge errechnet er mit $E = 13 \cdot 774.615 \cong 10.070.000\ €$ und die Kosten mit $K = 4.028.000 + 7,8 \cdot 774.615 \cong 10.070.000\ €$. DJ Oldie zeichnet die so gefundenen Punkte in ein Gewinnschwellendiagramm ein.

3 Gewinnvergleichsrechnung

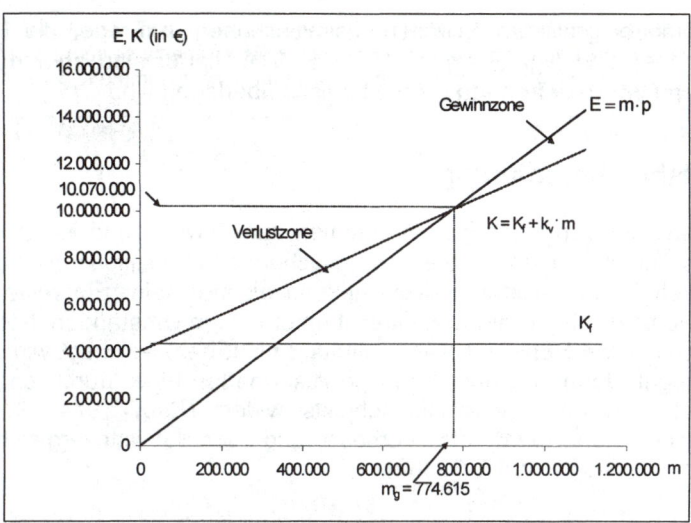

Abb. II-8: Gewinnschwellendiagramm zum Beispiel

Aus Abb. II-8 ist ersichtlich, dass ab einer geringeren Absatzmenge als 774.615 Stück pro Jahr das Produkt „Flower-Power-CD" in die Verlustzone gerät. DJ Oldie errechnet, dass der von der Marktforschungsabteilung prognostizierte jährliche Absatz um maximal 22,5% sinken darf, um keinen Verlust zu erleiden [(1.000.000-774.615)/1.000.000]. DJ Oldie schätzt, dass selbst im pessimistischsten Fall ein jährlicher Absatzrückgang von nur 15% eintreten würde. Mit den Ergebnissen der Gewinnschwellenrechnung verfügt DJ Oldie über eine Einschätzung der wirtschaftlichen Folgen von Absatzrisiko und Gewinnpuffer, bis zu dem der Absatzrückgang zu keinen Verlusten führt.

3.4 Zusammenfassung und Kritik

Die Gewinnvergleichsrechnung spielt in der betrieblichen Praxis unter den statischen Verfahren die geringste Rolle. *Heidtmann/ Däumler* (1997, S. 11) ermittelten in ihrer empirischen Erhebung für mittelständische Unternehmen einen Anteil von gut 11%. Damit liegt die Bedeutung ähnlich niedrig wie bei Großunternehmen (vgl. *Bröer/ Däumler* 1986, *Werle-Streif* 1989, *Grabbe* 1976). I.d.R. wird der Gewinnvergleich zudem um den Rentabilitätsvergleich ergänzt.

Die Kritik an der Gewinnvergleichsrechnung richtet sich auf folgende Aspekte:

- Auch in die Gewinnvergleichsrechnung geht die exakte zeitliche Verteilung zukünftiger Erlöse und Kosten auf einzelne Zeitabschnitte innerhalb der Nutzungsdauer nicht ein, die Kalkulationen sind nach wie vor statisch.

- Durch die Berücksichtigung der Gewinne wird nichts über die Verzinsung des eingesetzten Kapitals ausgesagt. Eine solche Vorgehensweise ist dann nicht mehr haltbar, wenn das eingesetzte Kapital in den Investitionsalternativen erheblich abweicht (vgl. *Biergans* 1979, S. 90).

- Wegen der Berücksichtigung der Erlöse ist ein erheblicher Zusatzaufwand in Form der verursachungsgerechten Erhebung der Erlösdaten erforderlich. Insbesondere bei mehrstufigen Produktionen ist das Zurechnungsproblem von Bedeutung. Es verschärft sich, wenn eine Investition nicht völlig isoliert durchführbar ist, sondern zwischen mehreren geplanten Investitionen erfolgswirksam zeitlich-vertikale oder zeitlich-horizontale Interdependenzen bestehen (vgl. *Kern* 1974, S. 125). Eine Anwendung der Gewinnvergleichsrechnung käme daher vor allem bei größeren Erweiterungsinvestitionen in Frage, die unabhängig voneinander sind (vgl. *Biergans* 1979, S. 91). Hierfür sind **aber dynamische Verfahren vorzuziehen**, da sie methodisch überlegen sind.

4 Rentabilitätsrechnung

Im Gegensatz zu den bisherigen Annahmen zur Gewinn- und Kostenvergleichsrechnung sollen im Folgenden die zu vergleichenden Investitionsobjekte durch **unterschiedlich hohe Kapitaleinsätze** gekennzeichnet sein. Ein reiner Vergleich der Gewinne beider Investitionsobjekte ist unter diesen Umständen irreführend, da die unterschiedliche Höhe der Kapitalbindung nicht berücksichtigt wird. „Die Rentabilität spiegelt dann in grober Form gewissermaßen eine (durchschnittliche) interne Verzinsung eines Investitionsobjekts wider" (*Kern* 1974, S. 128). Die Rentabilitätsrechnung wird als Verbesserung der Gewinnvergleichsrechnung verstanden (vgl. *Brandt* 1967, S. 382).

4.1 Verfahrensweisen

Die Rentabilität oder Rendite eines Investitionsobjekts stellt die zeitliche Durchschnittsverzinsung des im Investitionsobjekt durchschnittlich gebundenen Kapitals dar. Je nach Definition von Erfolg und Kapitaleinsatz können unterschiedliche Größen verwendet werden:

- Legt man den **durchschnittlichen Gewinn** zugrunde, so umfasst dieser den zusätzlichen Gewinn, der durch das zu beurteilende Investitionsobjekt entsteht. Bei Ersatz- und Rationalisierungsinvestitionen setzt man statt Gewinn die Kostenersparnis (gegenüber der bisher eingesetzten Anlage) ein. Legt man der Erfolgsgröße den „Gewinn" als Saldo aus Erlösen und Kosten zugrunde, so errechnet sich eine **Nettorendite**, da die kalkulatorischen Zinsen abgesetzt sind. Häufig wird auch dafür plädiert, die **Bruttorendite** für die Rentabilitätsberechnung zugrunde zu legen. *Blohm/ Lüder* (1995, S. 167-168) argumentieren in diesem Sinne, wenn sie die Hinzurechnung der kalkulatorischen Zinsen in die Gewinngröße vorschlagen. Andernfalls wäre nicht die tatsächliche Durchschnittsverzinsung eines Investitionsobjekts, sondern die über die kalkulatorischen Zinsen hinausgehende Verzinsung (wie bei der Nettorendite) ermittelt. Bestehen die kalkulatorischen Zinsen ihrer Natur nach aus Fremdkapitalzinsen, so ist bei Ermittlung der Rentabilität des eingesetzten Eigenkapitals der Gewinn nach Abzug von Fremdkapitalzinsen zu verwenden. Des Weiteren lässt sich die Rentabilität nach oder vor Abzug von Ertragssteuern oder berücksichtigen. Im Folgenden bleiben Ertragssteuern unberücksichtigt.

- Der **Kapitaleinsatz** besteht aus dem für die Durchführung der Investition zusätzlich gebundenen Kapital. Sollte ein Liquidationserlös am Ende der Nutzungsdauer erzielbar sein, ist dieser in voraussichtlicher Höhe von den Anschaffungskosten abzuziehen. Angesetzt wird das durchschnittlich gebundene Kapital je nach Art des Investitionsobjekts mit den jeweils in Frage kommenden durchschnittlichen Kapitalbindungen (*KA1, KA2, KA3*).

Je nach Fragestellung wird daher Rentabilitätsvergleichen eine **unterschiedliche Definition** von „Rentabilität" zugrunde gelegt. Folgende Arten sind dabei gängig:

4 Rentabilitätsrechnung

- **Gesamtkapitalrentabilität** (r_{GK}) (= Bruttorendite, vgl. *Biergans* 1979, S. 95):

$$r_{GK} = \frac{G + K_Z}{KA_{GK}} \cdot 100\,\% \qquad (\text{II-43})$$

mit

G = durchschnittlicher Gewinn,
K_Z = kalkulatorische Zinsen,
KA_{GK} = durchschnittlich gebundenes Gesamtkapital.

- **Eigenkapitalrentabilität** (r_{EK}) (= Nettorendite, vgl. *Brandt* 1967, S. 36f.):

$$r_{FK} = \frac{G + K_Z - K_{ZFK}}{KA_{EK}} \cdot 100\,\% \qquad (\text{II-44})$$

mit

K_{ZFK} = Fremdkapitalzinsen,
KA_{EK} = durchschnittlich gebundenes Eigenkapital.

- **Return on Investment** (*ROI*, vgl. *Wöhe* 2002, S. 1071):

$$ROI = \frac{G + K_Z}{E} \cdot \frac{E}{KA_{GK}} \cdot 100\,\% \qquad (\text{II-45})$$

Beispiel: Ein Lkw eines Tiefkühlfrost-Heimservices weise folgende wirtschaftliche Daten auf:

Investitionsdaten	€/Jahr
Anschaffungskosten	80.000
Nutzungsdauer	10 Jahre
Auslastung	100.000 km/Jahr
Liquidationserlös	5.000
Kalkulatorische Abschreibungen	7.500
Kalkulatorische Zinsen (i = 0,07 p.a.)	2.975
Sonstige fixe Kosten	1.000
Fixe Kosten gesamt	11.475
Variable Kosten gesamt	66.200
Gesamtkosten	77.675
Erlöse gesamt	100.000
Gewinn gesamt	**22.325**

Tab. II-11: Beispieldaten zur Rentabilitätsrechnung

Es soll die Rentabilitätsgröße ROI errechnet werden. Das durchschnittlich gebundene Kapital bei kontinuierlicher Amortisation beträgt (wegen der täglichen Umsatzeingänge) $\frac{85.000}{2} = 42.500$. Die Höhe des ROI ist demnach: $\frac{22.325 + 2.975}{42.500} \cdot 100\% = 59{,}53\%$.

Beim Vorteilhaftigkeitsvergleich von Ersatz- und Rationalisierungsinvestitionen geht es bezüglich der Erfolgsgröße um die zusätzliche Kostenersparnis, die sich mit dem neuen Investitionsobjekt ergibt. Fällt für das alte Investitionsobjekt ein Liquidationserlös an, so ist dieser vom durchschnittlichen Kapitaleinsatz des neuen Investitionsobjekts abzuziehen. Die Gleichung zur Rentabilitätsberechnung wird dann wie folgt abgewandelt (vgl. *Olfert* 2003, S. 187-188):

$$r = \frac{K_{alt} + K_{neu}}{K_{neu}} \cdot 100\,\% \tag{II-46}$$

mit

KA_{neu} = durchschnittliche Kapitalbindung des neuen Investitionsobjekts.

Die Rentabilitätsvergleichsmethode kann auf folgende **Entscheidungssituationen** angewendet werden (vgl. *Kern* 1974, S. 128):

Entscheidungssituation	Entscheidungsregel	
	formal	verbal
reines Vorteilhaftigkeitsproblem	$r \geq r_{min}$	Vorteilhaft ist dasjenige Investitionsobjekt, welches eine positive oder eine vom Entscheidungsträger gewünschte Mindestrentabilität aufweist.
Wahlproblem	$r_J = \max_j \{r_j \| r_j > 0$ $\vee r_j \geq r_{min}\}$	Dasjenige Investitionsobjekt $J \in \{1, 2, ..., j, ..., n\}$ aus der Menge absolut vorteilhafter Investitionsobjekte ist relativ vorteilhaft, dessen Rentabilitätsgrad r_J am größten ist.
Ersatzproblem	$r_{J,neu} = \max_j$ $\{r_{j,neu} \| r_{j,neu} - r_{j,alt} > 0$ $\vee r_{jneu} \geq r_{min}\}$	Der Ersatz des alten Investitionsobjekts durch ein neues zu Beginn der Vergleichsperiode ist vorteilhaft, wenn die durchschnittliche Rentabilität der neuen Anlage größer ist als die durchschnittliche Rentabilität der alten Anlage.

Abb. II-9: Überblick zu den Entscheidungsregeln bei Anwendung der Rentabilitätsrechnung

Die Beurteilung alternativer Investitionsobjekte mittels des Rentabilitätsvergleichs ist beim relativen Vorteilhaftigkeitsvergleich um die Differenzinvestition (= I_x) zu ergänzen, wenn die **Anschaffungskosten** der Alternativen betraglich **divergieren**. Nur wenn die untersuchten Investitionen beliebig oft wiederholt werden und die Laufzeiten identisch sind, spielen solche Differenzen keine Rolle (zum Konzept von Differenz- und Ergänzungsinvestition vgl. Kapitel IV, Abschnitt 1.1.3).

Die **Differenzinvestition** ist die betragliche Differenz zwischen den Anschaffungskosten der zu vergleichenden Investitionsobjekte. Für die Rentabilitätsrechnung sind unter diesen Umständen zwei **Verfahrensweisen** alternativ möglich (vgl. im Folgenden *Blohm/ Lüder* 1995, S. 170-172):

(1) Zuerst wird die Rentabilität der Differenzinvestition (= r_x) bestimmt. Sofern keine Investitionsmöglichkeiten für die Differenzbeträge innerhalb des Unterneh-

4 Rentabilitätsrechnung

mens bestehen, wird eine Anlage am Kapitalmarkt unterstellt. Der „Gewinn" der Differenzinvestition besteht dann aus den Netto-Einkommenszahlungen der Kapitalmarktanlage. Besteht die Möglichkeit der Investition innerhalb des Unternehmens, so liegt der Rentabilitätsberechnung der entsprechende Gewinn dieser Investitionsmöglichkeit zugrunde. Unabhängig von der Art der Investitionsmöglichkeit gilt für die **Rentabilität der Differenzinvestition**:

$$r_x = \frac{G + K_z + G_x}{KA_x} \cdot 100\% \qquad (II-47)$$

mit

G_x = durchschnittlicher Gewinn der Differenzinvestition,
KA_x = durchschnittliche gebundenes Gesamtkapital der Differenzinvestition.

Anschließend wird die Rentabilität der Differenzinvestition der Rentabilität des Investitionsobjekts mit den niedrigeren Anschaffungskosten zugerechnet. Die dann erhaltene neue Rentabilität wird mit derjenigen verglichen, die man für das Investitionsobjekt mit den höheren Anschaffungskosten errechnet hat. Dasjenige mit der höheren Rentabilität wird als Investitionsobjekt zur Anschaffung ausgewählt.

(2) Das unter (1) vorgestellte Vorgehen berücksichtigt noch nicht etwaige Vergleiche mit einer dem Investor vorgegebenen **Mindestrentabilität**. Ihre Integration führt zur nächsten Methode, mit der eine Differenzinvestition berücksichtigt werden kann. Ein Investitionsobjekt ist in diesem Fall vorteilhafter gegenüber einer Alternative, wenn r_x größer ist als die geforderte Mindestrentabilität:

$$r_x = \frac{G_1 - G_2}{KA_1 - KA_2} \cdot 100\% > r_{min} \qquad (II-48)$$

mit

G_1 = Gewinn von Investitionsobjekt 1,
G_2 = Gewinn von Investitionsobjekt 2,
KA_1 = durchschnittlich gebundenes Kapital von Investitionsobjekt 1,
KA_2 = durchschnittlich gebundenes Kapital von Investitionsobjekt 2,
r_{min} = vom Entscheidungsträger vorgegebene Mindestrentabilität.

Hierbei ist unterstellt, dass das erste Investitionsobjekt das höhere gebundene durchschnittliche Kapital aufweist. Falls $G_1 \leq G_2$, folgt $r_x \leq 0$. Ist bereits aus dem Gewinnvergleich dieses Gewinnverhältnis ersichtlich, kann man direkt auf die Vorteilhaftigkeit des alternativen zweiten Investitionsobjekts schließen.

4.2 Zusammenfassung und Kritik

Die Rentabilitätsrechnung gilt unter mittelständischen Unternehmen als am häufigsten angewendetes Investitionsrechenverfahren – sowohl als ausschließlich benutztes Verfahren als auch als Zusatzverfahren. Trotz der ungenaueren Ergebnisse sorgen die gegenüber dynamischen Verfahren geringeren Kosten der Durchführung für die hohe Attraktivität der Rentabilitätsrechnung in dieser Unternehmensgruppe (vgl. *Heidtmann/ Däumler* 1997, S. 12-14). Für Großunternehmen besitzt die Rentabilitätsrechnung zwar ebenfalls die größte Bedeutung unter den statischen Verfahren, jedoch liegt ihr Anteil unter allen Verfahrensgruppen nur bei ca. 30%, was daran liegen dürfte, dass in Großunternehmen den dynamischen Verfahren grundsätzlich der Vorzug vor den statischen Verfahren gegeben wird (vgl. *Bröer/ Däumler* 1986, *Werle-Streif* 1989, *Grabbe* 1976).

Als **Kritik** an der Rentabilitätsvergleichsmethode ist Folgendes festzuhalten (vgl. *Blohm/ Lüder* 1995, S. 172, *Perridon/ Steiner* 2002, S. 52):

- Die zentrale Annahme für die Rentabilitätsrechnung ist der für jede Periode der geplanten Nutzungsdauer konstante Gewinn. Dies setzt voraus, dass man entweder den durchschnittlichen Gewinn über die Nutzungsdauer ermittelt, oder nur den Gewinn des ersten Jahres schätzt und ihn als durchschnittlichen Gewinn ansetzt.

- Des Weiteren geht man davon aus, dass finanzielle Mittel zu einer Mindestrendite in beliebiger Höhe führen und jederzeit angelegt und aufgenommen werden können, was einen vollkommenen Kapitalmarkt impliziert. Ansonsten gelten alle übrigen methodischen Einwände, wie sie bei der Kostenvergleichs- und Gewinnvergleichsrechnung bereits angeführt wurden.

Die **Anwendung** der Rentabilitätsrechnung erfolgt insbesondere für Entscheidungen über Rationalisierungsinvestitionen sowie Neu- und Ersatzinvestitionen. Sie erlaubt zudem als einziges statisches Verfahren durch die Verwendung des *ROI* Vergleiche mit bereichsbezogenen Renditen (z.B. Geschäftsbereichsrenditen). Auf die Rentabilitätsrechnung kann nur dann verzichtet und statt dessen mit der Gewinnvergleichsrechnung operiert werden, wenn die Finanzmittel nicht knapp sind und die Investitionsmöglichkeiten nicht einschränken.

5 Amortisationsrechnung

Wurde bei den bisherigen statischen Verfahren das Entscheidungskriterium auf kalkulatorische Größen bzw. daraus abgeleitete Relativzahlen abgestellt, so wechselt bei der Amortisationsrechnung die **Dimension**: Bei ihr wird die **Zeit**, in der sich die Anschaffungskosten eines Investitionsobjekts aus den Umsatzerlösen amortisiert haben („in die Unternehmenskasse zurückgeflossen sind") als Vorteilhaftigkeitskriterium herangezogen. Gebräuchlich sind auch die Bezeichnungen Kapitalrückfluss-, Pay back-, Pay off- oder Pay out-Rechnung (vgl. auch *Wöhe* 2002, S. 614).

5.1 Verfahrensgrundlagen

Zweck der Verfahren ist es, mittels der errechneten Amortisationsdauer eine Vorstellung zu geben vom Risiko eines Kapitalverlusts und den Liquiditätsauswirkungen des Investitionsobjekts. Auf diese Weise werden mit diesem Verfahren folgende Entscheidungssituationen begründbar: reines Vorteilhaftigkeitsproblem, Wahl- und Ersatzproblem.

Bei der Amortisationsrechnung sind Alternativenvergleiche nur dann sinnvoll, wenn die Nutzungszeiten der zu vergleichenden Investitionsobjekte gleich sind, da die jährlichen Abschreibungen von der Nutzungsdauer selbst abhängen und die Abschreibungsbeträge erheblich die Amortisationsdauer determinieren (vgl. *Rolfes* 1986, S. 417).

5 Amortisationsrechnung

Die Amortisationsrechnung wird häufig als **Ergänzung zur Rentabilitätsrechnung** eingesetzt. Sie liefert einen zusätzlichen Beurteilungsmaßstab, indem sie das Investitionsrisiko abschätzen lässt wie es bei Unsicherheit über die Rückgewinnung des Kapitaleinsatzes ausgedrückt wird: „Je kürzer die Wiedergewinnungszeit für ein Investitionsobjekt ist, desto geringer wird auch die den Investitionsobjekten immanente Unsicherheit angesehen, dass eine Investition sich nachträglich als unsicher erweist" (*Kern* 1974, S. 129).

Die Dauer der Wiedergewinnung (= Amortisation) der Anschaffungskosten nennt man **Amortisationsdauer** (= *AZ*). Der Zeitpunkt, ab dem die Finanzmittel betraglich vollständig wiedergewonnen sind, wird als **Amortisationszeitpunkt** (=T_s) bezeichnet. Ab diesem Datum stehen die zurückgeflossenen Mittel für weitere Verwendungszwecke und zur Kapitalverzinsung bereit. Insofern hat der Amortisationszeitpunkt die Eigenschaft eines Break Even-Point. Das grundsätzliche Verfahren zur Ermittlung der gesuchten Amortisationsdauer ist: Statt Kosten und Erlöse werden periodische Zahlungen in Form von Rückflüssen betrachtet. Sie werden solange addiert, bis die ermittelte Summe die Anschaffungskosten *A* genau betraglich decken.

Ziel ist es, zu ermitteln, wann die Rückflüsse den Kapitaleinsatz der Investition vollständig in die Unternehmenskasse zurückgeführt haben. Die Amortisationsrechnung kann hinsichtlich des Umganges mit dem Faktor **Zeit** auf zweierlei Wegen angewendet werden:

- Als **statische Methode** werden aus zukünftigen Umsatzerlösen, die einem Investitionsobjekt zugerechnet werden können, bestimmte Zahlungskomponenten verwendet. Es handelt sich um Zeitwerte in der jeweiligen Höhe ihres zukünftigen Wertanfalls.

- Bei der **dynamischen Variante** der Amortisationsrechnung (vgl. Kapitel IV, Abschnitt 2) werden diese Anteile zukünftiger Umsatzerlöse auf den Gegenwartszeitpunkt abgezinst. Damit wird die Amortisation barwertig berechnet.

Einen Überblick über die **Entscheidungsregeln** - unabhängig von statischer oder dynamischer Variante - liefert Abb. II-10.

Entscheidungssituation	*Entscheidungsregel*	
	Formal	**Verbal**
reines Vorteilhaftigkeitsproblem	$AZ \leq AZ_{max}$	Vorteilhaft ist dasjenige Investitionsobjekt, das eine bestimmte vom Entscheidungsträger gewünschte maximale Amortisationsdauer (AZ_{max}) nicht überschreitet.
Wahlproblem	$AZ_J = \min_{j}\{AZ_j | AZ_j \leq AZ_{j,max}\}$	Dasjenige Investitionsobjekt $J \in \{1, 2, ..., j, ..., n\}$ aus der Menge absolut vorteilhafter Investitionsobjekte ist am vorteilhaftesten, das die kürzeste Amortisationszeit AZ_J aufweist.

Abb. II-10: Überblick zu den Entscheidungsregeln bei Anwendung der Amortisationsrechnung

Für die Ermittlung der Amortisationsdauer ist die Verfahrensweise mit den Rückflüssen entscheidend. Im Rahmen der statischen Form der Amortisationsrechnung unterscheidet man zwei Verfahren: Durchschnitts- und Kumulationsrechnung.

5.2 Durchschnittsverfahren

Voraussetzung für die Durchführung dieses Verfahrens ist, dass zeitlich gleichbleibende periodische Netto-Rückflüsse ($CF_t = CF$ für $t = 1, 2,..., T_s$) vorliegen:

$$AZ = T_s = \frac{A}{CF} \qquad \text{(II-49a)}$$

bzw. bei Existenz eines Liquidationserlöses

$$AZ = T_s = \frac{A-L}{CF} \qquad \text{(II-49b)}$$

wobei $CF = G + \frac{A-L}{T}$.

Folgende **Komponenten** sind für die Amortisationsrechnung zu berücksichtigen:

- Die Größe *A* zeigt den **Kapitaleinsatz**, der sich aus den Anschaffungskosten, vermindert um einen evtl. vorhandenen Liquidationserlös, zusammensetzt. Bei zusätzlicher Bindung von Umlaufvermögen durch die zu beurteilende Investition, ist dieses dem Kapitaleinsatz hinzuzurechnen.

- Der **durchschnittliche Rückfluss** besteht aus der Differenz zwischen den durchschnittlichen jährlichen Einnahmen und Ausgaben. Dadurch haben sie Eigenschaften eines einfachen Cash Flow (= CF_t mit $t = 1, 2,..., T_s$). Da die statische Amortisationsrechnung auf Kosten und Erlösen basiert, wird der jährliche Rückfluss näherungsweise nach der Summe des durchschnittlichen jährlichen Gewinns und den jährlichen (linearisierten) Abschreibungen bemessen. Es wird dabei unterstellt, dass Gewinn und Abschreibungsgegenwerte auch als finanzielle Gegenwerte aus den Umsatzerlösen der Zahlungsmittelebene des Unternehmens zufließen.

<small>Lesehinweis: Zum Cash Flow vgl. *Schäfer* (2002, S. 40–42).</small>

Im Fall von Ersatz-, i.S. von **Rationalisierungsinvestitionen** besteht der Rückfluss aus der durchschnittlichen (Perioden-)Kostenersparnis des neuen gegenüber dem alten Investitionsobjekt (= $K_{d,t}$):

$$CF_t = K_{d,t} = K_{alt,t} - K_{neu,t} \qquad \text{(II-50)}$$

Die Durchschnittsrechnung wird dann anwendbar, wenn konstante Überschüsse für die gesamte Nutzungsdauer des Investitionsobjekts angesetzt werden können. Da mit durchschnittlichen Rückflussgrößen gerechnet wird, entspricht die so ermittelte Amortisationszeit einer Durchschnittsgröße.

5.3 Kumulationsverfahren

Die Durchschnittsrechnung stellt kein mehrperiodisches Kalkül dar, da alle Größen für eine einzige oder die durchschnittliche Periode ermittelt werden. Sind die periodischen Rückflüsse betraglich unterschiedlich bzw. soll die Amortisationsdauer explizit unter Zugrundelegung der betraglich unterschiedlich hohen Rückflüsse durchgeführt werden, ist eine kumulative Erfassung der Rückflüsse erforderlich. Man gelangt zum Kumulationsverfahren der Amortisationsrechnung.

Betrachtet man die gesamte Nutzungsdauer (= Totalperiode) eines Investitionsobjekts und die effektiven jährlichen Rückflüsse zu ihren Zeitwerten, so ermittelt man den Amortisationszeitpunkt T_s (und die Amortisationsdauer, da gilt: $AZ_v = T_s - 0 = T_s$) aufgrund eines Kumulationsverfahrens:

$$K - \sum_{t=0}^{T_s} N_t > 0 \quad \text{und} \quad K - \sum_{t=0}^{T_s+1} N_t \leq 0 \qquad \text{(II-51)}$$

wobei K = ursprünglicher Kapitaleinsatz, $N_t = CF_t - A$.

Der zu bestimmende Wert T_s wird durch fortschreitende Kumulation der Nettozahlungen N_t errechnet, indem – bei t=0 beginnend – die Werte N_t so lange addiert werden, bis die entstehende Summe erstmals größer als der ursprüngliche Kapitaleinsatz ist. Der dabei zuvorletzt verwendete Summationsindex entspricht dem ganzzahligen Anteil der gesuchten Amortisationsdauer. Als Rückfluss wird der dem Investitionsobjekt direkt zurechenbare einfache Cash Flow aus Gewinn und Abschreibungen angesetzt.

Beispiel: Ein Unternehmen steht vor der Frage, ob es Investitionsobjekt 1 oder Investitionsobjekt 2 durchführen soll. Die jeweiligen jährlichen Ausgaben (A_t) und Einnahmen (E_t) sind:

Investitionsobjekt 1

	t_0	t_1	t_2	t_3	t_4	t_5	t_6	t_7
A_t	44.000	6.000	8.000	8.000	10.000	10.000	11.000	10.000
E_t	-	25.000	30.000	25.000	20.000	20.000	15.000	19.000
CF_t	-44.000	19.000	22.000	17.000	10.000	10.000	4.000	9.000
ΣN_t	-44.000	-25.000	-3.000	+14.000				

Tab. II-12: Beispielwerte für das Kumulationsverfahren – Investitionsobjekt 1

Der Mittelrückfluss findet innerhalb des dritten Jahres statt. Die Tageberechnung kann mittels Verhältnisgleichung durchgeführt werden:
17.000 : 360 = 3.000 : x
$x \approx 64$ Tage. Der vollständige Rückfluss der Anschaffungskosten kommt nach 2 Jahren und 65 Tagen zustande (= AZ_1).

Investitionsobjekt 2

	t_0	t_1	t_2	t_3	t_4	t_5	t_6	t_7
A_t	44.000	15.000	16.000	16.000	14.000	14.000	15.000	15.000
E_t	-	20.000	20.000	25.000	30.000	30.000	40.000	45.000
CF_t	-44.000	5.000	4.000	9.000	16.000	16.000	25.000	30.000
ΣN_t	-44.000	-39.000	-35.000	-26.000	-10.000	+6.000		

Tab. II-13: Beispielwerte für das Kumulationsverfahren – Investitionsobjekt 2

Der Mittelrückfluss erfolgt in vier Jahren und 225 Tagen (= AZ_2). Damit ist die Amortisationszeit von Investitionsobjekt 1 kürzer und dieses Investitionsobjekt vorteilhafter.

5.4 Kritik

Folgende zentrale Kritikpunkte werden gegen die Amortisationsrechnung erhoben:

- Es wird **ausschließlich** die **Rückgewinnung** des **Kapitaleinsatzes** betrachtet. Außer Acht bleiben die Restnutzungsdauer nach Ablauf der Amortisationszeit und die Gewinnentwicklung nach der Amortisationszeit. Es wird daher empfohlen, die Amortisationsrechnung um ein weiteres Entscheidungskriterium, i.d.R. die **Rentabilität**, zu **ergänzen** (vgl. *Schierenbeck* 2003, S. 352).

- Ein Entscheidungsträger kann **willkürlich** festlegen, nach welcher Zeit eine Investition amortisiert sein muss, um akzeptabel zu sein (vgl. *Hax* 1993 S. 38).

Empirische Erhebungen weisen eine weite Verbreitung dieser Methode in der Praxis nach. So kommt *Grabbe* (1976) in einer älteren Studie zum Ergebnis, dass 77% der befragten Unternehmen sich dieses Verfahrens bedienen. Er weist aber auch nach, dass nur ein verschwindend geringer Anteil dieser Unternehmen die Amortisationsrechnung ausschließlich ihren Entscheidungen zugrunde legt (vgl. hierzu auch die ähnlichen Ergebnisse von *Bröer/ Däumler* 1986 und *Werle-Streif* 1989). In ihrer empirischen Erhebung bestätigen *Heidtmann/ Däumler* (1997, S. 8-10) die hohe Bedeutung dieses Verfahrens auch für mittelständische Unternehmen, allerdings schwindet die Popularität dieser Methode. Ihr Einsatz erfolgt heute überwiegend bei Investitionsentscheidungen über kleinvolumige Anschaffungen und Investitionsobjekten mit kurzer Nutzungsdauer.

6 Methodenvergleich und Beurteilung statischer Verfahren

Einige grundsätzliche Probleme statischer Investitionsrechenverfahren sollen mit nachfolgendem Vergleich verdeutlicht werden. Es werden hierzu zwei Verfahren der statischen Investitionsrechnung – die Gewinnvergleichsrechnung und die Amortisationsrechnung – auf zwei zu beurteilende Investitionsobjekte angewendet. Mit den dadurch erzielten Ergebnissen lassen sich exemplarisch die Widersprüchlichkeit und deren Ursachen aufzeigen, die bei der Ermittlung von Vorteilhaftigkeiten durch statische Verfahren entstehen.

<u>Beispiel</u> (vgl. *Schmidt* 1986, S. 56-57): Gegeben seien zwei Investitionsobjekte mit folgenden Zahlungsströmen, die neben den Anschaffungskosten periodische Gewinne aufweisen.

Investitionsobjekt 1

t_0	t_1	t_2	t_3	t_4
A_0	G_1	G_2	G_3	G_4
-1.000	300	500	500	500

Tab. II-14: Beispielwerte für Gewinnvergleichsrechnung – Investitionsobjekt 1

Investitionsobjekt 2

t_0	t_1	t_2	t_3
A_0	G_1	G_2	G_3
-1.000	500	500	100

Tab. II-15: Beispielwerte für Gewinnvergleichsrechnung – Investitionsobjekt 2

6 Methodenvergleich und Beurteilung statischer Verfahren

Gewinnvergleichsrechnung: Entscheidungskriterium ist der gesamte absolute ökonomische Gewinn (= Surplus) über die gesamte Nutzungsdauer eines Investitionsobjekts.

Investitionsobjekt 1

A_0	+	ΣG_t	=	Surplus
-1.000	+	1.800	=	800

Investitionsobjekt 2

A_{t0}	+	ΣG_t	=	Surplus
-1.000	+	1.100	=	100

Der Entscheider müsste demzufolge **Investitionsobjekt 1** auswählen, da es den höheren Surplus erwirtschaftet.

Amortisationsrechnung: Entscheidungskriterium ist die kürzeste Zeitdauer, in der die im Investitionsobjekt gebundenen Mittel durch die Einzahlungsüberschüsse wieder freigesetzt werden.

Investitionsobjekt 1

t_0	t_1	t_2	t_3	t_4
A_0	CF_1	CF_2	CF_3	CF_4
-1.000	300	500	500	500
N_0	N_0+N_1	$N_0+N_1+N_2$	$N_0+N_1+N_2+N_3$	
-1.000	-700	-200	300	

Tab. II-16: Beispielwerte für Annuitätenrechnung – Investitionsobjekt *1*

Die vollständige Amortisation des Kapitaleinsatzes A_{t0} von Investitionsobjekt *1* ist im dritten Jahr, genauer nach zwei Jahren und *144* Tagen, erreicht.

Investitionsobjekt 2

t_0	t_1	t_2	t_3
A_0	CF_1	CF_2	CF_3
-1.000	500	500	100
N_0	N_0+N_1	$N_0+N_1+N_2$	
-1.000	-500	0	

Tab. II-17: Beispielwerte für Annuitätenrechnung – Investitionsobjekt *2*

Investitionsobjekt 2 amortisiert den Kapitaleinsatz vollständig am Ende des zweiten Jahres.

Nach der Amortisationsrechnung wird Investitionsobjekt *2* dem ersten Investitionsobjekt vorgezogen, da der Mittelrückfluss früher (am Ende der zweiten Periode) erfolgt. Bei Investitionsobjekt *1* findet der Rückfluss dagegen erst innerhalb der dritten Periode statt.

Das Beispiel zeigt, dass die beiden Rechenverfahren unterschiedliche, widersprüchliche Handlungsempfehlungen liefern können. Die Folge ist, dass sich vom Entscheidungsträger willkürlich festlegen lässt, nach welcher Zeit eine Investition amortisiert sein muss, wenn sie akzeptiert werden soll. Die widersprüchlichen Ergebnisse verdeutlichen, dass ein „**gutes Verfahren**" der Investitionsrechnung mindestens folgende **Kriterien** erfüllen sollte:

(1) **Alle Folgen** einer Investitionsentscheidung, **insbesondere** alle **Wertgrößen** sollten **erfasst** werden.

(2) Erfasst werden sollten für die Wertbestimmung eines Investitionsobjekts nicht nur die Höhe, sondern auch der **Zeitpunkt von Wertgrößen**.

(3) Es sollte nachvollziehbar sein, inwieweit die **Investitionsentscheidung zielgerecht** ist.

Statische Verfahren der Investitionsrechnung weisen insofern erhebliche **methodische Mängel** auf (vgl. *Schierenbeck* 2003, S. 352f.):

- Der zeitliche Unterschied im Auftreten von Einnahmen und Ausgaben wird nicht oder nur unvollkommen berücksichtigt.

- Dies ist von erheblicher Bedeutung, da der gegenwärtige (zum Zeitpunkt der Investitionsentscheidung) Wert zukünftiger Rückflüsse aus Investitionen nicht nur von der nominellen Höhe, sondern auch von ihrem zeitlichen Anfall abhängt. Dies hat zur Folge, dass sich z.B. zwei Investitionsalternativen in ihren Vorteilhaftigkeiten auch dann voneinander unterscheiden können, wenn ihr jährlicher Gewinnbeitrag (oder ihre statische Rentabilität) gleich groß ist.

- Insofern liefern statische Verfahren, da sie den Zeitfaktor vernachlässigen, nur Näherungslösungen. Ihre Verlässlichkeit schwindet um so mehr, je mehr sich die Investitionsobjekte hinsichtlich der Entwicklung der Kapitalbindung und der Überschüsse im Zeitablauf ändern und je weniger man von gleichbleibenden Verhältnissen ausgehen kann.

Kapitel III Zeit, Präferenzen und Kapitalmarkt

Im vorangegangenen Kapitel II wurden die Verfahrensweisen der statischen Investitionsrechenverfahren vorgestellt, ihre Anwendungsgebiete aufgezeigt und eine kritische Einschätzung gegeben. Hierbei zeigte sich als Hauptkritikpunkt die mangelnde Berücksichtigung der Zeit bei der Ermittlung von Vorteilhaftigkeiten. Da **Investitionen** die **Mehrperiodigkeit** der von ihnen ausgehenden Wirkungen kennzeichnet, mag es nicht verwundern, dass bei einer statischen Analysetechnik wenig rationale, da widersprüchliche Ergebnisse entstehen. Es war zudem offenkundig geworden, dass das ökonomische Ziel des Entscheidungsträgers von zentraler Bedeutung für die Auswahl des Investitionsverfahrens ist.

> In Kapitel III sollen die Grundlagen für die dynamischen Verfahren der Investitionsbewertung und -rechnung erarbeitet werden. Sie basieren vorläufig auf der **Annahmenkombination „vollkommener Kapitalmarkt/sichere Erwartungen"**. Es werden folgende **zentrale Fragestellungen** bearbeitet:
>
> (1) Nach welchem Ziel sollen im Unternehmen rationale Investitionsentscheidungen ausgerichtet werden?
>
> (2) Auf welcher kapitalmarkttheoretischen Grundlage fußen die dynamischen Verfahrensweisen?
>
> (3) Worin besteht die Bedeutung der *Fisher*-Separation?
>
> (4) Welches sind die finanzmathematischen Grundlagen der dynamischen Verfahren?

1 Methodische Grundlagen

In der modernen Betrachtungsweise von Investitions- und Finanzierungsvorgängen stellen sich Investitions- und Finanzierungsfragen als Entscheidungsprobleme dar. Rationale Investitions- und Finanzierungsentscheidungen erfordern daher vorweg die Klärung, welche Ziele durch Investitions- und Finanzierungsprozesse erreicht werden sollen. Die allgemeine Betriebswirtschaftslehre hilft hierzu mit ihren am häufigsten genannten Zielen wie **Gewinnmaximierung** oder **Maximierung des Deckungsbeitrags** kaum weiter: Investitionsentscheidungen sind i.d.R. durch Unsicherheit und Mehrperiodigkeit gekennzeichnet, auf solche Merkmale nehmen die vorgenannten allgemeinen betriebswirtschaftlichen Zielesetzungen keine Rücksicht. Aus diesem Grund können geeignete Ziele nur auf der Grundlage von investitions- und finanzierungstheoretischen Bezügen gegeben werden (vgl. *Schmidt* 1986, S. 25f.).

1.1 Das Zielsystem des Entscheidungsträgers

Unter dem Begriff „Ziel" versteht man allgemein einen Punkt, den man erreichen will, sozusagen ein angestrebtes Ende eines Vorgangs. Damit ist der **Zielbegriff** universell anwendbar. Für die Betriebswirtschaftslehre kann das Ziel als bestimmter intendierter Sachverhalt im Sinne von Lage oder Situation verstanden werden (vgl. *Schmidt-Sudhoff* 1967, S. 16). Gängig ist auch das Verständnis von Zielen als Orientierungspunkte, nach denen Entscheidungen bewertet werden (vgl. *Bidling-*

maier 1964, S. 44), wodurch Ziele Aussagen mit normativem Charakter darstellen, die einen gewünschten Zustand beschreiben (vgl. *Heinen* 1966, S. 59 ff.). Aus diesen Definitionen lässt sich das betriebswirtschaftliche Ziel allgemein als das **Anstreben** eines bestimmten **Zustands** in einem beabsichtigten **Ausmaß** beschreiben. Die Frage ist, welches das konkrete Ziel des Unternehmens und seines wirtschaftlichen Verhaltens ist. Mit der Antwort wäre auch die Bestimmung des Ziels der Investitionsentscheidung und -bewertung bestimmbar. Denn üblicherweise werden in der Betriebswirtschaftslehre Ziele betrieblicher Teilbereiche als

- **Unterziele** verstanden, die aus einem, das ganze Unternehmen betreffende
- **Oberziel abgeleitet** werden.

Wenn Zielen für die Rationalität von Entscheidungen die zentrale Bedeutung zukommt, sind bestimmte Anforderungen an „**gute unternehmerische Ziele**" zu stellen:

„(1) Sie müssen **widerspruchsfrei** sein: Sonst kann man jede Entscheidung nach Belieben als gut oder schlecht einstufen.

(2) Sie müssen **akzeptabel** sein: Jemand, der sich bei seinen Entscheidungen an ihnen orientieren will, muss Gründe für die Einschätzung haben können, dass die Ziele auch wirklich seine Ziele sind.

(3) Sie müssen **operational**, d.h. anwendbar sein: Es muss möglich sein zu messen, wie sich Entscheidungen auf die Zielerreichung auswirken" (*Schmidt* 1986, S. 24).

Diese Aussagen allein helfen noch nicht weiter. Es ist zu klären, wer die Zielsetzung für ein Unternehmen vorgibt und welcher Art die Zielsetzung ist.

An wessen Ziel sollen sich die Entscheidungen ausrichten?

Untersucht man, **wer die Ziele vorgibt**, an denen sich Unternehmer bzw. Unternehmen in ihrem wirtschaftlichen Verhalten ausrichten, so gibt es grundsätzlich zwei Möglichkeiten (vgl. *Moxter* 1964):

- Die eine Vorgehensweise ist die **empirische Methode**. Man kann auf **induktivem Weg** („vom Speziellen zum Allgemeinen") Unternehmer auf ihre Ziele hin befragen. Dies wurde in etlichen empirischen Untersuchungen in der Vergangenheit getan, allerdings mit wenig zufriedenstellenden Ergebnissen. Das liegt zu einem guten Teil an der Methodik. Bei ihr ist es zweifelhaft, ob Unternehmer, falls sie sich überhaupt über ihre Ziele im klaren sind, wenig Bereitschaft zeigen, diese auch preiszugeben. Unternehmer sind kaum geneigt, Informationen über die inneren Angelegenheiten nach außen (und damit u.U. auch an die Konkurrenz) zu kommunizieren. Es ist zudem nicht mit Sicherheit davon auszugehen, dass Unternehmer ihre Ziele genau kennen und so auf Befragung hin ein widerspruchsfreies und operationales Zielesystem angeben können.

- Eine Alternative stellt die theoretische Methode dar. Dieses **deduktive Vorgehen** („vom Allgemeinen zum Speziellen") läuft gedanklich in zwei Schritten ab:

    (1) Es werden allgemeine, plausible Annahmen über mögliche Ziele getroffen (z.B., der Entscheider möchte einen möglichst hohen Nutzen aus dem Einkommen seiner getätigten Investitionen erzielen).

    (2) Die getroffenen Annahmen werden konkretisiert und danach operationale Ziele gewonnen (z.B. Maximierung des Kapitalwerts einer Investition).

Im Ergebnis gewinnt man operationale Ziele (vgl. *Heinen* 1966, S. 34-44). Diese Vorgehensweise kennzeichnet die moderne Investitions- und Finanzierungstheorie. Dabei steht die zentrale Annahme des nutzenmaximierenden rational handelnden Individuums im Vordergrund. Dieser Methode wird in den nachfolgenden Ausführungen gefolgt.

Der Ausgangspunkt für die deduktive Zielbestimmung ist die Frage nach der zielbildenden Institution. Im älteren Schrifttum und unter Praktikern herrscht dabei häufig die Vorstellung vor, ein Unternehmen bilde Ziele selbst. Dahinter steht meist ein Verständnis von **Unternehmen** als System im Sinne einer **Einheit von Elementen**, die sich wechselseitig beeinflussen. Da sie mit der Umwelt in Beziehung stehen, werden sie auch als offene Systeme verstanden. Und weil in ihnen sowohl Menschen als auch technische Produktionsfaktoren wirken, findet sich für sie in dieser Vorstellung die Bezeichnung **sozio-technische Systeme** (vgl. *Kirsch* 1969, S. 665). In der neueren Zielforschung besinnt man sich dagegen deutlicher auf eine Theorie der Unternehmung, was meist mit dem bahnbrechenden Beitrag von *Coase* (1937) markiert wird. Heutzutage kann als gängige Vorstellung in der Betriebswirtschaftslehre angesehen werden, dass man mit dem Begriff **Unternehmen** eine **Koalition von Interessengruppen** bezeichnet. Demzufolge sind es auch deren ultimativen Zielesetzungen, die sie mit Hilfe ihrer Beteiligung am Unternehmen realisieren wollen. Die Bezeichnung „Beteiligung" bezieht sich nicht auf den engen kapitalmäßigen Inhalt, sondern ist in seiner Grundsätzlichkeit zu verstehen. Damit reflektiert „das **Unternehmen**" letztendlich ein Instrument, mit dem **Koalitionäre** ihre individuellen Ziele zu verwirklichen suchen. Die Koalitionäre haben dadurch die **Funktion der Zielträger**, ihre Ziele müssen aber nicht zwingend untereinander harmonieren (vgl. *Schäfer* 2002, S. 56-61). Dies wird deutlich, wenn man sich die **zentralen Gruppen von Koalitionären** betrachtet, die ein Großunternehmen (und mit Modifikationen auch ein größeres mittelständisches Unternehmen) aufweist:

- **Eigenkapitalgeber** (sog. Stockholder): Bei **Personengesellschaften** besteht i.d.R. Personenidentität („Prinzip der Selbstorganschaft"). Im Gegensatz dazu liegt bei **Kapitalgesellschaften** eine Trennung zwischen Eigenkapitalgeber und Unternehmensleitung vor. Aktiengesellschaften befinden sich zum Teil in Streubesitz. Es existiert dann eine Vielzahl von Kleinaktionären mit einer theoretisch genauso hohen Anzahl individueller Zielesetzungen. Daneben sind aber auch etliche Kapitalgesellschaften im Eigentum einiger weniger Großaktionäre.

- **Geschäftsführung** bzw. **Vorstand** (das Management), welche in Abhängigkeit rechtlicher und satzungsmäßiger Auflagen die zentralen Unternehmensentscheidungen trifft. Häufig nehmen diese Personen ihre Funktionen aufgrund von Delegation durch die Eigentümer war.

- **Gläubiger** wie u.a. Kreditinstitute, die in diesem Sinne auch als Fremdkapitalgeber zu bezeichnen sind (sog. Bondholder).

Des Weiteren unterscheidet man nachfolgende Gruppen, die man zur Kategorie der **Stakeholder** häufig zusammenfasst: Arbeitnehmer, Lieferanten und Kunden sowie eine „Restgruppe" Öffentlichkeit (mit speziellen Interessen wie z.B. Umwelt- oder Verbraucherschutz) und der Staat vor allem in Gestalt des Fiskus (vgl. *Schäfer* 2002, S. 57-61).

Solche Gruppen von Unternehmenskoalitionären weisen nun i.d.R. unterschiedliche, durchaus **konfliktäre Interessen** auf. Von Bedeutung ist die Frage, welche Interessengruppe für die hier anstehende Frage nach dem Oberziel des Unternehmens die höchste Bedeutung hat. Letztendlich regelt dies die jeweilige Wirtschaftsverfassung eines Landes. In **marktwirtschaftlich organisierten Wirtschaftsverfassungen** dominieren **kapitalgeleitete Unternehmen**. Es besteht darin für die Eigenkapitalgeber ein über allen anderen Gruppen stehendes Vorrecht in den Unternehmensentscheidungen und mithin auch in den Investitions- und Finanzierungsentscheidungen (vgl. *Spremann* 1996, S. 674f.).

Welches ist das richtige Ziel?

„Als wunderbarer Schlüssel, der alle Türen zum Verständnis des unternehmerischen Verhaltens öffnet (...)" (*Heinen* 1966, S. 28-29) diente das Ziel „**Gewinnmaximierung**" in der traditionellen Unternehmenstheorie. Diese Triebfeder allen unternehmerischen Handels entspringt dem Menschenbild des „Homo Oeconomicus", wonach sich ein Unternehmer idealerweise immer zweckrational, d.h. egoistisch verhält. Die Hypothese vom Ziel der Gewinnmaximierung hatte zwei wesentliche Vorteile: Das Unternehmerverhalten konnte quantitativ beschrieben werden und alle Unternehmerhandlungen hatten ein eindeutiges Ziel. Dieses in Wissenschaft und Praxis am häufigsten anzutreffende Ziel beinhaltet methodisch vor allem zwei **Kritikpunkte**:

- Welcher Gewinn ist zu maximieren? Den Bilanzgewinn zugrunde zu legen, führt zu Ermittlungsschwierigkeiten, da dieser durch handels- und steuerrechtliche Wahlrechte bilanzpolitisch „gestaltet" werden kann. Alternativ könnte eine Größe wie der Totalgewinn zugrunde liegen, doch der ist erst am Ende aller Aktivitäten eines Unternehmens sichtbar.

- Zudem sagt die absolute Höhe des Gewinns nichts über die Rentabilität des eingesetzten Kapitals aus.

Empirische Erhebungen und Erfahrungen über das Verhalten von Unternehmen zeigen ergänzend, dass es zwar eine durchaus hohe Dominanz des Ziels „Gewinnmaximierung" in der betrieblichen Praxis gibt, aber nicht das Einzelziel vorherrscht. Es besteht im Gegensatz dazu **Zielpluralität** und zudem weisen nicht-finanzielle Ziele eine erhebliche Bedeutung auf. Dies führte neben vertieften empirischen Erhebungen zu einer Revision des Zielverständnisses, was ohne eine vorherige Auseinandersetzung mit dem Begriff „Unternehmen" nicht erfolgen konnte.

Leseshinweise: Die Zieldiskussion hat prinzipiell in der Betriebswirtschaftslehre einen hohen Stellenwert. Dabei steht immer wieder das Ziel „Gewinnmaximierung" in der Kritik, da es für betriebswirtschaftliche Entscheidungen traditionelle Funktion hat, aber sehr hohen Restriktionen unterworfen ist (vgl. hierzu die Kritik von *Gümbel* 1963 und 1964 sowie *Heinen* 1966, S. 41ff.).

Welche Einteilung solcher unterschiedlichen **Ziele** lassen sich unterscheiden? Im wesentlichen sind es zwei **Arten**:

- **Nicht-finanzielle Ziele** wie Streben nach Macht und Prestige (Wunsch, im Werturteil der menschlichen Mitwelt einen möglichst hohen Rang einzunehmen), Bestreben, sich sozial verantwortlich zu verhalten; Streben nach wirtschaftlicher Unabhängigkeit; Selbstverwirklichung; Daseinserfüllung oder Pflichterfüllung.

    Nicht-finanzielle Ziele sind i.d.R. kaum quantifizierbar, da sie individuell unterschiedlich sind und sich einer Rationalisierung entziehen. Sie sind häufig durch Verfolgung finanzieller Ziele (z.B. Gewinnmaximierung) verwirklichbar.

1 Methodische Grundlagen

- **Finanzielle Ziele**: Gewinnmaximierung, Umsatzmaximierung, Marktanteilssteigerung, Erhalt des Unternehmens etc.

Aus der Sicht der entscheidungsorientierten Investitions- (und auch der Finanzierungstheorie) sind alle nicht-finanziellen Ziele und bis auf Gewinnmaximierung auch die genannten finanziellen Ziele nicht entscheidungsrelevant (wohl aber für andere betriebswirtschaftliche Teilbereiche wie z.B. Marketing oder Controlling). Für die Investitionstheorie gilt es, diejenige Zielesetzung herauszuarbeiten, bei der die bisherigen Erkenntnisse – vor allem Rückführung des Oberziels auf das ultimative finanzielle Ziel der Eigenkapitalgeber und die Ableitbarkeit eines Unterziels – gegeben sind. Hierzu bedient man sich eines Ansatzes, der erstmals von dem amerikanischen Ökonom *Fisher* in den 30er Jahren entwickelt wurde. Er liefert zugleich den Übergang zu einer kapitalmarktorientierten Betrachtung von Investitions- und Finanzierungsentscheidungen sowie eine Zinstheorie.

Lesehinweis: Die nach wie vor lesenswerte *Fisher*sche Zinstheorie findet man in *Fisher, I., The Theory of Interest* (1930). Die dort niedergelegten Ausführungen basieren in weiten Teilen auf dem früheren Werk *Fishers – The Rate of Interest* (1907).

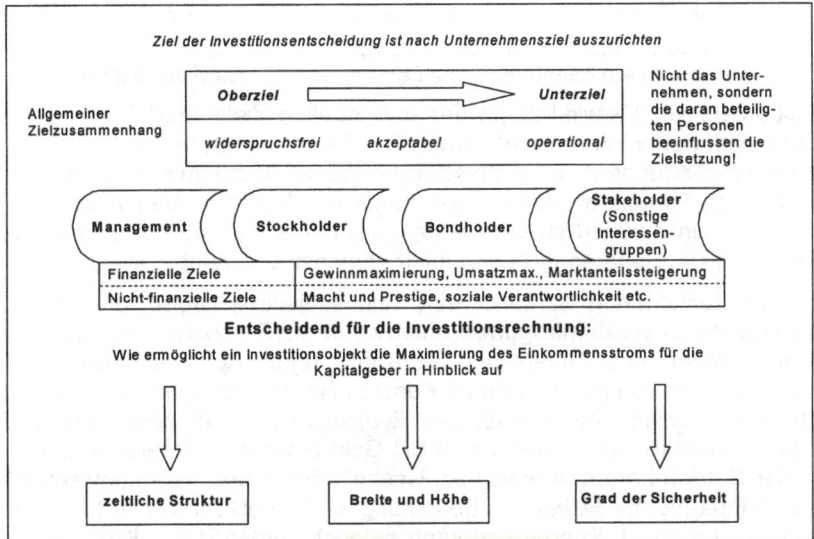

Abb. III-1: Ziele und Investitionsentscheidung

1.2 Bedeutung und Dimensionen von Geldeinkommensströmen

Finale Zielesetzungen der einzelnen Wirtschaftssubjekte determinieren Unternehmens(ober-)ziele. Diese Vorstellung mag einleuchten, da jeder Eigenkapitalgeber letztendlich immer im Bereich der privaten Haushalte und damit bei jedem einzelnen Wirtschaftssubjekt zu finden ist. Grundlage aller ökonomischen Handlungen von (privaten) Wirtschaftssubjekten sieht *Fisher* in deren individueller **Zielsetzung**: **Nutzenmaximierung**, um das **Bedürfnis nach psychischer Erfahrung** befriedigen zu können (sog. „Hunger of Experiences"). Nachfolgende Abb. III-2 liefert einen Überblick über diesen und darauf aufbauende Zusammenhänge (vgl. *Fisher* 1930, S. 10-12).

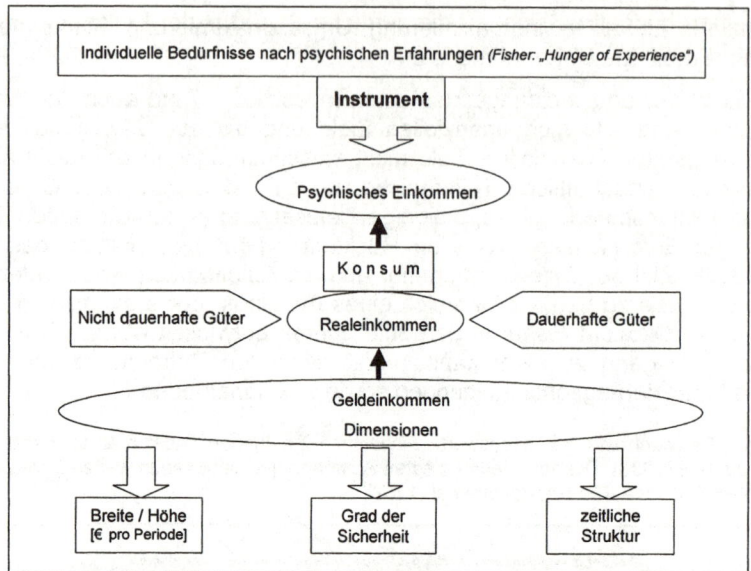

Abb. III-2: Finale Zielsetzungen von Eigenkapital- und Fremdkapitalgebern

Das Instrument zur Verwirklichung des individuellen Ziels wurde von *Fisher* mit dem **„psychischen Einkommen"** identifiziert. Es verschafft jedem Einzelnen „angenehme Empfindungen", eine Vorstellung, die für ökonomische Zwecke nicht verwendbar ist: Es handelt sich um rein subjektive Wahrnehmungen, die von Person zu Person unterschiedlich sein werden, nicht messbar und zwischen einzelnen Unternehmenskoalitionären nicht als Unternehmensziel vereinbar sind.

Psychisches Einkommen ist daher eine rein subjektive Größe, die sich **näherungsweise** durch **Realeinkommen** ersetzen lässt. Es besteht aus dauerhaften sowie nicht dauerhaften Gütern und Dienstleistungen. Aus dem Erwerb solcher Güter und Dienstleistungen und deren Konsum fließt psychisches Einkommen zur Bedürfnisbefriedigung. Messbar ist das Realeinkommen im oben verstandenen Sinne zwar ebenfalls nicht, aber es ist mit Geld bewertbar. Realeinkommen wird i.d.R. über **Geldeinkommen** erworben, weshalb der **Konsumeinkommensstrom** (nicht die Ersparnis) für *Fisher* von Bedeutung ist. Es besteht aus verfügbarem Arbeitseinkommen abzgl. Sparen und kann ergänzt werden durch Kreditaufnahme. Daraus abgeleitet ist das maßgebliche finanzielle Ziel eines Wirtschaftssubjekts formulierbar:

Maximierung des Geldeinkommens für Konsumzwecke

(= Konsumeinkommensstrom)

Geldeinkommen wird in der finanzwirtschaftlichen Betrachtung als Stromgröße verstanden. *Fisher* betrachtet Einkommensströme in **drei Dimensionen**, die unterschiedlich von Wirtschaftssubjekten bevorzugt werden können (vgl. *Fisher* 1930, S. 71):

1 Methodische Grundlagen

- Zum einen handelt es sich um die **zeitliche Struktur** der Einkommensströme. Sie ist für jedes Wirtschaftssubjekt von der die Einkommenszahlungen generierenden Kapitalquelle abhängig. Solche Quellen können aus Sachkapital (wie Eigentum an einem Unternehmen in Form von Aktienbesitz) und/oder Finanzkapital (z.B. eine öffentliche Anleihe) bestehen. Für die Mehrzahl von Wirtschaftssubjekten wird die Einkommensquelle wohl überwiegend mit ihrem Humankapital dargestellt, das sie durch berufsqualifizierende Ausbildung (z.B. ein Studium der Wirtschaftswissenschaften) aufgebaut und mittels Fort- sowie Weiterbildung aktualisiert haben. Hieraus fließen je nach individueller Produktivität zukünftig und im Endeffekt über den Zeitraum des Berufslebens periodische Einkommenszahlungen. Je nachdem, welche berufliche Tätigkeit und Qualifikation im Einzelfall verwirklicht wurde, kommt es zu bestimmten Zeitstrukturen in den über das (Berufs-) Leben zufließenden Einkommenszahlungen. Man kann sich diesen Sachverhalt mithilfe eines beruflichen **Karriereverlaufs** verständlich machen. In Abb. III-3 sind unterschiedliche berufliche Karrierepfade dargestellt, die im übertragenen Sinne mit Zeitstrukturen von Einkommenszahlungen in Verbindung gebracht werden können.

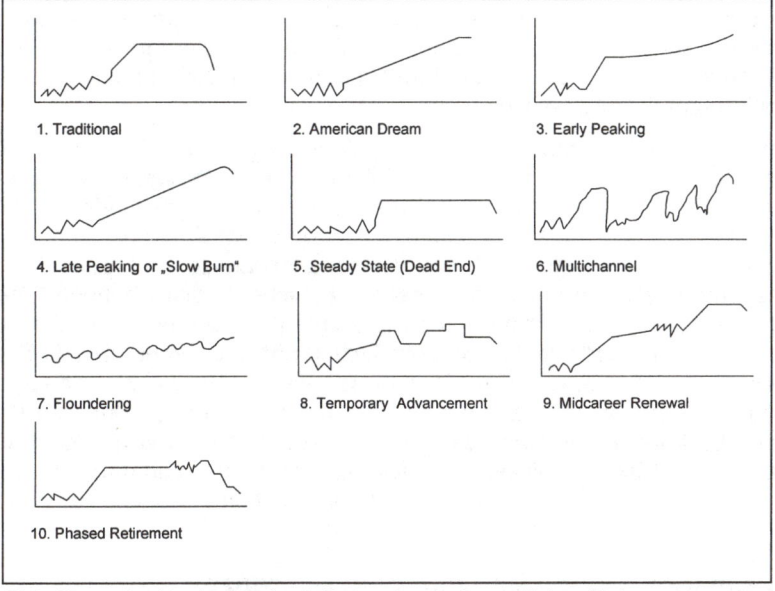

Abb. III-3: Alternative Karrierepfade als Determinante des zeitlichen Einkommensverlaufs und der Breite bzw. Höhe des Einkommensstroms

- Anhand Abb. III-3 wird neben der zeitlichen Struktur auch die **Breite bzw. Höhe** der Einkommensströme, gemessen in Geldeinheit/Periode, in der jeweiligen Subperiode vorstellbar. Auch sie ist abhängig von der Art der Einkommensquelle, ob es sich um Human-, Sach- und/oder Finanzkapital handelt. Im Weiteren wird die Breite bzw. Höhe des Einkommensstroms als exogen vorgegeben betrachtet und man wird davon ausgehen können, dass von Wirtschaftssubjekten ein höheres Konsumeinkommen mehr geschätzt wird als ein geringeres.

Beispiel: In Tab. III-1 werden drei Konsumeinkommensströme (X, Y, Z in €) abgebildet, die in jeder der drei Perioden eine bestimmte Breite aufweisen.

	t_1	t_2	t_3	t_4
X	9	11	13	15
Y	10	10	10	10
Z	9	10	13	13

Tab. III-1: Breite/Höhe und zeitliche Struktur von Konsumeinkommensströmen im Beispiel

Über die drei Perioden gesehen ergibt sich deren zeitliche Struktur. Konsumeinkommensstrom Z ist weniger breit als Strom X, der in jedem Zeitpunkt höhere oder gleich hohe Einzahlungen liefert. Damit dominiert Einkommensstrom X den Strom Z. Zwischen den dann verbliebenen Strömen X und Y lässt sich eine Auswahl nur unter Kenntnis der vom jeweiligen Entscheidungsträger gewünschten zeitlichen Einkommensstruktur treffen.

- Einkommensströme sind in einer weiteren Dimension nach dem **Grad der Sicherheit** bzw. **Unsicherheit** einzuteilen. So ist es in der Gegenwart für die meisten Wirtschaftssubjekte nicht mit Sicherheit vorhersehbar, welche zeitliche Struktur und Höhe sowie Breite ihr zukünftiger Einkommensstrom in Zukunft über die Zeit annehmen wird. Schon in der Art der Einkommensquelle werden diesbezüglich hohe Unterschiede bestehen. So dürfte eine Tätigkeit im Beamtenstatus wegen der Arbeitsplatzsicherheit und dem starren Besoldungssystem einen relativ gut zu prognostizierenden Einkommensverlauf ermöglichen. Demgegenüber ist der zukünftige Einkommensstrom eines Existenzgründers als hochgradig unsicher einzustufen.

Die drei vorgestellten Einkommensdimensionen haben für die Fähigkeit von Wirtschaftssubjekten, Konsumausgaben zu tätigen, ganz entscheidende Bedeutung. In einem ersten, anschließend weiter auszuführenden Analyseschritt steht die zeitliche Struktur von individuellen Einkommensströmen im Zentrum. Es soll herausgearbeitet werden, in welcher Weise Wirtschaftssubjekte mehrperiodige Einkommensströme in die von ihnen gewünschte zeitliche Struktur bringen können. Der Kapitalmarkt stellt hierfür unter ganz bestimmten Annahmen über seine **Vollkommenheit** eine wertvolle Institution zum Zweck der intertemporalen Allokation dar, und es lässt sich hieraus eine Zinstheorie entwickeln. Um die modellhaften Erkenntnisse herausarbeiten zu können, wird unterstellt, dass Höhe und Breite individueller **Einkommensströme exogen** vorgegeben sind und hierüber sowie über die zeitliche Struktur individueller Einkommensströme **vollständige Sicherheit** besteht. Diese Annahmen werden in späteren Kapiteln sukzessive aufgehoben.

1.3 Einkommensströme und Zeitpräferenzen

Unter den vorgenannten Annahmen werden nachfolgend zwei mehrperiodige Einkommensströme von Wirtschaftssubjekten betrachtet, die nicht mit deren gewünschten zeitlichen Strukturen übereinstimmen. Unterstellt wird, dass der gewünschte Einkommensstrom einen stetigen Verlauf aufweist. Dies ermöglicht einen über die Zeit annähernd gleichbleibenden Strom von Konsumausgaben und die Optimierung des Nutzens pro Periode.

In Abb. III-4 wird der Einkommensstrom (= E) eines Wirtschaftssubjekts über den Zeitraum seines Erwerbslebensalters und unterteilt nach Jahresperioden (aus Vereinfachungsgründen nach Abbildung der ersten vier Jahreseinkommen als stetige Funktion) dargestellt (folgende Darstellung in Anlehnung an *Süchting* 1995, S. 299f.). Der **Einkommensstrom steigt** in der ersten Erwerbsperiode an **und fällt** in der zweiten Hälfte ab. Das Wirtschaftssubjekt kann diesen Einkommensstrom auf

1 Methodische Grundlagen

einen Strom E' verstetigen. Ein solches Ziel ist ökonomisch durchaus naheliegend, da z.B. im Lebenszyklus nach Berufseintritt in den ersten Erwerbsperioden für Familiengründung, Hausbau etc. meist mehr Einkommen/Periode benötigt wird, als tatsächlich erzielt werden kann. Eine solche zeitliche Transformation des tatsächlichen auf den präferierten Einkommensstrom ist in jüngeren Jahren möglich, indem das Wirtschaftssubjekt zusätzlich Einkommen in Höhe der mit $+E$ bezeichneten Fläche extern beschafft (= Kreditaufnahme). Es tätigt Konsumausgaben und zahlt die einst beschafften Einkommensteile in (späteren) Perioden zurück, wenn sein tatsächlicher Einkommensstrom den gewünschten stetigen Einkommensstrom übersteigt (= $-E$).

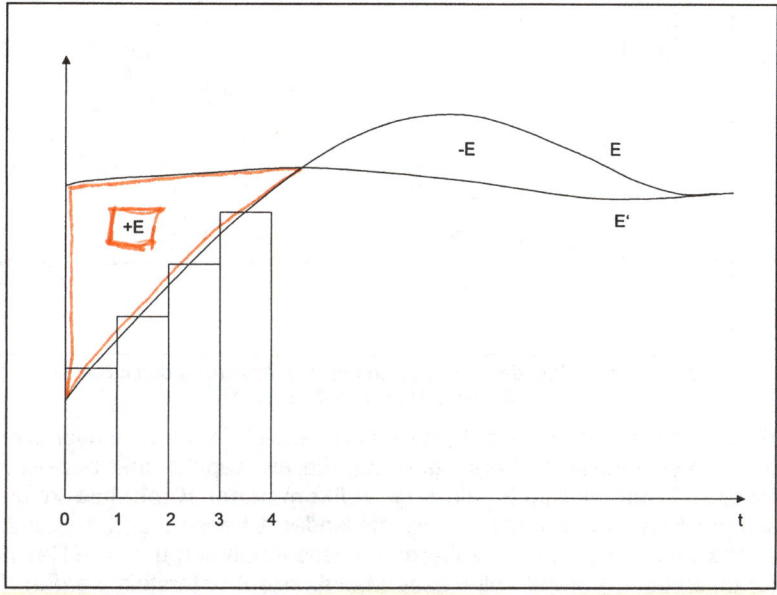

Abb. III-4: Korrektur des individuellen Einkommensstroms durch Kreditaufnahme
(Quelle: *Süchting* 1995, S. 299)

Umgekehrt kann ein Wirtschaftssubjekt betrachtet werden, das einen **tatsächlichen Einkommensstrom** erzielt (= E), der zu Beginn des Betrachtungszeitraums **über** seinem **gewünschten**, stetigen **Einkommensstrom** verläuft. Auch hier sei Ziel des Wirtschaftssubjekts, den tatsächlichen an den gewünschten Einkommensstrom (= E') anzupassen. Wie in Abb. III-5 gezeigt, kann das betrachtete Wirtschaftssubjekt die für ihn überschüssigen Einkommensteile sparen (= $-E$), um sie in zukünftigen Perioden fehlender Einkommensteile zur Ergänzung des dann niedrigeren tatsächlichen Einkommensstroms für Konsumzwecke einzusetzen (= $+E$).

Wirtschaftssubjekte können die gewünschte Struktur ihres Einkommensstroms herstellen, ihre Einkommensteile also intertemporal allozieren, wenn es dafür eine Institution gibt, mit der gegenseitige Forderungen und Verpflichtungen aus zeitlichen Transfers von Einkommensteilen koordiniert und verrechnet werden. Grundsätzlich kann dies durch ein auf solche Aufgaben spezialisiertes Kreditinstitut erfolgen (sog. Clearing House) oder auf einem speziell für diese Transaktionen und Prozesse etablierten Markt durchgeführt werden. Welche Lösung sich herausbildet, hängt von Determinanten ab, die in einem speziellen Wissenschaftszweig der Wirtschaftswissenschaften umfangreich erforscht wurde und die Bedeutung von Unsicherheiten, Eigentumsrechten, Transaktionskosten u.a.m. hierfür verdeutlicht (vgl. *Schäfer* 2002, S. 69ff.).

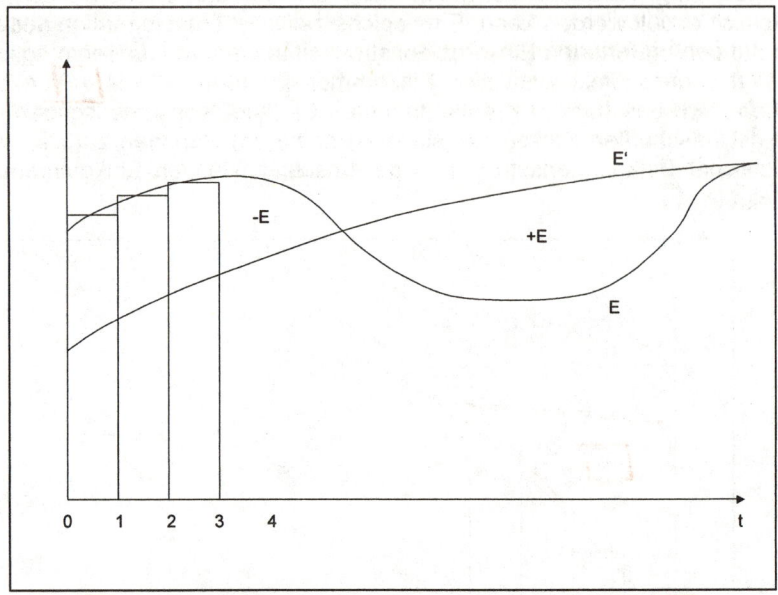

Abb. III-5: Korrektur des individuellen Einkommensstroms durch Sparen
(Quelle: *Süchting* 1995, S. 299)

In marktwirtschaftlichen Wirtschaftssystemen hat sich in der institutionellen Evolution eine Koordinationsform herausgebildet, die als Kapitalmarkt bezeichnet wird. Für Modellanalysen wird i.d.R. ein sog. **vollkommener Kapitalmarkt** unterstellt, der auch zur Fortführung der hier anzustellenden Überlegungen zugrunde gelegt wird. In Abschnitt 2 werden die Vollkommenheitsannahmen und ihre Realitätsnähe genauer untersucht. Vorerst soll dieses Marktkonzept unterstellt werden. Dadurch gelingt es, den **Preis** zu erklären, der Kapitalangebot- und Kapitalnachfrage ins **Gleichgewicht** bringt: den **Zinssatz**.

Führt man die bisherigen Überlegungen zum intertemporalen Austausch von Einkommensströmen fort und berücksichtigt zusätzlich die Institution „vollkommener Kapitalmarkt", so können jederzeit, von jedem Wirtschaftssubjekt und in jeder gewünschten Höhe Einkommensströme hingegeben und beschafft werden:

- Die **Hingabe** von Geldeinkommen bedeutet **Konsumverzicht** in der **Gegenwart** zugunsten des Konsums in der Zukunft.

- Die **Aufnahme** von Geldeinkommen bedeutet **Konsumverzicht** in der **Zukunft** zugunsten von Konsum in der Gegenwart.

Wie bereits zu erkennen war, resultiert die Hingabe und die Aufnahme von Geldeinkommen aus den individuellen Wünschen, tatsächliche an gewünschte Einkommensströme anzugleichen. Im Sinne der in Abb. III-2 vorgestellten Kausalitätskette steht hinter solchen Einkommensallokationen der periodische Ausgabenwunsch für Konsum, somit die für erforderlich gehaltene Bedarfsdeckung in der Periode und letztendlich der pro Periode zu optimierende individuelle Nutzen. Man drückt dies nach *Fisher* mit den **Zeitpräferenzen** von Wirtschaftssubjekten aus. In diesem Sinne wird von einer Gruppe von Wirtschaftssubjekten der Konsum in der

1 Methodische Grundlagen

Gegenwart und den nächstgelegenen anschließenden Perioden dem Konsum der Zukunft vorgezogen. Andere Wirtschaftssubjekte ziehen umgekehrt Konsum der Zukunft dem Verbrauch der Gegenwart vor. Damit drückt jedes Wirtschaftssubjekt durch die individuelle Angabe von Betrag und Zeitraum der Hingabe oder Beschaffung von **Geldeinkommensströmen** seine individuelle Zeitpräferenz für Geld aus. Zeitpräferenzen sind individuell verschieden und hängen von unterschiedlichen Faktoren ab, wie z.B. persönlich empfundene Dringlichkeit nach Bedürfnisbefriedigung mit bestimmten Gütern.

Diese Grundüberlegungen lassen sich unter Bezug auf die beiden vorgestellten Abbildungen verdeutlichen:

- In Abb. III-4 mag eine **Gegenwartspräferenz** für das betrachtete Wirtschaftssubjekt recht hoch liegen, weil in der Phase der Familiengründung es an Vielem mangelt und das benötigte Einkommen entsprechend hoch anzusetzen ist. Ein solches Wirtschaftssubjekt hätte vielleicht eine Zeitpräferenz von 12% für zusätzliches Einkommen. Es wäre dann bereit, Kredite aufzunehmen, falls der Zinssatz 12% nicht übersteigt.

- Das Wirtschaftssubjekt in Abb. III-5 schätzt dagegen den Gegenwartsnutzen von Geld angesichts seiner **Zukunftsorientierung** weniger hoch ein. Es hätte beispielsweise eine Zeitpräferenz von 4%. Bis zu diesem Satz wäre es bereit, zusätzliche Einkommensteile zu beschaffen. Umgekehrt würde es Geldeinkommensteile abgeben, wenn die Zeitpräferenzrate am Kapitalmarkt über dem individuellen Satz liegt.

Betrachtet man Wirtschaftssubjekte mit anfänglich höheren individuellen Zeitpräferenzraten, so verzichten sie mit der Aufnahme zusätzlicher Geldeinkommensteile auf einen Teil ihres höheren zukünftigen Einkommens. Sie tauschen Einkommensströme der Zukunft in Einkommensströme der Gegenwart. Damit sinkt der Grad ihrer Ungeduld, mit dem sie Einkommen heute dem zukünftigen Einkommen vorziehen. Es sinkt daraufhin die individuelle Zeitpräferenzrate. Bei Wirtschaftssubjekten mit anfänglich niedriger individueller Zeitpräferenzrate für die Gegenwart vollzieht sich ein umgekehrter Prozess. Durch Einschaltung des Kapitalmarkts werden also Zahlungsströme für Wirtschaftssubjekte über die Zeit austauschbar. Die Hingabe von Einkommensteilen wird als Kapitalvergabe bzw. Ersparnis und die Aufnahme von Einkommensteilen als Kapitalaufnahme bzw. Investition bezeichnet.

Die **Gleichgewichtspräferenzrate** aufgrund von Spar- und Investitionsvorgängen wird auf einem vollkommenen Kapitalmarkt (bei sicheren Erwartungen) durch den Kapitalmarktzinssatz ausgedrückt. Er ist als eine „**Pure Rate**" zu verstehen, da wegen der unterstellten fehlenden Unsicherheit alle Kapitalmarktteilnehmer keine Kompensation für die Übernahme von Risiken fordern können. Eine Pure Rate ist demzufolge ein Marktzinssatz, der keine Risikoprämie enthält.

Es zeigt sich damit, dass auf dem Weg zur Erklärung von intertemporalen Allokationen auch eine Vorstellung über die Bildung des (Kapitalmarkt-)Zinssatzes gegeben werden kann. Es ist wichtig darauf hinzuweisen, dass die Zeitpräferenztheorie des Zinses lediglich eine Theorie innerhalb der in den Wirtschaftswissenschaften bekannten und verwendeten Zinstheorien darstellt.

<u>Lesehinweise:</u> Einen nach wie vor guten Überblick über die Zinstheorien liefert das Werk von *Lutz* (1967).

Die Vorstellung eines verstetigten Einkommensstroms nimmt über die Kapitalmarkttheorie hinaus eine hohe Bedeutung auch für andere wirtschaftswissenschaftliche Gebiete, vor allem die Makroökonomik, ein. So basieren die Theorien zur Begründung einer makroökonomischen Konsumfunktion wie die Permanente-Einkommens-Hypothese von *Friedman* (1957) und die Lebenszyklushypothese von *Ando/ Modigliani* (1963) auf den Grundgedanken von *Fisher* bzw. können als dessen konsequente Übertragung auf die Makroökonomik interpretiert werden.

Gleichwohl wird im Rahmen der hier anstehenden Überlegungen die *Fisher*sche Zeitpräferenztheorie des Zinses den übrigen Zinstheorien vorgezogen, da so die Hinführung zum gesuchten Ziel der Unternehmenstätigkeit und der Ausrichtung von Investitionsentscheidungen zufriedenstellender bewerkstelligt werden kann.

Abb. III-6 vermag eine Vorstellung davon zu vermitteln wie die beschriebenen individuellen Investitions- und Sparprozesse in der Bewegung des Kapitalmarktzinssatzes ihren Niederschlag finden. Zu diesem Zweck wird die Entwicklung der Umlaufrendite deutscher öffentlicher Anleihen für den Zeitabschnitt 1989 bis 1993 betrachtet und markante Entwicklungen mittels der Zinstheorie *Fishers* skizziert.

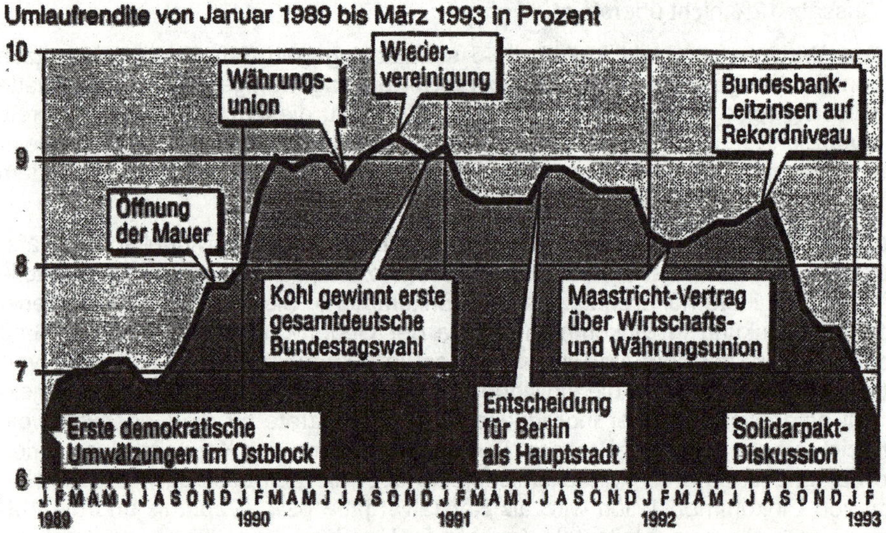

Abb. III-6: Verlauf der Umlaufrendite festverzinslicher Anleihen um den Zeitraum der deutschen Wiedervereinigung

In Abb. III-6 sind zusätzlich zum Verlauf der Umlaufrendite **zentrale Ereignisse** abgetragen, denen ein **Einfluss** auf die **Zinsbildung** am deutschen Kapitalmarkt in der Betrachtungsperiode zukommen dürfte. Die Analyse einer Subperiode mag dies verdeutlichen: Im November 1989 wird der Fall der Berliner Mauer bekannt. Dies wurde seinerzeit von den Kapitalmarktteilnehmern überwiegend als Signal verstanden, dass die Wiedervereinigung beider deutscher Staaten bevorsteht. Aufgrund der vorläufigen Kenntnis des gesamtwirtschaftlichen Kapitalzustands der ehemaligen DDR wurde ein zukünftig hoher Investitionsbedarf für ostdeutsche Unternehmen, öffentliche sowie private Haushalte erwartet. Da auf Kapitalmärkten Zinsbewegungen wegen der hohen Fungibilität der Finanzmarktkontrakte und der schnellen Integration von Erwartungen in Kauf- und Verkaufshandlungen zu einer umgehenderen Preisreaktion führen als auf Gütermärkten, war ein Anstieg des Kapitalmarktzinssatzes nach diesem politischen Ereignis festzustellen.

2 Hypothese des vollkommenen Kapitalmarkts

Die in Abb. III-6 nachvollziehbaren Veränderungen des Kapitalmarktzinssatzes erfolgten auf einem real existierenden Kapitalmarkt, dem deutschen Rentenmarkt, der nicht die (restriktiven) Bedingungen des vollkommenen Kapitalmarkts erfüllt. Wie betont, stellt der vollkommene Kapitalmarkt eine Arbeitshypothese dar, die in der (Finanzierungs-) und Investitionstheorie einen so hohen Stellenwert besitzt, dass hierauf gesondert einzugehen ist.

Die Existenz eines Kapitalmarkts ist eine zentrale Voraussetzung für die Investitionsfinanzierung. Die Vollkommenheit eines Kapitalmarkts basiert auf folgenden Merkmalen (vgl. *Copeland/ Weston* 1992, S. 331):

- Der Markt ist **friktionslos**. Es bestehen weder Transaktionskosten noch Steuern und regulative Hemmnisse. Alle Finanzkontrakte sind vollständig teilbar und handelbar. Jedermann hat **freien Marktzutritt**.

- Es besteht **vollkommener Wettbewerb** unter den Marktteilnehmern, wodurch alle Marktteilnehmer Preisnehmer sind. Es bestehen keine Präferenzen einer Marktseite in zeitlicher, räumlicher und sachlicher Hinsicht. Kapital kann in beliebiger Höhe beschafft bzw. hingegeben werden.

- Die Märkte sind **informationseffizient**, d.h., Information ist kostenlos verfügbar und allen Marktteilnehmern zugänglich. Keine Marktseite verfügt über mehr Informationen als die andere (symmetrische Informationsverteilung).

- Alle Marktteilnehmer sind **Nutzenmaximierer**, die rational handeln.

Unter den Bedingungen des vollkommenen Markts lässt sich nachweisen, dass ein Kapitalmarkt allokativ, operativ und informationseffizient ist. In einem **vollkommenen Kapitalmarkt** besteht ein **einziger Marktzinssatz**. Es ist zu beachten, dass dieser Satz für jeweilige Laufzeiten von Investitionsobjekten gilt. Damit weist jeder Kapitalmarkt Zins-, genauer Renditestrukturen für Laufzeitbereiche auf.

Der vollkommene Kapitalmarkt ist in erster Linie eine idealtypische Konstruktion, um gewisse Gleichgewichte in Investitions- und Finanzierungsvorgängen herleiten zu können. In der Realität lassen sich im Gegensatz dazu zahlreiche Abweichungen von den idealtypischen Prämissen feststellen:

Gängig ist in der Realität des Kapitalmarkts ein fehlender einheitlicher Zinssatz und das Vorliegen von Soll- und Habenzinssätzen (auch als Geld- und Briefsätze bezeichnet):

- **Sollzinssatz**: Zinssatz für die Aufnahme von Kredit.
- **Habenzinssatz**: Satz für eine Geldanlage am Kapitalmarkt.

Man spricht in diesem Fall auch von einem „**beschränkten Kapitalmarkt**". Ursache für die Existenz von Spannen in Marktzinssätzen ist der „Keil der Transaktionskosten".

- Unsicherheiten treten in einem Kapitalmarkt auf, wenn für Kreditgeber die Gefahr besteht, dass ihre den Kreditnehmern überlassenen Vermögensobjekte vernichtet werden. Wird ein solches **Ausfallrisiko** für wahrscheinlich gehalten, so kann dies Kapitalrationierung für Kreditnehmer zur Folge haben:

- **Schwache Kreditrationierung**: Es wird mit zunehmender Beschaffung von Fremdkapital durch einen Kreditnehmer (bei gleichbleibender Eigenkapitalausstattung) der Sollzinssatz durch Risikoaufschläge erhöht. Er dient zur Erfassung des Financial Leverage-Risikos, hervorgerufen durch eine steigende Verschuldung.

- Die Zunahme des Risikos aus einer wachsenden Verschuldung kann auch zu einer vollständigen Begrenzung der Kreditaufnahmemöglichkeit bis zu einer Maximalgrenze führen. Ab dann tritt eine „**strikte Kreditrationierung**" ein. Damit einhergehen kann ein in Abhängigkeit vom Kreditvolumen steigender Sollzinssatz.

Den vollkommenen Kapitalmarkt findet man im strengen Sinne in der wirtschaftlichen Realität kaum vor:

- Der **Zugang** für Kapitalnachfrager und -anbieter ist meist **nicht** für alle **gleichermaßen frei**, sondern durch Gesetze, Satzungsvorschriften usw. eingeschränkt (z.B. für Versicherungen und Sparkassen).

  Beispiel: Gem. § 54 VAG haben Versicherungsunternehmen ihre Vermögenswerte unter Beachtung allgemeiner Anlagegrundsätze wie Sicherheit, Rentabilität, Liquidität sowie Mischung und Streuung anzulegen.

- Des Weiteren dürfen nur Unternehmen in der Rechtsform der AG ihre Anteile an der Börse notieren und handeln lassen. Bei manchen Aktientransaktionen werden sog. Aktienpakete gehandelt (= Block Trades) und bewirken Preiszuschläge. Unternehmen mit anderen Rechtsformen müssen sich dagegen ihre Eigenkapitalausstattung auf den nicht organisierten Kapitalmärkten beschaffen. Ferner ist die Emission von Gläubigerpapieren (z.B. Industrieanleihen) nur großen Unternehmen i.d.R. möglich.

- Weiteren **Einfluss** auf die Funktionen der Finanzmärkte nimmt der **Staat** durch seine **Wirtschafts-** und **Steuerpolitik**. So hat die Erhebung der Zinsabschlagsteuer auf Kapitaleinkünfte in den 90er Jahren zu massiven Kapitalabflüssen vor allem in die Finanzmärkte Luxemburgs und der Schweiz geführt (vgl. *Schäfer* 1997, S. 167). In den 70er Jahren sorgten außenwirtschaftliche Absicherungsmaßnahmen wie die Bardepotpflicht für eine Regulierung der Finanzmärkte.

In der Denkweise der *Fisher*-Hypothese muss bei einer realitätsnäheren Betrachtung des Kapitalmarkts neben der Breite und der zeitlichen Struktur des Konsumeinkommensstroms der Grad der Sicherheit bzw. Unsicherheit explizit berücksichtigt werden. Die Gefahr von Vermögensverlusten und die mangelnde Voraussicht von zukünftiger Breite und zukünftigem Verlauf des Konsumeinkommensstroms sind die Folge. Es bildet sich unter diesen Umständen zwar kein einheitlicher Zinssatz heraus, aber in Anbetracht bestimmter Risikoklassen lassen sich solche Werte durchaus feststellen. Außerdem gewinnt man durch die Risikoklassen trotz der Integration von Unsicherheit in die Wertermittlung sog. **Quasi-Sicherheit**: Innerhalb einer Risikoklasse besteht eine Einordnung in einen ganz bestimmten Unsicherheitszustand, über den solange bei den Marktteilnehmern Sicherheit besteht, wie keine Anlässe vorliegen, die die Risikoeinschätzung ändern und den Klassenwechsel auslösen. Rating-Agenturen haben sich als (nicht monetäre) Finanzintermediäre auf einen solchen Informationsverkauf spezialisiert und übernehmen hiermit eine wichtige Funktion zur Funktionsfähigkeit eines (unvollkommenen) Kapitalmarkts (vgl. *Schäfer* 2002, S. 317f.).

2 Hypothese des vollkommenen Kapitalmarkts

Die Arbeitshypothese des vollkommenen Kapitalmarkts mag auf den ersten Blick unrealistisch erscheinen, weil man deren geringe praktische Relevanz kritisieren mag. Grundsätzliche Entwicklungstendenzen auf den Kapitalmärkten zeigen aber mittlerweile, dass sich die Realität tendenziell den Annahmen immer mehr annähert:

- Die **Transaktionskosten sinken**. So wurde 1986 in Deutschland die Börsenumsatzsteuer abgeschafft. Das Vordringen institutioneller Investoren reduziert Kosten für die Ausführung von Kapitalmarkttransaktionen erheblich und nachhaltig. Ebenfalls führt eine steigende Wettbewerbsintensität unter den Kreditinstituten zu sinkenden Provisionen im Rahmen von Wertpapiertransaktionen, wie das die Entwicklung zum sog. „Discount Broking" zeigte.

- Institutionell wirkende **gesetzliche** und **organisatorische Reformen** versuchen den Marktzugang zu vereinfachen. So wurde mit der Einführung des Segmentes „Neuer Markt" Mitte 1997 an der Frankfurter Wertpapierbörse und seiner Ablösung durch den „Tec Dax" im Jahr 2003 beabsichtigt, mittelständischen und jungen technologiestarken Unternehmen die Eigenkapitalbeschaffung zu erleichtern. Mit dem Finanzmarktförderungsgesetz 1994 wurde die Rechtsform der sog. „Kleinen AG" möglich, die wiederum die Inanspruchnahme der Börse zu Eigenkapitalzwecken fördern soll. Die Deutsche Börse AG baut den Bereich elektronischer Handelssysteme aus, u.a. um einen Handel ohne Wertpapiermakler zu ermöglichen. Dadurch können die handelnden Banken direkt und zeitflexibler die Märkte in Anspruch nehmen.

- Die an Börsen gehandelten Wertpapiere sind **homogene standardisierte** Kontrakte, da ihre Ausstattung nach strengen gesetzlichen Regelungen erfolgt (z.B. Inhaberstammaktie im Vergleich zur stimmrechtslosen Vorzugsaktie). Die Teilbarkeit von Investitionsmöglichkeiten in verbriefter Form wird auf Kapitalmärkten durch das Vordringen von Investmentfonds immer mehr erhöht.

- **Präferenzen** spielen auf börsenmäßig organisierten Kapitalmärkten eine immer geringere Rolle: Räumliche und zeitliche Präferenzen sinken, da Börsen heutzutage über den hohen Stand der Elektronifizierung von Händlern und Brokern teilweise permanent angesprochen werden können (z.B. im XETRA-System). Raumdistanzen fallen ebenfalls durch elektronische Handelssysteme. Auch Privatanleger können heute in bisher nicht vorhandenem Umfang elektronische Medien zur Orderabwicklung und den übrigen Teilen der Wertpapiergeschäfte nutzen. Dadurch haben persönliche Präferenzen eine immer geringere Bedeutung.

- Finanzinnovationen haben Kapitalmärkte vollständiger werden lassen. Konkurrierende institutionelle Investoren mit ähnlichen technischen Analyseinstrumenten erhalten zunehmend für das Kapitalmarktgeschehen zentrale Bedeutung und führen tendenziell zur **Homogenisierung** von **Erwartungen**.

- Die **Informationsstände** der mittelbaren und unmittelbaren Finanzmarktteilnehmer dürften sich in den vergangenen Jahren ebenfalls **verbessert** haben. Diese Aussage gilt in erster Linie für die organisierten Finanzmärkte. Zahlreiche Informations- und Kooperationsdesigns - gesetzlich auferlegte wie die HGB-Bestimmungen zur Publizitätspflicht (§§ 325 ff. zur Offenlegungspflicht bei Kapitalgesellschaften), die Pflicht zur Zwischenberichterstattung gem. § 44 Börsengesetz oder die Ad hoc-Publizität nach § 15 WpHG wie auch freiwillige Informationsangebote im Rahmen etwa von Maßnahmen der Investor Relations (vgl. *Becker* 1994).

- Im europäischen Kontext sorgte die zunehmende Integration nationaler Kapitalmärkte im Vorfeld des einheitlichen europäischen Währungsraums zu einer sukzessiv höheren Marktbreite und –tiefe, die ihre größte Entfaltung mit der **Vereinheitlichung der Kapitalmärkte** der EWWU-Teilnehmerstaaten im Jahr 1999 fand.

Unter diesen Umständen dürfte die Realitätsnähe der Annahmen des vollkommenen Kapitalmarkts näherungsweise in der Realität gegeben sein. Für die Gültigkeit des *Fisher*-Modells wäre dies aber nicht von Bedeutung, entscheidend ist für das Modell die Relevanz einzelner Ergebnisse: Sind diese nur unter Beibehaltung bestimmter restriktiver Annahmen ableitbar oder lassen sie sich verallgemeinern (vgl. *Schmidt* 1991)?

3 Entscheidung über Konsum und Investition – *Fisher*-Separation

Mit den Erkenntnissen der Zeitpräferenztheorie des Zinses kann ein weiterer analytischer Schritt auf dem Weg zur Begründung des Unternehmensziels und des Ziels der (dynamischen) Investitionsrechenverfahren getan werden: Wenn Kapitalgeber mit der zeitweisen Überlassung von Geld ein Unternehmen finanzieren, also sparen, verzichten sie auf Konsum in der Gegenwart zugunsten eines Konsums in der Zukunft. Sie äußern damit eine niedrigere Zeitpräferenzrate als das kreditnehmende Unternehmen. **Kapitalgeber** stellen aus gesamtwirtschaftlicher Sicht **Überschusseinheiten** dar, während Unternehmen **Defiziteinheiten** sind. **Unternehmen**, d.h. genauer das Management, beschaffen vom Kapitalmarkt Kapital zu Investitionszwecken. Ein (gutes) Management kennt lohnende Investitionsobjekte, die in der Zukunft, nach ihrer Ingangsetzung, Einkommensströme erbringen. Daher überwiegt naturgemäß auf der Unternehmensseite die Präferenz für gegenwärtiges Geld zur Verwirklichung dieser Investitionen.

Die Seite der **Kapitalnehmer** kennt die von ihnen vorzunehmenden Investitionen und hat Erwartungen bezüglich deren Einnahmen bzw. Einzahlungen, wie auch zu den damit verbundenen Ausgaben bzw. Auszahlungen. Damit verfügen Kapitalnehmer über Angaben, mit denen sie die pro Investitionsobjekt zu erwartenden einkommensbildenden Zahlungsströme für die Kapitalgeberseite ermitteln können. Die Auswahl von Investitionsobjekten und die Verwendung von Finanzmitteln wäre unter diesen Umständen rational entschieden, wenn sie die Einkommensstromvorstellungen der Kapitalgeber genau erfüllen könnten.

Die Präferenzen hinsichtlich der individuellen Einkommensströme werden auf der Kapitalgeberseite bei mehr als einem Kapitalgeber nur zufällig identisch sein. Und genauso viele Kapitalgeber es gibt, können diese auch unterschiedliche **Einkommensstromvorstellungen** haben:

- Die **Kapitalnehmer** haben i.d.R. nicht das Wissen um die individuellen Vorstellungen der Kapitalgeber in Bezug auf Höhe bzw. Breite, zeitliche Struktur und gewünschtem Maß an Sicherheit.
- Umgekehrt kennen die **Kapitalgeber** im Regelfall nicht genau die Merkmale der Investitionsobjekte, die sie finanzieren. Auch sind ihnen meist nicht die zu er-

wartenden Einkommensströme in Höhe bzw. Breite und zeitlicher Struktur im Voraus bekannt.

Eine denkbare Verfahrensweise für Investoren, d.h. Unternehmensleitungen, zur Lösung dieses Problems wäre es, nach dem Prinzip des Mehrheitswahlrechts über alternative Investitionsobjekte (d.h. Quellen zukünftiger Einkommenszahlungen) abstimmen zu lassen. Abgesehen von den damit verbundenen Transaktionskosten, zeigt das sog. **Wahlparadoxon** nach *Condorcet* und *Arrow*, dass bei Mehrgipfeligkeit der Präferenzstrukturen der Kapitalgeber eine Abstimmung auf der Grundlage eines Mehrheitswahlsystems willkürliche Ergebnisse erbringt und der Wahlausgang seitens der Unternehmensleitung in derem Sinne manipulierbar ist (vgl. *Schäfer* 2002, S. 64-66).

Mit dem (vollkommenen) Kapitalmarkt gelang es *Fisher*, eine alternative Institution zu begründen, mit der das Entscheidungs- und Informationsproblem gelöst werden kann: Er trennt die Entscheidung über (reale) Investitionsobjekte von den Konsumpräferenzen und Einkommensstromvorstellungen der Kapitalgeber. Man bezeichnet dies als sog. *Fisher*-**Separation**. Es ist Teil einer Reihe von Separationstheoremen, denen eine hohe Bedeutung für Investitionsentscheidungen generell zukommt (vgl. *Rudolph* 1983).

3.1 Konsum und Sparen im Zwei-Perioden-Modell

Die Darstellung der *Fisher*-Separation erfordert das Denken in einem Modell, das aus zwei Perioden besteht (= t_1, t_2). Es wird ein Wirtschaftssubjekt betrachtet, welches mit seinem vorhandenen Einkommen Konsumausgaben in der Gegenwart (t_1) und/oder der Zukunft (t_2) tätigen kann.

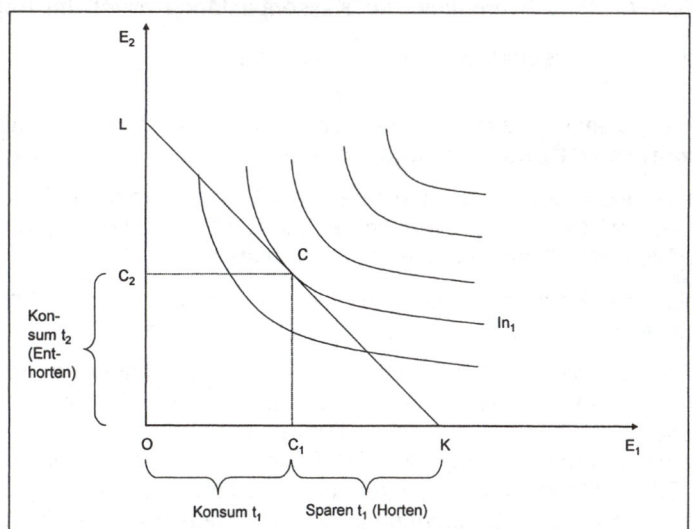

Abb. III-7: Intertemporale Einkommens-Konsumentscheidungen ohne Kapitalmarkt

Zu diesem Zweck hat sich das Wirtschaftssubjekt für die **intertemporale Aufteilung** seiner **Einkommensausstattung** (in Form eines Kassenbestands) zu entscheiden:

- Es kann sein gesamtes Einkommen für **Konsum** in der **Gegenwart** einsetzen, würde dann aber in der Zukunft keinen Konsum tätigen können (mithin „verhungern"). Diese intertemporale Aufteilung von Einkommen wird in Abb. III-7 mit der Strecke OK dargestellt.
- Eine andere Extrementscheidung stellt die Verlagerung des vollständigen **Konsums** in die **Zukunft** dar (Strecke OL). Diese Alternative dient allenfalls der konsequenten Umsetzung der Modelllogik, faktisch würde kein Wirtschaftssubjekt diese Situation unter den realen Gegebenheiten erreichen, da es in der Gegenwart verhungern würde.
- Ausgehend von den beiden vorgestellten Extrementscheidungen lässt sich mit der Strecke LK das **Austauschverhältnis von Kassenbeständen** der **Gegenwart** gegen solche der **Zukunft** abtragen. Da keine Transaktionskosten bestehen, können liquide Mittel kostenlos von t_1 nach t_2 übertragen werden. Die Strecke LK weist die Steigung -1 auf.

Um die genaue nach den individuellen Präferenzen abhängige Aufteilung gegenwärtiger und zukünftiger Kassenbestände ermitteln zu können, benötigt man eine Vorstellung über die Konsumpräferenzen des Wirtschaftssubjekts, d.h. **Konsum-Ausgabenkombination**en zwischen E_1 und E_2, die das Wirtschaftssubjekt gleich schätzt (= nutzenäquivalente Einkommenskombinationen).

Solche Sachverhalte werden in den Wirtschaftswissenschaften üblicherweise mittels **Indifferenzkurven** ausgedrückt. Unter den gängigen Annahmen wie dem Vorliegen einer ordinalen Rangordnung, strenge Kurvenkonvexität, Unersättlichkeit der Wünsche, Transitivität und fehlenden Preisänderungen wird die Gestalt der Indifferenzkurve In_1 in Abb. III-7 begründet. Die dort eingezeichnete Indifferenzkurve ist die höchstgelegene aus einer Indifferenzkurvenschar, die den Tangentialpunkt mit dem Austauschverhältnis der Kassenbestände bildet. Im Punkt C gilt, dass die marginale Konsumpräferenz $-\dfrac{dE_2}{dE_1} = -1$ ist. [= am Rande liegend]

Der Tangentialpunkt C bezeichnet den für ein Wirtschaftssubjekt optimalen, da **präferenzkonformen Konsum-Ausgabenplan**:

- In der Gegenwart wird in Höhe der Strecke OC_1 das vorhandene Einkommen (= Kassenbestand) für Konsum verwendet. Der Rest an Einkommen in Höhe der Strecke C_1K wird in Periode t_2 übertragen, d.h. gespart.
- In der folgenden Periode t_2 reichen die Ersparnisse aus t_1 in Höhe von C_1K aus, um den gewünschten Konsum OC_2 zu realisieren ($C_1K = OC_2$).

In Abb. III-7 bezeichnet die Strecke LK das Austauschverhältnis von Konsum in t_1 und Konsum in t_2 **ohne Kapitalmarkt**. In der folgenden Abb. III-8 wurde zusätzlich der Kapitalmarkt integriert: Es steigt aufgrund der Zeitpräferenzrate das Austauschverhältnis auf der E_2-Achse um die Strecke LM. Die neue Austauschgerade wird durch Z'Z verkörpert. Hierdurch kommt es zu einer Veränderung der bisherigen **Erkenntnisse** über die Konsummöglichkeiten in den jeweiligen Perioden:

- Bisher galt als optimaler präferenzkonformer Plan des betrachteten Wirtschaftssubjekts aufgrund der Indifferenzkurvenlage von In_1 der Punkt C. Mit Einführung des vollkommenen Kapitalmarkts und der Gültigkeit der Strecke Z'Z wird es dem Wirtschaftssubjekt möglich, eine höher gelegene Indifferenzkurve zu realisieren. Der neue optimale präferenzkonforme Plan wird jetzt mit dem

3 Entscheidung über Konsum und Investition – Fisher-Separation

Tangentialpunkt C^* angezeigt. Dieser auf einer höheren Indifferenzkurve (= In_2) gelegene Optimalpunkt stellt wohlfahrtsökonomisch eine höhere Nutzenstiftung für das Wirtschaftssubjekt dar. Mit der Einführung des Kapitalmarkts kann das Wirtschaftssubjekt sowohl in der Gegenwart als auch in der Zukunft Konsumpläne realisieren, die ihm einen höheren Nutzen stiften als es bei fehlendem Kapitalmarkt möglich gewesen wäre.

Weshalb kommt man zu diesem Ergebnis?

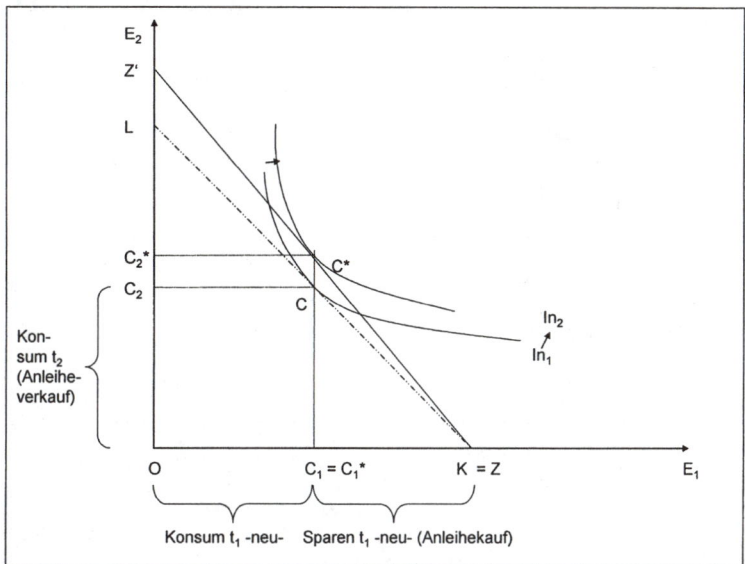

Abb. III-8: Entscheidungsfeld eines Investors auf vollkommenem Kapitalmarkt

- In Abb. III-8 wird wieder angenommen, dass in der Gegenwart der Konsum in Höhe der Strecke $OC_1 = OC^*_1$ gewünscht wird. Der Restbetrag des Anfangskassenbestands $C^*_1 Z$ wird gespart und auf dem Kapitalmarkt zur Zeitpräferenzrate - Zinssatz i - angelegt. In t_2 wird durch die Kapitalmarktanlage ein höherer Endwert der Ersparnis realisierbar. Aufgrund der Verzinsung beträgt der Kassenbestand in t_2 die Strecke OC^*_2. Sie setzt sich zusammen aus dem Sparbetrag aus t_1 in Höhe von $C^*_1 Z$, zuzüglich der Zinserträge auf diesen Anlagebetrag für den Zeitraum einer Periode: $C^*_1 Z \cdot i = C_2 C^*_2$. Die Einführung des Kapitalmarkts erhöht demzufolge die Einkommensausstattung in t_2 aufgrund des zusätzlichen Zinseinkommens und ermöglicht mit diesem Mehrbetrag einen höheren Konsum. Dadurch erzielt ein Wirtschaftssubjekt die höher gelegene Indifferenzkurve In_2. Das Gleichgewicht im Tangentialpunkt C^* wird beschrieben durch folgende Bedingung: $-\dfrac{dE_2}{dE_1} = -(1+i)$.

Bisher war es nur zugelassen, dass Wirtschaftssubjekte vorhandene Einkommen in Kapitalmarktpapiere anlegen konnten (= **Finanzinvestitionen** tätigen). **Erweiternd** soll die Möglichkeit eingeführt werden, Einkommensteile auch in Sachvermögen anlegen zu können (= **Sachinvestitionen** tätigen). Es hilft für das weitere Verständnis, wenn man sich diese Beteiligung an Sachvermögen durch Aktienerwerb vorstellt. Damit tätigt ein Wirtschaftssubjekt wiederum in der Gegenwart mit einem Teil seines Einkommens Konsumausgaben und mit dem Rest finanziert es den Aktienkauf. Ziel ist es, hieraus in der Zukunft Geldeinkommensströme zu erhalten und Konsumausgaben tätigen zu können. Es wird vorerst unterstellt, dass nach erfolgter Investition in ein Unternehmen keine Einkommensteile mehr auf dem Kapitalmarkt angelegt werden können.

Statt einer Zinsgeraden wird im Fall ausschließlicher Realinvestitionsmöglichkeit für die intertemporale Einkommensverschiebung eine Investitionsmöglichkeitenkurve betrachtet, die in Abb. III-9 mit *PP'* bezeichnet ist.

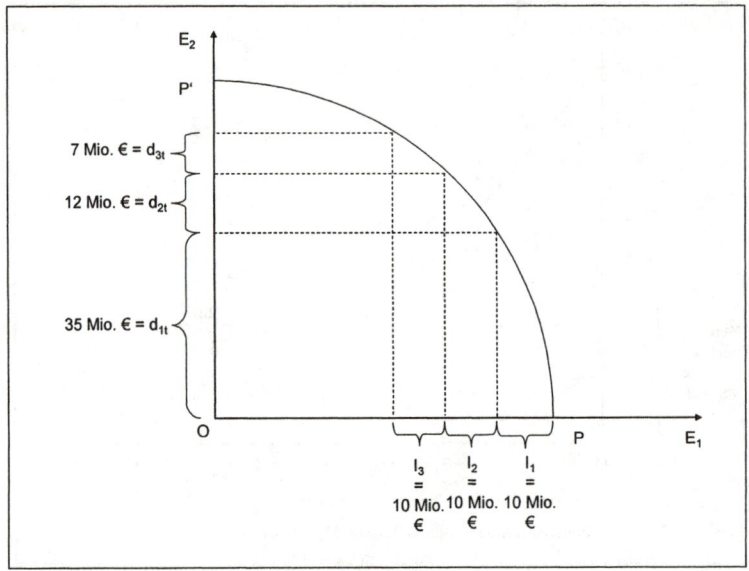

Abb. III-9: Kurve der (Real-)Investitionsmöglichkeit

Die Kurve der realen Investitionsmöglichkeiten entsteht durch Aneinanderreihung der Einzelinvestitionen eines Unternehmens, in das investiert wurde (vgl. *Brealey/ Myers* 1991[1], S. 17-18):

- In Investitionsobjekt *1* (I_1) wird mit einem Kapitalbetrag von beispielsweise *10 Mio. €* investiert, was zu einem zukünftigen Einzahlungsüberschuss (d_{1t}) von *35 Mio. €* führt.

- Das nächste Investitionsobjekt (I_2) erfordert ebenfalls zur Realisierung eine Ausgabe von *10 Mio. €*, erbringt jedoch nur *12 Mio. €* an Einzahlungsüberschuss (d_{2t}) in der nächsten Periode.

- Auch I_3 erfordert zur Realisierung *10 Mio. €* an Ausgaben und erbringe einen Einzahlungsüberschuss (d_{3t}) von *7 Mio. €* etc.

Aus dieser beispielhaften Darstellung wird erkennbar, dass bei unterstelltem gleich hohen betraglichen Investitionsvolumen in der Gegenwart Investitionsobjekte zukünftig unterschiedlich hohe Einzahlungsüberschüsse erbringen. Reiht man diese Investitionsobjekte beginnend mit demjenigen geringster Einzahlungsüberschüsse

---

[1] In Brealey/ Myers (2003) finden sich einige Ausführungen, die in älteren Auflagen Bestandteil waren, nicht wieder. Da ich diese dennoch als wertvoll erachte, verweise ich an diesen Stellen nach wie vor auf die älteren Zitatstellen.

auf der Abszisse auf, erhält man die **Investitionsmöglichkeitenkurve** (wirtschaftstheoretische Basis: Gesetz vom abnehmenden Grenzertrag).

Dieser Sachverhalt soll nun wieder auf die intertemporale Einkommensallokation eines Wirtschaftssubjekts übertragen werden. Geht man zu diesem Zweck wieder davon aus, dass in der Gegenwart nur eine Einkommenszahlung besteht, so verfügt ein Wirtschaftssubjekt in der Gegenwart wiederum ausschließlich über Einkommen in Höhe des Kassenbestands OK. Anstelle der Anlage der Ersparnisse in Anleihen wird jetzt die Realinvestition betrachtet: So bezeichnet der Tangentialpunkt der Indifferenzkurve mit der Investitionsmöglichkeitenkurve das dann sich einstellende **Gleichgewicht**: $-\dfrac{dE_2}{dE_1} = -(1+r')$. Die Größe r' stellt die um Eins zu erhöhende marginale interne Ertragsrate aufgrund einer infinitesimal kleinen Erhöhung des Investitionsvolumens dar.

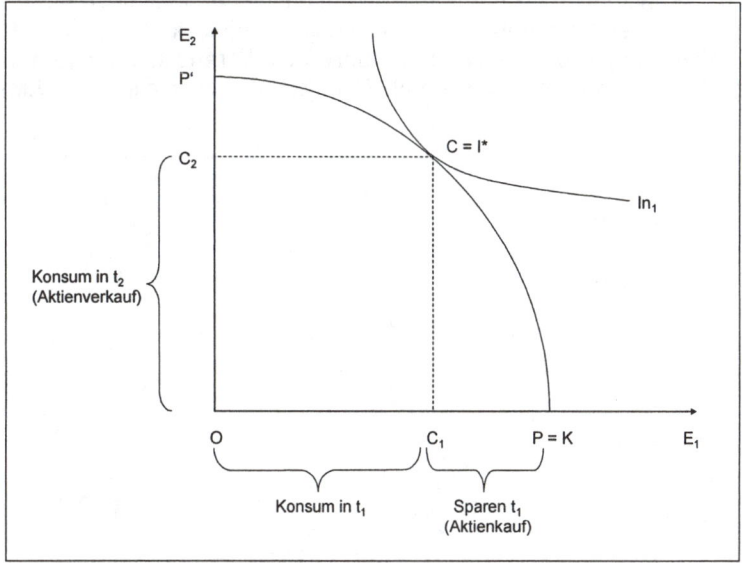

Abb. III-10: Optimaler Konsumplan mit Realinvestition

Aus Abb. III-10 wird ersichtlich, dass im Gleichgewicht der präferenzoptimale Konsumplan C und das zugehörige präferenzoptimale Investitionsvolumen I^* verwirklicht werden können. Folgende **ökonomische Handlungen** sind daraus ableitbar:

- In der Gegenwart wird das Einkommen in Höhe von K wie folgt aufgeteilt: In Höhe der Strecke OC_1 tätigt das Wirtschaftssubjekt seine geplanten Konsumausgaben. Der Einkommensrest in Höhe von C_1K wird investiert (= Aktienerwerb).

- In der Zukunft wird die Realinvestition wieder aufgelöst (werden die Aktien verkauft), was zu einem Endvermögen in Höhe der Strecke OC_2 führt. Der Liquidationserlös stellt eine Zahlung zu Einkommenszwecken dar, die die Höhe des in t_2 gewünschten Konsums realisieren lässt.

Im Ergebnis ist festzuhalten, dass die Höhe des zukünftigen Einkommensstroms aus dem Aktienerwerb von der Art des finanzierten Investitionsobjekts und seiner Möglichkeit, Einzahlungsüberschüsse zu generieren, abhängt. Die Höhe des zukünftigen Einkommens und damit des Konsums ist mit dem Investitionsobjekt eng verbunden. Finanzierungs- und Investitionsentscheidung sind nicht zu trennen.

3.2 Fisher-Separation

Um zur *Fisher*-Separation zu gelangen, ist es erforderlich, die bisherigen Erkenntnisse aus der Integration des Kapitalmarkts und der Investitionsmöglichkeitenkurve *PP'* ineinander zu führen. Mit dem Kapitalmarkt, ausgedrückt durch die Zinsgerade, besteht jetzt im Entscheidungsraum des Wirtschaftssubjekts neben der Realinvestition eine zusätzliche Transformationsmöglichkeit von Einkommensteilen der Gegenwart in die Zukunft. Die Ergänzung des Kapitalmarkts geschieht in Abb. III-11 durch Einführung der **Zinsgeraden** *ZZ'* mit der Steigung $-(1+i)$.

Zur Veranschaulichung soll angenommen werden, dass das Ziel des Wirtschaftssubjekts in der Maximierung des Einkommensendwertes in t_2 bestehe. Bei exogen gegebenen, d.h. seitens des Wirtschaftssubjekts unveränderbaren Ertragsraten der Investitionsobjekte und seiner individuellen Indifferenzkurve, wird der Optimalpunkt bei **Endwertmaximierung** durch *I** verkörpert. Hier gilt als **Optimalbedingung**: $- (1+r') = - (1+i)$.

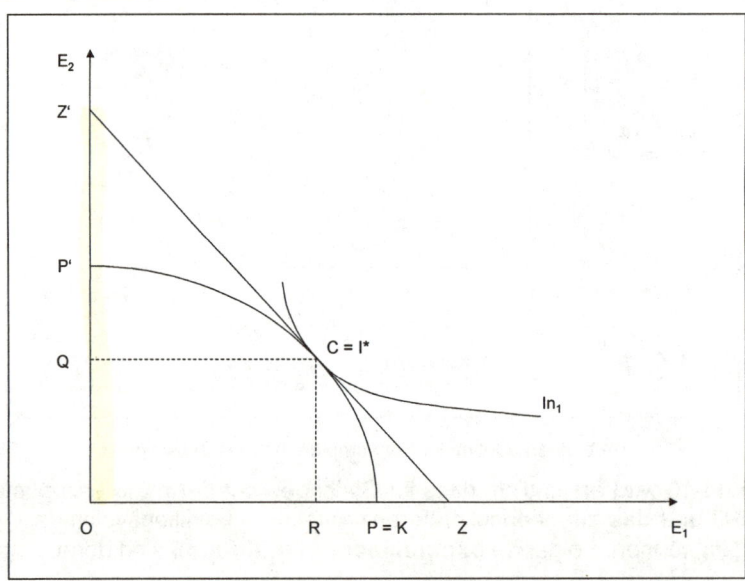

Abb. III-11: Kapitalmarkt und Realinvestitionen im Zusammenspiel

Um diesen optimalen Punkt erreichen zu können, legt das Wirtschaftssubjekt in t_1 einen Teil seines Kassenbestands (= *OK*) in Höhe der Strecke *OR* am Kapitalmarkt zum Zinssatz *i* an. Der verbliebene Teil seines Kassenbestands wird für Realinvestitionen verwendet, d.h. eine Anschaffungsauszahlung wird in Höhe der Strecke *RK* getätigt. Somit kann das Wirtschaftssubjekt bei **Endwertmaximierung** keinen Konsum in t_1 tätigen. In t_2 erbringt die Liquidation der Realinvestition und der Kapitalmarktanlage ein gesamtes Endvermögen von *OZ'*.

I* repräsentiert in Abb. III-11 einen Investitionsplan, der durch die interne Ertragsrate und die Zeitpräferenzrate des Kapitalmarkts bestimmt ist. Diese Aussage gilt unabhängig vom individuellen ökonomischen Ziel des Wirtschaftssubjekts, ist also nicht beschränkt auf den gezeigten Fall des Endwertmaximierers. Denn die Linie aller effizienten Konsumpläne ist bei Existenz eines Kapitalmarkts nicht mehr durch die Investitionsmöglichkeitenkurve PP' bezeichnet, sondern durch die Zinsgerade ZZ'. Dies hat eine entscheidende Konsequenz: Jedes Wirtschaftssubjekt kann unabhängig von seinem individuellen Konsumplan den Investitionsplan I^* realisieren, da ihm der Kapitalmarkt die Möglichkeit gibt, zwischen Gegenwart und Zukunft Einkommensteile zu verschieben. Dies ist eine sehr wichtige **Zwischenerkenntnis** für die *Fisher*-Separation, die anschließend erläutert wird.

Zu diesem Zweck wird jetzt ein Wirtschaftssubjekt betrachtet, welches keinen Endwert maximieren möchte, sondern sein **Einkommen zwischen Gegenwart und Zukunft aufteilen** will, wie es Abb. III-12 mit der Lage der Indifferenzkurve In_2 auf der Zinsgerade und dem Tangentialpunkt C abbildet. Der gewünschte Konsumplan und der mögliche Investitionsplan weichen durch die Lage der Tangentialpunkte I^* und C voneinander ab.

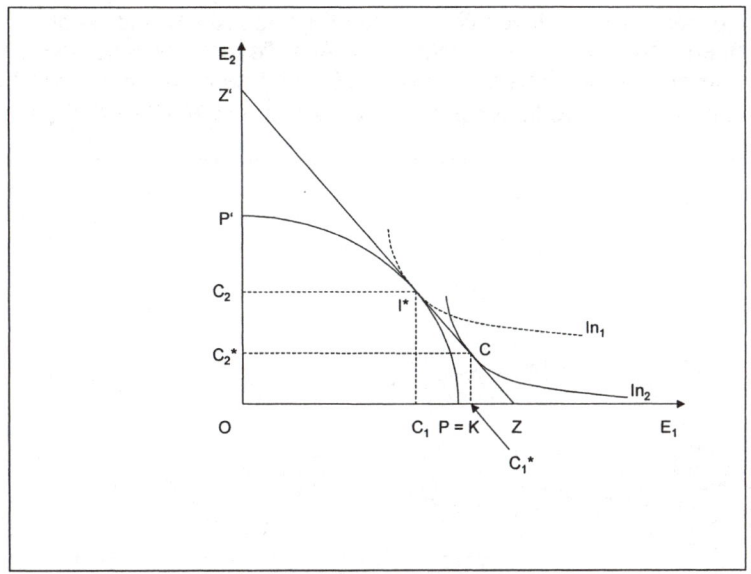

Abb. III-12: *Fisher*-Separation (Ausgangspunkt)

Für das betrachtete Wirtschaftssubjekt ist der durch die Investitionsmöglichkeitenkurve bestimmte Investitionsplan I^* in Hinblick auf seinen gewünschten Konsumplan C aufgrund folgender Implikationen suboptimal:

- Mit I^* wäre in t_1 ein Konsum in Höhe der Strecke OC_1 möglich. Der Rest des Einkommens der Gegenwart müsste in Höhe der Strecke C_1K zum Erwerb der Realinvestition eingesetzt werden. Durch Liquidation der Investition in t_2 wäre dann ein Konsum in der Folgeperiode von OC_2 möglich.

- Nun weist aber die Lage der Indifferenzkurve des betrachteten Wirtschaftssubjekts auf einen höheren Konsumwunsch in t_1 hin ($OC^*_1 > OC_1$). Dagegen wünscht es in t_2 einen geringeren Konsum als es mit der Erfüllung des Investitionsplans möglich wäre ($OC^*_2 < OC_2$).

Das Ergebnis der eben angestellten Überlegungen ist, dass Investitions- und Konsumplan divergieren, die Realisierung beider Pläne scheint nicht möglich. Trotz der vorliegenden Abweichungen zwischen Konsum- und Investitionsplänen können beide Pläne wie gewünscht realisiert werden, da der Kapitalmarkt die Pläne koordiniert und harmonisiert. Dies kann auf zwei voneinander unterschiedlichen Wegen geschehen.

Fall I: Kreditaufnahme

Ziel des Wirtschaftsubjekts ist es, seinen Konsum in t_1 in Höhe von OC^*_1 und in t_2 in Höhe von OC^*_2 zu verwirklichen. Es verfügt nur über Kassenbestände in Höhe OK und möchte sich zudem in Höhe KC^*_1 an einer Investition beteiligen. Der Einsatz des Kapitalmarkts bietet ihm hierzu folgende Möglichkeiten (vgl. Abb. III-13):

- Es erwirbt mit dem vorhandenen Kassenbestand (= OK) in Höhe von C_1K die Investition (d.h. kauft Aktien).
- Den verbliebenen Kassenbestand in Höhe von OC_1 ergänzt es durch eine Kreditaufnahme in Höhe $C_1C^*_1$. Damit kann es seinen gewünschten Konsum OC^*_1 (= $OC_1 + C_1C^*_1$) realisieren.
- In t_2 liquidiert es seine Investition (verkauft seine Aktien) und erhält im Gegenwert einen Zahlungsstrom in Höhe OC_2. Aus diesem Kassenbestand tätigt es seinen gewünschten Konsum in Höhe OC^*_2 und zahlt mit dem restlichen Kassenbestand seinen Kredit nebst fälliger Zinsen zurück ($C_2C^*_2 = C_1C^*_1 + C_1C^*_1 \cdot i$).

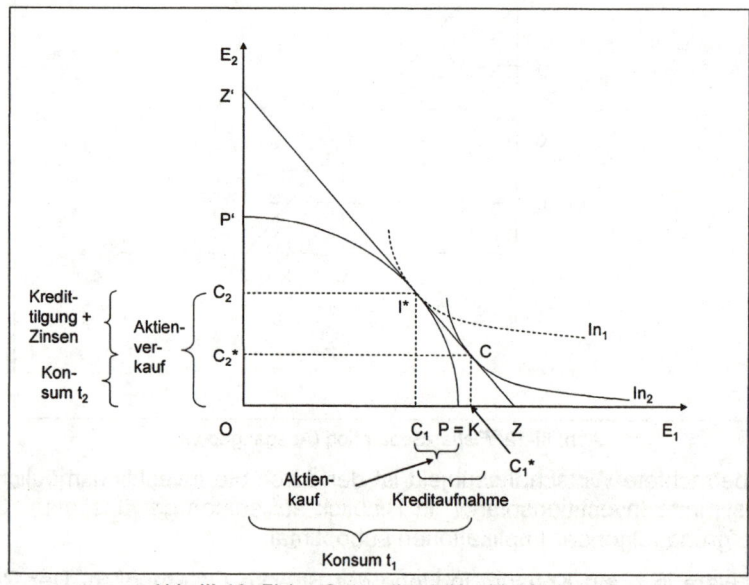

Abb. III-13: *Fisher*-Separation I (Kreditaufnahme)

Fall II: Verkauf der Realinvestition

Auch in diesem Fall ist es Ziel des Wirtschaftssubjekts, den Konsum in t_1 in Höhe von OC^*_1 und in t_2 in Höhe von OC^*_2 zu verwirklichen. Wiederum verfügt es über Kassenbestände in Höhe OK und möchte sich in Höhe C_1K an einer Investition beteiligen. Der Einsatz des Kapitalmarkts bietet ihm jetzt folgende alternative Möglichkeit (vgl. Abb. III-14):

- Es erwirbt mit den vorhandenen Kassenbeständen (= OK) in Höhe von C_1K die Investition (= Aktienkauf).

- Der nächste Schritt erfordert eine Vorbemerkung: Auf einem vollkommenen Kapitalmarkt beträgt der Marktwert der Investition, mithin der Aktien im Beispiel die Fläche I^*C_1Z (s. schraffierte Fläche in Abb. III-14). Der Optimalpunkt I^* liefert dem Wirtschaftssubjekt bei Verkauf seiner Aktien in t_2 eine Einzahlung in Höhe des Liquidationserlöses OC_2. Diesen zukünftigen Zahlungsstrom kann das Wirtschaftssubjekt bereits in t_1 am Kapitalmarkt zum Preis (= Aktienkurs) von C_1Z verkaufen. Damit ergänzt es die verbliebenen Kassenbestände in Höhe von OC_1.

- Existierte vor Verkauf der Investition ein Kassenbestand in Höhe von OK, so besteht er nach Verkauf aus $OZ = OC_1 + C_1Z$. Davon verwendet das Wirtschaftssubjekt den Betrag OC_1^* für Konsumzwecke und legt den Restbetrag CZ_1^* auf dem Kapitalmarkt zum Zinssatz i an, indem es eine Anleihe erwirbt.

- In t_2 löst es seine Kapitalmarktanlage auf (= Anleiheverkauf), erhält einen Vermögenswert von OC_2^* und realisiert seinen in t_2 gewünschten Konsumplan.

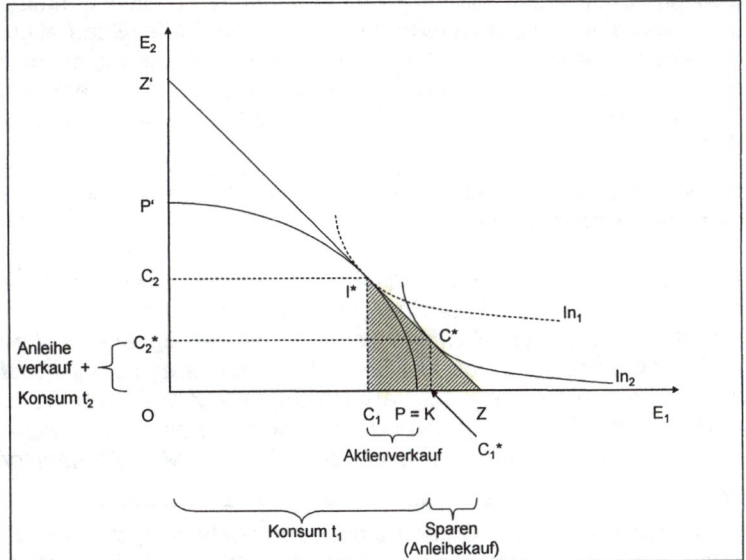

Abb. III-14: *Fisher*-Separation II (Verkauf der Realinvestition)

Die Überlegungen zeigen, dass bei vollkommenem Kapitalmarkt unter unsicheren Erwartungen Wirtschaftssubjekte ihre Konsum- und Investitionsentscheidungen getrennt vornehmen können.

Die Modellarbeit liefert noch eine zweite wichtige Erkenntnis, sozusagen spiegelbildlich zu den eben aufgeführten Entscheidungsergebnissen der Wirtschaftssubjekte (Anleger und Kapitalgeber). Gerade der Fall II zeigt, dass die Unternehmensleitung als Kapitalnehmer bei ihren Investitionsplänen die Ziele der Kapitalgeber nicht berücksichtigen muss, wenn sie anstrebt, den Gegenwartswert geplanter Investitionen zu maximieren. In diesem Fall kann ein Kapitalgeber, der nicht mit den Investitionsplänen der Unternehmensleitung vor dem Hintergrund seines individuellen Einkommens-Konsumplans einverstanden ist, seine Beteiligung an der Investition auf einem Kapitalmarkt veräußern. Damit wird das Abstimmungsproblem bei unterschiedlichen Zielvorstellungen mehrerer Kapitalgeber lösbar: Derjenige, der nicht mit den Investitionsplänen der Unternehmensleitung einverstanden ist, verkauft seinen Anteil und damit seine Ansprüche auf zukünftige Investitionserträge (vgl. zur formalen Darstellung basierend auf den bisherigen Ausführungen *Drukarczyk* 1993, S. 46-49).

Lesehinweise: Die Grundlagen der vorangegangenen Partialanalysen gehen auf die Ausarbeitung von *Hirshleifer* (1958) zurück.

Die Unabhängigkeit der Investitionsentscheidung von den Finanzierungsentscheidungen, wie sie in den zurückliegenden Seiten erarbeitet wurde, bezeichnet man als **Fisher-Separation**. Das Separationstheorem stellt für die weitere Behandlung von dynamischen Investitionsrechenverfahren die zentrale Rahmenbedingung dar. Denn in diesem Fall ist als **Oberziel und Zielvorschrift eines Unternehmens** formulierbar:

> **Maximierung des Marktwerts des Unternehmens!**

In diesem Fall maximieren alle Eigenkapitalgeber bei einem gegebenen Endvermögenswert am Ende eines Planungszeitraums ihr Konsumeinkommen für jede Periode innerhalb eines Planungszeitraums. Durch die *Fisher*-Separation und das Oberziel Marktwertmaximierung erhalten alle Eigenkapitalgeber einen besseren Einkommensstrom, als wenn sich die Unternehmensleitung exakt am Konsumplan eines einzelnen Eigenkapitalgebers orientiert aber nicht Marktwertmaximierung angestrebt hätte.

> Im Handelsblatt vom 04.05.1998 war hierzu auf S. 18 folgende Meldung zu lesen, die auszugsweise wiedergegeben ist:
>
> „Bayer AG/Im ersten Quartal lagen Umsatz und Ergebnis über den Vorjahreswerten. Beim Thema Akquisition ist der Chef (fast) zu allem bereit
> (...) Für Manfred Schneider, Vorstandsvorsitzender der Bayer AG, Leverkusen, stand die Hauptversammlung trotz der über 40 Gegenanträge der „kritischen Aktionäre" unter guten Vorzeichen. (...) Als vorrangiges Ziel für die Zukunft sieht Schneider die weitere Steigerung des Unternehmenswertes an. Um dieses Ziel zu erreichen, werde Bayer bis zum Jahr 2000 über 15 Mrd. DM in Sachanlagen investieren. (...)"

Aus der Sicht der Theorie der Organisations- und Verfassungsformen von Unternehmen steht o.g. Unternehmensziel in Einklang mit dem Ziel des **Shareholder Value-Konzeptes**, da es darauf abstellt, alle betrieblichen Maßnahmen auf die Steigerung des Unternehmenswerts auszurichten (vgl. *Bühner/ Tuschke* 1997, S. 500-501).

Das aus dem Oberziel der Maximierung des Unternehmenswerts abgeleitete **Unterziel und die Zielvorschrift** für **Investitionsentscheidungen** lauten damit:

> **Maximierung des Kapitalwerts des einzelnen Investitionsobjekts!**

Rational ist dieses Ziel deshalb, weil sich der Unternehmenswert nach seinem Marktwert bemisst. Dieser setzt sich aus der Summe aller Kapitalwerte, d.h. Gegenwartswerte der Einzahlungsüberschüsse aller in einem Unternehmen zu einem bestimmten Zeitpunkt im Einsatz befindlichen Investitionsobjekte zusammen. Man spricht daher auch von einem Marktwert im Sinne eines optimalen Portefeuilles von Kapitalwerten. Die Berechtigung zu dieser Methodik liefert die Gültigkeit des sog. **Wertadditivitätstheorems** (WAT) (vgl. *Rudolph* 1983, S. 271). Im *Fisher*-Modell wurde dieser Sachverhalt durch eine Verhältniszahl ausgedrückt – der internen Ertragsrate. Es wird in Kapitel IV gezeigt, dass Kapitalwert und interne Ertragsrate, genauer die interne Rendite eines Investitionsobjekts, in einem engen kausalen Verhältnis zueinander stehen.

Eine Anmerkung sei zur Zielesetzung „optimaler Konsumeinkommensstrom" als Ausgangspunkt der vorgestellten Hierarchie der Unternehmensziele erwähnt. Alternativ werden für die Eigenkapitalgeberseite auch folgende Ziele diskutiert:

- **„Vermögensmaximierung"** (Maximierung des Endvermögens einer Planungsperiode bei vorgegebenem Konsumeinkommen für alle Perioden innerhalb des Planungszeitraums),

- **„Wohlstandsmaximierung"** (gemeinsame Maximierung des laufenden Einkommens und des Endvermögens).

Schmidt (1986, S. 38) verweist darauf, dass es sich bei diesen Zielsetzungen lediglich um „Vergröberungen" des Ziels „Maximierung des Konsumeinkommensstroms" handelt. Daher machen sie für die dynamischen Investitionsrechenverfahren hinsichtlich der getroffenen Ableitung von Unternehmensober- und –unterziel keine Modifikation erforderlich.

Abb. III-15 zeigt die bisherigen Zusammenhänge nochmals im Überblick.

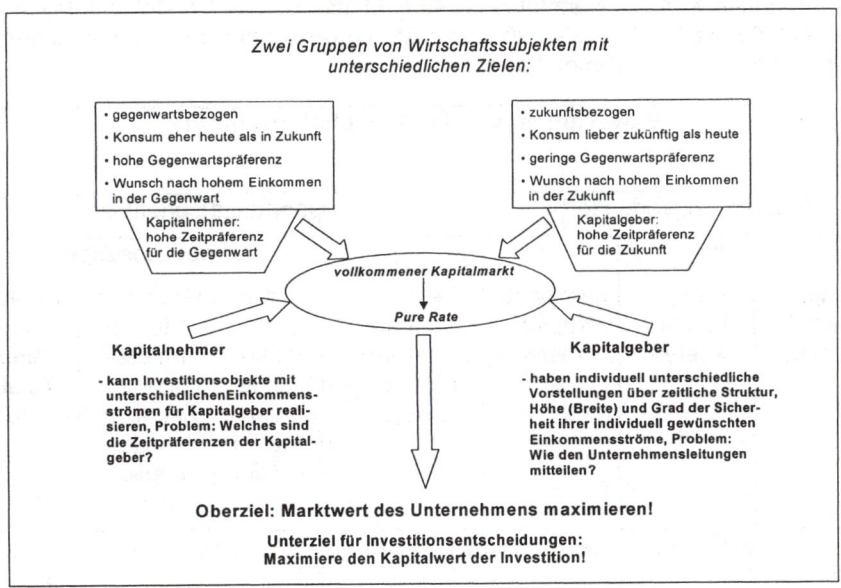

Abb. III-15: Übertragung des Kapitalmarktgedankens auf Investitionsentscheidungen

4 Die finanzmathematische Behandlung von Zeit und Investition

Die Beurteilung der Vorteilhaftigkeit einer Investition ist aufgrund der Oberziel-Unterziel-Relation und ihrer Herleitung aus dem Kapitalmarkt eng verknüpft mit dem Gleichgewichtspreis des Kapitalmarkts, dem **Zinssatz**. Indem sich individuelle Einkommenspräferenzen durch Zwischenschaltung des Kapitalmarkts in jede gewünschte zeitliche Struktur bringen lassen, bildet sich am Kapitalmarkt mit dem Zinssatz diejenige Zeitpräferenzrate heraus, die die unterschiedlichen **Zeitpräfe-**

renzvorstellungen der Kapitalgeber und -nehmer ins Gleichgewicht bringt. Damit ist die jeweilige periodische Höhe des Zinssatzes auch ein Gradmesser für die **Knappheit von Zeit**: Je stärker (schwächer) die Zeitpräferenzen auf die Gegenwart gerichtet sind, desto höher (niedriger) wird dies die Zeitpräferenzrate treiben. Eine hohe Kapitalmarktzinssatz zeigt, dass von den Wirtschaftssubjekten überwiegend Einkommenszahlungen in der Gegenwart und weniger in der Zukunft gewünscht werden. Investitionsobjekte stellen Quellen zukünftiger Einkommenszahlungen dar. In Zeiten hoher Marktzinssätze und dadurch ausgedrückter hoher Gegenwartseinkommenswünsche müssen Investitionsobjekte auch aus ihren individuellen wirtschaftlichen Leistungsfähigkeiten heraus hohe Einkommenszahlungen erbringen. Jede der Gegenwart näher gelegene Periode der Nutzungsdauer eines Investitionsobjekts wird daher mit ihren Einkommenszahlungen höher eingeschätzt gegenüber Perioden, die mehr am Ende der Nutzungsdauer und damit weiter weg in der Zukunft liegen.

Der Marktzinssatz übernimmt somit als Zeitpräferenzrate die zentrale Rolle in der Beurteilung der wirtschaftlichen Vorteilhaftigkeit eines Investitionsobjekts, d.h. bezüglich seines Beitrags zum Unternehmenswert. Man bezeichnet daher den Marktzinssatz als **Kalkulationszinsfuß**, da mit ihm die Zahlungsströme von Investitionen mit den am Kapitalmarkt herrschenden aktuellen Zeitpräferenzbedingungen verbunden werden. Nachfolgende Abb. III-16 gibt eine Vorstellung davon, welche Rolle der Kalkulationszinsfuß grundsätzlich (also über den vollkommenen Kapitalmarkt hinaus) einnehmen kann.

Bewertungsmaßstab Kalkulationszinsfuß							
finanzierungsorientiert			opportunitätsorientiert			
					engpassbezogen		
Eigen-kapital-kosten	Fremd-kapital-kosten	gemischte Kapital-kosten	Rendite einer alternativen Finanz-anlage	Rendite der nächst-günstigs-ten ver-drängten Investition	Grenzren-dite aus Investi-tions- und Finanzie-rungs-möglich-keiten	Dualvari-able aus einem „Totalmo-dell"

Abb. III-16: Klassische Ansätze zur Ableitung des Kalkulationszinsfußes
(Quelle: *Rolfes* 1993, S. 693)

Auf den jeweiligen ökonomischen Gehalt spezifischer Funktionen des Kalkulationszinsfußes wird in Kapitel IV im Rahmen der Vorstellung dynamischer Investitionsrechenverfahren im Einzelnen eingegangen. Im Weiteren wird der Kalkulationszinsfuß als Zinssatz behandelt, mit dem ganz bestimmte finanzmathematische Operationen ausgeführt werden können. Bevor die dynamischen Investitionsrechenverfahren vorgestellt werden, ist es zu deren methodischem Verständnis erforderlich, ihre zentralen Annahmen und die Grundlagen der benötigten Finanzmathematik kennenzulernen.

4 Die finanzmathematische Behandlung von Zeit und Investition

4.1 Zentrale Annahmen

In der Denkweise von *Fisher* hat das zahlungsstromorientierte Verständnis von Investitionen seine zentrale Bedeutung. Ober- und Unterziele wurden aus einem impliziten Zahlungsstromdenken heraus entwickelt, auch wenn in den vorangegangenen Abschnitten, in denen diese Ziele hergeleitet wurden, kaum explizit hierüber Rechenschaft abgelegt wurde. **Zahlungsstromcharakter** und **Mehrperiodigkeit** als zentrale Eigenschaften von Investitionen führen dazu, dass für die finanzmathematische Behandlung der Investitionsentscheidungen ganz zentrale **Annahmen** eingeführt werden müssen:

- **Investitionen** lassen sich als **Zahlungsreihen** kennzeichnen, die wiederum in **Ein- und Auszahlungen** einteilbar sind. Aufwendungen, Erträge, Kosten oder Erlöse kommen nur insofern und indirekt in Ansatz, als sie Zahlungsgleichheit aufweisen. Realwirtschaftliche Aspekte der Investition (wie technische Beschaffenheit, Leistungsmenge etc.) sind nur hinsichtlich ihrer Einflüsse auf die mit dem Investitionsobjekt verbundenen Zahlungsströme relevant. Ansonsten werden Investitionen ausschließlich durch Zahlungsreihen verkörpert.
- Es herrschen **sichere Erwartungen** über die Zukunft, d.h., es bestehen ausschließlich risikofreie Investitionen.
- Dadurch werden alle **Zahlungsreihen** im zeitlichen Anfall und ihrer Höhe nach als in der Gegenwart **bekannt** vorausgesetzt.
- Zwischen einzelnen Investitionen bestehen **keine Interdependenzen** oder sie sind in den Zahlungsreihen bereits erfasst.
- Es besteht ein **vollkommener Kapitalmarkt**.

Auf diesen Grundlagen aufbauend können für das weitere finanzmathematische Vorgehen „**Spielregeln**" aufgestellt werden, die allen nachfolgenden Berechnungen implizit zugrunde liegen (es sei denn, sie würden in bestimmten Berechnungsweisen explizit abgeändert) (vgl. *Schmidt* 1986, S. 58):

- Jede **Zahlung** trägt ein **Datum**. Der Index t gibt den Zeitpunkt der Zahlung an. Einzahlungen werden mit e_t, Auszahlungen mit a_t bezeichnet. Eine Auszahlung ist eine negative Einzahlung.
- Zeit wird gedanklich in **Zeiteinheiten** oder Perioden gleicher Größe aufgeteilt und fortlaufend numeriert. Jede Periode wird von zwei Zeitpunkten eingegrenzt. Der Anfangszeitpunkt einer Periode ist zugleich der Endzeitpunkt der vorausgegangenen. Wird ein endlicher Zeitraum betrachtet, so ist der letzte Zeitpunkt t_T, wobei T den gesamten Zeitraum bezeichnet. I.d.R. ist t_0 der Anfangszeitpunkt der ersten Periode. Er bezeichnet das Datum, zu dem eine Investitionsentscheidung zu treffen ist oder zu dem die erste Zahlung erfolgt.
- Bei unendlich laufenden Zahlungen gilt $T = \infty$.
- Die einem Investitionsobjekt zurechenbaren Ein- und Auszahlungen werden zeitpunktgenau erfasst und dargestellt. Nachfolgende Darstellung verdeutlicht die Konventionen zu den Zeiträumen und -punkten (s. Abb. III-17). Zahlungen fallen nur zum Anfang oder zum Ende einer Periode an (dadurch entstehen keine Liquiditätsprobleme). Eine zeitpunktgenaue Erfassung und Darstellung der von einem Investitionsobjekt ausgelösten Zahlungen wäre insbesondere bei größeren Investitionsvorhaben sehr aufwendig.

Beispiel: Der Kauf einer Fertigungsmaschine ist unter den vorgenannten Regeln wie folgt als Zahlungsstrom charakterisiert (Angaben in €).

T_0	t_1	t_2	...	t_4	t
-100	+50	+40	...	-20	
Preis der Maschine + Kosten	Einzahlungen aus verkauften Produkten	dto.	...	dto. ./. Auszahlung für Abbruch	
• Montage	./. Auszahlungen				
• Nullserie					
• etc.					

Zinsen auf einen zur Finanzierung der Investition dienenden Kredit oder aufgrund einer nicht ausgeführten Alternativanlage zur Investition werden dem Kreditbetrag erst **am Periodenende** („postnumerando", nachschüssig) berechnet. Beginnt die Reihe später als zum Kalkulationszeitpunkt, muss die Differenz zwischen Beginn (**nicht** Zahlung) und Kalkulationszeitpunkt abgezinst werden.

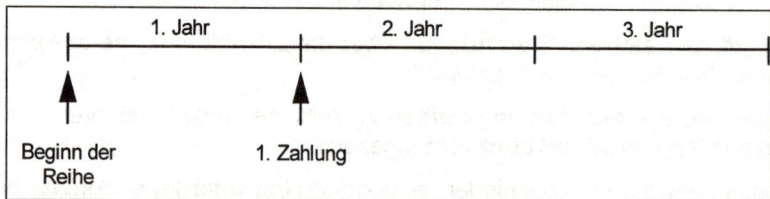

Abb. III-17: Zeitliche Wertigkeit von Zahlungen

4.2 Besonderheiten der Datenermittlung

Methoden der dynamischen Investitionsrechnung verlangen, dass sämtliche mit einer zu beurteilenden Investition verbundenen Zahlungsreihen berücksichtigt werden. Die Datenbeschaffung dient der genauen Beschreibung der einzelnen Investitionsmöglichkeiten, die anschließend in die Investitionsrechnung eingehen. Hierzu gelten folgende **Prinzipien** (vgl. *Schmidt* 1986, S. 59-60):

- **Allgemeines Prinzip**: Bei der Investitionsrechnung sind alle durch die betrachtete Entscheidung ausgelösten **zusätzlichen Zahlungen** zu berücksichtigen.

- Als **verfeinernde Prinzipien** gelten:

    ♦ Alle **zahlungswirksamen Folgen** der Investitionsentscheidung sind zu erfassen.

    ♦ Betrachtet werden i.d.R. **Nettoeinzahlungen**, d.h. Einzahlungen aus dem Absatz der Produkte abzgl. Auszahlungen für Löhne, Steuern, Material etc.. Auszahlungen für Beschaffung und Aufstellung der Maschinen gelten als Teil der Anschaffungsauszahlung. Ebenso damit verbunden sind Erhöhungen des Lagerbestands an Roh-, Hilfs- und Betriebsstoffen.

Mit der Umsetzung der verfeinernden Prinzipien sind in der Praxis (u.U. erhebliche) Schwierigkeiten verbunden. Die beiden wesentlichen **Problemgruppen** sind:

- Meist können Daten ausschließlich aus dem **internen Rechnungswesen** geliefert werden, die aber häufig kalkulatorische Bestandteile enthalten. So ist eine

Abschreibung letztlich eine gewollte Fiktion, Anschaffungsausgaben auf Nutzungsjahre zu verteilen. Dieses Vorgehen ist bei der dynamischen Investitionsrechnung störend, da nicht zwingend eine verursachungsgerechte Bezugnahme auf die jeweilige Periode der Nutzungsdauer gewährleistet ist.

- **Kostengrößen** sind für die dynamischen Investitionsrechenverfahren grundsätzlich wegen der Gemeinkostenanteile **ungeeignet**, da diese nicht verursachungsgerecht einem Investitionsobjekt zuzuordnen sind. Dennoch wird man häufig mangels entsprechender Datenbasis nicht auf Kosten- und Erlöskomponenten verzichten können. Über die methodischen Unzulänglichkeiten der Ergebnisse sollte dann zumindest seitens des Entscheidungsträgers Klarheit bestehen.

Für die Beurteilung von Investitionsentscheidungen mittels dynamischer Verfahren ist maßgebend, welche zusätzlichen Zahlungen ein Investitionsobjekt auslöst. Dies hängt davon ab, wie **interdependent** die Investition ist und welche **Vergleichsbasis** zur Investition besteht. Letztendlich geht es um die Frage, ob die Ein- und Auszahlungsströme verursachungsgerecht dem zu beurteilenden Investitionsobjekt zugerechnet werden können.

Als „**Null-Alternative**" wird regelmäßig die Vergleichsbasis bezeichnet. Es ist sozusagen der augenblickliche Zustand der betrachteten Investitionssituation vor Implementation des neuen Investitionsobjekts. Probleme entstehen, wenn ein Investitionsobjekt in ein bereits bestehendes Investitionsprogramm integriert werden soll. Ein verursachungsgerechter Zusammenhang von Aus- und Einzahlungen bezogen auf das neu anzuschaffende Investitionsobjekt ist dann meist nur mit Hilfe gesonderter Annahmen über kausale Zusammenhänge möglich. Die erstrebenswerte und realitätsnahe Lösung erfordert, dass die Unternehmenspläne bei Durchführung und bei Unterlassung der Investition gegenüber gestellt werden. Verglichen werden optimale Unternehmenspläne (Produktions-, Absatz-, Personalpläne etc.) mit und ohne Durchführung der Investition.

Neben dem Problem der Datenerhebung bei Investitionsvorhaben besteht die Unsicherheit dieser Zahlungen, da diese in der Zukunft liegen. Durch eine fundierte Informationsbeschaffung und -auswertung (z.B. Marktforschung, Kostenstatistiken) lässt sich diese Unsicherheit zukünftiger Daten verringern, aber nicht beseitigen. Zudem ist zu beachten, dass zusätzliche Informationen mit Kosten verbunden sind; letztlich gilt es, eine **Grenznutzenbetrachtung** anzustellen. Der Aspekt der Unsicherheit findet seine separate Behandlung im Rahmen der dynamischen Investitionsrechenverfahren innerhalb der Kapitel VI bis VII.

4.3 Finanzmathematische Grundlagen

Auf der Zahlungsstrombasis lassen sich finanzmathematische Methoden anwenden, die die gesuchte zentrale (Unter-)Zielgröße Kapitalwert ermitteln lassen. Des Weiteren ermöglichen sie die Berechnung von aus dem Kapitalwert abgeleiteten Zielgrößen für die Investitionsentscheidung wie die Gewinnannuität und den internen Zinsfuß. Gemeinsame Grundlage ist, dass Barwerte ermittelt werden, die sich in Gegenwarts- und Endwerten sowie Barwerten zu beliebigen Zeitpunkten innerhalb einer Periode darstellen lassen.

4.3.1 Barwert, Gegenwartswert und Endwert

Jede in Zahlungsströmen ausgedrückte Investition lässt sich über die Nutzungsdauer gedanklich in zwei Zahlungsreihen aufspalten:

- Die eine Reihe erfasst die mit dem Investitionsobjekt verbundenen Auszahlungen pro Periode.
- Die zweite Reihe enthält die durch das gleiche Investitionsobjekt generierten periodischen Einzahlungen.

Jede Zahlung besteht pro Periode aus Zeitwerten. Jeder Ein- und jeder Auszahlungsstrom stellt daher eine Reihe von Zeitwerten dar. Durch die Gegenüberstellung der jeweiligen Zeitwerte der Ein- und Auszahlung pro Periode ließe sich auf den ersten Blick erkennen, in welcher Periode die Einzahlungen die Auszahlungen überwiegen. Eine Betrachtung zu Zeitwerten und der daraufhin ermittelte ökonomische Surplus folgt der Methodik der statischen Analyse wie sie in Kapitel II dargestellt - und kritisiert wurde: Es handelt sich nur um eine periodenbezogene Betrachtung. Über die gesamte Periode gesehen ließe sich argumentieren: Ist die Summe der Einzahlungsreihe höher als die der Auszahlungsreihe, so ist die Investition vorteilhaft. Die positive Differenz zwischen den beiden Summen bezeichnet man als **ökonomischen Gewinn bzw. Surplus**. Er gibt an, welche Ausschüttungen im Durchschnitt möglich sind (vgl. zum Konzept *Schneider* 1963).

Beispiel: Folgende Ein- und Auszahlungsreihe sind gegeben (Angaben in €):

Jahr	t_0	t_1	t_2	t_3	t_4	t_5	Σ
Einzahlungen	--	110.000	95.000	105.000	100.000	90.000	500.000
Auszahlungen	-100.000	-85.000	-70.000	-70.000	-65.000	-80.000	-470.000
Salden	-100.000	25.000	25.000	35.000	35.000	10.000	30.000
							Surplus

Tab. III-2: Beispieldaten zweier Zahlungsreihen

Der Surplus beträgt über die gesamte Dauer der Zahlung zu Zeitwerten betrachtet + *30.000 €*.

Bisher ist im vorangegangenen Beispiel die Existenz eines (vollkommenen) Kapitalmarkts noch nicht erforderlich gewesen. Das Beispiel soll um den Kapitalmarkt erweitert werden und es werden die Erkenntnisse der Zeitpräferenztheorie des Zinses integrierbar. Wie in Abschnitt 3 gezeigt wurde, kann ein Wirtschaftssubjekt mit der Existenz eines vollkommenen Kapitalmarkts seine Handlungsmöglichkeiten erweitern. Es ist ihm möglich, Teile seines Einkommens, d.h. seines Anfangskassenbestands in die Zukunft (= kommende Periode) zu verlagern. Bevor diese Überlegungen auf das Beispiel übertragen werden, soll noch einmal zur Herstellung der methodischen Verbindung von Barwertermittlung und *Fisher*-Separation die grafische Analyse eingesetzt werden (vgl. *Brealey/ Myers* 1991, S. 15-18).

Beispiel: Betrachtet sei ein Wirtschaftssubjekt, das mit folgenden Geldeinkommensströmen seine intertemporale Einkommens-Konsumallokation vornehmen kann:

- Cash Flows i.S. von Einkommen in t_1 (= CF_1): 20.000 € (= Strecke OB),
- Cash Flows i.S. von Einkommen in t_2 (= CF_2): 25.000 € (= Strecke OE).

Grafisch zeigt sich dies in Abb. III-18 durch die Zinsgerade ZZ' mit dem Steigungsmaß -(1+i) = -1,07. Das Steigungsmaß der Geraden bezeichnet den vollkommenen Kapitalmarkt im Sin-

4 Die finanzmathematische Behandlung von Zeit und Investition

ne des Austauschverhältnisses des gegenwärtigen gegenüber des zukünftigen Einkommens (Zinssatz 7%).

Folgende **zwei Fälle** sollen unterschieden werden (vgl. auch Abb. III-18):

(1) Betrachtet man den gegenwärtigen Einkommensbetrag und legt diesen komplett zu 7% am Kapitalmarkt an, erhält man in t_2 21.400 € (= 20.000 · 1,07). Dies entspricht der Strecke EZ'. Zusätzlich zu dem in t_2 vorhandenen Einkommen von 25.000 € beträgt das maximale Einkommen in t_2 46.400 € (= Strecke OZ'). Es handelt sich hierbei um einen **Endwert** als Summe des heutigen aufgezinsten Einkommens in der Zukunft und des Zukunftseinkommens zum Zeitwert. Die Austauschrate zwischen Einkommen heute und morgen beträgt 1,07, was durch die Steigung der Zinsgeraden ZZ' angezeigt wird.

(2) Umgekehrt: Wird der Einkommensbetrag aus t_2 bereits heute (in t_1) zusätzlich zu den 20.000 € zu verausgaben gewünscht, erfordert dies eine zusätzliche Kreditaufnahme: 25.000/1,07 = 23.364 € (= Strecke BZ'), d.h., der gesamte gegenwärtige Einkommensbetrag besteht in t_1 aus 43.364 € (= Strecke OZ'). Diese Größe verkörpert die Summe aus dem **Gegenwartswert** des zukünftigen Einkommens und dem Zeitwert des heutigen Einkommens.

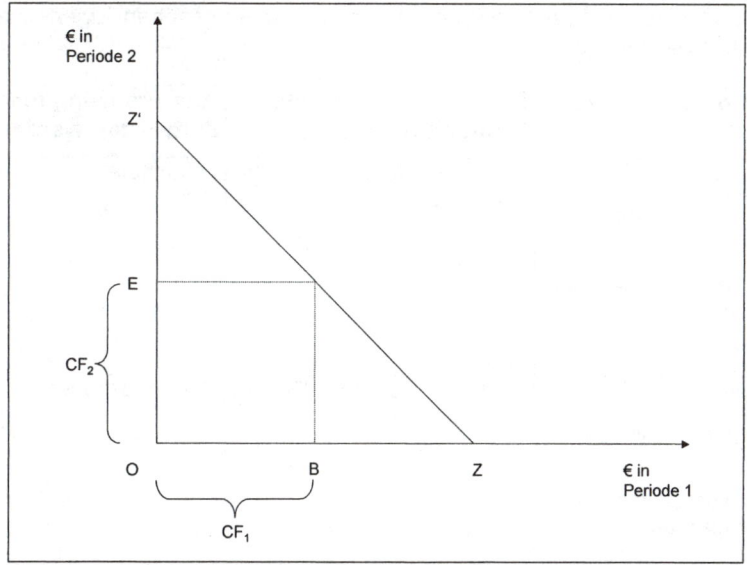

Abb. III-18: Gegenwärtige und zukünftige Konsummöglichkeiten bei Existenz eines Kapitalmarkts

Soweit die „Rückbesinnung" auf die Grundüberlegungen der *Fisherschen* Zinstheorie. Was hat dies mit den Zahlungsreihen der betrachteten Beispielinvestition zu tun? Hierzu ist es noch einmal wichtig, sich das **finanzierungstheoretische Verständnis** von **Investitionen** in Erinnerung zu rufen:

- Investitionsobjekte haben während ihrer Nutzungsdauer durch ihren periodischen Beitrag zum Wertschöpfungsprozess im Unternehmen teil an den Umsatzerlösen, d.h. Einzahlungen, und verursachen durch ihren Betrieb Auszahlungen.

- Durch die einem Investitionsobjekt zurechenbaren Ein- und Auszahlungen werden pro Periode per Saldo Einzahlungsüberschüsse generiert, die Quellen von Einkommenszahlungen (für die Kapitalgeber) darstellen.

Auf dieser Grundlage muss jedes Investitionsobjekt, bevor es angeschafft wird, auf seinen Beitrag zur Einkommenszahlung an die Kapitalgeber überprüft werden. Weil die gesamte Nutzungsdauer betrachtet wird und die Zeitpräferenz explizit über den

Zinssatz, d.h. den Kalkulationszinsfuß, Eingang in die Rechnung findet, bezeichnet man dieses Vorgehen als **dynamische Investitionsrechnung**.

Betrachtet man zur Veranschaulichung wieder die Beispieldaten des Investitionsobjekts von S. 100, so wird jetzt offenkundig, dass die Ermittlung des Surplus als einfacher Saldo zwischen den Zeitwerten von Ein- und Auszahlungen i.S. der soeben angestellten Überlegungen nicht korrekt ist. Statt dessen müssten alle Zeitwerte der Ein- und Auszahlungen auf einen gemeinsamen Kalkulations- bzw. Bezugszeitpunkt hin mittels des am Kapitalmarkt herrschenden Zinssatzes (zeit-) bewertet werden.

Durch die Verrechnung von Zinsen und Zinseszinsen kann eine Reihe von Zahlungen CF_0, CF_1, CF_2, ..., CF_t, ..., CF_T zu einem einzigen Betrag zusammengefasst werden. Den Zeitpunkt, auf den die Ein- und Auszahlungen auf- oder abgezinst werden, bezeichnet man als Kalkulationszeitpunkt. Hierbei sind analog der Systematik von Abb. III-19 grundsätzlich drei Möglichkeiten zu unterscheiden. In den nachfolgenden Abschnitten sollen deren finanzmathematischen Eigenschaften näher erläutert werden.

Kalkulationszeitpunkt ist ...	Finanzmathematische Berechnung erfordert ...	Aus ursprünglichen Zeitwerten werden...
Zukunft: • Ende der Zahlungsreihe, • Ende der geplanten Nutzungsdauer, • t_T	Aufzinsen auf den Zukunftszeitpunkt	Zukunftswerte (= Endwerte)
Gegenwart: • Beginn der Zahlungsreihe, • Anfang der geplanten Nutzungsdauer, • t_0	Abzinsen auf den Gegenwartszeitpunkt	Gegenwartswerte
Beliebiger Zeitpunkt: • innerhalb der Zahlungsreihe, • während der geplanten Nutzungsdauer, • t_+	Abzinsen auf den gewählten Kalkulationszeitpunkt	Barwerte

Abb. III-19: Konstellationen von Kalkulationszeitpunkt, finanzmathematischen Operationen und Ergebnis

Endwert

Ist der Kalkulationszeitpunkt identisch mit dem Ende der Zahlungsreihe, so errechnet man einen **Zukunfts**- oder **Endwert** der (Zeitwerte der) Zahlungsreihe. Im angelsächsischen Sprachgebrauch wird der Endwert als **Future Value** bezeichnet. Er ergibt sich vereinfacht als Ergebnis des Kapitals zu Beginn des Planungszeitraums und der bis zum Ende eines Planungszeitraums aufgelaufenen **Zinseszinsen** (sog. Compound Interest). Dieser Zinseszinseffekt ist von großer Bedeutung. Ihm liegt die Vorstellung zugrunde, dass die während der Perioden eines Planungszeitraums anfallenden Zinsen wieder bis zum Ende der Planungsperiode zum gleichen Zinssatz angelegt werden. Dies ist ein entscheidender Unterschied zur Vorstellung einer einfachen Verzinsung (sog. Simple Interest), bei der von der Wiederanlage der zwischenzeitlichen Zinszahlungen abgesehen wird.

Die Zinseszinsen werden finanzmathematisch mit dem **Aufzinsungsfaktor** ermittelt. Der Aufzinsungsfaktor erfasst den Aufzinsungsvorgang. Aufzinsen bedeutet, dass ein ursprünglich eingesetztes Kapital B_0 jährlich um einen Zinsbetrag wächst, der sich nicht nur auf dieses Kapital, sondern auch auf die angefallenen Zinsen bezieht. Mathematisch handelt es sich dabei um eine kumulative Reihe.

Beispiel: Anhand einer Geldanlage in t_0 soll dieser Vorgang verdeutlicht werden. Angenommen, ein in t_0 vorhandener Anlagebetrag (= B_0) in Höhe von *100 €* werde drei Jahre lang (*t = 0, 1, 2, 3*) zum Zinssatz von *10%* am Kapitalmarkt angelegt. Der Planungszeitraum wird in diesem Fall durch die Anlagedauer bestimmt. Die Höhe des Endwerts am Ende des dritten Jahres (B_3 = 133,10 €) wird dann wie folgt ermittelt:

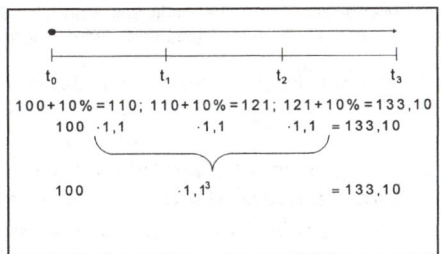

Abb. III-20: Endwertermittlung mittels Aufzinsung

Der Anlagebetrag B_0 in Höhe von *100 €* wächst durch die Zinszahlung im ersten Jahr um *10%* auf *110 €* am Ende des ersten Jahres an:

$$B_0 = 100 + \frac{10}{100} \cdot 100 = 100 \cdot 1{,}1 = 110 \text{ €}.$$

Der Wert von *110 €* stellt den Endwert am Ende des ersten Jahres dar, der am Ende des zweiten Jahres wiederum um *10%* aufgezinst wird. Der am Ende des zweiten Jahres um *11 €* Zinsen auf *121 €* angewachsene Endwert des zweiten Jahres wird im dritten Jahr wiederum um *10%* aufgezinst *(121·1,1 = 133,10)*. Nach drei Jahren ist das Ende des Planungszeitraums erreicht und die Endwertbildung abgeschlossen. Der ursprüngliche Anlagebetrag B_0 von *100 €* ist dann um *33,10 €* auf *133,10 €* angewachsen.

Im Beispielfall stellt die Größe „*1,1*" den **Aufzinsungsfaktor** *(1 + i) = q* für das jeweilige Jahr der Verzinsung dar. Dabei ist unterstellt, dass die Zinsen immer am Jahresende gezahlt werden (= nachschüssig, postnumerando). Wird der gesamte zur Verzinsung anstehende Zeitraum betrachtet, so ist der Aufzinsungsfaktor der mit der Anzahl der Zinsjahre zu potenzierende Faktor (= q^{T-t_0}). Übertragen auf das o.a. Beispiel bedeutet dies bei *t = 0, ..., 3*:

$(i+1)^{T-t_0}$ = $(1 + 0{,}1)^{3-0}$ = q^{3-0} = *$1{,}1^3$* = *1,331*. In allgemeiner Schreibweise gilt:

Endwert am Ende des ersten Jahres: $B_1 = B_0 + B_0 \cdot i = B_0(1+i)$

Endwert am Ende des zweiten Jahres: $B_2 = B_1 + B_1 \cdot i = B_0(1+i)^2$

Endwert am Ende des dritten Jahres: $B_3 = B_2 + B_2 \cdot i = B_0(1+i)^3$

Endwert am Ende des *T*-ten Jahres: $B_T = B_0(1+i)^T$ bzw. $B_T = B_0 q^T$

Man kann sich nun vorstellen, dass die Zinszahlungen während der Anlagendauer nicht erst einmal jährlich, sondern täglich oder allgemein in **m gleichen Abständen** innerhalb eines Jahres gezahlt würden. Unter diesen Bedingungen ist der Endwert am Ende des *T*-ten Jahres wie folgt definiert (vgl. *Brealey/ Myers* 2003, S. 43-45):

$$B_T = B_0 \left(1+\frac{i}{m}\right)^{T \cdot m} \qquad \text{(III-1a)}$$

Beispiel: Mit den Daten des vorangegangenen Beispiels soll eine halbjährliche Zinszahlung unterstellt werden, d.h., es gilt $m = 2$. Der Endwert wird dadurch wie folgt ermittelt: $B_T = 100 \left(1+\frac{0,1}{2}\right)^{3 \cdot 2} = 134,01$. Bei vierteljährlicher Verzinsung, also $m = 4$ ergäbe sich ein Endwert in Höhe von *134,49 €*.

Im Extrem gesehen könnte man sich die Zinszahlung kontinuierlich vorstellen. Man spricht dann von einer **Momentanverzinsung**. Für die Anzahl der Zahlungen gilt dann $m = \infty$. Zur Vereinfachung drückt man diesen Zusammenhang formal mittels der Eulerschen Zahl „e" aus – der Basis des natürlichen Logarithmus:

$$\lim_{m \to \infty} = \left(1+\frac{i}{m}\right)^m = e^i.$$

mit

$e = 2,71828...$

Für den Fall der Momentanverzinsung (sog. Continuously Compound Rate) gilt für die Endwertberechnung:

$$B_T = B_0 \cdot e^{T \cdot i} \qquad \text{(III-1b)}$$

Beispiel: Mit den Daten des vorangegangenen Beispiels soll die Anwendung der Momentanverzinsungsregel dargestellt werden. Es gilt $B_T = 100 \cdot e^{3 \cdot 0,1} = 134,99 \text{ €}$.

Die Beispiele zeigen, dass je häufiger innerhalb eines Jahres Zinsen gezahlt und damit zur Wiederanlage für den restlichen Anlagezeitraum zur Verfügung stehen, der Endwert durch den wachsenden **Zinseszinseffekt** (Compounding Effect) wächst.

Bislang wurde der Endwert einer einzelnen Zahlung betrachtet. Die Grundlagen lassen sich für den Fall einer Zahlungsreihe erweitern. Hierbei fallen über eine Planungsperiode mehrere Zahlungen (= CF_t) an. Ist wiederum *i* der zur Beurteilung der Zahlungen herangezogene Kalkulationszinsfuß, so berechnet man den Endwert (= B_T) aus

4 Die finanzmathematische Behandlung von Zeit und Investition

$$B_T = \sum_{t=0}^{T} CF_t (1+i)^{T-t} = \sum_{t=0}^{T} CF_t q^{T-t} \quad \text{(III-2)}$$

mit

$(1+i)^{T-t} = q^{T-t}$ als **Aufzinsungsfaktor**.

Gegenwartswert

Den Gegenwartswert (= Present Value) erhält man durch Abzinsen einer Zahlung der Zukunft auf den Gegenwartszeitpunkt und durch Umkehrung des Aufzinsungsvorgangs bzw. der Endwertermittlung (vgl. *Busse von Colbe/ Laßmann* 1990, S. 36f.).

Beispiel: Der im vorangegangenen Beispiel ermittelte Endwert aus t_3 (*133,10 €*) soll jetzt in den Gegenwartswert nach t_0 überführt werden. Dieser Sachverhalt lässt sich auch so darstellen: Wenn aus gegenwärtiger Sicht in drei Jahren ein Endwert von *133,10 €* benötigt wird, welcher Betrag muss in der Gegenwart zum Zinssatz von *10%* angelegt werden (= B_0), damit der Endwert B_3 erzielt werden kann?

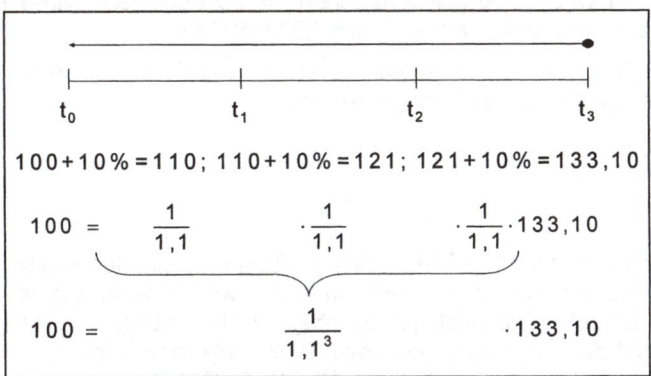

Abb. III-21: Gegenwartswertermittlung mittels Abzinsung

Bekannt ist in diesem Falle der Endwert nach drei Jahren einschl. Zinseszinsen, gesucht ist das Ausgangskapital (= B_0):

$B_3 = B_0 \cdot q^{T-t}$

$133,10 = B_0 \cdot 1,1^3$

$B_0 = \dfrac{133,10}{1,1^3} = 133,10 \cdot \dfrac{1}{1,1^3} = 100\ €.$

Im Beispielfall stellt die Größe „*(1/1,1)*" den **Abzinsungs-** bzw. **Diskontierungsfaktor** für das jeweilige Jahr der Verzinsung dar. Allgemein gilt also: *1/(1 + i) = 1/q*. Der Gegenwartswert einer nachschüssigen Zahlungsreihe ist dann der Wert einer zukünftigen Zahlung zu Beginn des Planungshorizonts:

Gegenwartswert am Anfang des ersten Jahres: $B_0 = B_3 (1+i)^{-3}$

Gegenwartswert am Anfang des zweiten Jahres: $B_1 = B_3 (1+i)^{-2}$

Gegenwartswert am Anfang des dritten Jahres: $B_2 = B_3 (1+i)^{-1}$

Gegenwartswert am Anfang des *(t+1)*-ten Jahres: $B_t = B_T (1+i)^{t-T}$ bzw. $B_t = B_T q^{t-T}$

Auch für die Berechnung des Gegenwartswerts sind die Fälle der unterjährigen Verzinsung bis hin zur **Momentanverzinsung** anwendbar. Es gilt im Extrem bei kontinuierlicher Verzinsung für die Berechnung des Gegenwartswerts:

$$B_0 = B_T \cdot e^{-iT} \qquad \text{(III-3)}$$

Die gleichen Überlegungen lassen sich wiederum auf eine (nachschüssige) Zahlungsreihe übertragen. Wird als Kalkulationszeitpunkt ein Zeitpunkt unmittelbar vor der ersten Zahlung a_0 gewählt, so bezeichnet man den zusammengefassten Betrag als **Barwert** (B_0).

$$B_0 = \sum_{t=0}^{T} CF_t (1+i)^{-t} = \sum_{t=0}^{T} CF_t q^{-t} \qquad \text{(III-4)}$$

mit

$$(1+i)^{-t} = q^{-t}.$$

Gleichung (III-4) wird im Angelsächsischen als „**Discounted Cash Flow** (DCF-) Formula" bezeichnet (vgl. *Brealey/ Myers* 2003, S. 34).

Zwischen dem Endwert (B_T) einer Zahlungsreihe und dem Barwert (B_0) dieser Zahlungsreihe besteht folgender Zusammenhang:

$$B_T = (1+i)^T \cdot B_0 \qquad \text{(III-5)}$$

Barwert

Zahlungen können auch zu einem späteren Zeitpunkt als der Kalkulationsperiode beginnen. In diesem Fall ist ein rechnerischer Zwischenschritt erforderlich. In einem dritten Fall soll denn auch ein beliebiger Kalkulationszeitpunkt gewählt werden. Man nennt den zusammengefassten Betrag **Barwert**. Der Barwert einer Zahlungsreihe zum Zeitpunkt t^* beträgt (vgl. *Hax* 1993, S. 12):

$$B_{t^*} = \sum_{t=0}^{T} CF_t (1+i)^{t^*-t} = (1+i)^{t^*} B_0 \qquad \text{(III-6)}$$

Im Grunde ist der Begriff des Barwerts wesentlich umfassender, da er jeden abdiskontierten Wert vor dem Ende der Nutzungsdauer und damit der Kalkulationsperiode repräsentiert. Insofern stellt der Gegenwartswert auch einen Barwert dar, nur dass sein Kalkulationszeitpunkt auf t_0, die Gegenwart, festgelegt wurde.

Es kann vorkommen, dass der zur Beurteilung einer Zahlungsreihe heranzuziehende Zinssatz nicht in allen Perioden dieselbe Größe ist. Ist i_t der während der *t*-ten Periode geltende Zinssatz, so berechnet man den Barwert einer Zahlungsreihe aus

$$B_0 = \sum_{t=0}^{T} CF_t (1+i_t)^{-t}. \qquad \text{(III-7)}$$

Die Annahme eines über die gesamte Planungsperiode konstanten Zinssatzes ist sehr restriktiv. Meist weisen Kapitalmärkte über einzelne Zeiträume unterschiedliche Zinssätze auf. Man spricht in diesem Fall von einer Zinsstruktur. Von ihr wird in diesem und in Kapitel IV abgesehen, bzw. es wird eine sog. **flache Zinsstrukturkurve** unterstellt. Damit drückt man aus, dass der Zinssatz auf dem Kapitalmarkt zu einem bestimmten Zeitpunkt über alle Perioden (z.B. Laufzeiten einer Anleihe) konstant ist. In Kapitel V soll diese Annahme fallengelassen werden.

Lesehinweis: *Schäfer* (2002, S. 432ff.).

Die vorangegangenen finanzmathematischen Grundlagen sollen nun auf strukturierte Zahlungsreihen übertragen werden.

4.3.2 Barwertermittlung und Eigenschaften von Zahlungsreihen

Zahlungsreihen können in ihren Eigenschaften bzw. ihrem Aufbau grundsätzlich hinsichtlich folgender Kriterien strukturiert werden:

- **Periodenlänge**, wobei nach endlichen ($t = 0, 1, 2,..., T$) und unendlichen Reihen ($t = 0, 1, 2,..., \infty$) zu unterscheiden ist.
- **Höhe der Zahlungen** pro Periode, die von Periode zu Periode unterschiedlich oder über alle Perioden gleich sein kann (= uniforme Reihe).

Je nach Gestalt der Zahlungsreihe einer Investition können die Barwertberechnungen in Kategorien eingeteilt werden.

Barwert bei ungleichen Zahlungen und zeitlich begrenzter Reihe

Beispiel: Nachfolgend wird eine Zahlungsreihe abgebildet, die sich über fünf Jahre erstreckt und pro Jahr betraglich unterschiedliche Zahlungen aufweist (Angaben in €).

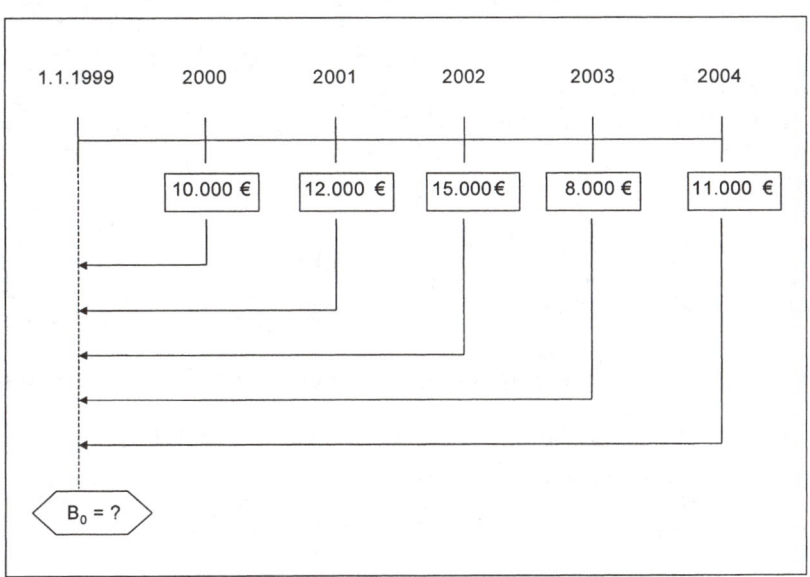

Abb. III-22: Barwertermittlung bei ungleichen Zahlungen und zeitlich begrenzter Reihe

Unterstellt man einen Kalkulationszinsfuß von $i = 0{,}07$, so lässt sich der Barwert dieser Zahlungsreihe als Gegenwartswert wie folgt rechnerisch ermitteln (Werte in €):

Zahlung	Abzinsungsfaktor		Barwert/Periode
10.000 ·	0,934579	=	9.345,79
12.000 ·	0,873439	=	10.481,27
15.000 ·	0,816298	=	12.244,47
8.000 ·	0,762895	=	6.103,16
11.000 ·	0,712986	=	7.842,85
			Σ = 46.017,54

Der Barwert dieser Reihe, bezogen auf den 1.1.1999 (= Gegenwart als Kalkulationszeitpunkt), beträgt *46.017,54 €*. Dieser Gegenwartswert ist so zu verstehen, dass er mit seiner Anlage auf dem Kapitalmarkt am 1.1.1999 zu 7% ermöglicht, am 1.1.2000 *10.000 €*, am 1.1.2001 *12.000 €*, am 1.1.2002 *15.000 €*, am 1.1.2003 *8.000 €* und am 1.1.2004 *11.000 €* aus dem Gegenwartswert und den während des Kalkulationszeitraums periodisch anfallende Zinsen und Zinseszinsen zu zahlen.

Barwert bei gleichen Zahlungen (und zeitlich begrenzter oder unbegrenzter Reihe)

Fallen in jeder Periode für einen Kalkulationszeitraum jeweils die gleichen Zahlungsbeträge an, so entspricht dies einer geometrischen Reihe gleicher Zahlungsglieder. Sie kann auf einen bestimmten Zeitraum T begrenzt oder unbegrenzt sein. Die betragliche Gleichheit der Zahlungen pro Periode bezeichnet man (unabhängig von der zeitlichen Länge des Kalkulationszeitraumes) als **Rente** oder **Annuität**. Der Barwert einer Zahlungsreihe $CF_t = CF$ ist (vgl. *Kruschwitz* 2001, S. 50):

$$B_0 = \sum_{t=1}^{T} CF_t \cdot (1+i)^{-t} = CF \cdot \sum_{t=0}^{T-1} \left(\frac{1}{1+i}\right)^{t+1} = \frac{CF}{1+i} \sum_{t=0}^{T-1} \left(\frac{1}{1+i}\right)^{t} = \frac{CF}{1+i} \cdot \frac{1-\left(\frac{1}{1+i}\right)^T}{1-\frac{1}{1+i}}$$

$$= \frac{CF}{1+i} \cdot \frac{(1+i)^T - 1}{\frac{1+i-1}{1+i}} = \frac{CF}{1+i} \cdot \frac{(1+i)^T - 1}{(1+i)^T} \cdot \frac{1+i}{i} = CF \cdot RBF_i^T \quad \text{(III-8)}$$

Der Ausdruck $\frac{(1+i)^T - 1}{i(1+i)^T}$ wird als **Rentenbarwertfaktor** ($= RBF_i^T$) bezeichnet und vereinfacht den Rechenaufwand der Barwertermittlung erheblich.

<u>Beispiel:</u> Ein gleich hoher Betrag ist fünf Jahre lang am Ende eines jeden Jahres zu zahlen (Angaben in €). Unterstellt man einen Kalkulationszinsfuß von *i = 0,07*, so lässt sich der Barwert der Zahlungsreihe als Gegenwartswert durch Abzinsen der einzelnen Zahlungen pro Periode rechnerisch ermitteln:

4 Die finanzmathematische Behandlung von Zeit und Investition

	Zahlung	Abzinsungsfaktor (Rentenbarwertfaktor)	Barwert/Periode
Abzinsen mit einzelnen Diskontierungsfaktoren pro Periode	10.000 ·	0,934579 =	9.345,79
	10.000 ·	0,873439 =	8.734,39
	10.000 ·	0,816298 =	8.162,98
	10.000 ·	0,762895 =	7.628,95
	10.000 ·	0,712986 =	7.129,86
		Σ = 4,100197	Σ = 41.001,97
alternativ:			
Abzinsen mit dem Rentenbarwertfaktor ($RBF_{0,07}^5$)	10.000 ·	4,100197 =	41.001,97

Der Barwert dieser Reihe beträgt demnach *41.001,97* €. Abb. III-23 veranschaulicht das Vorgehen nochmals grafisch.

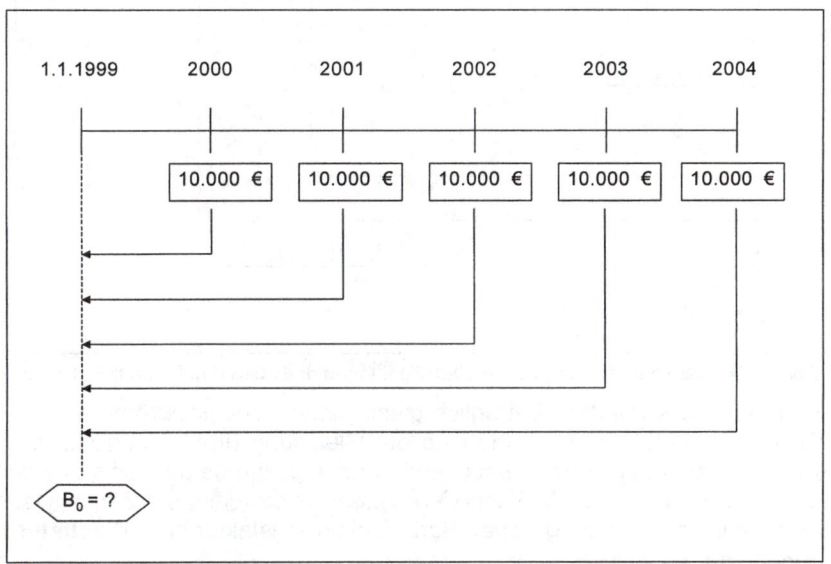

Abb. III-23: Barwertermittlung bei gleichen Zahlungen und zeitlich begrenzter Reihe

Ist die Zahlungsreihe $CF_t = CF$ unbegrenzt (= ewige Rente), so ermittelt man den Barwert wie folgt (vgl. *Kruschwitz* 2001, S. 109):

$$B_0 = \lim_{T \to \infty} CF \left[\frac{q^T - 1}{i \cdot q^T} \right] \text{ woraus folgt: } B_0 = \lim_{T \to \infty} CF \left[\frac{1 - \frac{1}{q^T}}{i} \right] \tag{III-9a}$$

und wegen $B_0 = \lim_{T \to \infty} \frac{1}{q^T} = 0$ lässt sich (III-9a) verkürzen auf

$$B_0 = \frac{CF}{i} \tag{III-9b}$$

Beispiel: Die Jahresmiete eines Mietobjekts betrage *10.000 €*. Es ist nicht abzusehen, wann das Mietverhältnis enden wird, weshalb eine unendliche Reihe unterstellt wird. Bei einem Kalkulationszinsfuß von *i = 0,07* errechnet sich ein Abzinsungsfaktor für die ewige uniforme Rente von $\left(\dfrac{1}{0,07}\right) = 14,285714$. Der Barwert dieser Mietzahlungsreihe ist daraufhin:

10.000 · 14,285714 = 142.857,14 €. Nachfolgende Abb. III-24 verdeutlicht das Beispiel.

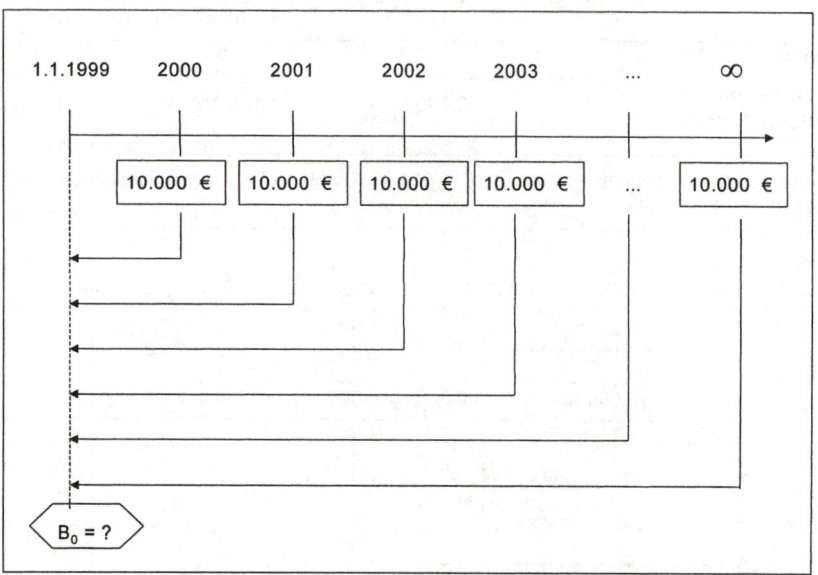

Abb. III-24: Barwertermittlung bei gleichen Zahlungen und zeitlich unbegrenzter Reihe

Bisher wurden ausschließlich betraglich gleich hohe Zahlungsströme mit unendlicher Dauer betrachtet. Es ist aufbauend auf Gleichung (III-9b) möglich, über die unendliche Betrachtungsperiode wachsende Zahlungsströme barwertig zu betrachten. Zentral ist für die vereinfachende Vorgehensweise, dass die Zahlungsströme der Zukunft immer um einen gleichen Satz, Steigerungsfaktor bzw. **Wachstumsrate** (= *o*) genannt, ansteigen:

$$B_0 = \frac{CF}{(1+i)} + \frac{CF(1+o)}{(1+i)^2} + \frac{CF(1+o)^2}{(1+i)^3} + \ldots + \frac{CF(1+o)^{T-1}}{(1+i)^T} + \ldots \qquad \text{(III-9c)}$$

B_0 ist auch die Summe einer unendlichen geometrischen Reihe in der Form $B_0 = a(1 + x + x^2 + \ldots)$ mit $a = \dfrac{CF}{1+i}$ und $x = \dfrac{(1+o)}{(1+i)}$. Da die Summe einer solchen unendlichen geometrischen Reihe $a/(1-x)$ ist, lässt sich für Gleichung (III-9c) nach Ersatz von *a* durch *CF* und *x* durch *i* folgende approximative Vereinfachung vornehmen:

$$B_0 = \frac{CF}{i-o} \qquad \text{(III-9d)}$$

Dabei muss für die Konvergenz |*x*| < 1 bzw. hier *o < i* oder *i-o > 0* gelten. Die Approximation des exakten Nenners *1-x* mittels der Differenz *i-o* kann wegen

4 Die finanzmathematische Behandlung von Zeit und Investition

$1-x = 1 - \frac{1+o}{1+i} = \frac{1+i-1-o}{1+i} = \frac{i-o}{1+i}$ vorgenommen werden, indem im letzten Nenner $i=0$ approximiert wird.

Gleichung (III-9d) besagt, dass der Barwert im Wesentlichen abhängig ist vom Betrag des konstanten Cash Flow, dividiert durch die Differenz aus Kalkulationszinsfuß und Wachstumsrate des Cash Flow.

Beispiel: Ein Kapitalanleger verfügt über eine Gewerbeimmobilie, die jährlich 120.000 € an Mieteinnahmen erbringt. Er erwartet, dass die Mieteinnahmen jährlich um 2,5% steigen werden. Er geht davon aus, dass er die Immobilie zu Lebzeiten nicht veräußern wird und auch die Erben die Immobilie in der bisherigen Weise nutzen werden. Dadurch kann der Verlauf der Zahlungsströme mit unendlicher Dauer angesetzt werden. Der Kapitalanleger möchte den Gegenwartswert der Immobilie ermitteln. Der derzeitige relevante Zinssatz am Kapitalmarkt betrage 6%.

Die Ermittlung des Gegenwartswerts kann mittels Gleichung (III-9d) erfolgen:

$$B_0 = \frac{120.000}{0,06 - 0,025} = 3.428.571,40 \text{ €}.$$

Diese Form der Berechnung des Gegenwartswerts kommt vor allem bei der Ermittlung von Unternehmenswerten zum Tragen.

Lesehinweis: Für die Ermittlung des Gegenwerts börsennotierter Unternehmen und des Börsenkurses vgl. *Schäfer* (2002, S. 168ff.).

Barwert für (unbegrenzte) Investitionsketten

Bislang wurden einzelne Zahlungen pro Periode betrachtet. In den dynamischen Investitionsrechenverfahren findet ferner eine Form von Zahlungsreihe Anwendung, die ihrerseits aus mehreren bis hin zu unendlich vielen einzelnen sequenziellen Zahlungsreihen besteht. Da jede Zahlungsreihe i.d.R. identisch ist mit der geplanten Nutzungsdauer des zu beurteilenden Investitionsobjekts, mag eine solche **zusammengesetzte Zahlungsreihe** als Abfolge von (identischen) Ersatzinvestitionen verstanden werden. Man bezeichnet dies als eine **Investitionskette**.

Beispiel: Eine Anlage mit einer Anschaffungsauszahlung a_0 von 100.000 € und einer Nutzungsdauer von 10 Jahren soll jeweils nach Ablauf dieses Zeitraums immer wieder (also unendlich) durch eine reine Ersatzinvestition abgelöst werden. Nachfolgende Abb. III-25 veranschaulicht den Vorgang auf dem Zeitstrahl.

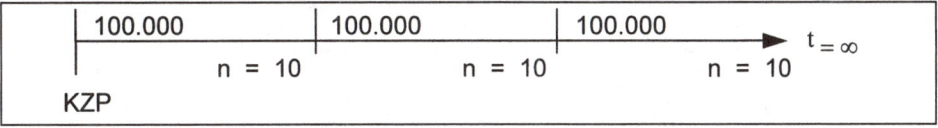

Abb. III-25: Veranschaulichung einer Investitionskette

In Abb. III-25 gibt der Index „n" an, nach wie viel Jahren die nächste Anschaffungsauszahlung für die Ersatzinvestition fällig ist. Im vorliegenden Beispiel fällt in einem unbegrenzten Zeitraum ($t = \infty$) alle 10 Jahre eine Auszahlung von 100.000 € an.

Den Barwert der Investitionskette aus dem Beispiel errechnet man mittels eines Kettenfaktors:

$$B_0 = CF \cdot \frac{(1+i)^n}{(1+i)^n - 1} \qquad \text{(III-10)}$$

Beispiel: Übertragen auf die vorangegangenen Beispielwerte errechnet man:

$$100.000 \cdot \frac{(1{,}07)^{10}}{(1{,}07)^{10}-1} = 203.396{,}43 \ €.$$

4.3.3 Annuität

Zahlungsreihen können wie dargestellt durch pro Periode gleich hohe Zahlungen gekennzeichnet sein. Diesen Fall bezeichnet man als uniforme Reihe. Der Barwert einer solchen Reihe ist mittels des Rentenbarwertfaktors auf mathematisch wenig aufwendige Weise ermittelbar.

Statt uniforme Zahlungen einer Zahlungsreihe auf einen einzigen Barwert hin zu transformieren, kann man auch den entgegengesetzten Weg beschreiten: **Transformieren** einer Zahlung zu einem Kalkulationszeitpunkt in eine **uniforme Zahlungsreihe**. Ein solches Verfahren führt zu einer **Annuitätenbildung**. Der Begriff „Annuität" ist häufiger in Zusammenhang mit Kreditraten anzutreffen. Dort verkörpert eine annuitätische Kreditrate einen über eine bestimmte (meist vertraglich an die Zinsfestschreibung gekoppelte) Periode betraglich feststehenden Zahlungsbetrag aus Zins- und Tilgungsanteil. Abb. III-26 verdeutlicht dies schematisch.

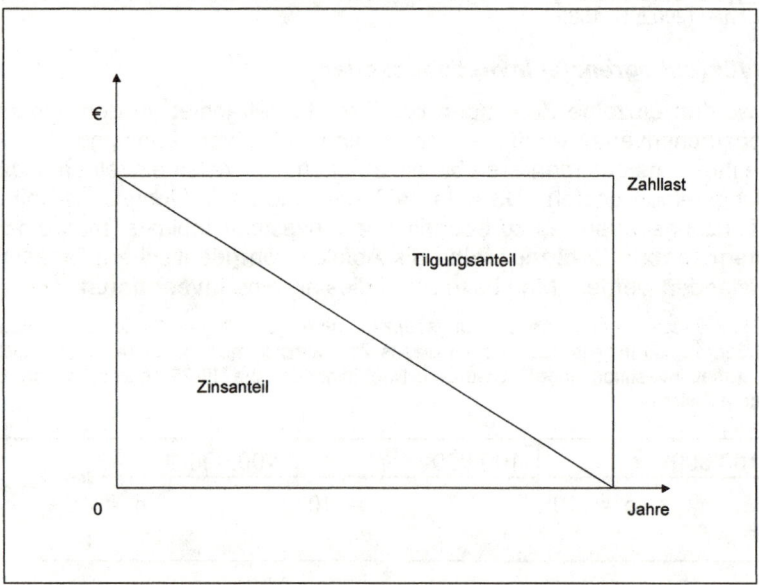

Abb. III-26: Vereinfachter Verlauf einer Kreditannuität

Die Besonderheit der Annuität im Kreditfall ist, dass sich die Anteile von Zinsen und Tilgung während der gesamten Zahlungsperiode ändern: Zu Anfang ist der Tilgungsanteil gering und der Zinsanteil hoch, gegen Ende der Ratenzahlungsperiode ist das Verhältnis umgekehrt (vgl. auch *Schäfer* 2002, S. 326–327). In der Investitionstheorie hat die Annuität nicht diese beschriebene Funktion, sondern wird zur über die betrachteten Periode angestrebten Gleichverteilung von einmaligen oder mehreren Zahlungen eingesetzt. Finanzmathematisch geschieht dies durch Umkehrung des Rentenbarwertfaktors. Die Annuitätenrechnung ist denn auch eine Umkehrung der Barwertrechnung. Der Rentenbarwertfaktor fasst t **gleiche perio-**

dische Zahlungen zu einem einzigen Wert, dem Barwert, zu Beginn des Zeitraums T zusammen.

Der Barwert mittels *RBF* ist wie folgt definiert:

$$B_0 = CF \cdot \frac{(1+i)^T - 1}{i(1+i)^T} \qquad \text{(III-11)}$$

mit

$\frac{(1+i)^T - 1}{i(1+i)^T}$ = **Rentenbarwertfaktor** bzw. **Diskontierungssummenfaktor**.

Bei der **Annuitätenrechnung** geht man also umgekehrt von einem bestimmten Wert zu Beginn eines Zeitraums T aus und verteilt ihn in **gleichen Beträgen** auf die einzelnen Jahre des Zeitraums T. Abb. III-27 veranschaulicht diesen Vorgang.

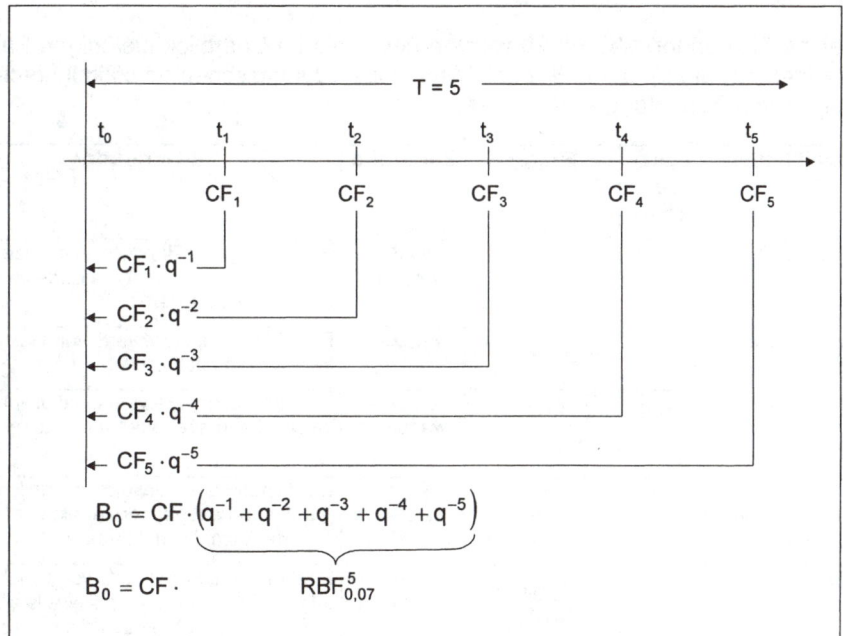

Abb. III-27: Finanzmathematische Merkmale des *RBF*

Demnach ist eine äquivalente Annuität (= *AN*) gegeben durch

$$AN = B \cdot \frac{i(1+i)^T}{(1+i)^T - 1} \qquad \text{(III-12)}$$

Der Quotient in (III-12) repräsentiert den **Kapitalwiedergewinnungsfaktor** (=WGF_i^T) und damit das Inverse des Rentenbarwertfaktors. Er kann ebenso wie der RBF_i^T für endliche und für unendliche Kalkulationszeiträume definiert werden.

Beispiel: Eine Zahlung in t_0 in Höhe von *1.000 €* soll gleichmäßig unter Berücksichtigung von Zins und Zinseszins auf fünf Jahre verteilt werden, d.h. in eine uniforme endliche Reihe gebracht werden. Der Kalkulationszinsfuß beträgt $i = 0{,}07$. Für den Kapitalbetrag von *1.000 €* ermittelt man:

$$WGF_{0,07}^5 = \frac{0{,}07(1{,}07)^5}{(1{,}07)^5 - 1} = 0{,}2439 \ . \ \text{Die Annuität ist:} \ \ AN = 1.000 \ \frac{0{,}07(1{,}07)^5}{(1{,}07)^5 - 1} = 243{,}90 \ \text{€}.$$

Wenn der Betrag von 243,90 € fünf Jahre lang gezahlt wird, ist die Ausgangssumme von 1.000 € unter Berücksichtigung von Zinsen und Zinseszinsen in gleichen Beträgen pro Jahr verteilt.

Für praktische Rechnungen nähert man die Annuität (III-12) häufig an durch

$$AN \approx B \cdot \left(\frac{1}{T} + \frac{i}{2} \right) \tag{III-13}$$

wobei in den Bereichen ($0 < i < 0{,}1; \ T > 2$) das Ergebnis aufgrund der Näherungsformel nicht wesentlich von dem Ergebnis bei einem direkten Einsetzen des Annuitätenfaktors abweicht. Der Klammerausdruck in (III-13) ist der **Kapitaldienstfaktor**.

4.3.4 Zusammenfassung

In der nachfolgenden Abb. III-28 werden nochmals im Überblick diejenigen Faktoren aufgeführt, die für die in Kapitel IV folgenden dynamischen Investitionsrechenverfahren von Bedeutung sind.

Bezeichnung	Kurzzeichen	Faktor	Zielgröße	Anwendung
Abzinsungsfaktor	q^{-t}	$\dfrac{1}{(1+i)^t}$	Gegenwartswert	Errechnung des Barwerts von einzelnen Geldbeträgen, die erst am Ende von t Jahren fällig werden
Aufzinsungsfaktor	q^t	$(1+i)^t$	Endwert	Errechnung des Endwerts von Geldbeträgen nach t Jahren
Rentenbarwertfaktor für endliche Reihen	RBF_i^T	$\dfrac{(1+i)^T - 1}{i \cdot (1+i)^T}$	Gegenwartswert	Errechnung des Barwerts von gleich großen Jahresbeträgen für T Jahre
Rentenbarwertfaktor für unendliche Reihen	RBF_i^∞	$\dfrac{1}{i}$	Gegenwartswert	Errechnung des Barwerts von gleich großen Jahresbeträgen für eine unbegrenzte Anzahl von Jahren
Kettenbarwertfaktor		$\dfrac{(1+i)^n}{(1+i)^n - 1}$	Gegenwartswert	Errechnung des Barwerts von Geldbeträgen, die unbegrenzt oft jeweils am Anfang von n Jahren aufkommen (unendliche Investitionskette)
Wiedergewinnungsfaktor für endliche Reihen	WGF_i^T	$\dfrac{i \cdot (1+i)^T}{(1+i)^T - 1}$	endliche Annuität	Errechnung der durchschnittlichen jährlichen Ausgaben; Umwandlung einmaliger Geldbeträge in gleich große Jahresbeträge für T Jahre
Wiedergewinnungsfaktor für unendliche Reihen	WGF_i^∞	i	unendliche Annuität	Errechnung durchschnittlicher jährlicher Ausgaben; Umwandlung einmaliger Geldbeträge in gleich große Jahresbeträge für unbegrenzte Zeit

Abb. III-28: Überblick über zentrale finanzmathematische Faktoren

Kapitel IV Dynamische Verfahren der Investitionsrechnung

Das Kapitel III hat zuletzt gezeigt, dass sich für den einzelnen Investor Investitions- und Finanzierungsentscheidungen mit Blick auf seinen gewünschten zeitlichen Einkommensstrom separieren lassen. Sieht man einmal von Unsicherheiten ab, so sind es eben die von *Fisher* postulierten Kriterien wie die individuellen Vorstellungen über zeitliche Struktur und Höhe bzw. Breite des Einkommenskonsumstroms, die die Investitionsentscheidung bestimmen. Gespeist werden **Einkommenskonsumströme** durch Einzahlungsüberschüsse derjenigen Investitionsobjekte, die mit der Kapitalaufnahme eines Unternehmens realisiert wurden.

Sieht man vorläufig noch von der Komponente **Unsicherheit** ab, die in diesem Kapitel (und im folgenden Kapitel V) aus didaktischen Gründen **außen vor** gelassen wird, so stehen Investitions- und Finanzierungsentscheidungen in einem engen Zusammenhang:

- Entweder steht ein bestimmtes Finanzierungsbudget für Investitionen zur Verfügung und die Investitionsentscheidung wird im Rahmen des Finanzierungsbudgets vorgenommen, oder
- im Rahmen des Investitionsentscheidungsprozesses werden Finanzierungsalternativen eruiert, und im Laufe des Planungsprozesses Investitions- und Finanzierungsbudget einander angepasst. Es entsteht das **Kapitalbudget**.

In Kapitel IV sollen Antworten gegeben werden auf folgende **zentrale Fragen**:

(1) Wie funktionieren die klassischen Methoden der dynamischen Investitionsrechnung (Kapitalwert-, Annuitäten- und interne Zinsfußmethode) und welches sind ihre grundlegenden Annahmen?

(2) Auf welche Weise werden isolierte Investitionsentscheidungen und Wahlprobleme durch Anwendung solcher Verfahren begründet?

(3) Wie setzt man die Kapitalwertmethode ein, um Aussagen über die optimale Nutzungsdauer und den optimalen Ersatzzeitpunkt von in Betrieb befindlichen Investitionsobjekten zu erhalten?

(4) In welchen Fällen führen die Methoden zu widersprüchlichen Ergebnissen und welche Begründung gibt es hierfür?

---

1 Vermögenswertmethoden

Die statischen Verfahren der Investitionsrechnung vernachlässigen die **Dimension „Zeit"**. Es spielt bei der Ermittlung von Wertströmen keine Rolle, wann sie anfallen. Insbesondere unter Berücksichtigung von Zinsen und Zinseszinsen im Rahmen der dynamischen Verfahren führt ein zeitlicher Unterschied zwischen diesen Größen zu u.U. nicht unerheblichen Differenzen im Ergebnis gegenüber den statischen Methoden. Anhand der Ermittlung eines Kapitalwerts soll diese Hypothese verdeutlicht werden.

1.1 Kapitalwertmethode

Die Kapitalwertmethode basiert auf der in Kapitel III erläuterten Grundidee *Fishers*, wonach die Maximierung des Gegenwartswerts eines Unternehmens das einzige Kriterium ist, welches konsistent ist mit der Maximierung des Nutzens der Investoren.

1.1.1 Kapitalwertbegriff und -funktion

Der Kapitalwert ist (in dynamischer Betrachtungsweise) die aufsummierte Differenz der Barwerte einer Einnahmenreihe und einer Ausgabenreihe.

Beispiel: Ein Investitionsobjekt ist durch Zahlungsreihen gekennzeichnet, die in Abb. IV-1 dargestellt sind (Angaben in €). Der Kalkulationszinsfuß beträgt 8%.

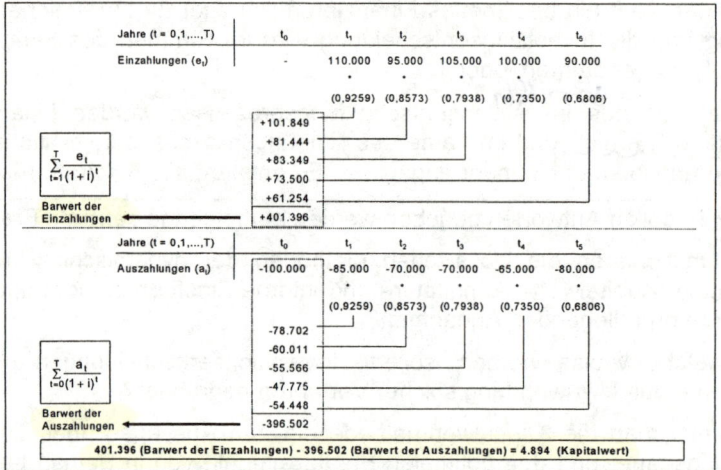

Abb. IV-1: Kapitalwertberechnung mittels Gegenüberstellung zweier Zahlungsreihen

Die einzelnen Abzinsungsfaktoren aus Abb. IV-1 ergeben sich beispielhaft folgendermaßen:

$$0{,}9259 = \frac{1}{1{,}08}, \quad 0{,}8573 = \frac{1}{1{,}08^2}, \text{ usw.}$$

Der Kapitalwert stellt den ökonomischen Gewinn des Investitionsobjekts dar. Er ergibt sich aus der Differenz des Barwerts der Einzahlungen (*401.396 €*) und des Barwerts der Auszahlungen (*396.502 €*) und nimmt den Wert *4.894 €* an. Der Kapitalwert des Investitionsobjekts ist positiv und das Investitionsobjekt ökonomisch vorteilhaft. Diese Erkenntnis kann man ebenfalls gewinnen, wenn der sog. **Kapitalwertfaktor** aus den Barwerten der Einzahlungen und der Auszahlungen ermittelt wird:

$$\text{Kapitalwertfaktor} = \frac{\text{Barwert der Einzahlungen}}{\text{Barwert der Auszahlungen}}.$$

Übertragen auf die Daten der Beispielaufgabe errechnet man folgenden Wert:

$$\frac{401.396}{396.502} = 1{,}0123, \text{ d.h.} > 1.$$

Der Kapitalwertfaktor von größer Eins bestätigt die Vorteilhaftigkeit des Investitionsobjekts.

1 Vermögenswertmethoden

Statt die einzelnen Reihen abzuzinsen und die Ergebnisse einander gegenüber zu stellen, ist es einfacher, Differenzen zu bilden (= Einzahlungsüberschüsse) und diese abzuzinsen. In Abb. IV-2 ist diese Vorgehensweise dargestellt.

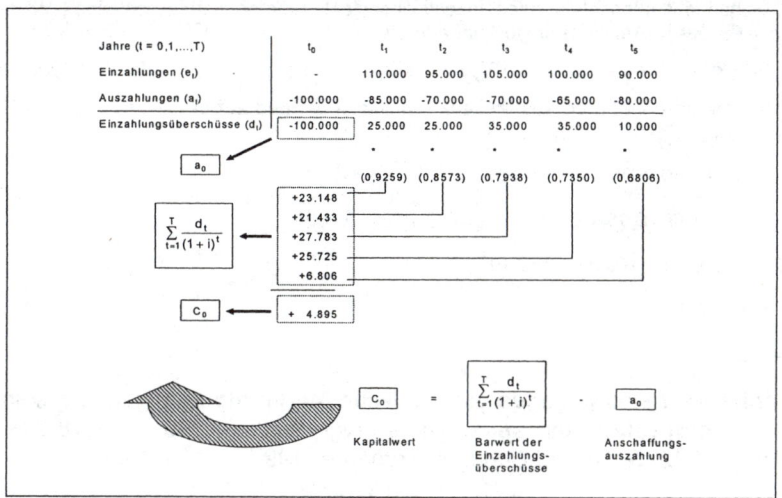

Abb. IV-2: Kapitalwertberechnung mittels Einzahlungsüberschüssen

Mit den Erkenntnissen der Beispielrechnungen lässt sich bereits die **Bestimmung der Vorteilhaftigkeit eines Investitionsobjekts** nach der Kapitalwertmethode zusammenfassen:

> Ein **Investitionsobjekt** ist ökonomisch **vorteilhaft**, wenn der Barwert der Einzahlungen den Barwert der Auszahlungen übersteigt. In diesem Fall ist der **Kapitalwert positiv**.

Der Kapitalwert (im angelsächsischen als **Net Present Value** oder kurz **NPV** bezeichnet) rückt in das Zentrum der weiteren Aspekte der Kapitalwertmethode. In allgemeiner Form ist er wie folgt definiert (vgl. auch *Perridon/ Steiner* 2002, S. 61):

$$C_0 = -a_0 + \sum_{t=1}^{T} d_t (1+i)^{-t} + L_T (1+i)^{-T} \tag{IV-1a}$$

bzw.

$$C_0 = -a_0 + \sum_{t=1}^{T} d_t \cdot q^{-t} + L_T q^{-T} \tag{IV-1b}$$

mit

a_0 = Anschaffungsauszahlung im Kalkulationszeitpunkt,
d_t = Überschuss der dem Investitionsobjekt zurechenbaren Einzahlungen über die Auszahlungen in Periode t (t = 1, ..., T),
L_T = Liquidationserlös im Zeitpunkt T,
T = Nutzungsdauer des Investitionsobjekts,
i = Kalkulationszinsfuß,
q^{-t} = Abzinsungsfaktor [= $(1+i)^{-t}$].

Für eine konstante Verzinsungsintensität *i* erhält man den Kapitalwert eines kontinuierlichen Zahlungsstroms (vgl. *Hax* 1993, S. 14):

$$C_0 = \int_0^T CF(t)e^{-it}dt \qquad \text{(IV-1c)}$$

mit e = Eulersche Zahl (2,718281...).

Beispiel: Gegeben sei nachfolgendes Investitionsobjekt, repräsentiert durch eine Zahlungsreihe (Angaben in €). Der Kalkulationszinsfuß betrage 5%:

I := {a_0 = -300, d_1 = 60, d_2 = 120, d_3 = 180} bzw. alternativ dargestellt: I := {-300$_0$, 60$_1$, 120$_2$, 180$_3$}

Den Kapitalwert errechnet man aus diesem Zahlungsstrom und auf der Grundlage von Gleichung (IV-1b) wie folgt:

$C_0 = -300{,}00 \cdot 1 + 60 \cdot 1{,}05^{-1} + 120 \cdot 1{,}05^{-2} + 180 \cdot 1{,}05^{-3}$

$C_0 = -300{,}00 \cdot 1 + 60 \cdot 0{,}95238 + 120 \cdot 0{,}90703 + 180 \cdot 0{,}86384$

$C_0 = -300{,}00 + 57{,}14 + 108{,}84 + 155{,}49$

$C_0 = -300{,}00 + 321{,}47$

$C_0 = 21{,}47$ €.

Dem **Kapitalwert** sind folgende ökonomische **Merkmale** zu eigen, die seine ökonomischen **Interpretationen** determinieren (vgl. *Buchner* 1993, S. 218-*219*, *Perridon/ Steiner* 2002, S. 64 und *Schmidt/ Terberger* 1997, S. 131-133):

- Der Kapitalwert einer Investition ist gleich dem
    - Barwert der Einzahlungsüberschüsse der betrachteten Investition, bzw.
    - Barwert aller Einzahlungen abzüglich des Barwerts aller Auszahlungen.
- Der Kapitalwert stellt die Vermögensmehrung im Zeitpunkt des Investitionsbeginns t_0 über die gesamte Nutzungsdauer *T* dar. Man spricht vom **Totalerfolg** eines Investitionsobjekts. Im Beispiel entspricht dies dem Betrag *21,47 €*.
- Er stellt denjenigen Betrag dar, den ein Investor maximal für die Durchführung einer Investition zahlen kann, ohne sich finanziell schlechter zu stellen als bei Verzicht auf die Investition. Man bezeichnet den Kapitalwert damit als **Grenzpreis der Investitionsmöglichkeit**. Gemessen am Beispiel kann die Investition maximal einen Betrag an Anschaffungsauszahlungen in Höhe von *300 + 21,47 = 321,47 €* betragen.
- Er zeigt den **ökonomischen Gewinn** (= **Surplus**) einer Investition auf, wobei es sich um den Barwert der Gewinne handelt. Er stellt damit auch denjenigen Betrag dar, der zusätzlich zur Anfangsauszahlung a_0 aus den zeitlich nachfolgenden Einzahlungsüberschüssen verzinst und getilgt werden kann. Dies soll in Fortsetzung des obigen Beispiels verdeutlicht werden.

Beispiel: Es gelten die Daten obigen Zahlungsstroms (in €): *I:= {-300$_0$; 60$_1$; 120$_2$; 180$_3$}*. Zusätzlich wird angenommen, dass die Anschaffung mit Kredit finanziert wird. In Tab. IV-1 wird auf diese Überlegungen hin zur Verdeutlichung ein Finanzplan abgebildet. Da ein vollkommener Kapitalmarkt besteht, bleibt es beim einheitlichen Kalkulationszinsfuß mit dem Wert *i = 0,05*.

1 Vermögenswertmethoden

Jahre (Ende)	gebundenes Kapital	Zinszahlung	Tilgung	Surplus	d_t
1	300,00 -45,00	-15,00	-45,00	0	+60,00
2	255,00 -107,25	-12,75	-107,25	0	+120,00
3	147,75 -147,75	-7,39	-147,75	+24,86	+180,00
Σ	0	-35,14	-300,00	+24,86	+360,00

Nettorückfluss zum Zeitwert am Ende des dritten Jahres:	+24,86
Nettorückfluss zum Barwert in t_0:	$24{,}86 \cdot 1{,}05^{-3} = 21{,}47$

Tab. IV-1: Kapitalwertberechnung als dynamische Ermittlung des Surplus

- Der **Kapitalwert** bezeichnet ferner den Betrag, den ein Investor im Zeitpunkt t_0 mehr **konsumieren** (oder anlegen) kann, wenn er einen Kredit zum Kalkulationszinsfuß *i* aufnimmt, die Investition durchführt und mit den Einzahlungen aus der Investition den Kredit einschließlich der Zinsen zurückzahlt. Auch dies soll in Fortsetzung des obigen Beispiels verdeutlicht werden.

Beispiel: Es wird hierzu unterstellt, dass der Investor zusätzlich zum Investitionsbetrag von 300,00 € den Kapitalwert in Höhe von 21,48 € als Kredit aufnimmt und so bereits zum Kalkulationszeitpunkt über den Kapitalwert verfügen kann. Dieser Sachverhalt lässt sich in nachfolgendem Finanzplan in einer Beispielrechnung nachvollziehen (*i* = 0,05).

Jahre (Ende)	gebundenes Kapital	Zinszahlung	Tilgung	d_t
1	321,47 -43,93	-16,07	-43,93	+60,00
2	277,54 -106,12	-13,88	-106,12	+120,00
3	171,42 -171,42	-8,57	-171,43	+180,00
Σ	0	-38,52	-321,48	+360,00

Tab. IV-2: Verfügbarkeit des Kapitalwerts in der Gegenwart

- Der Kapitalwert entspricht dem auf t_0 **abgezinsten Endwert** der gleichen Zahlungsreihe abzüglich der Anschaffungsauszahlung:

$$C_0 = B_T (1+i)^{-T} - a_0 \qquad \text{(IV-2)}$$

Vom Kapitalwert ist der **Ertragswert** einer Investition zu unterscheiden (vgl. Schmidt/ Terberger 1997, S. 132):

- Er ist der auf t_0 bezogene **Gegenwartswert der (Netto-)Einzahlungen** ab t_1.

- Er ist um a_0 größer als der Kapitalwert, d.h., Ertragswert abzüglich Anschaffungsauszahlung ergibt den Kapitalwert.

- Er bezeichnet denjenigen Betrag, den man statt in ein Investitionsobjekt alternativ für den Erwerb von zinstragenden risikofreien Investitionsobjekten am Kapitalmarkt anlegen müsste, um den gleichen Einkommensstrom zu erhalten wie aus einem Investitionsobjekt. Daher wird der Ertragswert auch als **Grenzpreis der Einzahlungen** aus dem Investitionsobjekt verstanden.

Die Kapitalwertmethode unterstellt bezüglich während der Nutzungsdauer freiwerdender Einzahlungsüberschüsse, dass unabhängig von der unterstellten Finanzierungsstruktur alle Wiederanlage- oder Kreditvorgänge auf einem vollkommenen

Kapitalmarkt zum dort herrschenden Marktzinssatz in beliebiger Betragshöhe vorgenommen werden können. Der Marktzinssatz spiegelt damit den Kalkulationszinsfuß wider. Nachfolgendes Beispiel eines Finanzplans verdeutlicht dies.

Beispiel: Betrachtet werde eine Investition mit folgenden Daten (in €): $I_t := \{-300_0, 60_1, 120_2, 180_3\}$ und $i = 0{,}05$.

Jahre (Ende)	gebundenes Kapital	d_t	Wiederanlage von d_t	Endwert von d_t	Kredittilgung inkl. Zinsen	ökonomischer Gewinn
1	300,00	+60,00	-60,00	0	0	0
2	300,00	+120,00	-120,00	0	0	0
3	300,00 -300,00	+180,00		+66,15 +126,00 + 180,00	0	0
Σ	0			+372,15	-347,289	+24,861

Tab. IV-3: Kapitalwertberechnung als dynamische Ermittlung des Surplus

Allen bisherigen Überlegungen zum ökonomischen Gehalt des Kapitalwerts lag Gleichung (IV-1) zugrunde. Aus dieser Kapitalwertformel ist die **Kapitalwertfunktion** ableitbar (vgl. *Hax* 1993, S. 16-18):

$$C_0 = -a_0 + \sum_{t=1}^{T} d_t (1+i)^{-t} \qquad \text{(IV-3)}$$

Der Kapitalwert ist als Funktion des Kalkulationszinsfuß darstellbar:

$$C_0 = C_0(i) \qquad \text{(IV-4)}$$

Für eine **Normalinvestition**, d.h. ein Investitionsobjekt mit dem Zahlungsstrom vom Typ „**Point output - continuous input**", besteht ausschließlich eine Nullstelle, und die Kapitalwertfunktion weist folgende Eigenschaften auf:

$$\frac{dC_0}{di} < 0, \quad \frac{d^2C_0}{d^2 i} > 0, \quad \text{mit} \quad \lim_{i \to \infty} C_0(i) = -a_0, \quad \text{für } i \geq 0.$$

Die **Nullstelle** wird auch als **kritischer Zinssatz** interpretiert: Ein Investitionsobjekt ist vorteilhaft, wenn der Kalkulationszinsfuß *i* in einem Intervall liegt, in dem die Kapitalwertfunktion oberhalb der Abszisse verläuft. Dies gilt für den Definitionsbereich $i \geq 0$. Wie in Abschnitt 3.1 noch zu zeigen sein wird, handelt es sich bei dieser Nullstelle, d.h. dem kritischen Zinssatz, um den internen Zinsfuß (= *r*). Nachfolgende Abb. IV-3 zeigt den grafischen Verlauf einer solchen Kapitalwertfunktion für eine Normalinvestition auf. Der Kapitalwert einer Investition ist in Abb. IV-3 mit C_0^* markiert. Wie zu ersehen ist, ergibt er sich in direkter Abhängigkeit vom zugrunde gelegten Kalkulationszinsfuß (in Abb. IV-3 durch *i** dargestellt).

1 Vermögenswertmethoden

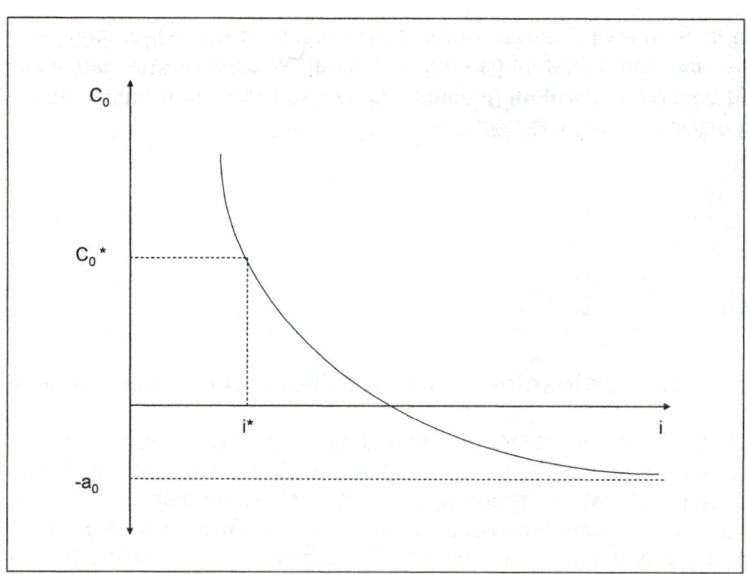

Abb. IV-3: Verlauf der Kapitalwertfunktion für eine Normalinvestition

Der Verlauf der Kapitalwertfunktion $C_0(i)$ ist von der Struktur der betrachteten Zahlungsreihe abhängig.

Beispiel: Gegeben seien drei Investitionsobjekte (I_1, I_2, I_3) mit folgenden Zahlungsströmen (in €):

$I_1 := \{-2.500_0, 1.000_1, 1.000_2, 1.000_3\}$, $I_2 := \{-31.250_0, -68.750_1, 37.700_2\}$,

$I_3 := \{-31.250_0, 68.750_1, -37.700_2\}$.

Nachfolgende Abb. IV-4 veranschaulicht die den Zahlungsströmen entsprechenden Verläufe der Kapitalwertfunktionen.

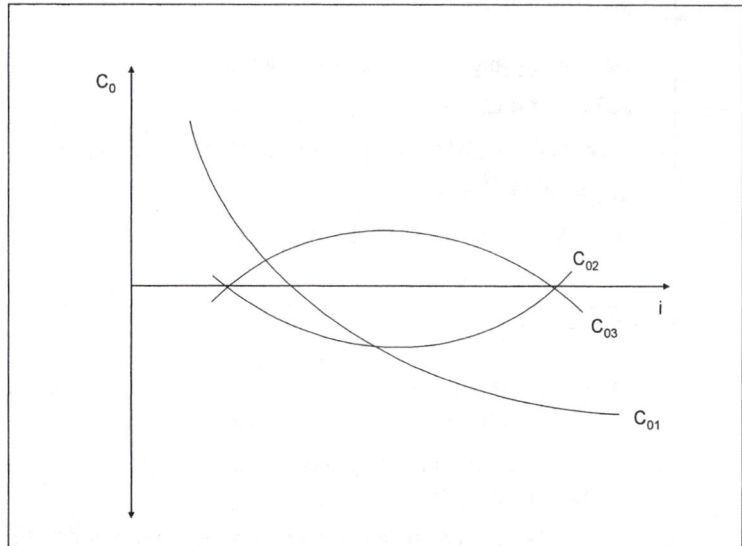

Abb. IV-4: Verläufe von Kapitalwertfunktionen in Abhängigkeit von deren Zahlungsreihen

Aus Abb. IV-4 lässt sich erkennen, dass Zahlungsreihen mit mehr als einem Vorzeichenwechsel mehrere Nullstellen aufweisen. Ein Problem ergibt sich hieraus, wie noch in Abschnitt 3 auszuführen sein wird, für die Bestimmung des internen Zinsfußes. Bei einer Zahlungsreihe mit einer Anschaffungsauszahlung a_0 und durchweg positiven Einzahlungsüberschüssen in den Folgeperioden ($d_t \geq 0$) ist die **Kapitalwertrate** (= *KR*) wie folgt definiert:

$$KR = \frac{\sum_{t=1}^{T} d_t (1+i)^{-t}}{a_0} \qquad \text{(IV-5)}$$

Lesehinweis: *Franke/ Hax* (1999, S. 166-169).

1.1.2 Vorteilhaftigkeitsvergleich mittels Kapitalwertkriterium

Auf der Grundlage der zentralen finanzmathematischen und ökonomischen Zusammenhänge zwischen einer Zahlungsreihe, Barwerten und Kapitalwert ist es möglich, die gefundenen Ergebnisse entscheidungsorientiert, d.h. für die Begründung einer Investitionsentscheidung heranzuziehen. Abb. IV-5 zeigt für die jeweiligen Entscheidungssituationen, welche Entscheidung ein ermittelter Kapitalwert begründet (vgl. *Hax* 1993, S. 33-35 und 38-39 sowie *Hering* 1995, S. 18).

Entscheidungssituation	Entscheidungsregel
reines Vorteilhaftigkeitsproblem	• *Investitionsobjekt in vollem Umfang durchführen:* $C_0 > 0$, da gilt: $0 < -a_0 + \sum_{t=1}^{T} d_t \cdot q^{-t} \Leftrightarrow a_0 < \sum_{t=1}^{T} d_t \cdot q^{-t} \Leftrightarrow a_0 \cdot q^T < \sum_{t=1}^{T} d_t$, bzw. **alternativ** für die Vorteilhaftigkeit: $KR > 1$, da $C_0 > 0$. • *Investitionsobjekt in beliebigem Umfang durchführen:* $C_0 = 0$ bzw. $KR = 1$. • *Investitionsobjekt nicht durchführen:* $C_0 < 0$ bzw. $KR > 1$.
Wahlproblem	• $C_{0J} = \max_{j} \{C_{0j} \mid C_{0j} \geq 0\}$ • Dasjenige Investitionsobjekt $J \in \{1, 2, ..., j, ..., n\}$ dominiert alle anderen, das den höchsten (relativen) C_{0J} hat. • Nach der Höhe ihrer C_{0J} lassen sich Investitionsobjekte in eine Rangfolge bringen. • Sind alle C_{0J} betraglich gleich, so liegt eine indifferente Entscheidungssituation vor.

Abb. IV-5: Überblick über die Entscheidungsregeln der Kapitalwertmethode

1 Vermögenswertmethoden

Zwei ergänzende **Erläuterungen** zum **Wahlproblem** sind angebracht:

(1) Es wurde bereits mit der Kapitalwertfunktion gezeigt, dass für die Höhe des Kapitalwerts der Kalkulationszinsfuß von ausschlaggebender Bedeutung ist. Diese Erkenntnis findet ihre Fortführung im Wahlhandlungsproblem: Dessen Lösung ist ebenfalls zinsabhängig.

(2) Eine **Vereinfachung** in der Beurteilung von alternativen Investitionsobjekten besteht im Vergleich von zwei Alternativen aufgrund einer **Differenzbetrachtung**. Dies ist dann zweckmäßig, wenn ein Teil der Zahlungen der zu vergleichenden Investitionsobjekte untereinander gleich ist. Voraussetzung für die Ermittlung der Vorteilhaftigkeit auf der Basis einer solchen **Differenz-** oder **X-Investition** (= I_x) ist, dass die jeweiligen einzelnen Kapitalwerte der zu vergleichenden Investitionsobjekte positiv sind, jedes Investitionsobjekt für sich also vorteilhafter ist als die Anlage der Finanzmittel zum Kalkulationszinsfuß am Kapitalmarkt.

Für die Kapitalwertermittlung gilt dann:

$$C_{0x} = C_{01} - C_{02} = -a_{01} + a_{02} + \sum_{t=1}^{T} \frac{d_{t1} - d_{t2}}{q^t} \qquad \text{(IV-6)}$$

<u>Beispiel:</u> Nachfolgende zwei Investitionsobjekte sind mit unterschiedlich langen Zahlungsreihen charakterisiert (Angaben in €):
$I_1 := \{-100_0, 16{,}50_1, 87{,}12_2, 39{,}93_3\}$,
$I_2 := \{-800_0, 0_1, 984{,}94_2\}$.
Man errechnet bei einem Kalkulationszinsfuß von $i = 0{,}10$ folgende Kapitalwerte:
Für das erste Investitionsobjekt: $C_{01} = 17$ € und für Investitionsobjekt 2: $C_{02} = 14$ €.
Wegen $C_{01} = 17$ € und $C_{02} = 14$ € gilt $C_{01} > C_{02}$. Damit ist es vorteilhaft, Investitionsobjekt *1* zu realisieren.

Die Wahl zwischen zwei einander ausschließenden Investitionsobjekten kann auf den Fall der Entscheidung über ein einzelnes Investitionsobjekt zurückgeführt werden:

a) Man kann zunächst Investitionsobjekt *2* unberücksichtigt lassen und prüfen, ob das erste Investitionsobjekt vorteilhaft ist. Wegen $C_{01} = 17$ € ist das der Fall.

b) Nun ist zu prüfen, ob es sich lohnt, Investitionsobjekt *2* statt Investitionsobjekt *1* durchzuführen. Der Ersatz von Investitionsobjekt *1* durch das zweite ist eine Handlungsmöglichkeit, die eine bestimmte Zahlungsreihe auslöst. Diese Zahlungsreihe bezeichnet man als Differenzinvestition ($I_x = I_2 - I_1$):

$I_x := \{-700_0, -16{,}50_1, 897{,}82_2, -39{,}93_3\}$.

Ein positiver Kapitalwert der Differenzinvestition (= C_{0x}) zeigt an, dass der Kapitalwert von Investitionsobjekt *2* größer ist als der von *1*. Geht man davon aus, dass ein Investitionsobjekt dann vorteilhaft ist, wenn es einen positiven Kapitalwert hat, folgt daraus, dass von zwei sich gegenseitig ausschließenden Investitionsobjekten dasjenige mit dem größeren Kapitalwert vorzuziehen ist. Übertragen auf die Beispielwerte erhält man folgenden Kapitalwert der Differenzinvestition:

$$C_{0x} = -700 - \frac{16{,}50}{1{,}1} + \frac{897{,}82}{1{,}21} - \frac{39{,}93}{1{,}331},$$

$$C_{0x} = -700 - 15 + 742 - 30 = -3 \text{ €}.$$

Da die Differenzinvestition einen negativen Kapitalwert hat, ist die Durchführung der Differenzinvestition, also der Übergang von Investitionsobjekt *1* auf Investitionsobjekt *2*, keine vorteilhafte Handlung.

1.1.3 Rolle der Ergänzungsinvestition

Das Wahlproblem wird in der Kapitalwertmethode dadurch erschwert, dass die Investitionsobjekte in ihren Zahlungsreihen Unterschiede aufweisen. Die Aussage über die Vorteilhaftigkeit alternativer Investitionsobjekte auf der Grundlage des Kapitalwertkriteriums setzt voraus, dass der Vorteilhaftigkeitsvergleich vollständig ist. Unterschiede in den Zahlungsreihenkomponenten von Investitionsalternativen können grundsätzlich in folgenden Komponenten zu Unvollständigkeiten in der Investitionsrechnung führen:

- Höhe und zeitliche Verteilung der Einzahlungsüberschüsse (d_t), d.h. der Rückflüsse,
- Höhe der Anschaffungsauszahlung (a_0) und damit des Kapitaleinsatzes,
- Länge der Nutzungsdauer (T).

Weichen Zahlungsreihen zu vergleichender Investitionsalternativen in nur einer dieser Komponenten voneinander ab, so ist die Beurteilung anhand des Kapitalwertkriteriums noch möglich. Erstrecken sich die Unterschiede jedoch über mehrere Eigenschaften, so ist die Berechnung der Kapitalwerte unvollständig und der Vorteilhaftigkeitsvergleich kann zu falschen Schlüssen führen. Bevor gezeigt werden kann, in welchen Situationen Ergebnisunterschiede auftreten können und in welchen Fällen die Komponenten anzugleichen sind, ist auf eine in diesem Zusammenhang wichtige Hilfskonstruktion, die Ergänzungsinvestition, einzugehen.

Die **Methode der Ergänzungsinvestition** dient ausschließlich der Vergleichbarmachung divergierender Zahlungsreihen von Investitionsobjekten. Es handelt sich dabei um eine **fiktive Investition**, und es sind Annahmen darüber erforderlich, wie die Unterschiede in den Komponenten von zu vergleichenden Zahlungsreihen behandelt werden. Verschiedene Fälle müssen bezüglich des Einsatzes der Ergänzungsinvestition unterschieden werden.

Fall I: Keine Berücksichtigung der Ergänzungsinvestition

Kann unterstellt werden, dass der **Kapitalwert** der **Ergänzungsinvestition Null** ist, wird die Berücksichtigung der Ergänzungsinvestition überflüssig. Ein solcher Verzicht ist immer dann gerechtfertigt, wenn man davon ausgehen kann, dass im Kalkulationszeitpunkt seitens des Investors keine Pläne über die Verwendung

- der in diesem Zeitpunkt nicht benötigten Differenzfinanzmittel,
- der künftigen Einzahlungsüberschüsse sowie
- des Ersatzes des Investitionsobjekts nach Ablauf der (kürzeren) Nutzungsdauer

bestehen.

Beispiel: Zur Verdeutlichung des Prinzips der Ergänzungsinvestition seien zwei Investitionsobjekte betrachtet (Angaben in €):

$I_1 := \{-200_0, 100_1, 100_2, 100_3\}$,
$I_2 := \{-170_0, 90_1, 160_2\}$,
mit $i = 0,1$. Man ermittelt folgende Kapitalwerte:

$$C_{01} = -200 + \frac{100}{1,1} + \frac{100}{1,1^2} + \frac{100}{1,1^3} = 48{,}69\,€,$$

1 Vermögenswertmethoden

$$C_{02} = -170 + \frac{90}{1{,}1} + \frac{160}{1{,}1^2} = 44{,}05 \text{ €}.$$

Das erste Investitionsobjekt ist mit einem um *4,64 €* höheren Kapitalwert gegenüber dem zweiten Investitionsobjekt vorteilhaft. In den Anschaffungsausgaben besteht zwischen den Investitionsobjekten ein Unterschied in Höhe von *30 €*, da das erste Investitionsobjekt einen um diese Größe höheren Anschaffungsbetrag aufweist. Der Differenzbetrag von *30 €* weist einen Kapitalwert von Null auf, wenn unterstellt wird, dass er zum Kalkulationszinsfuß angelegt wird, wobei es unbedeutend für dieses Ergebnis ist, über welche Zeitdauer die Betrachtung angestellt wird. Es wird immer davon ausgegangen, dass der Differenzbetrag zum Kalkulationszinsfuß angelegt, dem angelegten Kapital am Ende der Verzinsungsperiode zugeschlagen und auf den Gegenwartszeitpunkt abdiskontiert wird. Daraus ergibt sich, dass dieser abdiskontierte Betrag wieder der Anschaffungsauszahlung entspricht und der Saldo Null beträgt:

$$C_{0E} = -30 + \frac{33}{1{,}1} = 0 \text{ €}.$$

Basiert die **Verzinsung** des **Differenzbetrags** auf dem **Kalkulationszinsfuß**, wird unterstellt, dass der Betrag ausschließlich am Kapitalmarkt angelegt werden kann und nicht alternativ in ein weiteres Investitionsobjekt innerhalb des Unternehmens. Im Fall der Anlage der überschüssigen Finanzmittel zum Kalkulationszinsfuß ergeben sich hinsichtlich der Vorteilhaftigkeit der Investitionsobjekte keinerlei unterschiedliche Aussagen gegenüber dem Ergebnis nach dem Kapitalwertkalkül. Dies lässt sich auch so erklären, dass die Kapitalwerte, wie sie sich aus der Bildung von betraglich und zeitlich vollständigen Finanzplänen auf dem Endwertkalkül ergeben, keinen Unterschied aufweisen.

Beispiel: Das vorangegangene Beispiel soll zur Verdeutlichung der Aussage nochmals betrachtet werden. Gebildet werden Zahlungsreihen, die zum **Endvermögenswert** des Investitionsobjekts führen. Zuerst wird dies für I_1 vorgenommen:

	t_0	t_1	t_2	t_3
Anfangsvermögen	200			
Investition in I_1	-200	100	100	100
Geldanlage (i = 0,1)		-100	110	
			-210	231
Endvermögen	0	0	0	331

Für I_2 errechnet man folgenden Endvermögenswert:

	t_0	t_1	t_2	t_3
Anfangsvermögen	200			
Investition in I_2	-170	90	160,00	
Geldanlage (i = 0,1)	-30	33		
Geldanlage (i = 0,1)		-123	135,30	
Geldanlage (i = 0,1)			-295,30	
				324,83
Endvermögen	0	0	0	324,83

Tab. IV-4: Berechnung von Endvermögenswerten

Die **Finanzpläne** sowohl von I_1 als auch I_2 sind **vollständig**. Aus den Vermögensendwerten lassen sich die jeweiligen Kapitalwerte ermitteln, wobei diese Kapitalwerte methodisch auf vollständigen Zahlungsreihen beruhen:

$$C_{01} = \frac{331}{1{,}1^3} - 200 = 48{,}69\ €,$$

$$C_{02} = \frac{324{,}83}{1{,}1^3} - 200 = 44{,}05\ €.$$

Damit wird auch im vollständigen Vorteilhaftigkeitsvergleich das Ergebnis der ursprünglichen Kapitalwertermittlung bestätigt ($C_{01} > C_{02}$, d.h., Investitionsobjekt 1 ist vorteilhafter).

Der vorliegende Fall, in dem keine Ergänzungsinvestition für den Vorteilhaftigkeitsvergleich notwendig ist, basiert also auf der impliziten Annahme, dass die aus den Differenzen gebildete Zahlungsreihe zum Kalkulationszinsfuß bewertet wird (der dann zu Null führt). Man versteht daher bei dieser Verfahrensweise die Ergänzungsinvestition auch als **implizite Differenzinvestition**.

Fall II: Berücksichtigung einer Ergänzungsinvestition

Unterschiede in den Kapitalwerten von zu vergleichenden Investitionsobjekten mit unterschiedlichen Zahlungsstromkomponenten erlangen dann für die Vorteilhaftigkeit Bedeutung, wenn statt der Anlage des Differenzbetrags zum Kalkulationszinsfuß ein davon abweichender Satz zugrunde gelegt wird. Nachfolgend ist die Integration der Ergänzungsinvestition in Hinblick auf die einzelnen unterschiedlichen Komponenten der Zahlungsreihe zu untersuchen.

- **Ergänzungsinvestition und Wiederanlageprämisse für deren Einzahlungsüberschüsse.**

  Betrachtet man ausschließlich den Zahlungsstrom der Ergänzungsinvestition, so ist in einem ersten Ansatz das Augenmerk auf die Verzinsung der Einzahlungsüberschüsse dieser Ergänzungsinvestition zu legen. Sie werden zum Kalkulationszinsfuß oder zu einem davon abweichenden Zinssatz angelegt:

  - Besteht die **Wiederanlageprämisse** für die Einzahlungsüberschüsse einer fiktiven Investition zum **Kalkulationszinsfuß**, so ist der Kapitalwert dieses (Ergänzungs-)Investitionsobjekts ebenfalls Null. Die **Ergänzungsinvestition**, d.h. deren Kapitalwert, ist nicht für die Vorteilhaftigkeitsberechnung zweier Investitionsalternativen zu berücksichtigen. Eine solche Wiederanlageprämisse ist gerechtfertigt, wenn der Kalkulationszinsfuß nach der durchschnittlichen Verzinsung von Alternativanlagen bemessen wird und man davon ausgehen kann, dass sich dieser Satz nicht in Zukunft ändern wird. Streng genommen gilt die Aussage eines Kapitalwerts von Null auch für alle Zinssätze, die vom Kalkulationszinsfuß abweichen, sofern die Abzinsung mit dem gleichen Zinssatz durchgeführt wird wie die Verzinsung. Für den **Zwei-Perioden-Fall** und Anlage der Einzahlungsüberschüsse d_t zum Kalkulationszinsfuß lässt sich dies wie folgt zeigen:

$$C_0 = -a_0 + d_1(1+i)^{-1} + d_2(1+i)^{-2} \qquad \text{(IV-7)}$$

Der Einzahlungsüberschuss d_1 steht am Ende der ersten Periode zur Verfügung und wird bis zum Ende der zweiten Periode (und damit dem Planungszeitraumende) zum Kalkulationszinsfuß re-investiert. Dies lässt sich mit dem Zahlungsstrom der Ergänzungsinvestition für die erste Periode aufzeigen: $I_E := \{-d_t, d_t \cdot q^1\}$. Der Zahlungsstrom I_E ist als Teil einer Gesamtinvestition (= I_G) zu verstehen, die folgende Zahlungsreihe aufweist:

	t_0	t_1	t_2
I	$-a_0$	d_1	d_2
I_E	-	$-d_1$	$d_1 \cdot q^1$
I_G	$-a_0$	0	$d_2 + d_1 \cdot q^1$

Tab. IV-5: Zahlungsstruktur bei Wiederanlage zum Kalkulationszinsfuß

Aus dieser Zahlungsreihe resultiert ein Gesamtkapitalwert für die Ergänzungsinvestition (= C_{0E}) von Null:

$$C_{0E} = -d_1 \cdot q^{-1} + d_1 \cdot q^1 \cdot q^{-2}$$

$$C_{0E} = -d_1 \cdot q^{-1} + d_1 \cdot q^{-1}$$

$$C_{0E} = 0.$$

- Hinsichtlich des Umgangs mit divergierenden Einzahlungsüberschüssen ist der **Kapitalwert** der Ergänzungsinvestition nur dann **von Null verschieden**, wenn Auf- und Abzinsungssatz divergieren. In diesem Fall ist der **Kapitalwert** der Ergänzungsinvestition in der Vorteilhaftigkeitsberechnung von Investitionsalternativen zu **berücksichtigen**. Geht man von einem Zinsfuß i_E für die Verzinsung der Wiederanlage der Einzahlungsüberschüsse aus, so ermittelt sich im Zwei-Perioden-Fall folgender Kapitalwert:

$$C_{0E} = -d_1 \cdot q^{-1} + d_1 \cdot q^1 \cdot q^{-2} \qquad (IV-8)$$

Für $q_E > q$ folgt $C_{0E} > 0$. Zu berücksichtigen ist dann der **Gesamtkapitalwert** einer Investition $I_G = I + I_E$:

$$C_{0G} = C_0 + C_{0E} \qquad (IV-9)$$

(vgl. hierzu *Busse von Colbe/ Laßmann* 1990, S. 57-58).

- **Ergänzungsinvestition bei unterschiedlichen Anschaffungsauszahlungen**. Weichen die Anschaffungsauszahlungen von zu vergleichenden Investitionsobjekten voneinander betraglich ab, so verfügt der Entscheidungsträger zum Kalkulationszeitpunkt beim Investitionsobjekt mit der niedrigeren Anschaffungsauszahlung über einen frei verfügbaren Kapitalbetrag in Höhe der Differenz. Häufig wird auf der Basis dieser Überlegung seitens des Entscheidungsträgers bestimmt, inwiefern davon ausgegangen werden kann, dass der Betrag in Höhe der Ergänzungsinvestition zum Kalkulationszinsfuß bewertbar ist. Ist dies möglich, kann er die Ergänzungsinvestition im Rahmen der Unterschiedlichkeit der Anschaffungsauszahlungen von Investitionsalternativen unberücksichtigt lassen.

Beispiel: Zwei Investitionsobjekte mit folgenden Zahlungsreihen seien gegeben (Angaben in €):

$I_1 := \{-350_0, 150_1, 150_2, 150_3, 150_4\}$,

$I_2 := \{-200_0, 150_1, 100_2\}$,

mit $i = 0{,}1$. Der Differenzbetrag in den Anschaffungsauszahlungen beträgt:

= voneinander abweichen

$a_{0E} = a_{01} - a_{02} = 150$ €.

Unterstellt man die Anlage des Differenzbetrags (= a_{0E}) zum Kalkulationszinsfuß, so lässt sich eine fiktive Ergänzungsinvestition (= I_E) mit folgender Zahlungsreihe abbilden:

$I_E := \{-150_0\,,\,(150q^4)_4\}$. Da die Anlage der Differenzinvestition zum Kalkulationszinsfuß unterstellt wurde, errechnet sich für die Differenzinvestition ein Kapitalwert von Null:

$$C_{0E} = -150 + \frac{150 \cdot q^4}{q^4} = 0 \text{ €}.$$

Kann die Annahme der Anlage der Einzahlungsüberschüsse der Differenzinvestition zum Kalkulationszinsfuß nicht aufrechterhalten werden, erfolgt die Aufzinsung des Differenzbetrags zum vom Kalkulationszinsfuß abweichenden Satz. Alternativ: die der Ergänzungsinvestition eigene Zahlungsreihe wird aufgestellt und der sich ergebende Kapitalwert der Ergänzungsinvestition zum Kapitalwert der Ursprungszahlungsreihe addiert, so dass dem Vorteilhaftigkeitsvergleich ein Gesamtkapitalwert zugrunde liegt.

- **Ergänzungsinvestition und unterschiedliche Nutzungsdauer.** Eine weitere Unvollständigkeit im Vorteilhaftigkeitsvergleich basiert auf der Unterschiedlichkeit der Nutzungsdauern zu vergleichender Investitionsobjekte. Zwei Wege können zur Vergleichbarmachung beschritten werden (vgl. *Busse von Colbe/ Laßmann* 1990, S. 59-61):

(1) Bei der einen Methode unterstellt man die **einmalige Durchführung** des Investitionsobjekts. Die Einzahlungsüberschüsse des Investitionsobjekts mit der kürzeren Nutzungsdauer werden bis zum Ende des länger laufenden Investitionsobjekts zum Kalkulationszinsfuß verzinst. Man erreicht dadurch wieder einen Kapitalwert von Null für die Ergänzungsinvestition.

Beispiel: Es gelten zwei Investitionsobjekte mit folgenden Zahlungsreihen in € ($i = 0,1$):

$I_1 := \{-1000_0,\,350_1,\,350_2,\,350_3,\,350_4\}$,

$I_2 := \{-600_0,\,450_1,\,250_2,\,0_3,\,0_4\}$.

Investitionsobjekt 2 weist gegenüber dem ersten Investitionsobjekt eine um zwei Perioden kürzere Zahlungsreihe auf; die Nutzungszeiträume unterscheiden sich. Zur Erfassung dieses Effekts wird I_2 fiktiv bis zum Ende t_4 in Zahlungsreihen nachgebildet, die durch Verwendung der Einzahlungsüberschüsse entstehen. Auf diese Weise lässt sich die Ergänzungsinvestition (= I_E) darstellen:

	t_0	t_1	t_2	t_3	t_4
I_2	-600	450	250	0	0
I_E		-450			$450q^3$
			-250		$250q^2$

Tab. IV-6: Beispielwerte zu Ergänzungsinvestitionen mit unterschiedlicher Nutzungsdauer

Der Kapitalwert einer solchen Ergänzungsinvestition im Sinne einer Wiederanlageninvestition beträgt:

$C_{0E} = -450 \cdot q^{-1} - 250 \cdot q^{-2} + 450 \cdot q^3 \cdot q^{-4} + 250 \cdot q^2 \cdot q^{-4}$

$C_{0E} = 0$ €.

(2) Eine alternative Vorgehensweise besteht in der Annahme der **Wiederholung** von **Investitionsobjekten** solange bis die jeweiligen Investitionsketten

1 Vermögenswertmethoden

zu vergleichender Investitionsalternativen gleich lang sind. In diesem Vorgehen vergrößert sich der Kapitalwert jeder Investitionskette mit der Anzahl der Wiederholungen und die Rangfolge kann sich gegenüber dem Vergleich bei einmaliger Investition ändern.

Beispiel: Basis bilden die Aufgabenwerte des vorangegangenen Beispiels zweier Investitionsobjekte (I_1, I_2). Unterstellt wird die einmalige Wiederholung von I_2 in t_2 (nach Ende seiner Nutzungsdauer). Es ergibt sich die Investitionskette I_{2K} wie folgt:

$$I_2 := \{\underbrace{-600_0, 450_1, 250_2}_{①}, \underbrace{-600_2, 450_3, 250_4}_{②}\}$$

$I_2' := \{-600_0, 450_1, -350_2, 450_3, 250_4\}$

Die ursprüngliche Zahlungsreihe lässt sich in **zwei Kettenglieder** zerlegen:

- Kettenglied 1 hat den Kapitalwert *15,70 €*.
- Kettenglied 2 hat zum Kalkulationszeitpunkt t_2 den gleichen Kapitalwert. Um den Kapitalwert zum Gegenwartszeitpunkt t_0 zu ermitteln, ist das Diskontieren um zwei weitere Perioden erforderlich: $15{,}70 q^{-2}$.

Die gesamte Kette weist dann folgenden Kapitalwert auf:

$C_{02K} = 15{,}70 + 15{,}70 \cdot q^{-2} = 28{,}68 \,€.$

Damit gilt C_{02K} (= 28,68) < C_{01} (= 109,45) und hinsichtlich der Vorteilhaftigkeit des zweiten gegenüber dem ersten Investitionsobjekt: $I_1 > I_{2K}$.

- Eine weitere Möglichkeit, die Ungleichheit in der Nutzungsdauer mittels Investitionsketten zu vereinheitlichen, besteht darin, **unendliche identische** Wiederholungen der ursprünglichen Investitionsobjekte für alle Alternativen zu unterstellen. Der Vorteilhaftigkeitsvergleich beruht dann auf der Gegenüberstellung der ermittelten Kapitalwerte der Investitionsketten. Der Kapitalwert für unendliche **Investitionsketten** lautet:

$$C_{0K} = C_0 \cdot \left(\frac{q^T}{q^T - 1}\right) \qquad \text{(IV-10)}$$

Beispiel: Mit den Werten des vorangegangenen Beispiels errechnet man:

$C_{01K} = 109{,}45 \cdot 3{,}1547 = 345{,}28 \,€,$

$C_{02K} = 28{,}68 \cdot 5{,}7619 = 165{,}25 \,€.$

Gegenüber dem Kapitalwertvergleich aus der vorangegangenen Beispielaufgabe begründet jetzt das Verhältnis der Kapitalwerte der Investitionsketten beider Investitionsobjekte die Vorteilhaftigkeit des ersten gegenüber dem zweiten Investitionsobjekt ($C_{01K} > C_{02K}$).

Eine Ergänzungsinvestition ist zusammenfassend immer dann zu berücksichtigen, wenn der Unterschiedsbetrag im Kapitaleinsatz von zu vergleichenden Investitionsobjekten in eine weitere Investition eingebracht werden kann, die einen vom Kalkulationszinsfuß abweichenden Ertragssatz aufweist. In diesem Sinne wird die Ergänzungsinvestition auch als **explizite Differenzinvestition** verstanden.

Lesehinweise: Zur Berücksichtigung von Ergänzungsinvestitionen vgl. *Adam* (2000, S. 66ff.) und *Blohm/ Lüder* (1995, S. 63ff.).

1.2 Annuitätenrechnung

Mit der bisher besprochenen Kapitalwertmethode wurde im Rahmen des Oberziels eines Unternehmens (Maximierung des Unternehmenswertes) auf einen Kapitalgeber abgestellt, der sein Gegenwartsvermögen maximieren möchte. Davon abweichend kann das Ziel eines Kapitalgebers in der Maximierung des dem Investitionsobjekt pro Periode entnehmbaren stetigen Stroms an Einkommenszahlungen (z.B. bei einer Aktiengesellschaft in Form von Dividenden) bestehen. In diesem Fall tritt an Stelle des Kriteriums „Kapitalwert" die „Gewinnannuität", die mittels der Annuitätenmethode ermittelt wird. Diese Methode zählt ebenfalls zu den dynamischen (klassischen) Investitionsrechenverfahren und ist **mit der Kapitalwertmethode** eng **verwandt**.

1.2.1 Methodik der Annuitätenrechnung

Stellt die Zielgröße der Berechnungen bei der **Kapitalwertmethode** der Kapitalwert und damit der **Totalerfolg** eines Investitionsobjekts dar, so ist demgegenüber Zweck der **Annuitätenrechnung**, einen **Periodenerfolg** zu erfassen. Zu diesem Zweck wird ein Kapitalwert unter Berücksichtigung von Zinsen und Zinseszinsen auf die Nutzungsdauer des betrachteten Investitionsobjekts (und damit auf die Länge der Zahlungsreihe) in periodisch gleich hohe Beträge verteilt. Die Verteilung erfolgt wie in Kapitel III, Abschnitt 4.3.3 einführend erläutert wurde, mittels des Kapitalwiedergewinnungsfaktors (= WGF).

Die äquivalente Annuität für einen Kapitalwert, d.h. die **Gewinnannuität** (= AN_c), wird durch die Überführung des Kapitalwerts in eine **uniforme Reihe** abgebildet:

$$AN_c = c = C_0 \frac{i \cdot (1+i)^T}{(1+i)^T - 1} \qquad (IV\text{-}11)$$

Die (positive) **Gewinnannuität** lässt sich wie folgt interpretieren (vgl. auch *Kruschwitz* 2003, S. 83-88):

- Sie gibt in der Gegenwart an, welcher **Betrag** in jeder Periode während der Nutzungsdauer eines (kreditfinanzierten) Investitionsobjekts dem **Investor zur Verfügung** steht, nachdem Tilgung und Verzinsung geleistet wurden. In diesem Sinne stellt sie einen ausschüttbaren Überschuss dar.

  Beispiel: Der Wert für C_0 war in der Beispielaufgabe zur Kapitalwertmethode auf S. 118 für den Zahlungsstrom $I := \{-300_0,\ 60_1,\ 120_2,\ 180_3\}$ mit dem Betrag 21,47 € ermittelt worden. Eine Gewinnannuität errechnet man, indem dieser Wert mit dem Wiedergewinnungsfaktor für drei Jahre und einem Kalkulationszinsfuß von 5% multipliziert wird:

  $AN_c = 21,47 \cdot 0,36721 = 7,884\ €$.

  Die Bedeutung dieser Gewinnannuität zeigt nachfolgender Finanzplan (Angaben in €):

1 Vermögenswertmethoden

Jahre (Ende)	gebundenes Kapital	Zins-zahlung	Tilgung	Gewinn-annuität	d_t
1	300,000 -37,116	15,000	37,116	7,884	60
2	262,884 -98,972	13,144	98,972	7,884	120
3	163,912 -163,912	8,196	163,912	7,884	180
Σ	0	36,34	300,00	23,65	360

Tab. IV-7: Finanzstromrechnung mittels Gewinnannuität

- Daneben zeigt die (positive) Gewinnannuität in der Gegenwart, dass neben der Verzinsung des im Investitionsobjekt gebundenen Kapitals zum Kalkulationszinsfuß ein **Vermögenszuwachs pro Periode** erwirtschaftet wird. In diesem Sinne ist die Annuitätenmethode in ihrer Interpretation der Kapitalwertmethode gleich.

- Bei unterstelltem vollkommenen Kapitalmarkt sind das **Vermögens-** und das **Einkommensstreben** der finalen Entscheidungsträger **äquivalente Ziele**. Dadurch erlangen die Konsumpräferenzen für die Beurteilung der Investitionsobjekte keine Bedeutung. Die Äquivalenz in den Zielsetzungen begründet die grundsätzliche Äquivalenz der Kapitalwert- und Annuitätenmethode: Die Annuität des Kapitalwerts eines einzelnen Investitionsobjekts wird mittels des Wiedergewinnungsfaktors errechnet. Ein positiver Kapitalwert hat wiederum eine positive Gewinnannuität zur Folge. Kapitalwert und Gewinnannuität sind dadurch in gleicher Weise vom Verlauf des Kalkulationszinsfußes abhängig.

Die Verteilung eines Kapitalwerts in eine periodisierte uniforme Reihe und in eine Gewinnannuität ist eine Anwendungsmöglichkeit. Generell lässt sich jede Zahlungsreihe in **Komponenten** von bestimmten **Annuitäten** aufteilen:

- **Annuität** des **Barwerts** der **Investitionsausgabe**:

$$AN_{a0} = a_0 \cdot WGF_i^T \qquad (IV-12)$$

Beispiel: Gesucht ist die Annuität eines Investitionsobjekts, das Anschaffungsauszahlungen in Höhe von *100.000 €* und eine geplante Nutzungsdauer von acht Jahren aufweist. Der Kalkulationszinsfuß betrage *7%*. Wie hoch ist die jährlich anzusetzende Annuität des Barwerts der Investitionsausgabe AN_{a0}?

$$AN_{a0} = a_0 \cdot WGF_{0,07}^8 = 100.000 \cdot 0{,}16747 = 16.747 \, €.$$

- **Annuität** des **Barwerts** der **Investitionsausgabe** unter Berücksichtigung des **Liquidationserlöses**:

$$AN_{L_T} = (a_0 - L_T \cdot q^{-T}) \cdot WGF_i^T \qquad (IV-13)$$

Beispiel: Angenommen, das o.a. Investitionsobjekt ließe einen Liquidationserlös von *1.000 €* erwarten, der nach Ablauf der achtjährigen Nutzungsdauer bei *i = 0,07* realisierbar ist. Der Liquidationserlös wird zunächst mit q^{-8} auf den Ausgangszeitpunkt abgezinst und anschließend mit dem *WGF* auf acht Jahre verteilt:

$$AN_{L_T} = (100.000 - 1.000 \cdot 1{,}07^{-8}) \cdot WGF_{0{,}07}^8$$

$$AN_{L_T} = (100.000 - 1.000 \cdot 0{,}5820) \cdot 0{,}16747 = 16.649{,}53 \text{ €}.$$

- **Annuität** des **Barwerts** einer während der **Nutzungsdauer** anfallenden **Auszahlung**:

$$AN_{a_{t+}} = (a_t \cdot q^{-t+}) \cdot WGF_i^{t+} \qquad \text{(IV-14)}$$

Ein während der Laufzeit anfallender Betrag ist also zunächst auf den Kalkulationszeitpunkt abzuzinsen und dann als uniforme Rente zu verteilen.

<u>Beispiel:</u> Im o.a. Beispiel sollen nach vier Jahren einmalig Wartungskosten in Höhe von 10.000 € anfallen. Wie hoch ist die Gesamtannuität ($i = 0{,}07$)?

$$AN_{a_{t+}} = (10.000_4 \cdot 1{,}07^{-4}) \cdot WGF_{0{,}07}^4$$

$$AN_{a_{t+}} = (10.000_4 \cdot 1{,}07^{-4}) \cdot 0{,}16747 = 1.277{,}62 \text{ €}.$$

- **Annuität** des **Barwerts regelmäßig** während der Nutzungsdauer anfallender **Auszahlung** gleicher betraglicher Höhe (mit $a_t = a \;\forall\, t = 1,...,T$):

$$AN_{a_t} = a \cdot \left(\sum_{t=1}^{T} q^{-t} \right) \cdot WGF_i^T \qquad \text{(IV-15)}$$

<u>Beispiel:</u> Im o.a. Beispiel sollen die jährlichen Auszahlungen für den Betrieb des Investitionsobjekts 5.000 € betragen:

$$AN_{a_t} = 5.000 \text{ €}.$$

- **Annuität** des **Barwerts** bei jährlichen **Auszahlungen** in **periodisch unterschiedlich hohen Beträgen** über den gesamten Planungshorizont:

$$AN_{a_t} = \left(\sum_{t=1}^{T} q^{-t} a_t \right) \cdot WGF_i^T \qquad \text{(IV-16)}$$

<u>Beispiel:</u> Die jährlichen Auszahlungen für den Betrieb eines Investitionsobjekts weichen betraglich während der Nutzungsdauer voneinander ab und sind wie nachfolgend dargestellt bezeichnet:

t_1	t_2	t_3	t_4	t_5	t_6	t_7	t_8
300	600	800	1.000	900	1.200	1.100	1.400

Der Barwert der Auszahlungsreihe beträgt 5.161,51 €. Um zur Annuität dieses Barwerts zu gelangen, ist es erforderlich, ihn in gleiche Zahlungsströme über die vorliegende Zeit zu verteilen. Dies geschieht mit Hilfe des Wiedergewinnungsfaktors (= $WGF^8_{0,07}$):

$$AN_{a_t} = 5.161{,}51 \cdot 0{,}16747 = 864{,}40 \text{ €}.$$

1.2.2 Vorteilhaftigkeitsvergleich mittels Annuitätenmethode

Nachdem die finanzmathematischen Eigenschaften der Annuität und die ökonomische Bedeutung verschiedener Annuitäten erläutert wurden, ist ihre Anwendung

1 Vermögenswertmethoden

auf Entscheidungssituationen des Investitionsmanagements aufzuzeigen. Abb. IV-6 zeigt für die jeweiligen Entscheidungssituationen, welche Entscheidung eine ermittelte Gewinnannuität begründet (vgl. *Hax* 1993, S. 35-36 und 41).

Entscheidungssituation	Entscheidungsregel
reines Vorteilhaftigkeitsproblem	• *Investitionsobjekt vorteilhaft*: $AN_C > 0$, da gilt: $0 < C_o \cdot WGF_i^T$. • *Investitionsobjekt in beliebigem Umfang durchführen*: $AN_C = 0$. • *Investitionsobjekt nicht durchführen*: $AN_C < 0$.
Wahlproblem	Es gilt als Entscheidungsregel: • $AN_{cJ} = \max_{j} \{ AN_{cj} \mid AN_{cj} \geq 0 \}$ • Dasjenige Investitionsobjekt $J \in \{1, 2, ..., j, ..., n\}$ dominiert alle anderen, das die höchste (relative) AN_C hat. • Nach der Höhe ihrer AN_C lassen sich die Investitionsobjekte in eine Rangfolge bringen. • Sind alle AN_C betraglich gleich, so liegt eine indifferente Entscheidungssituation vor.

Abb. IV-6: Überblick über die Entscheidungsregeln der Annuitätenmethode mit Gewinnannuität

1.3 Vergleich von Kapitalwert- und Annuitätenmethode

Es wurde bereits dargestellt, dass Kapitalwert- und Annuitätenmethode kapitalmarkttheoretisch und finanzmathematisch in einem sehr engen Verhältnis stehen. Sowohl nach der Annuitäten- als auch der Kapitalwertmethode führt der Vorteilhaftigkeitsvergleich für ein einzelnes Investitionsobjekt zum gleichen Entscheidungsergebnis. Betrachtet man im Gegensatz zur Entscheidung über ein einzelnes Investitionsobjekt das **Wahlproblem**, so wäre zu vermuten, dass es aufgrund der finanzmathematischen Beziehungen beider Methoden zu keinerlei Widersprüchen in den Vorteilhaftigkeitsempfehlungen kommt. An dieser Stelle ist allerdings eine einschränkende Bedingung zu erfüllen: Nur wenn die Zahlungsströme der zu vergleichenden Investitionsalternativen in der zeitlichen Länge identisch sind, besteht Widerspruchsfreiheit.

Beispiel: Es sollen nachfolgende drei Investitionsobjekte verglichen werden (bei einem einheitlichen Kalkulationszinsfuß von $i = 0,05$):

$I_1 := \{-300_0, 60_1, 120_2, 180_3\}$,
$I_2 := \{-100_0, 10_1, 80_2, 30_3\}$,
$I_3 := \{-800_0, 810_1, 40_2\}$.

Man erhält folgende Ergebnisse

	I_1	I_2	I_3
Kapitalwerte	21,48	8	7,71
Gewinnannuitäten	7,884*)	2,94*)	4,15**)

Tab. IV-8: Kapitalwert und Gewinnannuität im Vergleich mit *) $WGF_{0,05}^3 = 0,36726$

**) $WGF_{0,05}^2 = 0,53781$

Aus den Ergebnissen zu den Kapitalwerten resultiert abweichende Rangfolge in der Vorteilhaftigkeit:

$I_1 \succ I_2 \succ I_3$

Nach dem Kriterium der Gewinnannuität gilt jedoch eine andere Rangfolge der Vorteilhaftigkeiten:

$I_1 \succ I_3 \succ I_2$

Worauf ist der **Unterschied in der Rangfolge** von I_2 und I_3 im Beispiel zurückzuführen? Die **Erklärung** liegt in der Verteilung der jeweiligen Kapitalwerte der beiden Investitionsobjekte auf unterschiedliche Zeiträume: Der Zahlungsstrom von I_2 erstreckt sich über drei und derjenige von I_3 über zwei Jahre. Dadurch ändern sich die Kapitalwiedergewinnungsfaktoren. Implizit unterstellt man bei einem solchen Vorgehen, dass für die Zeitdifferenz eine (identische) Re-Investition mit gleicher Gewinnannuität beim Investitionsobjekt mit dem kürzeren Zahlungsstrom durchgeführt wird. Legt man stattdessen der Berechnung der Gewinnannuität den längsten Zeitraum unter den zu vergleichenden Investitionsalternativen zugrunde, so hebt sich der Widerspruch zwischen Kapitalwert- und Annuitätenmethode auf.

Beispiel: Es sollen die drei Investitionsobjekte aus obigem Beispiel auf Basis eines einheitlichen Zeitraums, der sich am maximalen Zeitraum der vorhandenen Investitionsobjekte orientiert (drei Jahre), im Rahmen der Annuitätenmethode verglichen werden. Hierzu ist I_3 mit dem $WGF_{0,05}^3 = 0,36726$ zu berechnen. Man erhält folgende Ergebnisse:

	I_1	I_2	I_3
Gewinnannuitäten	7,884	2,94	**2,83**

Tab. IV-9: Kapitalwert und Gewinnannuität im Vergleich

Der Wert der Gewinnannuität für das dritte Investitionsobjekt ist unter dieser Bedingung niedriger, da sein Kapitalwert nicht wie bisher auf zwei Jahre, sondern aufgrund der Ausrichtung an der maximalen Periode auf drei Jahre als uniforme Reihe verteilt wurde. Dadurch sinkt der Wert von vormals 4,15 auf jetzt 2,83 € und ermöglicht eine in der Rangfolge entsprechend der Kapitalwertmethode.

1.4 Bestimmung von Nutzungsdauer und Ersatzzeitpunkt

Bislang wurde in allen Überlegungen zur Vorteilhaftigkeit von Investitionsobjekten im Rahmen der Kapitalwertmethode die Länge des Zahlungsstroms und damit die Nutzungsdauer des Investitionsobjekts als gegeben angenommen. Die einem Investitionsobjekt zurechenbaren Ein- und Auszahlungen sind für das Unternehmen allerdings i.d.R. keine unveränderbaren Daten. So lassen sich z.B. höhere Einzahlungsüberschüsse erzielen, wenn ein zusätzlicher Mitarbeiter innerhalb des Mahn- und Inkassowesens die Außenstände verringert.

Soweit betriebliche Maßnahmen lediglich die Ein- und Auszahlungen einer einzelnen Periode verändern, fallen sie nicht in den Betrachtungsbereich der Investitions- und Finanzierungstheorie. Erst wenn von einer Entscheidung die Ein- und

Auszahlungen mehrerer Perioden betroffen sind, besteht ein intertemporales Wahlhandlungsproblem und damit eine Zuständigkeit für die Investitionstheorie.

Beispiel: So könnte ein Unternehmen vor der Frage stehen, ob es die Reparatur einer Produktionsanlage veranlassen bzw. selbst vornehmen soll, um deren technische Nutzungsdauer zu verlängern. Den zusätzlichen Reparaturausgaben stehen dann Einzahlungen späterer Perioden aus dem Verkauf der mit der Produktionsanlage erstellten Produkte gegenüber.

In solchen Fällen ist es sinnvoll, die Nutzungsdauer T wie folgt zu differenzieren (vgl. *Hax* 1993, S. 44):

- wirtschaftlich optimale Nutzungsdauer (= T_{opt}),
- technisch maximale Nutzungsdauer (= T_{max}).

Von Bedeutung für die Investitionsrechnung ist die **wirtschaftliche Nutzungsdauer**. Es handelt sich um diejenige Periode, während derer es vorteilhaft wird, ein Investitionsobjekt zu betreiben. Danach wird es stillgelegt und entweder verschrottet oder veräußert (was zu einem Liquidationserlös führen kann). Die wirtschaftliche Nutzungsdauer ist in folgender Weise für die Vorteilhaftigkeit in Investitionsentscheidungen zugrunde zu legen:

- In der **Vorschaurechnung** wird einem Investitionsobjekt die voraussichtliche optimale Nutzungsdauer zugrunde gelegt, die i.d.R. durch die technisch maximale Betriebsdauer begründet wird.

- Nach erfolgter Anschaffung und Inbetriebnahme können zentrale Erfolgsdeterminanten des Investitionsobjekts (z.B. unerwartete Nachfrageverschiebungen auf dem Absatzmarkt oder überraschend schneller technischer Fortschritt) in einer **Nachkalkulation** eine Überprüfung der ursprünglich zum Anschaffungszeitpunkt ermittelten Vorteilhaftigkeit erfordern. In diesem Zusammenhang wird die Frage nach dem **optimalen Ersatzzeitpunkt** behandelt - es kommt zu einer nachträglichen Überprüfung der ursprünglich festgelegten Nutzungsdauer.

Bei den folgenden Methoden zur Bestimmung der optimalen Nutzungsdauer und des Ersatzzeitpunkts wird nach wie vor die Prämisse eines einheitlichen, periodenunabhängigen Kalkulationszinssatzes und damit die Annahme des vollkommenen Kapitalmarkts zu Grunde gelegt.

1.4.1 Optimale Nutzungsdauer eines geplanten Investitionsobjekts

Zentral ist für die Betrachtungen zur optimalen Nutzungsdauer, dass dieser Zeitraum kleiner sein kann als die technisch maximal mögliche Periode. Das durch Veräußerung **frei gewordene Kapital** kann entweder

- zum **Ersatz** des gleichen Investitionsobjekts mittels Re-Investition (= Ersatzinvestition i.S. eines **Anschlussprojekts**), oder
- zur Anlage am **Kapitalmarkt** zum Kalkulationszinsfuß

verwendet werden. Die vorläufige **Faustregel** für die hinter dieser Überlegung stehende Wirtschaftlichkeitsvorstellung lautet:

> Je wirtschaftlicher eine Ersatzinvestition, um so vorteilhafter ist die Stilllegung des alten Investitionsobjekts.

Für die Berechnung des Kapitalwerts wird damit die Kenntnis der Periode erforderlich, in der die Nutzung eines Investitionsobjekts wirtschaftlich wird. Der gravierende Unterschied zur bisherigen Verfahrensweise der Kapitalwertberechnung besteht somit darin, dass die **Nutzungsdauer nicht** mehr als **technisch exogene Determinante** behandelt wird. Sie ist demgegenüber ihrerseits (wie der Kapitalwert) ein ökonomisches Problem. „Kapitalwert und ‚wirtschaftliche Nutzungsdauer' sind als ‚simultan', in ein und demselben Rechengang zu bestimmen: durch Berechnung des zeitlichen Kapitalwertmaximums (...)" (*Schneider* 1992, S. 103).

1.4.1.1 Betrachtung einer einmaligen Investition – Grundmodelle

Vorerst soll nachfolgend davon ausgegangen werden, dass das nach Ende der Nutzung des Investitionsobjekts **freigesetzte** (amortisierte) **Kapital** am **Kapitalmarkt** angelegt wird. Die alternative Verwendungsmöglichkeit des Kapitals zur Durchführung einer Ersatzinvestition wird damit zunächst außer Acht gelassen. Man sagt auch, dass ein Anschluss- oder Folgeprojekt nicht getätigt wird. „Diese Problemstellung tritt regelmäßig bei der Beurteilung von Projekten auf, deren Dauer vom Investor zu bestimmen ist. Solange die Projektdauer nicht bekannt und damit die Zahlungsreihe nicht gegeben ist, lässt sich das Projekt nicht vollständig beurteilen" (*Nitzsch* 1999, S. 51).

Fall I: Anwendung der Kapitalwertmethode

Im **Grundmodell** zur Ermittlung der optimalen Nutzungsdauer eines Investitionsobjekts wird davon ausgegangen, dass sich die vorgegebene Zahlungsreihe eines Investitionsobjekts zu einem beliebigen Zeitpunkt abbrechen lässt, ohne dass sich dadurch die bis zum Stilllegungstermin anfallenden Zahlungen ändern. Die zugrunde liegende wirtschaftliche Überlegung ist dabei folgende: Das Unternehmen verzichtet bei Objektveräußerung vor Ablauf der Nutzungsdauer auf weitere Einzahlungen aus dem Investitionsobjekt. Diesem vordergründigen wirtschaftlichen Nachteil steht der Vorteil des i.d.R. höheren Liquidationserlöses aus der Veräußerung gegenüber: Dieser Wert wird vor Ablauf der Nutzungsdauer größer sein, als wenn das Investitionsobjekt weiter betrieben und erst zu einem späteren Zeitpunkt liquidiert wird.

Im **einfachsten Fall** dieser Grundüberlegung wird davon abgesehen, dass es nach Stilllegung eines betrachteten Investitionsobjekts zu einer Ersatzinvestition kommt. Auf der Grundlage eines vollkommenen Kapitalmarkts wird angenommen, dass das durch Veräußerung frei werdende **Kapital zum** Kalkulationszinsfuß, d.h. dem im Betrachtungszeitpunkt herrschenden **Kapitalmarktzinssatz**, angelegt oder zur Tilgung aufgenommener Kredite verwendet wird. Die Vorteilhaftigkeit ist auf die Länge der wirtschaftlichen Nutzungsdauer bezogen, und das Kapitalwertkriterium findet Anwendung:

> Die **optimale Nutzungsdauer** eines Investitionsobjekts ist jene Periode, bei der der **Kapitalwert** der Zahlungsreihe des Investitionsobjekts (als Funktion seiner Nutzungsdauer) **maximal** ist.

Beispiel: Ein Investitionsobjekt weise eine Anschaffungsauszahlung von $a_0 = 1.000$ und die weiteren Zahlungsströme nachfolgender Tabelle auf (Angaben in €).

1 Vermögenswertmethoden

	t_1	t_2	t_3	t_3	t_4
d_t	600	400	200	400	200
L_T	800	600	400	200	0

Tab. IV-10: Beispielwertetabelle zur optimalen Nutzungsdauer

Dabei zeigen die Werte für L_T die (vom Entscheider prognostizierten) Liquidationserlöse pro Jahr der Nutzungsdauer an. Wird das Investitionsobjekt zum Zeitpunkt T verkauft, fällt der Liquidationserlös L_T an. Die entsprechenden Werte fallen mit wachsender Nutzungsdauer. Die Reihe der Einzahlungsüberschüsse d_1, d_2, d_3, ... bricht mit $d_t = d_T$ dann ab.

Der Kapitalwert ist nun im Unterschied zu den bisherigen Vorteilhaftigkeitsverfahren davon abhängig, welche Nutzungsdauer gewählt wird und welcher Kalkulationszinsfuß der Berechnung zugrunde gelegt wird. In nachfolgender Tabelle sind die Zahlungsreihen des Investitionsobjekts für alle alternativ möglichen Nutzungsdauern festgehalten.

T	Zahlungsreihen für alternative Nutzungsdauern							Kapitalwerte für	
	t_0	t_1	t_2	t_3	t_4	t_5	$i = 0,1$	$i = 0,2$
0	-	-	-	-	-	-	0	0
1	-1.000	(600+800) 1.400	-	-	-	-	272,73	166,67
2	-1.000	600	(400+600) 1.000	-	-	-	371,90	194,44
3	-1.000	600	400	(200+400) 600	-	-	326,82	125,00
4	-1.000	600	400	200	(400+200) 600	-	436,10	182,87
5	-1.000	600	400	200	400	(200+0) 200	423,69	166,80

Tab. IV-11: Kapitalwerte für unterschiedliche Kalkulationszinsfüße

Zwei **Erkenntnisse** sind aus der Tab. IV-11 mit den Beispielwerten grundsätzlich zu ziehen:

- Man kann die Zahlungsreihen alternativer Nutzungsdauern als Zahlungsreihen von sich gegenseitig ausschließenden Investitionsobjekten auffassen. Dadurch gelangt die Entscheidungsregel unter Alternativen zur Anwendung, wonach dasjenige Investitionsobjekt vorteilhaft gegenüber allen anderen ist, welches den höchsten (positiven) Kapitalwert aufweist. Bei einem Kalkulationszinsfuß von *10%* ist es wirtschaftlich sinnvoll, nach der vierten Periode das Investitionsobjekt stillzulegen und es zum Liquidationserlös von dann nominal *200 €* zu veräußern.

- Die Kapitalwerte der Zahlungsreihen wurden einmal unter der Annahme eines Kalkulationszinsfußes von *10%* und anschließend von *20%* ermittelt. Es zeigt sich, dass mit dem Anstieg des Kalkulationszinsfußes die optimale Nutzungsdauer verkürzt wird: Im Beispielfall sinkt die optimale Nutzungsdauer bei *i = 0,2* von vier auf zwei Perioden.

Formal wird so die optimale Nutzungsdauer nach folgender Vorschrift ermittelt (vgl. *Busse von Colbe/ Laßmann* 1990, S. 132):

$$C_0(T) = -a_0 + \sum_{t=1}^{T} d_t \cdot (1+i)^{-t} + L_T \cdot (1+i)^{-T} \tag{IV-17a}$$

Als Entscheidungsregel gilt daraufhin:

$$\max_{T} \{C_0(T)\} \quad \text{mit} \quad t = 1, 2, ..., T_{max} \tag{IV-17b}$$

Fall II: Anwendung des Grenzwertkalküls

Eine weitere vereinfachte Berechnung der optimalen Nutzungsdauer erfolgt durch die Anwendung des sog. Grenzwertkalküls. Nach dieser Methode wird die optimale Nutzungsdauer ebenfalls nach dem **Kriterium des zeitlichen Kapitalwertmaximums bestimmt:**

> Die Nutzungsdauer ist beim Grenzwertkalkül optimal, wenn aufgrund der Veränderung der Investitionsdauer der sich daraufhin einstellende zeitliche **Grenzgewinn Null** wird.

Vorausgesetzt ist dabei, dass der Grenzgewinn zuvor stets positiv war und nach dem Endzeitpunkt der ermittelten optimalen Nutzungsdauer stets negativ bleibt (= Annahme monoton sinkender Grenzeinzahlungsüberschüsse).

Grundsätzlicher Ausgangspunkt bildet beim Grenzwertkalkül die Frage, ob die Nutzung eines Investitionsobjekts von (*T-1*) Perioden um eine Periode auf *T* Perioden verlängert werden soll. Die Antwort erhält man durch einen Vergleich der jeweiligen zeitlichen Kapitalwerte (vgl. *Busse von Colbe/ Laßmann* 1990, S. 134-137).

Zum Zeitpunkt (*T–1*) gilt:

$$C_0(T-1) = \left[-a_0 + \sum_{t=1}^{T-1} d_t \cdot (1+i)^{-t}\right] + L_{T-1} \cdot (1+i)^{-(T-1)} \tag{IV-18}$$

und zum Zeitpunkt T:

$$C_0(T) = \left[-a_0 + \sum_{t=1}^{T} d_t \cdot (1+i)^{-t}\right] + L_t \cdot (1+i)^{-T} \tag{IV-19a}$$

bzw. in alternativer Darstellung:

$$C_0(T) = \left[-a_0 + \sum_{t=1}^{T-1} d_t \cdot (1+i)^{-t}\right] + d_T \cdot (1+i)^{-T} + L_T \cdot (1+i)^{-T} \tag{IV-19b}$$

Der Inhalt der eckigen Klammern in Gleichung IV-18 und Gleichung IV-19b ist für *C₀(T)* und *C₀(T-1)* identisch. Eine **Verlängerung** der **Nutzung** ist dann vorteilhaft, **wenn** jeder Verlängerung der Nutzungsdauer um eine Periode ein **positiver Kapitalwert** zugeordnet werden kann, d.h. wenn gilt: $\Delta C_0 = C_0(T) - C_0(T-1) \geq 0$. Für ΔC_0 lässt sich dies in folgender Weise darstellen:

$$C_0(T) = C_0(T-1) + d_T \cdot (1+i)^{-T} + L_T \cdot (1+i)^{-T} - L_{T-1} \cdot (1+i)^{-(T-1)}$$

$$= C_0(T-1) + d_T \cdot (1+i)^{-T} + L_T \cdot (1+i)^{-T} - L_{T-1} \cdot (1+i)^{-T} \cdot (1+i)$$

$$= C_0(T-1) + d_T \cdot (1+i)^{-T} + (L_T - L_{T-1}) \cdot (1+i)^{-T} - L_{T-1} \cdot i \cdot (1+i)^{-T}$$

$$C_0(T) - C_0(T-1) = d_T \cdot (1+i)^{-T} + (L_T - L_{T-1}) \cdot (1+i)^{-T} - L_{T-1} \cdot i \cdot (1+i)^{-T},$$

1 Vermögenswertmethoden

woraus folgt:

$$\Delta C_0 = d_T \cdot (1+i)^{-T} + (L_T - L_{T-1}) \cdot (1+i)^{-T} - L_{T-1} \cdot i \cdot (1+i)^{-T} \geq 0 \qquad \text{(IV-20)}$$

Die Größe ΔC_0 stellt den Grenzgewinn des alten Investitionsobjekts dar. Er entspricht wiederum dem Grenzeinzahlungsüberschuss d'_T.

Somit ist der Weiterbetrieb des alten Investitionsobjekts wirtschaftlich solange sinnvoll, bis der Grenzgewinn Null ist, d.h. wenn [nach Multiplikation von Gleichung (IV-20) mit $(1+i)^T$] gilt:

$$d_T \geq i \cdot L_{T-1} - (L_T - L_{T-1})$$

| Einzahlungs-
überschuss | $\geq$ | Zinsen auf
den
Liquidations-
erlös | $-$ | Minderung des
Liquidations-
erlöses |

Der periodische Einzahlungsüberschuss des Investitionsobjekts muss unter dieser Bedingung gleich dem aufgezinsten Liquidationserlös am Ende der Vorperiode abzüglich des Liquidationserlöses am Ende der betrachteten Periode sein. Die Einzahlungsüberschüsse pro Periode müssen zuvor über und danach unter diesem Differenzwert liegen:

$$d_T + L_T > (1+i) \cdot L_{T-1} \qquad \text{(IV-21)}$$

Nachfolgendes Beispiel dient der Verdeutlichung dieser Aussage.

Beispiel: Ein Investitionsobjekt weise folgende Zahlungsströme auf: $I := \{-400_0, 176_1, 176_2, 136_3, 100_4, 76_5\}$. Hierzu korrespondiert eine Reihe geschätzter Liquidationserlöse: $L_T = \{0_0, 320_1, 240_2, 160_3, 80_4, 0_5\}$.

Der Kalkulationszinsfuß beträgt 10%. Gesucht wird die optimale Nutzungsdauer. Es gilt als Ausgangspunkt die bereits hergeleitete Kapitalwertgleichung (IV-19). Alle Angaben sind in €.

#		t_0	t_1	t_2	t_3	t_4	t_5
1	L_T	(400)	320	240	160	80	0
2	d_t	-400	176	176	136	100	76
3	$L_T - L_{T-1}$		(320 - 400) -80	-80	-80	-80	-80
4	$-i \cdot L_{T-1}$		(-400 · 0,1) -40	-32	-24	-16	-8
5	Grenzeinzahlungsüberschuss $(d_t') = [(2) + (3) + (4)]$		56	64	32	4	-12
6	Barwert des Grenz- einzahlungsüberschusses		[56 (1,1)$^{-1}$] 50,9	52,9	24	2,7	-7,5
7	$C_0(T)$		50,9	103,8	127,8	**130,5**	123,0

Tab. IV-12: Arbeitstabelle zur Herleitung der optimalen Nutzungsdauer im Beispielfall

Damit ergibt sich die optimale Nutzungsdauer am Ende des vierten Jahres ($T_{opt} = 4$), da dort das absolute Kapitalwertmaximum festgestellt wird.

Verallgemeinert kann man diese Regel wie folgt ausdrücken: Die **Nutzung** eines **Investitionsobjekts** lohnt sich nach dem **Kapitalwertkriterium** solange, wie die Nettoeinnahmen bei Weiterbetrieb des Investitionsobjekts um eine Periode ($d_T + L_T$) größer sind als die zusätzlichen Einnahmen bei Beendigung der Nutzung in der Vorperiode und Anlage des frei gewordenen Kapitals zum Kalkulationszinsfuß (vgl. auch *Schneider* 1992, S. 103-104).

Gleichung (IV-21) stellt eine **lokale Bedingung** dar, die nur etwas über die Verlängerung der Nutzungsdauer um eine Periode aussagt. Dies veranschaulicht Abb. IV-7. Daher ist bei Vorliegen **mehrerer Maxima** einer **Kapitalwertfunktion** $C_0(T)$ das globale Maximum zu bestimmen. Dies wird durch die Nutzungsdauer mit dem absolut höchsten Kapitalwert der Zahlungsreihe repräsentiert.

Handelt es sich um **kontinuierliche Zahlungsströme**, so liegt das Kapitalwertmaximum bei einem Grenzkapitalwert von Null vor, da hier Grenzeinzahlungen den Grenzauszahlungen betraglich entsprechen. Nachfolgende Ungleichung fasst dies durch Gegenüberstellung des periodischen Grenzerfolges mit dem Kalkulationszinsfuß zusammen:

$$\frac{d_T + (L_T - L_{T-1})}{L_{T-1}} \geq i \qquad \text{(IV-22)}$$

Demzufolge ist die zeitliche Grenzrendite auf das gebundene Kapital (= L_{T-1}) im Kapitalwertmaximum gleich dem Kalkulationszinsfuß.

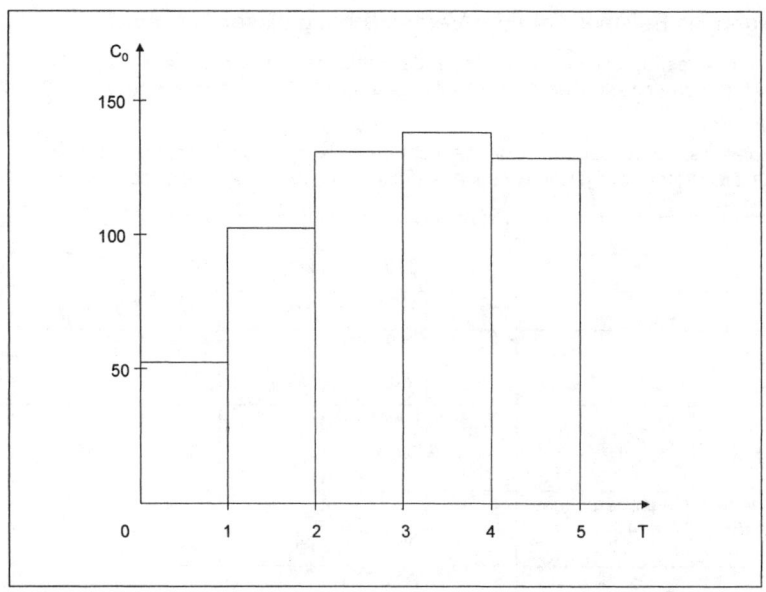

Abb. IV-7: Veranschaulichung lokaler Maxima des Kapitalwerts

<u>Lesehinweise:</u> *Busse von Colbe/ Laßmann* (1990, S. 134-137), *Hax* (1993, S. 45-48) und *Nitzsch* (1999, S. 51-56).

1.4.1.2 Betrachtung von Investitionsketten

Bislang erfolgte die Betrachtung der optimalen Nutzungsdauer unter der Prämisse, dass nach dem Ende der Nutzungsdauer keine weitere Investition vorgenommen wird, sondern das frei gewordene Kapital am Kapitalmarkt zum Kalkulationszinsfuß anzulegen ist. Nachfolgend wird die alternative Verwendungsmöglichkeit des frei gewordenen Kapitals untersucht – die **Finanzierung** einer **Ersatzinvestition**.

Fall I: Endliche Investitionskette

Untersucht werden soll jetzt der Fall, in dem ein erstes Investitionsobjekt (= I_A) nach seiner Stilllegung durch ein anderes (zweites) Investitionsobjekt (= I_B) ersetzt wird. Es soll in einem ersten Fall nur möglich sein, diese Ersatzinvestition **in jedem Zeitpunkt einmal** zu tätigen. Dabei markiert das Ende der Nutzung des ersten Investitionsobjekts (= $T_{E,A}$) gleichzeitig den Beginn der Nutzungsdauer der zweiten (Nachfolge-)Investition. Die Investitionsentscheidung konzentriert sich unter diesen Umständen auf die Planung einer **Kette zweier identischer Investitionsobjekte**. Hierbei gilt es den Begriff „identisch" zu spezifizieren. Er drückt

- **keine physische Identität** der Investitionsobjekte aus, sondern

- **gleiche Ertragsfähigkeit**, d.h. gleicher Kapitalwert für die Nutzungsdauer, wie er sich bei einmaliger Investition ergibt, was

- **gleiche Anschaffungsausgaben** erfordert, aber **ungleiche Zahlungsströme** zulässt (vgl. *Schneider* 1992, S. 104).

Eine Erstinvestition und eine einmalige Re-Investition bilden eine **Investitionskette aus zwei Gliedern**. Sie besteht erfolgswirtschaftlich gesehen aus dem Gesamtgewinn, der sich aus dem addierten Gewinn der einzelnen Investitionsobjekte ergibt. Von Bedeutung für die Höhe des Gesamtgewinns ist, zu welchem Zeitpunkt das erste durch das zweite Investitionsobjekt ersetzt wird. Es lässt sich diesbezüglich bereits absehen, dass dieser Zeitpunkt bei einer Kette früher liegen wird, als es bei Ermittlung der wirtschaftlichen Nutzungsdauer der jeweiligen Einzelinvestitionen der Fall wäre. Abb. IV-8 verdeutlicht diese Überlegung.

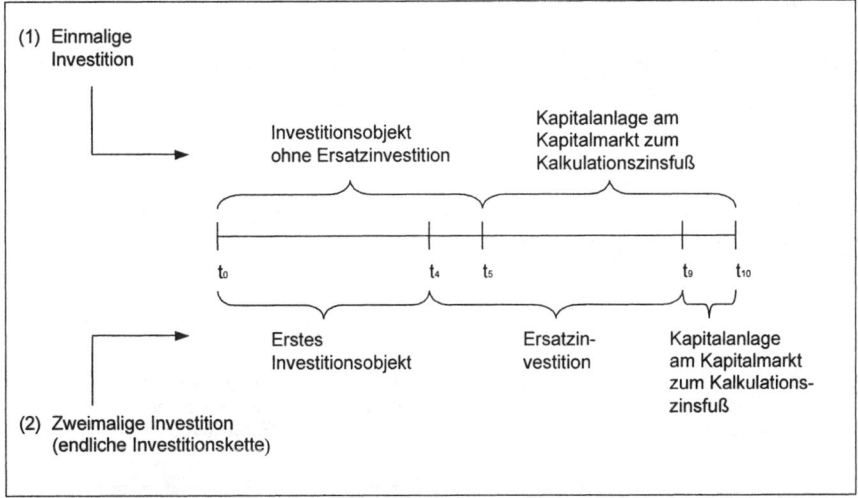

Abb. IV-8: Zeitstruktur der Investitionskette bei einmaliger und zweimaliger Investition

"Dieses Ergebnis erklärt sich so: Bei einmaliger Investition wird die Anlage hinausgeworfen, wenn ihr zeitlicher Grenzgewinn Null ist (Grenzrendite = Kalkulationszinssatz). Hat der Unternehmer jedoch die Möglichkeit, anstelle der Geldanlage zum Kalkulationszinsfuß eine zweite Sachinvestition vorzunehmen, so wird ihm diese zweite Sachinvestition einen Einkommenszuwachs versprechen, und zwar in Höhe der Zinsen auf ihren Kapitalwert. Die Zinsen auf die Anschaffungsausgaben würde der Unternehmer in jedem Fall verdienen, z.B. wenn er das Geld auf dem Kapitalmarkt anlegen würde. Der Einkommenszuwachs durch das zweite Investitionsobjekt beläuft sich also auf die Differenz: Zinsen auf den Ertragswert minus Zinsen auf die Anschaffungsausgaben gleich Zinsen auf den Kapitalwert" (*Schneider* 1992, S. 104-105).

Unter diesen Bedingungen ist die Kapitalwertmaximierung nicht für ein Einzelobjekt, sondern für die gesamte Investitionskette (= C_{0K}) durchzuführen:

$$C_{0K} = C_{0A} + C_{0B} \cdot (1+i)^{-T_A} \tag{IV-23}$$

mit

T_A = Nutzungsdauer des ersten Investitionsobjekts,
C_{0B} = Kapitalwert für das identische Investitionsobjekt B im Zeitpunkt T_A.

Für die Ermittlung der optimalen Nutzungsdauer einer endlichen, zweigliedrigen Investitionskette ($T_A \in \{1, ..., T_{max}\}$) ist demnach die Unterscheidung zwischen dem Gesamtkapitalwert einer Periode T (= $C_{0T,K}$) und demjenigen einer zweiten zu vergleichenden Periode $T+1$ von Bedeutung:

$$C_{0T,K} = d'_T + L_T + C_{0B} \tag{IV-24}$$

mit d'_T = Grenzeinzahlungsüberschuss.

Bei Ersatz in $T+1$ gilt:

$$C_{0T+1,K} = d'_T \cdot (1+i) + d'_{T+1} + L_{T+1} + C_{0B} \tag{IV-25}$$

Als Differenz dieser beiden zeitpunktbezogenen Kapitalwerte gilt (nach Umformungen):

$$C_{0T+1,K} - C_{0T,K} \cdot (1+i) = d'_T \cdot (1+i) + d'_{T+1} + L_{T+1} + C_{0B} - d'_T \cdot (1+i) - L_T \cdot (1+i) - C_{0B} \cdot (1+i)$$

bzw. nach Umstellungen:

$$C_{0T+1,K} - C_{0T,K} \cdot (1+i) = d'_{T+1} + (L_{T+1} - L_T) - L_T \cdot i - C_{0B} \cdot i \tag{IV-26}$$

Da die Differenz der Kapitalwerte Null betragen soll, gilt (um eine Periode verschoben) folgende **Entscheidungsregel**:

d'_{T+1}	+	$(L_{T+1} - L_T)$	−	$L_T \cdot i$	=	$C_{0B} \cdot i$
Grenzeinzahlungsüberschuss	+	Restwertfall	−	Zinsen auf Restwert	=	Zinsen auf den Kapitalwert der Ersatzinvestition

1 Vermögenswertmethoden

Beispiel: Das Beispiel von S. 137 wird in eine Investitionskette (einmaliger Art) ausgebaut. Grundlage ist vorangegangene Gleichung IV-23 und die aus der vorangegangenen Beispielaufgabe ermittelten Werte. Zugrunde gelegt werden der Entscheidung über die optimale Nutzungsdauer und der Möglichkeit jährlicher Ersatzzeitpunkte das Verhältnis von Grenzeinzahlungsüberschüssen und Verzinsung des Kapitalwerts der Ersatzinvestition I_B. Grundlage deren Verzinsung ist ihr jeweiliger periodischer Kapitalwert, der wegen der Eigenschaft als Ersatzinvestition direkt aus den Kapitalwerten der Erstinvestition I_A abgelesen werden kann. Für $T_{E,A} = 3$ gilt: $32 \geq 127{,}8 \cdot 0{,}1$, wogegen für $T_{E,A} = 4$ gilt: $4 \leq 130{,}6 \cdot 0{,}1$.

Aus nachfolgender Abb. IV-9 sind die Ergebniswerte ablesbar und wie folgt zu interpretieren:

(1) Die optimale Nutzungsdauer für Investitionsobjekt A beträgt drei Jahre (= $T_{E,A\ opt}$). Aus Abb. IV-9 ist ersichtlich, dass im Übergang vom dritten in das vierte Jahr die Vorteilhaftigkeit des Investitionsobjekts gegenüber dem Grenzertrag der Kapitalmarktanlage von $C_0(T)$ wechselt.

(2) Der maximale Kapitalwert der zweigliedrigen Investition ist unter diesen Umständen:
$C_{OK} = 128 + 130{,}6 \cdot q^{-3} = 226{,}12$ €.

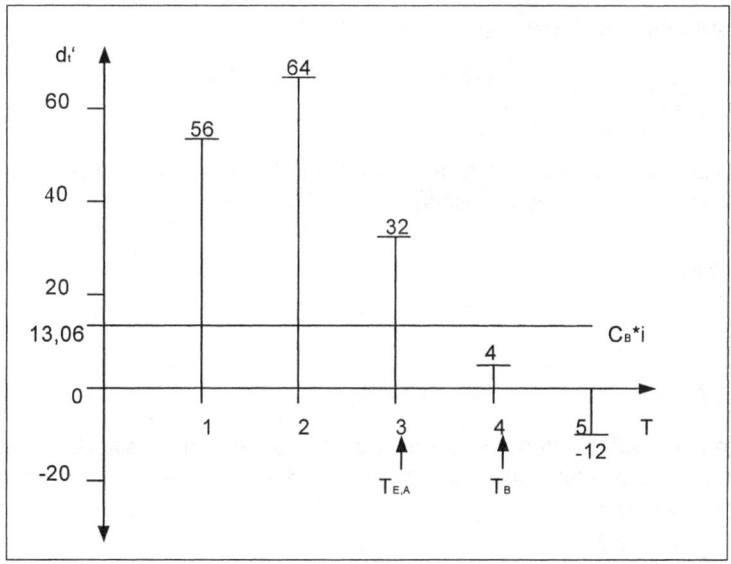

Abb. IV-9: Grenzeinzahlungsüberschüsse der Beispielaufgabe

Lesehinweise: *Busse von Colbe/ Laßmann* (1990, S. 137-141) und *Schneider* (1992, S. 105-106).

Fall II: Unendliche Wiederholung von Investitionen

In einer Erweiterung des behandelten Falls einer endlichen Investitionskette wird in einem nächsten Fall von einer unendlich häufig getätigten Ersatzinvestition ausgegangen. „Wenn aber die Anlagen identisch sind und mit gleich hohen Zinsen auf die Kapitalwerte ihrer Nachfolger belastet werden, so muss auch die wirtschaftliche Nutzungsdauer aller Anlagen der Investitionskette gleich lang sein. In diesem Punkt unterscheidet sich der Fall der unendlichen Investitionskette von dem Fall einer begrenzten Zahl von Ersatzbeschaffungen" (*Schneider* 1992, S. 106).

Unterstellt man eine unendliche Wiederholung der Ersatzinvestition, so müssen **sämtliche Kapitalwerte** für die optimale Nutzungsdauer **berücksichtigt** werden; jedes Investitionsobjekt hat unendlich viele Nachfolger. Ferner ist der auf den Nutzungsbeginn eines Investitionsobjekts bezogene (partielle) Kapitalwert gleich und wie folgt zu definieren (vgl. *Busse von Colbe/ Laßmann* 1990, S. 141-144):

$$C_{0A}(T) = C_{0T_{opt}B}(T)...$$ (IV-27)

Wegen der betraglichen Identität der Kapitalwerte und der Nutzungsdauer der beiden Investitionsobjekte werden deren Indizes A, B entbehrlich und es gilt für die unendliche Investitionskette:

$$C_{0K} = C_0(T) + C_0(T) \cdot q^{-T} + C_0(T) \cdot q^{-2T} + ...$$ (IV-28a)

mit $q^{-T} = \dfrac{1}{(1+i)^T}$. Bei **Umformung** der unendlichen uniformen Reihe entsteht:

$$C_{0K} = \dfrac{C_0(T)}{1 - \dfrac{1}{q^T}}$$ (IV-28b)

Erweitert man den Bruch mit q^T, folgt:

$$C_{0K} = C_0(T) \dfrac{q^T}{q^T - 1}$$ (IV-29)

Zu Gleichung IV-29 lässt sich der Quotient in Form des Kapitalwiedergewinnungsfaktors *WGF* dividiert durch *i* einsetzen:

$$C_{0K} = \dfrac{C_0(T) \cdot WGF}{i} = \dfrac{c^*(T)}{i}$$ (IV-30a)

bzw.

$$c^*(T) = C_{0K} \cdot i$$ (IV-30b)

Die Annuität entspricht gem. Gleichung IV-30b den Zinsen auf den Kapitalwert der Investitionskette. Das Kalkül der optimalen Nutzungsdauer kann auf der Annuität basieren, da gilt:

$$c^*(T) = \left[-a_0 + \sum_{t=1}^{T} d_t \cdot q^{-t} + L_T \cdot q^{-T} \right] \dfrac{i \cdot q^T}{q^T - 1}$$ (IV-31)

Es ist jetzt die maximale Annuität $c_{max}^*(T)$, die die optimale Nutzungsdauer $T_{E,opt}$ bestimmt, und die Entscheidungsregel lautet:

$$\max_T \{c^*(T)\}$$ (IV-32)

für T = 1, 2, ..., T_{max}.

Übertragen auf die Werte des vorangegangenen Beispiels lässt sich diese formalisierte Überlegung wie folgt nachvollziehen.

Beispiel: Es gelten die Zahlungsstromdaten von S. 137, womit die optimale Nutzungsdauer $T_{E,opt}$ bei unendlichen Wiederholungen ermittelt werden soll. Grundlage ist Gleichung (IV-30b).

Zwei Ergebnisse erhält man aufgrund der Berechnungen aus Tab. IV-13:

(1) Da $c_{max}^* = c^*(2) = 59,81$, ist es optimal, am Ende jeder zweiten Periode ein neues Investitionsobjekt anzuschaffen.

1 Vermögenswertmethoden

(2) Der Kapitalwert der unendlichen Investitionskette beträgt:

$$C_{OK}(T_{E,opt} = 2) = 59{,}81 \cdot \frac{1}{0{,}1} = 598{,}10 \text{ €}.$$

T	1	2	3	4	5
$C_0(T)$	50,9	103,80	127,80	130,50	123,0
$WGF_{0,1}^T$	1,1	0,5762	0,4021	0,3155	0,2638
$c^*(T)$	55,99	59,81	51,39	41,17	32,45

Tab. IV-13: Beispielwerte zur optimalen Nutzungsdauer

Lesehinweise: *Busse von Colbe/ Laßmann* (1990, S. 141-143), *Kruschwitz* (2003, S. 184-199) und *Altrogge* (1994).

1.4.2 Optimaler Ersatzzeitpunkt

Der optimale Ersatzzeitpunkt ist eine weitere **Variante** des Entscheidungsproblems **zur wirtschaftlichen Nutzungsdauer**. Diese tritt vor allem deshalb auf, weil aus gegenwärtiger Sicht im Rahmen einer Vorschaurechnung nicht sicher ist, ob alle in Zukunft während der Nutzungsdauer zu erwartenden Determinanten des Investitionsobjekts auch tatsächlich in der erwarteten Weise später eintreten werden. Kommt es zu Abweichungen der Ist-Werte gegenüber den Planzahlen der Vorschaurechnung während der Nutzungsdauer, so ist eine Überprüfung hinsichtlich der nachträglichen Vorteilhaftigkeit des Investitionsobjekts erforderlich. Mithin ist über eine anschließende Entscheidung über die Vornahme eines **vorzeitigen Ersatzes** zu befinden. Das sich dann stellende Entscheidungsproblem kann im Rahmen der Methodik der Investitionsrechnung als eine Entscheidung zwischen **zwei Alternativen** bezeichnet werden, die wie folgt charakterisiert sind:

- **Alternative 1:** Ersatz des in Betrieb befindlichen Investitionsobjekts zum Kalkulationszeitpunkt oder

- **Alternative 2:** Ersatz nach einem weiteren Jahr planmäßiger Nutzung.

Damit ist ein **echter Ersatzfall** dargestellt, in dem altes und neues Investitionsobjekt als sich ausschließende Alternativen (implizit) gekennzeichnet sind. Folgende Eigenschaften gelten für diese Investitionsobjekte hinsichtlich ihrer Kapitalbindung:

- Das alte Investitionsobjekt bindet pro Periode seiner Nutzungsdauer Kapital in Höhe seines periodisch bewerteten Liquidationserlöses.

- Die Kapitalbindung beim neuen Investitionsobjekt besteht in Höhe seiner Anschaffungsausgaben.

Die Differenz zwischen den jeweiligen Beträgen des periodisch gebundenen Kapitals ließe sich alternativ am Kapitalmarkt anlegen und würde dort eine Rendite zum Kalkulationszinsfuß erzielen. Wegen der Notwendigkeit, alte und neue Ersatzinvestition hinsichtlich ihrer Zeitachsen vergleichbar zu machen, ist es üblich, eine **unendliche identische Investitionskette** in beiden Investitionsalternativen zu unterstellen. Man gelangt dann zu folgender Reformulierung der Entscheidungssituation (vgl. *Busse von Colbe/ Laßmann* 1990, S. 144-145):

- **Alternative 1**: Der heutige Ersatz des alten Investitionsobjekts drückt aus, dass das erste Investitionsobjekt einer unendlichen Kette von Ersatzinvestitionen mit gleicher Rendite im Gegenwartszeitpunkt angeschafft wird. Die Gewinnbeiträge dieser Kette werden mittels des Durchschnittsgewinns ausgedrückt, was durch die Verwendung der Gewinnannuität einer Investition erfolgt:

$$c^*(T) = i \cdot C_{0K} \quad \text{(IV-33)}$$

- **Alternative 2**: Das „Weiternutzen des alten Investitionsobjekts um ein Jahr", bedeutet, dass erst nach Ablauf eines Jahres das erste Investitionsobjekt durch eine unendliche Kette von Ersatzinvestitionen mit gleicher Rendite ersetzt wird. Hierbei bestehen die Gewinnbeiträge der Kette aus

    ♦ dem Grenzgewinn des alten Investitionsobjekts:

$$d'_{alt, t} = d_t + (L_t - L_{t-1}) - i \cdot L_{t-1} \quad \text{(IV-34)}$$

    und

    ♦ anschließendem Durchschnittsgewinn der Ersatz- und damit Nachfolgeinvestitionen (vgl. *Schneider* 1992, S. 108-109). Er entspricht den Zinsen des Kapitalwerts des neuen Investitionsobjekts (= c^*_{neu}).

Nach diesen Vorüberlegungen gilt es, zur Ermittlung des optimalen Ersatzzeitpunkts folgende Zahlungsströme und Kapitalwerte zu vergleichen:

$$I_{Sofortersatz} := \{c^*_{neu, 1}, c^*_{neu, 2}, ..., c^*_{neu, t}, ..., c^*_{neu, \infty}\} \quad \text{(IV-35a)}$$

$$I_{Ersatz\ in\ t_1} := \{d'_{alt, 1}, c^*_{neu, 2}, ..., c^*_{neu, t}, ..., c^*_{neu, \infty}\} \quad \text{(IV-35b)}$$

$$I_{Ersatz\ in\ t_2} := \{d'_{alt, 1}, d'_{alt, 2}, c^*_{neu, 3}, ..., c^*_{neu, t}, ..., c^*_{neu, \infty}\}\ \text{etc.} \quad \text{(IV-35c)}$$

Aus diesen Kapitalwerten ist das **Kapitalwertmaximum** nach folgender Entscheidungsregel zu bestimmen:

$$\max_T \{C_0(T)\} \quad \text{(IV-36)}$$

$$\text{mit } C_0(T) = \sum_{t=1}^T d'_{alt, t} \cdot (1+i)^{-t} + \underbrace{\frac{c^*_{neu}(T_{opt})}{i} \cdot (1+i)^{-T}}_{\text{Barwert der Ersatzkette}}$$

Unterstellt man monoton sinkende Grenzeinzahlungsüberschüsse (= $d'_{alt,t}$) während der möglichen Restnutzungsdauer, so wird der Vergleich zwischen diesen und der Annuität des neuen Investitionsobjekts möglich. Der Ersatz des alten durch das neue Investitionsobjekt ist wirtschaftlich sinnvoll, wenn gilt:

$$c^*_{neu} > d'_{alt, t} \quad \text{(IV-37)}$$

Ähnlich der Bestimmung der optimalen Nutzungsdauer wird die Ermittlung des **globalen Maximums** des Kapitalwerts erforderlich, wenn die Monotoniebedingung nicht als erfüllt angesehen werden kann.

1 Vermögenswertmethoden

Beispiel (vgl. *Busse von Colbe/ Laßmann* 1990, S. 145-146): Es gelten die nachfolgenden Daten eines Investitionsobjekts, das sich derzeit in Betrieb befindet und noch maximal drei Jahre Restnutzungsdauer aufweist. Für das neue Investitionsobjekt gilt: $a_{0,neu}$ = 368, $d_{t,neu}$ = -60 und T_{neu} = 10. Wegen der Restnutzungsdauer von drei Jahren ist die Betrachtung nur für diesen Zeitraum erforderlich. Zum Kalkulationszeitpunkt bestehe ein Liquidationserlös von 80 €. Wegen der betraglichen Identität der Einzahlungen der zu vergleichenden Investitionsobjekte wird der Vorteilhaftigkeitsvergleich ausschließlich auf Auszahlungen abgestellt (dynamische Auszahlungsvergleichsrechnung). Folgende zukünftige Liquidationserlösschätzungen für das alte Investitionsobjekt liegen vor (i = 0,06):

t	L_t	d_t	L_t-L_{t-1}	$i \cdot L_{t-1}$	$d'_{alt,t}$	c^*_{neu}
0	80	-	-	-		
1	50	-70	-30	-4,8	-104,8	-110
2	20	-80	-30	-3,0	-113,0	-110
3	0	-100	-20	-1,2	-121,2	-110

Tab. IV-14: Beispielwerte zum optimalen Ersatzzeitpunkt

Die Gewinnannuität des neuen Investitionsobjekts c^*_{neu} errechnet man nach der Formel $C_0(T) \cdot WGF$. Dabei ist zu beachten, dass aufgrund der Auszahlungsströme die Gewinnannuität die Eigenschaft einer Auszahlungsannuität aufweist. Zuerst ist $C_0(T)$ zu ermitteln:

$$C_0(T) = -a_0 + \sum_{t=1}^{T} d_t \cdot q^{-t} + L_T \cdot q^{-T} = -368 - 60 \sum_{t=1}^{T} q^{-t} = -368 - 60 \cdot \frac{q^{-1}(-q^{-1})^{T+1}}{1-q^{-1}} =$$

$$-368 - 60 \cdot \frac{1,06^{-1} - (1,06^{-1})^{11}}{1 - 1,06^{-1}}$$

$C_0(T) = -809,61$ €.

Anschließend berechnet man c^*_{neu}:

$c^*_{neu}(T) = -809,61 \cdot WGF^{10}_{0,06}$

$c^*_{neu}(T) = -110$ €.

Es zeigt sich, dass in t_2 auf der Basis des Vergleichs von negativen Grenzeinzahlungsüberschüssen und Barwert der Ausgabe des neuen Investitionsobjekts das alte Investitionsobjekt unwirtschaftlich würde, weshalb ein Ersatz in t_1 zu erfolgen hätte. Es lässt sich zudem nachfolgend zeigen, dass in t_1 der Kapitalwert des alten Investitionsobjekts sein Minimum erreicht. Zu diesem Zweck werden folgende Fallunterscheidungen getroffen:

S_0: Sofortersatz

$C_0(S_0) = +80 - 110 \cdot 0,9434 - 110 \cdot 0,89 - 110 \cdot 0,8396 = -214$ €.

S_1: Ersatz nach einem Jahr

$C_0(S_1) = +80 - 104,8 \cdot 0,9434 - 110 \cdot 0,89 - 110 \cdot 0,8396 = -209,1$ €.

S_2: Ersatz nach zwei Jahren

$C_0(S_2) = +80 - 104,8 \cdot 0,9434 - 113 \cdot 0,89 - 110 \cdot 0,8396 = -211,8$ €.

S_3: Ersatz nach drei Jahren

$C_0(S_3) = +80 - 104,8 \cdot 0,9434 - 113 \cdot 0,89 - 121,2 \cdot 0,8396 = -221,2$ €.

In der Praxis wird der Unterstellung einer unendlichen Investitionskette häufig entgegengehalten, dies sei eine unzulässige Vorgehensweise. Praktiker setzen demgegenüber häufig eine **Faustformel** ein, die sich in etwa wie folgt zusammenfassen lässt:

- Ein vorhandenes Investitionsobjekt wird so lange in Betrieb gehalten, wie dessen laufenden jährlichen Betriebskosten kleiner sind als die jährlichen Kosten eines neuen Investitionsobjekts.

- Investitionstheoretisch formuliert ist gemeint, dass der Ersatz des alten Investitionsobjekts wirtschaftlich effizient ist, solange die zeitlichen Grenzkosten kleiner sind als die zeitlichen Durchschnittskosten. Oder anders gewendet: Die Ersatzinvestition wird aufgeschoben, solange die Grenzausgaben des alten Investitionsobjekts kleiner sind als die Ausgabenannuität der Ersatzinvestition.

Nachfolgende formale Darstellung verdeutlicht die Aussage:

$$a*(T') = a_{t,l} + L_0 \cdot \frac{i \cdot (1+i)^{T'}}{(1+i)^{T'} - 1} > a*_{neu} \quad \text{(IV-38)}$$

wobei gelten:

$a_{t,l}$ = laufende jährliche Betriebskosten,
T' = technisch mögliche Nutzungsdauer,
L_0 = Liquidationserlös des alten Investitionsobjekts im Kalkulationszeitpunkt t_0 bis zum Ende der Restnutzungsdauer T',
$a*_{neu}$ = Anschaffungsausgaben für die neue (Ersatz-)Investition.

Schneider verweist darauf, dass die Praktikerregel die Entscheidungssituation nur zutreffend erfasst, wenn die Grenzeinnahmen des alten gleich den Durchschnittseinnahmen des neuen Investitionsobjekts sind. Somit müsste im Zeitablauf ein konstanter Einzahlungsstrom gewährleistet sein, was Absatzstabilität für die mit dem Investitionsobjekt gefertigten Produkte voraussetzt. Ferner darf das Alter eines Investitionsobjekts keine Rückwirkungen auf die Einnahmenhöhe haben.

Sollten diese Voraussetzungen nicht erfüllt und Schwankungen im zeitlichen Ablauf des Grenzgewinns zu erwarten sein, ist es zuverlässiger, nicht nach der Praktikermethode, sondern nach dem vorgestellten Kapitalwertverfahren den optimalen Ersatzzeitpunkt zu bestimmen (vgl. *Schneider* 1992, S. 110).

<u>Lesehinweise:</u> Zu den Grundlagen vgl. Hax (1993, S. 48-61) und Kruschwitz (2003, S. 199-206). Weitere Modifikationen im Rahmen der Kapitalwertmethode zum optimalen Ersatzzeitpunkt bestehen in der Berücksichtigung von Steuern, der Ermittlung eines kalkulatorischen Restwerts und der Modernisierung vorhandener Investitionsobjekte (vgl. hierzu Busse von Colbe/ Laßmann 1990, S. 146-149)

2 (Dynamische) Amortisationsrechnung

Kapitalwert- und Annuitätenmethode basieren auf den mit einem Investitionsobjekt verbundenen Einkommensstromvorstellungen der Kapitalgeber. Unter Verwendung der finanzmathematischen Grundlagen der Kapitalwertmethode ist es möglich, eine Vorteilhaftigkeitsbetrachtung auf der Grundlage von Zeit durchzuführen. Die dynamisierte Version der in Kapitel II vorgestellten Amortisationsrechnung wird an dieser Stelle zur Vollständigkeit aufgeführt, um eine weitere Anwendung der finanzmathematischen Grundlagen der Kapitalwertmethode aufzuzeigen.

2 (Dynamische) Amortisationsrechnung

2.1 Methodik der (dynamischen) Amortisationsrechnung

Wie bei den statischen Investitionsrechenmethoden bereits ausgeführt, wird mittels **Amortisationsrechnungen** die Amortisationszeit (Amortisationsdauer, Kapitalwiedergewinnungszeit oder Kapitalrückflusszeit) von Investitionsobjekten ermittelt. Die Amortisationszeit ($AZ_d = T_d - 0 = T_d$) repräsentiert in der dynamischen Amortisationsrechnung eine Periode bis zu dem Zeitpunkt, in welchem der Kapitalwert der betrachteten Investition Null wird. Dieser **Amortisationszeitpunkt** (= T_d) ist erreicht, wenn die Anschaffungsauszahlung einer Investition zzgl. einer Verzinsung des gebundenen Kapitals (zum Kalkulationszinsfuß) durch die periodischen Einzahlungsüberschüsse vollständig wiedergewonnen wurde (vgl. *Blohm/ Lüder* 1995, S. 78-81):

$$-a_0 + \sum_{t=1}^{[T_d]} d_t \cdot q^{-t} = C_0([T_d]) < 0 \qquad \text{(IV-39)}$$

$$-a_0 + \sum_{t=1}^{[T_d]+1} d_t \cdot q^{-t} = C_0([T_d]+1) \geq 0 \quad ([T_d] \leq T-1)$$

Gleichung (IV-39) fasst die **Methodik** der **Amortisationsrechnung** zusammen: Es wird zuerst der größte ganzzahlige Wert kleiner T_d ($[T_d]$) und dann der kleinste ganzzahlige Wert gleich oder größer $T_d = ([T_d]+1)$ bestimmt. Die T_d-Werte werden durch fortschreitende Kumulation der Barwerte der Einzahlungsüberschüsse ab $t = 0$ ermittelt. Folgende Fallunterscheidungen werden daher getroffen:

$$-a_0 + \sum_{t=1}^{[T_d]+1} d_t \cdot q^{-t} = 0 \rightarrow T_d = [T_d]+1 \qquad \text{(IV-40)}$$

$$-a_0 + \sum_{t=1}^{[T_d]+1} d_t \cdot q^{-t} > 0 \rightarrow [T_d] \leq T_d \leq [T_d]+1$$

Hierbei werden alle Zahlungen zu ihren Zahlungszeitpunkten erfasst und auf t_0 abgezinst. Die Einzelbarwerte werden kumuliert (d.h., fortlaufend ab t_0 addiert), bis man einen positiven Barwert erhält. Man ermittelt einen **Näherungswert** $\hat{T}_d$ durch folgende lineare Interpolation:

$$\hat{T}_d = [T_d] - \frac{C_0([T_d])}{C_0([T_d]+1) - C_0([T_d])} \qquad \text{(IV-41)}$$

Beispiel: Folgende Daten eines Investitionsobjekts seien gegeben: $I := \{-90.000_0, 20.000_1, 40.000_2, 20.000_3, 30.000_4, 10.000_5\}$. Der Kalkulationszinsfuß sei $i = 0,10$. Es bietet sich an, nachfolgende Arbeitstabelle zu erstellen (Angaben in €):

t	d_t	q^{-t}	$B_0(t) = d^t \cdot q^{-t}$	$C_0(t)$
0	-90.000	1,0	-90.000	-90.000
1	20.000	0,9091	18.182	-71.818
2	40.000	0,8264	33.056	-38.762
3	20.000	0,7513	15.026	-23.736
4	30.000	0,6830	20.490	-3.246
5	10.000	0,6209	6.209	+2.963

Tab. IV-15: Arbeitstabelle zur dynamischen Amortisationsrechnung

Der Übergang zur vollständigen betraglichen Amortisation erfolgt im fünften Jahr:

$$\hat{T}_d = 4 - \frac{-3.246}{2.963 - (-3.246)} = 4{,}52.$$ Graphisch veranschaulicht, zeigt sich das Ergebnis wie folgt:

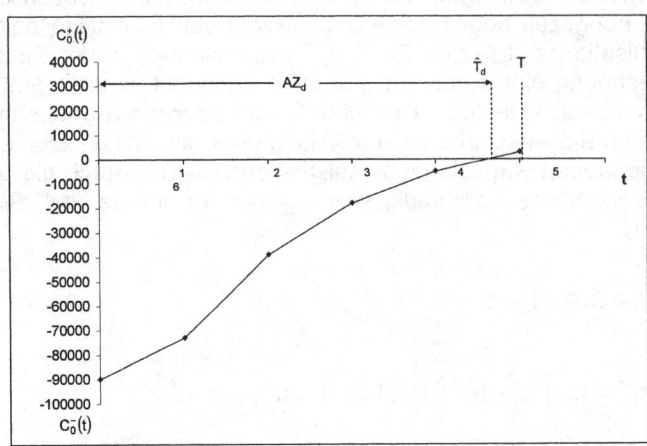

Abb. IV-10: Verlauf der Amortisation für den Beispielfall

Bestehen die Rückflüsse einer Investitionsausgabe in t_0 aus gleich hohen Beträgen (= d), so gilt vereinfacht:

$$-a_0 + d \sum_{t=1}^{[T_d]} \cdot q^{-t} < 0 \qquad \text{(IV-42)}$$

$$-a_0 + d \sum_{t=1}^{[T_d]+1} \cdot q^{-t} \geq 0$$

bzw. mittels **Rentenbarwertfaktoren** ausgedrückt:

$$-a_0 + d \cdot RBF_i^{[T_d]} < 0 \qquad \text{(IV-43)}$$

$$-a_0 + d \cdot RBF_i^{[T_d]+1} \geq 0$$

Ein weiterer Aspekt der dynamischen Amortisationsrechnung betrifft die **Berücksichtigung** des **Liquidationserlöses**. Seine Integration in die Berechnung der Amortisationszeit ist sinnvoll, da die Risikoabschätzung eines Investitionsobjekts durch eine realistische Möglichkeit der Veräußerung des Investitionsobjekts am Ende der geplanten Nutzungsdauer beeinflusst wird: Der Liquidationserlös verkürzt auf diese Weise den Zeitraum des Kapitalrückflusses und damit die Amortisationszeit. Es wird so auch das Risiko des Vermögensverlusts gemindert.

Die Bedingung zur Ermittlung der dynamischen Amortisationszeit ist unter Einbezug des Liquidationserlöses wie folgt zu modifizieren:

$$-a_0 + \sum_{t=1}^{[T_d]} d_t \cdot q^{-t} + L_{[T_d]} \cdot q^{-[T_d]} < 0 \qquad \text{(IV-44)}$$

$$-a_0 + \sum_{t=1}^{[T_d]+1} d_t \cdot q^{-t} + L_{[T_d]+1} \cdot q^{-([T_d]+1)} \geq 0$$

2 (Dynamische) Amortisationsrechnung

Der Amortisationszeitpunkt T_d kann durch sukzessive Berechnung der Kapitalwerte C_0 (t) (T= 0,..., [t_d]+1) auf der Grundlage folgender Beziehung ermittelt werden:

$$C_0(t) = C_0(t-1) + (d_t + L_t - L_{t-1} \cdot q) \cdot q^{-t} \qquad \text{(IV-45)}$$

Abschließend lässt sich die Kritik auf folgenden Punkt bringen: „Although discounted payback period looks a bit like the NPV, it is just a poor compromise between the payback method and the NPV" (*Ross/ Westerfield/ Jaffe* 2002, S. 144).

2.2 Vorteilhaftigkeitsvergleich mithilfe der Amortisationsrechnung

Ermittelt man trotz vorgenannter Einwände mit der dynamischen Amortisationsrechnung (etwa aus Vereinfachungsgründen) Vorteilhaftigkeiten von Investitionsobjekten, so ist die Methode sowohl für den isolierten Vorteilhaftigkeitsvergleich eines einzelnen Investitionsobjekts als auch für den Alternativvergleich einsetzbar (vgl. Abb. IV-11).

Entscheidungssituation	Entscheidungsregel
reines Vorteilhaftigkeitsproblem	• *Investitionsobjekt in vollem Umfang durchführen:* $AZ_d = T_d < T^*_d = AZ^*_d$ • *Investitionsobjekt in beliebigem Umfang durchführen:* $AZ_d = T_d = T^*_d = AZ^*_d$ • *Investitionsobjekt nicht durchführen:* $AZ_d = T_d > T^*_d = AZ^*_d$ Vom Entscheidungsträger ist die Vorgabe einer höchstzulässigen Amortisationszeit (= $AZ^*_d = T^*_d$) verlangt. Diese kann sich u.a. daran orientieren, in welche Risikoklasse ein Investitionsobjekt von ihm eingeordnet wird. Im einfachsten Fall besteht der vorgegebene Zeitwert aus der erwarteten Lebensdauer, wobei diese nach technischen oder wirtschaftlichen Überlegungen ausgerichtet sein kann. Ein Investitionsobjekt ist unter diesen Umständen vorteilhaft, wenn seine dynamische Amortisationszeit die vorgegebene höchste Amortisationszeit nicht überschreitet (vgl. allerdings auch die Bedenken gegen diese Vorgehensweise bei *Hax* 1993, S. 37-38).
Wahlproblem	• *Dasjenige Investitionsobjekt dominiert alle anderen, das die niedrigste (relative) AZ_d hat.* • *Nach der Höhe ihrer AZ_d lassen sich Investitionsobjekte in eine Rangfolge bringen.* • *Sind alle AZ_d betraglich gleich, so liegt eine indifferente Entscheidungssituation vor.* Grundsätzlich gelten hohe Vorbehalte gegenüber diesem Kriterium für den Einsatz im Wahlproblem (vgl. *Hax* 1993, S. 43-44).

Abb.IV-11: Überblick über die Entscheidungsregeln der Amortisationsrechnung

Für den Fall unterschiedlicher Höhen in den Anschaffungsausgaben ergibt sich dann keine Notwendigkeit zur Berücksichtigung einer Ergänzungsinvestition, wenn sie im Differenzbetrag mit dem Kalkulationszinsfuß (oder einem alternativen Ertragssatz) verzinst wird und dieser auch den Abzinsungsfaktor darstellt.

3 Rentabilitätsorientierte Bewertung (Methode des internen Zinsfußes)

Die vorangegangenen Ausführungen haben deutlich gemacht, dass bei vollkommenem Kapitalmarkt der Kapitalwert das dominierende Vorteilhaftigkeitskriterium darstellt. Aber nicht nur der Anspruch der Vollständigkeit in der Darstellung dynamischer Investitionsrechenverfahren, sondern auch die nach wie vor hohe Attraktivität von Renditekennziffern in der Praxis der Investitionsrechnung gebieten es, den internen Zinsfuß als die **klassische dynamische Rentabilitätskennzahl** vorzustellen (vgl. *Blohm/ Lüder* 1995, S. 50). Ihre Besonderheit ist, dass sie nicht wie im Kapitel II, Abschnitt 4 eine auf statischen Grundlagen ermittelte Größe darstellt, sondern in einem mehrperiodigen Kontext steht.

3.1 Methodische Grundlagen

Unter rein mathematischen Gesichtspunkten ist es möglich, mit der **Kapitalwertfunktion** nach einigen Umbildungen eine rentabilitätsorientierte Beurteilung von Investitionsobjekten im dynamischen Kontext vorzunehmen. Zentral für die Herleitung des internen Zinsfußes (im angelsächsischen **Internal Rate of Return** genannt) einer Zahlungsreihe ist dann, dass er denjenigen **Kalkulationszinsfuß** darstellt, bei dessen Verwendung

- der Kapitalwert einer Zahlungsreihe Null wird, und damit
- der Barwert der Auszahlungsreihe mit dem Barwert der Einzahlungsreihe betraglich identisch ist.

Bezeichnet r den Zinssatz i für $C_0(i) = 0$, so ist r die Lösung der Kapitalwertgleichung (vgl. *Hax* 1993, S. 15-16):

$$C_0 = \sum_{t=0}^{T} CF_t(1+r)^{-t} \stackrel{!}{=} 0 \qquad \text{(IV-46a)}$$

Geht man von kontinuierlichen Zahlungsströmen aus, gilt für r eine **interne Verzinsungsintensität**:

$$\int_0^T CF(t)e^{-r\cdot t} \stackrel{!}{=} 0 \qquad \text{(IV-46b)}$$

Bezieht man wie bisher den Zahlungsstrom auf seine Komponenten a_0 und d_t, so modifiziert sich Gleichung (IV-46a) in folgender Form:

$$C_0 = -a_0 + \sum_{t=1}^{T} d_t(1+r)^{-t} \stackrel{!}{=} 0 \qquad \text{(IV-46c)}$$

bzw. nach Umstellung:

3 Rentabilitätsorientierte Bewertung (Methode des internen Zinsfußes) 151

$$a_0 \overset{!}{=} \sum_{t=1}^{T} d_t (1+r)^{-t} \qquad \text{(IV-46d)}$$

Der gesuchte **Zinssatz r** stellt den **internen Zinsfuß** dar. Da alle Überlegungen zu den dynamischen Investitionsrechenverfahren auf der Annahme des vollkommenen Kapitalmarkts in diesem Kapitel basieren, könnte in den vorgenannten Herleitungen auch auf den Endwert oder die Annuität Bezug genommen werden (vgl. Nitzsch 1999, S. 93, Fn. 1).

Beispiel: Es gelten folgende Zahlungsreihen eines Investitionsobjekts (Angaben in €):

t	gebundenes Kapital Periode t	Zinsen für Periode t	d_t
1	800	80	360
2	520	52	182
3	390	39	429
	1710	171	

Tab. IV-16: Arbeitstabelle zur Ermittlung des internen Zinsfußes

Der interne Zinsfuß gibt auch die durchschnittliche Verzinsung des durchschnittlich gebundenen Kapitals an. Es gilt nämlich mit den Daten des obigen Beispiels:

$$r = \frac{171}{1710} = \left(\frac{171}{3}\right) : \left(\frac{1710}{3}\right) = 0{,}1.$$

Soweit das mathematische Vorgehen. Die **ökonomische Rechtfertigung** führt zurück zu *Fisher*. Wie in Kapitel III ausgeführt basiert auf der Idee von *Fisher* die Maximierung des Gegenwartswerts als Ziel eines Unternehmens. Für die Vorteilhaftigkeit von Investitionsobjekten folgt hieraus, dass sie zum gegebenen Kalkulationszinsfuß des Kapitalmarkts einen positiven Kapitalwert aufweisen müssen. Welche Beziehung besteht aber zur internen Rendite?

Vergegenwärtigt man sich die Zwei-Perioden-Analyse in Kapitel III, so lässt sich aus ihr entnehmen, dass der Zuwachs an Einkommen eines Investors in Periode zwei aufgrund des Einkommensverzichts in Periode eins als folgendes Verhältnis ausgedrückt werden kann: $(E_2 - E_1)/E_1$. *Fisher* nennt diese Relation „**Rate of Return Over Cost**" (*Fisher* 1930, S. 168). Für ein Unternehmen folgt hieraus: Es investiert solange in Investitionsobjekte, wie deren Ertragsraten den Kapitalmarktzinssatz übersteigen. In diesem Ansatz wird bei der Vorteilhaftigkeit eines Investitionsobjekts nicht auf den Total- oder Periodenerfolg abgestellt wie bei Kapitalwert- und Annuitätenmethode, sondern auf eine Relativzahl in Form einer Ertragsrate.

Tatsächlich ist die interne Rendite aber nur unter folgenden Bedingungen mit der Rate of Return Over Cost gleichsetzbar:

- Der durch den Kapitalmarkt determinierte Kalkulationszinsfuß ist über die Zeit konstant (= flache Zinsstrukturkurve, vgl. auch Kapitel V, Abschnitt 1.5.1).

- Einzahlungsüberschüsse eines Investitionsobjekts können über die Nutzungsdauer zu jener Rate of Return Over Cost investiert werden, wie sie aus dem Zahlungsstrom eines zu beurteilenden Investitionsobjekts errechnet wurden.

Unter diesen Bedingungen, die hier erfüllt sind, ist die interne Rendite gleichzusetzen mit der von *Keynes* eingeführten „**Marginal Efficiency of Capital**" (= MEC) (vgl. *Keynes* 1936, S. 135): „Professor Fisher uses his ‚rate of return over cost' in the same sense and for precisely the same purposes as I employ the ‚marginal efficiency of capital' (*Keynes* 1936, S. 141). Während nun *Fishers* Rate of Return Over Cost für die einzelwirtschaftliche Investitionsrechnung im Rahmen der Mikroökonomik des Unternehmens Bedeutung erlangte, ging die MEC von *Keynes* in den makroökonomischen Kontext der **gesamtwirtschaftlichen Investitionsfunktion** als Basiselement ein. Wie man sieht basieren beide Ansätze (unter den gezeigten Bedingungen) auf gleichen wirtschaftstheoretischen Wurzeln.

Lesehinweis: Eine hervorragende Diskussion der Beziehungen beider Versionen der internen Rendite liefert der heute noch lesenswerte Beitrag von *Alchian* (1955).

= Grenzleistung des Kapitals

3.2 Ökonomischer Gehalt

Der **interne Zinsfuß** ist **ökonomisch** wie folgt zu interpretieren:

- Er kann als Rentabilität verstanden werden, mit dem sich das jeweils **gebundene Kapital** (der noch nicht amortisierte Kapitaleinsatz) **verzinst** (vgl. *Altrogge* 1994, S. 310ff.). In dieser Deutung des internen Zinsfußes ist keinerlei Wiederanlageprämisse erforderlich. Einzahlungsüberschüsse verzinsen und tilgen das gebundene Kapital (= a_0). Für diesen Vorgang ist es unerheblich, wozu die vom Investor entnommenen Einzahlungsüberschüsse verwendet werden – er kann sie zu Konsumzwecken oder für neue Investitionen einsetzen (vgl. *Bitz* 1977, S. 148). In diesem Verständnis stellt der interne Zinsfuß die **Effektivverzinsung** des gebundenen Kapitals dar. Das gebundene Kapital zum Zeitpunkt t ist dann identisch mit dem Ertragswert zum internen Zinsfuß (vgl. *Hering* 1996, S. 51-52).

Beispiel: Es gelten folgende Beispielwerte des Zahlungsstroms einer Investition: $I := \{-300_0, 60_1, 120_2, 180_3\}$. In einer Finanzstromrechnung lässt sich die im vorangegangenen Absatz getroffene Aussage veranschaulichen. Der aus diesen Werten ermittelte interne Zinsfuß weist den Wert $r = 0,082075$ auf und wird als bekannt vorgegeben. Nachfolgende Tab. IV-17 zeigt die „jeweilige Restschuld der Investition gegenüber dem Investor" (Angaben in €).

Jahre (Ende)	gebundenes Kapital	Zinszahlung	Tilgung	d_t
1	300,000 -35,37	24,62	35,38	60
2	264,63 -98,28	21,72	98,27	120
3	166,35 -166,35	13,65	166,35	180
Σ	0	59,99	300,00	360

Tab. IV-17: Finanzstromrechnung zum internen Zinsfuß

Tab. IV-17 kann so verstanden werden, dass der Investor gedanklich in $t = 0$ ein Konto durch Einzahlung von *300 €* eröffnet. Das gebundene Kapital stellt das Kontoguthaben dar, das beim ermittelten internen Zinsfuß von $r = 0,082075$ eine Periode später *24,62 €* an Zinserträgen er-

= decken, abschreiben; eine Schuld planmäßig tilgen

bringt. In Höhe des Tilgungsbetrags von *35,38 €* kann der Investor zusätzlich zu den Zinserträgen einen Gesamtbetrag von *60 €* am Ende der ersten Periode vom Konto abheben. Dies entspricht dem Einzahlungsüberschuss des Investitionsobjekts am Ende der ersten Periode. Sein Restguthaben (= gebundenes Kapital) zum Ende der ersten (= Beginn der zweiten Periode) beträgt dann *264,63 €*. Der Betrag verzinst sich wieder zum internen Zinsfuß und die Gedankenkette kann bis zum Ende der Nutzungsdauer so weitergeführt werden.

- Der interne Zinsfuß bezeichnet auch diejenige Größe, bei der die Kapitalwertfunktion die Zinsachse schneidet. Wegen der Gestalt der Bestimmungsgleichung (IV-46a) – ein **Polynom n-ten Grads** – erhält man n komplexe (reelle oder imaginäre) Wurzeln. Imaginäre Wurzeln sowie reelle Lösungen im Intervall *]- ∞; -1[* sind ökonomisch nicht relevant. Der aus wirtschaftlicher Sicht sinnvolle Definitionsbereich des internen Zinsfußes liegt im Intervall *]-1; +∞ [* (vgl. *Kilger* 1965a, S. 776f.).

Investitionen, bei denen die Wiederanlageprämisse von Bedeutung ist, bezeichnet man als sog. **zusammengesetzte Investitionen** (= Mixed Investments). Die Wiederanlageprämisse erhält dann für den internen Zinsfuß Bedeutung, wenn das **gebundene Kapital** einer Investition **negativ** wird. Investitionsobjekte mit einer solchen Eigenschaft sind nicht isoliert durchführbar. Sie erfordern eine Wiederanlage zum internen Zinsfuß während der Betrachtungszeit. Dabei behilft man sich mit der Vorstellung, dass es im Unternehmen ein Investitionsobjekt gäbe, welches die gleiche interne Verzinsung aufweist und in das die Rückflüsse angelegt werden können. Zusammengesetzte Investitionen bergen nicht nur das Erfordernis der Re-Investition der Rückflüsse während der Nutzungsdauer in sich, sondern können zudem noch **mehrere positive interne Zinsfüße** aufweisen.

In ökonomischer Interpretation können mehrere interne Zinsfüße als Zinssätze verstanden werden, die alternativ als Verzinsung der Anfangsauszahlungen gelten, indem man die Verzinsung der fortgeschriebenen Einzahlungsüberschüsse und -defizite zum jeweiligen Satz unterstellt (vgl. *Schneider* 1992, S. 86-93). Mehrdeutige Lösungen treten auf, wenn innerhalb der Zahlungsreihe mehr als ein Vorzeichenwechsel vorkommt.

Beispiel: Das beinahe traditionell zu bezeichnende Beispiel eines solchen Investitionsobjekts stellt der Tageabbau von Rohstoffen dar. So verkörpert die Anfangsauszahlung üblicherweise die Ausgaben für die Gründungsinvestition, der in folgenden Perioden Einzahlungsüberschüsse aus der Veräußerung des abgebauten Rohstoffes folgen. Mindestens zum Schluss der gesamten Investitionsperiode wird dann eine zweite Negativgröße auftauchen, welche die Ausgaben für die Rekultivierung der Abbauregion darstellt. Dieser negative Betrag kann auch mehrmals innerhalb der Investitionsperiode erscheinen, etwa weil die Rekultivierung in zwei oder mehr Zeitabschnitten erfolgt.

Ein Zahlenbeispiel soll die Entstehung mehrdeutiger Lösungen für den gesuchten internen Zinsfuß illustrieren.

Beispiel (vgl. *Heister*, 1962, S. 95): Folgende Investition gelte: $I := \{-5.000_0, +19.500_1, -26.950_2, +15.405_3, -2.970_4\}$. Das Investitionsobjekt weist aufgrund seines Zahlungsstroms und der darin enthaltenen Vorzeichen vier interne Zinsfüße auf: $r_1 = -60\%$, $r_2 = -10\%$, $r_3 = 10\%$, $r_4 = 50\%$. Betrachtet man die Summe der Auszahlungen, so ist diese in den Zeitwerten *(-5.000 - 26.950 - 2.970 = -34.920)* um *15 GE* betraglich größer als die Summe der Einzahlungen *(19.500 + 15.405 = +34.905)*. Beim Zinssatz von Null ist der Kapitalwert demnach *-15 GE*. Ermittelt man den Kapitalwert in (allgemeiner) Abhängigkeit der Kalkulationszinssätze, so ergibt sich folgende Ausgangsgleichung:

$$C_0 = -5.000 + 19.500 \cdot (1+i)^{-1} - 26.950 \cdot (1+i)^{-2} + 15.405 \cdot (1+i)^{-3} - 2.970 \cdot (1+i)^{-4}.$$

Die zugehörige Kapitalwertfunktion verfügt über *T = 4* Nullstellen, was in Abb. IV-12 anhand des Verlaufs der Kapitalwertfunktion für diesen Beispielfall verdeutlicht wird.

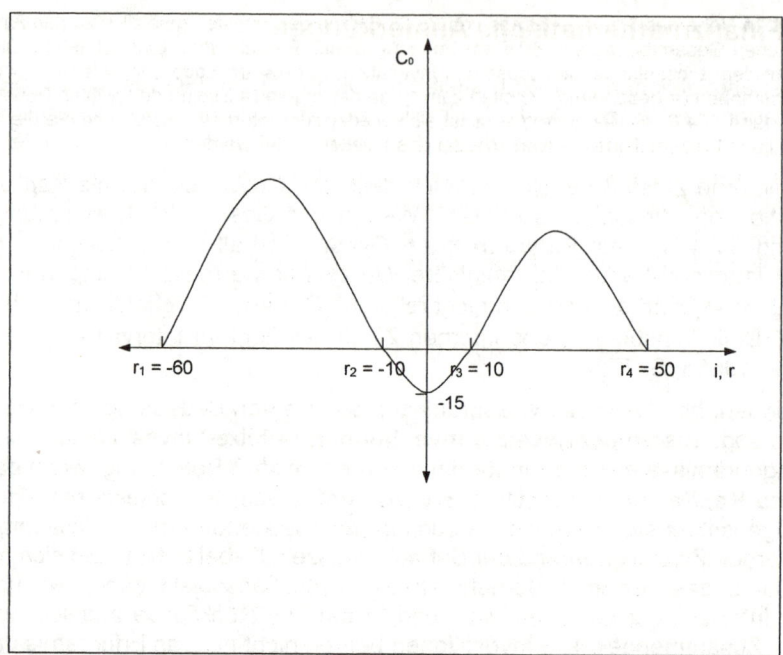

Abb. IV-12: Verlauf einer Kapitalwertfunktion bei vier Nullstellen

Investitionen, bei denen der interne Zinsfuß unabhängig vom Wiederanlagesatz bestimmt wird, haben die Eigenschaft, dass sie **isoliert durchführbar** sind (= Pure Investment). Hierbei tritt ausschließlich positiv gebundenes Kapital auf. Dies ist für folgende Investitionen erfüllt:

(1) **Normalinvestitionen** mit der sie kennzeichnenden „Point output, continuous input-Zahlungsstruktur" und einem Vorzeichenwechsel in der Zahlungsreihe (Zeichenregel nach *Descartes*). Die Bedingungen führen dazu, dass aus einer Zahlungsreihe ein einzelner Zinsfuß ermittelbar ist und keine mehrdeutigen Lösungen existieren.

(2) Da nur ein positiver interner Zinsfuß ökonomisch sinnvoll ist, wird in der Literatur meist folgende Bedingung weiterführend angegeben: Die Summe der Auszahlungen muss kleiner als die Summe der Einzahlungen sein.

Bei Gültigkeit der Bedingungen (1) und (2) lässt sich mittels der Kapitalwertfunktion zeigen, dass es nur eine einzige Nullstelle gibt, d.h.

$C_0(i) = -a_0 + \sum_{t=1}^{T} d_t (1+i)^{-t}$ mit der ersten Ableitung: $\frac{dC_0}{di} = -\sum_{t=1}^{T} \frac{t \cdot d_t}{(1+i)^{t+1}}$. Aufgrund der Annahmen der Normalinvestition ist d_t positiv, ebenso t. Die Steigung der Kapitalwertfunktion ist negativ, solange gilt: $i > (-1)$ und $C_0 = -a_0 + \sum_{t=1}^{T} d_t (1+i)^{-t}$. Für praktische Investitionsentscheidungen dürfte dieser Typ an Zahlungsreihe am häufigsten vorkommen. (vgl. *Blohm/ Lüder* 1995, S. 91 und *Hax* 1993, S. 16-18).

3.3 Finanzmathematische Anmerkungen

Die Ausgangsgleichung (IV-46d) stellt ein Polynom *T-ten* Grades für die gesuchte Größe *r* dar, das bis zu *T* reelle Nullstellen aufweisen kann. Wie bei den isolierten Investitionen ausgeführt, haben diese die Eigenschaft, höchstens eine Nullstelle im Bereich positiver Werte von *r* aufzuweisen. Üblicherweise kann man davon ausgehen, dass bei Polynomen *T-ten* Grades für *T > 3* eine analytische Nullstellenbestimmung nicht mehr möglich ist. Zur Vereinfachung wird für diesen Fall häufig auf die Probiermethode mittels **linearer Interpolation** zurückgegriffen, um eine **Näherungslösung** (= $r_{appr.}$) zu errechnen (vgl. *Hax* 1993, S. 22-24 und *Blohm/ Lüder* 1995, S. 91-95). Eine schnellere Konvergenz als die Probiermethode ermöglichen die Regula Falsi (Sekantenmethode), das *Newton*sche Verfahren (Tangentenmethode) oder das *Boulding*sche Näherungsverfahren (vgl. *Buchner* 1993, S. 220).

Beispiel: Zu berechnen ist der interne Zinsfuß der folgenden Zahlungsreihe: $I := \{-300_0, 60_1, 120_2, 180_3\}$. Zunächst wird ein positiver und negativer Kapitalwert berechnet (= Probierlösung). Die Probierzinsfüße sind in ihren Werten frei wählbar. Dabei ist wichtig, dass der betragliche Abstand zwischen den Probekalkulationszinsfüßen ausreichend hoch ist. Es werden nachfolgend zur Lösung der Beispielaufgabe folgende Werte für die Probierzinsfüße gewählt: $i_1 = 0{,}05$ und $i_2 = 0{,}1$. Für $i_1 = 0{,}05$ erhält man mit den Werten der Beispielaufgabe den Kapitalwert $C_{01} = 21{,}48\ €$, für den Probierzinsfuß $i_2 = 0{,}1$ ermittelt man $C_{02} = -11{,}044\ €$.

Mathematisch erfolgt die lineare Interpolation nach der **Zwei-Punkte-Gleichung**, die in allgemeiner Form wie folgt lautet:

$$r \approx r_{appr.} = i_1 - C_{01} \cdot \frac{i_2 - i_1}{C_{02} - C_{01}} \qquad \text{(IV-47)}$$

Grafisch lässt sich das Vorgehen wie folgt verdeutlichen:

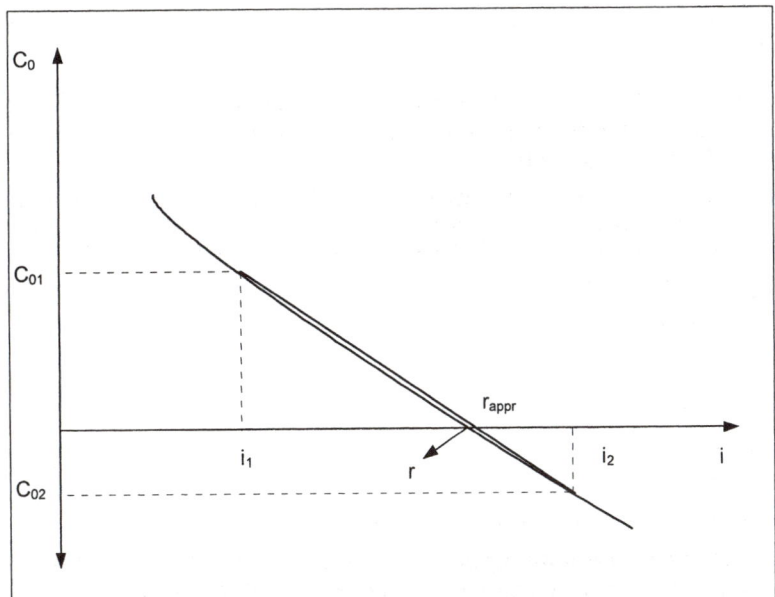

Abb. IV-13: Darstellung der Verbindungsgeraden entsprechend der Probierlösung

Beispiel: Angewendet auf die Werte des vorangegangenen Beispiels errechnet man näherungsweise folgenden internen Zinsfuß: $r \approx r_{appr.} = 0{,}05 - 21{,}48 \cdot \dfrac{0{,}1 - 0{,}05}{-11{,}044 - 21{,}48} = 0{,}083$.

Neben der Näherungslösung existieren im Rahmen von Spezialfällen bestimmte weitere Vereinfachungen in der rechnerischen Ermittlung (vgl. *Busse von Colbe/ Laßmann* 1990, S. 106-108):

(1) Besteht die **Zahlungsreihe** aus **einer Auszahlung** in $t = 0$ und **einer Einzahlung** in $t = 1$, so bezeichnet der interne Zinsfuß die Rendite des Kapitals, d.h. aus der Grundgleichung (IV-46c) wird:

$$-a_0 + d_1(1+r)^{-T} \overset{!}{=} 0 \qquad \text{(IV-48)}$$

mit $T = 1$. Gleichung (IV-48) lässt sich unter dieser Bedingung vereinfachen:

$$r = \dfrac{d_1 - a_0}{a_0} \qquad \text{(IV-49)}$$

In allgemeiner Schreibweise gilt zur Ermittlung des internen Zinsfußes bei $t > 1$ und eines Einzahlungsüberschusses in T für gerade T-Werte:

$$r = \pm \sqrt[T]{\dfrac{d_T}{a_0}} - 1 \qquad \text{(IV-50a)}$$

und für ungerade T-Werte:

$$r = \sqrt[T]{\dfrac{d_T}{a_0}} - 1 \qquad \text{(IV-50b)}$$

Es handelt sich bei den vorangegangenen Gleichungen um die Ermittlung eines internen Zinsfußes wie es für die Zahlungsströme einer sog. Nullkuponanleihe (= Zerobond) typisch ist.

Beispiel: Ein Betrag in Höhe von *8.500 €* werde für *5* Jahre zu einem fixen Zinssatz angelegt. Nach Ablauf der Anlagedauer wird insgesamt ein Betrag von *12.000 €* dem Anleger zurückgezahlt. Zwischenzeitliche Zinszahlungen während der Anlagedauer fallen nicht an.

$12.000 = (1+r)^5 \cdot 8.500$

$(1+r)^5 = \dfrac{12.000}{8.500}$

$1+r = \sqrt[5]{\dfrac{12.000}{8.500}}$

$r = 1{,}0714 - 1$

$r = 0{,}0714$.

Das eingesetzte Kapital wurde mit *7,14 %* verzinst.

(2) Bestehen **Einzahlungsüberschüsse** aus einer **uniformen endlichen Reihe** – wie es für Finanzinvestitionen gängig ist – so lautet die Ausgangsgleichung:

$$-a_0 + d \cdot \dfrac{(1+r)^T - 1}{r(1+r)^T} \overset{!}{=} 0 \qquad \text{(IV-51a)}$$

3 Rentabilitätsorientierte Bewertung (Methode des internen Zinsfußes)

Durch Umformung erhält man:

$$\frac{d}{a_0} = \frac{r(1+r)^T}{(1+r)^T - 1} \qquad \text{(IV-51b)}$$

Die Auflösung nach r bei bekannten Werten für d und a_0 erfolgt im einfachsten Verfahren durch Nachschlagen in Tabellen für den Rentenbarwertfaktor.

(3) Weist die **uniforme Rente** eine **unendliche Dauer** auf, so gilt $\lim\limits_{T \to \infty} \frac{q^T - 1}{r \cdot q^T} = \frac{1}{r}$.

Die Ausgangsgleichung ist dann wie folgt zu modifizieren:

$$C_0 = -a_0 + d \left[\lim_{T \to \infty} \frac{q^T - 1}{r \cdot q^T} \right] \overset{!}{=} 0 \qquad \text{(IV-52)}$$

Hieraus folgt:

$$C_0 = -a_0 + \frac{d}{r} \overset{!}{=} 0 \qquad \text{(IV-53)}$$

und nach Umstellung:

$$r = \frac{d}{a_0} \qquad \text{(IV-54)}$$

(4) Besteht die **endliche Zahlungsreihe** aus **zwei Perioden** ($T = 2$), stellt die Ausgangsgleichung mathematisch eine quadratische Gleichung dar:

$$-a_0 + d_1 \frac{1}{(1+r)^1} + d_2 \frac{1}{(1+r)^2} \overset{!}{=} 0 \qquad \text{(IV-55a)}$$

Die Auflösung nach r ergibt dann:

$$r = -1 + \frac{d_1}{2a_0} \pm \frac{1}{2a_0} \sqrt[2]{4a_0 \cdot d_2 + d_1^2} \qquad \text{(IV-55b)}$$

Mit $a_0 < 0$ und $d_1, d_2 > 0$ erhält man einen negativen und einen positiven Zinssatz, von denen nur der letztgenannte eine ökonomische Bedeutung hat: Hierdurch wird die wirtschaftlich wünschenswerte Konstellation, in der die Summe der Einzahlungen die der Auszahlungen übertrifft, impliziert.

<u>Lesehinweise:</u> Empfehlenswert sind zu den vorangegangenen Ausführungen *Blohm/ Lüder* (1995, S. 90-101), *Franke/ Hax* (1999, S. 172-175) und *Kruschwitz* (2001, S. 14ff.).

3.4 Anwendungsformen der Methode des internen Zinsfußes

Im Überblick zeigt nachfolgende Abb. IV-14 die Entscheidungskriterien im Rahmen der Investitionsrechnung nach der Methode des internen Zinsfußes (vgl. auch *Hax* 1993, S. 36-37 und 41-43).

Entscheidungssituation	Entscheidungsregel
reines Vorteilhaftigkeitsproblem	• Investitionsobjekt in vollem Umfang durchführen: $r > i$ • Investitionsobjekt in beliebigem Umfang durchführen: $r = i$ • Investitionsobjekt nicht durchführen: $r < i$, wobei i = Kalkulationszinsfuß.
Wahlproblem	Es gilt als Entscheidungsregel: • $r_J = \max\limits_{j} \{r_j \mid r_j \geq i\}$ • Dasjenige Investitionsobjekt $J \in \{1, 2, ..., j, ..., n\}$ dominiert alle anderen, das den höchsten (relativen) r_j hat. • Nach der Höhe ihrer r_j lassen sich Investitionsobjekte reihen. • Sind alle r_j betraglich gleich, liegt eine indifferente Entscheidungssituation vor.

Abb. IV-14: Überblick über die Entscheidungsregeln der Methode des internen Zinsfußes

Eine abgewandelte Möglichkeit zur Feststellung der Vorteilhaftigkeit eines isolierten Investitionsobjekts ist die **Investitionsmarge** (= i_m) (vgl. *Rolfes* 1998, S. 13-15). Sie besteht aus der Differenz zwischen internem Zinsfuß und Kalkulationszinsfuß:

$$r - i = i_m \qquad \text{(IV-56)}$$

Ein einzelnes Investitionsobjekt ist **vorteilhaft**, wenn es eine **positive Investitionsmarge** aufweist.

Auch bei der (einfachen) Methode des internen Zinsfußes ist das Erfordernis von **Ergänzungsinvestitionen zu prüfen**. Alle Ergänzungsinvestitionen werden hierbei so betrachtet, dass sie zum jeweiligen internen Zinsfuß der ursprünglichen Investition durchgeführt werden. Dadurch erhält man zwangsläufig einen Kapitalwert von Null. Zentral ist hierfür die implizite **Wiederanlageprämisse**: Es wird unterstellt, dass die Ergänzungsinvestition im Unternehmen in gleicher wirtschaftlicher Weise möglich ist, wie die ursprüngliche Investition. Nur dann ist die Verwendung eines gleichen internen Zinssatzes gerechtfertigt. Diese Annahme ist fraglich, wenn mehrere Investitionsobjekte mit unterschiedlichen internen Zinsfüßen realisiert werden sollen.

Im Einzelnen ergeben sich für die Ergänzungsinvestition und deren Behandlung mit der Methode des internen Zinsfußes ähnliche Aussagen wie sie für die Kapitalwertmethode in Abschnitt 1.1.3 dargelegt wurden:

• **Divergieren** die **Einzahlungsüberschüsse** mehrerer zu vergleichender Investitionsobjekte, wird implizit die Wiederanlage der unterschiedlichen Einzahlungsüberschüsse zum internen Zinsfuß bis zum Ende der Nutzungsdauer unterstellt. Auf die Berücksichtigung der Differenz in den Einzahlungsüberschüssen ist zu verzichten, da sich in der Vorteilhaftigkeitsaussage kein Unterschied gegenüber dem Fall der Integration der Unterschiedsbeträge in den Einzahlungsüberschüssen und dem Abdiskontieren zum internen Zinsfuß ergibt.

- Besteht in den zu vergleichenden Zahlungsreihen ein **Unterschied** in den **Anschaffungsausgaben**, so ist die Ergänzungsinvestition ebenfalls nicht separat zu berücksichtigen, wenn der interne Zinsfuß in gleicher Höhe wie derjenige der Ursprungsinvestition angesetzt werden kann. Dabei ist die Frage zu klären, inwiefern bei einem geringeren verfügbaren Auszahlungsbetrag der Ergänzungsinvestition gegenüber der Ursprungsinvestition eine gleich hohe interne Verzinsung wie bei dieser zu verdienen ist. Kann diese Prämisse im Einzelfall nicht aufrechterhalten werden, ist ein Vorteilhaftigkeitsvergleich in dieser Form fehlerhaft.

- **Unterscheiden** sich die Investitionsobjekte in der **Nutzungsdauer**, so ergeben sich gegenüber den bisherigen Aussagen keine Unterschiede. Eine Berücksichtigung der Ergänzungsinvestition ist nicht erforderlich. Im Übrigen gelten bei Anwendung des Investitionskettenverfahrens im Rahmen der Kapitalwertmethode aufgrund der unterschiedlichen Nutzungsdauern die gleichen Ergebnisse in der Vorteilhaftigkeitsberechnung zwischen Kapitalmethode und derjenigen des internen Zinsfußes.

Lesehinweis: Zur weiterführenden Diskussion um Ergänzungsinvestitionen im Rahmen der Methode des internen Zinsfußes vgl. *Busse von Colbe/ Laßmann* (1990, S. 115-117).

3.5 Bedeutung der Wiederanlageprämisse

Im Vergleich zwischen Kapitalwertmethode (bzw. Annuitätenmethode) und Methode des internen Zinsfußes ist deren jeweilige unterschiedliche Wiederanlageprämisse für die Übereinstimmung oder Divergenz von Vorteilhaftigkeitsergebnissen von Bedeutung:

- Die **Kapitalwertmethode** geht von einer zwischenzeitlichen Geldanlage am Kapitalmarkt aus (sog. „anspruchslose Wiederanlageprämisse", da i.d.R. am Kapitalmarkt (in Anleihen) investiertes Kapital niedrigere Renditen erzielen dürfte als die alternative Kapitalanlage im Unternehmen oder in Beteiligungen generell).

- Die **Methode des internen Zinsfußes** unterstellt die Anlage der frei gewordenen Mittel (d_t) in ein gleiches Investitionsobjekt (im Unternehmen) mit einem gleichen internen Zinsfuß („anspruchsvolle Investitionsmöglichkeit").

In Beurteilungssituationen von isolierten Vorteilhaftigkeitsentscheidungen führen beide Methoden zu übereinstimmenden Ergebnissen. Im Fall von $C_0 > 0$ und $r > i$, bei dem eine zwischenzeitliche Geldanlage vorgesehen wäre, würde C_0 nicht negativ werden. Der Kapitalwert einer Zwischenanlage wäre wegen $r > i$ auch positiv und die Summe der beiden Kapitalwerte könnte nicht negativ werden. Es ergeben sich zwar Unterschiede in den Werten bei den beiden Methoden, führen aber zu gleichen Aussagen hinsichtlich der Vorteilhaftigkeit des Investitionsobjkts.

Widersprüche in den Ergebnissen liefern Kapitalwertmethode und Methode des internen Zinsfußes bei **Wahlentscheidungen**. Folgendes Beispiel zweier Investitionsobjekte mag dies unter Rückgriff auf die Kapitalwertfunktion verdeutlichen.

Beispiel (vgl. *Schmidt/ Terberger* 1997, S. 155-162): Es gelten folgende Werte für die jeweiligen Investitionsobjekte (mit $i = 0,05$):

$I_1 := \{-100_0, 10_1, 10_2, ..., 10_\infty\}$,

$I_2 := \{-100_0, 115,5_1\}$.

Zuerst sei die **Kapitalwertmethode** betrachtet. Als Kapitalwerte errechnet man:

$$C_{01} = \frac{10}{0,05} - 100 = 100$$

$$C_{02} = 115,5 \cdot 1,05^{-1} - 100 = 115,5 \cdot 0,9524 - 100 = 10.$$

Aus der Gegenüberstellung der ermittelten Kapitalwerte für die jeweiligen Investitionsobjekte ergibt sich die Vorteilhaftigkeit von I_1, da $C_{01} > C_{02}$.

Eine entgegengesetzte Vorteilhaftigkeit erhält man, wenn die Alternativauswahl mittels der Methode des internen Zinsfußes durchgeführt wird. Für I_1 ermittelt man folgenden internen Zinsfuß:

$$0 = \frac{10}{r_1} - 100 \text{, woraus folgt: } r_1 = 0,1$$

und der interne Zinsfuß des zweiten Investitionsobjekts:

$$0 = \frac{115,5}{1 + r_2} - 100 \text{, mit } r_2 = 0,155 \text{ .}$$

Aus dem Vergleich der beiden internen Zinsfüße wird die Vorteilhaftigkeit von I_2 begründet ($r_2 > r_1$). Dies stellt offensichtlich einen Widerspruch zum Ergebnis des Vorteilhaftigkeitsvergleichs mittels der Kapitalwertmethode dar, den es nachfolgend zu analysieren gilt. Zuvor sollen die beiden Investitionsalternativen mit ihren Kapitalwertfunktionen grafisch dargestellt werden, um so die Begründung für die widersprüchlichen Ergebnisse und die Möglichkeiten ihrer Eliminierung veranschaulichen zu können.

In Abb. IV-15 sind die Kapitalwertfunktionen der beiden Investitionsobjekte aufgetragen, so wie sie sich aufgrund des Kapitalwertkriteriums und der internen Zinsfußmethode jeweils ergeben (Kurve AA für I_1 und Kurve BB für I_2):

- Entsprechend der Kapitalwertmethode stellen die Punkte F und G die Kapitalwerte der beiden Investitionsobjekte beim Kalkulationszinsfuß zum 5% dar. Es zeigt sich grafisch das rechnerische Ergebnis des entsprechenden Vorteilhaftigkeitsvergleichs: C_{01} (= 100) > C_{02} (= 10).

- Die Punkte E und D verkörpern als die jeweiligen Nullstellen der Kapitalwertfunktionen die internen Zinsfüße. Auch hier bildet die grafische Darstellung das rechnerische Ergebnis ab: r_2 (= 0,155) > r_1 (= 0,1).

Damit sind in Abb. IV-15 auch die **Widersprüche** der beiden Methodenergebnisse abgebildet. Es zeigt sich zudem, dass kein Widerspruch hinsichtlich der Vorteilhaftigkeiten besteht, wenn der Kalkulationszinsfuß nicht 5%, sondern größer oder gleich einem kritischen Wert von 9,5% ist. Hier schneiden sich die beiden Kapitalwertfunktionen (= Punkt H). Grund für die unterschiedlichen Ergebnisse ist die Unterschiedlichkeit der Zahlungsströme der Investitionsobjekte: I_1 weist eine unendliche Reihe mit gleichen Gliedern auf; I_2 besteht dagegen aus einer endlichen Reihe mit einem einzigen Einzahlungsüberschuss. Eine Vergleichbarkeit wird dann hergestellt, wenn die Zahlungsstromstruktur von I_2 an diejenige von I_1 angepasst wird. Eine solche Anpassung gelingt, indem angenommen wird, dass in t_1 bei I_2 eine Wiederanlage in Höhe der Betragsdifferenz vorgenommen wird. Ziel ist die Vereinheitlichung der Länge der Zahlungsreihen mittels einer **Ergänzungsinvestition**. Hierfür ist von Bedeutung, welche Annahme über die Anlage der während des Planungshorizonts freiwerdenden Einzahlungsüberschüsse getroffen wird.

3 Rentabilitätsorientierte Bewertung (Methode des internen Zinsfußes)

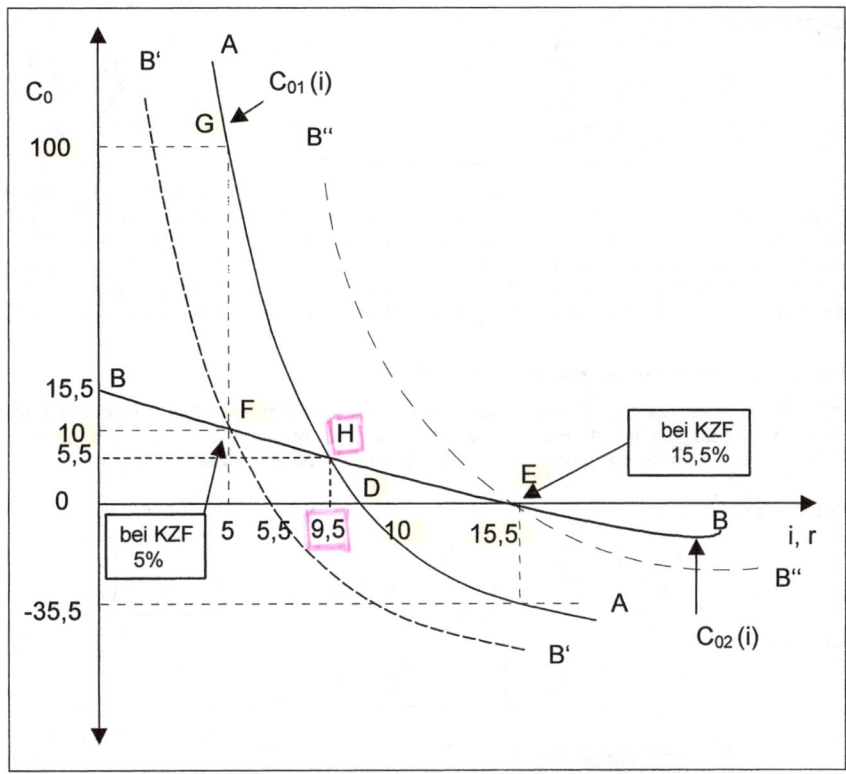

Abb. IV-15: Verlauf der Kapitalwertfunktionen aus dem Beispielfall

Es soll nachfolgend zuerst davon ausgegangen werden, dass die Vereinheitlichung der Zahlungsströme auf der Grundlage des Kalkulationszinsfußes von 5% und damit auf der Wiederanlageprämisse der Kapitalwertmethode erfolgt. Anschließend wird die Vereinheitlichung der Zahlungsströme mittels der Wiederanlage zum internen Zinsfuß von I_1 vorgenommen.

Fall I: Wiederanlageprämisse „Kalkulationszinsfuß"

Die implizite Re-Investitionsprämisse der Kapitalwertmethode bestimmt den Kapitalmarktzinssatz als Kalkulationszinsfuß. Die Vergleichbarkeit zwischen beiden Investitionsobjekten kann dann auf der Grundlage des Kalkulationszinsfußes mit 5% folgendermaßen hergestellt werden:

Investitionsobjekt I_1

t_0	t_1	t_2	t_3	...	t_∞
-100	10	10	10	10	10

Investitionsobjekt I_2

t_0	t_1	t_2	t_3	...	t_∞
-100	115,5				
Wiederanlage zu 5%					
	-110	5,5	5,5	5,5	5,5

Die neue Zahlungsreihe für I_2 stellt sich dann zusammengefasst wie folgt dar:

$$-100 + 10 = 110 \cdot 0{,}05 = 5{,}5$$

Investitionsobjekt I_2 -neu-

t_0	t_1	t_2	t_3	...	t_∞
a_0	d_1	d_2	d_3	...	d_∞
-100	5,5	5,5	5,5	5,5	5,5

Liegt der Kapitalmarktzinssatz dem Kalkulationszinsfuß für die Differenzinvestition von I_2 zugrunde, so wird das Ergebnis der **Kapitalwertmethode** vor Vereinheitlichung der Zahlungsreihen bestätigt, wenn man den neuen Kapitalwert errechnet und vergleicht. In Abb. IV-15 würde sich die BB-Kurve im Punkt F nach rechts drehen und hinter der AA-Kurve parallel verlaufen (= B'B'-Kurve). Die beiden Investitionsobjekte sind jetzt widerspruchsfrei in Hinblick auf beide Methoden vergleichbar. Der Grund liegt in der Veränderung des internen Zinsfußes von I_2, der nicht mehr 15,5%, sondern 5,5% beträgt.

Fall II: Wiederanlageprämisse „interner Zinsfuß"

Alternativ wird in einem zweiten Fall unterstellt, dass nach der **Methode des internen Zinsfußes** eine Wiederanlage der frei gewordenen Gelder innerhalb des Unternehmens nicht zu 5,5%, sondern zu 15,5% im Fall von I_2 möglich ist. In diesem Fall ergäbe sich folgender Zahlungsstrom:

Investitionsobjekt I_1

t_0	t_1	t_2	t_3	...	t_∞
-100	10	10	10	10	10

Investitionsobjekt I_2

t_0	t_1	t_2	t_3	...	t_∞
-100	115,5				
Wiederanlage zu 15,5%					
	-100	15,5	15,5	15,5	15,5

Die neue Zahlungsreihe für Investitionsobjekt I_2 ist zusammenfassend:

Investitionsobjekt I_2 -neu-

t_0	t_1	t_2	t_3	...	t_∞
a_0	d_1	d_2	d_3	...	d_∞
-100	15,5	15,5	15,5	15,5	15,5

Mit der Wiederanlageprämisse nach dem internen Zinsfuß erhält man bei einer Re-Investition der frei gewordenen Mittel im Rahmen einer unendlichen Reihe gleicher Glieder die Vorteilhaftigkeit von I_2. Dieses Ergebnis wird im Kapitalwert- und nicht nur im internen Zinsfußvergleich deutlich:

$$C_{02} = \frac{15,5}{0,05} - 100 = 210.$$

Graphisch gesehen folgt hieraus in Abb. IV-15 eine Drehung der Kurve BB um den Punkt E nach rechts (= B"B"-Kurve). Der Schnittpunkt ist eliminiert und es bestehen keine widersprüchlichen Ergebnisse mehr.

Die beiden in Beispielfall I und Beispielfall II aufgezeigten alternativen Möglichkeiten der Aufhebung der Widersprüche zwischen den Ergebnissen von Kapitalwertmethode und Methode des internen Zinsfußes lassen sich nicht nur für Unterschiede in den Zeitstrukturen der Zahlungsströme herleiten, sondern auch für Differenzen in den Anschaffungsauszahlungen zwischen den zu vergleichenden Investitionsobjekten.

Aus diesen Überlegungen lässt sich die zentrale **Kritik** an der Methode des internen Zinsfußes entwickeln. Es wird bei ihr unterstellt, dass in der Zukunft (über die Nutzungsdauer eines Investitionsobjekts) im Unternehmen immer sog. **Spitzeninvestitionen möglich** sind, in die die frei gewordenen Finanzmittel zum gleichbleibenden Satz des internen Zinsfußes angelegt werden können. Sollte der Investor im Gegensatz dazu im Laufe der Nutzungsdauer eines Investitionsobjekts eine Investitionsmöglichkeit zu abweichendem internen Zinsfuß entdecken, in die freiwerdende Überschüsse fließen können, ist der ursprünglich ermittelte interne Zinsfuß, der über die Vorteilhaftigkeit in t_0 entschied, nicht mehr haltbar. Dies widerspricht einer rationalen Investitionsrechnung. Diese Überlegung wird i.d.R. angeführt, um die Überlegenheit der Kapitalwertmethode gegenüber der internen Zinsfußmethode zu belegen. Zentral hierfür ist der Kalkulationszinsfuß, der sozusagen als Marktzinssatz insbesondere bei einem vollkommenen Kapitalmarkt ein Abbild des ökonomischen Umfeldes ist, in dem der Investor operiert. Dadurch ist er unverzerrter als Informationslieferant und zeitlich beständiger als der interne Zinsfuß.

Lesehinweise: Zur Kritik an der Methode des internen Zinsfußes vgl. *Kruschwitz* (2003, S. 106) und *Kilger* (1965a, S. 797 f.).

3.6 Alternative Renditemaße

Die Wiederanlageprämisse der internen Zinsfußmethode hat auch eine zentrale Bedeutung für die Behandlung der Ergänzungs- und Differenzinvestition. Ebenso wie im Fall der Kapitalwertmethode die Abweichungen von zu vergleichenden Investitionsobjekten in deren Zahlungsströmen zur Frage nach der Ergänzungsinvestition führte, ist dies bei der Methode des internen Zinsfußes vorzunehmen. Zu unterscheiden ist dabei zwischen einer einfachen und einer modifizierten Methode des internen Zinsfußes. Wie dargelegt, stellt sich die Wiederanlageprämisse der internen Zinsfußmethode als sehr anspruchsvoll dar. Es wurden daher Investitionsrechenverfahren entwickelt, bei denen die Rendite eines Investitionsobjekts nicht aus seiner Zahlungsreihe definiert ist. Sie integrieren stattdessen den extern verfügbaren Marktzinssatz im Kalkül.

3.6.1 Initialverzinsung

Die Methode des internen Zinsfußes stellt ein renditeorientiertes Konzept zur Beurteilung von Vorteilhaftigkeiten dar. Neben der Möglichkeit der Definition von Rendite aus einer (unternehmens)internen Kennziffer ist es auch möglich, eine **(unternehmens)externe Erfolgskennziffer** der Investitionsentscheidung zugrunde zu legen. Im einfachsten Fall lässt sich dies mit dem gegebenen Marktzinssatz *i* bewerkstelligen. Im Konzept der Initialverzinsung erfolgt die Integration des externen Marktzinssatzes und Ermittlung einer **einperiodigen Rendite**. Für Investitionsobjekte, deren Zahlungsströme nach dem Prinzip des „Point output, continuous input" beschaffen sind, lässt sich die Berechnung der Verzinsung während der ersten Periode wie folgt vornehmen (vgl. *Hax* 1993, S. 24-26):

Ermittlung des Gewinns der ersten Periode (= G_1):

$$G_1 = d_1 + \left(\sum_{t=2}^{T} d_t \cdot q^{-(t-1)} - a_0 \right) \qquad \text{(IV-57a)}$$

bzw.

$$G_1 = \sum_{t=1}^{T} d_t \cdot q^{-(t-1)} - a_0 \qquad \text{(IV-57b)}$$

Der Gewinn der ersten Periode wird gem. Gleichungen (IV-57a und 57b) durch Addition des Saldos aus dem Einzahlungsüberschuss der ersten Periode zum Kapitalwert (der sich zu Beginn der zweiten Periode ergibt) mit der Anschaffungsauszahlung a_0 errechnet.

Die Initialverzinsung (= r_V) erhält man im nächsten Schritt, indem G_1 zur Anschaffungsauszahlung ins Verhältnis gesetzt wird:

$$r_V = \frac{G_1}{a_0} = \frac{\sum_{t=1}^{T} d_t \cdot q^{-(t-1)}}{a_0} - 1 \qquad \text{(IV-58)}$$

Folgende **Aussagen** kennzeichnen die Initialverzinsung:

- Für jede beliebige Zahlungsreihe mit mindestens zwei von Null verschiedenen Einzahlungsüberschüssen ist die Initialverzinsung definiert und eindeutig.

- Die Initialverzinsung bezeichnet die Verzinsung des im Investitionsobjekt gebundenen Kapitals für die erste Periode. Danach verzinst sich das gebundene Kapital zum Kalkulationszinsfuß.

- Der Kapitalwert eines Investitionsobjekts ist genau dann positiv (*negativ*), wenn die Initialverzinsung über (*unter*) dem Kalkulationszinsfuß liegt. Diese Aussage lässt sich für einen positiven Kapitalwert wie folgt nachweisen:

Ausgangspunkt bildet Gleichung (IV-57b), die für $C_0 > 0$ gleichbedeutend ist mit:

$$\sum_{t=1}^{T} d_t \cdot q^{-t} > a_0 \qquad \text{(IV-59)}$$

Da a_0 sowie q beides positive Werte sind, führt die Multiplikation von (IV-59) mit q/a_0 äquivalent zu:

$$\frac{\sum_{t=1}^{T} d_t \cdot q^{-(t-1)}}{a_0} > q \qquad \text{(IV-60)}$$

Wegen $q = 1+i$ ergibt beidseitige Subtraktion von *1* die Ungleichung

$$\frac{\sum_{t=1}^{T} d_t \cdot q^{-(t-1)}}{a_0} - 1 = r_V > i, \qquad \text{(IV-61)}$$

was zu zeigen war.

Beispiel: Es gelte folgender Zahlungsstrom eines Investitionsobjekts: $I := \{-300_0, 60_1, 120_2, 180_3, 10_4\}$. Der Kalkulationszinsfuß sei *5%*. Die Initialverzinsung wird wie folgt berechnet:

3 Rentabilitätsorientierte Bewertung (Methode des internen Zinsfußes)

$$r_v = \frac{60 + \frac{120}{1,05} + \frac{180}{1,05^2} + \frac{10}{1,05^3}}{300} - 1 = 0,154.$$

Die Initialverzinsung beträgt *15,4%*, womit $r_V > i$. Es lässt sich jetzt auch mit den Beispielangaben nachweisen, dass unter dieser Bedingung ($r_V > i$) der Kapitalwert der Investition positiv ist:

$$C_0 = -300 + 60 \cdot 1,05^{-1} + 120 \cdot 1,05^{-2} + 180 \cdot 1,05^{-3} + 10 \cdot 1,05^{-4} = 29,70 \text{ € } (> 0).$$

Lesehinweis: Ein weiterer in der dynamischen Investitionsrechnung bekannter Renditesatz ist die sog. MAPI-Verzinsung. Es handelt sich um ein von *Terborgh* am amerikanischen Machinery and Allied Products Institute (= MAPI) in den 60er Jahren entwickeltes Verfahren zur Ermittlung der Rentabilität von Investitionsobjekten. Dabei steht methodisch die standardisierte Form der Prognose von Zahlungsreihen im Vordergrund (vgl. hierzu *Terborgh* 1962).

3.6.2 Modifizierte Methode des internen Zinsfußes (*Baldwin*-Methode)

Baldwin erweitert das Konzept der Initialverzinsung, indem er eine **mehrperiodige Rentabilitätsgröße** zugrunde legt: Er schlägt vor, die Einzahlungsüberschüsse bis zum Ende der Planungsperiode zum Kalkulationszinsfuß *i* anzulegen, der sich aus der **durchschnittlichen Unternehmensrentabilität** (= r_u) rekrutiert. Die Verwendung einer solchen Größe („**Value of Money**" wie sie *Baldwin* ausdrückt, vgl. *Baldwin* 1959, S. 100) ist nur dann sinnvoll, wenn man davon ausgehen kann, dass die durchschnittliche Unternehmensrentabilität, die aus Vergangenheitswerten ermittelt wurde, auch in Zukunft gilt. Andernfalls eignet sich auch der Kalkulationszinsfuß *i*. **Ausgangspunkt** bilden (vgl. *Blohm/ Lüder* 1995, S. 115-117)

- der Endwert der Einzahlungsüberschüsse:

$$B_{d_T} = \sum_{t=1}^{T} d_t (1+r_u)^{T-t} \qquad \text{(IV-62)}$$

und

- der Barwert der Auszahlungen:

$$B_{a_T} = \sum_{t=0}^{T} a_t (1+r_u)^{-t} \qquad \text{(IV-63)}$$

Gesucht wird anschließend ein interner Zinssatz r_B, der beide Barwerte gleichsetzt:

$$-\sum_{t=0}^{T} a_t (1+r_u)^{-t} + \left[\sum_{t=1}^{T} d_t (1+r_u)^{T-t}\right] \cdot (1+r_B)^{-T} \overset{!}{=} 0 \qquad \text{(IV-64a)}$$

bzw. auf der Basis einer einzigen Anschaffungsauszahlung a_0:

$$-a_0 + \left[\sum_{t=1}^{T} d_t (1+r_u)^{T-t}\right] \cdot (1+r_B)^{-T} \overset{!}{=} 0 \qquad \text{(IV-64b)}$$

Der gesuchte modifizierte interne Zinssatz wird ***Baldwin*-Verzinsungssatz** genannt. Er ergibt sich wie folgt:

$$r_B = \sqrt[T]{\frac{\sum_{t=1}^{T} d_t(1+r_u)^{T-t}}{a_0}} - 1 \qquad (IV-65)$$

Der auf der Basis des Endwerts von Anschaffungsauszahlung und Einzahlungsüberschüssen ermittelte *Baldwin*-Verzinsungssatz stellt eine Vereinfachung dar und wird als **realer Zinsfuß** bezeichnet. *Baldwin* selbst hatte seiner Renditeermittlung keine Einzahlungsüberschüsse, sondern die Ein- und Auszahlungsströme eines Investitionsobjekts getrennt zugrunde gelegt:

$$r_B = \sqrt[T]{\frac{\sum_{t=1}^{T} e_t(1+r_u)^{T-t}}{\sum_{t=0}^{T} a_t(1+r_u)^{-T}}} - 1 \qquad (IV-66)$$

Da die Aufspaltung der Zahlungsströme eines Investitionsobjekts häufig nur willkürlich erfolgen kann, es insbesondere Schwierigkeiten bereitet, ob eine Auszahlung Bestandteil der Anschaffungsausgaben ist oder zum Einzahlungsüberschuss der ersten Periode zählt, wird der *Baldwin*-Verzinsungssatz i.d.R. in Form von Gleichung (IV-65) verwendet (vgl. auch *Altrogge* 1973, S. 669ff.).

Als **Akzeptanzkriterium** einer Einzelinvestition gilt beim *Baldwin*-Verzinsungssatz:

$$r_{Bj} \geq r_u \qquad (IV-67)$$

d.h. als **Auswahlkriterium**:

$$\max_j \{r_{Bj}|\ r_{Bj} \geq r_u\} \qquad (IV-68)$$

<u>Beispiel:</u> Betrachtet sei die Zahlungsreihe des folgenden Investitionsobjekts $I := \{-2000_0,\ 600_1,\ 200_2,\ 700_3,\ 900_4\}$. Zu berechnen ist die *Baldwin*-Verzinsung bei einer Unternehmensrentabilität von 7,5%. Hierzu ermittelt man zuerst den Endwert der Einzahlungsüberschüsse:

$600 \cdot 1{,}075^3 + 200 \cdot 1{,}075^2 + 700 \cdot 1{,}075 + 900 = 2.629\ \text{€}$. Die *Baldwin*-Verzinsung ist:

$$\sqrt[4]{\frac{2.629}{2000}} - 1 = 0{,}0708\ .$$

Da die *Baldwin*-Verzinsung mit 7,08% niedriger liegt als die Unternehmensrentabilität von 7,5%, ist das untersuchte Investitionsobjekt nicht vorteilhaft.

Analysiert man mehrere Investitionsobjekte auf ihre Vorteilhaftigkeit, gelten bei abweichenden Beträgen in Anschaffungsauszahlungen und unterschiedlichen Nutzungsdauern die bisherigen Grundsatzüberlegungen zur Ergänzungsinvestition.

Baldwin-Verzinsung, Initialverzinsung und Kapitalwertkriterium führen sowohl bei der Beurteilung eines einzelnen Investitionsobjekts als auch bei Wahlentscheidung zwischen alternativen Investitionsobjekten zu gleichen Ergebnissen hinsichtlich der Vorteilhaftigkeit. Im Falle von *i = r* besteht diese Äquivalenz der Entscheidungskriterien zusätzlich noch für die Methode des internen Zinsfußes. *Baldwin*- und Initialverzinsung basieren auf der expliziten Wiederanlageprämisse des Kalkulationszinsfußes. Da die Kapitalwertmethode ebenso auf der Wiederanlageprämisse des Kalkulationszinsfußes basiert, wird die Verwendung von **Initial-** und **Baldwin-Verzinsung** als **verzichtbar** angesehen: „Die behandelten Rentabilitätsmaße sind nicht nur entscheidungslogisch verzichtbar, sondern wegen ihres eingeschränkten Definitionsbereiches der Kapitalwertmethode auch theoretisch unterlegen" (*Hering* 1995, S. 66).

4 Zusammenfassende Beurteilung

Unter den vorgestellten Verfahrensweisen zur Ermittlung der Vorteilhaftigkeit von Investitionsobjekten sind in erster Linie deren Wiederanlage- bzw. Finanzierungsprämissen zur Beurteilung ausschlaggebend. Unter der in diesem Kapitel bestehenden Annahme des vollkommenen Kapitalmarkts erweist sich die Kapitalwertmethode allen anderen Methoden als überlegen, da nur bei ihr frei werdende Einzahlungsüberschüsse am Kapitalmarkt angelegt bzw. Finanzierungen des Investitionsobjekts mittels dort aufgenommener Finanzmittel erfolgen. Durch die Einschaltung des Kapitalmarkts wird gewährleistet, dass die Kapitalgeber die von ihnen gewünschte zeitliche Struktur ihrer Einkommenskonsumströme im Sinne *Fishers* herstellen können (vgl. auch *Schmidt/ Terberger* 1997, S. 162).

Die Kapitalwertmethode ist zudem als einzige Methode sowohl für den isolierten Vorteilhaftigkeitsvergleich als auch den Alternativvergleich widerspruchsfrei einsetzbar. Die Methode des internen Zinsfußes ist wegen des Problems der unrealistischen Wiederanlageprämisse grundsätzlich nur dann für den isolierten Vorteilhaftigkeitsvergleich und den Alternativvergleich einsetzbar, wenn es sich um isolierte Investitionen handelt. Es gilt allgemein in der herrschenden Literatur als Konsens, dass die Methode des internen Zinsfußes zum Einsatz für den Alternativvergleich ungeeignet ist (vgl. *Kruschwitz* 2003, S. 106).

Für die **betriebliche** Praxis lässt sich aufgrund empirischer Studien feststellen, dass in Großunternehmen den dynamischen Investitionsrechenverfahren der Vorzug vor den statischen Verfahren gegeben wird. Die größte Verbreitung weist die Methode des internen Zinsfußes auf, gefolgt von der Kapitalwertmethode (vgl. *Bröer/ Däumler* 1986, *Werle-Streif* 1989, *Grabbe* 1976). In mittelständischen Unternehmen werden dynamische und statische Verfahrensweisen in etwa gleich geschätzt. Es erweist sich eine Präferenz für die Methode des internen Zinsfußes (vgl. *Heidtmann/ Däumler* 1997 und *Blohm/ Lüder* 1995, S. 50-54).

Kapitel V   Erweiterungen der dynamischen Verfahren

Im vorangegangenen Kapitel IV wurden die Methoden und wichtigsten Anwendungsgebiete der klassischen dynamischen Investitionsrechen- und -bewertungsverfahren vorgestellt. Man sollte sich immer wieder der Bedeutung der getroffenen Annahmen bewusst sein. Im Mittelpunkt standen der vollkommene Kapitalmarkt und sichere Erwartungen hinsichtlich des Eintritts zukünftiger Umweltzustände, die die Zahlungsströme eines Investitionsobjekts beeinflussen können. Daneben wurden zusätzliche Vereinfachungen in Kapitel IV getroffen, um die investitionstheoretischen Methoden konzentriert vorstellen zu können.

Kapitel V baut auf den Grundlagen des vorangegangenen Kapitels auf und dient der Vervollständigung sowie Erweiterung der Investitionsrechen- und -bewertungsverfahren. Zu diesem Zweck verbleibt der **erste Teil** von Kapitel V innerhalb der **Annahmenkombination „vollkommener Kapitalmarkt/sichere Erwartungen"**. Hiermit soll Aufschluss gegeben werden auf folgende **zentrale Fragen**:

(1) Auf welche Weise werden Preisniveauänderungen in die Kapitalwertmethode integriert?

(2) Wie werden Zahlungsströme eines Investitionsobjekts in Fremdwährung in den Verfahren der Investitionsbewertung und -rechnung behandelt?

(3) Nach welchen Vorgehensweisen werden Steuern in die Kapitalwertmethode implementiert?

(4) Welche Anpassungen in der Kapitalwertberechnung ergeben sich, wenn am Kapitalmarkt sog. „gekrümmte Zinsstrukturkurven" vorliegen?

In einem **zweiten Teil** von Kapitel V wird die Annahmenkombination verändert: Anstelle der Vollkommenheitsannahme bezüglich des Kapitalmarkts werden **Unvollkommenheiten** zugelassen. Sie bestehen aus einem gespaltenen Kapitalmarktzinssatz (Soll- und Habenzinssatz) und Kapitalrationierung. Nach wie vor aufrecht erhalten wird die Annahme sicherer Erwartungen, d.h., Unsicherheit und Risiko wird (noch) ausgeklammert. Es werden folgende **Fragen** beantwortet:

(5) Lässt sich die für die dynamischen Investitionsrechenverfahren so zentrale *Fisher*-Separation bei gespaltenem Kapitalmarktzinssatz aufrecht erhalten?

(6) Welche Methoden sind geeignet, Soll- und Habenzinssätze in der Bewertung von Investitionsobjekten zu integrieren?

(7) Wie ermöglicht ein endogen zu bestimmender Kalkulationszinsfuß in einem Investitionsprogramm die Bestimmung des optimalen Investitions- und Finanzierungsbudgets?

1   Vollkommener Kapitalmarkt und sichere Erwartungen

Im ersten Teil dieses Kapitels werden Erweiterungen der dynamischen Investitionsrechenverfahren (in erster Linie im Bereich der Kapitalwertmethode) vorgenommen. Hierdurch findet auch eine Annäherung an makro- und mikroökonomische Gegebenheiten der Realität statt.

1.1 Berücksichtigung von Preisänderungen

Bei der Darstellung der dynamischen Investitionsbewertungsverfahren in Kapitel IV wurde vollständig von Änderungen einzelner Preise (im Beschaffungs- oder Absatzbereich) aufgrund makroökonomischer Faktoren abgesehen. Es wurde weder eine Inflation noch eine Deflation berücksichtigt, somit war die Kaufkraft über die Planungsperiode einer Investitionsbetrachtung als konkret unterstellt. Im Gegensatz dazu bestehen in real existierenden Entscheidungssituationen i.d.R. Änderungen des Preisniveaus.

Lesehinweis: Erscheinungsformen und Ursachen von Preisniveauänderungen behandelt u.a. *Schrüfer* (1997, S. 206-218).

1.1.1 Realer versus nominaler Zinssatz

Welche Modifikationen ergeben sich für die Investitionsbewertung, wenn man makroökonomisch Preisniveauinstabilität vorfindet? Die Antwort auf diese Frage kann mit *Fisher* erschlossen werden. In seiner schon im Kapitel III vorgestellten Zinstheorie, die für die dynamischen Methoden der Investitionsbewertung grundlegend ist, geht *Fisher* von einem **realen Zinssatz** (= i_r) aus: Er stellt sich auf dem Kapitalmarkt aufgrund realer Einflussgrößen des Spar- und Investitionsverhaltens der Wirtschaftssubjekte ein. Insofern gehen im einfachsten Fall von Preisniveauänderungen keine Wirkungen auf den realen Zinssatz aus (es sei denn, die Wirtschaftssubjekte hegen „Geldillusion", vgl. hierzu *Schäfer* 1988, S. 29f.). Der Preisniveaueffekt kommt nach *Fisher* denn auch nicht im realen Zinssatz, sondern im **nominellen** Zinssatz (= i_n) zum Tragen.

> Als **Fisher-Effekt** bezeichnet man die Beziehung, wonach sich eine Änderung in der von den Wirtschaftssubjekten erwarteten Inflation mit gleicher Rate in eine Änderung des Nominalzinssatzes niederschlägt.

Formalisiert lässt sich dieser Zusammenhang wie folgt darstellen (vgl. *Copeland/ Weston* 1992, S. 62):

$$1 + i_n = (1 + i_r) \cdot (1 + \pi) \tag{V-1a}$$

mit π = erwartete Preisänderungsrate.

Der nominelle Zinssatz lautet nach Umstellung von Gleichung (V-1a):

$$i_n = (1 + \pi) \cdot (1 + i_r) - 1 \tag{V-1b}$$

Für den realen Zinssatz erhält man durch Umstellung von Gleichung (V-1a) folgende Bestimmungsgleichung:

$$i_r = \frac{1 + i_n}{1 + \pi} - 1 \tag{V-1c}$$

Näherungsweise wird der reale Zinssatz (vor allem in der Praxis) auch wie folgt bestimmt:

$$i_r \cong i_n - \pi \tag{V-2}$$

Beziehung (V-2) führt nicht zum identischen Wert für den realen Zinssatz analog Gleichung (V-1c), da das **Kreuzprodukt** [= $\pi(i_r)$] nicht berücksichtigt wird. Allerdings wird Beziehung (V-2) häufig als Daumenregel akzeptiert, da das Kreuzprodukt gewöhnlich in Industriestaaten wegen der dortigen niedrigen Inflationsraten sehr niedrige Werte annimmt (vgl. *Brealey/ Myers* 2003, S. 670, Fn. 6).

Beispiel: Ein Jugendlicher soll im Alter von *13* Jahren von seiner Großmutter einen Kapitalbetrag zum Kauf eines smarten Kleinwagens in fünf Jahren ($T = 5$) erhalten. Das Kapital wird ihm mit der Maßgabe überlassen, es fünf Jahre lang in eine Bankschuldverschreibung anzulegen, die eine jährliche nominelle Zinszahlung von 7% erbringt. Die Zinszahlungen während der Anlagedauer sollen zum gleichen Zinssatz angelegt werden. Hierzu bietet die Bank ein Wertpapier auf Null-Kupon-Basis an (vgl. hierzu auch *Schäfer* 2002, S. 415f). Gegenwärtig (Zeitpunkt t_0) ist der in Aussicht stehende Kleinwagen zu den Anschaffungskosten von *10.000* € erwerbbar. Der Kfz-Händler gibt auf Nachfragen an, dass sich die Preise in jedem Jahr um jeweils 3% erhöhen werden. Die Großmutter fragt sich, welchen Betrag sie heute ihrem Enkel zur Verfügung stellen muss, damit dieser in fünf Jahren wie beabsichtigt den smarten Kleinwagen kaufen kann.

Die Lösung diese Problems kann gedanklich in zwei Schritte zerlegt werden (in Abb. V-1 sind die Schritte verdeutlicht):

1. Schritt:

Wie hoch wird der Kaufpreis des Kleinwagens in fünf Jahren sein?

Zu diesem Zweck ist der gegenwärtige Kaufpreis mit der Preissteigerungsrate [$(1+\pi)^T$, d.h. $(1 + 0,03)^5$] aufzuzinsen. Dadurch erhält man folgenden Zukunftswert in fünf Jahren:

$B_5 = 10.000 \cdot 1{,}1593 = 11.593$ €.

Der Erwerb des Kleinwagens wird also bei unterstellter jährlicher Preissteigerung von 3% in fünf Jahren nicht mehr *10.000* €, sondern *11.593* € an Kapitaleinsatz erfordern.

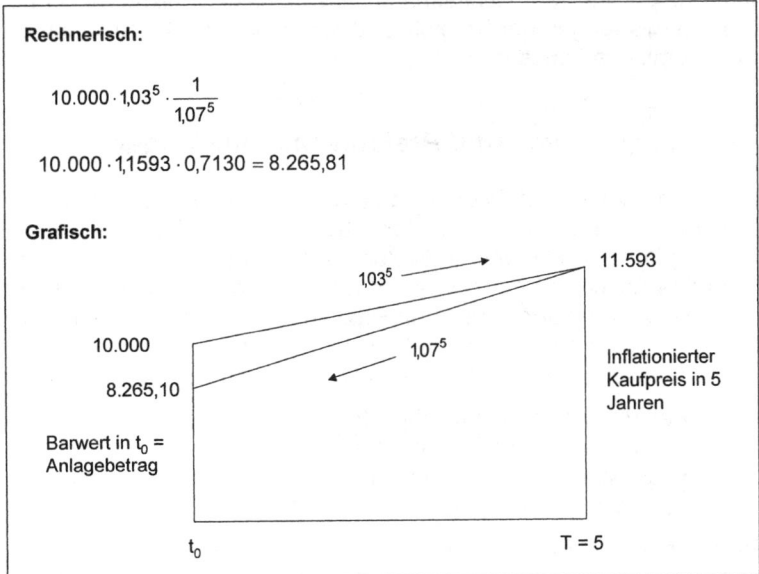

Abb. V-1: Grafische Veranschaulichung der Barwertberechnung mit Preisänderungsrate

2. Schritt:

Da der Kapitaleinsatz in t_0 angelegt werden soll und fünf Jahre lang zu verzinsen ist, ist in einem nächsten Schritt der Gegenwartswert des zukünftigen Kaufpreises von 11.592 € zu ermitteln (mit i = 0,07):

$$B_0 = 11.593 \cdot (1+i_n)^{-T}$$

$$B_0 = 11.593 \cdot 0,7130 = 8.265,81 \text{ €}.$$

Der Barwert dieses Beispiels beträgt 8.265,81 €, was auch den von der Großmutter dem Enkel zur Verfügung zu stellenden Anlagebetrag bezeichnet.

Diese aufwendige Berechnung des Barwerts lässt sich unter Einsatz von Gleichung (V-2b) vereinfachen, indem der reale Zinssatz und daraufhin Diskontierungsfaktor sowie erwünschter anzulegende Betrag der Gegenwart ermittelt wird:

$$i_r = \frac{1+0,07}{1+0,03} - 1 = 0,03884 \text{ , womit der gesuchte Anlagebetrag barwertig errechnet werden kann:}$$

$$B_0 = 10.000 \cdot (1+i_r)^{-T}$$

$$B_0 = 10.000 \cdot 0,826526 = 8.265,26 \text{ €}.$$

Bis auf einen Rundungsfehler von 0,55 € sind die auf den beiden Wegen ermittelten Barwerte betraglich identisch.

Für die Bestimmung des Kalkulationszinsfußes ist der *Fisher*-Effekt von Bedeutung: Handeln die Teilnehmer an den Kapitalmärkten ohne Geldillusion, so erhöhen sie ihre geforderten Renditen um die laufzeitentsprechende erwartete Inflationsrate (vgl. *Schäfer* 2002, S. 102-103). Die vom Kapitalmarkt erwartete Inflationsrate ist dann antizipiert und in den nominellen Zinssätzen integriert. Da der Kalkulationszinsfuß auf dem Kapitalmarktzinssatz basiert, bildet er die mehrheitlichen Inflationserwartungen der Kapitalmarktteilnehmer ab. Der Kalkulationszinsfuß ist daher ein nomineller Zinssatz.

1.1.2 Zahlungsströme und Preisniveauänderungen

Die Grundüberlegungen von Preisniveauänderung und Zinssatz können auf die Zahlungsströme von Investitionsobjekten übertragen werden: Auch hier ist eine Unterscheidung in nominelle und reale Zahlungsströme möglich. So wurde im obigen Beispiel des Abschnitts 1.1 gezeigt, dass die Inflationierung eines Betrags im Gegenwartszeitpunkt mit der erwarteten Preisänderungsrate zu einem zukünftigen (über die Planungsperiode) nominellen Zahlungsbetrag führt. Umgekehrt erhält man reale Zahlungsströme mittels Deflationierung durch die Preisniveaurate.

Wenn in den Zahlungsströmen zwischen nominellen und realen Wertgrößen zu unterscheiden ist, wie wirkt sich dies auf das Diskontieren von Zahlungsströmen im Rahmen der dynamischen Investitionsrechenverfahren aus? Folgender **Grundsatz** gilt hier (vgl. *Ross/ Westerfield/ Jaffe* 2002, S. 181):

> **Nominelle Zahlungsströme** werden mit dem Kalkulationszinsfuß abdiskontiert, der auf dem **nominellen Kapitalmarktzinssatz** basiert. **Reale Zahlungsstromgrößen** werden dagegen mit dem durch den **realen Zinssatz** determinierten Kalkulationszinsfuß abgezinst.

Diese Regel bedarf einer Differenzierung, da zwei Einflussrichtungen von Preisänderungen auf die Zahlungsströme zu unterscheiden sind:

1 Vollkommener Kapitalmarkt und sichere Erwartungen 173

- Bei **gleichmäßigen Preisänderungen** werden alle Zahlungskomponenten in der Kapitalwertgleichung und damit die Absatz- und die Beschaffungsseite sowie der Kalkulationszinsfuß durch eine einheitliche Preisänderungsrate (= π) beeinflusst. Die Kapitalwertgleichung ist daraufhin wie folgt zu modifizieren:

$$C_0 = -a_0 + \sum_{t=1}^{T} \frac{e_t \cdot (1+\pi)^t - a_t \cdot (1+\pi)^t}{(1+i_n)^t \cdot (1+\pi)^t} \qquad (V\text{-}3)$$

Kürzt man den Faktor *(1+π)* heraus, ergibt sich in vereinfachter Form:

$$C_0 = -a_0 + \sum_{t=1}^{T} (e_t - a_t) \cdot (1+i_n)^{-t} \qquad (V\text{-}4)$$

Aufgrund der einheitlichen Preisänderungsrate in den Zahlungsstromkomponenten und dem Kalkulationszinsfuß erübrigt sich die explizite Integration der Preisniveaueffekte in der Kapitalwertgleichung. Man unterstellt häufig (mangels anderer zuverlässigerer Informationen), dass die zum Kalkulationszeitpunkt geltenden Preise für die gesamte Nutzungsdauer gelten. Diese Vorstellung impliziert, dass die Erhöhung der Beschaffungspreise vollständig auf die Absatzpreise überwälzt wird.

- Die zuvor getroffene Unterstellung dürfte in der Realität die Ausnahme darstellen. Die **Preisänderungsraten** von Einzahlungen (= π_{et}) und Auszahlungen (= π_{at}) werden i.d.R. **unterschiedlich** sein. Der Kapitalmarktzinssatz spiegelt dann nicht mehr diese unterschiedlichen Preisänderungsraten wider. Ferner dürften die jährlichen Inflationsraten (= π_t) im Zeitablauf schwanken bzw. zu unterschiedlichen Zeitpunkten einsetzen (vgl. *Copeland/ Weston* 1992, S. 63f.). In diesen Fällen ist der Kapitalwert von den Preisänderungen betroffen.

Der Kapitalwert ist unter diesen Umständen wie folgt zu formulieren:

$$C_0 = -a_0 + \sum_{t=1}^{T} \frac{\prod_{\tau=1}^{t} e_t (1+\pi_{e\tau}) - \prod_{\tau=1}^{t} a_t (1+\pi_{a\tau})}{\prod_{\tau=1}^{t}(1+\pi_\tau) \cdot (1+i_n)^t} \qquad (V\text{-}5)$$

Setzt man die Preisänderungsrate über den Planungshorizont konstant (was meist erfolgt), so gilt:

$$\prod_{\tau=1}^{t}(1+\pi_{e\tau}) = (1+\pi_e)^t,$$

$$\wedge \prod_{\tau=1}^{t}(1+\pi_{a\tau}) = (1+\pi_a)^t,$$

$$\wedge \prod_{\tau=1}^{t}(1+\pi_\tau) = (1+\pi)^t.$$

Damit vereinfacht sich die (reale) Kapitalwertgleichung wie folgt:

$$C_0 = -a_0 + \sum_{t=1}^{T} \frac{(1+\pi_e)^t \cdot e_t - (1+\pi_a)^t \cdot a_t}{(1+\pi)^t \cdot (1+i_n)^t} \qquad (V\text{-}6)$$

Grundsätzlich sind mit Gleichung (V-6) **zwei Vorgehensweisen** für die Berechnungsweisen von C_0 möglich:

(1) Deflationierung der nominellen Zahlungsreihen mit $(1+\pi)^t$ und Diskontieren der erhaltenen realen Zahlungsreihen mit dem realen Diskontierungsfaktor $(1+i_r)^t$.

(2) Verwendung der nominellen Zahlungsreihen und Diskontierung mittels des nominellen Zinssatzes i_n.

In jedem konkreten Einzelfall einer anstehenden Investitionsentscheidung ist zu prüfen, inwiefern auf der Grundlage o.g. Fallunterscheidungen die Preisänderung in den Verfahren der Investitionsrechnungen zu integrieren ist. In einer ersten Betrachtung der Preisänderungen in der Barwertrechnung soll von dem einfachen Fall eines einzigen Zahlungsstroms ausgegangen werden.

Nachfolgend wird die Integration der Preisänderungsrate in einer Zahlungsreihe mit der Eigenschaft einer endlichen uniformen Reihe dargestellt. Auch hierzu wird ein Beispiel zu Demonstrationszwecken verwendet.

Beispiel: Ein Unternehmer benötigt zur Abwicklung eines Projektauftrags für vier Jahre befristet eine Montagehalle, die er mieten möchte. An Mietausgaben sind in jedem Jahr Zahlungen in Höhe von 6.000 € zu leisten. Um das Investitionsvolumen des Projekts heute berechnen zu können, möchte er den Barwert der in Zukunft anfallenden Mietzahlungen wissen. Der Vermieter ist nur bereit, einen Mietvertrag mit jährlich gestaffelter Miethöhe abzuschließen, was der Berücksichtigung einer jährlichen Preissteigerungsrate von 3,5% entspricht.

Den Barwert dieser Zahlungsreihe ermittelt man auf der Grundlage folgender Daten:

$a_t = 6.000,00$ €, $i_n = 0,07$, $T = 4$ Jahre, $\pi = 0,035$.

Im Grunde wird jede Zahlung wie ein Einzelbetrag betrachtet, d.h. nach jeder Zahlung in der ersten Stufe um den Preisänderungsfaktor aufgezinst und in der zweiten Stufe um den Kalkulationszinsfuß abgezinst. Dies führt zu folgender Berechnung:

6000 ·	1,035 ·	0,9346 =	5.804
6000 ·	1,0712 ·	0,8734 =	+ 5.614
6000 ·	1,1087 ·	0,8163 =	+ 5.430
6000 ·	1,1475 ·	0,7629 =	+ 5.253
6000 ·	3,6835	→	= 22.101
↓	↓		↓
6000 ·	Barwertfaktor		= Barwert

Tab. V-1: Ermittlung des Barwerts bei Preisänderungen

Nachfolgende Abb. V-2 veranschaulicht die vorangegangenen Zusammenhänge grafisch.

1 Vollkommener Kapitalmarkt und sichere Erwartungen 175

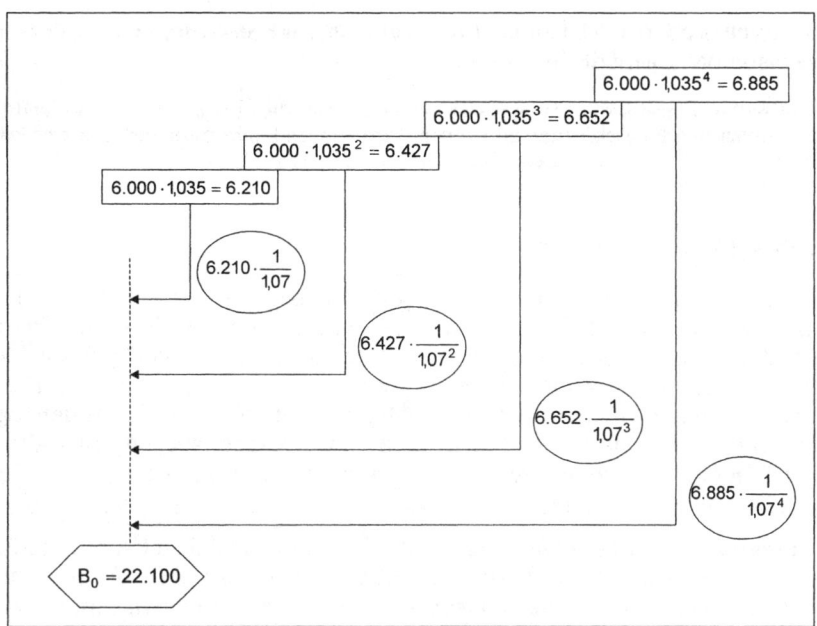

Abb. V-2: Barwertermittlung bei einer endlichen uniformen Reihe

1.2 Kapitalwertmethode bei Zahlungsströmen in Fremdwährung

Investitionsrechenverfahren müssen um die Komponente Wechselkurs angepasst werden, wenn Investitionsobjekte im Fremdwährungsraum realisiert werden. Diese Aufgabe wird i.d.R. dergestalt erschlossen, dass zuvor zwischen dem Standpunkt der Obergesellschaft, d.h. der inländischen Muttergesellschaft im Konzern und dem der ausländischen Tochtergesellschaft unterschieden wird. Lediglich wenn die Investitionsentscheidung aus dem Blickwinkel der Obergesellschaft analysiert werden soll, ist die Wechselkurskomponente in das dynamische Investitionsrechenverfahren zu integrieren. Im Folgenden werden die Betrachtungen hierauf abgestellt und anhand der Kapitalwertmethode dargestellt.

Da die auf Fremdwährung lautenden Einzahlungsüberschüsse des zu analysierenden ausländischen Investitionsobjekts zukunftsbezogen sind, ist es erforderlich, die Änderung des gegenwärtigen Wechselkurses für den relevanten Betrachtungszeitraum der Umrechnung zugrunde zu legen. Dieses Prognoseerfordernis wird aufgrund der **Kaufkraftparitätentheorie** (kurz KKP genannt) auf die Prognose der zukünftigen Inflationsraten der zu vergleichenden Länder übertragen.

<u>Lesehinweis:</u> Zur Erläuterung der Kaufkraftparitätentheorie vgl. *Schäfer* (1988, S. 207-213).

Der Kalkulationszinsfuß wird durch den nominalen Kapitalmarktzinssatz des Auslands bestimmt (= i_a). Die Kapitalwertgleichung weist unter diesen Bedingungen folgende Gestalt auf:

$$C_0 = -a_0 \cdot e_{KK_0} + \sum_{t=1}^{T} \frac{d_t \cdot e_{KK_t}}{(1+i_a)^t} \tag{V-7}$$

Alle Zahlungsgrößen sind Nominalwerte in Fremdwährungseinheiten; der Wechselkurs wird durch die KKP bestimmt.

Lesehinweis: Die vorgestellte Verfahrensweise ist knapp gehalten, um den Leserinnen und Lesern einen übersichtlichen Einblick geben zu können. Weitergehende Ausführungen und eine differenzierte Behandlung des Themas findet sich u.a. in Levi (1996, Kapitel 19).

1.3 Integration von Steuern

Neben der Integration von Preisänderungen stellt ein weiterer Schritt zur Annäherung der dynamischen Methoden der Investitionsrechnung an Praxiserfordernisse die Ermittlung des Kapitalwerts bzw. internen Zinsfußes unter Berücksichtigung steuerlicher Veranlagung dar. Mit der Durchführung eines Investitionsobjekts wird die Steuerlast des investierenden Unternehmens betroffen. Die Einbeziehung von Steuern in die Vorteilhaftigkeitsbetrachtung von Investitionsobjekten ist abhängig von der Steuerart. Folgende zwei **Kategorien** sind von Bedeutung (vgl. *Bossert* 1997, S. 7):

- **Erfolgsunabhängige Steuern** sind Steuern auf Produktionsfaktoren (z.B. Kfz-Steuer, Grundsteuer) und Leistungen bzw. Erzeugnisse (z.B. Mineralölsteuer). Sie lassen sich einem Investitionsobjekt i.d.R. direkt zurechnen. Erfasst werden sie in der Zahlungsreihe entweder explizit als zusätzliche Auszahlungs- bzw. Ausgabenströme oder implizit durch entsprechende Minderung der Einzahlungen. Die Integration solcher Steuern in die Zahlungsreihe eines Investitionsobjekts ist i.d.R. wenig problematisch.

- **Erfolgsabhängige Steuern** (= Ertragsteuern) wie beispielsweise Einkommensteuer und Körperschaftsteuer schlagen sich nicht in den Zahlungsströmen der Investition nieder, sondern berühren die Methodik der Investitionsrechnung. Eine exakte Berücksichtigung von Ertragsteuern ist nur aus gesamter Unternehmenssicht möglich. Erforderlich ist zum Kalkulationszeitpunkt wegen des Zukunftsbezugs der Investitionsbewertung eine **Erfolgsprognose** für das **Gesamtunternehmen**. Ferner ist die Zurechnung des prognostizierten Erfolgs auf das zu beurteilende Investitionsobjekt zu bewerkstelligen. Bemessungsgrundlagen und Steuersatzbestimmung (in Abhängigkeit von Höhe und Verwendung des Unternehmenserfolges sowie der Einkunftsart) sind daher zuvor zu ermitteln.

Bevor auf die steuerlich bedingten Änderungen für die dynamischen Investitionsbewertungsverfahren eingegangen werden kann, sind **methodische Vorüberlegungen** anzustellen.

Erfolgsabhängige Steuern beziehen sich nicht auf die Zahlungsströme eines Investitionsobjekts, sondern auf eine Bemessungsgrundlage. Diese wird prinzipiell aus dem Überschuss der Betriebseinnahmen über die Betriebsausgaben entsprechend den Gewinnermittlungsvorschriften des Steuerrechts, der Finanzbehörden und der Steuerrechtsprechung errechnet. Dabei gilt im deutschen Steuerrecht das **Prinzip der Maßgeblichkeit** der Handels- für die Steuerbilanz. Betriebseinnahmen können daher bis zu einem gewissen Grad den Erträgen und die Betriebsausgaben den Aufwendungen gleichgesetzt werden (vgl. *Bossert/ Manz* 1996, S. 137-139). Für die **Investitionsrechnung** unter Berücksichtigung der Steuern kommen dabei **zwei Umstände** zum Tragen:

(1) Erträge und Aufwendungen müssen einem Investitionsobjekt zurechenbar sein.

(2) Es ist in der Einzelperiode zu berücksichtigen, dass Erträge bzw. Aufwendungen vor allem aufgrund zeitlicher Differenzen nicht betraglich mit Einzahlungen und Auszahlungen identisch sein müssen. Die Gründe für das Auseinanderfallen sind beispielhaft in Abb. V-3 aufgeführt.

Auszahlungen ≠ Aufwendungen	• Abschreibungen anstelle von Investitionsausgaben • Zuführungen zu langfristigen Rückstellungen anstelle von tatsächlichen Zahlungen • Materialverbrauch statt Materialeinkauf
Einzahlungen ≠ Erträge	Zeitpunkt des Entstehens einer Forderung und Zeitpunkt des Zahlungseinganges fallen auseinander

Abb. V-3: Steuerlich relevante Ungleichheiten

Der Unterschied zwischen den **Zahlungszeitpunkten** und den Zeitpunkten der Aufwands- bzw. Ertragsbildung wird i.d.R. unberücksichtigt und man verwendet dann die entsprechenden Aufwands- und Ertragsgrößen anstelle der pagatorischen Größen. Von Bedeutung für die Investitionsentscheidungen sind gewinnabhängige Steuern besonders z.B. beim Erwerb kompletter Unternehmen bzw. Errichtung neuer Unternehmen.

1.3.1 Steuerbedingte Änderungen der Zahlungsreihe

Isoliert man die Absetzung für Abnutzung (= AfA) als Bestandteil der Zahlungsströme und berücksichtigt man eine proportionale Gewinnsteuer (z.B. Körperschaftsteuer) mit dem Steuersatz st, so wird die Zahlungsreihe eines Investitionsobjekts in jeder Periode mit diesen Komponenten angepasst. Vorausgesetzt, der Einfachheit halber werden alle übrigen Aufwendungen (bzw. Erträge) als Auszahlungen (bzw. Einzahlungen) verstanden und ihre steuerliche Anerkennung unterstellt, ist der sich ergebende Einzahlungsüberschuss identisch mit dem Gewinn:

Einzahlungsüberschuss vor Steuern	d_t
Absetzung für Abnutzung	$-a_t$
steuerpflichtiger Gewinn	$d_t - a_t$
Steuerschuld	$-st(d_t - a_t)$
Gewinn nach Steuern	$d_t - a_t - st(d_t - a_t)$
Abschreibung	$+a_t$
Einzahlungsüberschuss nach Steuern	$d_t - st(d_t - a_t)$

Tab. V-2: Herleitung des Einzahlungsüberschusses nach Steuern

Das Investitionsobjekt weist daraufhin folgende Zahlungsreihe auf:
$I_{st} := \{-a_0, d_1 - st(d_1 - a_1), d_2 - st(d_2 - a_2), ..., d_T - st(d_T - a_T)\}$.

Unterstellt wird dabei, dass die Steuern nicht auf die Einzahlungsströme vor Steuern (e_t) überwälzt werden können. Vergleicht man diesen Fall der Zahlungsreihe mit dem bisher durchgeführten Ansatz ohne Gewinnsteuern, so ändern sich die periodischen Netto-Einzahlungsüberschüsse um die sofort zu zahlende Steuerschuld [= $st(d_t - a_t)$], wenn das Investitionsobjekt Gewinn abwirft bzw. sofortiger Verlustausgleich mit Gewinnen aus anderen Unternehmensbereichen möglich ist.

Im einfachsten Fall wird daher die gewinnabhängige Steuer nur pauschal mit einem festen Prozentsatz von der Größe (d_t - a_t) berücksichtigt. Je differenzierter und komplexer die jeweiligen Steuergrundlagen für andere als proportional wirkende Besteuerungsformen sind, desto umfangreicher sind Anpassungen in dieser Vorgehensweise erforderlich.

1.3.2 Steuerbedingte Änderungen des Kalkulationszinsfußes

Wird der Kalkulationszinsfuß aus einer Vergleichsinvestition begründet und unterliegen deren Nettoeinzahlungen ebenfalls der Gewinnsteuerpflicht, so ist die Rendite der Alternativinvestition und damit der Kalkulationszinsfuß ebenfalls um den Einfluss der Gewinnsteuer zu bereinigen. Der Zinssatz nach Steuer für den Kalkulationszinsfuß lautet unter diesen Umständen:

$$i_{st} = (1-st) \cdot i \qquad (V-8)$$

Der Kapitalwert wird dann unter Berücksichtigung der Gewinnsteuern auf die Nettoeinzahlungen und den Kalkulationszinsfuß nach Steuern wie folgt modifiziert (sog. **Bruttomethode**):

$$C_{ost} = -a_o + \sum_{t=1}^{T}[d_t - st \cdot (d_t - a_t)] \cdot q_{st}^{-t} \qquad (V-9)$$

mit

st = fixer proportionaler Gewinnsteuersatz,

a_t = Abschreibungsbetrag in der Periode t, wobei gilt: $\sum_{t=1}^{T} a_t = a_o$,

q_{st} = Abzinsungsfaktor unter Berücksichtigung der Gewinnsteuer: 1+ i_{st}.

Beispiel: Es bestehe folgende Zahlungsreihe eines Investitionsobjekts:

$I := \{-1.200_0, 300_1, 300_2, ..., 300_6\}$. Unterstellt werden eine lineare Abschreibung, ein (proportionaler) Gewinnsteuersatz von $st = 0,4$ und ein Kalkulationszinsfuß mit $i = 0,1$ aus einer steuerpflichtigen Vergleichsanlage am Kapitalmarkt. Es ist der Kapitalwert nach Steuern (= C_{ost}) zu bestimmen. Folgende Komponenten sind vor Ermittlung des gesuchten Kapitalwerts zu errechnen:

- jährlicher Abschreibungsbetrag: $a_t = \dfrac{a_o}{T} = \dfrac{1.200}{6} = 200$ €,

- Einzahlungsüberschuss nach Steuern: $d_{tst} = 300 - 0,4 \cdot (300 - 200) = 260$ €,

- Kalkulationszinsfuß nach Steuern: $i_{st} = (1 - 0,4) \cdot 0,1 = 0,06$.

Die um die Steuerkomponenten modifizierte Zahlungsreihe (= I_{st}) hat daraufhin folgende Gestalt:

$I_{st} := \{-1.200_0, 260_1, 260_2, ..., 260_6\}$, woraus folgender Kapitalwert ermittelt wird:

$$C_{ost} = -1.200 + 260 \cdot RBF_{0,06}^{6} = 78,5.$$

Mit positivem Kapitalwert ist das untersuchte Investitionsobjekt vorteilhaft.

In dieser Form der Berücksichtigung der Einflüsse gewinnabhängiger Steuern sind zwei **entgegengesetzte Wirkungen** auf den Kapitalwert festzuhalten:

- Die Verringerung der periodischen Nettoeinzahlungen reduziert tendenziell den Kapitalwert.

1 Vollkommener Kapitalmarkt und sichere Erwartungen

- Die Senkung des Kalkulationszinsfußes durch den Nachsteuerwert vermindert den Abzinsungseffekt, wodurch der Kapitalwert zu größeren Werten strebt.

Welcher Effekt überwiegt, hängt von der Struktur der Zahlungsreihen, Gewinnsteuersatz, Abschreibungsmethode und Höhe des Kalkulationszinsfußes ab.

Der Einfluss der **Abschreibungsmethode** resultiert aus dem Wahlrecht nach dem Steuerrecht. Von Bedeutung ist in diesem Zusammenhang der zulässige Übergang von der geometrisch-degressiven zur linearen Methode gem. § 7 Abs. 3 EStG 1988. Dadurch werden AfA zukünftiger Perioden steuerlich vorverlegt, die Steuerzahlungen werden in die Zukunft verschoben und es resultiert hieraus ein Zinsgewinn. Dieser ist abhängig von der Höhe der Abschreibungen in den ersten Nutzungsjahren (bei unterstelltem ausreichenden Gewinn, der dadurch in den früheren Abschreibungsperioden gemindert werden kann) (vgl. auch *Bossert* 1997, S. 152 f.).

Beispiel: Auf der Basis der Daten des vorangegangenen Beispiels wird ein steuerlich derzeit maximal zulässiger geometrisch-degressiver Abschreibungssatz von *20%* angesetzt. Wie aus Tab. V-3 hervorgeht, ist ein Übergang auf die lineare Abschreibung im vierten Jahr sinnvoll, da hierdurch die höchsten jährlichen Abschreibungsbeträge erzielt werden. Dies ergibt bei Unterstellung einer im Unternehmen vorhandenen Verlustausgleichsmöglichkeit folgende Einnahmeüberschüsse nach Steuern (Angaben in €):

Jahr	Abschreibungsbetrag a_t	Einnahmeüberschuss nach Steuern
1	$0,2 \cdot 1.200 = 240$	$300 - 0,4 \cdot (300 - 240) = 276$
2	$0,2 \cdot 960 = 192$	$300 - 0,4 \cdot (300 - 192) = 256,80$
3	$0,2 \cdot 768 = 153,60$	$300 - 0,4 \cdot (300 - 153,60) = 241,44$
4 - 6	$(614 / 3) = 204,80$	$300 - 0,4 \cdot (300 - 204,80) = 261,92$

Tab. V-3: Ermittlung von Einnahmeüberschüssen nach Steuern

Die modifizierte Zahlungsreihe aus den Daten der Beispielaufgabe hat dann folgende Gestalt:

$I_{st} := \{-1.200_0,\ 276_1,\ 256,80_2,\ 241,44_3,\ 261,92_4,\ ...,\ 261,92_6\}$.

Bei einem unterstellten Kalkulationszinsfuß von $i = 0,06$ errechnet man $C_{0st} = 79,48$ €. Das Investitionsobjekt ist somit vorteilhaft.

Mit dem Anstieg des Gewinnsteuersatzes sinkt im allgemeinen der Kapitalwert eines Investitionsobjekts und damit dessen Vorteilhaftigkeit.

Beispiel: Ein Investitionsobjekt weise folgende Zahlungsreihe auf: $I := \{-1.400_0,\ 500_1,\ ...,\ 500_4\}$. Bei unterstelltem linearen Abschreibungsverlauf resultiert $a_t = 350$ €. Die steuerpflichtige Vergleichsinvestition habe eine Rendite von $i = 0,1$. Als Einzahlungsüberschuss nach Steuern gilt: $d_{tst} = 500 - st \cdot (500 - 350)$. Variiert man die Gewinnsteuersätze, ergeben sich für C_{0st} folgende alternative Kapitalwerte:

$C_{0st}\ (st = 0,0;\ i_{st} = 0,1) = 185$ €,

$C_{0st}\ (st = 0,2;\ i_{st} = 0,08) = 157$ €,

$C_{0st}\ (st = 0,4;\ i_{st} = 0,06) = 125$ €,

$C_{0st}\ (st = 1;\ i_{st} = 0,0) = 0$ €.

Bei **Inanspruchnahme investitionsfördernder Maßnahmen** wie einer Investitionszulage oder Ausnutzung einer Sonderabschreibungsmöglichkeit kann entgegengesetzt der ersten Erkenntnis ein steigender Gewinnsteuersatz begrenzt für die Zunahme der Vorteilhaftigkeit eines Investitionsobjekts sorgen. Ein sofortiger Verlustausgleich von zeitweiligen steuerlichen Verlusten eines geplanten Investitionsobjekts kann dann durch Gewinne aus anderen Vermögensobjekten realisiert werden. Manche Investitionsobjekte werden erst vorteilhaft, wenn solche Verlustausgleiche möglich sind.

Lesehinweis: Die dargestellten steuerlichen Wirkungen auf die Bewertung von Investitionen zeigen lediglich einen Ausschnitt auf. Umfassende Behandlung erfährt dieses Thema bei *Mellwig* (1985).

1.3.3 Nutzungsdauer im Grenzwertkalkül unter Berücksichtigung von Steuern

Die Berücksichtigung von Steuern führt auch dazu, dass die Kalkulation der optimalen Nutzungsdauer modifiziert werden muss, indem **gewinnabhängige Steuern** berücksichtigt werden:

- Für das Investitionsobjekt ist die **steuerlich zulässige minimale Abschreibungszeit** zu ermitteln, wozu i.d.R. Werte aus AfA-Tabellen herangezogen werden. Nach Festlegung der Abschreibungsmethode erfolgt die Ermittlung des jährlichen Abschreibungsbetrags.
- Ferner unterliegt ein **realisierter Gewinn** aus der positiven Differenz zwischen dem Liquidationserlös bei Veräußerung des Investitionsobjekts gegenüber dem Restbuchwert der Gewinnsteuer. Ein Verlust aus dem gleichen Vorgang führt zu einer Steuerersparnis, sofern ein Verlustausgleich an anderer Stelle im Unternehmen möglich ist. Unter diesen Bedingungen ermittelt man einen Liquidationserlös nach Steuern (= L_{St}) wie folgt:

$$L_{st} = L_T - st \cdot (L_T - RBW_T) \qquad \text{(V-10a)}$$

$$L_{st} = L_T(1-st) + st \cdot RBW_T \qquad \text{(V-10b)}$$

mit

RBW_T = Restbuchwert im Veräußerungszeitpunkt T,
st = Gewinnsteuersatz,
L_T = Liquidationserlös vor Steuern.

- Ist die Vergleichsinvestition ebenfalls steuerpflichtig, wird wiederum eine Berücksichtigung des Kalkulationszinsfußes nach Steuern erforderlich.
- Mit erfolgter Berechnung der Nettoeinzahlungen nach Steuern wird mit Hilfe des Grenzwertkalküls die optimale Nutzungsdauer analog der vorgestellten Vorgehensweise in Kapitel IV, Abschnitt 1.4.1 ermittelt.

1.4 Modifikationen der dynamischen Verfahren bei nicht flacher Zinsstrukturkurve

Bisher wurden mit der Ermittlungsweise des Kapitalwerts sowie des internen Zinsfußes klassische Bewertungsverfahren vorgestellt, die

- entweder von der Tatsache abstrahieren, dass es auf dem Kapitalmarkt (zumindest zeitweise) eine gekrümmte Zinsstrukturkurve gibt oder
- eine flache Zinsstrukturkurve unterstellen, bei der implizit in allen Laufzeiten ein einheitlicher Zinssatz besteht.

1 Vollkommener Kapitalmarkt und sichere Erwartungen

Besonders wird diese implizite Annahme für die Wiederanlageprämisse der **Kapitalwertmethode** von Bedeutung: Hierbei wird unterstellt, dass die während der Nutzungsdauer eines Investitionsobjekts dem Investor zufließenden Zahlungsströme bis zum Ende der Nutzungsdauer zum Zinssatz der Kapitalmarktanlage (z.B. eine Anleihe) wieder angelegt werden. Der Kapitalwert wird bei gekrümmter Zinsstrukturkurve verzerrt, da er aus einem durchschnittlichen Kalkulationszinsfuß und nicht aus den am Kapitalmarkt vorfindbaren laufzeitentsprechenden Zinssätzen ermittelt wird. Auch auf die **Methode des internen Zinsfußes** ergeben sich **Auswirkungen**. So wird der interne Zinsfuß ausschließlich aus dem Zahlungsstrom eines Investitionsobjekts und seiner Charakteristik gebildet. Es handelt sich um einen Durchschnittswert der für die einzelnen Fristigkeiten geltenden Zinssätze auf der Zinsstrukturkurve. Liegen gekrümmte Zinsstrukturkurven zum Zeitpunkt der Berechnung des internen Zinsfußes vor, können Investitionen nicht mit dem Kalkulationszinsfuß des Kapitalmarkts verglichen werden. In den jeweiligen Laufzeitbereichen weichen die Zinssätze voneinander ab.

Schierenbeck (2001a) und *Rolfes* (1998) haben die dynamischen Investitionsrechenverfahren u.a. vor dem Hintergrund solcher methodischer Mängel erweitert, indem sie im Rahmen eines **Marktzinsmodells**

- Investitionsobjekte mit Zinsfüßen aus dem aktuellen realen Marktzinsgefüge bewerten und damit

- eine Einzelbewertung von Investitionsobjekten vornehmen, die keinerlei Erfolgseinflüssen aus Differenzinvestitionen und/oder übergeordneten Kapitalstruktur- bzw. Finanzierungsmaßnahmen unterliegen.

Die im Kapitalwertverfahren verwendeten Kalkulationszinsfüße rekrutieren sich aus den im Kalkulationszeitpunkt am Kapitalmarkt vorhandenen laufzeitabhängigen Marktzinssätzen. Unterstellt wird, dass die zu beurteilenden Investitionsobjekte fristenkongruent finanziert werden und so nicht-flache Zinsstrukturkurven in die Beurteilung von Investitionsobjekten integriert werden können.

Lesehinweise: Zu den Grundlagen vgl. *Schierenbeck* (2001a, S. 70ff.) und *Rolfes* (1998, S. 120ff.).

1.4.1 Verlaufsformen und Erklärungen von Zinsstrukturkurven

Wenn des Weiteren von einer Zinsstrukturkurve gesprochen wird, dann handelt es sich vorerst immer um die **Renditestrukturkurve**, auch Yield-Curve oder Term Structure of Interest Rates genannt. Es sind die Effektivverzinsungen für festverzinsliche Vermögensobjekte, bestehend i.d.R. aus öffentlichen Anleihen, die sich in Laufzeitbereichen zu einem bestimmten Zeitpunkt bis zu ihrer Endfälligkeit errechnen (= Restlaufzeiten, im angelsächsischen Maturity genannt). Es lassen sich drei typische **Verlaufsformen** von Zinsstrukturkurven systematisieren (vgl. *Fabozzi* 2000, S. 111-112):

- Bei **normalen Zinsstrukturkurven** liegen die langfristigen Renditen über den kurzfristigen. Für den Kurs einer Anleihe hat dies zur Folge, dass er mit Annäherung an die Endfälligkeit der Anleihe dem Tilgungsbetrag zustrebt.

- Eine **flache Kurve** zeigt, dass die Renditen in allen Restlaufzeiten (weitgehend) identisch sind.

- Bei **inverser Kurve** liegen die kurzfristigen Renditen über den langfristigen. Ein Anleger muss mit einer Anleihe bei Annäherung an die Endfälligkeit mit einem Kursverfall rechnen.

- Renditestrukturkurven können auch einen **Wendepunkt** aufweisen, der häufig auf einen Wechsel im Trend der Marktzinsentwicklung hinweist, also den Übergang von einer Hochzinsphase in eine Phase sinkender Zinssätze.

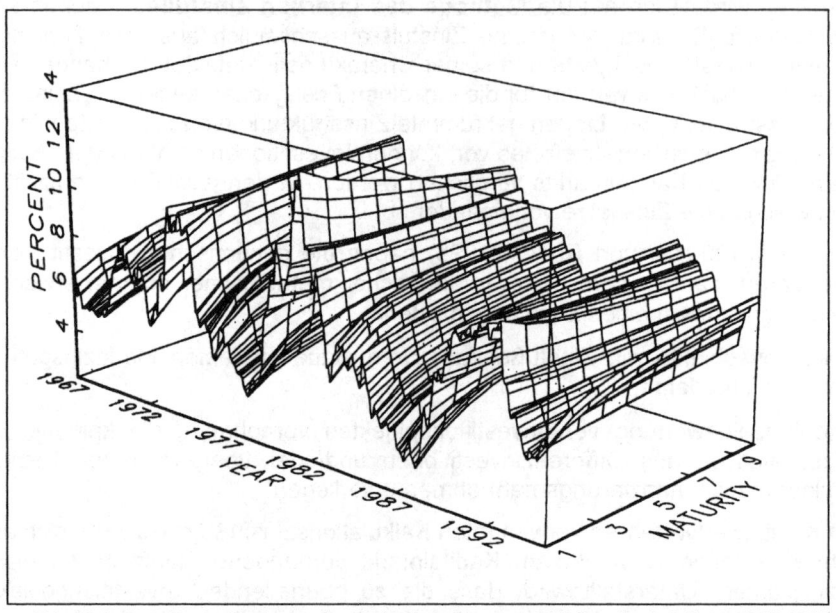

Abb. V-4: Renditestrukturkurve für Umlaufrenditen von DM-Bundesanleihen 1967-1995, bezogen auf Restlaufzeiten (= Maturity) (Quelle: *Gerlach* 1995, S. 6)

Abb. V-4 zeigt den Verlauf der Renditestrukturkurve für die Umlaufrendite von DM-Bundesanleihen exemplarisch für den Zeitraum 1967 bis 1995. Es ist zu erkennen, dass die Renditestrukturkurve ein Gebirge ergibt, wenn neben der üblichen Gegenüberstellung von Renditen und Laufzeiten der Betrachtungszeitraum auf mehrere Jahre bezogen wird.

Die Bedeutung gekrümmter Zinsstrukturkurven mag man sich an einem einfachen Beispiel einer gedachten Bankbilanz vorstellen, wie sie in Abb. V-5 für den Fall einer normalen Zinsstrukturkurve dargestellt ist.

1 Vollkommener Kapitalmarkt und sichere Erwartungen

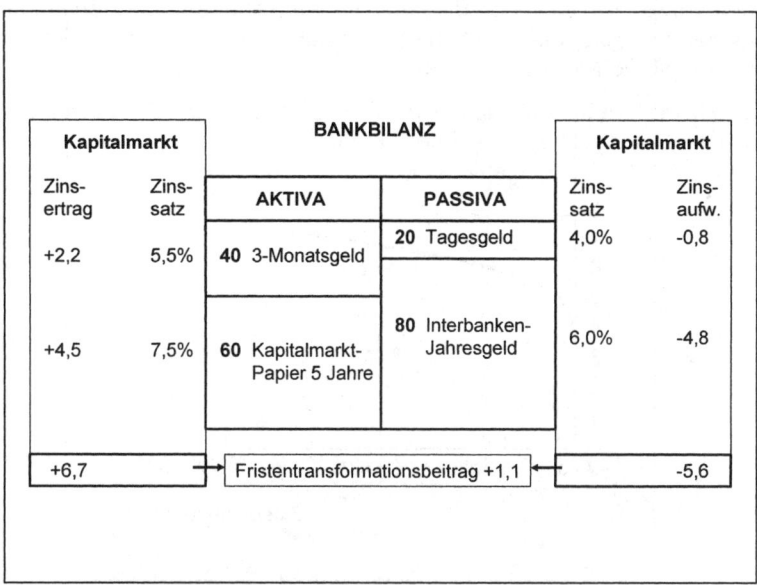

Abb. V-5: Bilanz der Beispielbank bei normaler Zinsstrukturkurve

Die Passivseite registriert in einer Bankbilanz die Quelle des beschafften Kapitals (= Refinanzierung, Mittelherkunft), und die Aktivseite weist aus, wie das Kapital verwendet wurde (= Investition, Mittelverwendung). Es soll der Einfachheit halber unterstellt werden, dass sich die Beispielbank auf folgenden zwei Wegen **Kapital beschafft** hat:

- 20 € in Form von Tagesgeld (z.B. Guthaben von Kunden, die ein Girokonto bei dieser Bank unterhalten), wofür sie einen Zinssatz von *4%* p.a. (= *0,8 €* an Zinsaufwand) zu leisten hat.
- 80 € durch einen Kredit bei einer anderen Bank, der nach einem Jahr wieder zurückgezahlt werden muss. Hierfür wird ein Zinssatz von *6%* p.a. (= *4,8 €* Zinsaufwand) bei Fälligkeit zu entrichten sein.

Mit diesem Kapital wird die Beispielbank Investitionen tätigen, was für Kreditinstitute bedeutet, dass sie **Kredite an Kunden** vergeben werden. Diese Vorgänge werden bilanziell auf der Aktivseite registriert:

- *40 €* wurden für drei Monate zu einem Zinssatz von *5,5%* p.a. ausgeliehen und erbringen einen Zinsertrag von *2,2 €*.
- Weitere *60 €* wurden am Kapitalmarkt in festverzinsliche Anleihen angelegt (Kurs zum Erwerbszeitpunkt: *100%*), die eine fünfjährige Laufzeit und einen Nominalzinssatz von *7,5%* p.a. aufweisen. Hieraus resultieren pro Jahr *4,5 €* an Zinsertrag.

Somit steht dem Zinsaufwand für die Beschaffung des Kapitals in Höhe von *5,6 €* ein Zinsertrag aufgrund der Kreditvergaben in Höhe von *6,7 €* gegenüber. Es verbleibt ein positiver Saldo von *1,1 €*, den man als **Fristentransformationsbeitrag** bezeichnet. Der Schlüssel zur Erklärung dieses Effekts ist die normale Zinsstrukturkurve, die dem Kapitalmarkt im Beispielfall zugrunde lag.

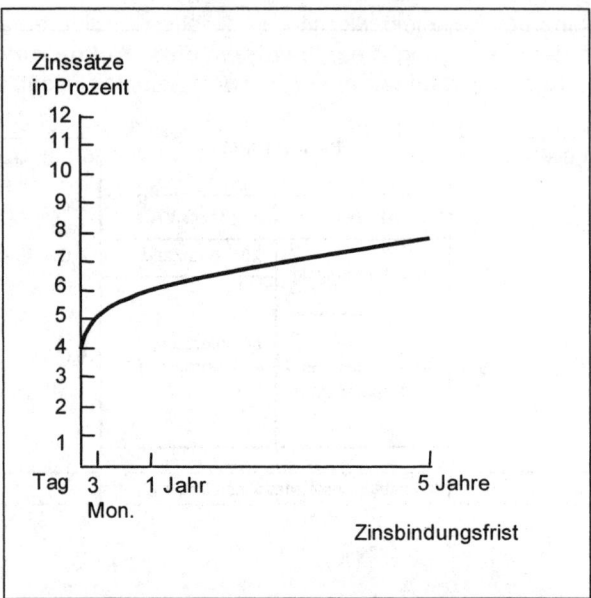

Abb. V-6: Normale beispielhafte Zinsstrukturkurve

In Abb. V-6 ist zu erkennen, dass die kurzfristigen Zinssätze niedriger sind als die langfristigen Zinssätze (= **normale Zinsstruktur**). Wird aufgrund dieser Konstellation kurzfristiges Kapital zum niedrigeren Zinssatz beschafft und langfristig zum höheren Zinssatz verliehen, so resultiert hieraus ein positiver **Fristentransformationsbeitrag**. Wäre die Zinsstrukturkurve im Verlauf flach, würde dieser Erfolgsbeitrag bankwirtschaftlicher Tätigkeit nicht zum Tragen kommen können.

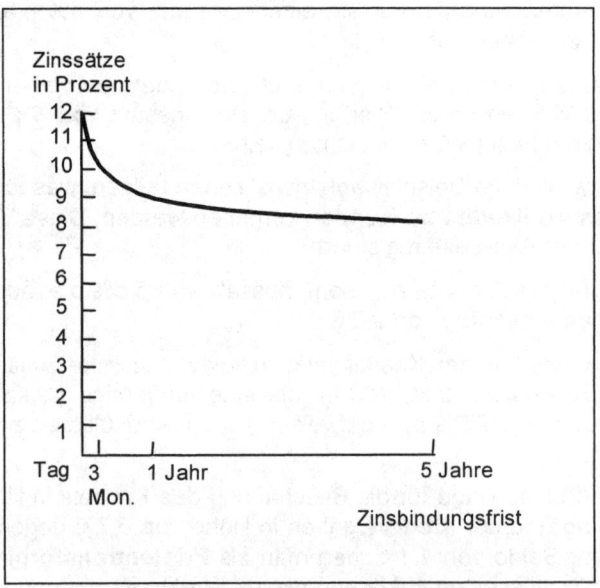

Abb. V-7: Inverse beispielhafte Zinsstrukturkurve

Die Bedeutung des Verlaufs der Zinsstrukturkurve und damit das betragliche Verhältnis der Zinssätze in unterschiedlichen Laufzeitklassen wird zusätzlich deutlich,

1 Vollkommener Kapitalmarkt und sichere Erwartungen

wenn man die Bilanz der Beispielbank mit den gleichen Strukturen auf Aktiv- und Passivseite unter der Bedingung einer **inversen Zinsstrukturkurve** betrachtet. Abb. V-7 zeigt den Kurvenverlauf wie er sich mit den Beispielzinssätzen darstellt.

Die Konstellation von Zinssätzen, die mit Verkürzung der Zinsbindungsfrist betraglich über denjenigen aus der verlängerten Zinsbindungsfrist liegen, hat (bei gleicher Bilanzstruktur wie zuvor) erfolgswirtschaftlich zur Folge, dass der Fristentransformationsbeitrag negativ ausfällt. Die Darstellung in der Beispielbank-Bilanz in Abb. V-8 zeigt das Zustandekommen dieses Effekts.

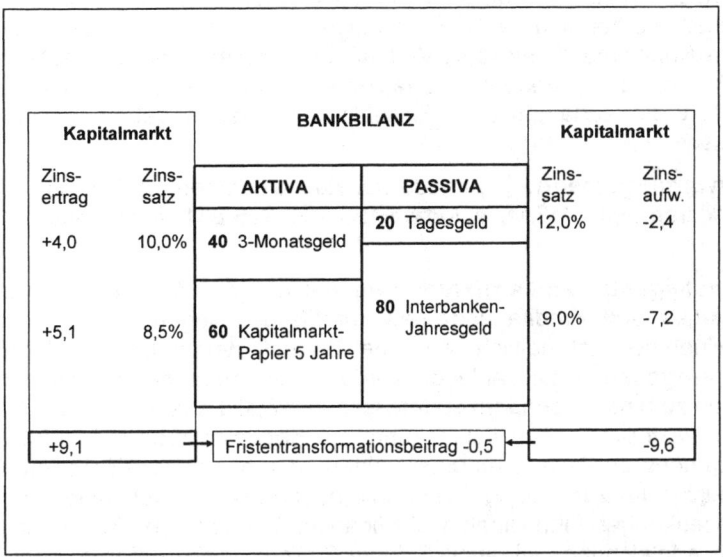

Abb. V-8: Bilanz der Beispielbank bei inverser Zinsstrukturkurve

Mit den beiden Beispielen konnte aufgezeigt werden, dass das Verhältnis der Zinssätze in den jeweiligen Zinsbindungsfristen nicht neutral für den wirtschaftlichen Erfolg einer Investition ist und dass man im Fall gekrümmter Zinsstrukturkurven die Investitionsseite nicht losgelöst von der Finanzierungsseite betrachten kann. Dagegen spielt bei einer **flachen Zinsstrukturkurve** die Fristentransformation keine Rolle – es gilt dann die **Irrelevanz der Fristentransformation** (vgl. Wiedemann 1998, S. 33). Dieses erste wichtige Ergebnis macht deutlich, dass die Beurteilung der Vorteilhaftigkeit von Investitionsobjekten wie sie bisher in den Betrachtungen vorgenommen wurde im Fall gekrümmter Zinsstrukturkurven nicht aufrechterhalten werden kann. Es ist erforderlich, laufzeitgerechte Zinssätze dem Kalkulationszinsfuß zugrunde zu legen, da dieser einen einheitlichen Wert (über die gesamte Nutzungsdauer) nur im Fall einer flachen Zinsstrukturkurve aufweist. Damit ist der Kapitalmarkt immer noch vollkommen. Es wird zur Umsetzung dieses Grundgedankens für die Methoden der dynamischen Investitionsrechenverfahren erforderlich, vor Einsetzen des Kalkulationszinsfußes die Zinsstrukturkurve zu ermitteln. Am Kapitalmarkt findet man allerdings meist **Renditestrukturkurven** vor. Bevor dieser Übergang erarbeitet wird, ist es erforderlich, kurz auf die theoretischen Erklärungen für die Rendite-, resp. Zinsstrukturkurve einzugehen.

Lesehinweis: *Schierenbeck/ Wiedemann* (1996, S. 21ff).

1.4.2 Theoretische Erklärungsansätze für Zinsstrukturkurven

Zinsstrukturkurven sind mit der Annahme des vollkommenen Kapitalmarkts vereinbar, gelten aber auch für unvollkommene Kapitalmärkte. Zur Erklärung der Renditestruktur werden vor allem drei Ansätze in der Literatur weitergehend diskutiert: Liquiditätspräferenz-, Erwartungs- und Marktsegmentationstheorie.

Erklärt werden heutzutage Existenz und Verlauf von Renditestrukturen am Kapitalmarkt überwiegend mit der **Erwartungstheorie**. Der langfristige Zinssatz wird dabei als Durchschnitt der erwarteten künftigen kurzfristigen (Ein-Jahres-) Zinssätze interpretiert. Ferner sind es die Erwartungen der aktivsten, professionellen Teilnehmer am Kapitalmarkt, die den Verlauf der Zinsstrukturkurve bestimmen. Mit ihren Entscheidungen, variabel zu finanzieren (= kurzfristig zu finanzieren) oder festverzinslich, d.h. zu langfristigen Zinssätzen anzulegen, geben sie ihrer Zinserwartung Ausdruck.

Die **Zinserwartungstheorie** kann jede auf Kapitalmärkten existierende Zinsstrukturkurve erklären (vgl. *McEnally/ Jordan* 1997, S. 825-831; auch Fabozzi 2001, S. 149-152):

- Eine **ansteigende Zinsstrukturkurve**, bei der die Zinsen für längerfristige Geldanlagen und Kredite über den kurzfristigen liegen, zeigt an, dass die Marktteilnehmer mehrheitlich von in der Zukunft steigenden (Ein-Jahres-)Zinssätzen ausgehen. Kapitalanleger werden nicht mehr bereit sein, ihr Kapital langfristig zu binden, sondern stattdessen kurzfristig anlegen. Dadurch erhalten sie sich Flexibilität, um in der Zukunft ihre Kapitalanlagen in langfristige Kontrakte zu höheren Zinssätzen umschichten zu können. Der Effekt liegt im Kurzfristbereich, da zusätzliche Wertpapiernachfrage zu Kurssteigerungen und Renditesenkungen führt (analog den finanzmathematischen Zusammenhängen der Barwertgleichung, vgl. auch *Schäfer* 2002, S. 432ff.). Ferner nehmen Kreditnehmer verstärkt langfristig Geld auf, um sich gegen die Gefahr steigender Zinssätze zu schützen. Durch solche Verhaltensweisen steigt der langfristige Zinssatz bevor der erwartete (Ein-Jahres-)Zinssatz steigt. Die Steilheit der Kurve spiegelt in erster Linie das Ausmaß zukünftiger Inflationsbefürchtungen wider. Der **Fisher-Effekt** führt über die gestiegenen nominalen Renditeforderungen der Anleger zu einem nominalen Zinsanstieg, damit Anleger den heutigen Realzinssatz auch in der Zukunft sichern können.

- Ein **gerader Verlauf** der Zinsstrukturkurve zeigt die mehrheitliche Meinung der Marktteilnehmer, dass die erwarteten zukünftigen Zinsen mit gleicher Wahrscheinlichkeit sowohl über als auch unter dem derzeitigen Zinsniveau sein werden. Mithin verbleibt der zukünftige (Ein-Jahres-)Zinssatz im Mittel beim gegenwärtigen (Ein-Jahres-)Zinssatz.

- Ein **inverser Verlauf** reflektiert die Markterwartung eines in Zukunft sinkenden Zinsniveaus. Professionelle Kapitalmarktteilnehmer gehen von in Zukunft sinkenden (Ein-Jahres-)Zinssätzen aus und legen Kapital langfristig an. Dadurch steigen die Kurse langlaufender Anleihen und ihre Renditen (= interne Zinsfüße) sinken. Ferner verschulden sich Kreditnehmer zunehmend zu variabel verzinslichen Konditionen, um von zukünftigen Zinssenkungen durch spätere Umschichtungen in Kredite zu niedrigeren Zinssätzen profitieren zu können. Durch die wachsende Kreditnachfrage im Kurzfristbereich steigt der kurzfristige Zinssatz. Inverse Zinsstrukturkurven stellen auch das Symptom einer angespannten Geldmarktverfassung dar, die häufig in Verbindung oder durch Auslösen einer liquiditätsverknappenden Geldpolitik der Zentralbank entsteht (z.B. wenn sie bemüht ist, den Außenwert der heimischen Währung zu stützen).

Lesehinweise: Die Darstellung der Erwartungstheorie der Zinsstrukturkurve basiert auf der „breiten Version" wie sie von *Lutz* (1940-41) gegeben wurde. *Cox/ Ingersoll/ Ross* (1981) haben diesen Ansatz modifiziert.

Eine weitere Theorie zur Erklärung von Zinsstrukturkurven stellt die **Liquiditätspräferenztheorie** dar, die erstmals von *Hicks* (1946, S. 141-145) formuliert wurde. Er geht davon aus, dass die Unsicherheit über mögliche Zinsveränderungen mit der Laufzeit einer Anlage bzw. eines Kreditvertrags steigt: Bei einer längerfristigen Anlage und anschließend steigenden Zinsen können Anleger keine Umschichtungen in Wertpapiere mit einer aktuellen, höheren Verzinsung vornehmen, ohne Kapitalverluste zu erleiden. Für dieses Liquiditätsrisiko verlangen Anleger folglich eine Kompensation, d.h., je länger die Laufzeit einer Anlage ist, desto höher ist die liquiditätsbedingte Prämie und damit der Kapitalmarktzinssatz.

Weitere Erwähnung als Erklärungsansatz für Zinsstrukturkurven verdient die **Marktsegmentationstheorie** (vgl. *Culbertson* 1957). Sie ist als Variante einer Kategorie anzusehen, die die Zinsstruktur auf bestimmte Gewohnheiten einflussreicher Marktteilnehmer zurückführt (vgl. *Modigliani/ Sutch* 1966). Die Marktsegmentationstheorie basiert darauf, dass sich die Preisbildung für zinstragende Vermögensobjekte mit unterschiedlichen Laufzeiten am Kapitalmarkt aus der jeweiligen Angebots- und Nachfragestruktur für ein Laufzeitensegment ergibt. Dabei haben dominierende Marktteilnehmer Präferenzen für Anlagen und Kredite mit bestimmten Laufzeiten aus ganz bestimmten Gründen:

- durch **aufsichtsrechtliche Vorgaben** (z.B. legt § 54a Abs. 2 VAG für Versicherungsunternehmen fest, welche Anlageformen für deren Deckungsrückstellungen zulässig sind, und § 54a Abs. 2 und 4 regeln für die verschiedenen Vermögensanlagen von Versicherern Mindestqualitätsanforderungen und prozentual zulässige Höchstgrenzen für bestimmte Vermögensanlagen),

- aufgrund **individueller Asset Allocation-Strategien** (z.B. bei Industrieunternehmen).

Solche Präferenzen lassen sich durch ganz typische Verhaltensweisen bestimmter Marktteilnehmer am Markt beobachten:

- Kurzfristige Finanzmittel werden vorzugsweise von Unternehmen beschafft,

- Versicherungsunternehmen bevorzugen überwiegend langfristige Anlagen (z.B. Pfandbriefe).

Je nachdem, welche dieser Gruppen am Kapitalmarkt überwiegt, wird es zu einem entsprechenden Einfluss auf die Zinsstrukturkurve kommen.

Lesehinweis: *Deutsche Bundesbank* (1997, S. 61-66).

1.4.3 Nicht flache Zinsstrukturkurve und finanzmathematische Konsequenzen

Kann man nicht von einer flachen Zinsstrukturkurve am Kapitalmarkt ausgehen, wäre ein erster Ansatz zur Modifikation der Kapitalwertmethode, die in der Praxis des Kapitalmarkts vorfindbaren Zinssätze, d.h. Renditen, zur Grundlage der Bestimmung des Kalkulationszinsfußes zu machen. Man erhielte dadurch für jedes Jahr der Nutzungsdauer eines Investitionsobjekts einen laufzeitentsprechenden Kalkulationszinsfuß auf der Basis von Renditen wie sie börsentäglich am Kapitalmarkt festgestellt werden. Man bezeichnet solche Renditen als **Spot Rates** (vgl. *Fabozzi* 2000, S. 99). In allgemeiner Schreibweise gilt dann für die Errechnung des Kapitalwerts auf der Basis von laufzeitgerechten Spot Rates (= i_{SRt}):

$$C_0 = -a_0 + d_1 \cdot (1 + i_{SR1})^{-1} + d_2 \cdot (1 + i_{SR2})^{-2} + \ldots + d_T \cdot (1 + i_{SRT})^{-T} \quad \text{(V-11a)}$$

$$C_0 = -a_0 + \sum_{t=1}^{T} d_t \cdot (1 + i_{SRt})^{-t} \quad \text{(V-11b)}$$

Die Folgen für den Kapitalwert eines Investitionsobjekts unter diesen Bedingungen sind in nachfolgendem Beispiel veranschaulicht.

Beispiel: Es gelte eine Investition mit folgendem Zahlungsstrom (Angaben in €): $I := \{-1.000_0, +350_1, +325_2, +550_3\}$. Es liegt eine normale Zinsstrukturkurve mit folgenden laufzeitkongruenten Renditen vor: *1-Jahresgeld: 2,5%, 2-Jahresgeld: 4% und 3-Jahresgeld: 5,5%*. Im Durchschnitt beträgt der Zinssatz über die Laufzeit 4%. Errechnet man den Kapitalwert nach der bisherigen Vorgehensweise eines einheitlichen Kalkulationszinsfußes, so unterstellt man implizit eine flache Zinsstruktur. Der Kalkulationszinsfuß wird durch die einheitliche durchschnittliche Kapitalmarktrendite von *i = 0,04* definiert. Folgenden Kapitalwert errechnet man:

$$C_0 = -1.000 + 350 \cdot (1,04)^{-1} + 325 \cdot (1,04)^{-2} + 550 \cdot (1,04)^{-3} = 125,97 \text{ €}.$$

Trägt man der tatsächlichen Renditestruktur der Spot Rates in der Ermittlung des Kapitalwerts Rechnung, so erhält man jetzt ein abweichendes Ergebnis für den Kapitalwert:

$$C_0 = -1.000 + 350 \cdot (1 + i_{SR1})^{-1} + 325 \cdot (1 + i_{SR2})^{-2} + 550 \cdot (1 + i_{SR3})^{-3} = 110,33 \text{ €}.$$

Der Kapitalwert, der auf der Basis der Renditestrukturkurve ermittelt wird, fällt niedriger aus als derjenige mit dem Durchschnittszinssatz. Der sich aufgrund der Spot-Rates ergebende Kapitalwert ist als realer Überschussbarwert zu verstehen, der finanziell in t_0 dem Investor zur Verfügung steht. Vorausgesetzt ist hierbei, dass die entsprechende Finanzierungsmaßnahme am Kapitalmarkt wie folgt vorgenommen wurde (Angaben wieder in €):

t	gebundenes Kapital	Zinsen	Tilgung	d_t
0	-1.110,332			
1	+ 322,242	(i_{SR1} = 0,025) 27,758	322,242	350,00
2	-788,090 + 293,476	(i_{SR2} = 0,04) 31,524	293,476	325,00
3	- 494,614 + 522,796	(i_{SR3} = 0,055) 27,204	522,796	550,00
Σ	+ 28,182	86,486	1.138,514	1.225,00

Tab. V-4: Finanzierungsrechnung bei laufzeitgerechten Zinssätzen

In der Finanzierungsrechnung ergibt sich ein Überschuss am Ende des Betrachtungszeitraums von *28,182 €*, weshalb in der Zahlungsstromrechnung Unstimmigkeiten enthalten sein müssen. Es wird sich zeigen, dass dies in der fehlerhaften Verwendung der Marktzinssätze zum Zwecke der Bestimmung des Kalkulationszinsfußes begründet ist.

Die gekrümmte Renditestrukturkurve erfordert die **Berücksichtigung der laufzeitgerechten Renditen** in der Berechnung von Kapital- und Barwert. Es wird damit implizit eine Wiederanlage zugrunde gelegt, aufgrund welcher während der Nutzungsdauer des Investitionsobjekts auftretende Einzahlungsüberschüsse immer zur gleichen Rendite in der jeweiligen Laufzeit angelegt werden. Der Kalkulationszinsfuß (und mit ihm der Abzinsungsfaktor) wird so durch die laufzeitgerechte Spot Rate bestimmt.

Das **Problem** der unbefriedigenden Kapitalwertermittlung im vorangegangenen Beispiel ist in den Eigenschaften von Kalkulationszinsfüßen begründet, die aus den am Kapitalmarkt notierten Spot Rates gewonnen wurden. Sie sind einer Renditestrukturkurve entnommen, die sich wiederum aus den am Kapitalmarkt umlaufenden Anleihen zusammensetzt. Eine **Renditestrukturkurve** repräsentiert aber nicht die benötigte **Zinsstrukturkurve**. Folgende **Unterschiede** bestehen:

- **Grundsätzlich** ergibt sich die Verzinsung einer Kapitalanlage als (jährliche) Ertragsrate, die sich aus dem Verhältnis zwischen Rückzahlungswert und aktuellem Anleihekurs ergibt. Die Zinsberechnung ist einfach, wenn mit einer Anleihe eine einzige Zinszahlung am Periodenende verbunden ist, also ein Zerobond (**Nullkuponanleihe**, vgl. *Schäfer* 2002, S. 415f.) vorliegt. Am Euroland-Kapitalmarkt existieren aber fast ausschließlich **Kuponanleihen** (= Anleihen zu Par Rates). Sie weisen über ihre Laufzeit periodische Zinszahlungen auf. Erst seit 1997 ist es z.B. in Deutschland gesetzlich gestattet, künstlich Zerobonds durch das Stripping von Bundesanleihen herzustellen (vgl. *Scheurle* 1997). Wegen der (noch) geringen Anzahl an Zerobonds auf dem Euroland-Kapitalmarkt stützt man sich auf die am Kapitalmarkt beobachtbare, d.h. schätzbare Renditestrukturkurve und ermittelt indirekt hieraus die Zinsstrukturkurve.

- Bei der der Renditestrukturkurve vorausgehenden Renditeberechnung werden sämtliche Zahlungsströme einer Anleihe mit derselben Par Rate auf den Gegenwartswert abdiskontiert. Bei Zinsstrukturschätzungen wird dagegen jeder Zahlungsstrom mit dem Zinssatz abdiskontiert, der nach den gegenwärtigen Marktverhältnissen zu erwarten ist. Dabei spielen Termin und Frist der Wiederanlage keine Rolle. Die tatsächlich am Markt vorfindbaren Renditestrukturen und die geschätzten Zinsstrukturen sind nur im Fall eines über alle Laufzeiten konstanten Abzinsungssatzes identisch. Das impliziert eine **flache** Zinsstrukturkurve. **Unterschiede** ergeben sich **bei gekrümmter Renditestrukturkurve**:

  ♦ Liegt eine normale Renditestrukturkurve vor, so wird die gesuchte Zinsstruktur durch die Renditestruktur in ihrem Anstieg unterschätzt. Die Renditestrukturkurve liegt damit unterhalb der Zinsstrukturkurve.

  ♦ Umgekehrt wird bei einer inversen Renditestrukturkurve die Zinsstruktur überschätzt; sie liegt unter der Renditestrukturkurve.

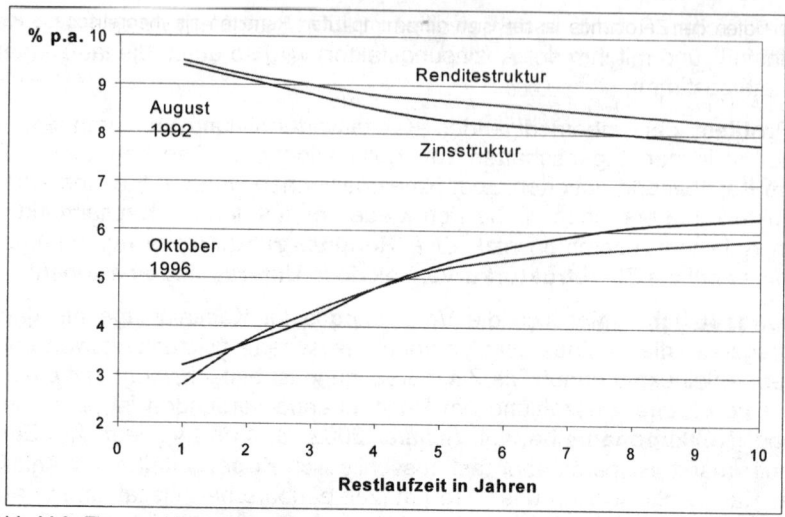

Abb. V-9: Zins- und Renditestruktur am deutschen Kapitalmarkt in den neunziger Jahren (Schätzwerte) (Quelle: *Deutsche Bundesbank* 1997, S. 62)

Die **Methode laufzeitgerechter Zinssätze** aus der **Renditestrukturkurve** ist demzufolge für die Kapitalwertermittlung **inkorrekt**, da sie zwar laufzeitgerechte Zinssätze betrachtet, aber von der falschen Annahme ausgeht, dass die Zinszahlungen während der Laufzeit immer zur jeweiligen Rendite aus der Restlaufzeit verzinst werden. Eine **kontinuierliche Zinsstrukturkurve** wäre dann am Rentenmarkt beobachtbar, wenn für jede Fristigkeit die Notierung einer **Nullkuponanleihe ohne Kreditausfallrisiko** vorhanden wäre. Lägen solche Nullkuponanleihen in ausreichender Anzahl vor, ließen sich relativ einfach die Zinssätze für die entsprechenden Laufzeiten ermitteln: Die einzigen Unbekannten in den Bewertungsgleichungen der Anleihen würden diese gesuchten Renditen darstellen. Mit Hilfe von Kuponanleihen ist dies über eine Restlaufzeit von einem Jahr nicht möglich, da Zahlungen zu unterschiedlichen Zeitpunkten anfallen. Dadurch dürfen die gesuchten Zinssätze nicht mit konstanten, sondern müssen mit laufzeitspezifischen Zinssätzen diskontiert werden.

Nun sind allerdings in der Renditestrukturkurve Zinssätze enthalten, die für die methodengerechte Ermittlung des Kapitalwerts von Bedeutung sind: Aus der am Kapitalmarkt beobachtbaren Renditestrukturkurve lassen sich deren impliziten Spot Rate-Strukturkurven ermitteln, die damit jeweils für sich eine Zinsstrukturkurve abbilden. Man bezeichnet die dann gewonnenen Renditen als **theoretische Spot Rates** (vgl. *Fabozzi* 2000, S. 99-106). Zur Erläuterung des Grundzusammenhangs dient nachfolgendes Beispiel.

Beispiel: Betrachtet werden drei Zerobonds (notiert in €) mit in zeitlicher Länge aufeinanderfolgenden Laufzeiten.

		t_0	t_1	t_2	t_3
A	1-periodiger Zerobond	-909,09	+1.000	-	-
B	2-periodiger Zerobond	-797,19	0	+1.000	-
C	3-periodiger Zerobond	-674,97	0	0	+1.000

Tab. V-5: Beispielwerte für die Berechnung theoretischer Spot Rates

Aus den Daten der Zerobonds lassen sich deren impliziten Renditen als theoretische Spot Rates errechnen:

Zerobond A: $(1+i_{SR1}) \Rightarrow i_{SR1} = \frac{1.000}{909,09} - 1 \Rightarrow i_{SR1} = 0,10$,

Zerobond B: $(1+i_{SR2})^2 \Rightarrow i_{SR2} = \sqrt[2]{\frac{1.000}{797,10}} - 1 \Rightarrow i_{SR2} = 0,12$,

Zerobond C: $(1+i_{SR3})^3 \Rightarrow i_{SR3} = \sqrt[3]{\frac{1.000}{674,97}} - 1 \Rightarrow i_{SR3} = 0,14$.

Die **Spot Rates** der drei Zerobonds aus dem Beispiel ergeben eine Zinssatzreihe [i_{SR1}, i_{SR2}, i_{SR3}]. Sie stellt die Abfolge von laufzeitentsprechenden Zinssätzen dar, die hintereinander betrachtet als Reihe einperiodiger Zinssätze verstanden werden kann. Voraussetzung ist, dass ein **Arbitragegleichgewicht** zwischen den Laufzeitbereichen besteht. Dadurch gelangt man zur Ermittlung von **Forward Rates** (= $i_{FR_{T-1,T}}$, auch Forwards genannt), die als implizite Verzinsung zukünftiger Anlagen bei der in der Gegenwart herrschenden Kapitalmarktkonstellation für jeweils ein Jahr abgeleitet werden.

Beispiel: Unter Fortführung der obigen Beispieldaten folgen:

- (Ein-Jahres-)Forward Rate für das erste Jahr (= i_{FR01}): Sie ist identisch mit der Spot Rate für die Laufzeit von einem Jahr: $i_{SR1} = i_{FR01} \Rightarrow 10\%$.

- (Ein-Jahres-)Forward Rate für das zweite Jahr (= i_{FR12}): Sie lässt sich aus den Spot Rates von Zerobond A und Zerobond B wie folgt ermitteln:

$(1+i_{SR2})^2 = (1+i_{SR1}) \cdot (1+i_{FR12}) \Rightarrow i_{FR12} = 14\%$.

- (Ein-Jahres-)Forward Rate für das dritte Jahr (= i_{FR23}): Sie ist wiederum aus den Spot Rates und jetzt zusätzlich aus der Forward Rate des vorangegangenen Jahres errechenbar:

$(1+i_{SR3})^3 = (1+i_{SR1}) \cdot (1+i_{FR12}) \cdot (1+i_{FR23}) \Rightarrow i_{FR23} = 18,1\%$.

Spot Rates und Forward Rates stehen in einem engen Zusammenhang. Eine Zerobond-Strukturkurve ist somit zwar nicht am Kapitalmarkt beobachtbar, lässt sich aber aus einer Renditestrukturkurve generieren. Hieraus können auch **Zerobondabzinsungsfaktoren** errechnet werden, was eine dritte Möglichkeit der Ermittlung der Zinsstrukturkurve darstellt.

Forward Rate- und Spot Rate-Methode sind eng miteinander verbunden und ineinander überführbar.

Die wesentlichen **Merkmale** der **Methode theoretischer Spot-Rates** sind:

- Sie arbeitet nach dem **Durchschnittsprinzip**. Ermittelt wird ein Durchschnitt der Zinssätze innerhalb bestimmter Laufzeiten. Die Methode folgt dem Grundsatz, dass für unterschiedliche Restlaufzeiten von Anleihen auch unterschiedliche Zinssätze gelten.

- Die rechnerische Ermittlung dieser Renditen erfordert den Einsatz einer Nullkuponstrukturkurve, um eine laufzeitgerechte Abzinsung der betrachteten (synthetischen) zukünftigen Zahlungsströme vornehmen zu können. Die Spot Rate stellt dann den **konstanten Periodenzinssatz** eines Zerobonds und damit den Kassazinssatz dar. Insofern ist die Spot Rate-Kurve auch als **Kassa-Zinsstrukturkurve** zu verstehen.

- Mit i_{SRt} wird der Jahreszinssatz (= Spot Rate) bezeichnet, der für Kapitalanlagen von $t = 1,..., T$ gezahlt wird.

Im **Vergleich** dazu zeichnet die **Methode der Forward Rates** folgendes aus:

- Sie sind als **Vorlaufzinssätze** zu verstehen, die in der Gegenwart vereinbart werden für eine Zeitspanne, die erst in der Zukunft beginnt. Sie sind keine rein theoretische Größe, sondern werden mittels bestimmter Finanzkontrakte (= **Forward Rate Agreements**) auf Terminmärkten gehandelt. Marktteilnehmer können bereits heute den Zinsertrag für eine zukünftige Periode „kaufen". Insofern können sie als eine Art Marktkonsens über die erwartete Zinsentwicklung verstanden werden (vgl. hierzu aber kritisch *Bode/ Fromme* 1996).

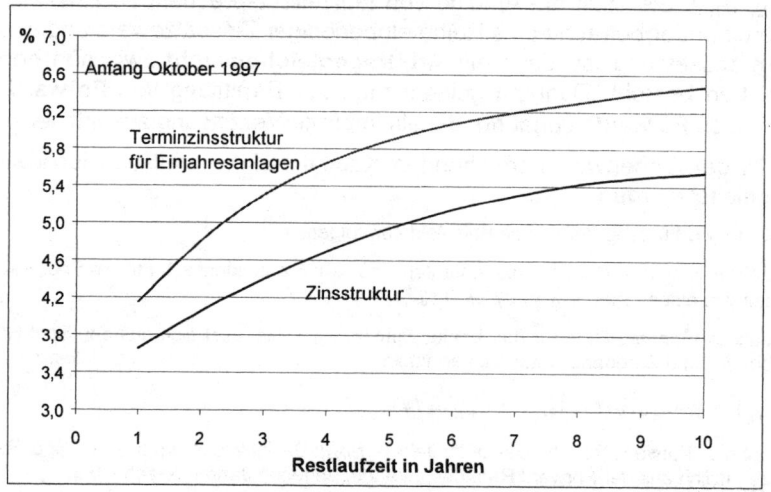

Abb. V-10: Zins- und Terminzinsstruktur des deutschen Kapitalmarkts (Schätzwerte)
(Quelle: *Deutsche Bundesbank* 1997, S. 66)

- Im Gegensatz zum bisher behandelten Durchschnittsprinzip der Spot Rates liegt bei Forward Rates das **Grenzprinzip** vor.

- Es handelt sich bei einer Forward Rate um einen Zinssatz zwischen zwei Zeitpunkten, der von Periode zu Periode i.d.R. unterschiedlich hoch ist und am Kapitalmarkt nicht direkt beobachtet werden kann (Eigenschaft als **impliziter Zinssatz**).

- Die Errechnung von Forward Rates erfolgt entweder aufgrund geschätzter oder aus der Renditestrukturkurve bzw. Spot Rate-Kurve tatsächlich ermittelter **Ein-Jahres-Zukunftszinssätze**. Sie geben die Verzinsung „per Termin" an. Während z.B. die zehnjährige Spot Rate ab der Gegenwart die Ertragsrate für zehn Jahre ausweist, gibt die einjährige Forward Rate am Ende des neunten Jahres die Verzinsung einer einjährigen Anlage im zehnten Jahr an.

- Bei inverser Zinsstrukturkurve liegt die aus den Marktdaten ermittelte Renditestrukturkurve (= Spot Rate-Kurve) über der Kurve theoretischer Spot Rates und diese wiederum über der Forward Rate-Kurve.

Nachfolgend sollen die Forward Rates aus einem Forward- und Kassageschäft hergeleitet und die Spot Rates daraus ermittelt werden.

1 Vollkommener Kapitalmarkt und sichere Erwartungen

1.4.4 Barwertbestimmung mithilfe von Forward Rates

Wie ausgeführt, können sowohl Forward Rates als auch die Zerobondstrukturkurve nicht am Kapitalmarkt beobachtet werden. Eine Möglichkeit ihrer Ermittlung besteht darin, Erwartungen durch die Prognose von Wahrscheinlichkeiten über zukünftige laufzeitkongruente Zinssätze zu bilden. Den ermittelbaren Barwert bezeichnet man als Barwert auf der Basis von „One-Period-Expected-Forward-Rates" (vgl. *Uhlir/ Steiner* 2001, S. 21f.):

$$B_0 = CF_1(1+R_0)^{-1} + CF_2(1+R_1)^{-1}(1+R_0)^{-1} + ... + CF_T[(1+R_{T-1})(1+R_{T-2})...(1+R_0)]^{-1}$$
(V-12a)

$$B_0 = \sum_{t=1}^{T} CF_t \prod_{i=0}^{t-1}(1+R_i)^{-1}$$
(V-12b)

mit

R_i = erwarteter zukünftiger Zinssatz für eine Einjahresanlage.

Die Forward Rates lassen sich anstelle der Bildung eigener Erwartungen aus der Renditestrukturkurve (= Kurve marktnotierter Spot Rates) ermitteln. Es soll nun gezeigt werden, wie man aus marktnotierten Spot Rates und damit der am Kapitalmarkt beobachtbaren Renditestrukturkurve die darin befindlichen (= impliziten) Forward Rates ermittelt. Hierzu bedient man sich des Konzeptes des Arbitragegleichgewichtes. In einem vollkommenen Kapitalmarkt darf nämlich bei sog. **Arbitragefreiheit** kein Unterschied zwischen den Zinssätzen der Geldanlage- und Geldaufnahme bestehen. In nachfolgendem Beispiel wird demonstriert, wie sie sich auf dieser Grundlage bei einer normalen Renditestruktur Forward Rates aus marktnotierten Spot Rates errechnen lassen (vgl. auch *Fabozzi* 2000, S. 110).

<u>Beispiel</u>: Ein Investor *A* legt seine Finanzmittel (*100 €*) für zwei Jahre an und erhält hierfür *4%* Zinsen in jedem Jahr. Ein zweiter Anleger, *B*, legt den gleichen Kapitalbetrag für ein Jahr zum Zinssatz *2,5%* an. Er vereinbart mit der Bank gleichzeitig eine einjährige Prolongation nach Ablauf der Anlagefrist. Mit dieser Vereinbarung wird ein Forward-Geschäft begründet, wodurch über den Planungshorizont aus der ursprünglich einjährigen eine zweijährige Geldanlage wird. Die Struktur der beiden Geschäfte (von Investor *A* und *B*) lässt sich auf der Zeitachse veranschaulichen:

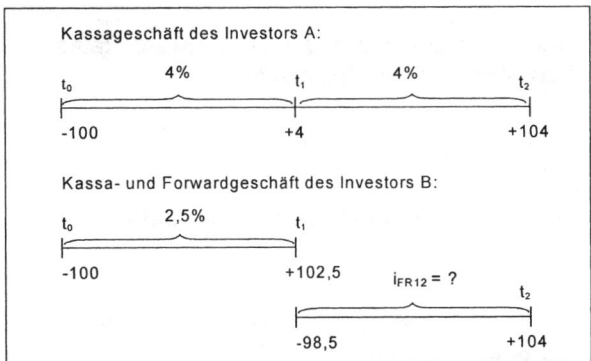

Abb. V-11: Veranschaulichung der Zahlungsströme der Beispielalternativen

Für Investor *B* ist es nun für die Beurteilung seiner Anlage von Bedeutung, wie hoch seine Anlage im Forward-Geschäft (von *t₁* nach *t₂*) verzinst wird. Damit ist die Frage nach dem Einjahreszinssatz innerhalb der Zweijahresanlage gestellt, und es wird die Höhe des Zinssatzes für das Forward-Geschäft gesucht. Es handelt sich um die Forward Rate (= *i_{FR}*), die in diesem Geschäft implizit steckt. Es ist diejenige Rate, bei der sich Investor B im Vergleich zu Investor A nicht besser und nicht schlechter in der Rendite stellen würde. Der gesuchte Grenzzinssatz kann gedanklich in zwei Schritten ermittelt werden:

1. Schritt: Verzinsung der Geldanlage von t_1 bis t_2

	t_0	t_1	t_2
Geldanlage	-100	+102,5	0
Geldaufnahme	+100	-4	-104
Forward-Geschäft	0	-98,5	+104
Σ	0	0	0

Tab. V-6: Arbeitstabelle zur Ermittlung der Grenzverzinsung

2. Schritt: Forward Rate ermitteln

Den Zinssatz des Forward-Geschäfts (= i_{FR12}) errechnet man auf der Grundlage der Werte des Forward-Geschäfts analog Tab. V-6 wie folgt:

$$98,5 = \frac{104}{(1 + i_{FR12})}$$

$$i_{FR12} = \frac{104}{98,5} - 1 = 0,0558.$$

Die Anlagegeschäfte sind dann im Sinne des Barwertkonzepts gleichwertig, wenn in t_0 von Investor B für den Zeitraum von t_1 nach t_2 hinsichtlich des Forward-Geschäfts mit einem Zinssatz von 5,58% abgeschlossen wird.

In allgemeiner Schreibweise errechnet man Forward Rates vom **Anfang des ersten bis zum Ende zweiten Jahres** aus den Spot Rates wie folgt:

$$i_{FR12} = \frac{1 + i_{t2}}{1 + i_{t1} - i_{t2}} - 1 \qquad \text{(V-13a)}$$

Beispiel: Bezogen auf die Daten des Beispiels errechnet man für das erste Jahr folgenden Ein-Jahres-Zinssatz:

$$i_{FR12} = \frac{1,04}{1,025 - 0,04} - 1 = \frac{1,04}{0,985} - 1 = 1,05584 - 1 = 0,05584.$$

Setzt man die Berechnung der nachfolgenden Forward Rates fort, so gilt für die Forward Rate des **zweiten auf das dritte Jahr**:

$$i_{FR23} = \frac{1 + i_{t3}}{(1 + i_{t1} - i_{t3}) \cdot (1 + i_{FR12}) - i_{t3}} - 1 \qquad \text{(V-13b)}$$

und für die Forward Rate des **dritten auf das vierte Jahr**:

$$i_{FR34} = \frac{1 + i_{t4}}{[(1 + i_{t1} - i_{t4}) \cdot (1 + i_{FR12}) - i_{t4}] \cdot (1 + i_{FR23}) - i_{t4}} - 1 \qquad \text{(V-13c)}$$

bzw. **in allgemeiner Schreibweise**:

$$i_{FRt_{T-1}t_T} = \frac{1 + i_{tT}}{\{...[(1 + i_{t1} - i_{tT}) \cdot (1 + i_{FR12}) - i_{tT}] \cdot (1 + i_{FR23}) - ...i_{tT}\} \cdot (1 + i_{FRt_{T-2}t_{T-1}}) - i_{tT}} - 1 \qquad \text{(V-14)}$$

1 Vollkommener Kapitalmarkt und sichere Erwartungen

Auf diesem Weg lassen sich für jede Renditestrukturkurve (marktorientierter Spot Rates) die impliziten Forward Rates kalkulieren.

Beispiel: In Fortführung des Ausgangsbeispiels von S. 188 lässt sich aufgrund der Gleichungen (V-13b) bis (V-13c) die Forward Rate für t_2 bis t_3 ermitteln:

$$i_{FR23} = \frac{1,055}{(1,025 - 0,055) \cdot (1,05583) - 0,055} - 1$$

$$= \frac{1,055}{0,97 \cdot 1,05583 - 0,055} - 1$$

$$= \frac{1,055}{0,96916} - 1$$

$$= 0,088572 .$$

Insgesamt ergeben sich dann auf der Grundlage der Beispielwerte folgende Forward Rates: i_{FR01} = 2,5%, i_{FR12} = 5,584%, i_{FR23} = 8,857%. Nachfolgende Tab. V-7 zeigt die Werte nochmals in der Gegenüberstellung mit den marktorientierten Spot Rates.

Spot Rates (marktorientiert)	Forward Rates
i_{01} = 2,5%	i_{FR01} = 2,5%
i_{02} = 4%	i_{FR12} = 5,584%
i_{03} = 5,5%	i_{FR23} = 8,857%

Tab. V-7: Gegenüberstellung marktorientierter Spot und Forward Rates aufgrund der Beispielwerte

In Kenntnis der Ermittlung der Forward Rates ist es jetzt möglich, die **Kapitalwertmethode** für den Fall gekrümmter Zinsstrukturkurven **anzupassen**.

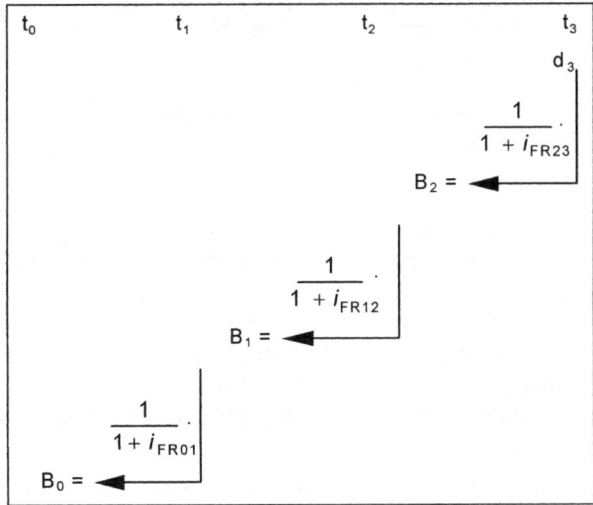

Abb. V-12: Implizite Verzinsungsstruktur der Forward-Rate-Methode

Die Zahlungsströme einer Investition werden jetzt mit den laufzeitspezifischen Zinssätzen der Forward Rates abgezinst. Abb.V-12 verdeutlicht den Vorgang.

Der **Barwert** auf der **Basis** von **Forward Rates** nach dem periodenindividuellen Grenzprinzip ergibt sich wie folgt:

$$B_{OFR} = CF_1(1+i_1)^{-1} + CF_2[(1+i_1)\cdot(1+i_{FR12})]^{-1} + ...$$

$$... + CF_T[(1+i_1)\cdot(1+i_{FR12})...(1+i_{FRT-1,T})]^{-1} \quad \text{(V-15)}$$

Und der **Kapitalwert** auf der **Basis** der **Forward Rates** (= C_{OFR}) wird wie folgt ermittelt:

$$C_{OFR} = -a_0 + d_1 \cdot (1+i_1)^{-1} + d_2 \cdot [(1+i_1)\cdot(1+i_{FR12})]^{-1} + ...$$

$$... + d_T \cdot [(1+i_1)\cdot(1+i_{FR12})...(1+i_{FRT-1,T})]^{-1} \quad \text{(V-16)}$$

Beispiel: Die Ermittlung des Barwerts auf der Basis der Forward Rates führt im Rahmen vorangegangener Beispieldaten zu folgendem Kapitalwert:

$$C_{OFR} = -1.000 + 350 \cdot (1+i_{FR01})^{-1} + 325 \cdot [(1+i_{FR01})\cdot(1+i_{FR12})]^{-1}$$
$$+ 550 \cdot [(1+i_{FR01})\cdot(1+i_{FR12})\cdot(1+i_{FR23})]^{-1}$$

$$C_{OFR} = -1.000 + 350 \cdot 1,025^{-1} + 325 \cdot 1,0822^{-1} + 550 \cdot 1,17809^{-1} = 108,63\ \text{€}.$$

Es kann nun im Rahmen eines Finanzplans gezeigt werden, dass dieser Kapitalwert der methodisch richtige ist (Angaben in €).

t	gebundenes Kapital	Zinsen	Tilgung	d_t
0	-1.108,630			
1	+ 322,284	(1.108,63·0,025) 27,716	322,284	350,00
2	- 786,346 + 281,090	(786,346·0,05584) 43,9001	281,090	325,00
3	- 505,256 + 505,248	(505,24·0,08857) 44,752	505,248	550,00
Σ	- 0,008*)	116,378	1.108,62	1.225,00

Tab. V-8: Finanzplan mit Forward Rates, mit *) Rundungsdifferenz

Der **Ergebnisunterschied** zwischen dem Kapitalwert der Beispielaufgabe auf der Basis der marktnotierten Spot Rates und der Forward Rates (s. S. 188) ergibt sich aus der **unterschiedlichen Wiederanlageprämisse**, die diesen beiden Gruppen von Renditen zugrunde liegt:

- Die Kalkulation mittels marktorientierter Spot Rates unterstellt die jeweils fristenkongruente Wiederanlage der freiwerdenden Finanzmittel zum laufzeitgerechten Renditesatz aus der Renditestrukturkurve. Dies ist insofern eine inkorrekte Vorgehensweise, als die Anlage freiwerdender Mittel immer nur für ein Jahr erfolgen kann.

- Demgegenüber unterstellt die Kalkulation mittels Forward Rates genau diese Fristigkeit der Mittelanlage von einem Jahr und führt in einer Finanzstromrechnung zum korrekten Ergebnis.

1.4.5 Barwertermittlung mittels (theoretischer) Spot Rates

Spot Rates lassen sich widerspruchsfrei ermitteln, wenn statt der Renditestrukturkurve eine **Nullkuponstrukturkurve** zugrunde gelegt wird. Die Konstruktion des Zerobond sorgt dafür, dass die pro Jahr freiwerdenden Mittel immer zum internen Zinssatz des Zerobond angelegt werden und somit kein Wiederanlageproblem besteht. Der interne Zinsfuß eines Zerobond von z.B. *7,0355%* für zwei Jahre liegt gegenüber der zugehörigen Spot Rate von *7,0%* um *0,0355* Prozent oder *3,55* Basispunkte höher. Dieser Differenzbetrag und der kalkulierte Abzinsungsfaktor für die Zeitwerte einer Zahlungsreihe sind arbitragefrei. Es sind zudem keinerlei Wiederanlage- oder Nachfinanzierungsprämissen zu berücksichtigen.

Liegt keine Nullkuponstrukturkurve vor, so lassen sich theoretische Spot Rates aus den Forward Rates generieren, indem **Grenzzinssätze** (= Forward Rates) **in Durchschnittszinssätze** (= theoretische Spot Rates) transformiert werden (zur alternativen Methode vgl. *Fabozzi* 2000, S. 110-111). Für die Werte des bisher verwendeten Beispiels stellt Tab. V-9 die jeweiligen Kategorien von Zinssätzen und deren Beispielwerten gegenüber.

Forward Rates	Spot Rates (theoretisch)	Spot Rates (marktorientiert)
$i_{FR01} = 2,5\%$	$i_{SR01} = 2,5\%$	$i_{01} = 2,5\%$
$i_{FR12} = 5,58\%$	$i_{SR02} = \sqrt{1,025 \cdot 1,05584} - 1 = 4,03\%$	$i_{02} = 4\%$
$i_{FR23} = 8,86\%$	$i_{SR03} = \sqrt[3]{1,025 \cdot 1,05583 \cdot 1,08857} - 1 = 5,615\%$	$i_{03} = 5,5\%$

Tab. V-9: Gegenüberstellung von Forward Rates und Spot Rates mittels Beispielwerten

Für die **Kapitalwertmethode** bedeuten **theoretische Spot Rates**, dass sie ebenso wie Forward Rates geeignet sind, eine methodisch richtige Abzinsung von Zahlungsströmen einer Investition bei gekrümmten Renditestrukturen zu ermöglichen. Abb. V-13 verdeutlicht das implizite Verzinsungsprinzip der Spot Rate-Methode, das ein Durchschnittsprinzip darstellt.

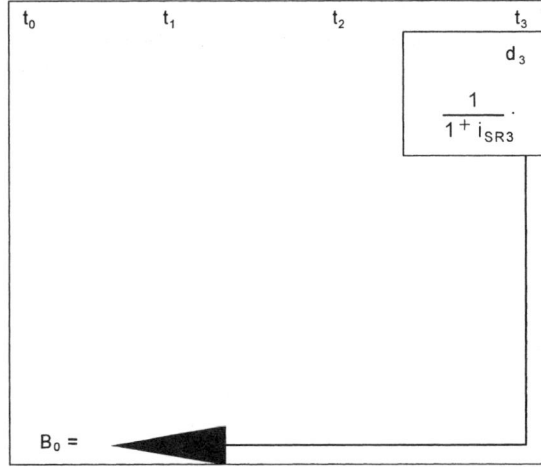

Abb. V-13: Implizite Verzinsungsstruktur der Spot Rate-Methode

Beispiel: Berechnet man jetzt den Kapitalwert der Aufgabe mittels Spot Rates aus der Nullkuponstrukturkurve, d.h. mit den o.g. Sätzen, so ergibt sich folgender Kapitalwert, der mit dem aus der Forward Rate-Berechnung übereinstimmt:

$C_{OSR} = -1.000 + 350 \cdot (1{,}025)^{-1} + 325 \cdot (1{,}0403)^{-2} + 550 \cdot (1{,}05615)^{-3}$

$C_{OSR} = 108{,}63$ €.

1.4.6 Barwertbestimmung mittels Zerobondabzinsungsfaktoren

Die alternative Berechnungsweise zu Forward Rates und Spot Rates aus der Renditestrukturkurve besteht in der Ermittlung von Zerobondabzinsungsfaktoren. Zu diesem Zweck wird in Ermangelung einer am Kapitalmarkt beobachtbaren Nullkuponstrukturkurve ein synthetischer Zerobond konstruiert. Hierzu wird eine Kombination von Geldanlage und -aufnahme auf der Basis eines Arbitragegleichgewichts durchgeführt (Methode des sog. „Financial Engineering"). Die **Konstruktion** des **synthetischen Zerobond** gestaltet sich in der Weise, dass eine Zahlungsreihe entworfen wird, die

- ausschließlich in t_0 eine Auszahlung und,
- in t_T eine Einzahlung, d.h.
- eine Rückzahlung in t_T aufweist, die auf den Wert *1* (oder *100*) normiert wird.

Zwischenzeitliche Zahlungen während der Laufzeit werden entsprechend des Prinzips eines Zerobond nicht zugelassen, weshalb der Zahlungssaldo während der Laufzeit immer Null sein muss.

Beispiel: Gewünscht wird die Anlage eines Betrags in Höhe von *x* € in t_0, der in t_2 genau *100* € oder den normierten Wert eins als Rückzahlung erbringen soll. Zinsen sollen in t_1 nicht gezahlt werden, da der Investor hierüber keine Verfügung möchte. Hierzu erfolgt eine Finanzierung durch einen Kredit in der Höhe, dass Tilgung und Zinsen durch die Zinszahlung der Anlage in t_1 vollständig gedeckt werden. Im Ergebnis erhält man daraus einen zweijährigen Zerobond. Zur Verdeutlichung der Methodik synthetischer Zerobonds sei hilfsweise mit folgenden Fragestellungen gearbeitet (vgl. *Doerks* 1991).

Frage 1: Wie viel Kapital muss man in t_0 anlegen, damit die Rückzahlung in t_2 (bestehend aus Tilgung und Zinsen des Kredits) genau den Betrag *100* (bzw. *1*) ergibt (zwischenzeitlich anfallende Zinszahlungen werden ausgezahlt)?

Die Grundlagen zur Beantwortung dieser Frage bilden die Renditen der Renditestrukturkurve (*1. Jahr: 2,5%, 2. Jahr 4%, benötigt wird der Zinssatz für das 2. Jahr*) und die Kalkulation in Tab. V-10.

1 Vollkommener Kapitalmarkt und sichere Erwartungen

	t_0	t_1	t_2
	− 0,96154 (1/1,04) (Anlage bis t_1)	+ 0,03846 (Zinsen) + 0,96154 (Tilgung) − 0,96154 (Wiederanlage bis t_2)	+ 0,03846 (Zinsen) + 0,96154 (Tilgung)
	− 0,96154	+ 0,03846	+ 1 (Rückzahlungsbetrag: Tilgung + Zinsen)

Tab. V-10: Ermittlung eines synthetischen Zerobonds - Schritt 1

Frage 2: In welcher Höhe muss in t_0 ein Einjahreskredit aufgenommen werden, damit die Tilgungs- und Zinszahlung in t_1 genau der Höhe der Zinszahlung aus der Zweijahresgeldanlage in t_2 entsprechen und somit in t_1 ein Zahlungssaldo von Null entsteht?

Beantwortet werden kann die Frage, indem die Zinszahlung in t_1 in Höhe von *0,03846* € (s. Tab. V-11) mit dem Zinssatz von *2,5%* für eine Periode abgezinst wird. Man erhält den Betrag *0,03752* €. In dieser Höhe wird der Kredit aufgenommen, was bei einem Zinssatz von *2,5%* für Einjahresgeld zu nachfolgender Zahlungsstruktur führt:

t_0	t_1
+ 0,03752 (Kredit)	− 0,000938 (Zinsen: 0,03752 · 0,025) − 0,03752 (Tilgung)
+ 0,03752	− 0,03846

Tab. V-11: Ermittlung eines synthetischen Zerobonds - Schritt 2

Danach werden die beiden Zahlungsreihen der Zweijahresgeldanlage und der Einjahreskreditaufnahme zusammengeführt, womit der Zerobondabzinsungsfaktor ermittelt ist: *0,92402*.

t_0	t_1	t_2
− 0,96154 (1/1,04)	+ 0,03846 (Zinsen)	+ 1 (Rückzahlungsbetrag: Tilgung + Zinsen)
+ 0,03752 (Zinsen)	− 0,03846 (Wiederanlage)	
− 0,92402	0	+ 1

Tab. V-12: Ermittlung eines synthetischen Zerobonds - Schritt 3

Tab. V-13 zeigt die vollständige Herleitung der Zerobondabzinsungsfaktoren für drei Jahre, basierend auf den Werten der bisherigen Beispielaufgabe (vgl. Schierenbeck 2003, S. 371).

	Renditen	Jahr	0	1	2	3
1-Jahres-Zerobondabzinsungsfaktor	2,5%	1	$(1,025)^{-1}$ +0,97561	-1		
			+0,97561	**-1**		
2-Jahres-Zerobondabzinsungsfaktor	4,0%	2	(1/1,04) +0,96154	(1-0,96154) -0,03846	-1	
	2,5%	1	(0,03846/ 1,025) -0,03752	+0,3846	-	
			+0,92402	**0**	**-1**	
3-Jahres-Zerobondabzinsungsfaktor	5,5%	3	(1/1,055) +0,94787	(1-0,94787) -0,05213	-0,05213	-1
	4,0%	2	(0,05213/ 1,04) -0,05013	+0,00200	+0,05213	-
	2,5%	1	(0,05013/ 1,025) -0,04891	+0,05013	-	-
			+0,84883	**0**	**0**	**-1**

Tab. V-13: Die Ermittlung von Zerobondabzinsungsfaktoren

Auf der Grundlage der Zerobondabzinsungsfaktoren lässt sich der Kapitalwert (= C_{OZBAF}) dann wie folgt ermitteln (vgl. Schierenbeck 2003, S. 372):

t	Zahlungsströme	Zerobond Abzinsungsfaktor	Barwerte der Investitionszahlungen
0	- 1.000	1,00000	- 1.000,00
1	+ 350	0,97561	+ 341,46
2	+ 325	0,92402	+ 300,31
3	+ 550	0,84883	+ 466,86
Σ	+ 225	3,74846 *)	C_{OZBAF} = 108,63

*)Rundungsdifferenz

Tab. V-14: Retrograde Kapitalwertermittlung mit Hilfe von Zerobondabzinsungsfaktoren

Allgemein gilt für die Ermittlung von **Zerobondabzinsungsfaktoren** (= $ZBAF_T$):

$$ZBAF_T = \frac{1}{(1+i_1)\cdot(1+i_{FR12})\cdots(1+i_{FR_{T-1,T}})} \tag{V-17}$$

1 Vollkommener Kapitalmarkt und sichere Erwartungen

Da $C_{OSR} = C_{OFR} = C_{OZBAF}$ gilt, ist es unerheblich, mit welcher der drei vorgestellten Methoden Bar- und Kapitalwerte errechnet werden. Man beachte, dass diese Aussage nur Gültigkeit hat, wenn auf dem Kapitalmarkt Arbitragefreiheit zwischen den Zinssätzen der Laufzeitbereiche besteht.

Lesehinweis: Wiedemann (1998, S. 46-64).

Die vorausgegangenen Darstellungen zeigen die Bedeutung der Zinsstrukturkurve für die Berechnung des Kapitalwerts, wenn die implizite Annahme einer flachen Kurve nicht aufrechterhalten wird. Abschließend werden die Beziehungen zwischen dem Grenz- und dem Durchschnittsprinzip zusammenfassend dargestellt:

Periode	Grenzprinzip		Durchschnittsprinzip
	geschätzte tatsächlich berechenbare Forward Rates	Zerobondabzinsungsfaktoren	Methode theoretischer Spot Rates
1	$\dfrac{1}{(1+i_1)}$	$= ZBAF_1$	$\dfrac{1}{(1+i_{SR1})}$
2	$\dfrac{1}{(1+i_1) \cdot (1+i_{FR12})}$	$= ZBAF_2$	$\dfrac{1}{(1+i_{SR2})^2}$
3	$\dfrac{1}{(1+i_1) \cdot (1+i_{FR12}) \cdot (1+i_{FR23})}$	$= ZBAF_3$	$\dfrac{1}{(1+i_{SR3})^3}$
T	$\dfrac{1}{(1+i_1)(1+i_{FR12})\ldots(1+i_{FRT-1,T})}$	$= ZBAF_T$	$\dfrac{1}{(1+i_{SRT})^T}$
Kurve	Renditestrukturkurve (Basis: Kuponanleihen)		Nullkuponstrukturkurve

Abb. V-14: Zusammenhang zwischen Grenz- und Durchschnittsprinzip

Lesehinweise: Die bisherigen Darstellungen sind weiter ausbaufähig etwa zur Ermittlung von Vorteilhaftigkeiten bei gekrümmter Renditestrukturkurve mittels der Investitionsmarge und Periodisierung des Kapitalwerts im Marktzinsmodell (vgl. hierzu Schierenbeck 2003, S. 372-376).

2 Unvollkommener Kapitalmarkt und sichere Erwartungen

Bisher wurde von einem vollkommenen Kapitalmarkt und sicheren Erwartungen ausgegangen. Diese Annahmenkombination wird nun modifiziert. Während die Erwartungen nach wie vor als sicher unterstellt werden, wird der Kapitalmarkt als (grob) unvollkommen angesehen. Dies hat genau spezifizierte Folgen:

- In einem ersten Schritt wird der einheitliche **Gleichgewichtszinssatz** in einen Soll- und einen Habenzinssatz gespalten (= Spread). Dies erlaubt noch die **exogene Bestimmung des Kalkulationszinsfußes** aus dem Kapitalmarktzinssatz. Nachfolgende Abb. V-15 zeigt in Teil (a) den Verlauf des einheitlichen Kapitalmarktzinssatzes und damit des Kalkulationszinsfußes bei vollkommenem Kapitalmarkt und in Teil (b) den Verlauf bei gespaltenem Kapitalmarktzinssatz mit einem Soll- und einem Habenzinssatz:
    - Habenzinssatz (= i_H), verkörpert den Ertragssatz der Alternativanlage,

♦ **Sollzinssatz** (= i_S), stellt den Kapitalkostensatz der Kreditbeschaffung dar. Im Regelfall kann davon ausgegangen werden, dass gilt: $i_S > i_H$.

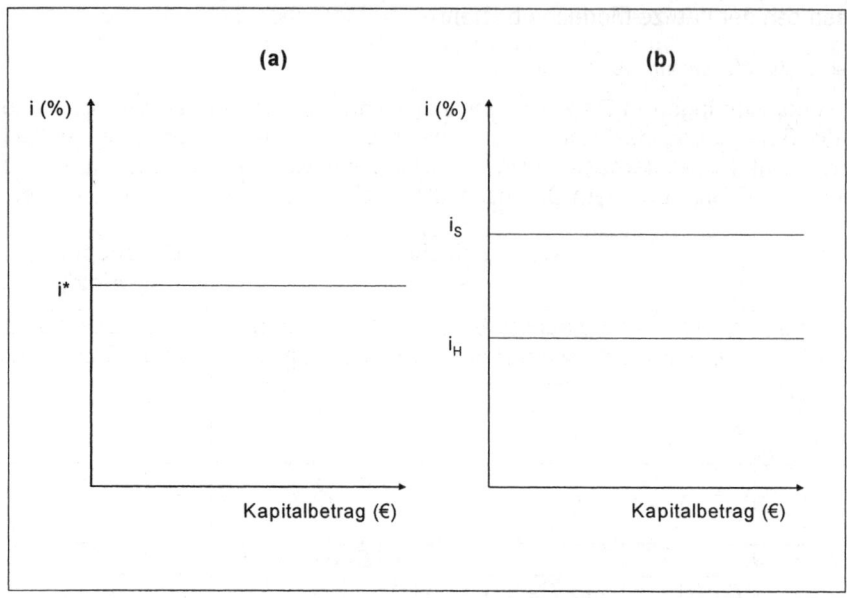

Abb. V-15: Kalkulationszinsfuß bei vollkommenem Kapitalmarkt mit einheitlichem Kapitalmarktzinssatz **(a)** und gespaltenem Zinssatz **(b)**

- Anschließend wird ergänzend die Unvollkommenheit mit der Möglichkeit der **Kapitalrationierung** betrachtet. Investoren können jetzt zu einem bestimmten Zinssatz nicht mehr beliebig viel Kapital beschaffen. Mit zunehmender Kapitalbeschaffung geht ein Anstieg der Zinssätze, d.h. Kapitalkostensätze einher. Begründet werden kann dies mit der traditionellen Verschuldungshypothese, nach der ein wachsender Anteil des Fremd- am Eigenkapital zu steigenden Risikoprämien in den Renditeforderungen der Kapitalgeber führt (vgl. hierzu *Schäfer* 2002, S. 95-109). Der **Kalkulationszinsfuß** ist unter diesen Umständen nicht exogen vom Kapitalmarkt, sondern nur **endogen** aus dem Investitions- und Finanzierungsprogramm eines Unternehmens **bestimmbar**.

2.1 Fisher/ Hirshleifer-Modell

In Kapitel III, Abschnitt 3, wurde gezeigt, dass im Fall des vollkommenen Kapitalmarkts Konsum- von Investitionsentscheidungen getrennt werden können. Diese als *Fisher*-Separation bezeichnete Vereinfachung des Konsum- und Investitionsproblems führte dazu, dass die Zielsetzung Marktwertmaximierung für das Unternehmen als Oberziel und daraus abgeleitet die Kapitalwertmaximierung als Unterziel für Investitionsentscheidungen bestimmt werden können. Daraufhin lassen sich die klassischen dynamischen Investitionsrechenverfahren als rationale Bewertungsmethoden begründen. Sie liefern zudem rationale Kriterien zur Beurteilung der Vorteilhaftigkeit von Investitionen.

Es soll nun untersucht werden, inwiefern diese Säulen der neoklassischen Investitionstheorie auch im Fall des unvollkommenen Kapitalmarkts noch tragfähig sind.

2 Unvollkommener Kapitalmarkt und sichere Erwartungen

Zu diesem Zweck wird wieder die Methode von *Fisher*, wie sie von *Hirshleifer* in ihre grafische Darstellungsform gebracht wurde, verwendet (vgl. *Hirshleifer* 1958). Die nachfolgenden Ausführungen basieren auf *Schneider*, der nach eigenem Bekunden das *Hirshleifer*-Modell von „schwerverständlichen Schlacken" gereinigt hat und in eine eigene Darstellungsform brachte (vgl. *Schneider* 1992, S. 118-125).

Schneiders Ausgangspunkt ist ein einperiodiges Beispiel eines Unternehmers, der zu investieren beabsichtigt. Er verfügt über einen Betrag von einer Mio. € an eigenen Mitteln. Ihm werden als Investitionsmöglichkeit fünf verschiedene zum Verkauf stehende Unternehmen zum Erwerb angeboten. Diese Sachinvestitionen sollen mit I_1 bis I_5 bezeichnet werden. Ihr Kapitaleinsatz und ihre Renditen (= interne Zinsfüße) sind unterschiedlich. Die Investitionsobjekte schließen sich gegenseitig aus. Alternativ könnte der Unternehmer seine liquiden Finanzmittel am Kapitalmarkt zu 4% p.a. anlegen. In Tab. V-15 sind die entsprechenden Werte aufgeführt.

	a_0	d_1	r %
I_1	100	200	100
I_2	300	550	83
I_3	500	770	54
I_4	700	1.000	43
I_5	900	1.080	20

Tab. V-15: Zahlungsströme der Beispielprojekte (in Tsd. €)

Überträgt man alle fünf Investitionsobjekte in untenstehende Abb. V-16, so würden sie analog der Vorgehensweise in Kapitel III, Abschnitt 3, mit ihren Anschaffungsauszahlungen (= a_0) auf der Abszisse von P aus nach links aufgereiht. Erweitert man die Anschaffungsauszahlungen über die fünf möglichen Projekte hinaus auf beliebig viele, so erhält man wieder die Investitionsmöglichkeitenkurve (PP').

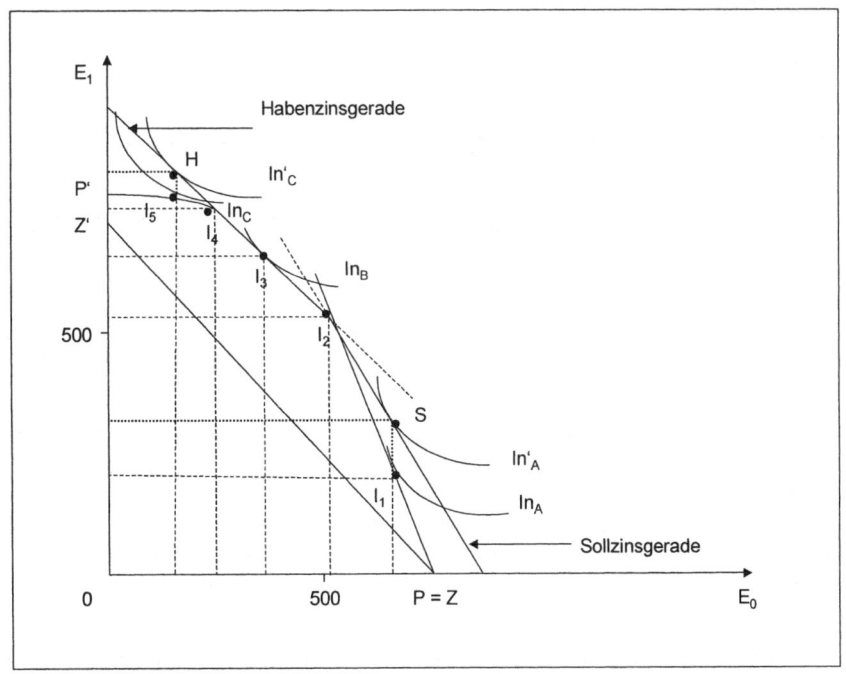

Abb. V-16: Grafische Lösung der Separation im *Fisher/ Hirshleifer*-Modell

Mit der Unvollkommenheit des Kapitalmarkts wird es erforderlich, in Abb. V-16 die einheitliche Zinsgerade des vollkommenen Kapitalmarkts (ZZ') in einen Habenzins- und einen Sollzinssatz zu trennen:

- Die Habenzinsgerade stellt eine Parallele zur ursprünglichen Zinsgeraden ZZ' dar. Sie tangiert die Investitionsmöglichkeitenkurve im Punkt I_4. Grundsätzlich bewirken die Durchführung der Investition und die **Geldanlage** zum Habenzinssatz eine Verringerung der Konsummöglichkeiten in t_0 und eine Erhöhung der Entnahmen in t_1. Zwei Investitionsmöglichkeiten des Investors seien zur Verdeutlichung verglichen (vgl. auch Tab. V-15 und Abb. V-16):

  ♦ **Isolierte Durchführung von I_5** (s. Punkt I_5 in Abb. V-16). In diesem Fall ist eine Investitionsauszahlung von *900.000 €* in t_0 erforderlich, worauf dem Unternehmer aus seinen ursprünglichen Eigenmitteln von *1 Mio. €* zum Konsum in t_0 noch *100.000 €* verbleiben. In t_1 erhält er aus dem Investitionsobjekt Einzahlungsüberschüsse in Höhe von *1.080.000 €*.

  ♦ **Realisiert** der Unternehmer stattdessen I_4, so erfordert dies eine Ausgabe von *700.000 €*. Damit generiert er in t_1 eine Entnahmemöglichkeit von *1 Mio. €*. Dieser Betrag liegt zwar unter dem vergleichbaren von Alternative I_5, doch die Betrachtung ist noch nicht vollständig, da der Unternehmer in t_0 die für seinen Konsum von *100.000 €* nicht benötigten *200.000 €* aus dem Restkassenbestand am Kapitalmarkt zum Habenzinssatz von *4%* anlegen kann. Nur so ist der Vergleich mit Alternative I_5 vollständig. In Abb. V-16 erreicht er dadurch den Punkt H. Am Ende dieser einperiodigen Betrachtung hat der Unternehmer in t_1 ein Gesamtendvermögen von *1.208.000 €*, das sich aus den Einzahlungsüberschüssen des Investitionsobjekts I_4, den Zinsen aus der Geldanlage (*8.000 €*) und dem Anlagebetrag (*200.000 €*) zusammensetzt. Nachfolgend sind die Vergleichsdaten nochmals zur Übersicht aufgeführt.

I_4				I_5			
$E_0 =$	1.000			$E_1 =$	1.000		
$a_0 =$	700	$E_1 =$	1.000	$a_0 =$	900	$E_1 =$	1.080
$a_0 =$	200	$E_1 =$	208				
$E_1 =$	100	$E_1 =$	1.208	$a_0 =$	100	$E_1 =$	1.080

Die Durchführung von **Alternative I_4** ist gegenüber I_5 **vorteilhafter**, da durch die Anlage der überschüssigen eigenen Mittel auf dem Kapitalmarkt zum Habenzinssatz eine höher gelegene Indifferenzkurve (= In'_C) als im Falle der Durchführung von I_5 realisiert werden kann (= In_C).

- Eine Verbreiterung der Handlungsmöglichkeiten ergibt sich mit Einführung der **Kreditaufnahmemöglichkeit**. Im Fall des unvollkommenen Kapitalmarkts gilt, dass der Sollzinssatz (hier „Wucherzinssatz" zu 50% aus Gründen der besseren Demonstration!) größer ist als der Habenzinssatz (4%). In Abb. V-16 ist dies mit der steiler verlaufenden Sollzinsgeraden wiedergegeben. Auch hier lassen sich zwei beispielhafte Betrachtungen zu Demonstrationszwecken durchführen:

  ♦ Die **Durchführung** von I_1 ist für den Unternehmer mit einer Investitionsausgabe in t_0 von *100.000 €* verbunden. Es verbleiben ihm folglich *900.000 €*

zum Konsum in t_0. In t_1 erhält er dann aus der Investition einen Einzahlungsüberschuss von 200.000 €.

♦ Mit **Realisierung** von Investitionsobjekt I_2 als Alternative zu I_1 ist eine Ausgabe in t_0 in Höhe von 300.000 € verbunden und es verbleiben dem Unternehmer an liquiden Mitteln noch 700.000 €. In t_1 erhält er dann aus dem Investitionsobjekt einen Einzahlungsüberschuss von 550.000 €, verwendbar für Konsumzwecke. Es geht wieder darum, die Vergleichbarkeit mit I_1 herzustellen. Um einen vergleichbaren Betrag in t_0 zu erhalten wie bei Investitionsobjekt I_1, ist zusätzlich die Aufnahme eines Kredits von 200.000 € erforderlich, wofür 50% Zinsen in t_1 zu zahlen sind und der Kredit zu tilgen ist. Dies stellt in t_1 eine Einnahmenminderung dar, die 300.000 € beträgt (200.000 € Kredittilgung + 100.000 € Zinszahlung). Dadurch reduziert sich seine Konsummöglichkeit in t_1, da der Einnahmenüberschuss von 550.000 € um 300.000 € gekürzt wurde. Die Einnahmenmehrung in t_1 beträgt den Abstand der Ordinatenwerte für I_1 und Punkt S.

Auch dieser Betrachtung schließt ein wiederholender Überblick an:

I_2				I_1		
$E_0 =$	1.000			$E_0 =$	1.000	
$a_0 =$	300	$E_1 =$	550	$a_0 =$	100	$E_1 =$	200
$E_0 =$	700					
+Kredit =	200	$-a_1 =$	300			
$E_0 =$	900	$E_1 =$	250	$E_0 =$	900	$E_1 =$	200

In diesem Fall ist die Durchführung von I_2 für den Unternehmer vorteilhafter, da er eine höher gelegene Indifferenzkurve (= In'_A) realisieren kann. Bei I_1 wäre nur die niedriger gelegene Indifferenzkurve In_A erreichbar.

Aus den Überlegungen resultieren folgende **Regeln**:

- Rechts von I_2: Investiere in die Investitionsmöglichkeit Unternehmen bis $r' = i_S$ und tätige eine Kreditaufnahme zum Sollzinssatz.
- Links von I_4: Investiere ebenfalls bis $r' = i_H$ und lege freie Finanzmittel zum Habenzinssatz an.
- Zwischen I_2 und I_4: Investition im Unternehmen tätigen, ohne einen Kredit aufzunehmen oder eine Geldanlage zu tätigen. Bei Wahl von I_3 wird weder Anlage noch Kreditaufnahme zum Sollzinssatz durchgeführt.

Im *Fisher/ Hirshleifer*-Modell lässt sich also zeigen, dass die *Fisher*-Separation auch bei unvollkommenem Kapitalmarkt, auf dem ein Soll- und ein Habenzinssatz existiert, Gültigkeit hat. Allerdings gilt dies immer nur für eine Gruppe von Entscheidungsträgern, d.h. Anteilseignern bzw. Eigentümern, was in Abb. V-16 durch die Lage der Indifferenzkurven (In_A, In_B, In_C) ausgedrückt ist. Von der Dominanz der Einkommenspräferenzvorstellungen der jeweiligen Gruppe der Eigenkapitalgeber hängt es ab, welches Investitionsprogramm realisiert wird. Innerhalb dieser Gruppe gilt dann die *Fisher*-Separation (vgl. auch *Drukarczyk* 1993, S. 49-50).

2.2 Vermögensendwertmethode

Im Fall des gespaltenen Kalkulationszinsfußes entspricht der Vermögensendwert nicht dem mit dem Kalkulationszinsfuß aufgezinsten Kapitalwert. Die Kapitalwertmethode lässt sich daher bei Existenz von Soll- und Habenzinssätzen für den Kalkulationszinsfuß nicht als rationales Verfahren der Vorteilhaftigkeitsberechnung aufrechterhalten. An ihre Stelle kann die **Vermögensendwertmethode** treten. Folgende **Voraussetzungen** liegen dieser Methode zugrunde:

- Alle Zahlungen sind bis zum Ende des Planungshorizonts in Höhe und zeitlicher Verteilung prognostizierbar.

- Negative Einzahlungsüberschüsse des Investitionsobjekts sind durch Kreditaufnahme zu finanzieren und später zu tilgen.

- Für die zu realisierende Investition wird unterstellt, dass kein Anfangsvermögen vorhanden ist, d.h., es gilt $V_0^+ = 0$.

- Für ein auf seine Vorteilhaftigkeit zu überprüfendes Investitionsobjekt wird je ein **positives Vermögenskonto** mit dem Bestand V_t^+ und ein **negatives Vermögenskonto** mit Bestand V_t^- geführt.

- Beide Konten können entweder während der Planungsperiode isoliert voneinander bestehen (= Grundsatz des **Kontenausgleichsverbots**) oder eine Verrechnung wird zugelassen (= Grundsatz des **Kontenausgleichgebots**).

- V_t^+ wird aus positiven Einzahlungsüberschüssen (d_t^+) und V_t^- aus negativen Einzahlungsüberschüssen (d_t^-) gespeist.

- Finanzielle Mittel können am Kapitalmarkt zu i_S aufgenommen und zu i_H angelegt werden.

- Die Zinssätze i_H und i_S können für den Planungszeitraum prognostiziert werden.

- V_t^+ wird mit dem Habenzinssatz i_H und V_t^- mit dem Sollzinssatz i_S aufgezinst.

Vom jeweiligen **Kontogrundsatz** hängt es ab, wie hoch der **Vermögensendwert** ausfällt.

2.2.1 Vermögensendwert mittels Kontenausgleichsverbot

Mit dem Kontenausgleichsverbot werden negative Einzahlungsüberschüsse durch Kreditaufnahmen finanziert und der kumulierte **Kredit** nebst **Zinseszinsen am Ende des Planungszeitraums** mittels angesammelter (positiver) Einzahlungsüberschüsse getilgt. Diese positiven Überschüsse werden während der Planungsperiode auf einem Guthabenkonto zum Habenzinssatz angelegt. Der Vermögensendwert ergibt sich erst am **Ende** der **Planungsperiode** als Differenz zwischen aufgezinsten positiven und aufgezinsten negativen Einzahlungsüberschüssen.

Beispiel: Nachfolgende Werte eines Investitionsobjekts gelten: $I_1 := \{-300_0, 90_1, 120_2, 90_3, 60_4, 60_5\}$, mit $i_H = 0,05$ und $i_S = 0,1$. Alle Angaben sind in €.

2 Unvollkommener Kapitalmarkt und sichere Erwartungen

Zahlungs-zeit-punkte τ	d_τ^+	$q^{T-\tau}$ für $i_H = 0{,}05$	$d_\tau^+ \cdot q^{T-\tau}$ (= positiver Endwert)	d_τ^-	$q^{T-\tau}$ für $i_S = 0{,}1$	$d_\tau^- \cdot q^{T-\tau}$ (= negativer Endwert)
0	-	-	-	- 300,00	1,6105	- 483,15
1	90,00	1,2155	109,40			$(= V_t^-)$
2	120,00	1,1576	138,91			
3	90,00	1,1025	99,23			
4	60,00	1,05	63,00			
5	60,00	1,0	60,00			
			470,54 $(= V_t^+)$			

$$V_t^+ - V_t^- = V_t$$
$$470{,}54 - 483{,}15 = -12{,}61$$

Tab. V-16: Daten- und Berechnungstabelle zum Kontenausgleichsverbot (in €)

Das Investitionsobjekt weist einen negativen Endwert auf und ist daher nicht durchzuführen.

In allgemeiner Schreibweise lässt sich der Vermögensendwert beim Grundsatz des Kontenausgleichsverbots wie folgt formulieren: Für den Vermögensendwert in t_0 gilt: $V_0 = V_0^+ - V_0^- = 0 - d_0^-$. Hier stellt der negative Einzahlungsüberschuss in t_0 die Anschaffungsauszahlung dar. Für die Bildung der jeweiligen Vermögensendwerte gilt verallgemeinert (vgl. *Blohm/Lüder* 1995, S. 84):

$$V_t^+ = \begin{cases} V_{t-1}^+ \cdot (1+i_H) + d_t^+, \text{ falls } d_t^+ \geq 0;\ d_t^- = 0 \\ \\ V_{t-1}^+ \cdot (1+i_H), \text{ falls } d_t^- \geq 0;\ d_t^+ = 0 \end{cases} \quad \text{(V-18)}$$

$$V_t^- = \begin{cases} V_{t-1}^- \cdot (1+i_S), \text{ falls } d_t^+ \geq 0;\ d_t^- = 0 \\ \\ V_{t-1}^- \cdot (1+i_S) + d_t^-, \text{ falls } d_t^- \geq 0;\ d_t^+ = 0 \end{cases} \quad \text{(V-19)}$$

mit

t	= 1,...,T,
$V_0,...,V_T$	= Gesamtvermögen in den Zeitpunkten t = 0,...,T,
$V_0^+,...,V_T^+$	= positives Vermögen in den Zeitpunkten t = 0,...,T,
$V_0^-,...,V_T^-$	= negatives Vermögen in den Zeitpunkten t = 0,...,T,
i_H	= Anlage- bzw. Habenzinssatz,
i_S	= Kreditaufnahme- oder Sollzinssatz,
$d_t^+,..., d_T^+$	= positive Einzahlungsüberschüsse in den Zeitpunkten t = 1,...,T,
$d_t^-,..., d_T^-$	= negative Einzahlungsüberschüsse in den Zeitpunkten t = 1,...,T.

Die Lösung hin zum Vermögensendwert erfolgt auf der Basis von V_0. Obiger Zusammenhang lässt sich vereinfacht wie folgt darstellen:

$$V_t^+ = \sum_{\tau=1}^{t} d_\tau^+ \cdot (1+i_H)^{t-\tau} \tag{V-20a}$$

$$V_t^- = \sum_{\tau=0}^{t} d_\tau^- \cdot (1+i_S)^{t-\tau} \tag{V-20b}$$

mit

t = 0,...,T,
τ = Zahlungszeitpunkte.

Für die Ermittlung des Vermögensendwerts (= V_T) gilt im Kontenausgleichsverbot zusammenfassend:

$$V_T = V_T^+ - V_T^- = \sum_{\tau=1}^{T} d_\tau^+ \cdot (1+i_H)^{T-\tau} - \sum_{\tau=0}^{T} d_\tau^- \cdot (1+i_S)^{T-\tau} \tag{V-21}$$

2.2.2 Vermögensendwert mittels Kontenausgleichsgebot

Beim Prinzip des Kontenausgleichgebots erfolgt eine Finanzierung negativer Einzahlungsüberschüsse primär aus den selbsterwirtschafteten Mitteln des Investitionsobjekts. Erst wenn diese nicht ausreichen, erfolgt eine Kreditaufnahme. Während des Planungszeitraums ist der **Kredit** nebst **Zinseszinsen** durch die positiven Einzahlungsüberschüsse **periodisch** zu **tilgen**. Eine getrennte Führung von positivem und negativem Vermögenskonto ist nicht zulässig.

Beispiel: Die Daten aus dem Beispiel zum Kontenausgleichsverbot werden wie folgt auf das Prinzip des Kontenausgleichgebots übertragen ($i_H = 0,05$ und $i_S = 0,1$):

Zahlungszeitpunkt t Sp. 1	d_t Sp. 2	$V_{t-1} \cdot$ { 1,1 falls $V_{t-1} \leq 0$; 1,05 falls $V_{t-1} \geq 0$ } Sp. 3	Vermögen V_t Sp. 4 = Sp. 2 + Sp. 3
0	-300,00	-	-300,00
1	90,00	-330,00	-240,00
2	120,00	-264,00	-144,00
3	90,00	-158,40	-68,40
4	60,00	-75,24	-15,24
5	60,00	-16,76	+43,24

Tab. V-17: Daten- und Berechnungstabelle zum Kontenausgleichsgebot (in €)

Der Vermögensendwert beträgt 43,24 € und ist positiv, das Investitionsobjekt ist vorteilhaft.

In allgemeiner Formulierung erhält man den Vermögensendwert beim Kontenausgleichsgebot wie folgt (vgl. *Blohm/ Lüder* 1995. S. 85):

2 Unvollkommener Kapitalmarkt und sichere Erwartungen

$$V_t^+ = \begin{cases} V_{t-1}^+(1+i_H) + \max\{0, d_t^+ - V_{t-1}^-\}, \text{ falls } d_t^+ \geq 0, d_t^- = 0 \\ \\ \max\{0, V_{t-1}^+(1+i_H) - d_t^-\}, \text{ falls } d_t^- \geq 0, d_t^+ = 0 \end{cases} \quad (V\text{-}22a)$$

$$V_t^- = \begin{cases} \max\{0, V_{t-1}^-(1+i_S) - d_t^+\}, \text{ falls } d_t^+ \geq 0, d_t^- = 0 \\ \\ V_{t-1}^-(1+i_S) + \max\{0, d_t^- - V_{t-1}^+(1+i_H)\}, \text{ falls } d_t^- \geq 0, d_t^+ = 0, \end{cases} \quad (V\text{-}22b)$$

mit t = 1,...,T.

Beim Kontenausgleichsgebot gilt $V_t^+ - V_t^- = 0$ und es folgt:

$V_t^+ = V_t$, falls $V_t > 0$

$V_t^- = V_t$, falls $V_t < 0$, wodurch sich obige Gleichung vereinfachen lässt:

$$V_t = \begin{cases} V_{t-1}(1+i_H) + d_t^+ - d_t^-, \text{ falls } V_{t-1} \geq 0 \\ \\ V_{t-1}(1+i_S) - d_t^- + d_t^+, \text{ falls } V_{t-1} \leq 0 \end{cases} \quad (V\text{-}23)$$

mit t = 1,...,T.

Ferner lässt sich mittels der Beziehung $d_t^+ - d_t^- = d_t$ Gleichung (V-23) umstellen:

$$V_t = d_t + \begin{cases} V_{t-1}(1+i_H), \text{ falls } V_{t-1} \geq 0 \\ \\ V_{t-1}(1+i_S), \text{ falls } V_{t-1} \leq 0 \end{cases} \quad (V\text{-}24)$$

mit t = 1,...,T.

Folgende **Schlüsse** sind aus einem positiven Vermögensendwert nach dem Prinzip des Kontenausgleichgebots zu ziehen (vgl. *Blohm/ Lüder* 1995, S. 86):

- Es wurde ein Vermögenszuwachs am Periodenende erwirtschaftet unter Berücksichtigung von Zinsen auf negatives Vermögen (= gebundenes Kapital in Höhe der Anschaffungsauszahlung) und Zinsen auf positive Vermögenszuwächse aufgrund der Einzahlungsüberschüsse.

- Auf das in jedem Zahlungszeitpunkt vorhandene negative Vermögen wird eine Verzinsung erzielt, die über dem Sollzinssatz liegt.

- Bei der praxisrelevanten Konstellation der Zinssätze, $i_S > i_H$, ist ein Investitionsobjekt bei positivem Vermögensendwert ($V_T \geq 0$) vorteilhaft.

- Für Auswahlentscheidungen lässt sich die Vermögensendwertmethode gleichermaßen einsetzen.

Der **Vergleich mehrerer Alternativen** basiert auf den explizit ermittelten Vermögensendwerten der zu überprüfenden Investitionsobjekte. In Hinblick auf die **Ergänzungsinvestition** bei Investitionsalternativen gilt:

- Bei **unterschiedlichem Kapitaleinsatz** erfolgt eine Vereinheitlichung. Unterstellt wird, dass die Ergänzungsinvestition eine Finanzinvestition zum Habenzinssatz i_H verkörpert. Ihr Vermögensendwert ist negativ (da $i_H < i_S$.), weshalb man i.d.R. von einer Berücksichtigung der Ergänzungsinvestition absieht.

Beispiel: Unter Zugrundelegen des Kontenausgleichsgebots wird nachfolgend ein Alternativvergleich bei abweichenden Anschaffungsauszahlungen und Nutzungsdauern dargestellt. Es gelten folgende Zahlungsströme zweier unterschiedlicher Investitionsobjekte:

$I_1 := \{-300_0,\ 90_1,\ 120_2,\ 90_3,\ 60_4,\ 60_5\}$, $I_2 := \{-180_0,\ 75_1,\ 75_2,\ 75_3\}$. Als Zinssätze sind zugrunde zu legen: $i_H = 0{,}05$ und $i_S = 0{,}1$.

	Investitionsobjekt 1				Investitionsobjekt 2		
t	d_t^1		V_t^1	t	d_t^2		V_t^2
Sp. 1	Sp. 2	Sp. 3	Sp. 4 = Sp. 2 + Sp. 3	Sp. 5	Sp. 6	Sp. 7	Sp. 8 = Sp. 6 + Sp. 7
0	-300,00	-	-300,00	0	-180,00	-	-180,00
1	90,00	-330,00	-240,00	1	75,00	-198,00	-123,00
2	120,00	-264,00	-144,00	2	75,00	-135,30	-60,30
3	90,00	-158,40	-68,40	3	75,00	-66,33	+8,67
4	60,00	-75,24	-15,24	4	0	+9,10	+9,10
5	60,00	-16,76	+43,24	5	0	+9,56	+9,56

Tab. V-18: Alternativauswahl mit Kontenausgleichsgebot (in €)

Im Beispielfall ist Investitionsobjekt *1* mit einem Endwert von *43,24 €* dem Investitionsobjekt *2* vorzuziehen, da dieses einen geringeren Endwert in Höhe von *9,56 €* erzielt.

- Bei **abweichenden Nutzungsdauern** muss der Zeitpunkt der Endbetrachtung vereinheitlicht werden. Zwei alternative Verfahren sind zu unterscheiden:

  ♦ Die Zeitpunktwahl wird vom Investitionsobjekt mit der längeren Nutzungsdauer bestimmt. Der Vermögensendwert der Alternative mit kürzerer Nutzungsdauer wird auf diesen Zeitpunkt hin berechnet.

  ♦ Bestimmt das Investitionsobjekt mit der kürzeren Nutzungsdauer den Zeitpunkt des Vermögensendwerts, ist der Wert des längerlaufenden Investitionsobjekts daraufhin auszurichten. Für den überhängenden Zeitraum ist ein Restnutzungswert zu ermitteln und zu addieren.

Abschließend einige **grundsätzliche Bemerkungen** zur Vermögensendwertmethode. Sie ist vorzunehmen, wenn sich Soll- und Habenzinssatz wesentlich voneinander unterscheiden und eine dem Investitionsobjekt zurechenbare Finanzierung vorliegt. Wegen der praktischen Relevanz von $i_S > i_H$ ergibt sich das Kontenausgleichsgebot als anzustrebende Methode, da dadurch die Finanzierungskosten reduziert werden. Generell wird die Vermögensendwertmethode eher in Ausnahmefällen angewendet, etwa bei projektbezogenen Finanzierungen von Investitionsobjekten und erheblich voneinander abweichenden Soll- und Habenzinssätzen.

2.3 Methode der vollständigen Finanzpläne

Beim Konzept der vollständigen Finanzplanung handelt es sich um eine Methode, die sowohl im Fall des vollkommenen als auch des unvollkommenen Kapitalmarkts zur Anwendung kommen kann. Ziel ist es, die mit der Finanzierung einer Investition verbundenen Zahlungen (für Zinsen und Tilgung) explizit auszuweisen. Das Instrument stellt der vollständige Finanzplan (kurz „**VOFI**" genannt) dar. Mit ihm wird ermittelbar

- die **Zielgröße** der Investitionsbetrachtung – der **Endwert** der Zahlungsreihe (ergänzend eine Rentabilitätsziffer) - und

- die **Nebenbedingung - Einhaltung des finanziellen Gleichgewichts**, d.h. der Finanzierungssaldo muss am Ende einer jeden Periode Null betragen.

Vereinfacht könnte man sagen, dass die Zahlungsströme des Investitionsobjekts im VOFI um die pro Periode erforderlichen Finanzierungszahlungen ergänzt werden. Zu diesem Zweck sind **Dispositionen** seitens des Entscheiders für jede Periode zu treffen. Bei **Unterdeckung** der Zahlungsströme aus dem Investitionsobjekt ist die Differenz durch Kreditaufnahme auszugleichen; eine **Überdeckung** ermöglicht eine Geldanlage. Aufgrund der finanzwirtschaftlichen Dispositionen entstehen weitere Zahlungsreihen durch ausgelöste Zinsein- und -auszahlungen. Dabei besteht folgende **Übereinkunft**:

- Elemente einer Zahlungsreihe und Entnahmen sind **originäre Zahlungen**,

- finanzielle Kredit- oder Geldanlagedispositionen sind **derivative Zahlungen**.

Ganz allgemein zeigt ein VOFI unter diesen Bedingungen in tabellarischer Form die einem Investitionsobjekt (oder allgemein einer Finanzanlage) zurechenbaren Zahlungen und die monetären Konsequenzen der Finanzdispositionen (vgl. *Grob* 1989, S. 5). Unter dem Aspekt des unvollkommenen Kapitalmarkts bietet die Methode des VOFI's die Möglichkeit, die Vielfalt der am Kapitalmarkt vorfindbaren Kapitalarten und -kosten in die Investitionsrechnung zu integrieren.

Zentral für die Investitionsbewertung ist die Zielgröße des VOFI's – der Endwert einer Investition. Geht man von gegebenen Entnahmen und Nutzungsdauer eines Investitionsobjekts aus, so ist der Endwert einer Investition als der Überschuss der liquiden Mittel über den Kreditstand am Ende der Nutzungsdauer definiert. Die Vorteilhaftigkeit eines Investitionsobjekts wird mittels einer Differenzbetrachtung ermittelt. Der Endwert der Investition wird der Endwert der Alternativanlage (bestehend aus einer alternativen Anlage am Kapitalmarkt) gegenübergestellt. Aus dem Vergleich der beiden Endwerte erhält man den Surplus der Investition in Form des zusätzlichen Endwerts. Er ist der Mehrbetrag des Investitionsobjekts gegenüber der Alternativanlage am Ende der Nutzungsdauer. Ein Investitionsobjekt ist beim reinen Vorteilhaftigkeitsvergleich durchzuführen, wenn dessen **zusätzlicher Endwert positiv** ist. Im Rahmen einer Analyse eines Wahlproblems würde diejenige Investition ausgewählt, deren zusätzlicher Endwert gegenüber allen anderen Investitionsobjekten am höchsten ist.

Beispiel (in Anlehnung an *Grob* 1984, S. 18-19): Es soll eine Investitionsentscheidung mit folgenden Ausgangsdaten: $I_1 := \{-18.000_0, -4.000_1, 3.200_2, 19.040_3, 5.972_4, 3.785_5\}$ begründet werden. Die Finanzierung der Investition ist auf folgende Weise verfügbar: Finanzierung aus eigenen Mitteln in Höhe von *9.000 €* und der restliche Betrag von *9.000 €* durch Kreditaufnahme. In t_0 stehen folgende Kreditangebote der Bank zur Verfügung:

(1) **Festzinsdarlehen** mit folgenden Konditionen:

Höchstbetrag:	5.000 €	Zinsfuß:	8% p. a. nachschüssig
Laufzeit:	2 Jahre fest	Auszahlungskurs:	90%
Tilgung:	am Laufzeitende		

(2) **Kontokorrentkredit** für die jederzeitige (kurzfristige) Kreditaufnahme: Sollzinssatz *13%* p. a.

(3) Geldanlagen können jederzeit in beliebiger Höhe als **Termingeld** zu *8%* p. a. angelegt werden.

Dispositionsalternative 1:

Zahlungszeit-punkte t	0	1	2	3	4	5
Zahlungsebene						
d_t	-18.000	-4.000	3.200	19.040	5.972	3.785
eigene liquide Mittel	9.000					
+ Aufnahme Festzins-darlehen	4.500					
+ Aufnahme Konto-korrentkredit	4.500	4.985	3.433			
- Tilgung Fest-zinsdarlehen			5.000			
- Tilgung Kon-tokorrentkredit				12.918		
- Zinsen Fest-zinsdarlehen		400	400			
- Zinsen Konto-korrentkredit		585	1.233	1.679		
- Geldanlage (Termingeld)				4.443	6.327	4.647
+ Auflösung der Geldanlage						
+ Habenzinsen					355	862
Finanzierungs-saldo	0	0	0	0	0	0
Bestandsebene						
Festzins-darlehen	5.000	5.000				
Konto-korrentkredit	4.500	9.485	12.918			
Guthaben				4.443	10.770	15.417

Tab. V-19: VOFI für Dispositionsalternative 1

2 Unvollkommener Kapitalmarkt und sichere Erwartungen

Aus der Palette vorangegangener Kredit- und Anlagemöglichkeiten ergeben sich folgende **zwei Dispositionsalternativen** für den Entscheider:

(1) Durchführung der Investition und Aufnahme des Festzinsdarlehens in Höhe von *4.500 €* (Kreditbetrag von *5.000 €* abzgl. *10% Disagio*) in t_0. Die verbleibende Finanzierungslücke von *4.500 €* wird durch Aufnahme von Fremdmitteln aus dem Kontokorrentkredit gedeckt.

(2) Wiederum Durchführung der Investition, diesmal ohne Aufnahme des mittelfristigen Kredits, sondern vollständige Fremdfinanzierung mittels des Kontokorrentkredits.

Die **Opportunität** für den Fall, dass die Investition nicht realisiert wird, besteht in der Anlage der eigenen liquiden Mittel in Höhe von *9.000 €* als Termingeld.

Es soll nun demonstriert werden, wie mittels des VOFI's aus den drei Dispositionsalternativen die effizienteste ermittelt werden kann.

Tab. V-19 zeigt, dass der Endwert der Investition im Fall der ersten Dispositionsalternative *15.417 €* beträgt. Dadurch ergibt sich ein zusätzlicher Endwert der Investition gegenüber der Alternativanlage in Termingeld von *2.193 €* $(= 15.417 - 9.000 \cdot 1{,}08^5)$.

Dispositionsalternative 2:

Für die Dispositionsalternative 2 lässt sich ebenfalls ein VOFI aufstellen. Bei ausschließlicher Finanzierung der Finanzierungslücke von *9.000 €* durch den Kontokorrentkredit würde sich der Endwert der Investition auf *15.556 €* belaufen. Daraus ergibt sich ein zusätzlicher Endwert der Investition gegenüber der Alternativanlage von *2.332 €* $(= 15.556 - 9.000 \cdot 1{,}08^5)$.

Aus den Ergebnissen des VOFI's folgt, dass die Durchführung der Investition wirtschaftlich sinnvoller ist als die alternative Anlage der eigenen Mittel als Termingeld. Ferner sollte die Fremdfinanzierung der Investition mittels des Kontokorrentkredits erfolgen, da hier der größere zusätzliche Endwert realisiert werden kann.

Lesehinweis: Die vorgestellte Methodik des VOFI's lässt sich weitergehend und vertiefend für Investitions- und Finanzierungsfragestellungen einsetzen. Die Leserinnen und Leser seien diesbezüglich auf das Werk von *Grob* (1989) verwiesen. Zur Kritik am VOFI vgl. *Hering* (1995, S. 162-163) und *Schmidt/ Terberger* (1997, S. 167).

2.4 Entscheidung über Investitions- und Finanzierungsprogramme

Bisher wurde bei der Darstellung der Investitionsentscheidung davon ausgegangen, dass es voneinander isolierte Investitionsobjekte gibt, über die eine Entscheidung zu treffen ist. Des Weiteren soll nun von Investitionsprogrammen ausgegangen werden (vgl. auch zur Definition Kapitel I, Abschnitt 1.1). Der Unterschied zu bisherigen Betrachtungen des Investitionsentscheidungs-Problems ist, dass die Höhe der Kapitalkosten pro Einheit investierten Kapitals vom Investitionsprogramm abhängt. Damit ist der Kalkulationszinsfuß nicht mehr exogen als einheitliche Größe vom Kapitalmarkt gegeben, und die Kapitalwertverfahren der Investitionsrechnung sind zu modifizieren.

2.4.1 Klassische Vorgehensweise

Der **klassische Lösungsansatz** geht davon aus, dass Investitionsobjekte des Investitionsprogrammes beliebig teilbar sind, ein **vollkommener Kapitalmarkt** mit einheitlichem Marktzinssatz besteht und der Planungshorizont eine Periode beträgt. Es ist daraufhin eine Kapitalangebotskurve unter Berücksichtigung der beiden hierfür zentralen Annahmen des vollkommenen Kapitalmarkts - vollkommene Sicherheit und vollkommen elastisches Kapitalangebot – zu bestimmen.

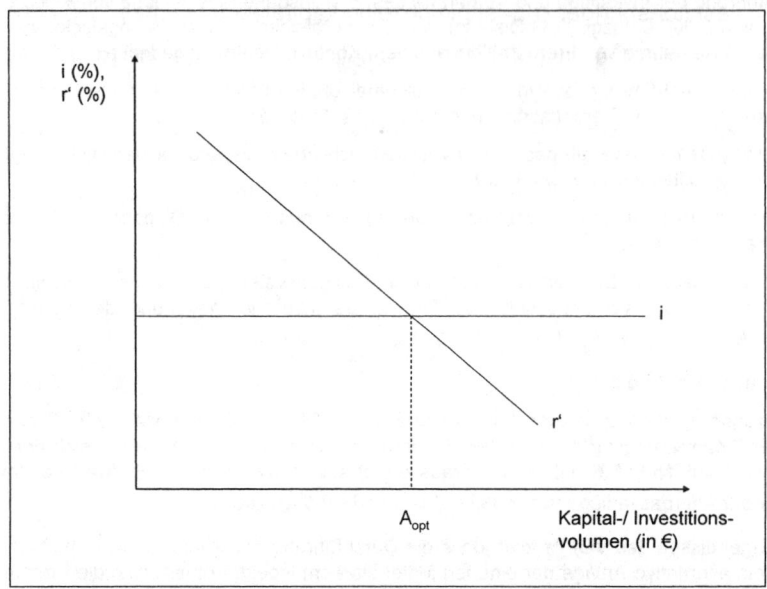

Abb. V-17: Optimales Investitionsprogramm bei vollkommenem Kapitalmarkt

Nach wie vor besteht also auf dem Kapitalmarkt ein einheitlicher gleichgewichtiger Zinssatz (= *i*). Zu diesem kann beliebig viel Kapital aufgenommen werden. Das **vollkommen elastische Kapitalangebot** wird durch eine Kapitalangebotskurve ausgedrückt, die parallel zur Abszisse verläuft. Aus dem Schnittpunkt von Kapitalangebots- und Kapitalnachfragekurve ergibt sich das optimale Investitionsprogramm und zugleich das **optimale Investitionsvolumen** (vgl. Hax 1993, S. 72-73).

Es wird analog den grafischen Konstellationen in Abb. V-17 ein optimaler **Investitionsbetrag** A_{opt} bestimmbar. Er kommt zustande als Schnittpunkt zwischen den **Grenzkapitalkosten** *i*, d.h. den Kosten für zusätzlich aufzunehmendes Kapital, und der **Grenzrendite** *r'*, dem internen Zinsfuß des letzten realisierten Investitionsobjekts aus dem Investitionsprogramm. Eine Investition über den Schnittpunkt hinaus wäre nicht lohnend, da der Zinssatz für die zusätzlichen Kapitalbeträge höher wäre als die Renditen der zusätzlichen Investitionsobjekte. Der Zinssatz *i* wird auch als **Cut Off-Rate** bezeichnet. Er hat die bemerkenswerte Eigenschaft, dass er nicht größer ist als der interne Zinsfuß jedes im optimalen Investitionsprogramm enthaltenen Investitionsobjekts. Mit Hilfe des Zinssatzes *i* erhält man für alle im optimalen Investitionsprogramm enthaltenen Investitionsobjekte nicht negative Kapitalwerte, für alle anderen Investitionsobjekte dagegen nicht-positive Kapitalwerte. Die Cut Off-Rate stellt insofern den relevanten Kalkulationszinsfuß dar. Da er im Voraus aus dem Kapitalmarkt bekannt ist, kann das optimale Investitionsprogramm allein aufgrund der mit dem Zinssatz *i* ermittelten Kapitalwerte der Investitionsobjekte identifiziert werden.

Man erhält im klassischen Lösungsansatz für das Investitionsprogramm Aussagen, die mit der Kapitalwertmethode deckungsgleich sind:

2 Unvollkommener Kapitalmarkt und sichere Erwartungen

- Wegen der einperiodigen Betrachtung ist keine Wiederanlageprämisse erforderlich.
- Das Investitionsbudget A_{opt} ist gleichzeitig kapitalwertmaximal.
- Seine Finanzierung ist durch den Kapitalmarkt sichergestellt und unabhängig vom Programmumfang (keine Kapitalrationierung).

Im Gegensatz zu diesen Ergebnissen verhält sich die Erkenntnis bei **unvollkommenem Kapitalmarkt bei Sicherheit** und **Kapitalrationierung**. Bei Kapitalrationierung sind die verfügbaren Finanzmittel für Investitionszwecke knapp; der Investor kann nur über einen bestimmten maximalen Kapitalbetrag verfügen:

- Von einer **externen Kapitalrationierung** spricht man, wenn der Sollzinssatz i_s über dem Kalkulationszinsfuß (= Cut Off-Rate) i liegt (vgl. *Busse von Colbe/ Laßmann* 1990, S. 199). Man betrachte zur Veranschaulichung Abb. V-18. Hierin bezeichnet die Strecke A_1A_2 die Finanzmittel, die zusätzlich zu den vorhandenen Eigenmitteln eines Investors (Strecke OA_1) für ein von ihm angestrebtes Investitionsprogramm (Strecke OA_2) benötigt werden. Sie können nur zum Sollzinssatz i_s aufgenommen werden, d.h. steigende Teilbeträge der Fremdfinanzierung sind zu steigenden Kapitalkosten zu beschaffen.
- In Abb. V-18 kann auch die zweite Ausprägung knapper Finanzmittel verdeutlicht werden. Bei **interner Kapitalrationierung** legt der Investor autonom entweder die Budgethöhe (z.B. OA_4) oder einen Mindestverzinsungsanspruch i_{min} fest. In beiden Fällen ist Voraussetzung für die Aufnahme von Investitionsprojekten in das zu realisierende Programm, dass die Bedingung $C_0 \geq 0$ bzw. $r \geq i$ erfüllt ist. So würde bei ausschließlicher Finanzierung in Höhe der verfügbaren Eigenmittel (Strecke OA_4) der Investor aus seinem gewünschten Investitionsprogramm nur den Umfang der Strecke OA_3 realisieren können. Den Restbetrag (Strecke A_3A_4) könnte er auf dem Kapitalmarkt anlegen.

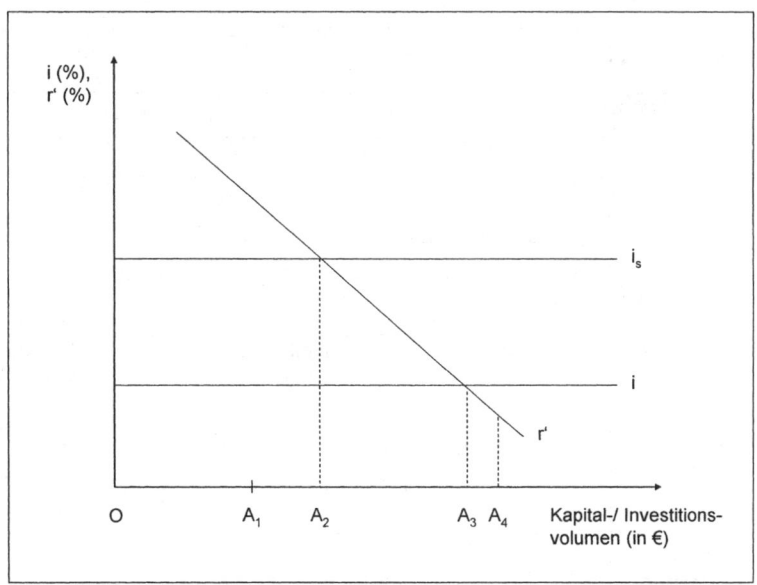

Abb. V-18: Optimales Investitionsprogramm bei Kapitalrationierung

Der relevante Kalkulationszinsfuß wird bei Kapitalrationierung durch den internen Zinsfuß i des letzten noch mit Hilfe des gegebenen Kapitalbetrags zu finanzierenden Investitionsobjekts determiniert. Dieser Kalkulationszinsfuß ist unabhängig vom Zinssatz für den gegebenen Kapitalbetrag. Der Kalkulationszinsfuß ist erst bekannt, wenn das optimale Investitionsprogramm feststeht. Dies stellt den entscheidenden Unterschied zum Kalkulationszinsfuß auf der Grundlage des Zinssatz des vollkommenen Kapitalmarkts (bei Sicherheit) dar.

2.4.2 Dean-Modell

Auf Dean (1951) geht der Vorschlag zurück, das optimale Investitions- und Finanzierungsprogramm unter den beschriebenen Umständen mit Hilfe der internen Zinsfüße der Investitionsobjekte und der Kapitalkostensätze der Finanzierungsquellen zu bestimmen. Deans Modell baut auf dem o.g. klassischen Lösungsansatz auf und erweitert ihn. Sein Modell basiert auf folgenden **Annahmen**:

- Es werden als Investoren Unternehmensgesellschafter betrachtet. Ihr Ziel ist die Maximierung ihres Endvermögens. Zu diesem Zweck bestimmen sie vor Durchführung des Investitionsvolumens die Höhe des Eigenkapitals.

- Neben dem eingesetzten Eigenkapital können die Investoren zu steigenden Fremdkapitalkosten Fremdmittel aufnehmen und damit Investitionsobjekte finanzieren. Dies bezeichnet die Kapitalangebotskurve.

- Es lässt sich eine Kapitalnachfragekurve ableiten. Sie resultiert aus der Rangordnung der Investitionsobjekte I_j, begründet durch deren interne Zinsfüße.

- Das optimale Investitionsprogramm ist unter diesen Bedingungen und bei Beachtung der Eigen- und Fremdfinanzierungsmöglichkeiten zu ermitteln.

Die Kapitalnachfragekurve lässt sich mit folgendem Beispiel herleiten:

Beispiel: (vgl. Franke/ Hax 1999, S. 221): Zu entscheiden ist über vier Investitionsobjekte, die in t_0 angeschafft werden und in t_1 einen (einmaligen) Einzahlungsüberschuss (in €) erbringen.

Investitionsobjekte	I_1	I_2	I_3	I_4
a_0	100	150	50	80
d_1	115	168	57	86

Tab. V-20: Beispieldaten zu den Investitionsobjekten

In aufsteigender Folge der internen Zinsfüße, ergibt sich die Rangordnung der Investitionsobjekte entsprechend ihren Vorteilhaftigkeiten:

Investitionsobjekt	r (in %)	Kapitalbedarf pro Investitionsobjekt	Kapitalbedarf kumuliert
I_1	15	100	100
I_2	12	150	250
I_3	14	50	300
I_4	7,5	80	380

Tab. V-21: Beispieldaten zu den Finanzierungsmitteln

2 Unvollkommener Kapitalmarkt und sichere Erwartungen

Grafisch lässt sich die **Rangordnung** aus dem Beispiel als **Zusammenhang** zwischen internem Zinsfuß und kumuliertem Kapitalbedarf der Investitionsobjekte abbilden. Dies ergibt die (diskrete) **Kapitalnachfragekurve**.

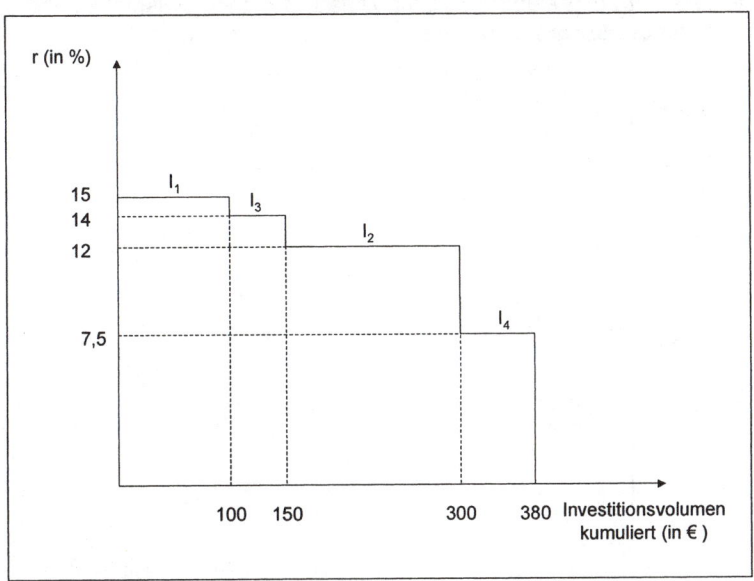

Abb. V-19: Kapitalnachfragekurve des Beispielfalls

Der interne Zinsfuß eines einzelnen Investitionsobjekts stellt sich innerhalb der Kapitalnachfragekurve eines Investitionsprogramms als Grenzrate des internen Zinsfußes (= r') für den jeweils zusätzlich eingesetzten Kapitalbetrag dar.

Besteht die Möglichkeit beliebig hoher Fremdkapitalaufnahme und Mittelanlage zum Zinssatz k, könnte über jedes Projekt anhand des Kapitalwerts entschieden werden. Alternativ könnte mittels des internen Zinsfußes geprüft werden, ob er über dem Kalkulationszinsfuß liegt. Der **Kalkulationszinsfuß** ist ja **bei unvollkommenem Kapitalmarkt** nicht von vornherein bekannt, da er aus dem individuellen Investitionsprogramm (= Kapitalnachfragekurve) und dem Finanzierungsprogramm (= Kapitalangebotskurve) zu ermitteln ist. Dadurch wird er nicht exogen über den Kapitalmarkt, sondern **endogen aus** dem **optimalen Investitions- und Finanzierungsprogramm** bestimmt. Im nächsten Schritt bedarf es hierzu der Ermittlung der Kapitalangebotskurve aus dem verfügbaren Finanzierungsprogramm.

Beispiel: Zu entscheiden ist über vier Finanzmittelquellen (in €) mit unterschiedlichen Höchstbeträgen und Zinssätzen. Die Zinssätze stellen aus Sicht des kapitalaufnehmenden Unternehmens Kapitalkosten (= k) dar. In Abhängigkeit von der Höhe ihrer Zinssätze lassen sich die Finanzierungsmittel nach abnehmenden Kapitalkostensätzen reihen:

Finanzierungsmittel	k (in %)	Höchstbetrag pro Finanzierungsmittel	Höchstbetrag kumuliert
Eigene Mittel	5*)	120	120
Kredit 1	10	140	260
Kredit 2	19	100	360

*)Annahme, dass die Mittel alternativ zu max. 5% am Kapitalmarkt angelegt werden können.

Tab. V-22: Rangfolge unabhängiger Finanzierungsmittel

Damit ist eine Kapitalangebotskurve abzuleiten, die voneinander unabhängige Finanzierungsmittel in einer Rangordnung abbildet. Es ist unterstellt, dass zuerst die Finanzmittel mit den niedrigsten Kapitalkosten in Anspruch genommen werden. Grafisch abgebildet zeigt Abb. V-20 den Verlauf der dem Beispielfall entsprechenden (diskrete) **Kapitalangebotskurve**.

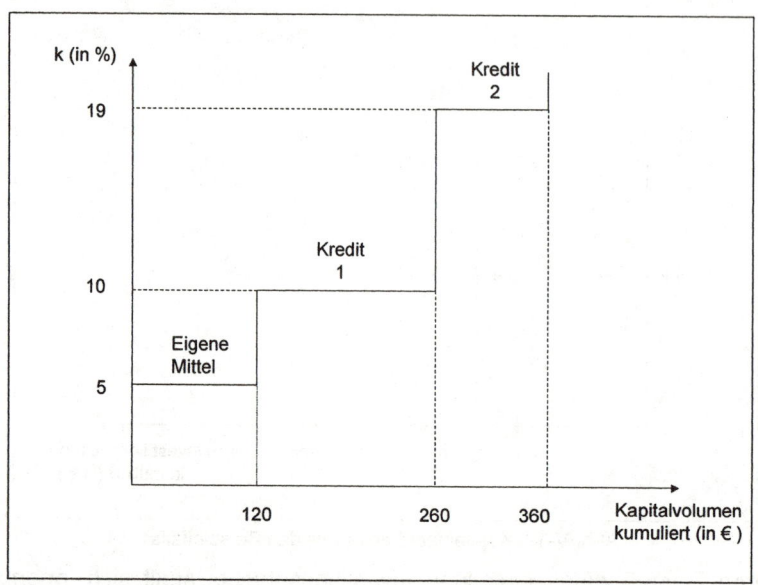

Abb. V-20: Kapitalangebotskurve des Beispielfalls

Die Kapitalkosten *k* einer einzelnen Finanzierungsquelle stellen sich innerhalb der Kapitalkostenkurve eines Finanzierungsprogramms als Grenzraten der Kapitalkosten für den jeweils zusätzlich eingesetzten Kapitalbetrag dar (= *k'*).

Beispiel: Aus der Verfügbarkeit der Finanzmittel zeigt sich, dass insgesamt *360 €* vorhanden sind, womit der Investitionsbedarf von *380 €* unterschritten wird. Demnach können nicht alle Investitionsprojekte finanziert werden.

Werden Kapitalnachfrage- und Kapitalangebotskurve in einer Grafik zusammengefasst, ergibt sich das sog. *Dean*-Modell (= Capital Budgeting-Modell) zur Bestimmung des optimalen Investitions- und Finanzierungsprogramms. Dies erfordert die Berücksichtigung aller Investitions- und Finanzierungsalternativen. Insofern stellt das *Dean*-Modell ein **Totalmodell** der Kapitalbudgetierung dar. Geht man von beschränkter Teilbarkeit jedes weiteren (d.h. marginalen) Investitionsobjekts aus, so gelangt man zu einer Flächenbetrachtung. Sie zeigt, ob die Realisierung des marginalen Investitionsobjekts vorteilhafter ist als ihr Verzicht. In Abb. V-21 ist eine solche grafische Lösung durch Zusammenführen der bisherigen Kapitalangebots- und Kapitalnachfragekurve erfolgt.

2 Unvollkommener Kapitalmarkt und sichere Erwartungen

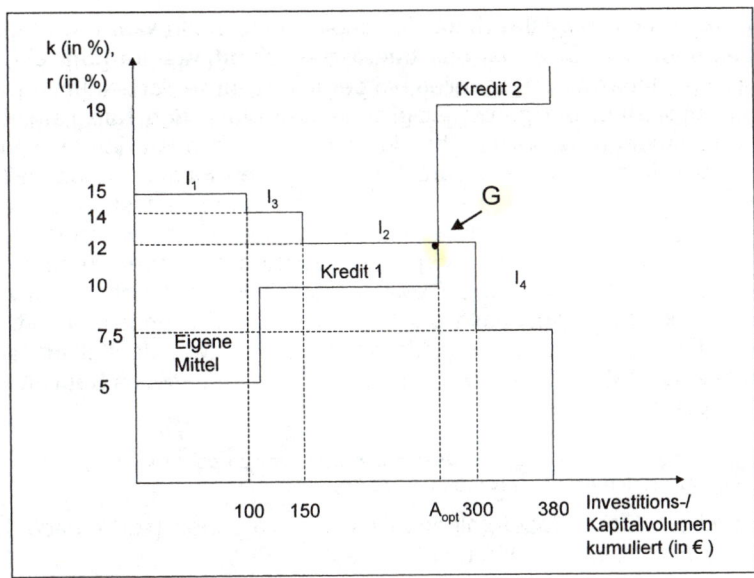

Abb. V-21: Capital Budgeting-Modell nach *Dean* anhand des Beispielfalls

Das **optimale Kapitalbudget** ist durch den Schnittpunkt von Kapitalangebots- und Kapitalnachfragekurve (= G) bestimmt. Der (endogen ermittelte) Kalkulationszinsfuß im *Dean*-Modell stellt eine **Grenzrendite** dar: Es ist diejenige Rendite, die das Unternehmen auf eine weitere Einheit investierten Kapitals erzielen würde, die ihm im Zeitpunkt t_0 kostenlos zur Verfügung gestellt würde. Eine solche Rendite ist erst bekannt, wenn das optimale Kapitalbudget bestimmt ist.

Beispiel: Bezogen auf die Beispieldaten und Abb. V-21 sind folgende Handlungsempfehlungen durch das *Dean*-Modell ableitbar:

- Alle links bis zum Punkt G gelegenen Investitionsobjekte werden durchgeführt. Rechts davon liegenden Objekte sind nicht vorteilhaft und daher nicht zu realisieren. Das optimale Kapitalbudget (= A_{opt}) liegt beim Zinssatz von *12%* und dem kumulierten Investitionsvolumen von *300 €*. Es werden die Projekte I_1, I_3 und I_2 realisiert, wobei Folgendes zu beachten ist:
    - Die internen Zinsfüße der Projekte I_1 und I_3 liegen über dem (endogen ermittelten) Kalkulationszinsfuß, weshalb ihre Kapitalwerte positiv sind. Beide Investitionsprojekte sind daher vorteilhaft.
    - Der interne Zinsfuß von Investitionsobjekt I_2 ist gleich dem Kalkulationszinsfuß, der Kapitalwert mithin Null. Da der interne Zinsfuß von I_2 größer ist als der Kapitalkostensatz des ersten Kredits, ist Projekt I_2 im Umfang der noch zur Verfügung stehenden Kreditmittel zu realisieren (Bedingung: Kredit 2 darf nicht in Anspruch genommen werden). Voraussetzung für dieses Vorgehen ist aber, dass I_2 vollständig teilbar ist. Ist die Teilbarkeitsbedingung nicht erfüllt, können nur Projekt I_1 und I_3 realisiert werden.
- Der interne Zinsfuß von Projekt I_4 liegt unter dem Kalkulationszinsfuß, weshalb sein Kapitalwert negativ ist und es nicht durchgeführt wird.
- Die internen Zinsfüße des Eigenkapitals und von *Kredit 1* liegen unter dem Kalkulationszinsfuß. Der Kapitalwert beider Finanzierungsmittel ist positiv. Sie werden daher beide vollständig eingesetzt.
- Der interne Zinsfuß von *Kredit 2* liegt über dem Kalkulationszinsfuß. Damit ist der Kapitalwert des Kredits negativ, der Kredit wird nicht aufgenommen.

Anhand des *Dean*-Modells lassen sich auch einige zentrale methodische Aspekte verdeutlichen, die bisher bei der Anwendung der dynamischen Investitionsrechenverfahren, resp. des Kapitalwertmodells, implizit unterstellt waren. Im Gegensatz zum **Totalmodell** von *Dean* ist das traditionelle **Kapitalwertmodell** ein **Partialmodell**, weil die Finanzierungsquellen bei der Investitionsentscheidung nicht explizit berücksichtigt sind. Sie gehen lediglich implizit durch den Kalkulationszinsfuß ein. Im vollkommenen Kapitalmarktmodell liegt er, da exogen determiniert, unabhängig von den tatsächlich in Anspruch genommenen Finanzierungsquellen fest. Die *Fisher*-Separation vermag ja zu zeigen, dass es irrelevant ist, ob das optimale Investitionsprogramm anhand eines Total- oder eines Partialmodells bestimmt wird. Es ist dasjenige Investitionsobjekt zu realisieren, dessen interner Zinsfuß über dem Kalkulationszinsfuß liegt (bzw. dessen Kapitalwert nicht negativ ist). Da bei unvollkommenem Kapitalmarkt der Kalkulationszinsfuß unbekannt ist, versagt dieses Investitionskalkül. Der Kalkulationszinsfuß wird zwar darstellbar, aber erst nachdem das optimale Kapitalbudget ermittelt wurde. Und dieses Kapitalbudget ist für jeden Investor individuell.

Lesehinweis: Eine gute Darstellung des *Dean*-Modells findet sich bei *Franke/ Hax* (1999, S. 221-225). Breiter diskutiert den Ansatz *Hax* (1993, S. 62-85).

Kritisch sind am *Dean*-Modell folgende Aspekte zu sehen (vgl. *Albach* 1962, S. 42ff., *Franke/ Hax* 1999, S. 224f. und *Hax* 1993, S. 69f):

- Die unterstellte **Unabhängigkeit** von Kapitalkosten und Kapitalverwendung ist nicht immer gegeben. So werden z.B. Hypothekarkredite nur für bestimmte Arten von Investitionen vergeben (= Immobilien).

- Es können **Widersprüchlichkeiten** auftreten, wenn es eine optimale Lösung unter der Bedingung der Ganzzahligkeit bei mangelnder Teilbarkeit von Investitionsprojekten geben soll.

    Beispiel: Im Zahlenbeispiel wäre *Projekt I_2* unter diesen Umständen nicht zu realisieren, sondern nur noch *Projekt I_3*. I_3 hätte I_2 verdrängt. Projekt I_2 erbringt aber einen höheren Beitrag zum Endvermögen der Investoren, weshalb seine Durchführung trotz Renditenachteil auch bei Existenz der Ganzzahligkeitsbedingung realisiert werden sollte.

- Das Modell ist ein **Zwei-Zeitpunkt-Modell**, da es sich auf die Zeitpunkte t_0 und t_1 beschränkt.

- Es wird angenommen, dass zwischen den Investitionsobjekten **keinerlei Abhängigkeiten** bestehen und so separat über jedes einzelne Investitionsobjekt in der Methodik des *Dean*-Modells entschieden werden kann.

2.4.3 Einblick und Kritik zu Modellen der linearen Programmierung

Bestehende Abhängigkeiten einzelner Investitionsobjekte im Investitionsprogramm bilden den Ansatzpunkt für simultane Investitions- und Finanzplanungsmodelle, die auf der linearen Programmierung aufbauen. Solche LP-Modelle stellen die konsequente **Weiterentwicklung** des *Dean*-**Modells**

- zu einer mehrperiodischen Investitions- und Finanzierungsplanung
- unter Berücksichtigung des Konsumeinkommens des Investors
- bei sicheren Erwartungen und
- Interdependenzen der Investitionsobjekte

2 Unvollkommener Kapitalmarkt und sichere Erwartungen

dar. An einem einfachen Beispiel sollen die Grundzüge eines LP-Modells dargestellt werden.

Beispiel: Ein Entscheider stehe vor der Aufgabe, ein Investitionsprogramm aus zwei Investitionsobjekten zusammenzustellen. Zu diesem Zweck muss er den mengenmäßigen Umfang der (beliebig teilbaren) Investitionsobjekte *1* und *2* herausfinden. Für den gesuchten Umfang des ersten Investitionsobjekts gilt die Bezeichnung *x*, für das zweite Investitionsobjekt entsprechend *y*.

1. Schritt: Bestimmung der Gewinnfunktion für die Investitionsobjekte (= G_1 und G_2):

$G_1 = (e_1 - a_1) - a_1 \cdot k_1 \qquad G_2 = (e_2 - a_2) - a_2 \cdot k_2$
$G_1 = (142 - 40) - (40 \cdot 0{,}05) = 100 \quad G_2 = (382 - 120) - (120 \cdot 0{,}10) = 250$

mit

e_1, e_2 = Einzahlung aus den Umsatzerlösen von Investitionsobjekt 1 bzw. 2,
a_1, a_2 = Anschaffungsauszahlung von Investitionsobjekt 1 bzw. 2,
k_1, k_2 = variable Kostensätze von Investitionsobjekt 1 bzw. 2.

2. Schritt: Es ist die Zielfunktion zu optimieren: $G = 100x + 250y \rightarrow Max!$ Zu diesem Zweck wird die Zielfunktion in Isogewinngeraden nach *y* umgewandelt:

$G = 100x + 250y \qquad |\ : 250$

$\dfrac{G}{250} = \dfrac{100}{250}x + y$

$y = -\dfrac{2}{5}x + \dfrac{G}{250}$

Die Optimierung der Zielfunktion erfolgt unter **Nebenbedingungen**. Neben der *Ganzzahligkeit* und der *Nichtnegativitätsbedingung* ($x \geq 0; y \geq 0$) sind dies: (1) *Finanzierungsrestriktion*: $40x + 120y \leq 2.400$, (2) *Arbeitszeitrestriktion*: $7x + 12y \leq 312$, (3) *Raumrestriktion*: $x + y \leq 40$. Anschließend ist die Umwandlung der Nebenbedingungen erforderlich:

(1) Finanzierungsrestriktion: (2) Arbeitszeitrestriktion

$40x + 120y \leq 2.400 \qquad |\ : 2.400 \qquad\qquad 7x + 12y \leq 312 \qquad |\ : 312$

$\dfrac{40x}{2.400} + \dfrac{120y}{2.400} \leq 1 \qquad\qquad\qquad \dfrac{7x}{312} + \dfrac{12y}{312} \leq 1$

$\dfrac{x}{60} + \dfrac{y}{20} \leq 1 \qquad\qquad\qquad\qquad \dfrac{x}{44{,}6} + \dfrac{y}{26} \leq 1$

(3) Raumrestriktion:

$x + y \leq 40 \qquad |\ : 40$

$\dfrac{x}{40} + \dfrac{y}{40} \leq 1$

Auf diesen Grundlagen kann die grafische Lösung des Entscheidungsmodells erfolgen. Die Geraden der Nebenbedingungen werden anschließend für die Mengen der beiden Investitionsobjekte in ein *x,y*-Diagramm eingetragen. Durch die Tangentiallösung der Isogewinnkurve mit dem Möglichkeitenraum, der sich aus den Restriktionen der Nebenbedingungen ergibt, wird die Lösung bestimmt. Es ergibt sich aus den Schnittpunkten der Geraden ein zulässiger *Lösungsbereich*, der durch das Feld *OBCDA* in Abb. V-22 erfasst wird.

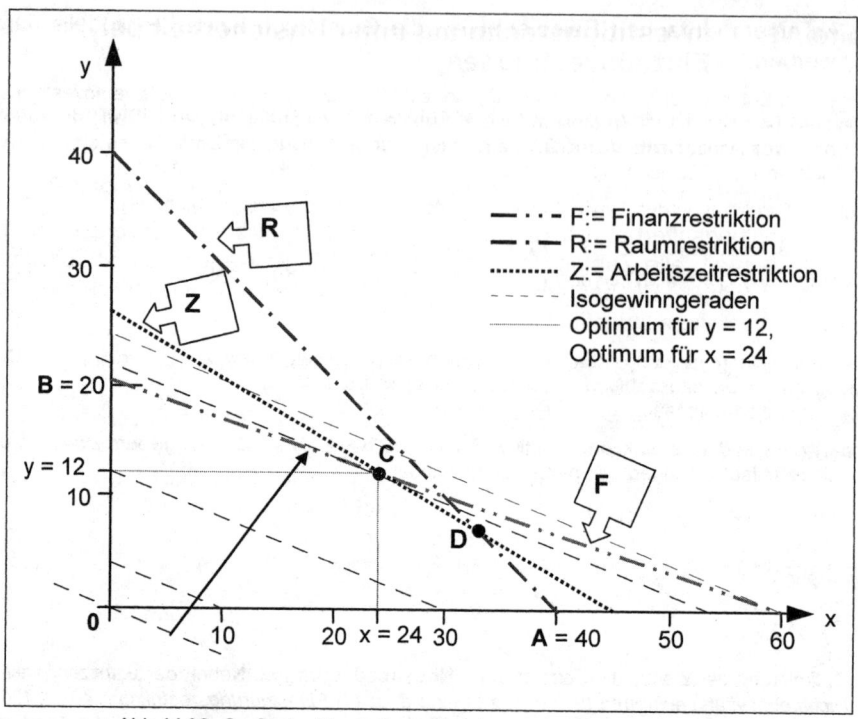

Abb. V-22: Grafische Darstellung der Lösung des Beispielproblems

Da optimale Lösungen nur bei den Eckpunkten des zulässigen Bereichs liegen können, werden durch systematisches Probieren solange Eckpunkte gesucht, bis es keine effizientere Lösung mehr gibt. Die optimale Menge an Investition *1* und *2* erhält man, indem der Tangentialpunkt der Isogewinnkurve mit dem Zulässigkeitsbereich ermittelt wird. Im Beispielfall ist aus Abb. V-22 ersichtlich, dass es sich hierbei um den Punkt C handelt. Diesem entspricht als optimale Menge von Investitionsobjekt *1* der Wert *x = 24* und für Investitionsobjekt *2* der Wert *y = 12*.

LP-Modelle werden schnell sehr komplex und erfordern einen diesbezüglich hohen Rechenaufwand. Komplizierte Modelle der linearen Programmierung sind mathematisch mit Hilfe der Simplex-Methode computergestützt lösbar. Trotz der Komplexität, in der eine Vielfalt von Restriktionen abgebildet werden kann, ist die Annahmekombination „unvollkommene Kapitalmärkte/sichere Erwartungen" hinderlich: Es wird das Unsicherheits- und Risikoproblem ausgeklammert. Dadurch sind die LP-Modelle wenig geeignet, um empirische Erklärungskraft zu erhalten. LP-Modelle werden allgemein nur in Ausnahmefällen als brauchbar angesehen, z.B. bei Investitionsprogrammentscheidungen und innerbetrieblichen Kapitalbeschränkungen (vgl. *Schmidt/ Terberger* 1997, S. 179-182).

Lesehinweis: Zentrale LP-Modelle sind die von *Weingartner* (1963), *Hax* (1964) und *Albach* (1962).

Kapitel VI Investitionsrechnung unter Unsicherheit bei Einzelinvestitionen

Bisher wurde die Berechnung von Kapitalwerten, Annuitäten und internen Zinsfüßen unter der **Annahme vollkommener Sicherheit** durchgeführt:

- Der Planungshorizont entsprach der Nutzungsdauer der Investitionsobjekte.
- Alle Handlungsalternativen waren mit ihren wirtschaftlichen Konsequenzen bekannt, weshalb alle Zahlungen der Zukunft im Gegenwartszeitpunkt vollständig bestimmt waren. Es bestanden einwertige Erwartungen hinsichtlich der Zahlungsströme eines Investitionsobjekts.

Damit war die Berücksichtigung von Unsicherheits- und Risikoüberlegungen nicht erforderlich. Entscheidungsträger treffen mit anderen Worten Vorteilhaftigkeitsentscheidungen in einem **geschlossenen Entscheidungsfeld**: Die Beschränkung auf die Ausprägungen der Zahlungsströme in den Dimensionen Breite bzw. Höhe und zeitliche Struktur reichte aus, um im vollkommenen Kapitalmarkt eine optimale Investitionsentscheidung herbeizuführen. Unvollkommenheiten des Kapitalmarkts, wie sie sich im gespaltenen Kapitalmarktzinssatz offenbaren, ändern grundsätzlich nichts an der Berechtigung dieser Vorgehensweise. Mit dem Aspekt der Unsicherheit kommt eine dritte Dimension in die Beurteilung von Investitionsobjekten, und ihre Berücksichtigung bewirkt eine stärkere Bezugnahme investitionstheoretischer Entscheidungsmodelle an die Bedingungen der Realität.

> Die **zentralen Fragen**, denen in diesem Kapitel nachgegangen wird, sind:
>
> (1) Mit welchen einfachen Verfahren (der Praxis) kann man Unsicherheit in die Kapitalwertberechnung integrieren?
>
> (2) Worin bestehen die Wesensmerkmale von Entscheidungen unter Unsicherheit?
>
> (3) Welche Prinzipien existieren für Entscheidungen unter Unsicherheit im engeren Sinne, und gelten sie auch für Investitionsentscheidungen?
>
> (4) Nach welchen Kriterien lassen sich Entscheidungen bei Risiko begründen?
>
> (5) Was kennzeichnet unsicherheitsaufdeckende Verfahren und worin liegen ihre methodischen Grenzen bzw. Erweiterungen?

1 Methoden der Praxis: Korrekturverfahren

Mit **Korrekturverfahren** bezeichnet man eine Gruppe älterer Verfahren, denen gemeinsam ist, dass einzelne Kalkulationswerte oder -faktoren der Investitionsrechnung (z.B. Einzahlungen oder Auszahlungen oder Barwerte) mittels **Risikoabschlägen** oder **Risikozuschlägen** an Unsicherheiten angepasst werden. Korrekturverfahren können auf einem der drei nachfolgenden Wege in die Kapitalwertgleichung integriert werden und zur Berechnung eines risikoadjustierten Kapitalwerts führen.

Korrektur des Kalkulationszinsfußes

Grundgedanke dieser Variante der Korrekturverfahren ist die Berücksichtigung der Unsicherheit durch einen **Risikoaufschlag** auf den Kalkulationszinsfuß. Alle anderen Komponenten der Kapitalwertgleichung werden konstant gehalten. Der Risikozuschlag wird i.d.R. so angesetzt, dass er mit Zunahme des Risikos des Investitionsobjekts linear verläuft. Die Berücksichtigung des Risikozuschlags lässt sich in ihrer Wirkung auf die Vorteilhaftigkeit eines zu beurteilenden Investitionsobjekts mittels der Kapitalwertgleichung unmittelbar erkennen:

$$C_0 = \sum_{t=1}^{T} \frac{d_t}{(1+i)^t} - a_0$$

i steigt $\longrightarrow$ $\sum_{t=1}^{T} \frac{d_t}{(1+i)^t}$ sinkt; T, d_t und a_0 = konstant $\longrightarrow$ **C_0 sinkt**

(Einzahlungsüberschüsse)

Mit der Höhe des Risikozuschlags wird über den Kapitalwert und die Vorteilhaftigkeit entschieden. Ausgesprochen risikoreiche Investitionsobjekte können demzufolge nur einen nicht-negativen Kapitalwert erzielen und so als vorteilhaft gelten, wenn sie über genügend hohe Einzahlungsüberschüsse verfügen. Dadurch wird der erhöhte Kalkulationszinsfuß überkompensiert (vgl. *Siegel* 1992, S. 21ff.).

Dieses **Zuschlagsverfahren** wird in der wirtschaftswissenschaftlichen Literatur **überwiegend abgelehnt**, wofür folgende Argumente angeführt werden:

- Die Form der Berücksichtigung des Risikoaufschlags führt dazu, dass ein **Zinseszinseffekt** wirkt, wodurch die Risikogewichtung in späteren Perioden ansteigt. Damit wird ein wachsendes Risiko in späteren Perioden unterstellt. Langfristige Investitionsobjekte werden automatisch stärker belastet als solche mit kürzeren Nutzungsdauern (vgl. hierzu und zu Beispielen *Ballwieser* 1981).

- Von größter Bedeutung ist, dass die Wahl der risikoadjustierten Kalkulationszinsfüße in diesem Verfahren rein willkürlich und objektbezogen determiniert ist. In Wahlproblemen werden dann Kapitalwerte für den Vorteilhaftigkeitsvergleich zugrunde gelegt, die systematisch falsch, da willkürbehaftet sind. Ein Kapitalwertvergleich ist so auf rationalen Grundlagen nicht mehr zu führen.

<u>Lesehinweis:</u> Zur vertiefenden Kritik vgl. *Hering* (1995, S. 183-186).

Wegen dieser beiden zentralen Kritikpunkte wird das Korrekturverfahren mittels risikoadjustierter Kalkulationszinsfüße von wissenschaftlicher Seite verworfen. Innerhalb der Korrekturverfahren (wenn man sie denn schon als „**Daumenregeln**" in der Praxis anwenden möchte) wird stattdessen die Berücksichtigung der Unsicherheit durch Anpassung der Einzahlungsüberschüsse empfohlen.

Korrektur der Einzahlungsüberschüsse

Im einfachsten Fall werden bei dieser Variante der Korrekturverfahren die Einzahlungsüberschüsse in ihrer Höhe nach dem vom Entscheidungsträger als pessimistisch eingeschätzten zukünftigen Umweltzustand angesetzt. Je größer also die Unsicherheit, desto geringer kommen die Einzahlungsüberschüsse betraglich in Ansatz. Alle anderen Variablen der Kapitalwertgleichung bleiben unverändert (vgl. *Kruschwitz* 1978, S. 280). Anhand der Kapitalwertgleichung lässt sich die Wirkung auf die Vorteilhaftigkeit eines Investitionsobjekts über den Kapitalwert ablesen:

1 Methoden der Praxis: Korrekturverfahren

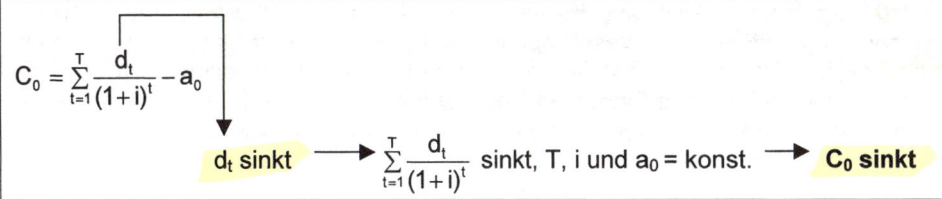

$$C_0 = \sum_{t=1}^{T} \frac{d_t}{(1+i)^t} - a_0$$

d_t sinkt ⟶ $\sum_{t=1}^{T} \frac{d_t}{(1+i)^t}$ sinkt, T, i und a_0 = konst. ⟶ **C_0 sinkt**

Die **Kritik** an dieser Variante richtet sich wiederum auf die **Subjektivität**, mit der dem Entscheidungsträger die Berücksichtigung des Risikos obliegt: Je riskanter er das Investitionsobjekt einschätzt, um so höher wird er Abschläge von den erwarteten Einzahlungsüberschüssen vornehmen. Es besteht durch willkürliche pessimistische Erwartungshaltung des Entscheidungsträgers die Gefahr, dass **Projekte „totgerechnet"** werden (vgl. auch *Kruschwitz* 2003, S. 312-313).

Korrektur der Nutzungsdauer

Statt der bisher vorgestellten Manipulationen von Kalkulationszinsfuß oder Einzahlungsüberschüssen wird in der Praxis mitunter eine Berücksichtigung der Unsicherheit in Form der Reduktion der Nutzungsdauer eines Investitionsobjekts vorgenommen. Je höher die Unsicherheit erachtet wird, desto kürzer wird bei diesem Verfahren die Nutzungsdauer angesetzt. Auf diese Weise sinkt der Kapitalwert mit zunehmender Verkürzung der Nutzungsdauer (bei ansonsten gleich bleibenden Bedingungen und positiven Einzahlungsüberschüssen):

$$C_0 = \sum_{t=1}^{T} \frac{d_t}{(1+i)^t} - a_0$$

T sinkt ⟶ $\sum_{t=1}^{T} \frac{d_t}{(1+i)^t}$ sinkt, d_t, i und a_0 = konst. ⟶ **C_0 sinkt**

Auch bei dieser Variante ist die zentrale Kritik anzubringen, nach der dem Entscheidungsträger Willkür bei der Methode der Unsicherheitsintegration bleibt.

Insgesamt betrachtet erweisen sich die Korrekturverfahren zur Berücksichtigung der Unsicherheit in den Vorteilhaftigkeitsberechnungen als in höchstem Maße angreifbar. Neben der Willkür wird an allen Varianten folgende **Kritik** geübt (vgl. *Blohm/Lüder* 1995, S. 250):

- **Pauschales Vorgehen** der Unsicherheitsintegration, da keine detaillierte Analyse der die Unsicherheiten verursachenden Faktoren erfolgt. Dadurch wird u. U. Variablen der Kapitalwertgleichung eine Risikoträgerschaft aufgebürdet, die sie kausal nicht zu vertreten haben.

- Es erfolgt **keine Transparenz** der Risikoursachen und -wirkungen: Der Entscheidungsträger muss den Ein- und Auszahlungsströmen des Investitionsobjekts nicht die die Unsicherheit auslösenden Faktoren und deren Wirkungen zurechnen. Insofern entgehen ihm Informationen über den speziellen Unsicherheitsgehalt der zu beurteilenden Investition.

Trotz dieser Einwände dürften Korrekturverfahren in der **Praxis häufig angewendet** werden. Begründbar mag dies mit der Vorliebe von Entscheidungsträgern sein, nach dem Prinzip der Vorsicht bei Investitionsentscheidungen verfahren zu wollen. Dadurch scheiden in praxi Investitionsobjekte für die Realisierung aus, deren Kapitalwert aufgrund von Risikoabschlägen negativ wurde. Eine logische und nachvollziehbare Begründung von Investitionsentscheidungen unter Unsicherheit wird damit nicht geliefert. Um diesen Mangel beheben zu können, ist es erforderlich, sich zu vergegenwärtigen, welche fundamentalen Veränderungen die Einführung der Unsicherheit für die Investitionsentscheidung und -bewertung mit sich bringt.

2 Methodische Grundlagen von Entscheidungen unter Unsicherheit

Akzeptiert man, dass in einer realen Welt Vorgänge der Zukunft aus dem Blickwinkel der Gegenwart unsicher sind, so darf dieser Aspekt bei Investitionsbewertungen und -rechnungen nicht unberücksichtigt bleiben. **Unsicherheit führt** dann in **Investitionsbewertungsverfahren** zu folgenden zentralen **Anpassungen**:

- Die Darstellung von Entscheidungsproblemen bei Unsicherheit bzw. Risiko erfolgt im Darstellungskonzept der **klassischen Entscheidungstheorie**, deren wesentlichen Bausteine die Zielfunktion (= Entscheidungsregel) und die **Ergebnismatrix** zur Beschreibung des Entscheidungsfelds sind. Nachfolgende Tab. VI-1 stellt den Aufbau der Ergebnismatrix dar.

	s_1 $w(s_1)$	s_2 $w(s_2)$	...	s_S $w(s_S)$	...	$s_{\bar{S}}$ $w(s_{\bar{S}})$
a_1	e_{11}	e_{12}	...	e_{1S}	...	$e_{1\bar{S}}$
a_2	e_{21}	e_{22}	...	e_{2S}	...	$e_{2\bar{S}}$
.	.	.		.		.
.	.	.		.		.
.	.	.		.		.
a_A	e_{A1}	e_{A2}	...	e_{AS}	...	$e_{A\bar{S}}$
.	.	.		.		.
.	.	.		.		.
$a_{\bar{A}}$	$e_{\bar{A}1}$	$e_{\bar{A}2}$	...	$e_{\bar{A}S}$	...	$e_{\bar{A}\bar{S}}$

Legende:
a_i = Handlungsalternativen, die sich gegenseitig ausschließen, mit i = 1,2,...A, ..., $\bar{A}$;
s_j = Umweltzustände („States of Nature"), mit j = 1,2,...,S,..., $\bar{S}$;
$w(s_j)$= Wahrscheinlichkeit für den Eintritt eines Umweltzustands j, mit $\sum_{j=1}^{\bar{S}} w(s_j) = 1$; unterstellt
   ist, dass in der Ergebnismatrix alle im Urteil des Entscheiders möglichen Umweltzustände berücksichtigt werden;
e_{ij} = Ergebnis der Handlungsalternative i im Umweltzustand j.

Tab. VI-1: Grundkonzeption der Ergebnismatrix

- Unsichere Umweltzustände kennzeichnet, dass Anzahl und Art der Investitionsalternativen, d.h. der Handlungsalternativen sowie der Restriktionen unsicher sind. Informationen treten über die Zeit der Investitionsplanung und Investitionsentscheidung hinzu. Sie verändern die Handlungsalternativen und die Zahlungsreihen. Zudem sind nicht alle für die Entscheidung relevanten Variablen von vornherein als bekannt vorauszusetzen, so dass statt Investitionsdurchführung weitere Informationssuche des Entscheidungsträgers erforderlich sein kann. Insgesamt ist aufgrund solcher Unsicherheitszustände das **Entscheidungsfeld** gegenüber dem Zustand vollkommener Sicherheit **offen** (vgl. *Adam* 2000, S. 37).

In der Literatur wird u. a. vorgeschlagen, allgemeine **Grunderkenntnisse** der **Entscheidungstheorie** auf die Darstellung sowie Lösung von Investitionsbewertungs- und -entscheidungsproblemen anzuwenden. Eine zentrale methodische Eigenschaft von Entscheidungsmodellen ist, dass durch die Angabe von Wahrscheinlichkeiten über erwartete Umweltzustände das Unsicherheitsproblem von den Zahlungsreihen der Investitionsobjekte „weggerechnet" wird (vgl. *Hering* 1995, S. 181). In manchen Teilen der Literatur wird der Einsatz der Entscheidungstheorie in erster Linie in der Beurteilung von Einzelinvestitionsobjekten gesehen (vgl. z.B. *Busse von Colbe/ Laßmann* 1990, S. 156ff.); andere Autoren sehen explizit den Einsatz primär für Investitionsprogrammentscheidungen vor (vgl. beispielsweise *Franke/ Hax* 1999, S. 287). Dieses uneinheitliche Expertenbild mag mit einem dahinter stehenden Problem begründet sein: Es bereitet methodische Schwierigkeiten, die klassische Entscheidungstheorie auf Fragestellungen der Investitionsbewertung ohne Weiteres zu übertragen:

- Zum einen ist die Übertragung des zentralen Begriffs **„Ergebnis"** der Entscheidungstheorie in die Investitionstheorie häufig ungeklärt. Ergebnis als die Folge einer bestimmten Handlungsalternative bei einem bestimmten (unsicheren) Umweltzustand ist in der Entscheidungstheorie nicht weiter spezifiziert und dort auch nicht erforderlich (vgl. *Laux* 2003, S. 20f.). In der investitionstheoretischen Literatur wird als Ergebnis i.d.R. der Kapitalwert anstelle des Ergebnisses eingesetzt (vgl. z.B. *Busse von Colbe/ Laßmann* 1990, S. 165f.). *Schmidt/ Terberger* (1997, S. 296ff.) weisen kritisch daraufhin, dass die einzig relevante **Zielgröße** für Investitionsentscheidungen und –bewertungen (Konsum-)Einkommensströme darstellen. Eine Entscheidungsmatrix müsste dann Investitionen als Handlungsmöglichkeiten bei Umweltkonstellationen beschreiben, die zu zustandsabhängigen (Konsum-)Einkommensströmen führen. Da (Konsum-)Einkommensströme aber Ergebnisse von Investitions- und Finanzierungsentscheidungen sind (nicht aber von Einzelinvestitionsobjekten), wäre die vollständige Kenntnis der Investitions- und Finanzierungsprogramme erforderlich, was praktisch im Regelfall unmöglich sein dürfte.

- Die **Mehrperiodigkeit** von Investitionswirkungen erfordert ferner, dass der Entscheider eine vollständige Darstellung seines Investitionsproblems (hinsichtlich möglicher Umweltsituationen, deren Eintrittswahrscheinlichkeiten und Zielbeiträge) abgeben müsste. Ein großes Problem ist hierbei, zufallsabhängige Umweltfaktoren zwischen verschiedenen Zeitperioden angeben zu können (vgl. *Hering* 1995, S. 181).

- Die **gegenseitigen Abhängigkeiten** von Investitionsobjekten in Sachen Risiko sind ein weiterer häufiger Hinderungsgrund. Sie erschweren es, einzelnen Investitionsobjekten das ihnen verursachungsgerecht zufallende Risiko eindeutig zuzuordnen und darauf aufbauend korrekt ein Investitionsobjekt isoliert zu bewerten. Die risikobezogenen Abhängigkeiten machen es zudem erforderlich, dass ein Einzelinvestitionsobjekt nicht losgelöst vom zusammenzustellenden

Investitions- und Finanzierungsprogramm bewertet werden kann. Mögliche Risikoausgleichseffekte, die sich dadurch ergeben können, sind nämlich mit in der Bewertung zu berücksichtigen.

Trotz der vorgenannten (teilweise erheblichen Einschränkungen) sollen nachfolgend die Grundstrukturen ausgewählter Modelle der Entscheidungstheorie auf investitionstheoretische Fragestellungen angewendet werden. Zum einen wird damit methodische Vorarbeit geleistet, um zentrale statistische Komponenten und deren investitionstheoretische Bedeutung vorzustellen, die in den Kapiteln VII und VIII benötigt werden. Zum anderen dient eine Anwendung der Entscheidungsmodelle auf eine reduzierte Form des Investitionsproblems häufig der praktischen Investitionsrechnung (vgl. *Franke/ Hax* 1999, S. 304). Im Einzelnen sind für die **entscheidungstheoretischen** Modelle folgende beiden **Gruppen** zu unterscheiden:

(1) Sofern keine Wahrscheinlichkeiten für den Eintritt bestimmter zukünftiger Daten gegeben werden können (Unsicherheit i.e.S.), liefern **klassische entscheidungstheoretische Verfahren** Ansatzpunkte zur Beurteilung von Investitionsalternativen.

(2) Sind Wahrscheinlichkeiten den zukünftigen Umweltzuständen zuordenbar, so liefern **Entscheidungsregeln unter Risiko** für Wahlprobleme Präferenzwerte. Sie erfordern zudem (bis auf eine Ausnahme) vom Entscheidungsträger die Offenlegung seiner Präferenzen, die er hinsichtlich isolierter Erwartungswerte und deren Streuungen sowie (alternativ) gegenüber Risikonutzenwerten hegt.

Scheitert eine entscheidungstheoretische Verdichtung unsicherer Daten zu eindeutigen Zielwerten an der Mehrperiodigkeit des Kapitalbudgetierungsproblems und dem offenen Entscheidungsfeld, so empfiehlt die Literatur häufig als Ausweg den umgekehrten Ansatz: die Unsicherheit im Investitionsobjekt soll transparent gemacht werden. Indem der Entscheider **unsicherheitsaufdeckende Verfahren** an die Hand bekommt, mit denen er subjektiv von ihm für möglich gehaltene Entscheidungskonsequenzen darstellen kann, wird keine eigentliche Investitionsbewertung begründet. Es liegt dann eine Informationsgrundlage vor, mit der im Vorfeld der eigentlichen Investitionsentscheidung Unsicherheiten erkannt werden können. Aber aus den Verfahren resultieren neue Probleme, die ihre Eignung einschränken: „It is extremely difficult to estimate interrelationships between variables and the underlying probability distributions, even when you are trying to be honest. But in capital budgeting, forecasters are seldom impartial and the probability distributions on which the simulation is based can be highly biased" (*Brealey/ Myers* 2003, S. 268). Unter dieser Einschränkung sind folgende beiden **Gruppen unsicherheitsaufdeckender Verfahren** zu sehen:

(1) Da in zukünftigen Umweltzuständen Daten abweichend von den Erwartungswerten der Gegenwart eintreten können, sollte es von Bedeutung sein zu wissen, wie empfindlich der Kapitalwert auf Veränderungen von ungewissen Variablen reagiert. Bei der **Sensitivitätsanalyse** wird untersucht, welchen Einfluss die Variation eines bestimmten Risikoparameters auf den Kapitalwert der Investition hat.

(2) Mit Hilfe der **Risikoanalyse** werden sämtliche Einflussfaktoren unter Berücksichtigung ihrer Eintrittswahrscheinlichkeiten variiert. Man ermittelt daraufhin, wie sich der Kapitalwert verändert.

Investitionsentscheidung unter Unsicherheit muss vor dem Hintergrund fehlender vollständiger Informationslage gesehen werden, die nicht mit noch so verfeinerten

2 Methodische Grundlagen von Entscheidungen unter Unsicherheit

Methoden eliminiert werden kann. Die Erwartungsbildung kann nur eine ungefähre Vorstellung von der zu schließenden Informationslücke darstellen. Im Nachhinein, nach Durchführung der Investition, kann sich die Entscheidung als falsch erweisen, wenn die eingetretenen Informationen nicht mit den Erwartungen übereinstimmen. **Fehlinvestitionen** werden möglich. Investitionsplanungen und -entscheidungen nehmen daher wegen des offenen Entscheidungsfelds bis zu einem gewissen Grad **heuristische Formen** an, da statt der optimalen lediglich eine funktionsfähige oder zweckmäßige Lösung realisierbar wird (vgl. *Adam* 2000, S. 23).

:= Heuristik = bezeichnet die Kunst, mit begrenztem Wissen und wenig Zeit zu guten Lösungen zu kommen

3 Entscheidung bei Unsicherheit im engeren Sinne

Bevor nachfolgend zentrale Modelle der Entscheidungstheorie und ihre Anwendung auf die Investitionsbewertung dargestellt werden, wird unter Bezug auf die im vorangegangenen Abschnitt vorgetragenen Probleme eine wichtige Vereinfachung der Investitionssituation vorgenommen (vgl. die ähnliche Vorgehensweise in *Franke/Hax* 1999, S. 288f.):

- Es werden ausschließlich Wahlprobleme von Investitionsobjekten betrachtet.
- Die Investitionen laufen nur über eine Periode (sog. Zwei-Zeitpunkt-Modell).
- Bei allen Investitionsobjekten ist der Kapitaleinsatz ($= a_0$) sicher und betraglich gleich hoch.
- Die einzige unsichere Größe eines Investitionsobjekts ist die Einzahlung am Ende von Zeitpunkt *1* ($= e$). Sie ist vom Eintritt möglicher Umweltzustände im Verlauf von Periode *1* abhängig.

Auf der ersten Stufe des so formulierten **Vorteilhaftigkeitsvergleichs** zwischen Investitionsalternativen **unter Unsicherheit** steht bei der Entscheidungsfindung das **Dominanzprinzip**:

- Eine Alternative dominiert eine andere, wenn sie im Vergleich zu dieser zweiten Alternative in keinem Umweltzustand ein schlechteres Ergebnis, jedoch in mindestens einem Umweltzustand ein besseres Ergebnis bietet.
- Eine solche Alternative ist dann der anderen vorzuziehen.

Beispiel: Nachfolgende Ergebnismatrix von zustandsabhängigen Einzahlungen aus vier unterschiedlichen Investitionsobjekten in Tab. VI-2 illustriert dieses Prinzip anhand der Investitionsalternative I_1. Sie ist aufgrund des paarweisen Vergleichs allen anderen Alternativen vorzuziehen.

	s_1	s_2	s_3	s_4
I_1	5	10	15	22,5
I_2	4,5	10	15	16
I_3	5	1,5	2	22
I_4	3,5	10	12	4

Tab. VI-2: Beispiel einer Ergebnismatrix mit einer dominanten Alternative

Verbleiben nach Ausscheiden der dominierten Alternativen noch mindestens zwei Alternativen, führt das Dominanzprinzip zu keiner eindeutigen Lösung. Die Anwendung des Dominanzprinzips hat in diesem Fall lediglich ein vorläufiges Ergebnis erbracht. Die verbliebenen Alternativen müssen gegeneinander abgewogen werden. Die Entscheidungstheorie hat hierzu Entscheidungskriterien entwickelt, die hier für Unsicherheit i.e.S. gelten (vgl. *Laux* 2003, S. 106).

Es werden anschließend sechs Modelle vorgestellt, die in der Entscheidungstheorie Bedeutung haben und für die Investitionsrechenverfahren unter Unsicherheit i.e.S. unter den getroffenen Annahmen angewendet werden können.

Beispiel: In der nachfolgenden Tab. VI-3 sind bestimmte Werte für Umweltzustände und Handlungsalternativen aufgeführt. Die Handlungsalternativen bestehen aus Investitionen, die ein betrachteter Mischkonzern in vier möglichen Geschäftsfeldern tätigen kann. Die Entscheidung über die Investitionsmöglichkeiten ist unter Unsicherheit hinsichtlich der zu erwartenden Einzahlungen zu treffen. Welche Höhe die Einzahlungen aufweisen, ist abhängig vom Eintritt der möglichen Umweltzustände der Zukunft. Die Investitionsalternativen ($I_1, ..., I_4$) und die Umweltzustände ($s_1, ..., s_3$) sind wie folgt bestimmt:

I_1	Automobile (Betrieb mit fossilen Brennstoffen)		s_1	konjunktureller Boom
I_2	Finanzdienstleistungen		s_2	konjunkturelle Depression
I_3	Solarmobile		s_3	„Ökosteuer" auf fossile Brennstoffe
I_4	Fahrräder			

Tab. VI-3: Spezifikation von Investitionsalternativen (I_i) und Umweltzuständen (s_j)

Bringt man die vorgestellten Investitionsalternativen und Umweltzustände in der Ergebnismatrix zusammen, so werden ihnen die jeweiligen zustandsabhängigen Einzahlungen zuordenbar (vgl. Tab. VI-4). So zeigt die Kombination I_1, s_1, dass die Investition in die Produktion von Automobilen (betrieben mit fossilen Brennstoffen) zu einer Einzahlung von 18 € führt, sofern sich die Wirtschaft in einem konjunkturellen Boom befindet. Befindet sich die Gesamtwirtschaft dagegen in einer konjunkturellen Depression (Umweltzustand s_2), so ist mit der Produktion von Automobilen keine Einzahlung erzielbar. Betrachtet man die Handlungsalternative I_1 abschließend unter dem Aspekt der Einführung einer Ökosteuer (= s_3), so führt dies zu einer erwarteten Einzahlung von sechs €.

In Tab. VI-4 lässt sich unter Anwendung des Dominanzprinzips ermitteln, dass I_4 durch I_1 und I_3 dominiert wird, da I_1 (bzw. I_3) in jedem Umweltzustand eine gleich hohe oder höhere Einzahlung gegenüber I_4 aufweist. Die Zeile dieser Handlungsalternative bedarf daher keiner weiteren Beachtung in weiteren Auswahlprozessen. Die Investition in die Produktion von Fahrrädern ist unter den hier formulierten Prämissen für das Unternehmen unter keinen Umständen eine vorteilhafte Alternative.

	s_1	s_2	s_3
I_1	18	0	6
I_2	6	9	6
I_3	12	3	9
I_4	12	0	6

Tab. VI-4: Ergebnismatrix (Angaben in €)

Tab. VI-4 zeigt auch die **Grenze** des **Dominanzprinzips**: Es ist nicht in der Lage, zwischen den noch verbliebenen Investitionsalternativen zu diskriminieren. Hierzu bedarf es zusätzlicher Regeln. Diese werden auf der Grundlage der Daten von

3 Entscheidung bei Unsicherheit im engeren Sinne

Tab. VI-4 nachfolgend im Einzelnen vorgestellt. Zu diesem Zweck wird eine standardisierte Darstellungsform mit gleichen Merkmalskriterien gewählt.

3.1 Minimax-Regel (Pessimismus-, *Wald*-Regel)

Ausgangspunkt dieser Entscheidungsregel ist die Überlegung, dass für den Entscheider zur Beurteilung einer Investition nur die Einzahlung im ungünstigsten Fall entscheidend ist (vgl. *Laux* 2003, S. 107):

$$\Phi(I_i) = \min_j e_{ij} \qquad \text{(VI-1)}$$

Entscheidungsregel	Wähle diejenige Investitionsalternative, bei der die minimal mögliche Einzahlung maximal ist (Entscheidungsgrundlage: maximales Zeilenminimum).
Zielfunktion formal	$\min_j e_{ij} \to \max_i !$ Die Größe e_{ij} bezeichnet den Erfolg (= Einzahlung) der Investitionsalternative I_i im Umweltzustand s_j.
Vorteil	einfach handhabbar
Nachteil	• impliziert extrem pessimistische Einstellung des Entscheiders und damit pathologische Risikoscheu, • kaum akzeptabel für unternehmerische Entscheidungen, da praktisch alle Entscheidungen dieser Art zu Verlusten führen können.

Abb. VI-1: Strukturmerkmale der Minimax-Regel

Handelt es sich bei den zustandsabhängigen Ergebnissen um Verlustwerte, so geht die Minimax- in die Maximin-Regel über: Wähle aus allen zustandsabhängigen Ergebnissen je Entscheidungsalternative diejenige mit dem höchsten Verlustwert und wähle diejenige Entscheidungsalternative mit dem niedrigsten (Verlust-)Wert.

Beispiel: Anhand der Beispieldaten aus Tab. VI-4 ermittelt man mit der Minimax-Regel (Maximin-Regel) als auszuwählende Handlungsalternative (I_2). Nachfolgende ergänzte Tab. VI-4a zeigt die Ergebniswerte.

	s_1	s_2	s_3	Minimax	Maximin
I_1	18	0	6	0	18
I_2	6	9	6	6	9
I_3	12	3	9	3	12

Tab. VI-4a: Darstellung der Ergebnisse bei Anwendung der Minimax- und Maximin-Regel

3.2 Maximax-Regel (Optimismus-Regel)

Die Maximax-Regel kehrt die Entscheidungsregel der Minimax-Regel um. Hierbei ist für die Beurteilung einer Investition der im bestmöglichen Fall erzielbare Erfolg, d.h. Einzahlung, maßgebend (vgl. *Bamberg/ Coenenberg* 2002, S. 130):

$$\Phi(I_i) = \max_j e_{ij} \quad (VI-2)$$

Beispiel: Entsprechend den Beispieldaten aus Tab. VI-4 führt die Anwendung der Maximax-Regel zur Vorteilhaftigkeit von Handlungsalternative I_1. Auch für dieses Entscheidungsergebnis soll im Überblick die entsprechend angepasste Tab. VI-4b dargestellt werden. Zum Zweck des Vergleichs mit dem Ergebnis der Minimax-Regel sind deren Ergebnisse mit aufgeführt.

	s_1	s_2	s_3	Minimax	Maximax
I_1	18	0	6	0	**18**
I_2	6	9	6	6	9
I_3	12	3	9	3	12

Tab. VI-4b: Darstellung der Ergebnisse bei Anwendung der Maximax-Regel

Im Überblick gibt Abb. VI-2 die Strukturmerkmale der Maximax-Regel wider.

Entscheidungsregel	Wähle diejenige Investition, bei der die Einzahlung maximal ist. Damit wird das Zeilenmaximum der Entscheidung zugrunde gelegt.
Zielfunktion formal	$\max_j e_{ij} \to \max_i !$
Vorteil	einfach handhabbar
Nachteil	• impliziert extrem optimistische Einstellung des Entscheiders und damit • pathologische Risikofreude

Abb. VI-2: Strukturmerkmale der Maximax-Regel

3.3 *Hurwicz*-Prinzip

Einen Kompromiss zwischen Maximax- und der Minimax-Regel stellt das *Hurwicz-Prinzip* dar: Dessen Kalkül ist ein sog. λ–Index. In die Beurteilung der Investitionsalternativen gehen der maximale und der minimale Wert der Ergebnisse ein. Die Gewichtung wird mittels eines Parameters erfasst. Es ist üblich, ihn mit λ zu bezeichnen, für dessen Wertebereich gilt: $0 \leq \lambda \leq 1$. Als sog. **Optimismusparameter** drückt λ den möglichen Maximalerfolg einer Handlungsalternative aus. Das Komplement zu eins *(1-λ)* erfasst entsprechend den Minimalerfolg einer Handlungsalternative (= **Pessimismusparameter**). Als Präferenzfunktional gilt (vgl. *Laux* 2003, S. 110):

$$\Phi(I_i) = \lambda \cdot \max_j e_{ij} + (1-\lambda) \cdot \min_j e_{ij} \quad (VI-3)$$

Beispiel: Wendet man das *Hurwicz*-Prinzip mit einem Wert von $\lambda = 0{,}4$ für den Maximalerfolg auf die Beispieldaten der Tab. VI-4 an, so ergibt sich als Ergebnis eine Indifferenz zwischen den Handlungsalternativen I_1 und I_2. Nachfolgende Tab. VI-4c verdeutlicht dies.

3 Entscheidung bei Unsicherheit im engeren Sinne 233

	s_1	s_2	s_3	Minimax	Maximax	Hurwicz		
						Maxima · (λ = 0,4)	Minima · (1-λ = 0,6)	λ-Index
I_1	18	0	6	0	18	0,4 · 18	+ 0,6·0	= 7,2
I_2	6	9	6	6	9	0,4 · 9	+ 0,6·6	= 7,2
I_3	12	3	9	3	12	0,4 · 12	+ 0,6·3	= 6,6

Tab. VI-4c: Darstellung der Ergebnisse bei Anwendung des *Hurwicz*-Prinzips

Es handelt sich hierbei nicht um eine Regel, sondern um ein Prinzip. Die genaue Gestalt der Präferenzfunktion bleibt offen, denn es wird von der Theorie keine Aussage über die Höhe des Parameters λ gemacht. Der Parameter ist vom Entscheidungsträger individuell festzulegen. Daraufhin wird erst das Prinzip zur Entscheidungsregel (= *Hurwicz*-Regel).

Entscheidungsregel	• Gewichte bei jeder Investition die bestmögliche Einzahlung mit dem Optimismusparameter λ und die schlechtest mögliche Einzahlung mit dem Pessimismusparameter *(1-λ)*. Wähle diejenige Handlungsalternative, bei der die Summe aus den gewichteten Einzahlungen maximal ist. • Mit $\lambda = 0$ folgt aus dem *Hurwicz*-Kriterium das Minimax-Kriterium, und • mit $\lambda = 1$ folgt aus dem *Hurwicz*- das Maximax-Kriterium.
Zielfunktion formal	$\lambda \cdot \max_j e_{ij} + (1 - \lambda) \cdot \min_j e_{ij} \to \max_i !$
Vorteil	Risikoeinstellung des Entscheiders lässt sich durch die Wahl von λ individuell berücksichtigen.
Nachteil	Es werden Informationen vernachlässigt, da nur die Extremwerte der Ergebnismatrix berücksichtigt sind.

Abb. VI-3: Strukturmerkmale des *Hurwicz*-Prinzips

Die Problematik der bisher dargestellten Regeln bzw. Prinzipien besteht darin, dass Informationen für die Entscheidung unterdrückt wurden.

Lesehinweis: Das Prinzip wurde von *Hurwicz* (1951) formuliert.

3.4 *Laplace*-Regel

Die *Laplace*-Regel berücksichtigt alle vorhandenen Ergebnisse (= Einzahlungen) für die Beurteilung eines Investitionsobjekts. Ihre Besonderheit ist, dass (mangels besserer Informationen bzw. wegen eines „unzureichenden Grundes") alle Ergebnisse die Eintrittswahrscheinlichkeit von Eins erhalten (*Laux* 2003, S. 115):

$$\Phi(I_i) = \sum_{j=1}^{\bar{S}} \frac{1}{S} \cdot e_{ij} \qquad \text{(VI-4)}$$

Beispiel: Die Anwendung der Laplace-Regel auf die Beispieldaten der Abb. VI-4 führt zu einer Auswahl-Indifferenz zwischen I_1 und I_3.

	s_1	s_2	s_3	Minimax	Maximax	*Hurwicz*	*Laplace*
I_1	18	0	6	0	18	7,2	24/3
I_2	6	9	6	6	9	7,2	21/3
I_3	12	3	9	3	12	6,6	24/3

Tab. VI-4d: Darstellung der Ergebnisse bei Anwendung der *Laplace*-Regel

Entscheidungsregel	• Nimm jeden Umweltzustand für gleichwahrscheinlich an, gewichte jede Einzahlung mit der Wahrscheinlichkeit ihres Eintritts und wähle diejenige Investitionsalternative, bei der die Summe der gewichteten Einzahlungen maximal ist. • Es erfolgt die Überführung der Entscheidungssituation unter Unsicherheit i.e.S. in eine solche unter Risiko.
Zielfunktion formal	$\sum_{j=1}^{\bar{S}} \frac{1}{S} \cdot e_{ij} \to \max_i !$
Vorteil	• einfach zu handhaben, • alle Informationen werden berücksichtigt.
Nachteil	• Wahl der Wahrscheinlichkeit in Höhe von Eins ist willkürlich, • Risikoneutralität wird unterstellt.

Abb. VI-4: Strukturmerkmale der *Laplace*-Regel

Während also die Laplace-Regel gegenüber den übrigen drei vorgestellten Prinzipien bzw. Regeln Wahrscheinlichkeiten berücksichtigt, liegt hierin wiederum ein Nachteil: Die Unsicherheitssituation wird in rigider Weise formuliert, da alle Umweltzustände gleichwahrscheinlich sind. Ferner lässt sich keines der bisherigen Entscheidungskriterien bei Unsicherheit i.e.S. logisch oder konsistent aus einer bestimmten Zielsetzung des Entscheiders ableiten.

3.5 *Savage/ Niehans-Kriterium*

Das *Savage/ Niehans*-Kriterium führt zur Anwendung einer pessimistischen (eindimensionalen) Regel, die man auch als „Prinzip des kleinsten Bedauerns" oder „Minimax-Regret-Principle" bezeichnet. Im Zentrum steht das Denken in Opportunitätskosten. In einem **ersten Schritt** wird zu diesem Zweck die Entscheidungsmatrix e_{ij} in eine „**Bedauernsmatrix**" (= OK_{ij}) transformiert (vgl. *Laux* 2003, S. 112):

$$OK_{ij} = \max_k e_{kj} - e_{ij} \qquad \text{(VI-5)}$$

3 Entscheidung bei Unsicherheit im engeren Sinne

Die OK_{ij}-Werte drücken den Differenzbetrag zwischen dem jeweiligen Spaltenmaximum und den e_{ij}-Werten aus. Je größer die Werte der Matrix OK_{ij}, desto größer ist das Bedauern des Entscheiders, wenn die Ergebnisse (= Einzahlungen) im Nachhinein eintreten sollten.

In einem **zweiten Schritt** trifft der Entscheider die Auswahl unter den Werten der Bedauernsmatrix. Dabei unterstellt die *Savage/ Niehans*-Regel eine **pessimistische Einstellung** des Entscheiders. Seine Auswahlentscheidung trifft er nach der Minimax-Regel, d.h. er wählt unter den Zeilenmaxima der Bedauernsmatrix dasjenige Investitionsobjekt aus, das den minimalen Wert aufweist (was das „geringste Bedauern" darstellt). Als Präferenzfunktional gilt (vgl. *Bamberg/ Coenenberg* 2002, S. 133):

$$\Phi(I_i) = \max_j OK_{ij} \tag{VI-6}$$

Beispiel: Die Ermittlung der vorteilhaften Investitionsalternative auf der Grundlage des *Savage/ Niehans*-Kriteriums erfordert als Zwischenschritt die Bildung der Bedauernsmatrix (OK_{ij}), die in Tab. VI-5 dargestellt ist. Mathematisch handelt es sich bei diesem Vorgehen um die Transformation der Entscheidungsmatrix in eine Differenzmatrix.

	s_1	s_2	s_3	s_1	s_2	s_3	**Maximin**
I_1	18	0	6	18 – 18 = 0	9 – 0 = 9	9 – 6 = 3	9
I_2	6	9	6	18 – 6 = 12	9 – 9 = 0	9 – 6 = 3	12
I_3	12	3	9	18 – 12 = 6	9 – 3 = 6	9 – 9 = 0	6
Spaltenmax. (= e_{kj})	18	9	9				

Tab. VI-5: Bedauernsmatrix

Aus der Bedauernsmatrix wird durch die Suche nach dem minimalen Wert aus den Zeilenmaxima die Handlungsalternative gewählt. Investitionsobjekt 3 weist im vorliegenden Fall den minimalen Wert von sechs auf, weshalb I_3 ausgewählt wird.

Die wesentlichen Elemente des *Savage/ Niehans*-Kriteriums sind in Abb. VI-5 zusammengestellt.

Entscheidungsregel	• Suche für jede Spalte der Umweltkonstellationen das Maximum. • Bilde für jede Zeile der Investitionsalternativen die Differenz vom ursprünglichen Ereigniswert zum jeweiligen Spaltenmaximum. • Stelle eine Bedauernsmatrix (OK_{ij}) auf, indem die Matrix transformiert wird, bilde das Zeilenmaximum und wähle daraus den minimalen Wert.
Zielfunktion formal	$OK_{ij} = \max_k e_{kj} - e_{ij}$, mit $i = 1,2,...,\overline{A}$; $k = 1,2,...\overline{A}$, $j = 1,2,...,\overline{S}$ $\max_j OK_{ij} \rightarrow \min_i !$
Vorteil	Relativierende Betrachtungsweise
Nachteil	Es werden Informationen unterdrückt.

Abb. VI-5: Strukturmerkmale der *Savage/ Niehans*-Kriterium

Lesehinweis: Das *Savage/ Niehans*-Prinzip wurde von *Savage* (1951) und *Niehans* (1948) als Entscheidungsregel entwickelt.

Die Gegenüberstellung aller ermittelten Entscheidungsergebnisse aus den vorangegangenen Beispielwerten liefert nachfolgend Tab. VI-4e.

	s_1	s_2	s_3	Minimax	Maximax	Hurwicz ($\lambda = 0,4$)	Laplace	Savage/ Niehans
I_1	18	0	6	0	18	7,2	24/3	9
I_2	6	9	6	6	9	7,2	21/3	12
I_3	12	3	9	3	12	6,6	24/3	6

Tab. VI-4e: Darstellung der Ergebnisse bei Anwendung aller bisher vorgestellten Regeln bzw. Prinzipien

4 Entscheidungskriterien bei Risiko

In Situationen bei Risiko sind vom Entscheider Wahrscheinlichkeiten für die Umweltzustände angebbar. Sie können entweder objektiver oder subjektiver Natur sein (vgl. auch Kapitel I, Abschnitt 1.3.3). Subjektive Wahrscheinlichkeiten sind zwar zwischen Individuen nicht überprüfbar, lassen sich aber meist eher angeben als objektive Wahrscheinlichkeiten. Die **Einzahlungen** von Investitionsobjekten nehmen in diesem Fall den Charakter von Zufallsvariablen an, d.h., sie sind stochastisch verteilt. Man bezeichnet sie dann als Einzahlungserwartungswerte.

Beispiel: Auch zu Entscheidungskriterien bei Risiko soll eine Entscheidungsmatrix mit Beispieldaten vorangestellt werden, die in den anschließenden Entscheidungsregeln Anwendung finden wird.

	s_1 $w(s_1) = 0{,}25$	s_2 $w(s_2) = 0{,}25$	s_3 $w(s_3) = 0{,}5$
I_1	18	0	6
I_2	6	9	6
I_3	12	3	9

Tab. VI-6: Beispieldaten zur Ermittlung der wichtigsten Entscheidungsregeln bei Risiko

4.1 Erwartungswertkriterium (μ- oder *Bayes*-Kriterium)

Beim Erwartungswertkriterium dient die erwartete Einzahlung als Beurteilungsmaßstab für die Vorteilhaftigkeit von Investitionsobjekten. Erwartungswerte sind in der (Finanzierungs- und) Investitionstheorie von hoher Bedeutung, da sie i.d.R. das Maß für einen zufallsabhängigen (= stochastischen) Ertrag darstellen. Bei dem anschließend vorgestellten Erwartungswert handelt es sich um den **mathematischen Erwartungswert**, auch als **Mittelwert** möglicher Ereignisse bezeichnet.

Der **Erwartungswert** ist der gewogene Durchschnitt der möglichen Ergebnisse (e_{ij}), gewichtet mit ihren Eintrittswahrscheinlichkeiten (w_j).

Andere Mittelwerte sind der wahrscheinlichste oder dichteste Wert (= Modus), oder der Median (= nach der Lage der mittlere Wert, auch *50%-Quantil* genannt). Zwei Schreibweisen des Erwartungswerts sind üblich und möglich:

- $E(\bullet)$: **Rechenanweisung** (= Operator): „Bilde den Erwartungswert der in der Klammer anstelle des Punktes einzusetzenden Variablen".

- μ_j: **Symbol** für den Erwartungswert des Ergebnisses bei Wahl der Handlungsmöglichkeit a_j.

Der Erwartungswert zeigt, was eine Schätzung unbekannter Ergebnisse zum Ausdruck bringen soll. Er legt nicht die Art der Ergebnisse fest, für die Mittelwerte berechnet werden.

Beispiel: Angenommen, die zu schätzende Größe sei durch die Rentabilität $\left(=\tilde{R}\right)$ einer einzelnen Investition ausgedrückt, und es wären fünf Umweltzustände möglich. Dann ergäbe sich grafisch ein Zusammenhang wie er in Abb. VI-6 dargestellt ist:

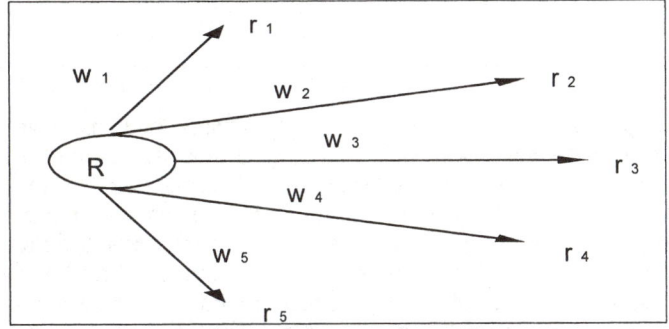

Abb. VI-6: Zustandsabhängige Renditen

Auf der Grundlage der grafischen Darstellung der Beziehungen gilt: $w_1 \geq 0$, $w_2 \geq 0$, ..., $w_5 \geq 0$ mit $w_1 + w_2 + ... + w_5 = 1$.

Auf diesen Grundüberlegungen basierend, wird der Erwartungswert wie folgt definiert (vgl. *Bitz* 1981, S. 90ff.):

$$\mu = E(\tilde{R}) = w_1 \cdot \tilde{r}_1 + w_2 \cdot \tilde{r}_2 + \ldots + w_{\bar{S}} \cdot \tilde{r}_{\bar{S}} \tag{VI-7a}$$

bzw.

$$\mu = \sum_{j=1}^{\bar{S}} w_j \cdot \tilde{r}_j \tag{VI-7b}$$

Die Renditen tragen eine Tilde, da sie stochastisch formuliert sind. Dies heißt auch, dass ihnen eine bestimmte Wahrscheinlichkeitsverteilung zugrunde liegt.

Beispiel: Die Rendite einer Investition kann folgende endliche reelle Werte unter ganz bestimmten wahrscheinlichen Umständen annehmen:

$\tilde{r}_j$	50	40	30	20	10	
w_j	0,1	0,2	0,4	0,2	0,1	
$\tilde{r}_j \cdot w_j = \mu_j$	5	8	12	4	1	→ $\mu = 30$

Tab. VI-7: Beispieldaten für die Ermittlung eines Erwartungswerts

Der Erwartungswert aus den Daten der Beispielaufgabe beträgt *30*. Zur Illustration lassen sich die jeweiligen zustandsabhängigen Ergebnisse der Renditen in Abhängigkeit von ihren Eintrittswahrscheinlichkeiten grafisch in einem Stabdiagramm abbilden. Abb. VI-7 verdeutlicht dies.

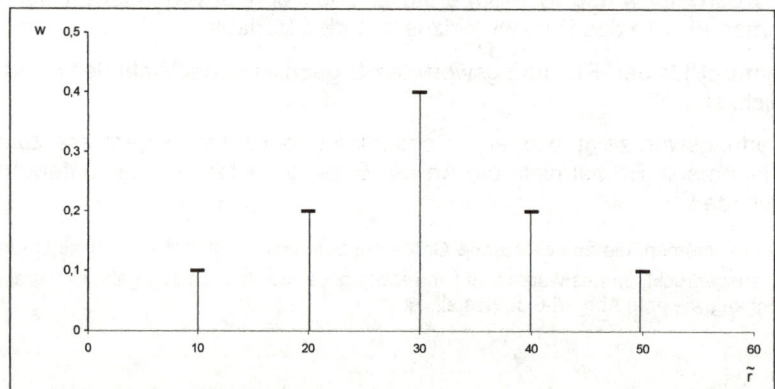

Abb. VI-7: Stabdiagramm der Renditen in Abhängigkeit von der Wahrscheinlichkeitsverteilung

Der **Erwartungswert** ist bei Kenntnis einer Wahrscheinlichkeitsverteilung die **bestmögliche Schätzung** eines quantitativen Ergebnisses. Dabei wird die **Streuung** der Zielgröße um ihren Erwartungswert und damit das Risiko einer Handlungsalternative **außer Acht gelassen**. Dies ist berechtigt, wenn **das Gesetz der großen Zahl** gilt. Damit ist gemeint, dass eine Handlungsalternative mehrmals wiederholt werden kann und der Erfolg (= Einzahlung der Investition) mehrmals (voneinander stochastisch unabhängig) realisiert wird. Die jeweils realisierte Einzahlung pro Wiederholung würde einem Entscheider gutgeschrieben, sodass er nach Abschluss einer großen Zahl von Wiederholungen einen **Gesamterfolg maximiert** hätte. Aus der Statistik kann gezeigt werden, dass unter diesem Umstand die relativen Häufigkeiten, mit denen die möglichen Ausprägungen der unsicheren

4 Entscheidungskriterien bei Risiko

Variablen „Einzahlung" eintreten, annähernd identisch sind mit den Eintrittswahrscheinlichkeiten (vgl. *Laux* 2003, S. 147). Beim µ-**Prinzip** gilt folgendes Präferenzfunktional (vgl. *Bitz* 1981, S. 90f.):

$$\Phi(I_i) = \sum_{j=1}^{\bar{s}} w(s_j) \cdot e_{ij} \quad (\text{VI-8})$$

Beispiel: Übertragen auf die Daten der Beispielaufgabe aus Tab. VI-8 ist der Erwartungswert wie folgt zu ermitteln:

	s_1 $w(s_1) = 0{,}25$	s_2 $w(s_2) = 0{,}25$	s_3 $w(s_3) = 0{,}5$	µ-Regel $E(e_i)$
I_1	18	0	6	$0{,}25 \cdot 18 + 0{,}25 \cdot 0 + 0{,}5 \cdot 6 = 7{,}5$
I_2	6	9	6	$0{,}25 \cdot 6 + 0{,}25 \cdot 9 + 0{,}5 \cdot 6 = 6{,}75$
I_3	12	3	9	$0{,}25 \cdot 12 + 0{,}25 \cdot 3 + 0{,}5 \cdot 9 = 8{,}25$

Tab. VI-8: Beispieldaten zu Ermittlung der wichtigsten Entscheidungsregeln bei Risiko

Im Ergebnis ermittelt man aus Tab. VI-8 als vorteilhaftes Investitionsobjekt I_3.

Zusammengefasst verdeutlicht Abb. VI-8 die Strukturmerkmale des µ-Prinzips.

Entscheidungsregel	• Bilde für ein Investitionsobjekt die Summe der mit den Eintrittswahrscheinlichkeiten gewichteten Einzahlungen. • Wähle diejenige Handlungsalternative, bei der die Summe der gewichteten Einzahlungen maximal ist.
Zielfunktion formal	$\sum_{j=1}^{\bar{s}} w(s_j) \cdot e_{ij} \to \max_i !$
Vorteile	• einfache Anwendung, • alle Informationen werden berücksichtigt.
Nachteile	• Risikoneutralität implizit unterstellt bzw. Risikoeinstellung wird nicht explizit berücksichtigt; • vernachlässigt die subjektive Bedeutung, die die einzelnen Ergebnisse für den Entscheider haben; • wenig sachgerechte Investitionsentscheidung, da Erwartungswert lediglich als Durchschnitt zahlreicher Wiederholungen derselben Entscheidung realisierbar, ist für Investitions- und Finanzierungsalternativen eines bestimmten Zeitpunkts kaum möglich.

Abb. VI-8: Strukturmerkmale des µ-Prinzips

Lesehinweis: Eine gerade für mathematisch wenig enthusiastische Leserinnen und Leser motivierende Lektüre zum Gebiet der statistischen Mittelwerte findet man in *Paulos* (1992, S. 24-27). Zum Auffrischen der Kenntnis in statistischer Methodenlehre eignet sich (neben anderen Werken) *Hansen* (1985). Zur Diskussion der Eignung des Erwartungswerts vgl. *Laux* (2003, S. 134f. u. 150f.). Zur Kritik vgl. *Adam* (2000, S. 356f.) und *Bitz* (1981, S. 95ff.).

4.2 *Bernoulli*-Prinzip

Beim μ-Prinzip wird unterstellt, dass der Entscheidungsträger gegenüber dem Risiko einer Investition, d.h. der Investitionsalternative, gleichgültig ist. Man bezeichnet dies auch als Risikoindifferenz oder -neutralität und der Entscheider trifft eine (hinsichtlich des Risikos) präferenzfreie Entscheidung. Beim *Bernoulli*-Kriterium wird dagegen ausdrücklich die **subjektive Einstellung** eines Entscheiders **zum Risiko** in einer Risikonutzenfunktion erfasst. *Bernoulli* (1738, § 15, zit. nach *Eisen* 1979, S. 30) entwickelte ursprünglich ein Konzept der „moralischen Erwartung", aus dem der Erwartungsnutzen (= Erwartungswert des Nutzens) hervorgegangen ist – einem Schlüsselbegriff, mit dem sich alle noch weiteren Ausführungen über das *Bernoulli*-Prinzip erschließen. *Von Neumann/ Morgenstern* (1944) ist es zu verdanken, dass sie die zentrale Rolle des Erwartungsnutzens für die Entscheidungstheorie bei Unsicherheit fundierten. So ist es nicht verwunderlich, wenn das Konzept des Erwartungsnutzens, im Folgenden als *Bernoulli*-Prinzip bezeichnet, an dieser Stelle Anwendung finden muss.

4.2.1 Risikonutzenfunktion und Auswahlentscheidung

Im Zentrum der Auswahlentscheidung steht die Risikonutzenfunktion. Sie ordnet jeder Einzahlung einen bestimmten Nutzen U zu: $U = U(e_{ij})$. Der Nutzen wird kardinal gemessen.

> Mit der **Risikonutzenfunktion** wird im *Bernoulli*-Prinzip die Einzahlung auf ihren Nutzenwert hin ausgewertet und dann mit der Eintrittswahrscheinlichkeit unterlegt. Der Verlauf der Risikonutzenfunktion sagt etwas über Verhalten bei Unsicherheit aus (und ist nicht mit dem Grenznutzen aus der Haushalts-Nutzenfunktion zu verwechseln).

Analytisch lässt sich dies wie folgt durch ein **Präferenzfunktional** abbilden:

$$\Phi(I_i) = \sum_{j=1}^{\bar{s}} w_j \cdot U(e_{ij}) \tag{VI-9}$$

Das *Bernoulli*-Kriterium ist nur anwendbar, wenn für den Entscheidungsträger eine Risikonutzenfunktion $U(e_{ij})$ vorliegt, mit der er die zustandsabhängigen Einzahlungen von Investitionsalternativen bewertet hat. Der Grund für dieses Erfordernis: in die Durchschnittsbildung gehen nicht wie bisher die Ergebnisse e_{ij} selbst ein, sondern die ihnen zugeordneten Bewertungs- und Risikonutzengrößen $U(e_{ij})$. Die individuelle Einstellung eines Wirtschaftssubjekts gegenüber dem Risiko wird durch den Verlauf der Nutzenfunktion ausgedrückt. Sie kann zwischen Entscheidern abweichen. Die Herleitung einer Nutzenfunktion wird in folgendem Beispiel vorgeführt.

Beispiel: Die Nutzenfunktion ergibt sich aus der (kardinalen) Bewertung unterschiedlicher Einzahlungen seitens des Entscheidungsträgers. Sie sei beispielhaft über folgende Wertepaare definiert:

e	0	1	2	3	4	5	6	7	8	9	12	18
U(e)	0	0,5	1,2	2	2,8	3,7	4,7	5,8	7	8	10	18

Tab. VI-9: Wertetabelle für die Risikonutzenfunktion eines risikofreudigen Entscheiders

Den Zusammenhang zwischen dem Nutzen U und den jeweiligen Einzahlungen verdeutlicht nochmals grafisch nachfolgende Abb. VI-9.

4 Entscheidungskriterien bei Risiko

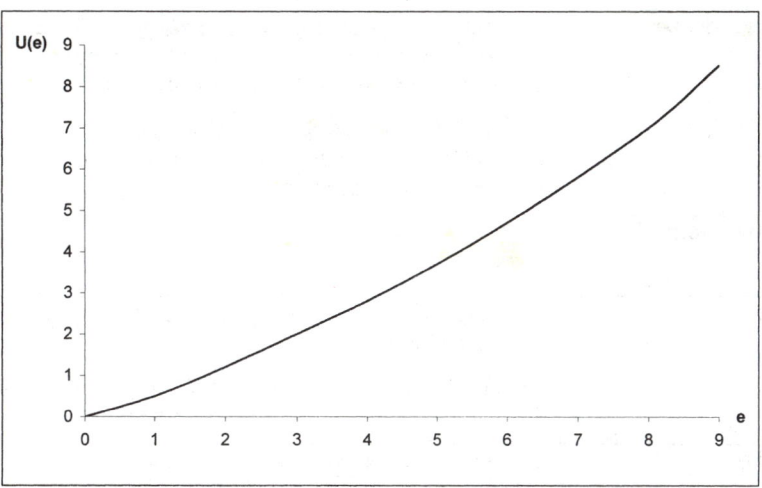

Abb. VI-9: Zusammenhang zwischen Risikonutzen und Einzahlung

Die Nutzenfunktion aus den Wertepaaren des Beispiels drückt **Risikofreude** aus, da die **Kurve konvex** (= linksgekrümmt) verläuft. Jede lineare Verbindung zwischen zwei Punkten, die auf der Kurve liegen, verläuft über der Kurve der Nutzenfunktion. Die Nutzenfunktion kann je nach Einstellung des Entscheidungsträgers aber auch stattdessen **konkav** (für **Risikoscheu**) oder **linear** (= **Risikoneutralität**) verlaufen.

Beispiel: Die Erwartungswerte des Nutzens für drei Handlungsmöglichkeiten seien in Ergänzung des obigen Beispiels vorgegeben. Der für jede Handlungsalternative errechnete *Bernoulli*-Nutzenwert ergibt sich folgendermaßen:

$I_1 = 0{,}25 \cdot U(18) + 0{,}25 \cdot U(0) + 0{,}5 \cdot U(6) = 0{,}25 \cdot 18 + 0{,}25 \cdot 0 + 0{,}5 \cdot 4{,}7 = 6{,}85,$

$I_2 = 0{,}25 \cdot U(6) + 0{,}25 \cdot U(9) + 0{,}5 \cdot U(6) = 0{,}25 \cdot 4{,}7 + 0{,}25 \cdot 8 + 0{,}5 \cdot 4{,}7 = 5{,}525,$

$I_3 = 0{,}25 \cdot U(12) + 0{,}25 \cdot U(3) + 0{,}5 \cdot U(9) = 0{,}25 \cdot 10 + 0{,}25 \cdot 2 + 0{,}5 \cdot 8 = 7{,}0.$

Die Auswahlentscheidung fällt auf die Alternative 3, da sie den höchsten Erwartungswert **des Nutzens** aufweist. Wichtig ist, Folgendes zu berücksichtigen: Die Vorteilhaftigkeit wird nur für einen Entscheider begründet, der (i) risikofreudig ist und (ii) die gleiche (kardinal messbare) Risikonutzenfunktion, wie sie in Abb. VI-9 veranschaulicht ist, aufweist. Interessant ist nun der Vergleich dieses Auswahlergebnisses, bei dem explizit das Risiko und die Einstellung des Entscheidungsträgers zum Risiko neben den Erwartungswerten zugrunde gelegt wurden, mit dem Auswahlergebnis ohne Berücksichtigung des Risikos. Bei der μ-Regel fiel die Entscheidung (zufällig auch) auf Handlungsalternative I_3.

Das *Bernoulli*-Kriterium ist aus bestimmten **Axiomen** über rationales Verhalten bei Unsicherheit ableitbar: Ordinales Prinzip für die Ergebnisse hinsichtlich Ordnung (Ordnungsaxiom), Transitivität (Transitivitätsaxiom), Stetigkeitsprinzip, Reduktionsprinzip, Monotonieprinzip und Transitivitätsprinzip bezüglich der Handlungsalternativen.

Lesehinweise: Zur Beweisführung vgl. *Laux* (2003, S. 164f.) oder *Hax* (1993, S. 134f.).

Abb. VI-10 zeigt die wesentlichen Elemente des *Bernoulli*-Prinzips im Überblick.

Entscheidungsregel	• Bilde für jede zustandsabhängige Einzahlung einer Investitionsalternative einen Nutzenwert. Damit gelangt man zur Risikonutzenfunktion $U(e_{ij})$. • Wähle diejenige Handlungsalternative mit dem höchsten Erwartungswert des Nutzens der möglichen Einzahlungen aus.
Zielfunktion formal	$\sum_{j=1}^{\bar{s}} w_j \cdot U(e_{ij}) \rightarrow \max_i!$
Vorteile	• explizite Berücksichtigung des Risikos und der Nutzenwirkung, • Zielbeitrag einer jeden zukünftigen Alternative wird auf seinen Nutzwert hin ausgewertet.
Nachteile	• kardinale Nutzenmessung aufwendig, • interpersoneller Nutzenvergleich schwierig.

Abb. VI-10: Strukturmerkmale des *Bernoulli*-Prinzips

Lesehinweise: Die empirische Herleitung des *Bernoulli*-Prinzips veranschaulichen *Bamberg/ Coenenberg* (2002, S. 90-91).

4.2.2 Arten der Risikoneigung

In den Ausführungen des vorangegangenen Abschnitts wurde die Bedeutung der Risikonutzenfunktion $U(e)$ dargelegt und deutlich gemacht, dass damit eine bestimmte Einstellung des Entscheiders zum Risiko ausgedrückt wird. Es sind insgesamt **drei Typen** von **Risikonutzenfunktionen** für Entscheidungsmodelle bei Risiko zu unterscheiden: Risikonutzenfunktion eines risikoscheuen, eines risikofreudigen und eines risikoindifferenten Entscheiders. Wegen ihrer zentralen Bedeutung sollen diese Funktionen vorgestellt werden.

Um eine **Risikonutzenfunktion herleiten** zu können, bedient man sich oft einer relativ einfachen Überlegung: Ein Wirtschaftssubjekt hat zwischen zwei Investitionsalternativen zu entscheiden, wovon die eine ein sicheres Ergebnis (= Einzahlung) am Periodenende in t_1 erbringe und die alternative Investition in t_1 eine unsichere Einzahlung. (Statt der unsicheren Investition wird in der Literatur auch oft eine Lotterie zugrunde gelegt.) Der Entscheider hat zwischen den beiden Alternativen eine Auswahl zu treffen - die Frage ist, nach welchem Kriterium. Die Lösung des Entscheidungsproblems soll in einem Beispielfall verdeutlicht werden. Anhand dessen werden anschließend die drei möglichen Formen der Risikonutzenfunktion herleitbar.

Zu diesem Zweck sind folgende **Unterscheidungen** zu treffen:

4 Entscheidungskriterien bei Risiko

Komponenten	Nutzen des Erwartungswerts der sicheren Alternative (I_{si})	Erwartungswert des Nutzens der unsicheren Alternative (I_{un})
allgemeine Darstellung	$U[E(\tilde{e}_{si,j})] = U(\mu_{si,j}) = e_{si,j} \cdot w$	$E[U(\tilde{e}_{un,j})] = E(\tilde{U}_{un,j}) = \sum_{j=1}^{\bar{S}} w_{un,j} \cdot U(\tilde{e}_{un,j})$
Darstellung Beispielfall	$U(\mu_{si,j}) = e_{si,j} \cdot 1$	$E[U(\tilde{e}_{un,j})] = 0{,}5 \cdot [U(e_1) + U(e_2)]$

Abb. VI-11: Zentrale Unterscheidungen im *Bernoulli*-Prinzip

Beispiel: Betrachtet seien zwei Investitionsalternativen (I_{un} und I_{si}), zwischen denen ein Entscheider eine Auswahl treffen soll. Die Einzahlung der einen Investitionsalternative ist sicher, die der anderen dagegen unsicher.

Unsichere Investitionsalternative I_{un}

Es handele sich um eine Investition, die in t_1 eine zustandsabhängige Einzahlung erbringt. Ihre Höhe ist abhängig vom Eintritt zweier für möglich gehaltener Umweltzustände, die der Entscheidungsträger für gleich wahrscheinlich hält. Tritt Umweltzustand 1 ein, so ließe sich ein Einzahlung von 12 € realisieren. Bei Eintritt des alternativen zweiten Zustandes kann keine Einzahlung erwirtschaftet werden.

Den **Erwartungswert** für die **unsichere Einzahlung** in t_1 [= $E(\tilde{e}_{un,j})$] erhält man nach allgemeiner Formel: $E(\tilde{e}_{un,j}) = e_{un,1} \cdot w_1 + e_{un,2} \cdot w_2$.

Setzt man die Beispielwerte ein, erhält man folgenden Erwartungswert der unsicheren Einzahlung:

$E(\tilde{e}_{un,j}) = 12 \cdot 0{,}5 + 0 \cdot 0{,}5$ bzw.

$E(\tilde{e}_{un,j}) = 0{,}5 \cdot (12 + 0)$

$E(\tilde{e}_{un,j}) = 6$ €.

Als nächstes ist der Nutzen der unsicheren Einzahlung aus Sicht des Entscheiders zu bestimmen, was durch die Nutzenfunktion $\tilde{U} = U(\tilde{e}_{un,j})$ gem. Tab. VI-9 gemessen wird. Bei der Beurteilung einer Investition mit einer unsicheren Einzahlung kommt es auf den **Erwartungswert des Nutzens** (= **erwarteter Nutzen**) an. Er ist in allgemeiner Form wie folgt definiert:

$E[U(\tilde{e}_{un,j})] = E(\tilde{U}_{un,j}) = \sum_{j=1}^{\bar{S}} w_{un,j} \cdot U(\tilde{e}_{un,j})$ mit $j = 1, 2$. Für den Beispielfall folgt daraus:

$E(\tilde{U}_{un,j}) = 0{,}5 \cdot [U(e_{un,1}) + U(e_{un,2})]$. Aus den Beispieldaten errechnet man unter Verwendung der Daten des risikofreudigen Investors aus Tab. VI-9 den Erwartungswert des Nutzens der unsicheren Alternative: $E(\tilde{U}_{un,j}) = 0{,}5 \cdot [U(12) + U(0)] = 0{,}5[10 + 0] = 5$ €.

Als nächstes sei die sichere Investitionsalternative betrachtet.

Sichere Investitionsalternative I_{si}

Das sichere alternative Investitionsobjekt I_{si} erbringe in t_1 eine Einzahlung mit vollständiger Sicherheit in Höhe von 6 €. Wiederum ist zuerst der Erwartungswert der Einzahlung zu berechnen.

Den **Erwartungswert** für die **sichere Einzahlung** in t_1 [= $E(\tilde{e}_{si,j})$] erhält man wieder nach der aus obiger Rechnung bekannten Formel, diesmal abgewandelt für den Fall der sicheren Investitionsalternative: $E(\tilde{e}_{si,j}) = e_{si,j} \cdot w_j$. Im Ergebnis folgt daraus: $E(\tilde{e}_{si,j}) = 6 \cdot 1 = 6$ €. Die Erwartungswerte der unsicheren und der sicheren Investitionsalternative sind also betraglich identisch. Wie bei der unsicheren Alternative auch, ist anschließend der Nutzen des Entscheiders aus der Einzahlung der sicheren Alternative zu berechnen.

Bei der sicheren Alternative kommt es auf den **Nutzen des Erwartungswerts** an:

$U[E(\tilde{e}_{si,j})] = U(\mu_{si,j})$ mit $\mu_{si,j} = E(\tilde{e}_{si}) = \sum_{j=1}^{S} w_{si,j} e_{si,j}$. Im Beispiel gilt unter Verwendung der Daten des risikofreudigen Investors aus Tab. VI-9: $U(\mu_{si,j}) = U(1 \cdot 6) = 4,7$ €.

Entscheidungsproblem

Ein Entscheider steht nun vor der Frage, ob er die unsichere Investition einer sicheren Einzahlung einer alternativen Investition (I_{si}) vorzieht oder nicht. Maßgebend ist, ob der **Erwartungswert des Nutzens** der unsicheren Einzahlung von I_{un} größer oder kleiner ist gegenüber dem **Nutzen des Erwartungswerts** der sicheren Investition I_{si}: Ein Vergleich dieser beiden Größen bringt Klarheit:

> **Nutzen des Erwartungswerts** der sicheren Investition: $U(\mu_{si,j}) = 4,7$ €
>
> <
>
> **Erwartungswert des Nutzens** der unsicheren Investition: $E[U(\tilde{e}_{un,j})] = E(\tilde{U}_{un,j}) = 5$ €

Der Vergleich zeigt, dass der Nutzen des Erwartungswerts der sicheren Alternative kleiner ist als der Erwartungsnutzen der unsicheren Alternative. Höherer Nutzen ist im Sinne von „vorgezogen" zu verstehen, d.h., die unsichere Investitionsalternative wird der sicheren vorgezogen. Dies beschreibt die Situation eines **risikofreudigen Entscheiders**.

Risikofreude

$U(\mu_{si,j})$	<	$E[U(\tilde{e}_{un,j})]$ mit $j=1,2$
Nutzen des Erwartungswerts der sicheren Investition		**Erwartungswert des Nutzens** der unsicheren Investitionsalternative

Risikofreude liegt vor, wenn der Nutzen des Erwartungswerts der sicheren Einzahlung einer Investitionsalternative I_{si} kleiner ist als der Erwartungswert des Nutzens der Einzahlung der unsicheren Alternative I_{un}. Die **unsichere Investition** wird bei Risikofreude der sicheren Investitionsalternative **vorgezogen**.

Man kann dies auch mittels des sog. Sicherheitsäquivalents (= SÄ) der unsicheren Investition ausdrücken.

> Das **Sicherheitsäquivalent** einer **unsicheren Investitionsalternative** ist die sichere Einzahlung, die der Entscheider als gleichwertig mit der unsicheren Einzahlung einschätzt.

Diese Definition wird formal wie folgt ausgedrückt (vgl. *Franke/ Hax* 1999, S. 294):

$$U(SÄ) = E[U(\tilde{e}_{un,j})] \qquad (VI-10)$$

Die Differenz zwischen Erwartungswert des Kapitalwerts der sicheren Investition und dem Sicherheitsäquivalent (SÄ - μ) ist als **Risikoprämie** zu verstehen.

> Bei **risikofreudigen Entscheidern** gilt $SÄ > \mu$. Das **Sicherheitsäquivalent** ist **größer** als der **Erwartungswert** der Einzahlung und die Risikoprämie ist negativ.

Im zugrundeliegenden Zahlenbeispiel lassen sich folgende Zusammenhänge mit Kenntnis des SÄ festhalten:

- Nutzen des Erwartungswerts der sicheren Alternative: $\quad U(\mu_{si,j}) = 1 \cdot e_{si}$
- erwarteter Nutzen unsichere Alternative: $\quad E[U(\tilde{e}_{un,j})] = 0,5 \cdot [U(e_{un,1}) + U(e_{un,2})]$
- Nutzen des Sicherheitsäquivalents: $\quad U(SÄ) = E[U(\tilde{e}_{un,j})]$.

In diesem gewählten Zahlenbeispiel würde einem risikofreudigen Entscheider eine sichere positive Einzahlung von 6 € den gleichen Nutzen stiften wie eine höhere Einzahlung einer riskanten Investition I_{un}. Der Entscheider hegt eine Vorliebe für Risiko, so dass ein Nutzenniveau aus einer unsicheren Alternative von ihm höher bewertet wird als eine niedrigere Einzahlung einer sicheren Investition.

In ihrer Verlaufsform weist die Nutzenfunktion des risikofreudigen Entscheiders einen **konvexen Verlauf** auf.

(nach außen gewölbt)

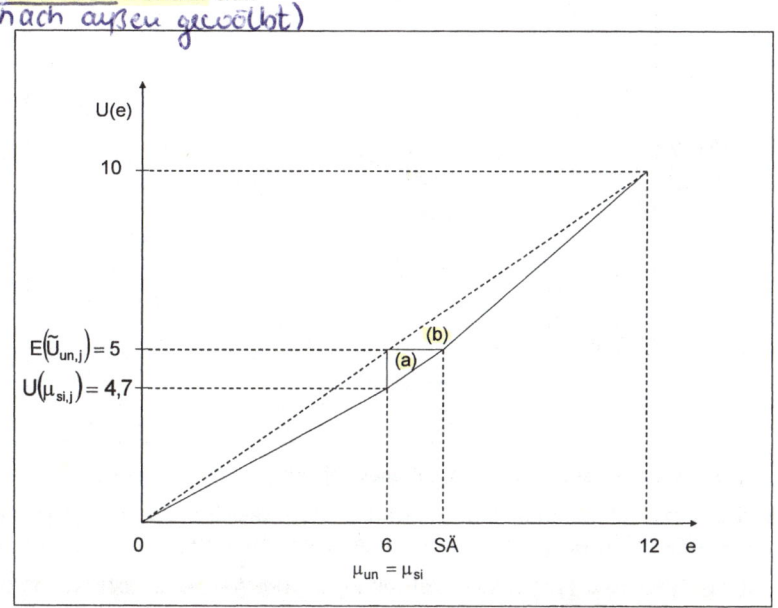

Abb. VI-12: Nutzenfunktion des Entscheiders bei Risikofreude

Der Verlauf der Risikonutzenfunktion in Abb. VI-12 lässt sich aus zwei Sichtweisen erklären. Es sind zu diesem Zweck zwei Streckenabschnitte zu unterscheiden:

(a) Der Nutzen des Erwartungswerts der sicheren Alternative ist niedriger als der erwartete Nutzen der unsicheren Alternative.

(b) Bei gleichem Erwartungswert des Nutzens ist das Sicherheitsäquivalent höher als der Erwartungswert der sicheren Einzahlung. Bei Risikofreude hat die sichere Einzahlung einen geringeren Nutzen gegenüber der unsicheren Einzahlung.

Risikoscheu (Risikoaversion)

$U(\mu_{si,j})$ > $E[U(\tilde{e}_{un,j})]$ mit j=1,2	
Nutzen des Erwartungswerts der sicheren Investition	**Erwartungswert des Nutzens** der unsicheren Investitionsalternative

Risikoscheu liegt vor, wenn für einen Entscheidungsträger der Nutzen des Erwartungswerts der sicheren Einzahlung größer ist als der Erwartungswert des Nutzens aus der unsicheren Einzahlung.

Bei **risikoscheuen Entscheidern** gilt SÄ < μ. Das **Sicherheitsäquivalent** ist **kleiner** als der Erwartungswert der Einzahlung. Die Risikoprämie ist positiv.

In ihrer Verlaufsform weist die Nutzenfunktion des risikoscheuen Entscheiders einen **konkaven Verlauf** auf.

(= nach innen gewölbt)

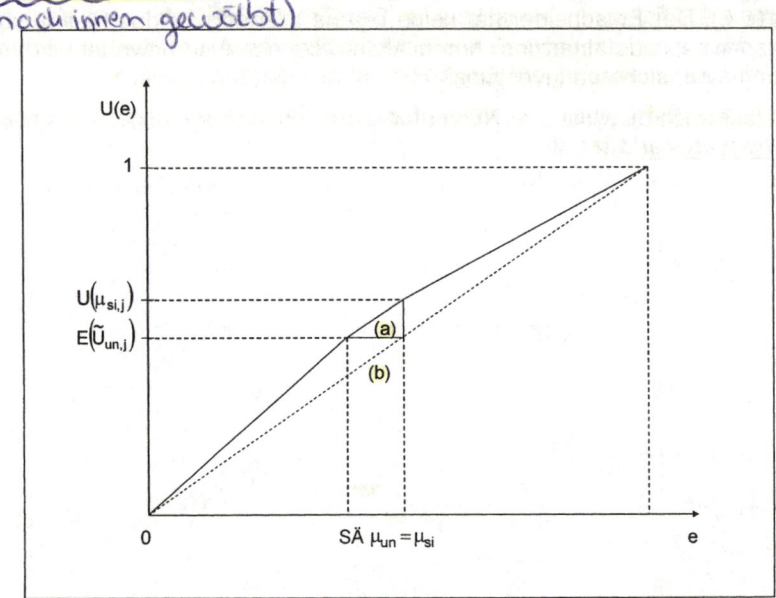

Abb. VI-13: Nutzenfunktion des Entscheidungsträgers bei Risikoaversion

Der Verlauf in Abb. VI-13 lässt sich ebenfalls aus zwei Sichtweisen erklären. Es sind zu diesem Zweck wiederum zwei Streckenabschnitte zu unterscheiden:

(a) Der Nutzen des Erwartungswerts der sicheren Alternative ist größer als der erwartete Nutzen der unsicheren Alternative.

(b) Der erwartete Nutzen entspricht einem niedrigeren Sicherheitsäquivalent gegenüber dem Erwartungswert der Einzahlung. Bei Risikoscheu hat die sichere Einzahlung für den Entscheider einen höheren Nutzen gegenüber der unsicheren Einzahlung.

Risikoneutralität (Risikoindifferenz)

$U(\mu_{si,j}) = E[U(\tilde{e}_{un,j})]$ mit j=1,2	
Nutzen des Erwartungswerts der sicheren Investition	**Erwartungswert des Nutzens** der unsicheren Investitionsalternative

Hat ein Entscheidungsträger **keine unterschiedliche Einstellung** zwischen sicherer und unsicherer Einzahlung, so spricht man von neutraler Risikoeinstellung. Risiko hat dann auf den Nutzen des Entscheiders keinen Einfluss. Der Entscheider ist gegenüber dem Risiko indifferent.

Bei Risikoneutralität stiftet die erwartete Einzahlung I_{un} den gleichen Nutzen wie die (gleich hohe) sichere Einzahlung von I_{si}.

Das **Sicherheitsäquivalent** ist **gleich** dem **Erwartungswert** der Einzahlung $(SÄ = \mu)$. Eine Risikoprämie existiert daher nicht.

4 Entscheidungskriterien bei Risiko

Im Zahlenbeispiel entspricht beim risikoscheuen Entscheider die sichere positive Einzahlung von 6 € dem gleichen Nutzen wie der Einzahlung einer riskanten Investition I_{un} (6 €). Der Entscheider hat keine eigene Wertung für das Risiko, so dass ein Nutzenniveau aus einer unsicheren Alternative genauso bewertet wird wie die Einzahlung einer sicheren Investition.

Grafisch lässt sich die Nutzenfunktion als Gerade darstellen (vgl. Abb. VI-14).

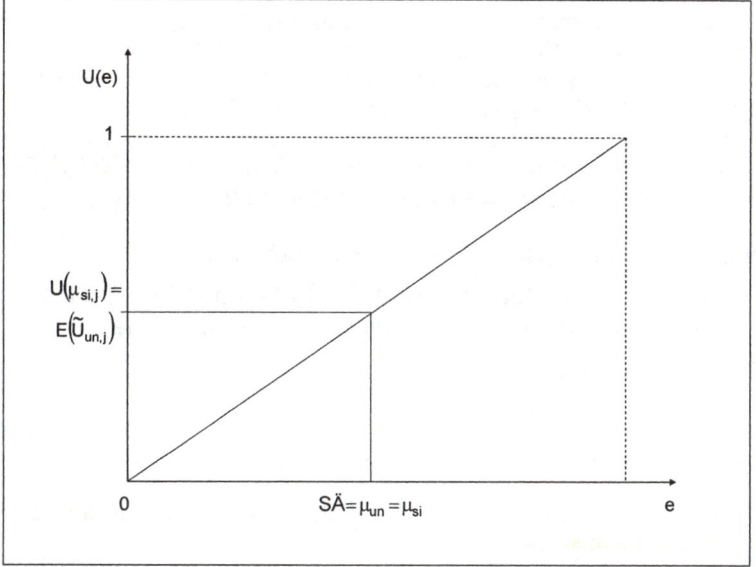

Abb. VI-14: Nutzenfunktion des Entscheiders bei Risikoneutralität

<u>Lesehinweise:</u> Die Ausführungen basieren auf *Franke/ Hax* (1999, S. 293-296) und *Laux* (2003, S. 205-221). Eine Anwendung von Sicherheitsäquivalenten für die Beurteilung eines einzelnen Investitionsobjekts vgl. *Brealey/ Myers* (2003, S. 239f.) und die Kritik bei *Franke/ Hax* (1999, S. 305).

4.3 $\mu\sigma$-Prinzip

Wie gezeigt, ist es mit dem *Bernoulli*-Prinzip möglich, Entscheidungen direkt in Beziehung zum Risikowert der Ergebnisse einer Handlungsalternative zu setzen und die Einstellung des Entscheidungsträgers in die Auswahlentscheidung einzuführen. Das *Bernoulli*-Prinzip setzt die vollständige Kenntnis der Risikonutzenfunktion des Entscheiders voraus. Eine **Vereinfachung** dieser recht komplexen Voraussetzung des *Bernoulli*-Prinzips stellt das $\mu\sigma$-**Prinzip** dar.

4.3.1 Einige statistische Grundlagen

Die Anwendung des $\mu\sigma$-Prinzips erfordert lediglich die Kenntnis und Anwendung einer quadratischen Nutzenfunktion. (Im Grunde ist die μ- bzw. *Bayes*-Regel auch im Verhältnis zum *Bernoulli*-Prinzip einzuordnen; da hier implizit eine **lineare Risikonutzenfunktion** vorliegt). Als einfachste statistische Parameter bieten sich für die Formulierung neben dem bereits vorgestellten Erwartungswert μ das Streuungsmaß der Zielbeiträge in Form der Varianz σ^2 bzw. der Standardabweichung σ

an: Das **Risiko** einer Investitionsalternative ist unter diesen Umständen um so höher, je größer der Wert der **Varianz** bzw. der **Standardabweichung** ist.

Mit dem $\mu\sigma$-Prinzip findet eine Vereinfachung statt. Dabei muss man sich vergegenwärtigen, dass die Vereinfachung die Gültigkeit ganz bestimmter statistischer Bedingungen der Wahrscheinlichkeitsverteilung voraussetzt. Wegen der hohen Bedeutung der Parameter μ und σ nicht nur im Rahmen von Investitionsentscheidungen unter Unsicherheit, sondern für die gesamte moderne Kapitalmarkttheorie, ist es angebracht, die zentralen Überlegungen aus der Wahrscheinlichkeitstheorie zu diesem Zweck kurz „Revue passieren zu lassen". Wie nämlich in Abschnitt 5 gezeigt wird, sind die relevanten statistischen Bedingungen für Sachinvestitionen nicht zwingend erfüllt. Dagegen dürften sie für Finanzinvestitionen Gültigkeit besitzen. Nachfolgend soll zuerst der Übergang von der *Bernoulli-* zur quadratischen Risikonutzenfunktion erläutert werden. Anschließend werden einige Grundlagen zur **Normalverteilungshypothese**, die die $\mu\sigma$-Methode begründet, dargestellt.

Übergang zur quadratischen Risikonutzenfunktion

In allgemeiner Form bedeutet die Reduktion des *Bernoulli*-Prinzips auf eine **quadratische Risikonutzenfunktion** die Ausgangssituation für das $\mu\sigma$-Prinzip (vgl. *Laux* 2003, S. 155f.):

$$U(e) = a \cdot e^2 + b \cdot e = a \cdot \left(e^2 + \frac{b}{a} e \right) = a \cdot \left(\left(e + \frac{b}{2a} \right)^2 - \frac{b^2}{4a^2} \right) \tag{VI-11}$$

Dabei stellt in Gleichung (VI-11) der erste Faktor *a* das Risikomaß und der zweite Faktor *b* das Ertragsmaß dar.

> Beim $\mu\sigma$-**Prinzip** ist also der Erwartungswert des Nutzens nur vom mathematischen Erwartungswert und der Standardabweichung der Zielgröße abhängig.

Bei risikoscheuem Verhalten gilt somit *a* < 0, *b* > 0, und es ergibt sich eine Nutzenfunktion in Parabelverlaufsform wie sie in Abb. VI-15 dargestellt ist. Grafisch gesehen ist im hiesigen Kontext nur die linke Hälfte der Parabel relevant.

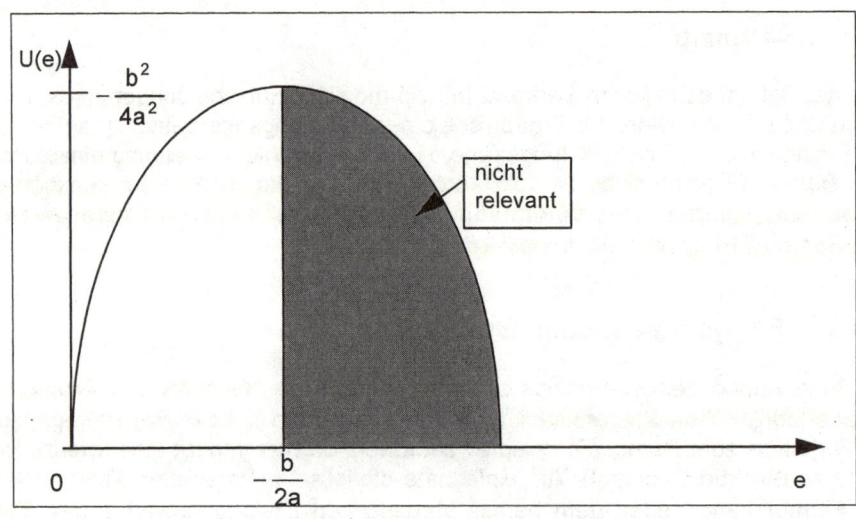

Abb. VI-15: Quadratische Risikonutzenfunktion

4 Entscheidungskriterien bei Risiko

Lesehinweis: Zur mathematischen Herleitung des $\mu\sigma$-Prinzips aus der *Bernoulli*-Nutzenfunktion vgl. *Laux* (2003, S. 155-157).

Auf der Grundlage der methodischen Gemeinsamkeiten und Differenzierungen lassen sich in einem ersten Überblick $\mu\sigma$-Prinzip und *Bernoulli*-Prinzip wie folgt vergleichend gegenüberstellen:

Kriterium	$\mu\sigma$-Prinzip	*Bernoulli*-Prinzip
Entscheidungs-grundlage	• Risikopräferenzfunktion • ordinal messbarer Nutzen	• Risikonutzenfunktion • kardinal messbarer Nutzen
Risikonutzen abhängig von...	Erwartungswert der Einzahlung und Risikomaß	ganz allgemein von Ergebnischancen
Unterschiede im Vorgehen	• Wahrscheinlichkeitsverteilung jeder Investitionsalternative auf Ersatzgrößen μ und σ umrechnen, • dann Angabe des Risikonutzens einer Alternative	Einzahlung einer jeden Investitionsalternative auf ihren Nutzenwert hin auswerten
Optimalitäts-bedingung	abhängig von der individuellen Risikoneigung	Alternative, die den höchsten Nutzen aufweist.
Besonderheit	keine vollständige Nutzenfunktion erforderlich	vollständige Nutzenfunktion erforderlich

Abb. VI-16: Gegenüberstellung von $\mu\sigma$-Prinzip und *Bernoulli*-Prinzip

Bedeutung der Gaußschen Normalverteilungshypothese

Zum Einstieg sollte man sich in Erinnerung rufen, welches das **Grundproblem** ist, das in diesem Kapitel behandelt wird: Investitionen erbringen Einzahlungen, deren betragliche Höhe abhängig ist vom Eintritt bestimmter alternativ möglicher Umweltzustände in der Zukunft. Können vom Entscheidungsträger subjektive oder objektive Wahrscheinlichkeiten angegeben werden, handelt es sich um eine Investitionsentscheidung bei Risiko. Da ein Entscheidungsträger nicht in die Zukunft sehen kann, dennoch aber Anhaltspunkte für zukünftige Ereignisse benötigt, wird üblicherweise die Vergangenheit zu Rate gezogen. Man fragt sich bei diesem Verfahren, welche Werte Einzahlungsüberschüsse in der Vergangenheit angenommen haben. Bei einer hinreichend großen Anzahl von Beobachtungen erhält man eine sog. **Normalverteilung** von vergangenen Ergebnissen. Die vergangenen Werte bilden dann eine **Kurve, die einer Glocke** ähnelt. Ihre Besonderheit ist, dass die Abweichungen um den Mittelwert einen gleichen Betrag aufweisen, nur das Vorzeichen wechselt. Der Vorteil solcher Normalverteilungen ist, dass man die gesamte Verteilung in ihren Einzelwerten nicht kennen muss, sondern es ausreicht, sich auf Mittelwert und Standardabweichung (also nur zwei Parameter) zu beziehen, um dennoch eine Kenntnis von der tatsächlichen (aber unbekannten) Gesamtverteilung zu erlangen. Üblicherweise kann eine solche Normalverteilung nur dargestellt werden für Beobachtungen, die sehr umfangreich sind. Im Investitionsbereich gilt dies besonders gut erfüllt für Investitionen in börsengehandelte Finanzkontrakte, deren Renditen man aus der Vergangenheit ermitteln kann. Es ist üblich, dies an nachfolgender Abb. VI-17 zu verdeutlichen:

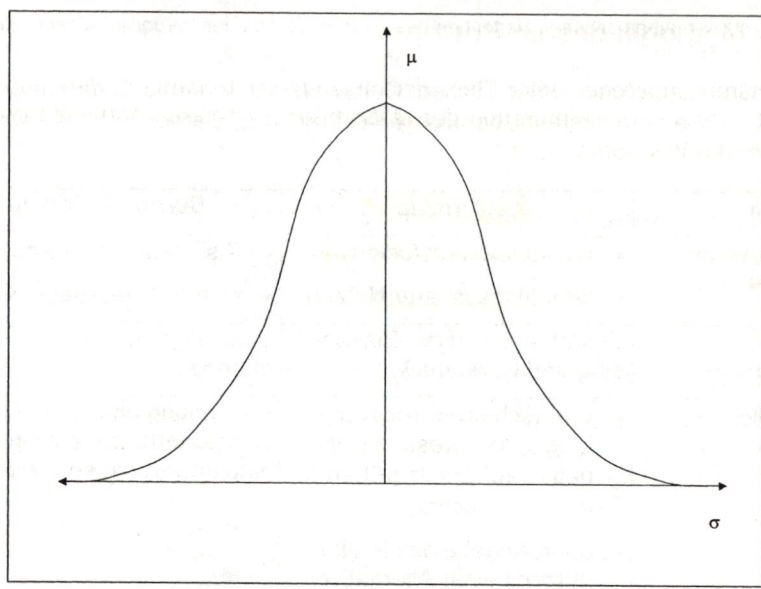

Abb. VI-17: Glockenkurve der Normalverteilung

Abb. VI-17 zeigt, dass die Wahrscheinlichkeit, eine Rendite über oder unter dem Mittelwert zu erhalten, ausschließlich von der Standardabweichung abhängt. So beträgt in einer Glockenkurve z.B. die Wahrscheinlichkeit, Renditen zu erhalten, die innerhalb der einfachen Standardabweichung vom Mittelwert liegen, *68,26%*, also gut Zweidrittel. Und die Wahrscheinlichkeit, dass eine Rendite innerhalb der doppelten Standardabweichung liegen wird, beträgt *95%*. Damit wird ausgesagt, dass die Wahrscheinlichkeit, eine Jahresrendite zu erhalten, die z.B. zwischen – *28,4% und 52,8%* liegt, *95,5%* beträgt (vgl. *Bodie/ Kane/ Marcus* 1998, S. 147-148).

Damit zeigt sich, was es heißt, wenn man bei einer Normalverteilung von einer **Verteilungssymmetrie um den Mittelwert** spricht. Ob diese Symmetrie in allen Fällen von zu untersuchenden Investitionsobjekten begründet ist, ist eine wichtige, im Einzelfall zu prüfende Frage. Sollte sich dies nicht bestätigen, müssen die jeweiligen individuellen Risikoprofile von Investitionsobjekten erstellt werden. Dies wird in Abschnitt 5.2 nachvollzogen. So kann es vom Mittelwert aus gesehen **linkssteile** (= rechtsschiefe) oder **rechtssteile** (= linksschiefe) **Verteilungen** geben, die dann nicht mehr die Normalverteilungshypothese zulassen.

Die Möglichkeit, den Durchschnittsertrag eines Investitionsobjekts zu übertreffen, wird ebenso als Risiko aufgefasst wie die Möglichkeit, ihn zu unterschreiten (= Risikosymmetrie). Intuitiv würde man erstere mit Chance und letztere mit Risiko gleichsetzen. Insbesondere wenn der Durchschnittsertrag nicht mit einem vom Investor vorgegebenen Mindestertrag übereinstimmt, empfiehlt es sich, alternative Risikomaße an die Stelle der Standardabweichung zu setzen. In Kapitel VII, Abschnitt 1.7 werden solche Alternativen vorgestellt.

4 Entscheidungskriterien bei Risiko

4.3.2 Methodik des $\mu\sigma$-Prinzips

Die Entscheidungsregel unter Berücksichtigung von Erwartungswert und Risiko erfordert zunächst die Einführung der Maßgrößen für Risiko - Varianz bzw. Standardabweichung.

Die **Varianz** wird mit dem Symbol σ^2 oder der Rechenanweisung *Var (•)* bezeichnet. Die **Standardabweichung** drückt man mit dem Symbol σ aus.

Beim $\mu\sigma$-Prinzip wird also zusätzlich zum Erwartungswert μ als Entscheidungsgröße das Risiko in Form der Standardabweichung σ erfasst. Um das $\mu\sigma$-Prinzip anwenden zu können, ist folgendes schrittweises Vorgehen zu unterscheiden.

1. Schritt: Erwartungswert und Standardabweichung

Die Handlungsalternativen werden durch μ und σ charakterisiert. Die Berechnung des Erwartungswerts wurde bereits vorgestellt. Die Standardabweichung σ errechnet man aus der Varianz σ^2:

Varianz:

$$\text{Var}(e_i) = \sigma_i^2 = \sum_{j=1}^{\bar{s}} (e_{ij} - \mu_i)^2 \cdot w_j \qquad \text{(VI-12a)}$$

Standardabweichung:

$$\sigma_i = \sqrt{\sigma_i^2} = \sqrt{\sum_{j=1}^{\bar{s}} (e_{ij} - \mu_i)^2 \cdot w_j} \qquad \text{(VI-12b)}$$

Beispiel: Folgende Werte, die bisher in den vorangegangenen Regeln und Prinzipien zu Demonstrationszwecken verwendet wurden, seien erneut betrachtet:

	s_1 $w(s_1) = 0{,}25$	s_2 $w(s_2) = 0{,}25$	s_3 $w(s_3) = 0{,}5$	μ
l_1	18	0	6	7,5
l_2	6	9	6	6,75
l_3	12	3	9	8,25

Tab. VI-10: Beispielwerte zur Ermittlung von μ

Mit den Daten aus der Beispieltabelle Tab. VI-10 errechnet man für die Handlungsalternativen folgende einzelne Varianzen bzw. Standardabweichungen (σ_i^2 bzw. σ_i):

l_1: $\sigma_1^2 = (18 - 7{,}5)^2 \cdot 0{,}25 + (0 - 7{,}5)^2 \cdot 0{,}25 + (6 - 7{,}5)^2 \cdot 0{,}5$

$\quad\quad \sigma_1^2 = 27{,}5625 + 14{,}0625 + 1{,}125 = 42{,}75$

$\quad\quad \sigma_1 = \sqrt{42{,}75}$

$\quad\quad \sigma_1 \approx 6{,}54$.

l_2: $\sigma_2^2 = (6 - 6{,}75)^2 \cdot 0{,}25 + (9 - 6{,}75)^2 \cdot 0{,}25 + (6 - 6{,}75)^2 \cdot 0{,}5$

$\quad\quad \sigma_2^2 = 0{,}140625 + 1{,}265625 + 0{,}28125 = 1{,}6875$

$\sigma_2 = \sqrt{1{,}6875}$

$\sigma_2 \approx 1{,}3$.

I_3: $\sigma_3^2 = (12 - 8{,}25)^2 \cdot 0{,}25 + (3 - 8{,}25)^2 \cdot 0{,}25 + (9 - 8{,}25)^2 \cdot 0{,}5$

$\sigma_3^2 = 3{,}5156 + 6{,}8906 + 0{,}2812 = 10{,}6874$

$\sigma_3 = \sqrt{10{,}6874}$

$\sigma_3 \approx 3{,}27$.

In Tab. VI-11 sind die Werte für μ_i, σ^2_i und σ_i dargestellt:

	s_1	s_2	s_3	μ_i	σ_i^2	σ_i
	w(s_1) = 0,25	w(s_2) = 0,25	w(s_3) = 0,5			
I_1	18	0	6	7,5	42,75	6,54
I_2	6	9	6	6,75	1,6875	1,30
I_3	12	3	9	8,25	10,6874	3,27

Tab. VI-11: Beispielwerte mit μ_i, σ^2_i und σ_i

Die **Berechnung** der **Standardabweichung** und der **Varianz** kann man sich wie folgt plausibel machen:

- Abweichungen der einzelnen möglichen Werte vom jeweiligen Mittelwert ($e_{ij} - \mu_i$) können sowohl positive als auch negative Werte annehmen.
- Um zu vermeiden, dass sich negative und positive Abweichungswerte gegenseitig aufheben, werden sie vor der Durchschnittsbildung ins Quadrat erhoben.
- Liefert der Erwartungswert bei bekannter Wahrscheinlichkeitsverteilung eine möglichst gute Schätzung eines quantitativen Ergebnisses, so zeigt die Standardabweichung an, wie weit die einzelnen möglichen Ergebnisse im Durchschnitt vom Erwartungswert abweichen.

Grafisch lassen sich die Handlungsalternativen in einem $\mu\sigma$-Diagramm darstellen. Die **Ergebnisse der Handlungsalternativen** werden in Abb. VI-18 als Punkte abgebildet.

4 Entscheidungskriterien bei Risiko

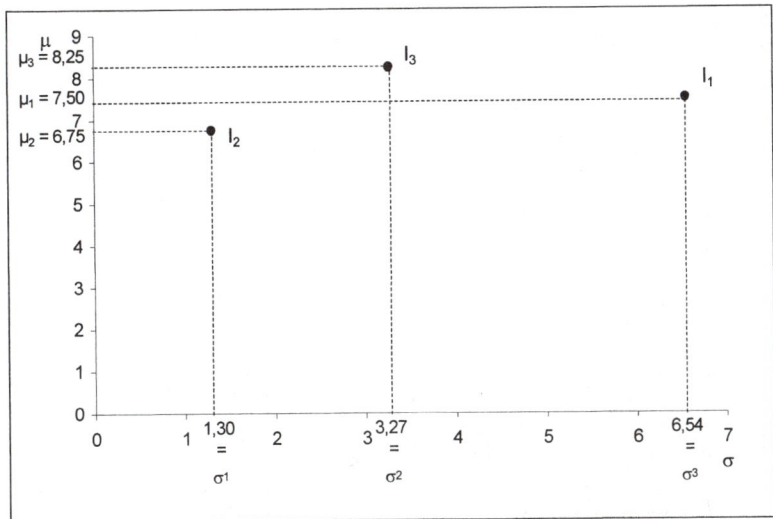

Abb. VI-18: Ergebnisse von Investitionsalternativen im $\mu\sigma$-Diagramm

Nach der Ermittlung von Erwartungswert und Standardabweichung ist es im zweiten Schritt möglich, eine Auswahl unter den Handlungsalternativen unter expliziter Berücksichtigung der Risikoeinstellung des Entscheidungsträgers vorzunehmen.

2. Schritt: Optimierung

Der Erwartungswert des Nutzens der Zielgröße e_{ij} ist beim $\mu\sigma$-Prinzip ausschließlich vom Erwartungswert und der Standardabweichung abhängig. Es handelt sich bei diesem Entscheidungsproblem unter Risiko bei Finanz- und Investitionsentscheidungen um ein **Abwägen** zwischen

- einer größeren erwarteten Einzahlung, verbunden mit höherem Risiko oder
- einer kleineren erwarteten Einzahlung mit niedrigerem Risiko.

Dieses Abwägen wird beim $\mu\sigma$-Prinzip mittels einer Präferenzfunktion ausgedrückt. „Sie gibt als klassisches Entscheidungsprinzip Auskunft darüber, welche Anzahl zusätzlicher Erfolgseinheiten der Investor für notwendig erachtet, um eine zusätzliche Risikoeinheit zu kompensieren. Als Risikopräferenzfunktion wird die Abhängigkeit des Risikonutzens vom Erwartungswert des Kapitalwerts und vom Risiko bezeichnet" (*Perridon/ Steiner* 2002, S. 110).

Austauschregeln für Risiko und Ertrag werden durch **Risiko-Ertrags-Indifferenzkurven** dargestellt. Eine solche Indifferenzkurve enthält die Gesamtheit aller von einem bestimmten Entscheider gleich bewerteten Kombinationen von Risiko und erwartetem Ertrag. Bei einer Schar von Indifferenzkurven eines Entscheiders zeigen weiter links und weiter oben liegende Kurven bevorzugte Kombinationen von Risiko und Ertrag.

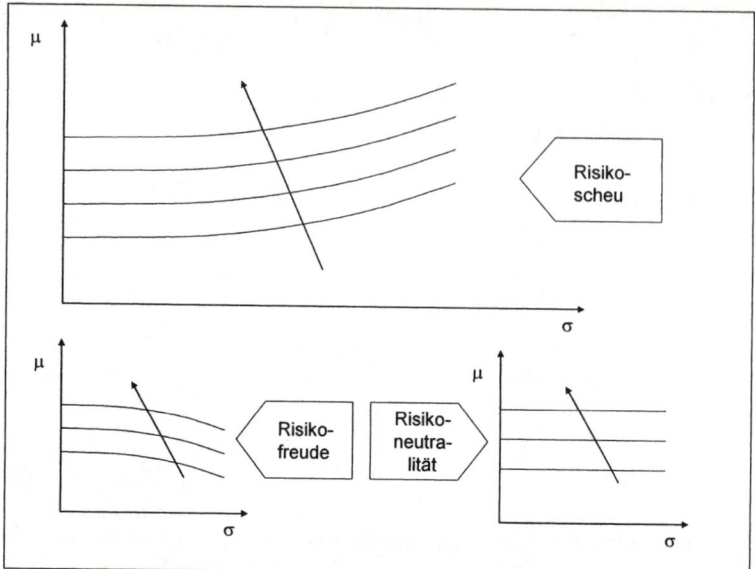

Abb. VI-19: Beispielhafte Darstellung von Risiko-Ertrags-Indifferenzkurven

Risiko-Ertrags-Indifferenzkurven des $\mu\sigma$-Prinzips und Nutzenfunktionen des *Bernoulli*-Prinzips drücken beide die persönliche Risikoeinstellung aus. Sie sind aber in folgender Hinsicht streng voneinander zu unterscheiden (vgl. Schmidt/ Terberger 1997, S. 294):

- Die Nutzenfunktion eines risikoscheuen Entscheiders ist konkav und nimmt mit abnehmender Rate zu.
- Die Risiko-Ertrags-Indifferenzkurve bei Risikoscheu verläuft dagegen konvex.

Die Investitionsalternativen werden im $\mu\sigma$-Prinzip anhand der Parameter μ und σ bewertet. Dazu geht man von folgenden Annahmen aus:

- Alle Entscheider bevorzugen bei gegebenem Risiko σ einen höheren Erwartungswert μ.
- Bezüglich des Risikos wird auf die drei Möglichkeiten zurückgegriffen, die in Abschnitt 4.2.2 vorgestellt wurden:
    - **Risikoscheu**: Risiko wird negativ bewertet, d.h., bei gegebenem μ wird diejenige Investitionsalternative gewählt, die das kleinste σ aufweist.
    - **Risikofreude**: Risiko wird positiv bewertet, d.h., bei gegebenem μ wird diejenige Investitionsalternative gewählt, die das größte σ aufweist.
    - **Risikoneutralität**: Bei gegebenem μ wird eine Investitionsalternative gewählt, ohne auf den Wert von σ zu achten.

Die Steigung der Indifferenzkurven ist von der individuellen Risikoneigung des Entscheiders abhängig. So bezeichnen in unten stehender Abb. VI-20

- U_1 eine Indifferenzkurve eines risikoneutralen,
- U_2 eines risikoscheuen und
- U_3 eines stark risikoscheuen Entscheiders.

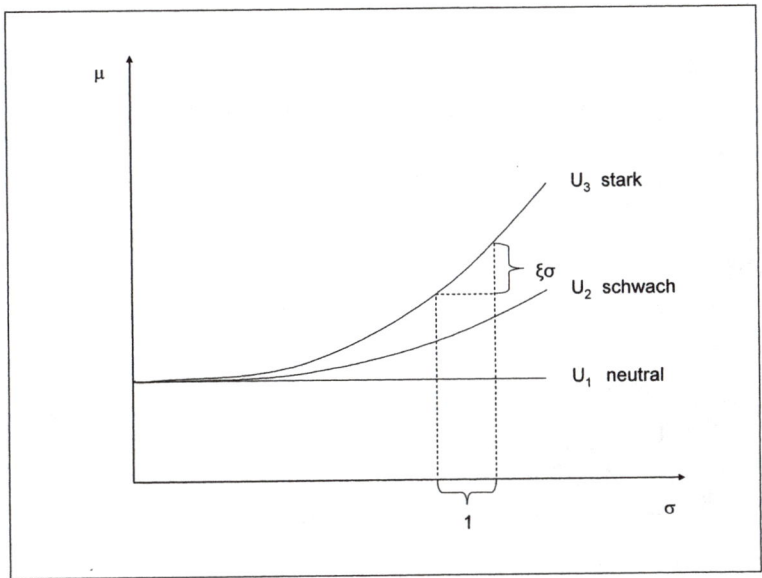

Abb. VI-20: Beispielhafte Darstellung verschiedener Indifferenzkurven

Da bei **quadratischen Risikonutzenfunktionen** der Erwartungswert des Handelns ausschließlich vom mathematischen Erwartungswert und der Standardabweichung oder der Varianz der Zielgröße e_{ij} abhängt, benötigt man nur den mathematischen Erwartungswert oder die Standardabweichung der zugehörigen Verteilung von e_{ij}, um den Erwartungswert des Nutzens einer Alternative berechnen zu können. Nur diese beiden Verteilungsparameter sind entscheidungsrelevant. Dies kann wie folgt verdeutlicht werden. Wenn man drei Investitionsalternativen I_A, I_B und I_C in einer $\mu\sigma$-Kombination abbildet, wie es Abb. VI-21 beispielhaft zeigt, so kann man Folgendes bestimmen:

- I_C kann von vornherein nach dem Dominanzprinzip ausgeschlossen werden, da es von den beiden übrigen Alternativen dominiert wird.
- Ein risikoscheuer Entscheider würde I_A,
- ein risikofreudiger Entscheider I_B wählen.
- Ein risikoneutraler Entscheider müsste zwischen I_A und I_B wählen, das Ergebnis ist nicht eindeutig.

Aus dieser Überlegung ergibt sich die Notwendigkeit zur Schaffung einer Regel, um zwischen μ und σ entscheiden zu können. Das Mittel hierzu ist das **Präferenzfunktional** (Φ). Es drückt die individuelle Einstellung des Entscheiders gegenüber dem erwarteten Einzahlungsüberschuss bzw. Ertrag μ und dem Risiko σ aus. Die Handlungsalternative, bei der das Ergebnis der Präferenzfunktion maximal ist, wird gewählt. Der **Wert** der **Präferenzfunktion** ist auch als **Sicherheitsäquivalent** zu verstehen.

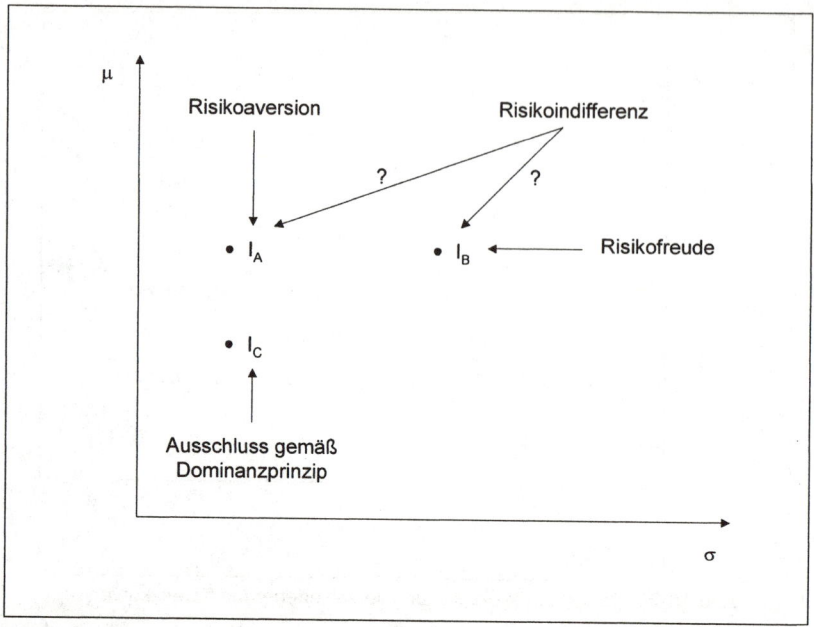

Abb. VI-21: Beispielhafte Darstellung verschiedener Alternativen und $\mu\sigma$-Kombinationen

Allgemein lautet das Präferenzfunktional (vgl. *Bamberg/ Coenenberg* 2002, S. 103):

$$\Phi(I_i) = \Phi(\mu, \sigma) \tag{VI-13}$$

Entscheidungen auf der Basis von Gleichung (VI-13) werden nach dem $\mu\sigma$-Prinzip vorgenommen. Jeder Entscheider bestimmt zu diesem Zweck individuell die Funktion und gelangt so zu seiner individuellen $\mu\sigma$-Regel. „Während es also nur ein (μ,σ)-Prinzip gibt, existiert eine Vielfalt von (μ,σ)-Regeln. (μ,σ)-Regeln können in einer (μ,σ)-Ebene durch eine Schar von Risiko-Ertrags-Indifferenzkurven veranschaulicht werden; dabei ist eine Indifferenzkurve die Verbindung aller (μ,σ)-Punkte, die bzgl. des gegebenen Kriteriums als gleichwertig gelten" (*Bamberg/ Coenenberg* 2002, S. 104).

Auswahlentscheidung nach dem $\mu\sigma$-Prinzip bei Risikoindifferenz

Die anzuwendende allgemeine Gestalt der Präferenzfunktion ist für den Fall der Risikoindifferenz:

$$\Phi(I_i) = \mu \tag{VI-14}$$

Bei Risikoindifferenz ist das **Sicherheitsäquivalent** betraglich **identisch** mit dem **Erwartungswert**.

Beispiel: Übertragen auf die Beispieldaten errechnet man folgende Werte für die einzelnen Investitionsobjekte: $\Phi(I_1) = 7,5$, $\Phi(I_2) = 6,75$ $\Phi(I_3) = 8,25$. Ein risikoindifferenter Entscheider zieht die Alternative mit dem höchsten Nutzenwert vor. Im Beispielfall wird Investitionsobjekt 3 gewählt.

4 Entscheidungskriterien bei Risiko

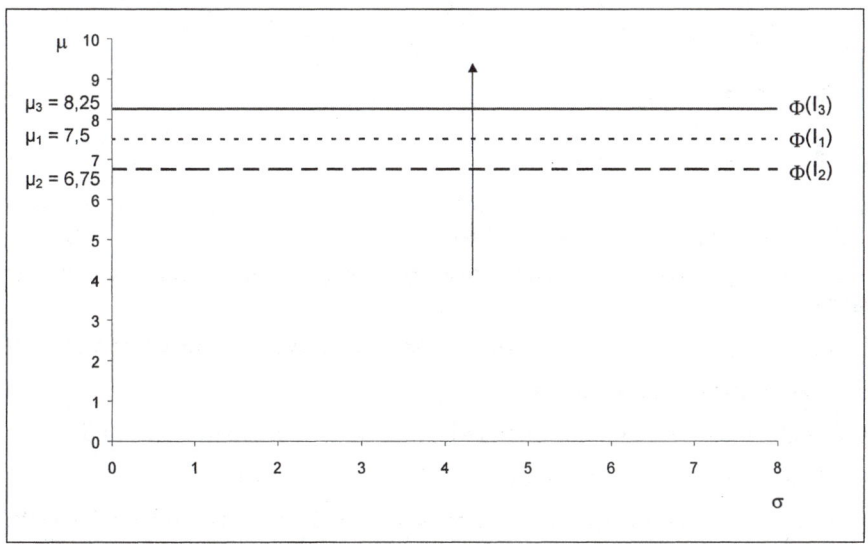

Abb. VI-22: Präferenzfunktion bei Risikoindifferenz im Rahmen der Beispielwerte

Eine Risiko-Ertrags-Indifferenzkurve ist der geometrische Ort aller $\mu\sigma$-Kombinationen, denen ein Entscheider den Nutzen Φ zuordnet. Ein **risikoneutraler Entscheider**

- bewertet einen **wachsenden mathematischen Erwartungswert positiv** und
- ist gegenüber einem **wachsenden Risiko indifferent**,
- daher steigt sein Nutzen mit wachsendem μ, und
- sein Nutzen ist unabhängig von σ (σ^2).

Bei konstantem σ und wachsendem μ erhält man lineare Indifferenzkurven (= Parallelen zur σ-Achse). Die $\mu\sigma$-Regel entspricht dann der Erwartungswert-Regel, da die Streuung der möglichen Zielwerte um den Erwartungswert als Ausdruck des Risikos der einzelnen Alternativen unberücksichtigt bleibt. Abb. VI-22 verdeutlicht dies: Durch den Punkt von I_3 verläuft die am höchsten gelegene Indifferenzkurve des Entscheidungsträgers.

Die mit dem Beispiel errechneten Nutzenwerte sind als Sicherheitsäquivalente zu verstehen und bei Risikoindifferenz mit den Erwartungswerten identisch (z.B. $\Phi(I_1) = \mu_1 \Leftrightarrow 7,5 = 7,5$).

Auswahlentscheidung nach dem $\mu\sigma$-Prinzip bei Risikoscheu

Grundlage der Auswahlentscheidung bei Risikoscheu bildet folgendes Präferenzfunktional des $\mu\sigma$-Prinzips:

$$\Phi(I_i) = \mu - \xi \cdot \sigma^2 \qquad \text{(VI-15)}$$

Mit **$\xi > 0$** wird die **Risikoscheu** in Gleichung (VI-15) ausgedrückt.

Beispiel: Es gelte die Präferenzfunktion $\Phi(I_i) = \mu - 1/4 \cdot \sigma^2$. Übertragen auf die Werte der Beispielaufgabe ermittelt man folgende Ergebnisse:

$\Phi(I_1) = 7{,}5 - 1/4 \cdot 6{,}54^2 = -3{,}19$,

$\Phi(I_2) = 6{,}75 - 1/4 \cdot 1{,}30^2 = 6{,}33$,

$\Phi(I_3) = 8{,}25 - 1/4 \cdot 3{,}27^2 = 5{,}58$.

Das Präferenzfunktional für die zweite Alternative weist den höchsten Wert auf, weshalb I_2 von einem risikoscheuen Investor den übrigen Alternativen vorgezogen wird.

Zusammenfassend kann man festhalten: Ein **risikoscheuer** (risikoaverser) **Entscheider**

- bewertet einen **wachsenden mathematischen Erwartungswert positiv** und
- ein **wachsendes Risiko negativ**,
- daher steigt sein Nutzen mit wachsendem μ bei gegebenem σ (σ^2) und
- sinkt sein Nutzen mit wachsendem σ (σ^2) bei gegebenem μ.

Damit präferiert er die Alternative mit der kleinsten Gewinnchance bzw. Verlustrisiko. Das Sicherheitsäquivalent ist infolgedessen kleiner als der Erwartungswert (z.B. für I_1 gilt $\Phi(I_1) < \mu_1 \Leftrightarrow -3{,}19 < 7{,}5$).

Auswahlentscheidung nach dem $\mu\sigma$-Prinzip bei Risikofreude

Die dritte Form der Risikoeinstellung, die im Rahmen des $\mu\sigma$-Prinzips angewendet werden kann, ist die Risikofreude, allgemein durch nachfolgendes Präferenzfunktional beschrieben:

$$\Phi(I_i) = \mu - \xi\sigma^2 \qquad \text{(VI-16)}$$

Im Fall von Risikofreude gilt **$\xi < 0$**.

Beispiel: Als Präferenzfunktion wird $\Phi(I_i) = \mu + 1/4 \cdot \sigma^2$ unterstellt. Übertragen auf die Beispielwerte errechnet man:

$\Phi(I_1) = 7{,}5 + 1/4 \cdot 6{,}54^2 = 18{,}19$,

$\Phi(I_2) = 6{,}75 + 1/4 \cdot 1{,}30^2 = 7{,}17$,

$\Phi(I_3) = 8{,}25 + 1/4 \cdot 3{,}27^2 = 10{,}92$.

Der Entscheider wählt im Beispielfall Investitionsalternative I_1.

Demnach bewertet ein **risikofreudiger Entscheider**

- einen **wachsenden mathematischen Erwartungswert positiv** und
- ein **wachsendes Risiko positiv**.

Dadurch steigt der Nutzen des Entscheiders mit wachsendem μ bei gegebenem σ (bzw. mit wachsendem σ bei gegebenem μ). Für Risikofreudige ist das Sicherheitsäquivalent größer als der Erwartungswert (z.B. für I_2 gilt $\Phi(I_2) > \mu_2 \Leftrightarrow 7{,}17 > 6{,}75$).

Der risikofreudige Entscheider schätzt Alternativen mit breiter Streuung der möglichen Einzahlungen um den Erwartungswert höher ein als Alternativen, die eine kleinere Streuung aufweisen. Daher kann man auch sagen, dass er die Handlungsalternative mit hohen Gewinnchancen bzw. Verlustrisiken vorzieht.

Abschließend sollen einige **kritische Anmerkungen** zum $\mu\sigma$-Prinzip angeführt werden:

- Es ist im Vergleich zum *Bernoulli*-Prinzip einfacher zu handhaben.
- Die individuelle Einstellung des Entscheiders gegenüber dem Risiko kann berücksichtigt werden.
- Die Informationen werden jedoch in der Wahrscheinlichkeitsverteilung auf die beiden Parameter μ und σ komprimiert.
- Alle entscheidungsrelevanten Daten gehen in die Entscheidungsfindung ein.
- Es können Widersprüche zum Dominanzprinzip auftreten.

Beispiel: Nachfolgende Tab. VI-12 zeigt die Ergebniswerte für zwei Investitionsalternativen.

	s_1	s_2	μ_i	σ_i
	$w(s_1) = 0,7$	$w(s_2) = 0,3$		
I_1	50	30	44,0	9,17
I_2	48	0	33,6	22,0

Tab. VI-12: Beispielwerte zu Dominanz- und $\mu\sigma$-Prinzip

Es sei die Präferenzfunktion eines risikofreudigen Entscheiders wie folgt unterstellt: $\Phi(I_i) = \mu + 1{,}5 \cdot \sigma$. Es ergeben sich folgende Nutzenwerte: $\Phi(I_1) = 57{,}76$, $\Phi(I_2) = 66{,}6$. Der Entscheider bevorzugt demzufolge aufgrund seiner Präferenzfunktion die Alternative I_2, obwohl nach dem Dominanzprinzip I_1 auszuwählen wäre. Hierin liegt also ein widersprüchliches Entscheidungsergebnis vor.

Es sollte das Dominanzprinzip immer als Vorauswahl dem $\mu\sigma$-Prinzip vorgeschaltet werden und die anschließende endgültige Auswahl mittels μ und σ erfolgen, um Widersprüche zu vermeiden.

Die zentrale Bedeutung des $\mu\sigma$-Prinzips liegt weniger in der Bewertung von Einzelinvestitionen, sondern von **Investitionsprogrammen bei Risiko**. Die bisherigen Ausführungen zum $\mu\sigma$-Prinzip sind daher überwiegend als methodische Einführung zur Portfolio Selection-Theorie des nächsten Kapitels zu verstehen.

4.4 Entscheidungstheorie und Investitionstheorie

In Abschnitt 2 wurden bereits zu Anfang der Vorstellung entscheidungstheoretischer Modelle im Einsatz für die Investitionstheorie „Warnschilder" für die Übertragbarkeit aufgestellt und nur sehr restriktive Annahmen erlaubten es, die Erkenntnisse der Entscheidungstheorie für die investitionstheoretischen Fragestellungen einzusetzen. Zum Abschluss soll die Kritik wegen ihrer hohen Bedeutung und der damit verbundenen Wiederholung zentraler ökonomischer Grundlagen weiterentwickelt werden.

Es sei nochmals daran erinnert, dass Ergebnisse von Investitionsentscheidungen (Konsum-)Einkommensströme sind. Solche Folgen von Zahlungen zu verschiedenen Zeitpunkten lassen sich nur ausnahmsweise direkt miteinander vergleichen. Die Funktion des Kapitalwerts ist es, eine solche Umrechnung zu bewirken. Als

Vermögensmehrung in t_0 oder Grenzpreis der Investition erfüllt er in diesem Sinne seine Funktion als Entscheidungskriterium. Vorteilhaftigkeitsaussagen aufgrund des Kapitalwertkriteriums können aber nur bei Einwertigkeit getroffen werden, mithin bei Sicherheit. Die **Investitionstheorie** vermag unter dieser Bedingung das Problem der **Zeitverschiedenheit** zu lösen. Die **Entscheidungstheorie** löst hingegen das Problem der **Unsicherheit**. Die Verbindung beider Theoriezweige ist aber bislang noch nicht gelungen.

Das angesprochene Problem weist den Blick auf die Notwendigkeit einer **Bewertungstheorie unter Unsicherheit**, um auf diese Weise Kapitalwerte unsicherer zukünftiger Zahlungen (über die gesamte Planungsperiode eines Investitionsobjekts) ermitteln zu können. In einer solchen Theorie würde Zeitverschiedenheit und Unsicherheit gelöst. Die methodischen Anforderungen an eine solche Theorie sind enorm, weshalb Vereinfachungen, insbesondere in Hinblick auf eine Einperiodigkeit, hilfreich ist.

Die Behandlung mehrperiodiger Entscheidungsprobleme ist Aufgabe der flexiblen Planung.

> Die **flexible Planung** ermöglicht die Berücksichtigung der Unsicherheit bei mehrperiodigen Entscheidungsproblemen, sofern als Zielgröße das Ergebnis am Ende der letzten Periode verwendet wird.

Der Komplexitätsgrad solcher Modelle ist groß und die Lösungsmethoden der linearen und der dynamischen Programmierung sind formal anspruchsvoll und aufwendig.

Lesehinweis: Die flexible Programmplanung geht auf *Hax* (1991, S. 165f.) und *Laux* (2003, S. 283ff.) zurück. Ein illustratives Beispiel liefern *Hax/ Laux* (1972, S. 318-340). Eine zusammenfassende Kritik zu diesem Ansatz findet man u. a. bei *Blohm/ Lüder* (1995, S. 334-336).

Eine andere Möglichkeit besteht in der Formulierung von Investitionsentscheidungen als „**pseudo-einperiodische**" **Probleme**. Mehrperiodische Probleme werden auf ein einperiodisches zurückgeführt, indem ein einperiodisches Ersatzproblem formuliert und gelöst wird.

Lesehinweis: Ein vertiefende Diskussion zu vorgenannten Problembereichen und Lösungsansätzen liefern *Schmidt/ Terberger* (1997, S. 300-307).

5 Unsicherheitsaufdeckende Verfahren

Mit dem Versuch der Integration der Entscheidungs- in die Investitionstheorie ist das Ziel verbunden, Investitionsentscheidungen unter Unsicherheit zu begründen. Wie in Abschnitt 2 ausgeführt, kann eine weitere Verfahrensgruppe im Umgang mit der Unsicherheit bei Fragen der Investitionsbewertung in der Aufdeckung von Unsicherheit eines Investitionsobjekts gesehen werden. Im Gegensatz zur Suche nach Investitionskalkülen und Entscheidungskriterien geht es hierbei um die **Erfassung von Unsicherheitsauswirkungen** von Investitionsentscheidungen aufgrund unsicherer Umweltzustände. Die Ergebnisse der hierzu zählenden Verfahren – Sensitivitäts- und Risikoanalyse – haben denn auch eher den Charakter von Informationsverfahren.

5 Unsicherheitsaufdeckende Verfahren

5.1 Sensitivitätsanalyse

Investitionsbewertungen und -entscheidungen erfordern ein Entscheidungsmodell, in dem die zu maximierende oder minimierende **Zielgröße abhängig** ist **von Variablen**, die entweder

- Handlungsmöglichkeiten verkörpern (z.B. Produktionsmengen) oder

- vom Entscheider nicht beeinflussbar sind (beispielsweise Ergebnisse von Tarifverhandlungen und die sich dadurch u.U. ergebenden Lohnkostenänderungen).

Letztlich wirken diese Variablen auf die Ein- und Auszahlungen eines Investitionsobjekts und damit auf den Kapitalwert. Sind die Variablen unsicher, so kann der Entscheider grundsätzlich versuchen, abzuschätzen, innerhalb welcher Grenzen die Änderungswerte für einzelne Variablen zu erwarten sind. Er befindet sich dann methodisch wieder bei der Bildung von Erwartungswerten (vgl. *Hax* 1993, S. 122-123).

Was aber, wenn die dann tatsächlich eintretenden Werte von den seinerzeit den Investitionsentscheidungen zugrunde gelegten abweichen?

Diese Frage kann im Zeitpunkt der Investitionsbewertung mittels einer Sensitivitätsanalyse, auch als Sensibilitätsanalyse bezeichnet (vgl. *Müller-Meerbach* 1973, S. 150) nachgegangen werden. Mit ihr wird versucht, die **Empfindlichkeit** der **Ergebnisse** der Investitionsbewertung (i.d.R. der Kapitalwert) hinsichtlich der Veränderung der Ausgangsdaten zu ermitteln (vgl. *Dinkelbach* 1969, S. 29). Damit wird das Bewertungsergebnis, das mittels eines dynamischen Verfahrenskalküls ermittelt wurde, ergänzt. Um beispielsweise herauszufinden wie sich die auf dem Kapitalwert basierende Investitionsentscheidung unter Unsicherheit darstellt, wird eine besonders ungewisse Variable in der Kapitalwertgleichung variiert. Alle anderen Variablen werden konstant gehalten. Es soll auf diese Weise ermöglicht werden, **Transparenz** in die Investitionsentscheidung zu bringen, wenn sie unter Unsicherheit (bzgl. einer bestimmten Variablen) getroffen werden muss. Die Kapitalwertgleichung wird in die die Zahlungsströme beeinflussenden Faktoren disaggregiert, um Zusammenhänge zwischen Eingangsgrößen einer Investitionsrechnung (z.B. Preise, Absatzmengen, Nutzungsdauer) (= Input) und ihrem Ergebnis (Kapitalwert) (= Output) aufzeigen zu können. Das Vorgehen ist dergestalt, dass

- zuerst der Kapitalwert unter der Annahme ermittelt wird, alle Eingangsgrößen seien in Zukunft mit Sicherheit zu erwarten und anschließend

- Eingangsgrößen verändert werden.

Zwei **Fragestellungen** sind dann zu unterscheiden (vgl. *Kern* 1974, S. 60ff., *Blohm/ Lüder* 1995, S. 251):

(1) Wie verändert sich die Outputgröße (z.B. Kapitalwert) bei vorgegebener Abweichung einer oder mehrerer Inputgrößen vom ursprünglichen Wertansatz? (z.B. Variation der Inputwerte Absatzpreis und -menge in Stufen von 5%, *10%* oder *20%* und Ermittlung ihrer jeweiligen Wirkungen auf den Kapitalwert).

(2) In welchem Umfang darf der Wert einer oder mehrerer Inputgrößen gegenüber dem ursprünglichen Wertansatz, der zum Kapitalwert bei Sicherheit geführt hat, abweichen, ohne dass der Kapitalwert einen vorgegebenen Wert unter- bzw. überschreitet (Verfahren der kritischen Werte).

Zur Beschreibung der beiden Vorgehensweisen im Überblick.

Verfahren der kritischen Werte

Ein kritischer Wert oder Break Even-Point spielte bereits in den vorangegangenen Kapiteln immer wieder eine Rolle. Auch im Rahmen der Sensitivitätsanalyse geht es darum, mit dieser Methode eine Grenze zu bestimmen: Gefragt wird, bei welchem Wert eine ungewisse Variable in der Kapitalwertgleichung zu einem Kapitalwert von Null führt. Sinkt der Kapitalwert unter Null, so ist bekanntlich ein Investitionsobjekt nicht mehr akzeptabel, sie wird nicht durchgeführt. Die Anwendung des Verfahrens kritischer Werte bedeutet dann die Prüfung folgender Frage:

Wie weit dürfen die Werte der als unsicher betrachteten Inputgrößen von den in der Kapitalwertrechnung ursprünglich angesetzten Werten abweichen, damit noch gilt: $C_0 \geq 0$?

Man kann zu diesem Zweck

- entweder eine Inputgröße der Kapitalwertgleichung verändern und alle anderen konstant halten, oder
- mehrere Inputgrößen verändern und die übrigen konstant halten.

Der Ablauf besteht in folgenden **Einzelschritten**:

(1) **Auswahl** der als unsicher erachteten **Inputgröße** (z.B. Produktpreis, Faktorpreis, Anschaffungsausgabe)

(2) **Umformulierung** der **Kapitalwertformel**:

Hierzu ist es sinnvoll, die Kapitalwertformel nach den Barwerten der Ein- und Auszahlungen getrennt aufzubereiten:

$$C_0 = \sum_{t=1}^{T} \frac{e_t}{(1+i)^t} - \sum_{t=0}^{T} \frac{a_t}{(1+i)^t} \qquad \text{(VI-17)}$$

Gleichung (VI-17) wird anschließend reformuliert, indem die Bestimmungsgrößen der Ein- und Auszahlungsgrößen (= Inputfaktoren) statt der Zahlungsströme eingesetzt werden (vgl. *Hax* 1993, S. 125):

$$C_0 = \sum_{t=1}^{T} [m_t \cdot (p_t - k_{vt}) - a_{ft}] \cdot q^{-t} - a_0 \qquad \text{(VI-18)}$$

mit

m_t = Absatzmenge in Zeitpunkt t,
p_t = Produktpreis in Zeitpunkt t,
k_{vt} = variable Stückkosten in Zeitpunkt t,
a_{ft} = fixe Auszahlungen einer Periode t,
a_0 = Anschaffungsausgabe zum Zeitpunkt t_0,
q^{-t} = Abzinsungsfaktor $\left[\frac{1}{(1+i)^t}\right]$.

(3) **Auflösen** der **Kapitalwertgleichung** für $C_0 = 0$ nach der bzw. den ausgewählten Inputgrößen. Wäre dies beispielsweise ausschließlich die Absatzmenge, hätte man die **kritische Menge** m_k wie folgt zu ermitteln:

$$0 = m_k \cdot \sum_{t=1}^{T} (p_t - k_{vt}) \cdot q^{-t} - \sum_{t=1}^{T} a_{ft} \cdot q^{-t} - a_0 \qquad \text{(VI-19)}$$

$$m_k = \frac{\sum_{t=1}^{T} a_{ft} \cdot q^{-t} + a_0}{\sum_{t=1}^{T} (p_t - k_{vt}) \cdot q^{-t}}$$ (VI-20)

Die **kritischen Menge** gibt an, ab welcher Absatzmenge der **Kapitalwert Null** wird. Für die Sensitivitätsanalyse bedeutet dies, dass z.B. bei einer ursprünglich in der Kapitalwertberechnung verwendeten Absatzmenge von angenommen *100.000* Stück eines Produkts, bei angenommen *15%igem* Absatzrückgang ein negativer Kapitalwert erwirtschaftet würde. In diesem Fall wäre das Investitionsobjekt unrentabel, d.h. die Absatzmenge dürfte im ungünstigsten Fall nur um weniger als *15%* sinken.

Eine weitere Inputgröße, die häufig variiert wird, stellt die Nutzungsdauer (*T*) dar. Es lässt sich zeigen, dass sich für diesen Fall die **dynamische Amortisationsrechnung** anwenden lässt. Daher stellt die Berechnung der Nutzungsdauer als kritischer Wert die in der Praxis am häufigsten angewendete Form der Sensitivitätsanalyse dar (vgl. *Busse von Colbe/ Laßmann* 1990, S. 163-164).

Verfahren zur Ermittlung der Outputänderung bei vorgegebener Inputänderung

Ausgangspunkt dieser Variante der Sensitivitätsanalyse bildet wiederum ein unter der Annahme vollkommener Sicherheit errechneter Kapitalwert eines Investitionsobjekts. Es werden nun eine oder mehrere Inputgrößen um einen bestimmten Wert verändert. Dessen Höhe kann

- entweder willkürlich verwendet werden (z.B. *10%*) oder
- es gibt eine optimistische bzw. pessimistische Einschätzung der zukünftigen Entwicklung einer Inputgröße. Optimistische Einschätzung bezeichnet bei einer Einzahlung den oberen, bei pessimistischer Einschätzung den unteren Grenzwert. Mit Hilfe dieser Werte wird die Differenz zu den Ursprungswerten ermittelt. Mittels der Differenz zwischen Ursprungs- und Grenzwerten wird die Variation durchgeführt.

Der **Ablauf** dieser Variante der Sensitivitätsanalyse kann gedanklich in die folgenden Einzelschritte zerlegt werden (vgl. *Blohm/ Lüder* 1995, S. 252):

(1) Auswahl der als unsicher erachteten Inputgröße,

(2) Formulierung der Kapitalwertformel unter Abhängigkeit der jeweiligen Inputgrößen (s.o. Vorgehen beim Verfahren kritischer Werte),

(3) Festlegung der Abweichungshöhe der Inputgröße vom Ursprungswert,

(4) Bestimmung der Änderung des Kapitalwerts, der sich durch die Änderung der Inputgrößen bzw. Inputgrößenkonstellation ergeben würde.

<u>Lesehinweis</u>: Analytisch interessierte Leserinnen und Leser finden eine detaillierte theoretische Darlegung u.a. bei *Hax* (1993, S. 126-133), die mehr an Beispielen interessierten seien verwiesen auf *Blohm/ Lüder* (1995, S. 253-254).

Beide vorgestellten Vorgehensweisen der Sensitivitätsanalyse basieren auf ganz bestimmten **Prämissen**, die Anlass zu **Kritik** an diesen Verfahren geben (vgl. *Kilger* 1965b, S. 353):

- Bei Veränderung von einzelnen Inputgrößen geht man davon aus, dass alle anderen Inputfaktoren konstant (d.h. bei ihren Ursprungswerten) bleiben. Dies dürfte in der Realität nicht zutreffen, da hier alle Inputgrößen mehr oder weniger zusammenhängen (Interdependenzproblem).

- Jede Variation einer Inputgröße setzt voraus, dass die bestehenden Abhängigkeiten zwischen den Inputgrößen und die kausalen Beziehungen zum Kapitalwert bekannt sind.

- Wird mehr als eine Inputgröße verändert, so muss gewährleistet sein, dass die Wahrscheinlichkeit des Unter- bzw. Überschreitens des geänderten Werts für alle betrachteten Inputgrößen gleich ist und diese Inputgrößen voneinander (stochastisch) unabhängig sind.

Bevorzugte Anwendungsbereiche der Verfahren sind (vgl. *Kilger* 1965b, S. 341):

- Mit Sensitivitätsanalysen sollte für eine festgestellte „kritische Inputgröße" zusätzliche Information beschafft werden, um Unsicherheiten zu verringern.

- Sie erlauben durch die Berechnung von C_0 für gerade noch wahrscheinliche obere und untere Inputgrößenkonstellationen die Berechnung eines Bereichs, in dem C_0 mit hoher Wahrscheinlichkeit liegen wird.

5.2 Risikoanalyse

Die Anwendung des $\mu\sigma$-Prinzips setzt voraus, dass für die zustandsabhängigen Kapitalwerte die Normalverteilungshypothese Gültigkeit hat. Dies mag bei börsennotierten Kontrakten, also Finanzinvestitionen, meist gegeben sein. Dort gilt als Konsens unter Wirtschaftswissenschaftlern, dass Wertpapierkurse und Renditen einem Zufallspfad folgen (= Random Walk). Ein **Random Walk-Modell** impliziert, dass sukzessiv verdiente Renditen unabhängig voneinander und über die Zeit normalverteilt sind (vgl. *Bodie/ Kane/ Marcus* 1998, S. 232f.).

Bei Sachinvestitionen mag eine Random Walk-Annahme häufig nicht erfüllt sein. In solchen Fällen muss statt des Erwartungswerts und der Streuung die explizite Wahrscheinlichkeitsverteilung des Kapitalwerts der Vorteilhaftigkeitsentscheidung zugrunde gelegt werden. Jedes Investitionsobjekt weist daher ein eigenes Risikoprofil auf, das zur Analyse des Risikos verwendet wird. Dieses Risikoprofil gilt es im Rahmen der Risikoanalyse zu ermitteln. In der Investitionsrechnung werden hierzu Verfahren der Risikosimulation eingesetzt. Mit ihnen sollen folgende Aussagen gewonnen werden:

- Wahrscheinlichkeit des Eintritts eines Ergebnisses einer Investitionsrechnung (z.B. Kapitalwert),

- Wahrscheinlichkeit, mit der davon abweichende Ergebnisse realisiert werden.

Es kann – sofern möglich – die Risikosimulation durch die Verteilung der Zielgröße geschätzt werden. Die **Zielgröße** bestehe in den nachfolgenden Ausführungen aus dem **Kapitalwert**. Ist dies nicht möglich oder ist die Schätzgüte gering, betrachtet man stattdessen die Wahrscheinlichkeitsverteilung der Inputgrößen. Die Größen, die mit Unsicherheit behaftet sind und für die eine Risikosimulation erfolgen soll, bezeichnet man als **Simulationsparameter**. Berücksichtigt man Unsicherheit in der Investitionsrechnung, so nimmt jede Eingangsgröße keinen deterministischen, festen Wert mehr an, sondern bewegt sich in einem Wertebereich. Dieser beruht auf Schätzungen. Im Folgenden soll die Risikosimulation nicht hinsichtlich der Zielgröße Kapitalwert, sondern in Bezug auf **Inputgrößen** vorgestellt werden.

5 Unsicherheitsaufdeckende Verfahren

Im **Überblick** sind **Verfahren** der Risikosimulation wie folgt beschrieben:

(1) Auswahl der zu verändernden Inputgrößen (= Simulationsparameter),

(2) Eingang der Parameter in die Simulationsrechnung mit quantitativen Größen,

(3) Festlegung der Wahrscheinlichkeitsverteilung Form der Wahrscheinlichkeitsdichte (Häufigkeitsdichte) der Simulationsparameter. Deren Eigenschaften können unterschiedlich beschrieben sein:

- Zum einen kann durchaus eine **Normalverteilung** vorliegen beschrieben durch die *Gaußsche* Glockenkurve. Der Verteilungsbereich kann entweder stetig oder diskret sein. Der Wertebereich ist endlich mit einem Minimal- und einem Maximalwert. Innerhalb dieses Bereichs liegt der Modus, bei dem die Eintrittswahrscheinlichkeit am größten ist. Der Verlauf der Verteilungsdichtefunktion ist ebenfalls durch einen Gipfel gekennzeichnet, was den Umstand ausdrückt, dass es einen Wert mit sehr großer Wahrscheinlichkeit gibt. Nachfolgende Abb. VI-23 zeigt dies beispielhaft für die Nutzungsdauer T.

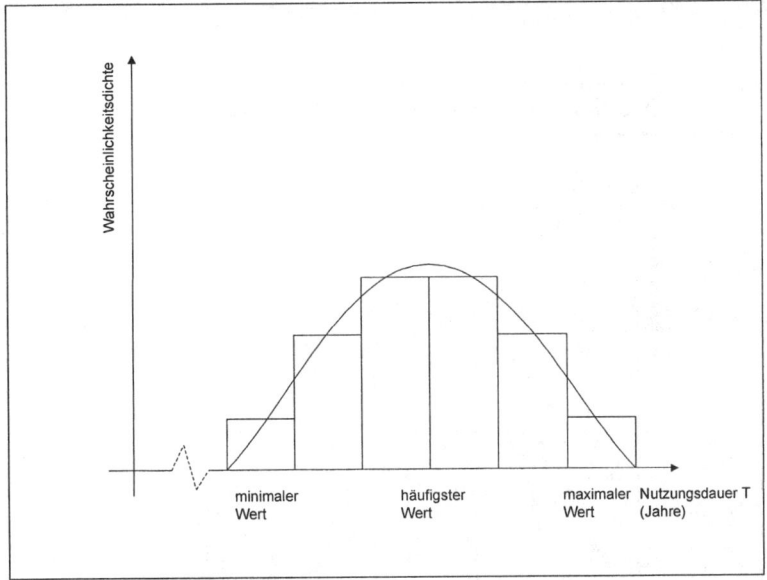

Abb. VI-23: Wahrscheinlichkeitsdichte der Verteilung der Nutzungsdauern (diskret und stetig)

- Die Verteilungsfunktion muss nicht in der Symmetrie der „Gaußschen Normalverteilung" bestehen. Die Bedeutung der Risikoanalyse für Investitionsentscheidungen liegt gerade darin, dass nicht zwingend mit symmetrischen Wahrscheinlichkeitsverteilungen gearbeitet werden muss. Stattdessen kann die **Verteilung rechtsschief oder linksschief** sein. Abb. VI-24 zeigt eine rechts- und Abb. VI-25 eine linksschiefe Verteilung in stetiger und diskreter Form.

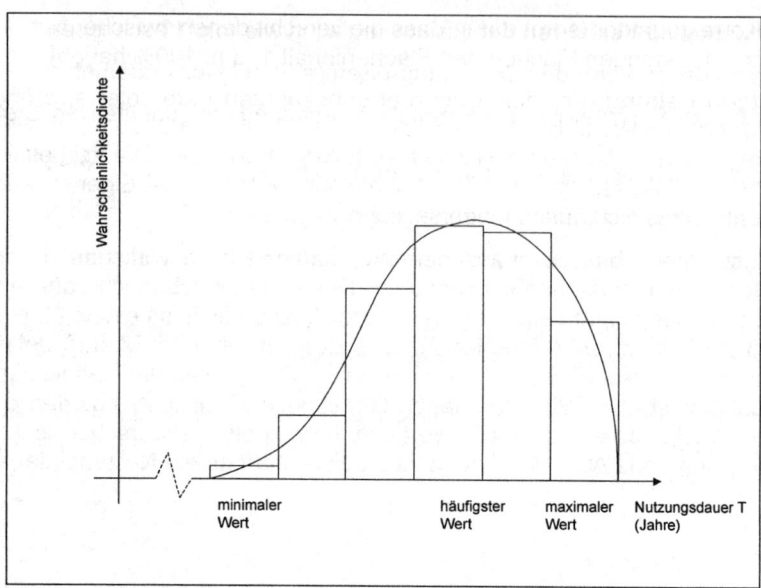

Abb. VI-24: Rechtsschiefer Verlauf der Verteilungsfunktion

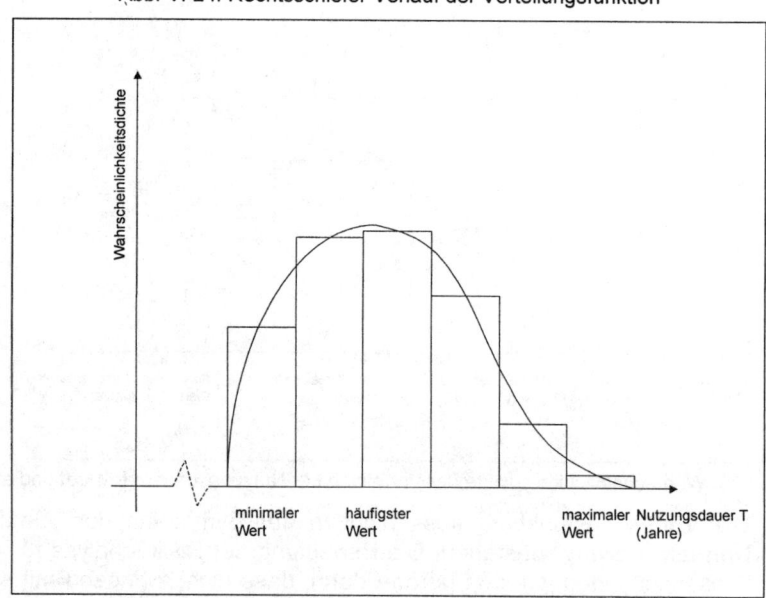

Abb. VI-25: Linksschiefer Verlauf der Verteilungsfunktion

Die Verteilung wird formal mit der Funktion der sog. **Beta-Verteilung** darstellbar (die folgenden Ausführungen basieren auf *Hoffmeister* 1995, S. 41-57). Sie lautet in allgemeiner Form:

$$y = c \cdot x^a \cdot (1-x)^b \tag{VI-21}$$

mit

x   = $0 \leq x \leq 1$ entsprechend dem minimalen und maximalen Wert,
a, b = Parameter, Darstellung der links- und rechtsschiefen Beta-Verteilungen

5 Unsicherheitsaufdeckende Verfahren

c = Korrekturfaktor (sorgt dafür, dass die verschiedenen zwischen x = 0 und x = 1 liegenden Flächen den Flächeninhalt 1, d.h. 100% haben).

Eine **Beta-Verteilung** wird durch die drei unbekannten Parameter a, b und c bestimmt, für die drei Werte benötigt werden:

- voraussichtlich nicht unterschrittener **minimaler Wert**,
- voraussichtlich nicht überschrittener **maximaler Wert**,
- häufigster Wert, **Modus** (= Md) genannt, dessen Eintrittswahrscheinlichkeit am größten ist.

Nachfolgende Abb. VI-26 gibt einen Überblick über die jeweiligen Wertekonstellationen und die daraus resultierende Beta-Verteilung:

Verteilungs-parameter		resultierende Beta-Verteilung	verteilungsrelevantes Werteverhältnis
Wert	Konstellation		
a = 1	b > a	linksschief	(maximaler Wert - Modus) > (Modus - minimaler Wert)
b = 1	a > b	rechtsschief	(maximaler Wert − Modus) < (Modus - minimaler Wert)
a = b = 1	a = b	symmetrisch	(maximaler Wert − Modus) = (Modus - minimaler Wert)

Abb. IV-26: Begründungen für Beta-Verteilungen

<u>Beispiel</u>: Als Simulationsparameter werde die Preisentwicklung auf der Auszahlungsseite einer Investition (z.B. für den Bezug von Strom) ausgewählt und die für den Kapitalwert resultierenden Wirkungen der Preissimulation betrachtet. Zunächst geht es darum, die vorgenannten allgemeinen theoretischen Erkenntnisse umzusetzen.

Zu diesem Zweck wird unterstellt, dass für die nächsten zehn Jahre die durchschnittliche Strompreisentwicklung vom Entscheider wie folgt geschätzt wird: Der minimale Wert sei ein optimistischer Wert, von *1%*, der Modus betrage *3%*. Der maximale Wert ist ein pessimistischer Wert von *7%*. Hieraus ist die Bestimmung der Verteilungsform vorzunehmen:

maximaler Wert - häufigster Wert: *7 % - 3 % = 4 %,*

häufigster Wert - minimaler Wert: *3 % - 1 % = 2 %.* Diese Verteilung ist linksschief.

Berechnung der Wahrscheinlichkeitsdichte

Die Wahrscheinlichkeitsdichte oder Dichtefunktion erhält man durch Differentiation sowie Integration von Gleichung (VI-21). Für die **Differentiation** ist mit der Angabe des häufigsten Werts (= x_{Md}) das Maximum der Beta-Verteilung gegeben. Bildet man von (VI-21) die erste Ableitung (= y') und setzt sie Null, erhält man das **Maximum**. Die erste Ableitung lautet:

$$y' = c \cdot a \cdot x^{a-1} \cdot (1-x)^b + c \cdot x^a \cdot b \cdot (1-x)^{b-1} \cdot (-1) \qquad \text{(VI-22a)}$$

Nach Ausmultiplizieren erhält man folgende endgültige Form:

$$y' = c \cdot x^{a-1} \cdot (1-x)^{b-1} \cdot [a - x \cdot (a+b)]$$ (VI-22b)

Gleichung (VI-22b) Null gesetzt, führt zum gesuchten Modus x_{Md}:

$$y' = 0 = a - x_{Md} \cdot (a+b)$$ (VI-23a)

und es gilt:

$$x_{Md} \cdot (a+b) = a$$ (VI-23b)

Mit dem **Modus** kann bei einer linksschiefen Verteilung mit $a = 1$ der Wert für b, bei einer rechtsschiefen Verteilung mit $b = 1$ der Wert für a berechnet werden. Nun ist der Wert für x_{Md} nicht der gegebene häufigste Wert, da der zulässige Wertebereich für die allgemeine Beta-Funktion $0 \leq x \leq 1$ beträgt. Den Modus erhält man **durch lineare Transformation** des Intervalls [minimaler Wert, maximaler Wert] auf das Standardintervall [0,1]. Der Modus ist daraufhin nach folgender Formel zu transformieren: $x_{Md} = \dfrac{\text{häufigster Wert - minimaler Wert}}{\text{maximaler Wert - minimaler Wert}}$.

Beispiel: Übertragen auf die Werte zur Strompreisentwicklung aus dem vorangegangenen Beispiel wird der Wert x_{Md} wie folgt berechnet:

$$x_{Md} = \frac{3-1}{7-1} = \frac{2}{6} = \frac{1}{3}.$$

Ferner ist der **Parameter b** erforderlich. Er wird mittels Gleichung (VI-23b) errechnet.

Beispiel: Da die Verteilung linksschief ist, wird $a = 1$ gesetzt. Damit erhält man für b mit den Beispielwerten:

$$\frac{1}{3}(1+b) = 1$$
$$1 + b = 3$$
$$b = 2$$

Die Funktion der Beta-Verteilung lautet im Sinne von Gleichung (VI-21) aufgrund der errechneten linksschiefen Verteilung ($a = 1$) und $b = 2$ für die Beispielwerte wie folgt: $y = c \cdot x \cdot (1-x)^2$.

Die Beta-Funktion kann an dieser Stelle noch nicht festgelegt werden, da der **Parameter c** noch fehlt. Er ist erforderlich, um die Fläche auf Eins zu normieren. Diese Fläche besteht aus dem bestimmten Integral über die Funktion der Beta-Verteilung von $x = 0$ bis $x = 1$:

$$\Psi = \int_0^1 c \cdot x^a \cdot (1-x)^b \, dx = 1$$ (VI-24)

Für die zu integrierende Funktion gilt in allgemeiner Schreibweise $y = A \cdot x^n + B \cdot x^{n-1} + \ldots + V \cdot x + W$, mit der dazugehörigen allgemeinen Integrationsregel für jeden einzelnen Summanden: $\int_a^b A \cdot x^n \, dx = \dfrac{A}{n+1} \cdot x^{n+1} \Big|_a^b$. Daraufhin kann die **Berechnung des Parameters c** unter Zugrundelegung der Beta-Verteilung aus dem Beispielfall $[y = c \cdot x \cdot (1-x)^2]$ erfolgen:

$$\int_0^1 c \cdot x \cdot (1-x)^2 \, dx = 1$$ (VI-25a)

$$\int_0^1 c \cdot x \cdot (1 - 2x + x^2) dx = 1 \qquad \text{(VI-25b)}$$

$$\int_0^1 c \cdot [x - 2x^2 + x^3] dx = 1 \qquad \text{(VI-25c)}$$

$$c \cdot \left[\frac{x^2}{2} - \frac{2}{3} \cdot x^3 + \frac{x^4}{4} \right]_0^1 = 1 \qquad \text{(VI-25d)}$$

Beispiel: Führt man das bisherige Beispiel fort, so können mittels Gleichung (VI-25d) die Integrationsgrenzen eingesetzt werden und man erhält:

$$c \cdot \left(\frac{1}{2} - \frac{2}{3} + \frac{1}{4} \right) = 1$$

$$c \cdot \left(\frac{6}{12} - \frac{8}{12} + \frac{3}{12} \right) = 1$$

$c = 12$.

Die gesuchte Beta-Funktion für die Beispielwerte lautet demnach $y = 12 \cdot x \cdot (1 - x)^2$. Um diese Funktion grafisch abbilden zu können, soll eine Wertetabelle erstellt werden. Zu diesem Zweck ist es erforderlich, die x-Werte vorher zurückzutransformieren, was nach folgender Formel geschieht:

$$x = \frac{\text{betrachteter Wert} - \text{minimaler Wert}}{\text{maximaler Wert} - \text{minimaler Wert}}$$. Aufgelöst nach dem betrachteten Wert folgt:

[betrachteter Wert = (maximaler Wert − minimaler Wert) · x + minimaler Wert]. Auf der Grundlage nebenstehender Wertetabelle zeigt Abb. VI-27 die Wahrscheinlichkeitsdichte in Form der Beta-Verteilung für die Preisentwicklung (x-Achse zeigt die Ursprungswerte).

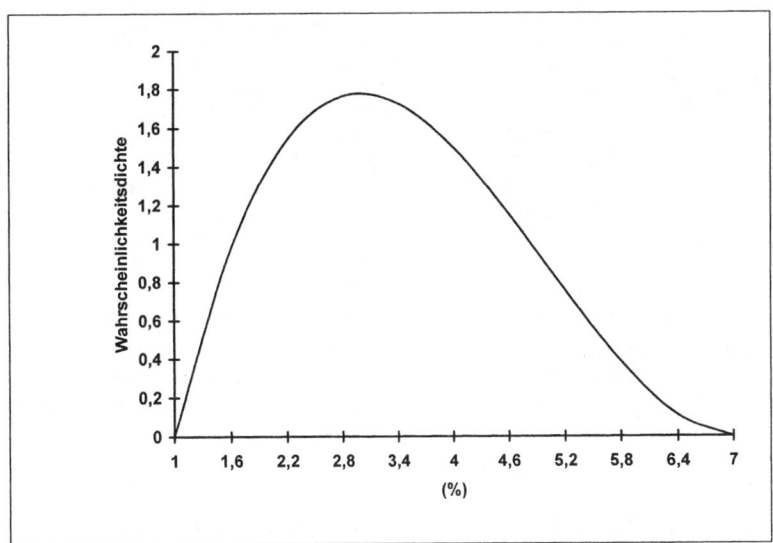

Abb. VI-27: Wahrscheinlichkeitsdichte der Preissteigerung π im Beispielfall

In Tab. VI-13 sind die betrachteten y-Werte für angenommene x-Werte berechnet.

x	0	0,1	0,2	0,3	0,33	0,4	0,5	0,6	0,7	0,8	0,9	1,0
betrachteter Wert (Preissteigerung, π)	1	1,6	2,2	2,8	2,98	3,4	4	4,6	5,2	5,8	6,4	7
y	0	0,972	1,536	1,764	1,778	1,728	1,5	1,152	0,756	0,384	0,108	0

Tabelle VI-13: Arbeitstabelle zur Beta-Verteilung

Ermittlung der Verteilungsfunktion

Die **Verteilungsfunktion** zeigt wie groß die Wahrscheinlichkeit für das Eintreffen eines bestimmten Werts der Simulationsparameter ist. Diesem Zweck dienen **Summenhäufigkeiten**. Die Eintrittswahrscheinlichkeiten für die beiden Grenzwerte sind mit *0* und *1* bekannt, da sie sich aus der Lage von x ($0 \leq x \leq 1$) ergeben. Die fehlenden Werte müssen berechnet werden. Wegen der Stetigkeit der Beta-Verteilung wird die Summenkurve über Integration gebildet.

Beispiel: In Fortführung des bisherigen Beispiels soll für den Simulationsparameter Preisänderung die Summenkurve ermittelt werden. Das **Integral** für die Funktion $y = 12 \cdot x \cdot (1 - x)^2$ lautet:

$$\Psi(\bar{x}) = \int_0^{\bar{x}} 12x(1-x)^2 \, dx$$

$$\Psi(\bar{x}) = 12 \cdot \left(\frac{x^2}{2} - \frac{2}{3}x^3 + \frac{x^4}{4} \right)_0^{\bar{x}}$$

Die Obergrenze (= $\bar{x}$) soll in *10%*-Schritten die Werte von *0 bis 1* (= *100%*) durchlaufen, was in Tab. VI-14 zusammengestellt ist.

$\bar{x}$	Ψ (%)	π (%)
0	0	1
0,1	5,23	1,6
0,2	18,08	2,2
0,3	34,83	2,8
0,4	52,48	3,4
0,5	68,75	4
0,6	82,08	4,6
0,7	91,63	5,2
0,8	97,28	5,8
0,9	99,63	6,4
1,0	100	7

Tab. VI-14: Arbeitstabelle zur Berechnung der Summenhäufigkeit

Um die weitere Auswertung vornehmen zu können, benötigt man die Ausprägung der Parameter nach Vorkommenshäufigkeiten in %-Stufen geordnet. Aus der Summenhäufigkeitskurve der Abb. VI-28 sind die Wahrscheinlichkeitswerte *w* in *10%*-Stufen ablesbar und in Tab. VI-15 zusammengestellt.

w (%)	0	10	20	30	40	50	60	70	80	90	100
π (%)	1	1,86	2,27	2,63	2,97	3,32	3,67	4,06	4,50	5,08	7

Tab. VI-15: Eintrittswahrscheinlichkeiten der Preisänderung

Tab. VI-15 ist folgendermaßen (beispielhaft) zu interpretieren: Mit *10%*iger Sicherheit beträgt die Preissteigerung bis zu *2,3%*.

Auf der Grundlage der Werte von Tab. VI-15 zeigt Abb. VI-28 die Verteilungsfunktion für die Preisänderung.

5 Unsicherheitsaufdeckende Verfahren

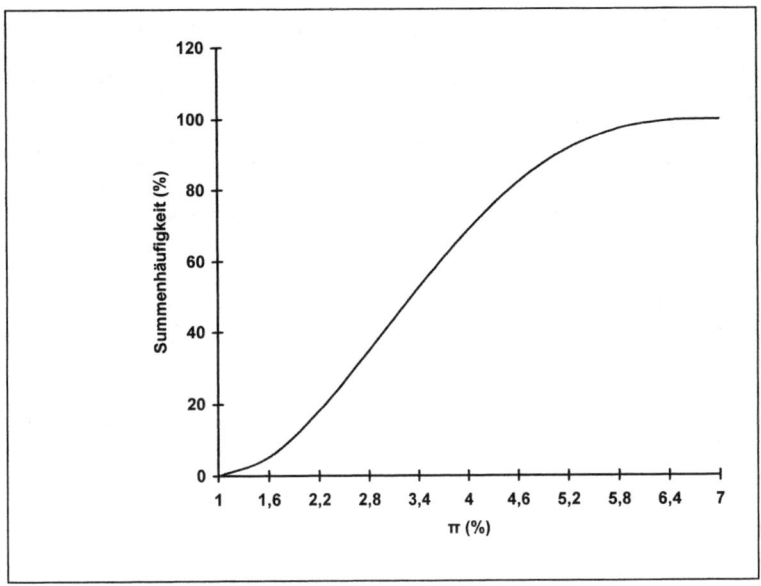

Abb. VI-28: Verteilungsfunktion der Preisentwicklung

Entscheidungsfindung

Aus dem geschätzten minimalen und maximalen Wert sowie dem Modus können **Erwartungswerte** für die einzelnen Summenhäufigkeitsstufen berechnet werden. Damit sind für die jeweilige Anzahl der unsicheren Inputgrößen elf verschiedene Werte gegeben (vgl. dazu Tab. VI-15). Mittels einer rechnergestützten Operation kann aus der großen Anzahl der abgespeicherten einzelnen Kapitalwerte der minimale, maximale und häufigste Wert herausgesucht werden. Alle übrigen Kapitalwerte werden nach der Vorkommenshäufigkeit in zehn Intervalle (Klassen) eingeteilt. Anschließend werden die aufsummierten relativen Häufigkeiten tabellarisch dargestellt. Die dadurch für jede Ergebnisgröße erstellte empirische Verteilungsfunktion (= Summenhäufigkeitsfunktion) gibt an, wie hoch die Wahrscheinlichkeit ist, dass der Kapitalwert den Betrag, der den Intervallschnittstellen zugeordnet ist, nicht übersteigt bzw. nicht unterschreitet. Dabei erhält man den minimalen Kapitalwert aus der Kombination der pessimistischen, den maximalen Kapitalwert aus der Kombination der optimistischen Werte der unsicheren Inputgrößen.

In der Investitionsrechnung wird die Risikoanalyse nun so eingesetzt, dass die Wahrscheinlichkeit eines Investitionsobjekts im Verhältnis zur Alternative vorteilhaft betrachtet wird. Die Wahrscheinlichkeit ergibt sich aus der Lage zweier Summenhäufigkeitsfunktionen. Hier können **vier Fälle** unterschieden werden, die die Investitionsentscheidung jeweils begründen:

- **Fall 1: kein Schnittpunkt**

    Haben die Verteilungen von Investitionsalternativen keinen gemeinsamen Schnittpunkt, ist die Alternative mit dem größeren Kapitalwert die vorteilhafteste von allen. Wie aus Abb. VI-29 beispielhaft hervorgeht, ist im Fall der dort aufgetragenen zwei Investitionsobjekte (A und B) die Alternative A immer wirtschaftlicher als die Alternative B.

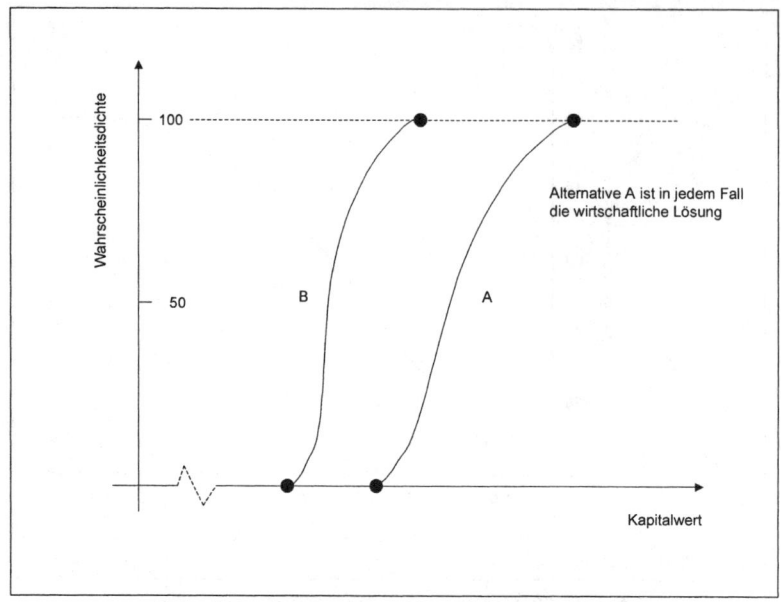

Abb. VI-29: A ist wirtschaftlicher als B

- **Fall 2: Schnittpunkt im mittleren Bereich**

    Liegt der Schnittpunkt zweier Verteilungen im mittleren Bereich - Schnittstellen *40%, 50%* oder *60%*, so ist eine Aussage über die Wirtschaftlichkeit zunächst nicht möglich. Für die Entscheidungsfindung sind weitere Merkmale hinzuzuziehen wie der häufigste Wert oder die Steilheit der Summenhäufigkeitsfunktion. In diesem Falle sind die Alternativen *A* und *B* mit jeweils *50%* gleich wirtschaftlich.

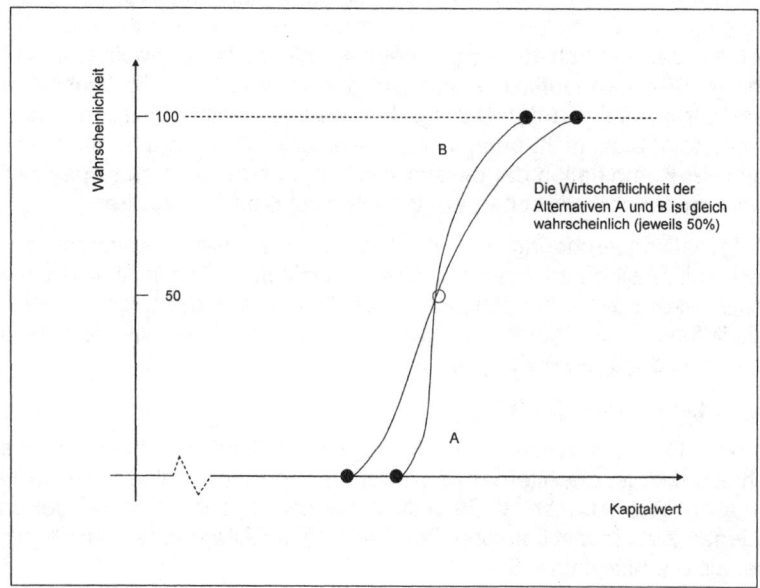

Abb. VI-30: A und B sind gleich wirtschaftlich

- **Fall 3: Schnittpunkt im oberen Bereich**

  Schneiden sich die Verteilungen im oberen Bereich - Schnittstelle 70% oder mehr - ist diejenige Alternative wirtschaftlich, deren Kapitalwert mit größerer Wahrscheinlichkeit geringer ist oder deren Kapitalwert mit höherer Wahrscheinlichkeit höher ist. In diesem Falle ist die Alternative A überwiegend wirtschaftlicher als die Alternative B. In Abb. VI-31 wurde die Alternative A mit einer Wahrscheinlichkeit von 80%, die Alternative B somit mit einer Gegenwahrscheinlichkeit von 20% angenommen.

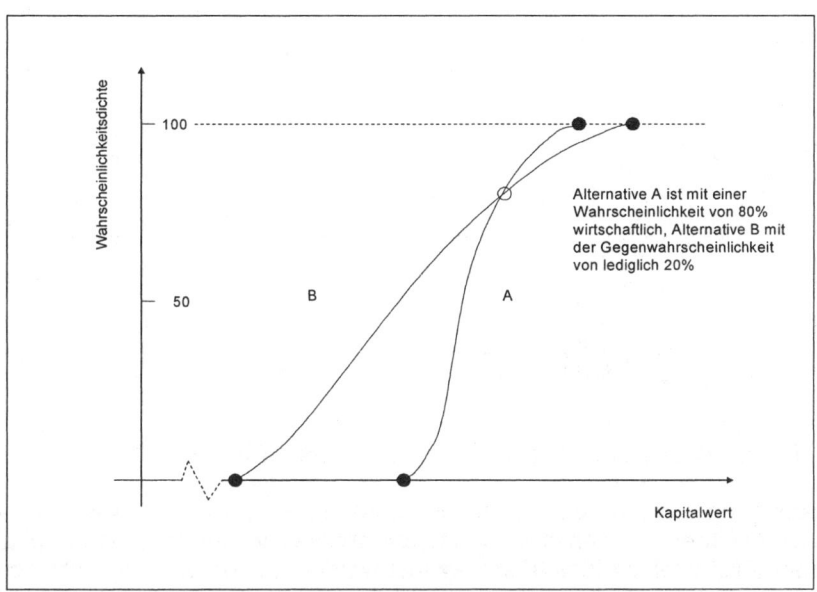

Abb. VI-31: A ist überwiegend wirtschaftlicher als B

- **Fall 4: Schnittpunkt im unteren Bereich**

  Wirtschaftlich ist dann die Alternative, die als häufigsten Wert den geringeren Kapitalwert ausweist. In diesem Falle ist die Alternative B überwiegend wirtschaftlicher als die Alternative A. In Abb. VI-32 wurde die Alternative A mit einer Wahrscheinlichkeit von 20% und Alternative B mit einer Gegenwahrscheinlichkeit von 80% angenommen.

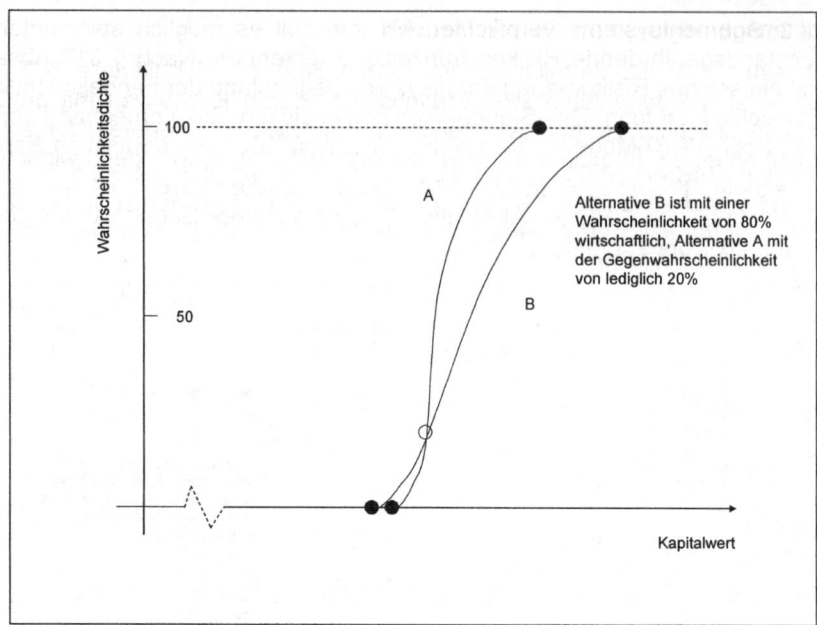

Abb. VI-32: A ist überwiegend unwirtschaftlicher als B

5.3 Risikomanagement und Value at Risk-Modelle

Risikoanalysen unterliegen einem theoretisch-methodischen Missverständnis, wenn sie mit ihren rechnerischen Wahrscheinlichkeitsverteilungen von Kapitalwerten (oder auch internen Zinsfüßen) erzeugt werden und darauf eine Entscheidung basiert wird (vgl. *Hax* 1993, S. 144). „Was könnte es heißen, wenn jemand sagt, er würde mit 30% Wahrscheinlichkeit im Zeitpunkt t_0 einen bestimmten Mehrkonsum tätigen oder eine Investition wäre mit 30% Wahrscheinlichkeit vorteilhaft? Entweder sie ist vorteilhaft oder nicht!" (*Schmidt/ Terberger* 1997, S. 301).

Die aus der Risikoanalyse resultierenden Handlungsempfehlungen unterliegen insofern einer gewissen Willkür, als sie nicht durch eine nachvollziehbare Kette von Argumenten des Entscheiders abgeleitet sind. Diese müssten sich aus dessen Präferenzen ergeben, die aus den realen Konsummöglichkeiten hervorgehen. Solche Größen tauchen in der Risikoanalyse nicht auf. Risikoanalysen sind in jüngster Zeit zunehmend als **Methoden der stochastischen Simulation** Teil der Verfahrensweisen des betrieblichen Finanzrisikomanagements im Rahmen des sog. Value at Risk-Ansatzes zur Risikomessung.

> Risikomanagement umfasst alle Tätigkeiten, die zur Analyse und Bewältigung von Unternehmensrisiken notwendig sind (vgl. *Werder* 1992, Spalte 2212). Das **Finanzrisikomanagement** erstreckt sich typischerweise auf Zinssatz-, Wechselkurs-, Aktienkurs- und Rohstoffpreisänderungen.

Ausgehend von Erkenntnissen des Finanzrisikomanagements in Kreditinstituten werden Modelle der Risikomessung auch für Nichtbanken, d.h. Unternehmen, für erforderlich erachtet. So ist seit dem 27. April 1998 das Gesetz zur Kontrolle und Transparenz im Unternehmensbereich (KonTraG) in Kraft. Durch den eingefügten § 91 Absatz 2 AktG sind börsennotierte Aktiengesellschaften zur Errichtung eines

5 Unsicherheitsaufdeckende Verfahren

Risikomanagementsystems verpflichtet. Mit ihm soll es möglich sein, unternehmensbestandsgefährdende Risiken frühzeitig zu erkennen. Nach § 317 Absatz 4 HGB ist ein solches Risikomanagementsystem Gegenstand der handelsrechtlichen Jahresabschlussprüfung. Das Standardkonzept in diesem Zusammenhang umfasst Value at Risk (VAR)-Modelle. Im novellierten Grundsatz I der deutschen Bankenaufsicht (vgl. *BAKred* 1997) werden diese Modelle zur realitätsgetreuen Abbildung bestehender und zukünftiger Risiken für Kreditinstitute zugelassen und auch Unternehmen veröffentlichen vereinzelt freiwillig VAR-Kennzahlen in ihren Jahresabschlüssen (vgl. *Mobil Corp.* 1997, S. 28).

Unter **VAR** wird der maximal monetär bewertete Verlust aus Finanzrisiken verstanden, der innerhalb einer bestimmten Frist (= **Haltedauer**) bei einem bestimmten Wahrscheinlichkeitsniveau (= **Konfidenzniveau**) und auf Basis einer bestimmten Wahrscheinlichkeitsverteilung eintreten kann. VAR-Modelle sind daher Risikomodelle, die mittels statistischer Verfahren das Marktrisiko von Investitionen messen (vgl. *Uhlir/ Aussenegg* 1996, S. 831f.).

Neben dem Einsatz im Finanzrisikomanagement als Modelle zur Messung von Risiko lassen sich VAR-Modelle auch für Fragen der **risikoadjustierten Unternehmenssteuerung** und damit auch für die Kapitalbudgetierung (vgl. Schierenbeck 2001b, S. 42) anwenden. Hinweise für die Bedeutung einer Investitionsbewertung unter Unsicherheit ergeben sich durch risikoadjustierte Renditegrößen wie dem **Return on Risk Adjusted Capital** (= RORAC) und dem **Risk Adjusted Return on Capital** (= RAROC) (vgl. *Schierenbeck* 2001b, S. 42ff.):

- **RORAC** beschreibt das Verhältnis des Nettoertrages eines Finanzgeschäftes in bezug zum dazugehörigen Risikokapital:

$$RORAC = \frac{Nettoergebnis}{Risikokapital}$$

Grundlage dieser Größe ist die Forderung des **Risikotragfähigkeitskalküls** des VAR-Ansatzes. Demzufolge sind risikobehaftete Geschäfte des Unternehmens mit Risikokapital zu unterlegen. Dadurch sollen bei einem Misserfolg dieser Geschäfte alle übrigen Verbindlichkeiten noch beglichen werden können. Das Risikokapital muss mindestens dem Risikopotenzial wie es durch den VAR eines Unternehmens gemessen wird, entsprechen (vgl. *Brüning/ Hoffjan* 1997, S. 362). Je höher daher die RORAC-Kennzahl, desto geringer ist bei gleichem Nettoertrag der bereitzustellende Eigenkapitalbetrag. Dadurch hängt die Eigenkapitalrentabilität eines einzelnen Geschäftes vom VAR dieses Geschäftes ab.

- Die **RAROC-Kennziffer** drückt aus, in welchem Maß bestimmte Geschäfte zur Erreichung einer Zielrendite beigetragen haben:

$$RAROC = (Ist\text{-}RORAC) - (Soll\text{-}RORAC)$$

Investitionen, Einzelgeschäfte oder Geschäftsbereiche mit einer hohen RAROC-Kennziffer sind solchen mit niedriger Kennziffer vorzuziehen.

Bislang dienen beide Kennziffern als Risikokomponenten zur Erweiterung von ROI- und ROE-Kennzahlensystemen. Dadurch wird eine risikoorientierte Kapitalallokation im Unternehmen verbessert (vgl. *Schierenbeck/ Lister* 1997, S. 495ff.). Es bietet sich grundsätzlich an, die Kennziffern auch für einen risikoadjustierten Kalkulationszinsfuß einzusetzen, um damit eine Investitionsbewertung zu begründen.

Lesehinweise: Einen Überblick liefern *Uhlir/ Aussenegg* (1996 und 1997). Umfassende Informationen zu VAR-Ansatz und –Einsatz gibt *Jorion* (2001).

Kapitel VII Risiko, Kapitalmarkt und Investitionsbewertung

In Kapitel VI wurde das $\mu\sigma$-Prinzip vorgestellt und sein Einsatz für Investitionsentscheidungen unter Risiko erläutert. Kennzeichnend war für die dortige Fragestellung, dass Investitionen auf ihre Vorteilhaftigkeit überprüft wurden, bei denen die Investitionsalternativen keinerlei wirtschaftliche oder technische Interdependenzen aufwiesen. Mit den dynamischen Investitionsverfahren bei Sicherheit (z.B. Kapitalwert-/Interne Zinsfußmethode) versucht man in diesem Methodenrahmen, aus mehreren voneinander unabhängigen Investitionsalternativen nach dem Prinzip des **„entweder-oder"** zu operieren: Eine einzelne Investition konnte entweder vorteilhaft sein oder nicht, zwischen Investitionsalternativen konnte ausschließlich ein einziges Objekt gegenüber allen anderen vorteilhaft sein oder keines ausgewählt werden. Entscheidungen über ein Investitionsprogramm haben im Gegensatz dazu den Charakter des **„sowohl als auch"**: Aus der Schar der zu beurteilenden Investitionsalternativen sind Kombinationen bzw. Mischungen zulässig.

Im Zentrum von Kapitel VII steht die Investitionsbewertung und -entscheidung bei voneinander abhängigen risikobehafteten Investitionsobjekten. **Zentrale Fragen**, die es zu erarbeiten gilt, sind:

(1) Wie lässt sich das in der Praxis oft beobachtbare Verhalten der Risikostreuung von Investoren durch Aufnahme von mehreren Wertpapieren in ihre Portefeuilles erklären?

(2) Welche und wie viele Wertpapiere sollten in ein Portefeuille aufgenommen werden?

(3) In welcher Form können die Grunderkenntnisse der Portfoliotheorie in ein Kapitalmarktgleichgewichtsmodell (Capital Asset Pricing Model, kurz CAPM) überführt werden?

(4) Welche Konsequenzen ergeben sich für dynamische Investitionsbewertungsverfahren, wenn der Kalkulationszinsfuß auf der Grundlage des CAPM risikoadjustiert wird?

---

1 Portfolio Selection (Portfoliotheorie)

Für Investitionsentscheidungen kann es wichtig sein, die Abhängigkeiten von Investitionsobjekten zu untersuchen und als Risikokomponente in die Bewertungs- und Wirtschaftlichkeitsüberlegungen einzubeziehen. Dabei zeigt sich, dass durch geschickte Mischung von Investitionsobjekten Diversifikationseffekte erzielbar sind, wodurch das Gesamtrisiko eines Investitionsprogramms geringer ist als die Summe der Risiken der Einzelinvestitionen.

Beispiel: Im sehr heißen Sommer 1994 bescherte der dadurch bedingte hohe Pro-Kopf-Verbrauch der deutschen Süßwarenindustrie einen Rekordabsatz an industriellem Speiseeis, während das Schokoladengeschäft Einbrüche von bis zu 50% verzeichnete. Unternehmen, die Anbieter sowohl von Speiseeis als auch von Schokolade waren, konnten die Verluste in der Schokoladensparte zumindest teilweise durch die unerwartet hohen Gewinne im Speiseeisbereich kompensieren. Anbieter, die ausschließlich Schokoladenproduzenten waren, mussten dagegen in der betrachteten Saison absatzbedingte Verluste hinnehmen.

Es ist diese Erkenntnis der **Risikoreduktion durch Diversifikation**, die erstmalig in systematischer Form auf die Wertpapierzusammensetzung, sogenannte Wertpapierportefeuilles, angewendet wurde und damit die „Portfolio Selection-Theory" oder kurz **Portfoliotheorie** begründete. Sie hat eine Vielzahl von Modellen initiiert, die unter der Bezeichnung **„Mean-Variance-Modelle"** subsumiert werden und **partialanalytische Entscheidungsmodelle** verkörpern. Ihrer Natur nach handelt es sich um neoklassische Ein-Perioden-Modelle unter Risiko: „The mean-variance models following the *Markowitz* (1952) tradition, and the state preference models due originally to *Arrow* (1964) and *Debreu* (1959, Kapitel 7)" (*Jensen* 1972, S. 357). Als Begründer der Portfoliotheorie gilt *Markowitz* (1952). Zusätzliche Anreicherungen lieferte *Tobin* (1958) im Rahmen seiner Übertragung des (einzelwirtschaftlichen) Portfoliomodells auf die (gesamtwirtschaftliche) keynesianische Liquiditätspräferenztheorie.

Die **risikobehafteten Investitionsobjekte** der Portfoliotheorie werden durch Finanzinvestitionen, **Aktien**, dargestellt. Diese Vorgehensweise hängt mit den Annahmen der Portfoliotheorie zusammen. Es ist insbesondere die Anforderung der beliebigen Teilbarkeit, die ausschließlich von börsengehandelten, da fungiblen Wertpapieren erfüllt wird. So stellen **Aktien** risikobehaftete verbriefte Kontrakte dar, die u.a. **monetäre Ansprüche** an das emittierende Unternehmen in Form der **Partizipation am Einzahlungsüberschuss** und der **Vermögenssubstanz** beinhalten (Aktien verbriefen daneben weitere Rechte wie Bezugs- und Stimmrechte). Generiert werden die Quellen für die Zahlungsansprüche aus Sicht der Investitions- und Finanzierungstheorie durch in der Vergangenheit getätigte Investitionen. Statt also Sachinvestitionen der Investitionsentscheidung zugrunde zu legen, wird nachfolgend auf börsengehandelte Beteiligungspapiere in Form von Aktien abgestellt. Statt von Investitionsprogrammen spricht man dann von Wertpapierportefeuilles.

Lesehinweis: Erläuterungen zum Begriff und Wesen der Aktie als verbrieftem Beteiligungskontrakt vgl. *Schäfer* (2002, S. 159–167).

Die Portfoliotheorie liefert neben dem partialanalytischen Entscheidungsmodell auch die wesentlichen Elemente zur Entwicklung der neoklassischen gleichgewichtigen Kapitalmarkttheorie, der **Capital Asset Pricing Theory**. Für investitionstheoretische Fragestellungen vermag das CAPM wiederum Erkenntnisse zur Bestimmung des Kalkulationszinsfußes unter Risiko geben, was im folgenden Kapitel VIII erörtert wird.

1.1 Die Annahmen zur Bildung von Aktienportefeuilles

Im Grundmodell der Portfoliotheorie werden Annahmen getroffen, die die Abbildung des komplexen Sachverhalts von Programmentscheidungen unter Risiko bei voneinander abhängigen Investitionsobjekten erst ermöglichen. Im Zentrum der Annahmen steht, dass der Entscheidungsträger (= Investor) auf einem **vollkommenen Kapitalmarkt** bei Unsicherheit operiert. Im Einzelnen bedeutet dies:

- Es werden risikotragende Wertpapiere in Form von **Aktien** betrachtet, die **unbegrenzt teilbar** sind.
- Alle Investoren sind **risikoscheu**.
- Die Investoren treffen ihre Vorauswahl unter den Investitionsalternativen nach dem **Dominanzprinzip** und entscheiden endgültig auf der Basis des **$\mu\sigma$-Prinzips**. Jede individuelle Entscheidung hängt von der individuellen (quadratischen) Risiko-Ertragspräferenz-Funktion des Investors ab.

1 Portfolio Selection (Portfoliotheorie)

Das **Modell der Portfoliotheorie** wird üblicherweise auf folgenden **Grundlagen** formuliert:

- **Zunächst** wird angenommen, dass es als Investitionsmöglichkeiten ausschließlich **risikobehaftete Investitionsobjekte** (in Form von Aktien) gibt und eine risikolose Investitionsmöglichkeit (z.B. in die Anleihe eines öffentlichen Emittenten) nicht möglich ist. Die letztgenannte Bedingung wird im Verlauf der Modellentwicklung aufgehoben.

- Ein **gegebenes Budget** (= Geldbetrag) wird in Aktien einer *AG 1* und in Aktien einer *AG 2* investiert. Ein Portefeuille besteht aus Aktien dieser Gesellschaften zu bestimmten Anteilen (x_1, x_2), für welche die Beziehung $x_1 + x_2 = 1$ gilt.

- **Leerverkäufe** von Aktien sind **nicht zugelassen**. Unter Leerverkäufen (= Short Sales) versteht man die Möglichkeit, Aktien, die man nicht besitzt, in der Gegenwart zu verkaufen (sog. „Short gehen", „shorten" bzw. „leerverkaufen"). Dies ist möglich, wenn sich ein Investor die Aktien von einem Dritten (i.d.R. Kreditinstitut) leihen kann (vgl. hierzu *Sharpe/ Alexander/ Bailey* 1999, S. 30-34).

  Beispiel: Ein einfaches Alltagsbeispiel mag den Leerverkauf verdeutlichen. Ein bundesweit agierender Lebensmitteleinzelhändler preist heute in seiner Werbung einen extrem leistungsfähigen neuen PC zu *400 €* an (Einkaufspreis: *250 €*). Aufgrund der Werbung fragen Kunden verstärkt nach dem Gerät nach, wodurch in kurzer Zeit kein Gerät mehr auf Lager ist. Die Produktion weiterer PCs erfordert nach Rückfrage beim chinesischen Direktlieferanten zwei Wochen. Um nicht Kunden und Umsatz zu verlieren, leiht sich der Einzelhändler bei einem PC-Großhändler in den Niederlanden Geräte des baugleichen Typs gegen eine Leihgebühr von *10 €* pro PC. Da der niederländische PC-Händler die Geräte in *14* Tagen in Ungarn ausliefern muss, benötigt er die Rückgabe der Geräte gleichen Typs in der übernächsten Woche. Der deutsche Lebensmitteleinzelhändler verkauft die Ware heute und in den kommenden Tagen zu *400 €* (= Leerverkauf). Vom chinesischen Lieferanten kann der Lebensmitteleinzelhändler die Ware dann in *14* Tagen mit nochmaligem Preisnachlass zu einem Stückpreis von *220 €* erwerben, die er umgehend dem niederländischen Verleiher (zurück)gibt. Abzüglich der Leihgebühr von *10 €*/Stück, hat der Lebensmittelhändler aus der anscheinenden Notlage einen zusätzlichen Gewinn von *20 €*/Stück erwirtschaften können.

Lässt man Leerverkäufe zu, so kann die Beziehung $x_1 + x_2 = 1$ nicht mehr aufrechterhalten werden. Es kann jetzt gelten: $x_1 + x_2 > 1$ oder $x_1 + x_2 < 1$. *Elton/ Gruber/ Brown/ Goetzmann* (2003, S. 82f.) zeigen, dass auch unter dieser Bedingung die Ergebnisse der Portfoliotheorie abgeleitet werden können. Zur Vereinfachung wird aber der Leerverkauf im Folgenden ausgeblendet.

- Ein **Portefeuille** ist **optimal**, wenn es den Nutzen des Endvermögens in t_1 gemäß der Präferenzfunktion eines Investors maximiert.

- Die **Aktienkurse** sind für die Investoren ein **Datum**. Die Aktienkurse folgen einem Random Walk, d.h., es wird die Informationseffizienz des Kapitalmarkts in der Gültigkeit der schwachen Effizienzhypothese unterstellt (vgl. *Fama* 1970a).

- Das **Modell** ist **einperiodig**. Die Anfangsausgaben, d.h. der Wert der gekauften Aktien, ist in t_0 bekannt. Der Endwert in t_1 ist abhängig vom Eintritt zukünftiger Umweltzustände und unsicher. Der Entscheidungsträger kann die Wahrscheinlichkeit des Eintritts der Umweltzustände quantifizieren, wodurch eine Entscheidungssituation unter Risiko begründet wird.

- Der gegenwärtige Aktienkurs (= S_0) ist bekannt. Der Aktienkurs der Zukunft, d.h. in t_1, weist aus heutiger Sicht einen **unsicheren Wert** auf $(= \tilde{S}_1)$. Die zukünftige **Dividende** ist ebenfalls unsicher; sie wird in t_1 ausgezahlt $(= \tilde{Div}_1)$. Der Ertrag einer Aktie ist für einen Entscheider aus gegenwärtiger Sicht erst zum Ende der Periode bekannt und setzt sich aus der zukünftigen Dividende und der Kursänderung zusammen (vgl. *Copeland/ Weston* 1992, S. 184):

$$\tilde{Div}_1 + (\tilde{S}_1 - S_0) \qquad (VII-1)$$

- Aus diesen Modellbestandteilen lässt sich aus gegenwärtiger Sicht eine zukünftige unsichere **Rendite** einer **Aktie** *i* wie folgt definieren:

$$\tilde{r}_i = \frac{\tilde{Div}_1 + (\tilde{S}_1 - S_0)}{S_0} \qquad (VII-2)$$

Die Höhe der Aktienrendite ist abhängig von den Einflüssen des Marktumfelds eines Unternehmens, also ganz allgemein von unsicheren Umweltzuständen, in denen es operiert. Da aus gegenwärtiger Sicht i.d.R. nicht sicher ist, welcher Umweltzustand in der Zukunft eintreten wird, sind verschiedene Zustandsausprägungen denkbar. So gibt es nicht einen einzigen Umweltzustand s_j, sondern eine Vielzahl, über die sich Investoren Erwartungen bilden. Jeder für möglich gehaltene Umweltzustand wird mit einer Wahrscheinlichkeit $w(s_j)$ vom Investor quantifiziert.

1.2 Grundlegende statistische Zusammenhänge

Die zukünftige Rendite einer Aktie *i* hängt unter den zuvor formulierten Bedingungen davon ab, welche Umweltzustände *j* der Investor für möglich erachtet und welche Wahrscheinlichkeiten er ihrem Eintritt zuordnet. Die Rendite einer Aktie *i* in Abhängigkeit vom Umweltzustand *j* wird als $\tilde{r}_{ij}$ bezeichnet. Vorerst sollen alle Ausführungen im **Zwei-Aktien-Modell** erfolgen. Es handele sich um die Aktien zweier Beispielunternehmen, die der **Biowelt AG** (Suffix „*Bio*") und der **Genfood AG** (Suffix „*Gen*"). In nachfolgender Beispieltabelle werden deren zustandsabhängigen Renditen aufgeführt.

Umweltzustand		Aktie	
		Biowelt AG	Genfood AG
s_j	$w(s_j)$	$\tilde{r}_{Bio,j}$	$\tilde{r}_{Gen,j}$
1	¼	8	12
2	¼	-4	4
3	¼	12	8
4	¼	24	0
		$\mu_{Bio} = 10$	$\mu_{Gen} = 6$

Tab. VII-1: Beispielrenditen zweier Aktien (Renditeangaben in Prozent)

In Tab. VII-1 führen die Wahrscheinlichkeitsverteilungen der Renditen zu Erwartungswerten $E(\tilde{r}_i) = \mu_i$ mit *i* = *Bio, Gen*. Betrachtet man die beiden Aktien isoliert als Einzelwerte, so lassen sich deren jeweiligen erwarteten Renditen (wie in Kapitel VI vorgestellt) ermitteln und man kommt zu folgenden Ergebnissen:

1 Portfolio Selection (Portfoliotheorie)

$E(\tilde{r}_{Bio}) = \mu_{Bio} = 10\%$ und $E(\tilde{r}_{Gen}) = \mu_{Gen} = 6\%$. Hierbei ist unterstellt, dass die Anteile der jeweiligen Aktien den Wert 1 aufweisen ($x_{Bio}, x_{Gen} = 1$).

Die Besonderheit der Portfoliotheorie ist, dass die Aktienanteile gemischt werden können, wobei aufgrund der getroffenen Annahmen gelten muss: $x_{Bio} + x_{Gen} = 1$. Dadurch werden die Erwartungswerte der Renditen beider Aktien zusammen betrachtet, d.h., das Portefeuille mit einer bestimmten Mischung an Aktien. Die Rendite eines Portefeuilles hängt in einem Umweltzustand s_j von den jeweiligen Aktienanteilen ab:

$$\tilde{r}_{p,j} = x_{Bio}\, \tilde{r}_{Bio,j} + x_{Gen}\, \tilde{r}_{Gen,j} \qquad \text{(VII-3)}$$

Beispiel: In nachfolgender Tab. VII-2 werden auf der Grundlage der vorausgegangenen Tab. VII-1 drei verschiedene Mischungen von Portefeuilles beispielhaft gebildet sowie die zustandsabhängigen Renditen und die zugehörigen Portefeuillerenditen ermittelt. Beispielhaft für das Portefeuille $x_{Bio}, x_{Gen} = \frac{1}{2}$ sei die Berechnung der entsprechenden zustandsabhängigen Portefeuillerenditen $\tilde{r}_{p,1/2,1/2,j}$ dargestellt:

$8 \cdot 0,5 + 12 \cdot 0,5 = 10;\quad (-4) \cdot 0,5 + 4 \cdot 0,5 = 0;\quad 12 \cdot 0,5 + 8 \cdot 0,5 = 10;\quad 24 \cdot 0,5 + 0 \cdot 0,5 = 12$

s_j	$w(s_j)$	Portefeuille $x_{Bio}, x_{Gen} = \frac{1}{2}$ $\tilde{r}_{p,1/2,1/2,j}$	Portefeuille $x_{Bio} = 3/5, x_{Gen} = 2/5$ $\tilde{r}_{p,3/5,2/5,j}$	Portefeuille $x_{Bio} = \frac{1}{4}, x_{Gen} = \frac{3}{4}$ $\tilde{r}_{p,1/4,3/4,j}$
1	¼	10	9,6	11
2	¼	0	-0,8	2
3	¼	10	10,4	9
4	¼	12	14,4	6

Tab. VII-2: Renditen dreier Beispielportefeuilles

Erwartete Portefeuillerendite (μ_p)

Die erwartete Portefeuillerendite stellt das gewogene Mittel der Erwartungswerte der Renditen der einzelnen Aktien dar (vgl. *Ross/ Westerfield/ Jaffe* 2002, S. 248-249):

$$E(\tilde{r}_p) = \mu_p = \sum_{j=1}^{\overline{S}} (x_{Bio}\, r_{Bio,j} + x_{Gen}\, r_{Gen,j})\, w_j \qquad \text{(VII-4a)}$$

mit $\overline{S}$ = Anzahl der Umweltzustände,

oder vereinfacht ausgedrückt:

$$E(\tilde{r}_p) = \mu_p = x_{Bio}\, \mu_{Bio} + x_{Gen}\, \mu_{Gen}$$

bzw.

$$E(\tilde{r}_p) = \mu_p = x_{Bio}\, \mu_{Bio} + (1 - x_{Bio})\, \mu_{Gen} \qquad \text{(VII-4b)}$$

Mit den Gleichungen (VII-4a und 4b) lässt sich erkennen, dass der erwartete Ertrag eines Portefeuilles einfach ermittelt werden kann:

Der erwartete Ertrag eines Wertpapierportefeuilles entspricht dem gewichteten Durchschnittsertrag der Aktien im Portefeuille.

Beispiel: Auf der Grundlage der Beispielwerte der Tab. VII-1 errechnet man für ein Portefeuille x_{Bio}, x_{Gen} = ½ folgende Erwartungswerte der Portefeuillerendite:
$\mu_{p,1/2,1/2}$ = $[8 \cdot 0{,}5 + 12 \cdot 0{,}5] \cdot 0{,}25 + [(-4) \cdot 0{,}5 + 4 \cdot 0{,}5] \cdot 0{,}25 + [12 \cdot 0{,}5 + 8 \cdot 0{,}5] \cdot 0{,}25 + [24 \cdot 0{,}5 + 0 \cdot 0{,}5] \cdot 0{,}25 = 8$.
Einfacher ist die Ermittlung des Erwartungswerts des Portefeuilles mittels der einzelnen Erwartungswerte der beiden Aktien: $\mu_{p,1/2,1/2} = 10 \cdot 0{,}5 + 6 \cdot 0{,}5 = 8$.
Für die beispielhaft gebildeten drei Portfolios zeigt Tab. VII-3 die jeweiligen Erwartungswerte:

Portefeuille x_{Bio}, x_{Gen} = ½	Portefeuille x_{Bio} = 3/5, x_{Gen} = 2/5	Portefeuille x_{Bio} = ¼, x_{Gen} = ¾
$\mu_{p,1/2,1/2} = 8$	$\mu_{p,3/5,2/5} = 8{,}4$	$\mu_{p,1/4,3/4} = 7$

Tab. VII-3: Erwartete Renditen dreier Beispielportefeuilles

Für den allgemeinen Fall von **mehr als zwei Aktien** (i = 1,...,m) gilt für den Erwartungswert der Portefeuillerendite:

$$E(\tilde{r}_p) = \mu_p = \sum_{j=1}^{\bar{s}} \left(\sum_{i=1}^{m} x_i \cdot r_{ij} \right) \cdot w_j = \sum_{i=1}^{m} x_i \sum_{j=1}^{\bar{s}} r_{ij} \cdot w_j = \sum_{i=1}^{m} x_i \cdot \mu_i \qquad \text{(VII-4c)}$$

Varianz und Standardabweichung des Portefeuilles (σ^2_p, σ_p)

Neben der erwarteten Rendite des Portefeuilles ist für den zukünftigen Endwert des Vermögens das **Risiko** entscheidend. Es wird mit der **Varianz** der erwarteten Rendite einer Aktie (hier der Biowelt AG) gemessen (vgl. Elton/ Gruber/ Brown/ Goetzmann 2003, S. 47f.):

$$Var(\tilde{r}_{Bio}) = \sigma^2_{Bio} = \sum_{j=1}^{\bar{s}} (\tilde{r}_{Bio,j} - \mu_{Bio})^2 w_j \qquad \text{(VII-5a)}$$

Beispiel: Als **Varianz** der Rendite der Biowelt-Aktie aus Tab. VII-2 errechnet man für diesen **Einzelwert**:

$Var(\tilde{r}_{Bio}) = \sigma^2_{Bio} = (8-10)^2 \cdot \frac{1}{4} + (-4-10)^2 \cdot \frac{1}{4} + (12-10)^2 \cdot \frac{1}{4} + (24-10)^2 \cdot \frac{1}{4} = 100$.

Und für die Genfood-Aktie:

$Var(\tilde{r}_{Gen}) = \sigma^2_{Gen} = (12-6)^2 \cdot \frac{1}{4} + (4-6)^2 \cdot \frac{1}{4} + (8-6)^2 \cdot \frac{1}{4} + (0-6)^2 \cdot \frac{1}{4} = 20$.

Die **Varianz** der Renditen des **Portefeuilles** lässt sich entsprechend für den Zwei-Aktien-Fall berechnen:

$$Var(\tilde{r}_p) = \sigma^2_p = \sum_{j=1}^{\bar{s}} (\tilde{r}_{pj} - \mu_p)^2 w_j \qquad \text{(VII-5b)}$$

Beispiel: Übertragen auf das Zahlenbeispiel aus Tab. VII-1 mit der Struktur des **Portefeuille** x_{Bio}, x_{Gen} = ½ ergibt sich folgender Wert:

$Var(\tilde{r}_p) = \sigma^2_p = (10-8)^2 \cdot \frac{1}{4} + (0-8)^2 \cdot \frac{1}{4} + (10-8)^2 \cdot \frac{1}{4} + (12-8)^2 \cdot \frac{1}{4} = 22$.

Für die Zahlenwerte aus Tab. VII-1 sind in Tab. VII-4 die entsprechenden Varianzwerte ermittelt.

1 Portfolio Selection (Portfoliotheorie)

	Aktie		Portefeuille
	$x_{Bio} = 1$	$x_{Gen} = 1$	$x_{Bio}, x_{Gen} = \frac{1}{2}$
σ^2	$\sigma^2_{Bio} = 100$	$\sigma^2_{Gen} = 20$	$\sigma^2_p = 22$

Tab. VII-4: Varianzen des Beispielfalls

Neben der Varianz wird die **Standardabweichung** (σ) als Risikomaß verwendet. Für die Biowelt-Aktie gilt:

$$\sigma_{Bio} = \sqrt{Var(\tilde{r}_{Bio})} = \sqrt{\sum_{j=1}^{\bar{s}}(\tilde{r}_{Bio,j}-\mu_{Bio})^2 w_j} \tag{VII-6a}$$

bzw. für die **Standardabweichung** der Portefeuillerendite:

$$\sigma_p = \sqrt{Var(\tilde{r}_p)} = \sqrt{\sum_{j=1}^{\bar{s}}(\tilde{r}_{p,j}-\mu_p)^2 w_j} \tag{VII-6b}$$

Beispiel: Für die bisher ermittelten Varianzen der beiden Einzelaktien und des Portefeuilles lassen sich auf der Grundlage der Gleichungen (VII-6a) und (VII-6b) die Standardabweichungen ermitteln:

$$\sigma_{Bio} = \sqrt{Var(\tilde{r}_{Bio})} = \sqrt{100} = 10 \quad \text{und} \quad \sigma_{Gen} = \sqrt{Var(\tilde{r}_{Gen})} = \sqrt{20} \cong 4{,}47$$

$$\sigma_p = \sqrt{Var(\tilde{r}_p)} = \sqrt{22} \cong 4{,}69.$$

Nachfolgende Tab. VII-5 zeigt die entsprechenden Werte wieder übertragen auf die Beispielzahlen:

	Aktie		Portefeuille
	$x_{Bio} = 1$	$x_{Gen} = 1$	$x_{Bio}, x_{Gen} = \frac{1}{2}$
σ^2	$\sigma^2_{Bio} = 100$	$\sigma^2_{Gen} = 20$	$\sigma^2_p = 22$
σ	$\sigma_{Bio} = 10$	$\sigma_{Gen} = 4{,}47$	$\sigma_p = 4{,}69$

Tab. VII-5: Varianzen und Standardabweichungen des Beispielfalls

Erweitert man die Betrachtung der Standardabweichung wieder für den allgemeinen Fall mit *m*-Aktien, gilt:

$$\sigma_p = \sqrt{Var(\tilde{r}_p)} = \sqrt{\sum_{i=1}^{m}\sum_{j=1}^{m} x_i \cdot x_j \cdot \sigma_{ij}} \quad \text{mit } i \neq j \tag{VII-6c}$$

In (VII-6c) bezeichnet σ_{ij} die Kovarianz (vgl. hierzu VII-8).

Es sei an dieser Stelle nochmals die aus Kapitel VI bereits bekannte Bedeutung der **Normalverteilungshypothese** betont. Nur unter dieser Bedingung können Portfoliooptimierungen ausschließlich mittels der Parameter μ und σ gerechtfertigt werden. Nur wenn die Renditen der Aktien einer Normalverteilung folgen, kann die Renditeverteilung durch die beiden Parameter beschrieben werden. Die Häufigkeitsfunktion einer normalverteilten Rendite [= $f(r)$] hat die Gestalt:

$$f(r) = \frac{1}{\sigma\sqrt{2\pi}} e^{-\frac{1}{2}\left(\frac{r-\mu}{\sigma}\right)^2}.$$

Durchschnittsrisiko und Portfoliorisiko

Bisher wurden die Varianzen und Standardabweichungen der Einzelwerte (x_{Bio}, x_{Gen}) sowie die entsprechenden Risikomaße des Portefeuilles ermittelt. Betrachtet man ausschließlich die Varianzen der jeweiligen Aktien und gewichtet diese nach ihren jeweiligen Portfolioanteilen, so gewinnt man die **Durchschnittsrisiken** (= *DR*) der jeweiligen Portefeuilles:

$$DR^2_{Bio} = Var(x_{Bio}, \tilde{r}_i) = \sum_{j=1}^{\bar{s}} (x_{Bio}\tilde{r}_{Bio,j} - x_{Bio}\mu_{Bio})^2 w_j$$

$$= x^2_{Bio} \underbrace{\sum_{j=1}^{\bar{s}} (\tilde{r}_{Bio,j} - \mu_{Bio})^2 w_j}_{\sigma^2_{Bio}}$$

$$= x^2_{Bio} \cdot \sigma^2_{Bio}$$

$$DR_{Bio} = \sqrt{Var(x_{Bio}, \tilde{r}_{Bio})} = \sqrt{x^2_{Bio} \cdot \sigma^2_{Bio}}$$

$$= x_{Bio} \cdot \sigma_{Bio}$$

Das Durchschnittsrisiko (*DR*) für ein Portefeuille aus Bio- und Gen-Aktien lautet:

$$DR_P = x_{Bio}\sigma_{Bio} + x_{Gen}\sigma_{Gen} \qquad \text{(VII-7a)}$$

bzw. für den allgemeinen Fall (*m* Aktien):

$$DR_P = \sum_{i=1}^{m} x_i \cdot \sigma_i \qquad \text{(VII-7b)}$$

Das **Durchschnittsrisiko eines Portefeuilles** ist das gewichtete Mittel der Einzelrisiken der im Portefeuille enthaltenen Aktien (vgl. *Ross/ Westerfield/ Jaffe* 2002, S. 251).

Beispiel: Übertragen auf das Beispiel des Portefeuilles mit x_{Bio}, x_{Gen} = ½ ergibt dies für das Durchschnittsrisiko folgender Wert: $DR \cong 0,5 \cdot 10 + 0,5 \cdot 4,47 \cong 7,24$. Tab. VII-6 zeigt auch die entsprechenden Werte für die übrigen Portefeuillezusammensetzungen (x_{Bio} = 1, x_{Gen} = 1):

	Aktie		Portefeuille
	x_{Bio} = 1	x_{Gen} = 1	x_{Bio}, x_{Gen} = ½
σ^2	σ^2_{Bio} = 100	σ^2_{Gen} = 20	σ^2_P = 22
σ	σ_{Bio} = 10	σ_{Gen} = 4,47	σ_P = 4,69
DR			7,24

Tab. VII-6: Durchschnittsrisiken des Beispielfalls

Vergleicht man die **Durchschnittsrisiken** der jeweiligen Einzelportfolios mit den zugehörigen **Standardabweichungen** der Portfolios, so wird eine erste wichtige Erkenntnis für die Portfoliotheorie feststellbar:

1 Portfolio Selection (Portfoliotheorie)

> (Standardabweichung)
> **Portefeuillerisiko ≤ Durchschnittsrisiko**

Kovarianz (cov bzw. σ_{ij})

Das Portefeuillerisiko kann nur in Abhängigkeit von den zustandsabhängigen Portefeuillerenditen ermittelt werden. Es kann gezeigt werden, dass das Portefeuillerisiko außer von den Varianzen der Renditen der einzelnen Aktien vom Zusammenhang der Standardabweichungen der einzelnen Aktien untereinander, d.h. von den Kovarianzen (cov bzw. σ_{ij}) abhängt (vgl. zu nachfolgenden Ausführungen *Schmidt/ Terberger* 1997, S. 316-319):

> Die **Kovarianz** ist ein Maß dafür, wie sehr die beiden Zufallsvariablen (hier die Aktienrenditen) zusammen - hinsichtlich gleicher Richtung und Stärke - von ihren Mittelwerten abweichen.

Zwei Fälle sind zu unterscheiden:

(1) Hat die **Kovarianz** ein positives **Vorzeichen**, variieren die Renditen der Aktien im Durchschnitt in die gleiche Richtung. Umgekehrt verhält es sich bei negativem Vorzeichen.

(2) Ein hoher **Wert** der **Kovarianz** bedeutet, dass der Zusammenhang der Zufallsvariablen eng ist. Ein loser Zusammenhang besteht dagegen bei einem niedrigen Kovarianzbetrag.

Für die beiden Zufallsvariablen $\tilde{r}_{Bio}$ und $\tilde{r}_{Gen}$ errechnet man die Kovarianz wie folgt:

$$\text{cov}(\tilde{r}_{Bio}, \tilde{r}_{Gen}) = \sum_{j=1}^{\bar{S}} \left[(\tilde{r}_{Bio,j} - \mu_{Bio})(\tilde{r}_{Gen,j} - \mu_{Gen})\right] w_j = \sigma_{Bio,\,Gen} \tag{VII-8}$$

Beispiel: Wiederum übertragen auf die Werte des Ausgangsbeispiels von Tab. VII-1 ergibt sich folgende Kovarianz: $\text{cov}(\tilde{r}_{Bio}, \tilde{r}_{Gen}) = \sigma_{Bio,\,Gen}$

$$= [(8-10)\cdot(12-6)]\cdot\frac{1}{4} + [(-4-10)\cdot(4-6)]\cdot\frac{1}{4} + [(12-10)\cdot(8-6)]\cdot\frac{1}{4} + [(24-10)\cdot(0-6)]\cdot\frac{1}{4}$$

$$\text{cov}(\tilde{r}_{Bio}, \tilde{r}_{Gen}) = \sigma_{Bio,\,Gen} = (-2)\cdot 6 \cdot \frac{1}{4} + (-14)\cdot(-2)\cdot\frac{1}{4} + 2\cdot 2 \cdot\frac{1}{4} + 14\cdot(-6)\cdot\frac{1}{4} = -16$$

Folgende **Beziehungen** zwischen **Varianz** und **Kovarianz** sollten verstanden sein:

- Die Varianz ist ein Spezialfall der Kovarianz.
- Die Varianz ist die Kovarianz einer Zufallsvariablen mit sich selbst, wie sich aus der Gegenüberstellung von Gleichung (VII-5a) mit (VII-8) erkennen lässt.
- Daraus folgt, dass man mittels der Kovarianz auch die Portfoliokovarianz ermitteln kann: Sind die zwei Zufallsvariablen r_{Bio} und r_{Gen}, deren Kovarianz bestimmt wird, Produkte aus je einer Zufallsvariablen und einer Konstanten, dann gilt:

$$\text{cov}(x_{Bio}\tilde{r}_{Bio}, x_{Gen}\tilde{r}_{Gen}) = \sum_{j=1}^{\bar{S}} \left[(x_{Bio}\tilde{r}_{Bio,j} - x_{Bio}\mu_{Bio})(x_{Gen}\tilde{r}_{Gen,j} - x_{Gen}\mu_{Gen})\right] w_j \tag{VII-9a}$$

$$\text{cov}(x_{Bio}\tilde{r}_{Bio}, x_{Gen}\tilde{r}_{Gen}) = x_{Bio} x_{Gen} \sum_{j=1}^{\bar{S}} \left[(\tilde{r}_{Bio,j} - \mu_{Bio})(\tilde{r}_{Gen,j} - \mu_{Gen})\right] w_j \tag{VII-9b}$$

$$\text{cov}(x_{Bio}\tilde{r}_{Bio}, x_{Gen}\tilde{r}_{Gen}) = x_{Bio} x_{Gen} \text{cov}(\tilde{r}_{Bio}, \tilde{r}_{Gen}) = x_{Bio} x_{Gen} \sigma_{Bio,\,Gen} \tag{VII-9c}$$

Beispiel: Übertragen auf das Beispiel mit x_{Bio}, x_{Gen} = ½ lässt sich folgender Wert errechnen (s. auch Tab. VII-7): $cov(x_{Bio}\tilde{r}_{Bio}, x_{Gen}\tilde{r}_{Gen}) = \frac{1}{2} \cdot \frac{1}{2} \cdot (-16) = -4$.

Der Zusammenhang ist in der Richtung eindeutig und zwar negativ. Tab. VII-7 zeigt ergänzend die bisherigen Kennziffern der Beispielrechnungen:

	Aktie		Portefeuille
	$x_{Bio} = 1$	$x_{Gen} = 1$	$x_{Bio}, x_{Gen} = ½$
σ^2	$\sigma^2_{Bio} = 100$	$\sigma^2_{Gen} = 20$	$\sigma^2_P = 22$
σ	$\sigma_{Bio} = 10$	$\sigma_{Gen} = 4{,}47$	$\sigma_P = 4{,}69$
DR			7,24
cov	$-16 = \sigma_{Bio,Gen}$		$-4 = x_{Bio}x_{Gen}\sigma_{Bio,Gen}$

Tab. VII-7: Kovarianz des Beispielfalls

Die Kovarianzen zwischen r_{Bio} und r_{Gen} sowie zwischen r_{Gen} und r_{Bio} stimmen gem. Gleichung (VII-8) überein. Außerdem lässt sich dies leicht nachrechnen:

$$Var(\tilde{r}_{Bio} + \tilde{r}_{Gen}) = Var(\tilde{r}_{Bio}) + Var(\tilde{r}_{Gen}) + 2\,cov(\tilde{r}_{Bio}, \tilde{r}_{Gen}) \qquad \text{(VII-10)}$$

Sofern die Zufallsvariablen selbst Produkte aus je einer Zufallsvariablen „**Rendite**" und einem konstanten Faktor **Portefeuilleanteil** x sind, gilt:

$$Var(r_P) = \sigma^2_P = x^2_{Bio} Var(\tilde{r}_{Bio}) + x^2_{Gen} Var(\tilde{r}_{Gen}) + 2\,x_{Bio}\,x_{Gen}\,cov(\tilde{r}_{Bio}, \tilde{r}_{Gen}) \qquad \text{(VII-11a)}$$

$$Var(x_{Bio}\tilde{r}_{Bio} + x_{Gen}\tilde{r}_{Gen}) = x^2_{Bio}\sigma^2_{Bio} + x^2_{Gen}\sigma^2_{Gen} + 2\,x_{Bio}\,x_{Gen}\,\sigma_{Bio,Gen} \qquad \text{(VII-11b)}$$

Die Zusammensetzung von Gleichung (VII-11a und VII-11b) ist von **Bedeutung**:

- Das Risiko eines Portefeuilles lässt sich demnach aus den Risiken der Aktien im Portefeuille zusammensetzen.

- Einzelrisiken, Aktienanteile im Portefeuille und das Maß des Zusammenhangs zwischen den Renditen bestimmen das Portefeuillerisiko.

- Die Kovarianz im Portefeuillerisiko bewirkt einen **Risikoverbund** zwischen den Aktien. Dadurch ist eine isolierte Erfassung des Risikos einer Aktie innerhalb eines Portefeuilles nicht mehr möglich.

Beispiel: Nachfolgende Tab. VII-8 zeigt, dass unter Verwendung von Gleichung (VII-11b) je nach Portefeuille-Zusammensetzung in einer Art „Rückrechnung" die gleichen Zahlenwerte für die Portefeuillerisiken ermittelt werden wie in Tab. VII-4:

Portefeuille-Zusammensetzung						
x_{Bio}	x_{Gen}	$x_{Bio}^2 \sigma^2_{Bio} +$	$x_{Gen}^2 \sigma^2_{Gen} +$	$2\,x_{Bio}\,x_{Gen}\,\sigma_{Bio,Gen} =$	σ^2_P	σ_P
½	½	$\frac{1}{4} \cdot 100 \;+$	$\frac{1}{4} \cdot 20 \;+$	$2 \cdot \frac{1}{2} \cdot \frac{1}{2} \cdot (-16) =$	22	4,69

Tab. VII-8: Rückrechnung der Portefeuillerisiken im Beispielfall

1 Portfolio Selection (Portfoliotheorie)

Diversifikation (= Ausweitung des Leistungs- oder Warenangebots zur Verteilung des Risikos)

Mit den Erkenntnissen zur Kovarianz und Varianz lässt sich für den allgemeinen Fall von *m* Aktien der Diversifikationseffekt darstellen. Hierzu sollen folgende **Annahmen** getroffen werden (vgl. *Ross/ Westerfield/ Jaffe* 2002, S. 260-262):

- Alle Aktien haben die gleiche Varianz: $\overline{Var} = \sigma_i^2$.

- Ebenfalls sind alle Kovarianzen der Aktien identisch: $cov(\tilde{r}_i, \tilde{r}_j) = \overline{cov}$ und es gilt $\overline{Var} > \overline{cov}$.

- Alle Aktien gehen mit gleichem Gewicht in das Portfolio ein. Bei *m* Aktien bewirkt das ein Gewicht jeder Aktie von *1/m*, d.h., der Anteil einer einzelnen Aktie ist $x_i = 1/m$.

Unter diesen Bedingungen resultiert folgende Definition der **Portfoliovarianz** (gilt nicht nur für *m* = 1, 2, sondern lässt sich auch allgemein beweisen):

$$Var(\tilde{r}_p) = m \cdot \left(\frac{1}{m^2}\right) \overline{Var} + m(m-1) \cdot \left(\frac{1}{m^2}\right) \overline{cov} \qquad \text{(VII-12a)}$$

und nach Umstellungen folgt

$$Var(\tilde{r}_p) = \left(\frac{1}{m}\right) \overline{Var} + \left(1 - \frac{1}{m}\right) \overline{cov} \qquad \text{(VII-12b)}$$

Bei einer **unendlichen Anzahl Aktien** führt der Grenzübergang $m \to \infty$ für die Portfoliovarianz zu:

$$Var(\tilde{r}_p) = \lim_{m \to \infty} \left[\left(\frac{1}{m}\right) \overline{Var} + \left(1 - \frac{1}{m}\right) \overline{cov}\right] = \overline{cov} \qquad \text{(VII-12c)}$$

Beziehung (VII-12c) hat für die Zusammenstellung eines Portfolios und die Asset Allocation eine zentrale Konsequenz: Maßgeblich für die Varianz eines gut diversifizierten Portfolios sind die Korrelationen der Varianzen der einzelnen Aktien bzw. deren Kovarianzen. Das unsystematische, also unternehmensspezifische Risiko lässt sich daher durch ein diversifiziertes Portefeuille eliminieren, allerdings lässt sich das Gesamtrisiko des Portefeuilles nicht unter das systematische Risiko drücken. Untersuchungen zeigen, dass mit **30 bis 40 verschiedenen Aktien** das unsystematische Risiko „wegdiversifiziert" werden kann. Bei etwa **20** verschiedenen Aktienwerten erreicht man fast **70%** an **Risikoreduktion** in diesem Bereich (vgl. *Statman* 1987). Abb. VII-1 veranschaulicht diese Erkenntnis.

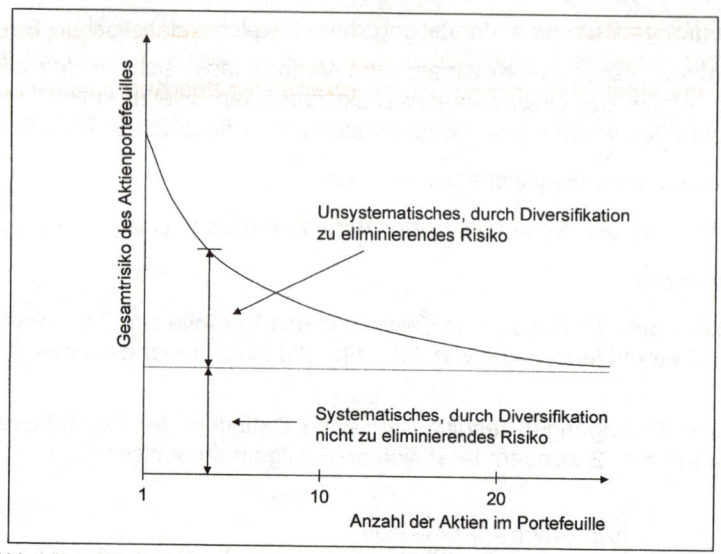

Abb. VII-1: Möglichkeiten und Grenzen der Risikoreduktion durch Diversifikation in vereinfachter Darstellung

Korrelationskoeffizient (= ρ)

Mit den Ausführungen zu den Risikokomponenten liegen **zwei Risikoarten** vor:

(1) das **Durchschnittsrisiko** (*DR*) der einzelnen Aktien,

(2) das **Portefeuillerisiko** (σ_p).

Um den Unterschied zwischen den beiden Größen weitergehend verdeutlichen zu können, benötigt man eine weitere Größe - den Korrelationskoeffizienten (= ρ).

> Der **Korrelationskoeffizient** ist eine auf das Intervall zwischen *-1* und *+1* **normierte Maßzahl** für die Abhängigkeit von Investitionsalternativen (*-1* $\leq \rho_{ij} \leq$ *+1*). Ist $\rho <$ *1*, führt eine Diversifikation zur Risikoreduktion, bei ρ = *-1* ist das Risiko aufgrund des gegenläufigen Zusammenhangs der Anlagealternativen gleich Null.

Der Korrelationskoeffizient wird wie folgt ermittelt:

$$\rho_{Bio\,Gen} = \frac{cov(\tilde{r}_{Bio}, \tilde{r}_{Gen})}{\sqrt{Var(\tilde{r}_{Bio})} \cdot \sqrt{Var(\tilde{r}_{Gen})}} = \frac{\sigma_{Bio,Gen}}{\sigma_{Bio}\,\sigma_{Gen}} \qquad \text{(VII-13a)}$$

bzw.

$$cov(\tilde{r}_{Bio}, \tilde{r}_{Gen}) = \sigma_{Bio}\,\sigma_{Gen}\,\rho_{Bio,Gen} \qquad \text{(VII-13b)}$$

Für den allgemeinen Fall mit *m*-Aktien lautet der Korrelationskoeffizient:

$$\rho_{ij} = \frac{cov(\tilde{r}_{ij})}{\sqrt{Var(\tilde{r}_i)} \cdot \sqrt{Var(\tilde{r}_j)}} = \frac{\sigma_{ij}}{\sigma_i\,\sigma_j} \qquad \text{(VII-14a)}$$

bzw.

$$cov(\tilde{r}_i, \tilde{r}_j) = \sigma_i\,\sigma_j\,\rho_{ij},\ 1 \leq i, j \leq m \qquad \text{(VII-14b)}$$

1 Portfolio Selection (Portfoliotheorie)

Abb. VII-2 gibt grafisch eine Vorstellung davon, welche statistischen Beziehungen zwischen den erwarteten Renditen zweier Aktien (hier wieder Biowelt- und Genfood-Aktie) bei unterschiedlichen (Extrem-)Werten für den Korrelationskoeffizienten bestehen können.

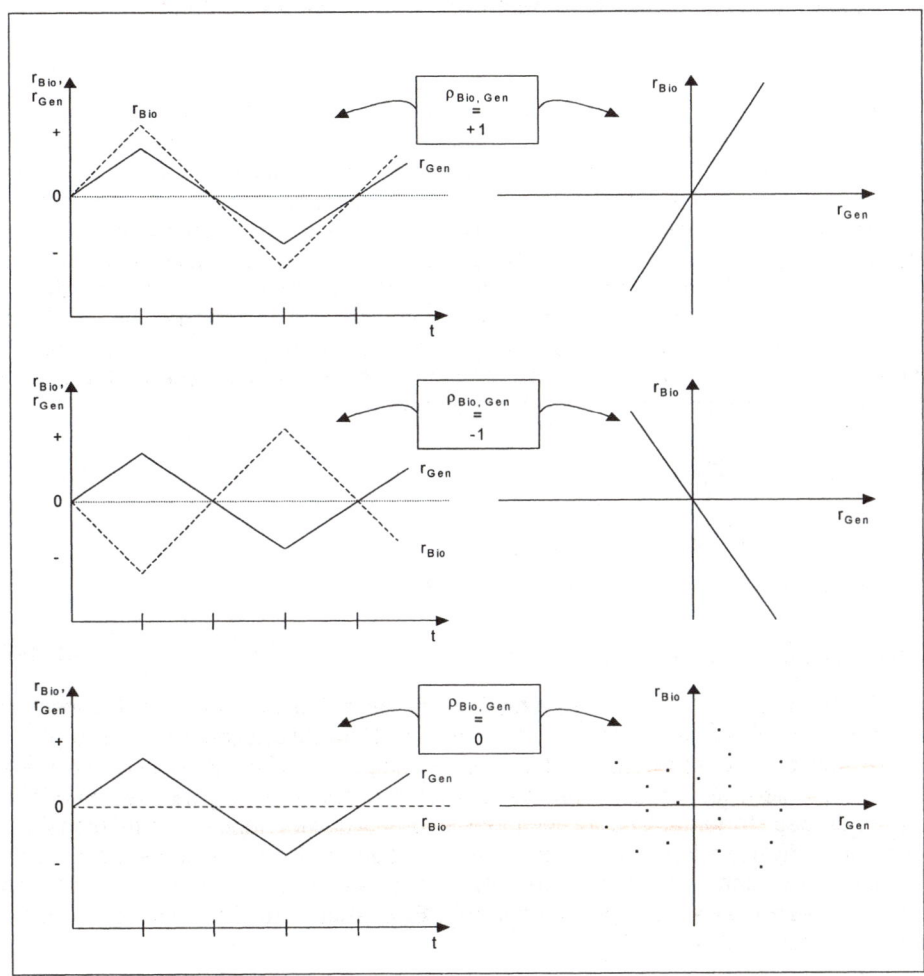

Abb. VII-2: Mögliche Renditebeziehungen zwischen zwei Aktien bei unterschiedlichem Korrelationskoeffizienten

Beispiel: Unter Fortführung des Zahlenbeispiels für den Zwei-Aktien-Fall ergibt sich folgender Korrelationskoeffizient: $\dfrac{-16}{10 \cdot 4{,}47} = -0{,}3579 \cong -0{,}4$.

Das Durchschnittsrisiko ist mit dem Portefeuillerisiko identisch, wenn ρ_{ij} den Wert +1 annimmt. Dies stellt den extremen Fall der vollständigen positiven Korrelation dar. In den übrigen Fällen übersteigt das Durchschnittsrisiko das Portefeuillerisiko.

Mittels Gleichung (VII-14a) kann die Gleichung (VII-11b) für die Varianz der **erwarteten Rendite des Portefeuilles** reformuliert werden:

$$\mathrm{Var}(\tilde{r}_p) = \sigma_p^2 = x_{Bio}^2\, \sigma_{Bio}^2 + x_{Gen}^2\, \sigma_{Gen}^2 + 2\, x_{Bio}\, x_{Gen} \cdot \rho_{Bio,Gen} \cdot \sigma_{Bio} \cdot \sigma_{Gen} \qquad \text{(VII-15)}$$

bzw. als **Standardabweichung**:

$$\sigma_P = \sqrt{x_{Bio}^2 \sigma_{Bio}^2 + x_{Gen}^2 \sigma_{Gen}^2 + 2\, x_{Bio}\, x_{Gen} \cdot \rho_{Bio,\,Gen} \cdot \sigma_{Bio} \cdot \sigma_{Gen}}$$ (VII-16)

Im Vergleich dazu muss das **Durchschnittsrisiko** gesehen werden:

$$DR_P = x_{Bio}\, \sigma_{Bio} + x_{Gen}\, \sigma_{Gen}$$ (VII-17)

Es war ausgeführt worden, dass zwischen dem Durchschnittsrisiko und dem Portefeuillerisiko ein zentraler Unterschied besteht (vgl. *Schmidt/ Terberger* 1997, S. 320). Aufgrund des Diversifikationseffekts ist das Portefeuillerisiko niedriger als das Durchschnittsrisiko. Es bietet sich nach der Darstellung der statistischen Grundkomponenten die Möglichkeit, diese Aussage nochmals zu verdeutlichen. Zur Herstellung des Vergleichs zwischen Durchschnitts- und Portefeuillerisiko kann auf Gleichung (VII-17) zurückgegriffen werden. Es ist erforderlich, sie in eine mathematische Form zu bringen, die mit der des Portefeuillerisikos verglichen werden kann. Es ist naheliegend, als Vorbild den Aufbau von Gleichung (VII-15) zu wählen. Zu diesem Zweck ist für Gleichung (VII-17) das Quadrieren entsprechend der (ersten) binomischen Formel: *(a+b)² = a² + 2ab + b²* erforderlich:

$$DR_P^2 = (x_{Bio}\sigma_{Bio})^2 + 2(x_{Bio}\sigma_{Bio})(x_{Gen}\sigma_{Gen}) + (x_{Gen}\sigma_{Gen})^2$$

$$DR_P^2 = x_{Bio}^2 \sigma_{Bio}^2 + x_{Gen}^2 \sigma_{Gen}^2 + 2\, x_{Bio}\, x_{Gen}\, \sigma_{Bio}\, \sigma_{Gen}$$

Erweiterung mit dem Faktor *1* wegen $\rho = +1$ führt zu:

$$DR_P^2 = x_{Bio}^2 \sigma_{Bio}^2 + x_{Gen}^2 \sigma_{Gen}^2 + 2\, x_{Bio}\, x_{Gen} \cdot 1 \cdot \sigma_{Bio}\, \sigma_{Gen}$$ (VII-18)

Vergleicht man (VII-18) mit Gleichung (VII-15), wird deutlich, dass der Unterschied zwischen Durchschnittsrisiko und Varianz im Korrelationskoeffizienten liegt. Im Durchschnittsrisiko ist dieser mit dem Wert *+1* angesetzt (Fall der positiven Korrelation). Hierin liegt die Ursache für die unterschiedliche Wirkung der beiden Risikomaße, da das Portefeuillerisiko auch einen von *+1* abweichenden Korrelationskoeffizienten aufweisen kann. Dies leitet über zu den in der Portfoliotheorie üblichen Fallunterscheidungen für den Wert bzw. Wertebereich des Korrelationskoeffizienten. Auf diese Weise gelangt man zur sog. **Effizienzkurve** (Efficient Set) (vgl. *Copeland/ Weston* 1992, S. 155-161).

1.3 Drei zentrale Fallunterscheidungen

Mit dem Korrelationskoeffizienten liegt die zentrale Größe vor, mit der der Effekt der Risikoreduktion durch Diversifikation verdeutlicht werden kann. Hierzu ist es üblich, **drei Fallunterscheidungen** hinsichtlich des Vorzeichens bzw. der Größe des Korrelationskoeffizienten vorzunehmen.

Lesehinweis: Die nachfolgenden Ausführungen basieren auf *Copeland/ Weston* (1992, S. 162-166) und *Elton/ Gruber/ Brown/ Goetzmann* (2003, Kap. 5).

Fall 1: Vollständig positive Korrelation

Eine vollständige positive Korrelation erfordert, dass $\rho_{Bio,Gen}$ den Wert *+1* annimmt. Die Renditen der Biowelt- und der Genfood-Aktien sind dann voneinander abhän-

1 Portfolio Selection (Portfoliotheorie)

gig: Die Rendite $\tilde{r}_{Bio}$ der Biowelt-Aktie hängt linear von der Rendite $\tilde{r}_{Gen}$ der Genfood-Aktie ab. Es ergeben sich durch unterschiedliche Aufteilung der beiden Aktien im Portefeuille unterschiedliche Erwartungswerte der Renditen des Portefeuilles (μ_p) und seines Risikos (σ_p). Übernommen aus den Beispielwerten ergibt sich folgende Arbeitsmatrix:

	Portefeuille		
	$x_{Bio} = 1$	$x_{Gen} = 1$	$x_{Bio}, x_{Gen} = \frac{1}{2}$
μ	$\mu_{Bio} = 10$	$\mu_{Gen} = 6$	$\mu_{p,1/2,1/2} = 8$
σ^2	$\sigma^2_{Bio} = 100$	$\sigma^2_{Gen} = 20$	$\sigma^2_p = 22$
σ	$\sigma_{Bio} = 10$	$\sigma_{Gen} = 4{,}47$	$\sigma_p = 4{,}69$

Tab. VII-9: Arbeitstabelle für μ- und σ-Werte bei $\rho = +1$

In allgemeiner Schreibweise resultiert aus den Überlegungen zur vollständig positiven Korrelation: Durch Variation der Wertpapieranteile x_i (mit i = Bio, Gen) bilden die jeweils ermittelten μ_p- und σ_p-Werte eine Transformationskurve, die die Abhängigkeit von der anteiligen Aufteilung aller möglichen Kombinationen (= Portefeuilles) von μ_p und σ_p angibt:

$$\mu_p = \mu_{Bio} \cdot x_{Bio} + \mu_{Gen} \cdot (1 - x_{Bio}) \tag{VII-19a}$$

$$\mu_p = \mu_{Bio} \cdot x_{Bio} + \mu_{Gen} - \mu_{Gen} \cdot x_{Bio} \tag{VII-19b}$$

$$\mu_p = x_{Bio} \cdot (\mu_{Bio} - \mu_{Gen}) + \mu_{Gen} \tag{VII-19c}$$

Mittels Auflösung von Gleichung (VII-19c) nach den jeweiligen Aktienanteilen und Umstellung erhält man die Bestimmungsgleichungen für die Aktienanteile:

$$x_{Bio} = \frac{\mu_p - \mu_{Gen}}{\mu_{Bio} - \mu_{Gen}} \tag{VII-20}$$

und

$$x_{Gen} = 1 - x_{Bio} = \frac{\mu_{Bio} - \mu_{Gen} - \mu_p + \mu_{Gen}}{\mu_{Bio} - \mu_{Gen}} = \frac{\mu_{Bio} - \mu_p}{\mu_{Bio} - \mu_{Gen}} \tag{VII-21}$$

Eingesetzt in Gleichung (VII-16) für σ_p lässt sich die Transformationskurve darstellen. Die Gleichung vereinfacht sich wie folgt:

$$\sigma_p = \sqrt{x_{Bio}^2 \cdot \sigma_{Bio}^2 + (1 - x_{Bio})^2 \cdot \sigma_{Gen}^2 + 2 \cdot x_{Bio} \cdot (1 - x_{Bio}) \cdot 1 \cdot \sigma_{Bio} \cdot \sigma_{Gen}} \tag{VII-22a}$$

Der Ausdruck unter dem Wurzelzeichen hat die mathematische Form $a^2 + 2ab + b^2$, wodurch eine weitere Vereinfachung möglich wird:

$$\sigma_p = \sqrt{[(x_{Bio} \cdot \sigma_{Bio} + (1 - x_{Bio}) \cdot \sigma_{Gen})]^2} \tag{VII-23a}$$

$$\sigma_p = |x_{Bio} \cdot \sigma_{Bio} + (1 - x_{Bio}) \cdot \sigma_{Gen}| \tag{VII-23b}$$

$$\sigma_p = |\, x_{Bio} \cdot \sigma_{Bio} + \sigma_{Gen} - x_{Bio} \cdot \sigma_{Gen}\,| \qquad \text{(VII-23c)}$$

$$\sigma_p = |\, \sigma_{Gen} + (\sigma_{Bio} - \sigma_{Gen}) \cdot x_{Bio}\,| \qquad \text{(VII-23d)}$$

Ersetzt man x_{Bio} durch den Ausdruck $\dfrac{\mu_p - \mu_{Gen}}{\mu_{Bio} - \mu_{Gen}}$ aus Gleichung (VII-20), so wird die **allgemeine Form** der **Transformationskurve** bei $\rho_{Bio,Gen} = +1$ funktional darstellbar:

$$\sigma_p = \left|\, \sigma_{Gen} + (\sigma_{Bio} - \sigma_{Gen}) \cdot \frac{\mu_p - \mu_{Gen}}{\mu_{Bio} - \mu_{Gen}}\,\right| \qquad \text{(VII-23e)}$$

Beispiel: Es soll davon ausgegangen werden, dass ein Entscheider seine verfügbaren eigenen Finanzmittel zum Anteil x_{Bio} in die Biowelt- und zum Anteil x_{Gen} in die Genfood-Aktien anlegt. Den Investor interessieren die Bestimmungsgleichungen für den Erwartungswert und das Risiko der möglichen Portefeuilles aus diesen beiden Aktien bei einem Korrelationskoeffizienten von +1. Als zusätzliche Determinanten der Portefeuillebestimmung werden aus den bisherigen Berechnungen übernommen: $\sigma_{Bio} = 10$ und $\sigma_{Gen} = 4{,}47$ sowie $\mu_{Bio} = 10$ und $\mu_{Gen} = 6$. Für das Portefeuille aus beiden betrachteten Aktien gilt gem. Gleichung (VII-19c) und Gleichung (VII-23e):

$\mu_p = x_{Bio} \cdot (10 - 6) + 6$,

$\sigma_p = 4{,}47 + (10 - 4{,}47) \cdot \dfrac{\mu_p - 6}{10 - 6}$.

In Tab. VII-10 werden für beispielhaft variierte (und damit unterschiedliche) Anteile der Biowelt-Aktie am Portefeuille der jeweilige Erwartungswert und die Standardabweichung aufgezeigt:

x_{Bio}	0	0,2	0,4	0,6	0,7	0,8	1,0
μ_p	6	6,8	7,6	8,4	8,8	9,2	10,0
σ_p	4,47	5,58	6,68	7,79	8,34	8,89	10,0

Tab. VII-10: Erwartungswert und Standardabweichung eines Portefeuilles bei $\rho_{Bio,Gen} = +1$

Die ermittelten Beziehungen sind zur Veranschaulichung in Abb. VII-3 abgebildet.

Folgende Interpretationen sind mittels Abb. VII-3 möglich:

- Den Fall, in dem das **Durchschnittsrisiko** gleich dem **Portefeuillerisiko** ist, d.h. die Korrelation vollkommen positiv ist, zeigt die Verbindungslinie zwischen Punkt G und B. In Punkt B besteht das Portefeuille ausschließlich aus Aktien der Biowelt AG und in Punkt G vollständig aus den Genfood-Aktien. Ein Punkt auf der Strecke bezeichnet die Aufteilung der Portefeuilles mit Aktien der jeweiligen Emittenten (z.B. Punkt D mit einem Anteil von 30% Genfood-Aktien und 70% Biowelt-Aktien). Die sich dadurch ergebende Gerade wird als **Transformationskurve** bezeichnet.

- Eine höhere Portefeuillerendite wird nur durch Inkaufnahme eines höheren Risikos (σ_p) realisiert. Die vollkommen positive Korrelation stellt sich grafisch als **linearer Zusammenhang** zwischen μ_p und σ_p dar. Unterhalb des kleinsten Einzelrisikos, hier nicht unter $\sigma_{Gen} = 4{,}47$, kann das Portefeuillerisiko nicht absinken. Das maximale Risiko beträgt $\sigma_{Bio} = 10$.

1 Portfolio Selection (Portfoliotheorie)

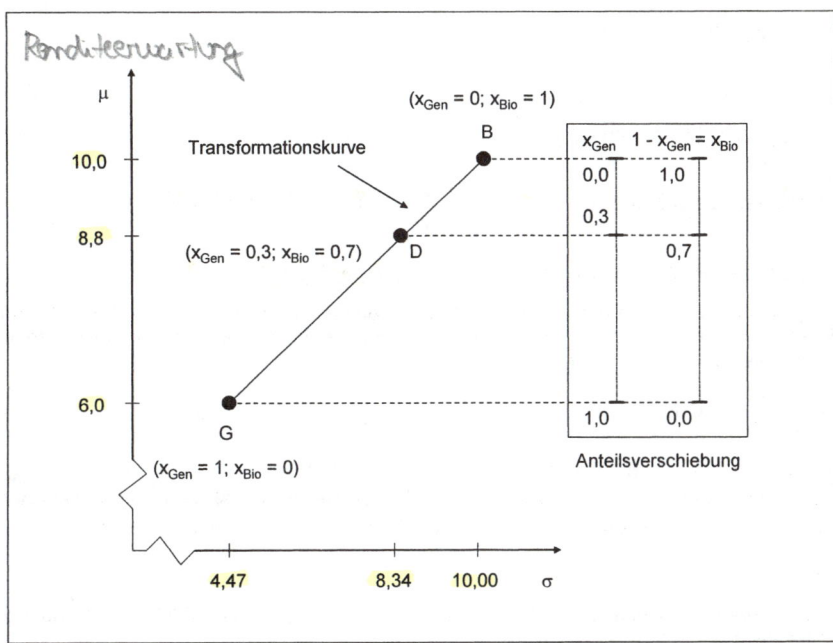

Abb. VII-3: Beziehung zwischen erwartetem Ertrag und Standardabweichung bei vollständig positiver Korrelation

Diese Konstellation ist dann nicht optimal, wenn die Anteile der Aktien so variiert werden können, dass die Korrelation zu $\rho < 1$ wird. Dadurch lässt sich eine Risikoreduktion erzielen, was die Diversifikationsstrategie in der Mischung von Wertpapieren mit möglichst niedriger Korrelation beabsichtigt.

Fall 2: Vollständig negative Korrelation

Im Gegensatz zur vollständig positiven Korrelation ist das andere Extrem die vollständig negative Korrelation zwischen zwei Wertpapieren, d.h. $\rho_{Bio,Gen} = -1$. In diesem Fall lässt sich im Extrem das Risiko eines Portefeuilles durch Diversifikation vollständig eliminieren. Wiederum soll zur Begründung die formale Darstellung im Zwei-Aktien-Fall mit $\rho_{Bio,Gen}$ gewählt werden. Man errechnet dann die Streuung des Portefeuilles allgemein auf folgendem Weg:

$$\sigma_p = \sqrt{x_{Bio}^2 \sigma_{Bio}^2 + x_{Gen}^2 \sigma_{Gen}^2 + 2 x_{Bio} x_{Gen} \cdot (-1) \sigma_{Bio} \sigma_{Gen}} \qquad \text{(VII-24a)}$$

Mit $x_{Gen} = 1 - x_{Bio}$ lässt sich dieser Ausdruck wie folgt umwandeln:

$$\sigma_p = \sqrt{x_{Bio}^2 \sigma_{Bio}^2 + (1-x_{Bio})^2 \cdot \sigma_{Gen}^2 - 2 x_{Bio}(1-x_{Bio}) \sigma_{Bio} \sigma_{Gen}} \qquad \text{(VII-24b)}$$

Unter Zuhilfenahme des binomischen Lehrsatzes gilt:

$$\sigma_p = \sqrt{[(x_{Bio} \cdot \sigma_{Bio} - (1-x_{Bio}) \cdot \sigma_{Gen})]^2}, \text{ wodurch die Betragsgleichung darstellbar wird:}$$

$$\sigma_p = |x_{Bio} \cdot (\sigma_{Bio} + \sigma_{Gen}) - \sigma_{Gen}| \qquad \text{(VII-24c)}$$

Es folgt für die Betragsschranken:

$$\sigma_p = x_{Bio}\sigma_{Bio} - (1 - x_{Bio})\sigma_{Gen}$$

oder

$$\sigma_p = -x_{Bio}\sigma_{Bio} + (1 - x_{Bio})\sigma_{Gen}$$

Damit wird das Portfolio für $x_{Bio} = \dfrac{\sigma_{Gen}}{\sigma_{Bio} + \sigma_{Gen}}$ im Risiko minimal.

Setzt man den Ausdruck in (VII-24c) ein, so erhält man $\sigma_p = 0$.

Beispiel: Auf der Grundlage der bisher verwendeten Beispielwerte lässt sich bei einem Korrelationskoeffizienten von -1 der Anteil der Biowelt-Aktie (und der Genfood-Aktie) am Portefeuille ermitteln, bei dem das Portefeuillerisiko Null ist:

$$x_{Bio} = \frac{4{,}47}{10 + 4{,}47} \cong 0{,}309.$$

Wegen $x_{Gen} = 1 - x_{Bio}$ beträgt der Anteil der Genfood-Aktie im Fall des risikolosen Portefeuilles $x_{Gen} \cong 0{,}691$. Setzt man die entsprechenden Werte der beiden Aktienanteile in Gleichung (VII-19c) ein, so erhält man die erwartete Portefeuillerendite im Fall des risikolosen Portefeuilles:

$$\mu_p = 0{,}309 \cdot (10 - 6) + 6 = 7{,}236 .$$

Zum Demonstrationszweck kann unter Zugrundelegung von Gleichung (VII-24c) das Portefeuillerisiko errechnet werden:

$$\sigma_p = |\, 0{,}309 \cdot (10 + 4{,}47) - 4{,}47 \,| = 0 .$$

Auch für den Fall eines vollständig negativen Korrelationskoeffizienten von Eins lassen sich ergänzend zum risikofreien Portefeuille Variationen der Anteile von Biowelt- und Genfood-Aktie vornehmen und die entsprechenden Wirkungen auf Portefeuillerendite und -risiko betrachten. Grundlagen bilden die Gleichungen (VII-19c und VII-24c). Die Werte sind in Tab. VII-11 aufgeführt.

x_{Bio}	0	0,2	0,4	0,6	0,7	0,8	1,0
μ_p	6	6,8	7,6	8,4	8,8	9,2	10,0
σ_p	4,47	1,58	1,32	4,21	5,66	7,11	10,0

Tab. VII-11: Erwartungswert und Standardabweichung eines Portefeuilles bei Aktienanteilsvariation und $\rho_{Bio,Gen} = -1$

Eine vollständige Reduktion des Portefeuillerisikos ist in Abb. VII-4 durch den Punkt C gekennzeichnet. Wie zu erkennen ist, nimmt in diesem Punkt σ_p den Wert 0 an. Das Portefeuille wird ausschließlich durch die erwartete Portefeuillerendite μ_p bestimmt. Die untere Linie der Strecke CG ist deshalb nicht durchgezogen, weil für jeden Risikowert σ, der den auf der gestrichelten Linie aufgezeigten Ertrag μ erbringt, ein - bei gleichem Risiko - höherer Wert auf der oberen Linie liegt. Mithin bewirkt die Anwendung des Dominanzprinzips, dass der Wertebereich entlang der gestrichelten Linie für weitere Überlegungen unberücksichtigt bleiben kann.

1 Portfolio Selection (Portfoliotheorie)

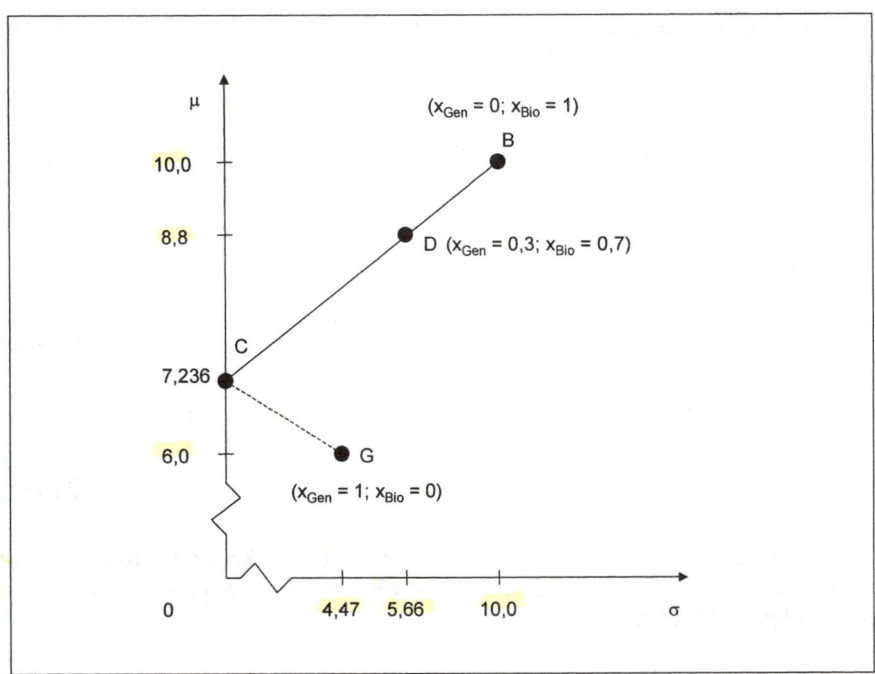

Abb. VII-4: Erwarteter Ertrag und Standardabweichung bei einer vollständig negativen Korrelation

Liegt der Wert des Korrelationskoeffizienten zwischen *+1* und *-1*, so sinkt das Portefeuillerisiko unter den gewogenen Durchschnitt der Risiken der Einzelanlagen. Können die **Portefeuilleanteile** x_{Bio} und x_{Gen} **variiert** werden, so hängt es von den jeweiligen Werten dieser Anteile ab, welchen Erwartungswert und welche Standardabweichung die Portefeuillerendite hat. Man untersucht die Wirkungen auf das Portefeuille üblicherweise in zwei Fallunterscheidungen: zum einen bei einer Korrelation von Null und zum anderen im Zwischenfall positiver Korrelation.

Fall 3: Korrelation von Null

Die erwarteten Renditen der Bio- und der Gen-Aktie sind vollständig voneinander unabhängig, wenn die Situation $\rho_{Bio,Gen} = 0$ vorliegt. Das Portfolio mit dem minimalen Risikoanteil ergibt sich dann wie folgt. Auch in dieser Fallbetrachtung lassen sich die Anteile der beiden Aktien alternativ aufteilen und daraus die Transformationskurve ermitteln (vgl. zu nachfolgenden Ausführungen *Elton/ Gruber/ Brown/ Goetzmann* 2003, S. 74-76). Sie stellt jetzt keine Gerade mehr dar:

$$\sigma_p = \sqrt{x_{Bio}^2 \sigma_{Bio}^2 + x_{Gen}^2 \sigma_{Gen}^2 + 2 x_{Bio} x_{Gen} \cdot 0 \cdot \sigma_{Bio} \sigma_{Gen}} \qquad \text{(VII-25a)}$$

Mit $x_{Gen} = 1 - x_{Bio}$ folgt aus (VII-25a):

$$\sigma_p = \sqrt{x_{Bio}^2 \sigma_{Bio}^2 + (1 - x_{Bio})^2 \cdot \sigma_{Gen}^2} \qquad \text{(VII-25b)}$$

und anstelle der Standardabweichung setzt man die Varianz:

$$\sigma_p = x_{Bio}^2 \sigma_{Bio}^2 + (1 - x_{Bio})^2 \sigma_{Gen}^2 \qquad \text{(VII-25c)}$$

Durch Ableitung der Ursprungsgleichung (VII-16) von S. 292 mit $x_{Gen} = (1 - x_{Bio})$ nach x_{Bio} und Gleichsetzung mit Null wird der minimale Wert für σ_p^2 bzw. σ_p darstellbar:

$$\frac{\partial \sigma_p}{\partial x_{Bio}} = \left(\frac{1}{2}\right) \frac{\left[2x_{Bio}\sigma_{Bio}^2 - 2\sigma_{Gen}^2 + 2x_{Bio}\sigma_{Gen}^2 + 2\sigma_{Bio}\sigma_{Gen}\rho_{Bio,Gen} - 4x_{Bio}\sigma_{Bio}\sigma_{Gen}\rho_{Bio,Gen}\right]}{\left[x_{Bio}^2\sigma_{Bio}^2 + (1-x_{Bio})^2\sigma_{Gen}^2 + 2x_{Bio}(1-x_{Bio})\sigma_{Bio}\sigma_{Gen}\rho_{Bio,Gen}\right]^{\frac{1}{2}}}$$

Nach Nullsetzen des Ableitungsausdrucks und auflösen nach x_{Bio} ergibt sich:

$$x_{Bio} = \frac{\sigma_{Gen}^2 - \sigma_{Bio}\sigma_{Gen}\rho_{Bio,Gen}}{\sigma_{Bio}^2 + \sigma_{Gen}^2 - 2\sigma_{Bio}\sigma_{Gen}\rho_{Bio,Gen}} \quad \text{(VII-26a)}$$

Mittels $\rho_{Bio,Gen} = 0$ kommt der endgültige Ausdruck für x_{Bio} zustande:

$$x_{Bio} = \frac{\sigma_{Gen}^2}{\sigma_{Bio}^2 + \sigma_{Gen}^2} \quad \text{(VII-26b)}$$

Als Transformationskurve ergibt sich im Fall von $\rho = 0$ eine konkave Reaktionskurve zwischen den Punkten B und G. Das Portefeuille mit dem minimalen Risikoanteil ist dann wie folgt charakterisiert:

$$x_{Bio} = \frac{\sigma_{Gen}^2}{\sigma_{Bio}^2 + \sigma_{Gen}^2} \quad \text{mit} \quad \sigma_p^2 = \frac{\sigma_{Bio}^2 \cdot \sigma_{Gen}^2}{\sigma_{Bio}^2 + \sigma_{Gen}^2}$$

Beispiel: Übertragen auf die Beispielwerte errechnet man unter Zugrundelegung von Gleichung (VII-26b) die Mischungsanteile von Biowelt- und Genfood-Aktie für das risikominimale Portefeuille:

$$x_{Bio} = \frac{20}{100 + 20} \cong 0{,}167 \quad \text{und} \quad x_{Gen} \cong 1 - 0{,}167 = 0{,}833.$$

Der Erwartungswert der Portefeuillerendite beträgt gemäß Gleichung (VII-19a):
$\mu_p = 10 \cdot 0{,}167 + 6 \cdot 0{,}833 = 6{,}67$. Das Portefeuillerisiko berechnet man aufgrund Gleichung (VII-25c) mit: $\sigma_p^2 = 0{,}167^2 \cdot 100 + 0{,}833^2 \cdot 20 \cong 16{,}667$ und $\sigma_p = \sqrt{16{,}667} \cong 4{,}083$. In Tab. VII-12 wurden die Anteile der Aktien variiert und die entsprechenden Erwartungs- und Risikowerte aufgeführt.

x_{Bio}	0	0,2	0,4	0,6	0,7	0,8	1,0
μ_p	6	6,8	7,6	8,4	8,8	9,2	10,0
σ_p	4,47	4,10	4,82	6,26	7,13	8,05	10,0

Tab. VII-12: Erwartungswert und Standardabweichung eines Portefeuilles bei $\rho_{Bio,Gen} = 0$

In Abb. VII-5 stellt die konkave Reaktionskurve die Risiko-Ertrags-Kombinationen (= Transformationskurve) möglicher Portefeuilles aus Biowelt-Aktien und Genfood-Aktien bei nicht vollkommener Korrelation dar. Je nach Höhe des Korrelationskoeffizienten ist die Krümmung schwächer oder stärker. Die möglichen effizienten Portefeuilles liegen auf der Linie CB. So enthält das **Portfolio in Punkt D** 30% an Genfood-Aktien und 70% an Biowelt-Aktien. Je weiter man sich vom Punkt C in Richtung Punkt B bewegt, um so mehr nimmt der Anteil der Genfood-Aktie ab und derjenige der Biowelt-Aktien zu. In Punkt B besteht ein Portefeuille ausschließlich aus Biowelt-Aktien. Punkt G repräsentiert ein Portefeuille, das ausschließlich aus Genfood-Aktien besteht. Alle Portefeuilles zwischen C und G sind nicht effizient, da es zum gleichen Risiko eine andere Portefeuille-Zusammensetzung mit höherer Rendite gibt. Portefeuille C (mit $x_{Bio} = 0,167$, $x_{Gen} = 0,833$) stellt das **risikominimale Portefeuille** dar.

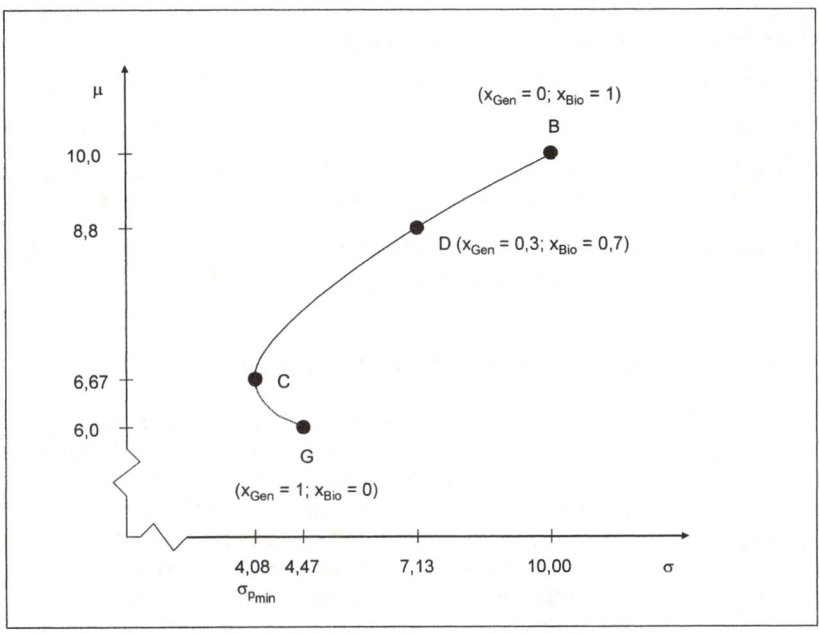

Abb. VII-5: Erwarteter Ertrag und Standardabweichung bei $\rho = 0$

Die Transformationskurve in Abb. VII-5 gilt in gekrümmter Verlaufsform auch für Fälle, in denen der Korrelationskoeffizient positiv und kleiner Eins ist ($0 < \rho < 1$).

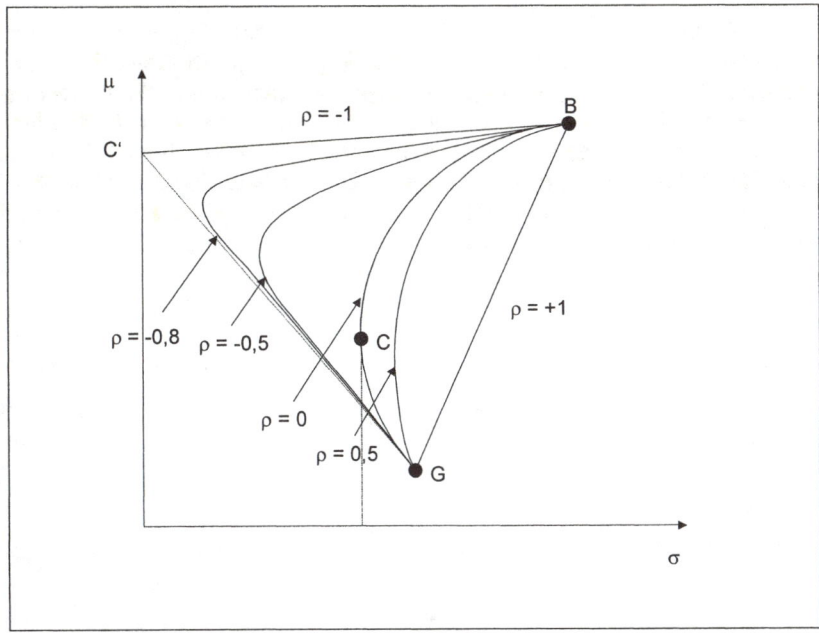

Abb. VII-6: Verläufe der Effizienzkurve in Abhängigkeit von alternativen Werten für ρ

Abb. VII-6 zeigt, dass die **Krümmung** der Effizienzkurve immer **größer wird, je mehr** ρ von *(+1)* nach *-1* geht. Die Kombinationen von Aktien mit *0 < ρ < 1* werden auf folgende Weise begrenzt (vgl. *Sharpe/ Alexander/ Bailey* 1999, S. 175):

- Die Strecke *GB* wird als **obere Schranke** der möglichen Kombinationen zwischen Biowelt- und Genfood-Aktie verstanden.

- Die Strecken *C'B* und *C'G* sind die **unteren Schranken** der Portefeuilles.

Als **vorläufige Ergebnisse** der Falluntersuchungen sollen festgehalten werden:

- Je niedriger die Korrelation ist (im Extrem weist sie den Wert *–1* auf), desto höher wird der erwartete Ertrag des Portefeuilles bei geringem Risiko.

- Das maximale Risiko eines Portefeuilles (einer Aktienkombination) ist nie höher als durch die Transformationskurve für ρ = *1* angezeigt.

1.4 Bestimmung des optimalen Portefeuilles

Die im vorangegangenen Abschnitt ermittelten Ergebnisse stellen bislang noch eine Beschränkung auf zwei Aktien für die Portefeuillebildung dar. Des Weiteren ist noch nicht aufgezeigt, welche Aktienkombination bei gegebenem Korrelationskoeffizienten und einer Anzahl Aktien *i* mit *i* > 2 das optimale Portefeuille aufweist. Betrachten wir nachfolgend den letztgenannten Aspekt. Da es bei stetiger Betrachtung unendlich viele Aktien und Kombinationsmöglichkeiten bei der Zusammenstellung von Wertpapieren zu einem Portefeuille gibt, der Investor risikoscheu ist und eine für ihn optimale Rendite-Risiko-Kombination erreichen möchte, bedarf es einer geeigneten Methode, um das optimale Portefeuille eines Investors zu bestimmen. Es empfiehlt sich, in zwei Schritten vorzugehen (zur Verdeutlichung s. Abb. VII-7).

1. Schritt: Effiziente Portefeuilles bilden

Zu diesem Zweck ist es erforderlich, zwischen folgenden Eigenschaften von Portefeuilles gedanklich Folgendes zu trennen. **Effizient** ist ein **Portefeuille**, wenn es bei einer gleichen erwarteten Rendite (Risiko) gegenüber einem alternativen Portefeuille ein geringeres Risiko (höhere erwartete Rendite) aufweist. In Abb. VII-7 ist ersichtlich, dass Portefeuilles, die diese Anforderung erfüllen, alle auf der konkav gekrümmten Transformationskurve *BC* liegen. Man nennt sie **Effizienzkurve** (Efficient Set). Die Linie wird von unten durch den Punkt *C* begrenzt, der das **varianz- bzw. risikominimale Portefeuille** verkörpert (= Minimum Variance Portfolio) (vgl. *Ross/ Westerfield/ Jaffe* 2002, S. 255).

1 Portfolio Selection (Portfoliotheorie)

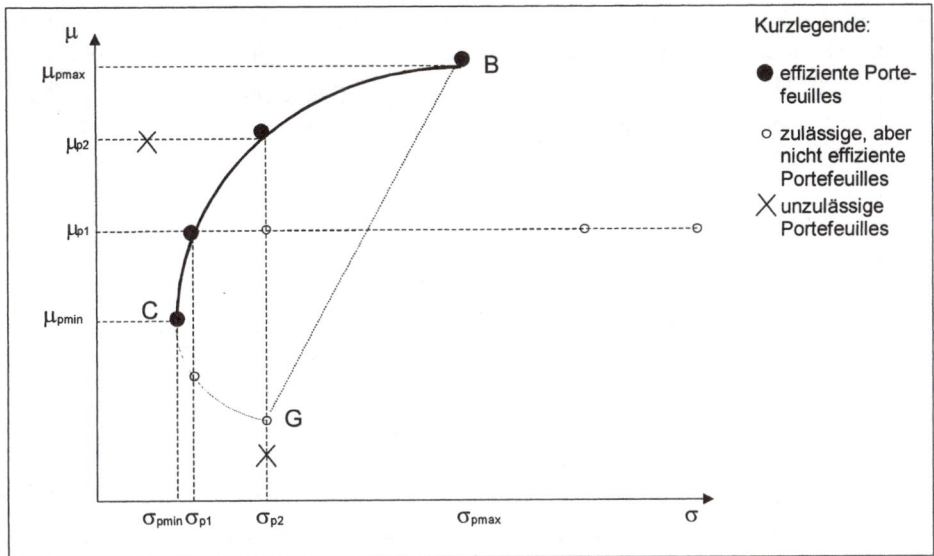

Abb. VII-7: Unzulässige, zulässige und effiziente Portefeuilles aus zwei Aktien

In Abb. VII-7 gibt die Verbindungskurve zwischen G, C und B alle **möglichen Kombinationen** zweier Aktien an. Es sind aber ausschließlich die Portefeuilles zwischen B und C effizient. Portefeuilles zwischen G und C sind zwar **zulässig**, aber **ineffizient**, da diese Portefeuilles bei gleichem Risiko eine niedrigere Rendite gegenüber Portefeuilles aufweisen, die auf der Strecke CB liegen. Diese Aussage gilt auch für alle anderen denkbaren Kombinationen von Aktien und damit Portefeuillebildungen, die geometrisch unterhalb und/oder rechts neben der Effizienzkurve liegen. Es gibt immer Aktienkombinationen, die bei gleichem Risiko (Rendite) eine höhere erwartete Rendite (niedrigeres Risiko) aufweisen. **Unzulässige** Portefeuilles sind außerhalb der Effizienzkurve angesiedelt.

2. Schritt: Optimales Portefeuille bestimmen

Hat man alle möglichen effizienten Portefeuilles und damit die Effizienzkurve ermittelt, ist aus der Menge der effizienten Portefeuilles das optimale zu bestimmen. Zu diesem Zweck ist die **Risikopräferenzfunktion** des Investors einzubeziehen. Da in den Modellannahmen des Abschnitts 1.1 ausschließlich **risikoscheue Investoren** unterstellt sind, kann die Abbildung der Risikopräferenzfunktion eines Investors mittels konvex verlaufender Rendite-Risiko-Indifferenzkurven grafisch in die Darstellung der Effizienzkurve eingetragen werden (vgl. Abb. VII-8). Die Linkskrümmung der Indifferenzkurve ergibt sich aus der Risikoaversion des Investors: Um ein höheres Risiko einzugehen, bedarf es einer überdurchschnittlichen Renditesteigerung. Die Schar der **Indifferenzkurven** stiftet in von rechts nach links aufsteigender Folge höhere Nutzenniveaus. Auf jeder Indifferenzkurve gilt, dass alle dort aufgetragenen Rendite-Risiko-Kombinationen und die sie bestimmenden Aktienportefeuilles vom Entscheider gleich geschätzt werden.

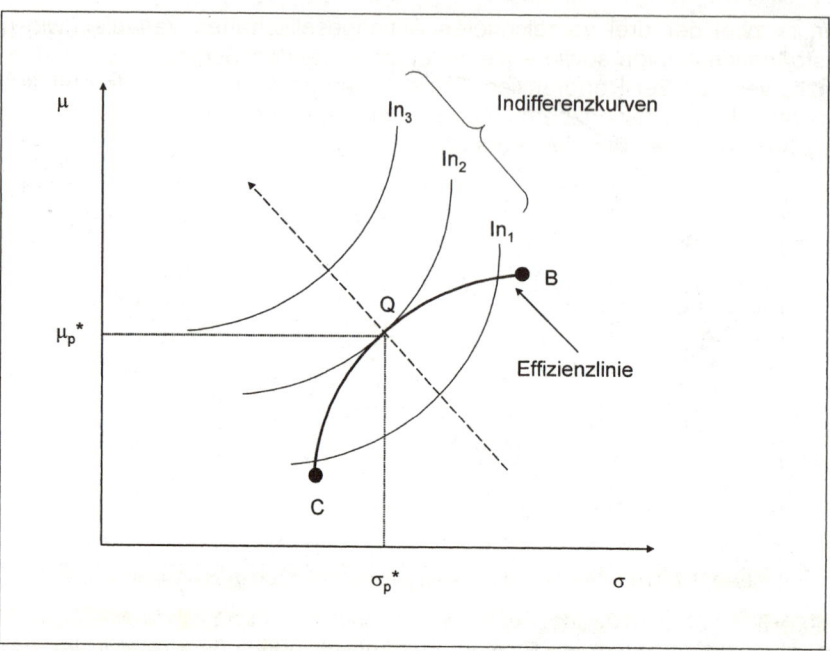

Abb. VII-8: Grafische Bestimmung des optimalen Portefeuilles

Durch Verschieben der Indifferenzkurve entlang des Fahrstrahls gelangt man zum Punkt Q, an dem die Indifferenzkurve In_2 die Kurve der effizienten Portefeuilles tangiert. Der Punkt Q stellt das optimale Portefeuille dar, denn es liegt auf der höchsten realisierbaren Indifferenzkurve des betrachteten Investors, die dessen individuelle Risikoaversion ausdrückt. Daraufhin ist die optimale Rendite-Risiko-Kombination bestimmt: μ_p^*, σ_p^*. Es gilt mithin aufgrund dieser Betrachtung für den Gleichgewichtspunkt Q:

> Dasjenige **Portefeuille** aus der Gruppe möglicher, effizienter Aktienportefeuilles ist für einen Investor **optimal**, welches seine höchstgelegene Rendite-Risiko-Indifferenzkurve tangiert.

1.5 Die „Kurve der guten Handlungsmöglichkeiten" (Efficient Frontier)

Bisher wurden zwei Aktien und deren möglichen Kombinationen zu Portefeuilles betrachtet. Die gesamte Betrachtung lässt sich auf den Fall von m Aktien ausdehnen. Um die Komplexität einer solchen Betrachtung zu reduzieren, die grundsätzlichen Erkenntnisse aber nicht zu verlieren, genügt es eine **dritte Aktie**, als Beispiel die der **Hybrid AG**, in das Modell zu integrieren. Die Rendite der Hybrid-Aktie soll, wie die Renditen der Biowelt- und Genfood-Aktien auch, weder vollkommen positiv noch vollkommen negativ mit den Renditen der beiden bisher betrachteten Aktien korreliert sein. Die Effizienzkurve des Zwei-Aktien-Falls gilt nach wie vor mit BC (vgl. Abb. VII-9). Ergibt sich mit Berücksichtigung einer dritten Aktie eine Modifikation der bisherigen Effizienzkurve?

Dazu seien in den folgenden sechs μ-σ-Diagrammen einige potenzielle Fälle für die Positionierung der Hybrid-AG (Punkt H) betrachtet (vgl. Abb. VII-9, Fälle a-f). Zwi-

1 Portfolio Selection (Portfoliotheorie)

schen je zwei der drei verzeichneten Aktiengesellschaften verlaufen wie gehabt Transformationskurven sowie – als die entsprechenden Segmente von ihnen – Effizienzkurven von 2er-Portefeuilles. Bezieht man jetzt allerdings alle drei Aktiengesellschaften in die Effizienzbetrachtung mit ein, ergeben sich im Allgemeinen jeweils neue Effizienzkurven, die die vorherige „umhüllen".

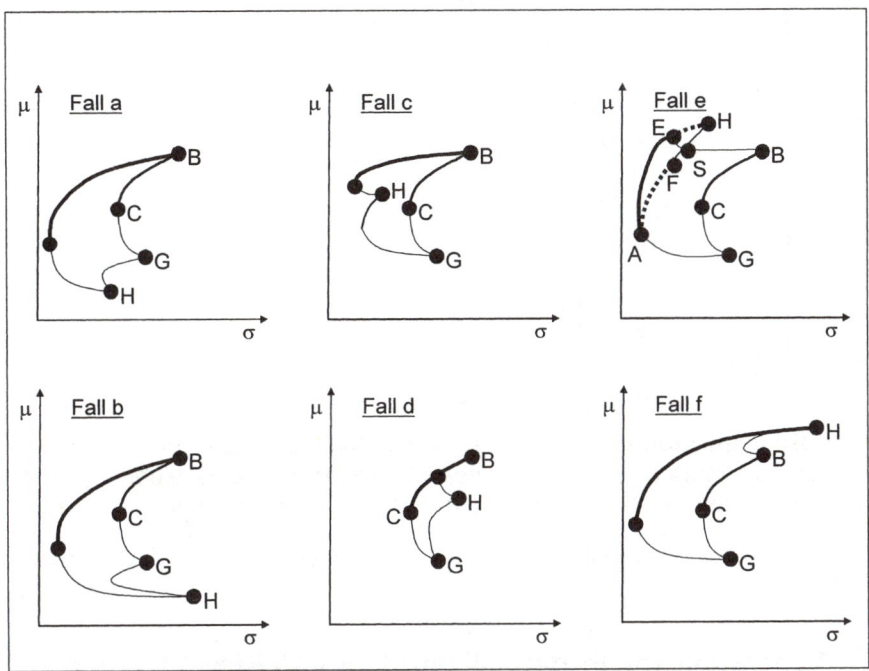

Abb. VII-9: Portefeuillebildung aus drei Aktien

Dabei ist es auch möglich, dass sich die Effizienzkurve – wie etwa im Fall d – im Vergleich zum vorherigen Zwei-Aktien-Fall nicht verändert. Ebenso können sich, so z.B. in Fall e, zwei Transformationskurven in einem Punkt S schneiden, was zunächst zur abschnittweisen Zusammensetzung der „vorläufigen neuen Effizienzkurve" aus den gestrichelten Kurvenabschnitten EH und AF führt. Portefeuilles, in denen Anteile aller drei Gesellschaften enthalten sind, liegen u.U. jedoch auf der stetigen, umhüllenden Kurve HEA solch einer vorläufigen stückweisen Effizienzkurve.

Insgesamt verläuft die **neue Effizienzkurve** des Drei-Aktien-Falles durch die Annahme unvollständiger Korrelation der Renditen in den Portefeuilles stets links oberhalb der Strecke BC. Diese **Verschiebung** der **ursprünglichen Effizienzkurve nach links außen** verdeutlicht also, wie das Nutzenniveau des Investors mit Hilfe der Diversifikation erhöht werden kann.

Es liegt nahe, durch sukzessive Aufnahme aller am Aktienmarkt befindlichen risikobehafteten Wertpapiere in dieses Modell eine immer größere Diversifikation zu einer „absolut besten" Kurve effizienter Portefeuilles zu entwickeln (vgl. Abb. VII-10). Dies bedeutet, dass alle effizienten Portefeuilles von den ineffizienten getrennt werden. Diese Kurve bezeichnet man im deutschsprachigen Raum als die **Kurve guter Handlungsmöglichkeiten** (vgl. *Schneider* 1992, S. 476), und im angelsächsischen Sprachgebrauch mit **Efficient Frontier** (vgl. *Sharpe* 1970, S. 33).

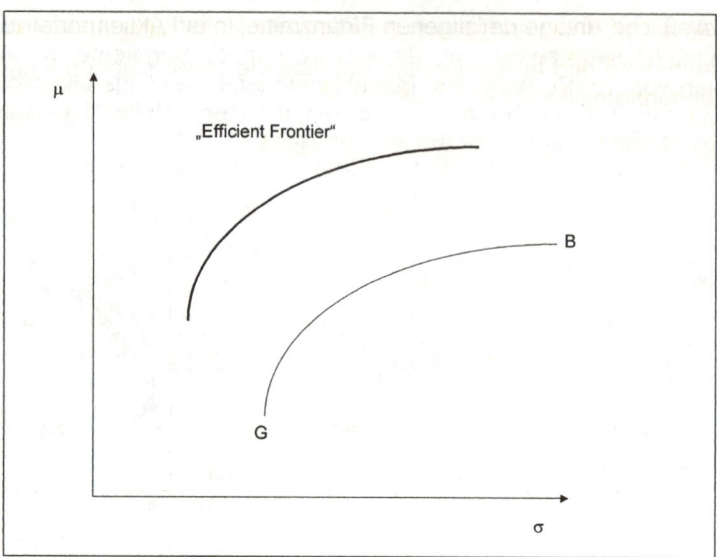

Abb. VII-10: Efficient Frontier für den m-Aktien-Fall

Auf der **Efficient Frontier** repräsentiert jeder Punkt eine effiziente Zusammensetzung des Portefeuilles, also eine Aufteilung des angelegten Geldbetrages in t_0 in einem bestimmten Verhältnis zwischen den zur Auswahl stehenden m Aktien.

Lesehinweis: Zur mathematischen Herleitung der Kurve vgl. *Elton/ Gruber/ Brown/ Goetzmann* (2003, S. 120-121).

1.6 Separation von Portefeuillestruktur und Risikoneigung

Im Rahmen der Portfoliotheorie wurden bisher ausschließlich risikobehaftete Investitionsobjekte, d.h. Aktien, betrachtet. Dies wird nun um eine risikolose Investitionsmöglichkeit ergänzt. Sie kennzeichnet eine feste Verzinsung zu einem risikolosen Zinssatz (= i_f). Üblicherweise werden solche risikolosen Investitionsmöglichkeiten durch Staatsanleihen verkörpert. Risikolos bezieht sich auf das fehlende Ausfallrisiko. Streng genommen muss man zusätzlich unterstellen, dass diese Wertpapiere bis zum Ende der betrachteten Planungsperiode fällig sind und bis dahin auch vom Investor gehalten werden, um das Zinsänderungsrisiko vernachlässigen zu können (vgl. *Schäfer* 2002, S. 438f.).

Mit der Ergänzung durch das risikolose Wertpapier wird in der Portfoliotheorie die Investitionsentscheidung eines Investors auf zwei verschiedenartige Gruppen von Investitionsobjekten ausgeweitet: Verkürzt gesagt handelt es sich um Aktien und Anleihen. Da ein vollkommener Kapitalmarkt annahmegemäß herrscht und ein einheitlicher Kapitalmarktzinssatz existiert, verfügt ein Investor nicht nur über eine Anlagemöglichkeit (Anleihekauf), sondern auch über eine Kreditaufnahmemöglichkeit. Die **Investitionsentscheidung** kann dann grundsätzlich in folgende vier **Handlungsmöglichkeiten** zerlegt werden:

(1) vollständige Mittelanlage in das risikolose Investitionsobjekt „Anleihe",

(2) Investition der vorhandenen eigenen Finanzmittel in ein Portefeuille aus risikoloser Anleihe und risikobehafteten Aktien,

1 Portfolio Selection (Portfoliotheorie)

(3) **ausschließliche** Anlage der eigenen Finanzmittel in ein Aktienportefeuille,

(4) **Kreditaufnahme** und **Investition** von Kreditbetrag sowie eigenen Finanzmitteln in ein Aktienportefeuille.

In Abhängigkeit vom Ausmaß der Risikoaversion des Investors festzulegen:	
(1) **Planung** der risikotragenden Investition: • Bestimmung der im Portefeuille zu berücksichtigenden Aktien <u>und</u> • Festlegung der Anteile der ausgewählten Aktien im Portefeuille.	(2) Einführung der **Risikoneigung**: • Milderung des Risikos des Aktienportefeuilles durch zusätzliche Investition zum sicheren Zinssatz (i_f) <u>oder</u> • Erhöhung des Risikos durch Kreditaufnahme.
1. Schritt: Bestimmung der **Struktur** des **Aktienportefeuilles**.	**2. Schritt:** Ermittlung des **optimalen Portefeuilles** des **Investors**.

Abb. VII-11: Überblick zum Separationstheorem von *Tobin*

Die Integration der Anlage- und Kreditaufnahmemöglichkeit unter der Bedingung des vollkommenen Kapitalmarkts verändert damit auch die Gesamtheit der möglichen und der effizienten Portefeuilles. Die Portfolioauswahl muss jetzt nach anderen Optimalitätsbedingungen erfolgen, als es bisher bei ausschließlich risikobehafteten Anlagealternativen vorgestellt wurde. Die Lösung dieses Entscheidungsproblems basiert auf dem **Separationstheorem** von *Tobin*. Er trennt das Entscheidungsproblem des Investors gedanklich in zwei Teilprobleme, die dann unabhängig voneinander gelöst werden können (vgl. *Franke/ Hax* 1999, S. 315 und *Schmidt/ Terberger* 1997, S. 332). Im Einzelnen werden die beiden Schritte nachfolgend erläutert.

1. Schritt: Bestimmung der Portefeuillestruktur

Risiko und Rendite des Mischportefeuilles werden zuerst mit Symbolen belegt:

	Portefeuille aus risikobehafteten Investitionsobjekten	risikolose Investitionsobjekte	Mischportefeuille
Rendite	μ_p mit $\mu_p > i_f$	$\mu_f = i_f$	$\mu_a = a \cdot \mu_p + (1-a) \cdot i_f$ bzw. $\mu_a = i_f + a \cdot (\mu_p - i_f)$
Risiko	σ_p	$\sigma_f = 0$	$\sigma_a = \sqrt{a^2 \sigma_p^2} = a \cdot \sigma_p$
Anteil	a	1-a	

Abb. VII-12: Risiko und Ertrag von Mischportefeuilles

Die Standardabweichung des Mischportefeuilles (= *a*) ist unter der zusätzlichen Betrachtung einer risikolosen Investitionsmöglichkeit wie folgt bestimmt (vgl. *Elton/ Gruber/ Brown/ Goetzmann* 2003, S. 84-86):

$$\sigma_a = \sqrt{a^2 \cdot \sigma_p^2 + (1-a)^2 \cdot \sigma_f^2 + 2 \cdot a \cdot (1-a) \cdot \sigma_p \cdot \sigma_f \cdot \rho_{p,f}}$$ (VII-27)

Wegen σ_f und $\rho_{p,f} = 0$ gilt $\sigma_a = \sqrt{a^2 \cdot \sigma_p^2} = a \cdot \sigma_p$. Dadurch ist angezeigt, dass das Risiko des Mischportefeuilles σ_a genau wie die Rendite linear mit dem risikobehafteten Portefeuilleanteil a ansteigt. Der **Portefeuilleanteil** a ist daher auch **als Risikomaß** für Mischportefeuilles verwendbar, denn es gilt:

$$a = \frac{\sigma_a}{\sigma_p}$$ (VII-28)

Mit Gleichung (VII-28) kann man μ_a reformulieren:

$$\mu_a = i_f + \frac{\sigma_a}{\sigma_p}(\mu_p - i_f)$$ (VII-29)

Nach Umstellung erhält man eine Beziehung, die in nachfolgendem Kasten abgebildet ist.

$\mu_a =$	i_f	$+ \dfrac{\mu_p - i_f}{\sigma_p} \cdot \sigma_a$
erwartete Rendite =	risikoloser +	Risikoprämie
Mischportefeuille	Basiszins	

Dies ist ein charakteristischer **Unterschied** gegenüber dem **Fall** mit **ausschließlich riskanten Anlagemöglichkeiten**:

- Die obige Beziehung gilt für jedes Mischportefeuille aus riskanter und risikoloser Investitionsmöglichkeit.
- Sie gilt auch für Mischportefeuilles mit ausschließlich riskanten Aktienportefeuilles und
- ist unabhängig davon, ob das riskante Portefeuille effizient ist oder nicht.

Gegenüber dem Fall fehlender risikoloser Investitionsmöglichkeit ändert sich auch der Verlauf der Linie mit den Risiko-Rendite-Kombinationen aller effizienten Mischportefeuilles. Sie stellt jetzt eine Gerade dar, deren Steigung als Marktpreis für die Risikoübernahme zu interpretieren ist. Anhand der Darstellung in Abb. VII-13 ist zu erkennen, dass sich die **Kurve effizienter Mischportefeuilles** (= Optimal Capital Allocation Line) aus der Anlage zum risikolosen Zinssatz i_f und risikobehafteten Aktienportefeuilles zusammensetzen kann. Es sind nur solche Kombinationen aus risikoloser und risikobehafteter Geldanlage effizient, die auf dieser Geraden liegen.

Diese Menge effizienter Portefeuilles ist die Gerade, die in VII-13 durch die Punkte i_f und M verläuft. M ist der Tangentialpunkt einer Geraden, die von i_f aus an die Kurve der effizienten Portefeuilles mit risikobehafteten Investitionsmöglichkeiten angelegt wird. Der Gleichgewichtspunkt wird analytisch aus der Funktion der Effizienz- mit der Kapitalmarktlinie durch Bildung einer *Lagrange*-Funktion und dem totalen Differential ermittelt.

Lesehinweis: Zur Ermittlung des Gleichgewichtspunkts vgl. *Elton/ Gruber/ Brown/ Goetzmann* (2003, S. 100f.).

1 Portfolio Selection (Portfoliotheorie)

Ein Blick auf die unter der Effizienzkurve der Aktienportefeuilles verlaufenden Kurve effizienter Mischportefeuilles verdeutlicht diese Aussage: Es handelt sich dabei um zwar zulässige, aber ineffiziente Rendite-Risiko-Kombinationen, da zu jedem solcher Portefeuilles überlegenere auf der Kurve effizienter Mischportefeuilles gefunden werden können. Sie weisen bei gleichem Risiko eine höhere erwartete Rendite auf bzw. bei gleicher Rendite ein niedrigeres Risiko auf. Die bisher bekannte Effizienzkurve (aufgrund ausschließlich risikobehafteter Investitionsmöglichkeiten) und die Kurve effizienter Mischportefeuilles bilden den Tangentialpunkt (= M).

In Abbildung VII-13 wird ersichtlich, weshalb aus der Schar möglicher Portefeuilles risikobehafteter Investitionsmöglichkeiten ausschließlich und in jedem Fall das Aktienportefeuille M mit der erwarteten Rendite μ_a und dem Risiko σ_a gültig ist (vgl. *Ross/ Westerfield/ Jaffe* 2002, S. 266-268):

- Bei einer **Investition** in die **risikolose Investitionsmöglichkeit** (d.h. $\sigma_f = 0$) wird der Punkt Q realisiert. Er ist durch die erwartete (*100%* wahrscheinliche) Rendite zu i_f gekennzeichnet.

- Mit dem Punkt M ist die bislang bei **ausschließlich risikobehafteten Investitionsobjekten** betrachtete Verwendung des Anfangsgeldbestands dargestellt.

- Es zeigt sich, dass die Einführung der Kurve effizienter Mischportefeuilles bei gleich gebliebenem Risiko die Rendite erhöhen lässt (z.B. Bewegung von Punkt C nach C').

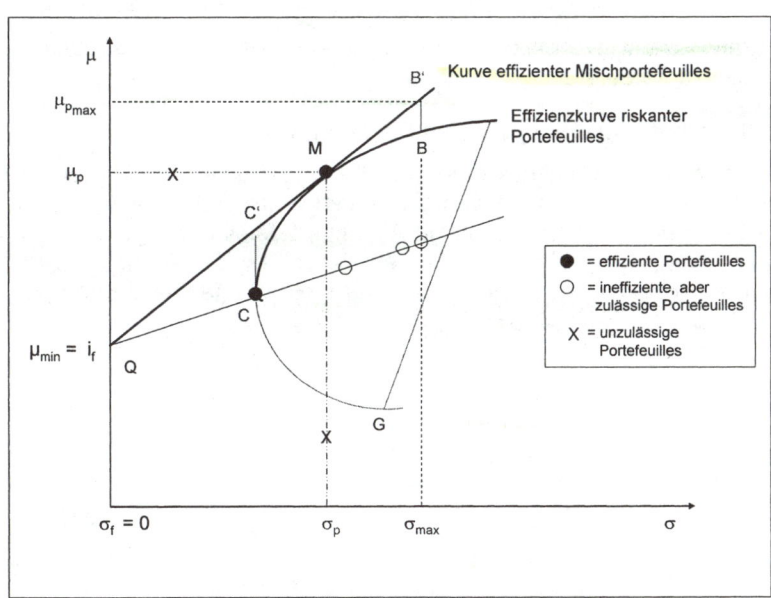

Abb. VII-13: Kurve effizienter Mischportefeuilles

Es können anschließend vier **grundlegende Fälle** von Mischportefeuilles unterschieden werden (s. auch Abb. VII-14):

(1) ausschließlich risikolose Investition (also ohne Aktienportefeuille) ($a = 0$),

(2) ausschließlich riskantes Investitionsobjekt ohne Kreditaufnahme ($a = 1$),

(3) Investition in die risikolose Alternative und die risikobehafteten Aktien ($a < 1$),
(4) Investition ausschließlich in Aktien mit zusätzlicher Kreditaufnahme zum Zinssatz i_f ($a > 1$).

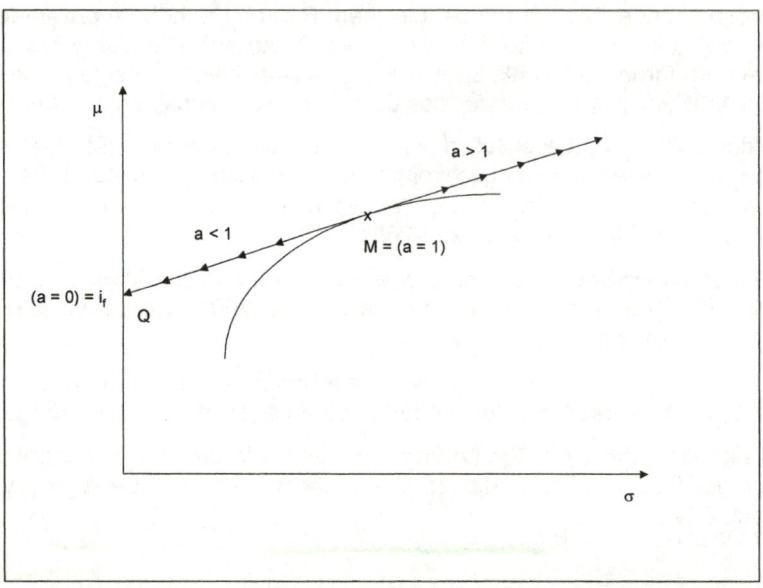

Abb. VII-14: Grundlegende Fälle auf der Kurve effizienter Mischportefeuilles

Mit Integration der Kurve effizienter Mischportefeuilles ändert sich auch die Definition optimaler Portefeuilles.

2. Schritt: Ermittlung des optimalen Portefeuilles

Ein Investor wählt sein optimales Portefeuille wieder unter den effizienten Portefeuilles aus. Er benötigt hierzu die Kenntnis seiner Risiko-Ertrags-Indifferenzkurve und die Angabe über das gleichgewichtige Aktienportefeuille (Tangentialpunkt *M*). Dies identifiziert er ausschließlich über dessen Parameter Erwartungswert der Rendite und Standardabweichung. Er benötigt daher nicht die gesamte Effizienzkurve (vgl. *Schmidt/ Terberger* 1997, S. 335-336).

1 Portfolio Selection (Portfoliotheorie)

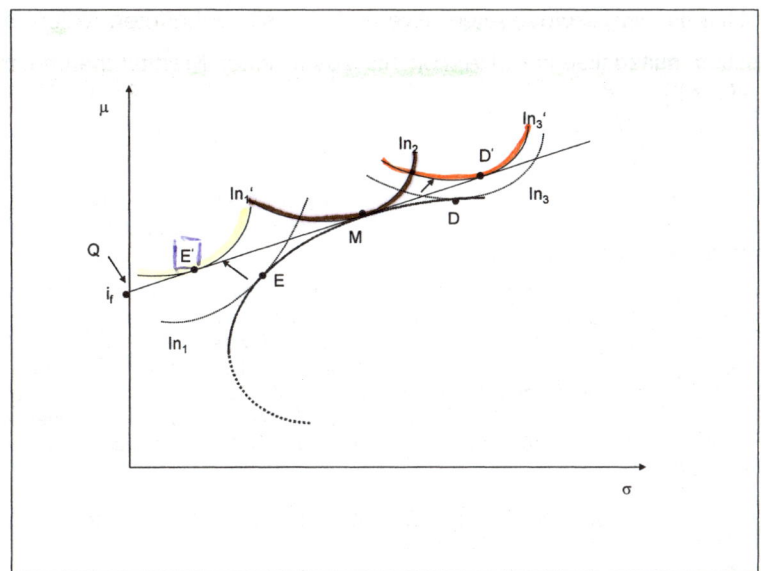

Abb. VII-15: Unterschiedliche Optimallösungen in Abhängigkeit vom unterstellten Grad der Risikoscheu

In Abb. VII-15 teilt ein **überdurchschnittlich risikoscheuer Investor** (Indifferenzkurve In'_1) sein Anlagekapital auf das Aktienportefeuille und die risikolose Anlage auf (= E'). Mit wachsender Risikoscheu wird für ihn der optimale Anteil a immer kleiner, bis er sich dem Punkt Q nähert. Abb. VII-15 verdeutlicht, dass mit Einführung der Kurve effizienter Mischportefeuilles das optimale Mischportefeuille nicht mehr auf der Effizienzkurve liegt. Der dortige Gleichgewichtspunkt E beispielsweise führt nur zur Realisierung einer niedriger gelegenen Indifferenzkurve In_1. Durch den Übergang auf die Kurve effizienter Mischportefeuilles wird für den betrachteten Investor eine höher gelegene Indifferenzkurve (= In'_1) erreichbar und damit sein Nutzen aus der Investition erhöht. Die Risikoaversion kann bei einem Investor derart stark ausgeprägt sein, dass er seine Finanzmittel ausschließlich in die risikolose Anleihe investiert. Er realisiert dann Punkt Q in Abb. VII-15.

Ein eher **unterdurchschnittlich risikoscheuer Investor**, der durch eine Indifferenzkurve In_3 gekennzeichnet ist, verschuldet sich und erwirbt mit seinen auf diese Weise erhöhten Investitionsmitteln (= eigene Mittel zzgl. aufgenommener Kreditmittel) ausschließlich Aktien in der Zusammensetzung des Aktienportefeuilles D'. Auch für ihn lohnt sich der Übergang von der Effizienzkurve auf die Kurve effizienter Mischportefeuilles, da er dort die höher gelegenen Indifferenzkurve In'_3 realisieren kann.

Ein **durchschnittlich risikoscheuer Investor** mit der Indifferenzkurve In_2 legt seinen gesamten Anlagebetrag ausschließlich in das Marktportefeuille M an.

Beispiel: Gegeben sind folgende Entscheidungsparameter für Investoren: i_f = 3%, μ_p = 14%, σ_p = 20%, a_0 = 100.000 €. Hiermit sind in Abhängigkeit von den zuvor dargestellten drei möglichen risikoscheuen Investorentypen folgende Entscheidungsoptimierungen möglich (vgl. auch Abb. VII-15 zur Lage der beschriebenen Optimalpunkte):

Investor überdurchschnittlich risikoscheu (= E'): Die Aufteilung des Anlagebetrags in das risikobehaftete Marktportefeuille erfolgt im relativen Umfang von a = 0,5. Daraus ermittelt man folgenden erwarteten Gewinn i.S. des Vermögenszuwachses:
μ_a = 50.000 · 0,03 + 50.000 · 0,14 = 8.500 €,

mit $\sigma_a = a \cdot \sigma_p = 0{,}5 \cdot 20\% = 10\%$, also *10.000 €*.

Investor extrem risikoscheu (= i_f): Der Anlagebetrag wird ausschließlich in die risikofreie Anlage vorgenommen, somit ist $a = 0$. Der erwartete Gewinn besteht daraufhin ausschließlich aus dem (sicheren) Ertrag der Anleihe:
$\mu_a = 100.000 \cdot 0{,}03 = 3.000 €$,
mit $\sigma_a = a \cdot \sigma_p = 0 \cdot 20\% = 0\%$, d.h. *0 €*.

Investor durchschnittlich risikoscheu (= *M*): Die vollständige Anlage der (eigenen) Finanzmittel in das Marktportefeuille ($a = 1$) führt zu einem Gewinn aus dem Portefeuille in Höhe von *14.000 €* und einer Standardabweichung von *20.000 €*.

Investor unterdurchschnittlich risikoscheu (= *D'*): In diesem Fall erfolgt die Anlage ausschließlich in das Marktportefeuille risikobehafteter Investitionsmöglichkeiten. Da der gewünschte Anlagebetrag über dem Betrag eigener Finanzmittel liegt, ist die Aufnahme fremder Mittel am Kapitalmarkt erforderlich. Der Investor gelangt daraufhin zu einer Aufteilung in das risikobehaftete Portefeuille in Höhe von $a = 1{,}8$. Die Kreditaufnahme ist demzufolge in Höhe von *80.000 €* erforderlich. Der Betrag ist am Periodenende zurückzuzahlen (inkl. Zinsen). Der erwartete Nettogewinn beträgt unter diesen Umständen: $180.000 \cdot 0{,}14 - 80.000 \cdot 0{,}03 = 22.800 €$. Die Standardabweichung korrespondiert mit $180.000 \cdot 0{,}2 = 36.000 €$.

Lesehinweis: Eine weitergehende instruktive Betrachtung der Folgen der *Tobin*-Separation findet sich in *Sharpe/ Alexander/ Bailey* (1999, S. 228-230).

Zusammenfassend liegen folgende **Ergebnisse** vor:

- Risikoaverse Investoren halten Portefeuilles, die hinsichtlich μ und σ effizient sind. Grafisch stellt sich die Menge aller möglichen effizienten Portefeuilles als konkave Kurve dar.

- Die Anlageentscheidung wird wie folgt optimiert:

    Fall 1: Fehlende risikolose Alternativanlage

    ♦ Individuelle Auswahl des Investors auf der **Effizienzkurve** entsprechend seiner individuellen Risikoneigung. Jeder Optimalpunkt weist eine ganz bestimmte festgelegte Zusammensetzung von Aktien auf. Die **Effizienzkurve** ist nur **investorspezifisch** vorhanden. So können z.B. zwei Investoren unterschiedliche Portefeuilles halten, weil sie
      - **unterschiedliche subjektive Erwartungen** hinsichtlich des Eintritts der Umweltzustände für die Renditen und
      - **unterschiedliche Risikoneigungen** haben.

    ♦ Haben alle Investoren **identische Erwartungen** hinsichtlich der Umweltzustände, dann besteht für alle Investoren die **gleiche Effizienzkurve**. Unterschiedliche Portefeuilles, die die Investoren halten sind dann nur noch Ergebnis abweichender Risikoeinstellungen.

    Fall 2: Risikolose und risikotragende Anlagemöglichkeiten

    ♦ Risiko-Rendite-Kombinationen liegen auf der Kurve effizienter Mischportefeuilles. Mischportefeuilles sind links und rechts von *M* gegenüber einem reinen Aktienportefeuille effizient.

    ♦ Mittels des **Separationstheorems von *Tobin*** werden effiziente Mischportefeuilles gebildet:
      - links von *M*: Investition vorhandener eigener Finanztitel in risikolose und -tragende Investitionsobjekte (**gemischte Portefeuilles**),

1 Portfolio Selection (Portfoliotheorie)

- rechts von *M*: Eigenmittel zuzüglich Kreditaufnahme führen zur Investition in risikotragende Investitionsobjekte (**reines Aktienportefeuille**),
- im Punkt *M*: Eigenmittel werden komplett in risikotragende Investitionsobjekte angelegt (**reines Aktienportefeuille**).

♦ Die **Risikoneigung** bestimmt nicht die Zusammensetzung des Aktienportefeuilles, sondern die Aufteilung des insgesamt anzulegenden Betrags in Aktien und risikoloser Anleihe (bzw. Kreditaufnahme). Sind die Erwartungen der Investoren heterogen, so können sich mit den effizienten Linien auch die Tangentialpunkte *M* zwischen den Investoren unterscheiden. Es gilt dann aber noch, dass für jeden Investor nur Mischportefeuilles mit „seinem" Aktienportefeuille *M* effizient sind.

Die Portfoliotheorie kann aus dem originären einzelwirtschaftlichen Optimierungsgleichgewicht eines individuellen Investors in ein Gleichgewichtsmodell überführt werden - in eine **Theorie der Marktbewertung von Investitionsobjekten**. Zur Bewertung von und praktischer Entscheidungshilfe für die meisten Sachinvestitionen ist die Portfoliotheorie dagegen ungeeignet. Das Modell operiert im Zwei-Zeitpunkt-Fall, die meisten Sachinvestitionen weisen aber einen Planungszeitraum von mehr als einer Periode auf. Hier stößt das Modell wieder an Grenzen, die im Kapitel VI bereits ausführlicher erörtert wurden. Es bietet sich zur Lösung des Mehrperiodenproblems an, Modelle der flexiblen Investitionsplanung zu entwickeln (vgl. auch *Franke/ Hax* 1999, S. 319).

1.7 Alternativen und Erweiterungen

Die in den vorangegangenen Abschnitten vorgestellten Grundzüge der Portfoliotheorie haben in der Vergangenheit zahlreiche Modifikationen und Erweiterungen erfahren. Die eine Richtung der Weiterentwicklung konzentriert sich auf Alternativen in der Risikokennzahl; die andere Richtung befasst sich mit alternativen Ansätzen für die Portfolioauswahl. Auf beide Bereiche soll ergänzend kurz eingegangen werden.

Risikokennzahlen

Der Portfoliotheorie liegt traditionell die Varianz bzw. Standardabweichung zugrunde. Daneben können alternative statistische Größen zur **Risikomessung** eingesetzt werden (vgl. *Copeland/ Weston* 1992, S. 149-153):

- Eine einfache alternative statistische Kennziffer ist die **Schwankungsbreite**. Sie ist definiert als die Differenz zwischen dem höchst möglichen und dem niedrigst möglichen Wert einer Zufallsvariablen (wie der Rendite).
- Es gibt Fälle, in denen die Varianz einer Verteilung nicht vorliegt (z.B. für $\sigma^2 = \infty$). In diesem Fall eignet sich alternativ die „**Semiinterquartile Range**" als Risikomaß. Sie ist als Hälfte des Abstands einer Zufallsvariablen *r* zwischen dem *0,75*- und *0,25*-Quantil definiert: $\frac{1}{2}(r_{0,75} - r_{0,25})$.
- Ein typisches statistisches Merkmal der Varianz ist, dass sie die Abweichung einer Variablen vom Erwartungswert sowohl nach oben als auch nach unten erfasst. Investoren interpretieren Abweichungen vom Erwartungswert nach oben u.U. nicht als Risiko, da keine Verlustgefahr besteht. Reine Abweichungen nach unten, also Werte niedriger als der Erwartungswert, können dann im Bewusst-

sein der Investoren Risikoeigenschaften aufweisen. Man spricht dann vom sog. **Downside Risk**. Für einen solchen Fall ist es sinnvoll, die **Semivarianz** einer erwarteten Rendite r zu betrachten. Die Semivarianz einer Zufallsvariablen r_i ist definiert mit

$$r_i = \begin{cases} r_i - E(\tilde{r}), & \text{falls } r_i < E(\tilde{r}) \\ 0 & \text{falls } r_i \geq E(\tilde{r}) \end{cases}$$

Es gilt dann: $SEMIVAR(\tilde{r}) = E[(\tilde{r}_i)^2]$.

- Varianz und Semivarianz ist gemeinsam, dass sie durch Quadrieren Beobachtungen von Zufallsvariablen, die weiter vom Mittelwert entfernt sind, stärker bewerten. Um diese Verzerrung zu vermeiden, kann die **absolute Abweichung** (= MAD) als Risikomaß verwendet werden: $MAD(\tilde{r}) = E[|r_i - E(\tilde{r}_i)|]$.

Alternative Ansätze für die Portfolioauswahl

In Kapitel VI wurde deutlich gemacht, dass aufgrund des $\mu\sigma$-Prinzips der erwartete Nutzen eines Endvermögens durch den Mittelwert und die Varianz einer Rendite gemessen wird. Voraussetzung war, dass bei den Investoren Risikoaversion vorliegt und die Renditen normalverteilt sind. Diese sehr restriktiven Voraussetzungen werden gelockert, wenn man andere Modelle zugrunde legt (vgl. *Elton/ Gruber/ Brown/ Goetzmann* 2003, S. 233ff.):

- Beim Verfahren nach dem „**maximalen erwarteten geometrischen Mittelwert der Rendite**" wird eine Renditegröße $\bar{r}_{Gi}$ zum Bestimmungsfaktor der Portfolioauswahl gemacht. Es wird dasjenige Portfolio vom Investor ausgewählt, das den größten Wert für $\bar{r}_{Gi}$ besitzt. Dieses Portfolio gilt als effizient, auch wenn im allgemeinen das Portfolio nicht auch zwingend mittelwert-varianz-effizient ist. Gebildet wird die Größe $\bar{r}_{Gi}$ eines Wertpapiers i wie folgt:

$$\bar{r}_{Gi} = (1+r_{i1})^{W_{i1}} + (1+r_{i2})^{W_{i2}} \ldots (1+r_{i\bar{S}})^{W_{i\bar{S}}} - 1,$$

mit

r_{ij} = zustandsabhängige Rendite (i = 1,..,m und j = 1,..., $\bar{S}$),
w_{ij} = Wahrscheinlichkeiten.

- Eine weitere Gruppe von Modellen zur Portfoliobildung wird mit „**Safety First**" bezeichnet. Die Modelle widmen sich insbesondere dem Risiko, vom Investor nicht gewünschte Renditen zu erhalten. Drei verschiedene Kriterien sind diesbezüglich zu unterscheiden:

    (1) Zum einen lässt sich eine **festzusetzende minimale Rendite** (= r_{min}) definieren, die ein Portfolio nicht unterschreiten soll und die als Kriterium für die Portfoliobildung gilt. Effizient ist dasjenige Portfolio, das mit geringster Wahrscheinlichkeit eine Rendite unterhalb von r_{min} aufweist:

    $$\min\ w(r_p < r_{min})\ !$$

    (2) Eine andere Verfahrensweise bei Safety First-Modellen besteht darin, die **untere Renditegrenze** r_{min} nicht mehr festzusetzen, sondern sie zu **maximieren**. Bedingung für diese Rendite ist, dass die Wahrscheinlichkeit einer Port-

1 Portfolio Selection (Portfoliotheorie)

foliorendite unterhalb von r_{min} kleiner ist als ein vom Investor festgesetzter Wert $\varXi$. Das Optimierungsproblem lautet daraufhin:

$$max\, r_{min}! \quad mit\ w(r_p < r_{min}) \leq \varXi.$$

(3) Möglich ist ferner, ein **effizientes Portfolio** nach der **maximal erwarteten Rendite** zu bestimmen. Bedingung hierbei ist, dass die Wahrscheinlichkeit der Portfoliorendite unterhalb von r_{min} geringer ist als ein vom Investor vorgegebener Wert $\varXi$.:

$$max\, \bar{r}_p! \quad mit\ w(r_p < r_{min}) \leq \varXi.$$

- Weiterhin wird zu den Safety First-Modellen die Auswahl nach der **Verzerrtheitskomponente** gezählt. Sie entstammt der empirischen Renditeverteilung und ist das Maß für die Asymmetrie der Verteilung (entspricht dem sog. Moment 3. Ordnung). Ist Verzerrtheit positiv, liegen mehr Beobachtungen von Renditen rechts vom Mittelwert vor und sind somit wahrscheinlicher. Investoren haben an einer möglichst hohen, positiven Verzerrtheit Interesse. Das Optimierungsproblem wird durch die Einführung der Verzerrtheit dreidimensional:

$$max\, \bar{r}_p,\, min\ \sigma_p^2 \ und\ \ max\ Verzerrtheit!$$

2 Capital Asset Pricing Model (CAPM)

Die Portfoliotheorie stellt auch die methodische Grundlage für das CAPM dar. Bisher wurde mit der Portfoliotheorie eine normative Theorie behandelt, die den Charakter einer Bewertungstheorie für die Entscheidung über eine Asset Allocation hat. Wenn sich nun aufgrund der Annahme rationaler Erwartungen alle Investoren so verhalten, wie es ihnen durch die Erkenntnisse der Portfoliotheorie empfohlen wird, welche Marktbewertungen für risikotragende Investitionsobjekte, resp. Aktien ergeben sich im Gleichgewicht des Kapitalmarkts?

2.1 Ex ante-Version des CAPM

Das CAPM unterstellt, dass sich alle Investoren nach den in der Portfoliotheorie entwickelten Normen am Kapitalmarkt verhalten und daraufhin ihre Investitionsentscheidungen treffen. Die Grundgleichung des CAPM wird auch als die Ex ante-Version des CAPM bezeichnet, da die relevanten **Modellgrößen verteilungsabhängige Parameter** sind. Es handelt sich um ein einfaches Kapitalmarktmodell, das auf einem geschlossenen System von Annahmen basiert. Es hat zumindest als reines Denkmodell seine Berechtigung. Ob es das tatsächliche Kapitalmarktgeschehen beschreiben kann, ist eine Frage nach seiner empirischen Relevanz. Hier spielt die Falsifizierbarkeit eine Rolle, d.h., es muss mit den Gegebenheiten der Realität konfrontiert werden können. Das Ex ante-Modell ist nicht dahingehend überprüfbar, ob es in der Realität gültig ist. Zum Zweck der Überprüfbarkeit muss es zu diesem Zweck zuvor in eine testbare Form überführt werden (sog. **Ex post-Version**).

Lesehinweise: Die wesentlichen Grundlagen für das CAPM dürften 1961 von *Treynor* in einem nicht publizierten Manuskript gelegt worden sein, doch werden gemeinhin die Arbeiten von *Lintner* (1965), *Sharpe* (1964) und *Mossin* (1966) als die (veröffentlichten) Grundlagenwerke angesehen.

Maßgebliche Weiterentwicklungen hin zum heute noch gängigen Standardmodell stammen von *Fama* (1968 und 1976a).

Zuerst soll das **Ex ante-Modell** vorgestellt werden. Mit der Portfoliotheorie lässt sich begründen, dass ein Teil des Risikos von risikobehafteten Vermögenswerten durch Portefeuillebildung eliminierbar ist. Vollständig ist – wie in Abschnitt 1.3 gezeigt - ein Risiko durch Portefeuillebildung dann nicht eliminierbar, wenn die Renditen der einzelnen Aktien nicht vollständig negativ korreliert sind. Der Risikoaspekt hat für das CAPM eine zentrale **Bewertungskonsequenz**:

- Derjenige Teil des Risikos, der durch Portefeuillebildung diversifizierbar ist, wird im Marktgleichgewicht nicht mehr bewertet. Es handelt sich um das **unsystematische** oder **diversifizierbare** Risiko. Ein Investor kann hierfür keine Risikoprämie auf seine Rendite fordern, da Marktteilnehmer rational handeln und das CAPM kennen.

- Derjenige Risikoteil, der durch Diversifikation im Marktgleichgewicht nicht eliminierbar ist, wird als **nicht diversifizierbares** oder **systematisches Risiko** bezeichnet. Hierfür wird im Marktgleichgewicht eine Risikoprämie auf die Rendite vergütet.

    Beispiel: Wechselkursschwankungen betreffen Unternehmen aller Wirtschaftsbranchen. Allerdings bestehen große Unterschiede, über welche Kanäle einzelne Unternehmen und Branchen hiervon beeinflusst werden. So wird ein exportabhängiger Werkzeugmaschinenhersteller mit Hauptsitz in Deutschland von Aufwertungen des Euros gegenüber dem US-$ wesentlich höhere Absatzeinbußen und Gewinnrückgänge verzeichnen als eine Großkonditorei mit Hauptabsatzgebiet in den süddeutschen Bundesländern. Sind die Aktien der beiden Beispiel-Unternehmen an der Börse notiert, so werden die jeweiligen Aktienrenditen Unterschiede in der Höhe der enthaltenen Risikoprämien aufweisen, wenn eine Aufwertung des Euros stattfindet.

Das sachlich richtig gemessene **Risiko** einer **Einzelaktie** $(\tilde{r}_i)$ ist im CAPM die **Kovarianz** ihrer Rendite mit der **Rendite** des **Marktportefeuilles** $(\tilde{r}_M)$. Diese Beziehung führt bereits zur **Kernaussage** des **CAPM**:

Die erwartete Rendite einer einzelnen Aktie ist im Gleichgewicht eine lineare Funktion der Kovarianz der Rendite dieser Aktie mit der Varianz des Marktportefeuilles.

2.1.1 Universelle Separation und Marktportfolio

Mittels spezieller Annahmen kann man aus der ursprünglich einzelwirtschaftlichen Entscheidung unter Risiko und bei interdependenten Investitionsobjekten zu einem allgemeinen Kapitalmarktgleichgewicht gelangen. Zentrale Bedeutung hierfür hat der **Übergang** von individuellen Mischportefeuilles **zum Marktportefeuille**. Folgende zusätzliche Annahmen sind für diesen Schritt nötig (vgl. *Copeland/ Weston* 1992, S. 194):

(1) unbegrenzte (risikolose) Anlage- und Kreditaufnahmemöglichkeit zum **risikolosen Kapitalmarktzinssatz** (= i_f),

(2) vorgegebene Anzahl von *m* **risikobehafteten Investitionsmöglichkeiten** (hier Aktien der Emittenten *i*, mit *i = 1,...,m*),

(3) **Handel** der risikolosen Anlage und der risikobehafteten Aktien auf einem vollkommenen und vollständigen Kapitalmarkt,

(4) **beliebige Teilbarkeit** aller Investitionsobjekte,

(5) **risikoscheue Investoren**,

2 Capital Asset Pricing Model (CAPM)

(6) Beurteilung der Portefeuilles ausschließlich nach **Erwartungswert** und **Standardabweichung** der Rendite,

(7) **einperiodiger Planungshorizont**,

(8) **homogene Erwartungen** aller Investoren, wodurch die Erwartungswerte hinsichtlich σ, ρ und μ gleich sind.

Zentral sind die **Erwartungsannahme** (8) und die **Kapitalmarktannahme** (3). Sie bewirken, dass

- die Kurve der effizienten Aktienportefeuilles für alle Investoren dieselbe ist,
- für alle dasselbe Aktienportefeuille (= M) gilt und
- alle Investoren Aktien in ihren individuellen Portefeuilles in der Struktur dieses effizienten Mischportefeuilles halten.

Dem CAPM liegt ferner die Vorstellung zugrunde, dass jeder Investor risikobehaftete Investitionsobjekte analysiert und daraufhin sein Portefeuille so zusammenstellt, wie es in der Portfoliotheorie mit dem „**Tangentialportfolio**" empfohlen wird. Befindet sich der Kapitalmarkt, auf dem diese Investitionsobjekte gehandelt werden, im Gleichgewicht, so wird jeder Investor **einheitlich** das gleiche Tangentialportfolio in risikobehafteten Investitionsobjekten, resp. Aktien, halten. Uneinheitlich kann dagegen die Anreicherung der Aktienportefeuilles einzelner Investoren mit risikofreien Wertpapieren oder die Ergänzung der Anlagemittel durch Kreditaufnahme sein. Die Struktur der optimalen Portefeuilles risikobehafteter Investitionsobjekte kann daher getrennt werden von den persönlichen Präferenzen der Investoren. Dies ist die Erkenntnis eines weiteren Separationstheorems, das ebenfalls auf *Tobin* zurückgeht, und auch als **universelle Separation** bezeichnet wird:

> „Unter den beiden Prämissen homogener Erwartungen und Sollzinssatz gleich Habenzinssatz haben alle Anleger in identischen Proportionen zusammengesetzte Portfolios" (Spremann 1996, S. 537).

Das Separationstheorem hat im Kapitalmarktgleichgewicht eine für das CAPM zentrale Konsequenz: Wenn alle Investoren unabhängig von ihren persönlichen Präferenzen das gleich strukturierte Aktienportefeuille halten, dann existiert nur eine einzige Portfoliostruktur. Diese Überlegung führt zum **Marktportefeuille**, von dem man im CAPM anstelle des Tangentialportefeuilles spricht. Seine **Struktur** ist folgendermaßen gekennzeichnet (vgl. *Ross/ Westerfield/ Jaffe* 2002, S. 257-259):

- **Alle risikotragenden Wertpapiere** sind entsprechend dem Anteil ihres Marktwerts im Marktportefeuille enthalten.

- **Alle Investoren** halten den risikobehaftete Anteil ihrer Anlage in der Struktur des Mischportefeuilles.

- Ihrer individuellen Risikoneigung entsprechend halten Investoren einen unterschiedlich großen Anteil (*a*) am Marktportefeuille und den Rest (*1-a*) im risikolosen Wertpapier bzw. tätigen eine Kreditaufnahme.

- Das **Risiko** des risikobehafteten Anteils am Portefeuille ist für jeden Investor **identisch mit** dem **Risiko des Marktportefeuilles** ($\sigma_a = \sigma_M$). Das Risiko der Kapitalmarktanlage (Kreditbeschaffung) ist dagegen Null ($\sigma_f = 0$). Mit dem risikobehafteten Anteil am Marktportefeuille ist eine erwartete Rendite μ_a erzielbar, die der Rendite des Marktportefeuilles μ_M entspricht. Die Rendite aus der risikofreien Investitionsmöglichkeit bzw. der Kreditzinssatz ist risikofrei, daher gilt $\mu_f = i_f$.

Die quantitative **Wahl** der Größe *a* durch den Investor ist das **Ergebnis seiner individuellen Risikoeinstellung**. Zwar ist unterstellt, dass alle Investoren risikoscheu sind, doch die Ausprägung kann, wie in Kapitel VI gezeigt wurde, unterschiedlich stark sein. Wählt ein Investor einen hohen Wert für *a*, so basiert diese Wahl auf einer implizit geringeren Risikoscheu, als wenn er einen niedrigeren Wert *a* gewählt hätte.

2.1.2 Kapitalmarktlinie („Capital Market Line")

Mit der universellen Separation und dem Marktportefeuille verfügt man über zwei wichtige Grundlagen, um im nächsten Schritt die Kapitalmarktlinie ermitteln zu können. Es wird wiederum unterstellt, dass alle Investoren den Erkenntnissen der Portfoliotheorie folgen. Man beschreitet den Übergang von der Betrachtung eines individuellen Portefeuilles (Index *p*) hin zur ausschließlichen Betrachtung des Marktportefeuilles (Index *M*). Hinsichtlich des Marktportefeuilles sind analog der Portfolio Selection nachfolgende zentrale Komponenten zu unterscheiden.

Ausgangspunkt bildet wiederum die **erwartete Rendite** des Marktportefeuilles. Sie ist

- das gewogene arithmetische Mittel der erwarteten Renditen der einzelnen Aktien, wobei die Anteile am Marktportefeuille als Gewichtungsfaktoren dienen.

- der Renditebeitrag einer einzelnen Aktie (μ_i) zur erwarteten Rendite des Marktportefeuilles. μ_i stellt die Rendite einer Aktie *i* dar, auch wenn sie als Teil eines Marktportefeuilles gehalten wird.

Nachfolgende Gleichung drückt die vorgestellten Zusammenhänge analytisch aus:

$$\mu_M = \sum_{i=1}^{m} x_i \cdot \mu_i \qquad \text{(VII-30)}$$

Wegen der Aufteilung eines Anlagebetrags in ein Marktportefeuille aus risikolosen und -behafteten Investitionsmöglichkeiten ist die erwartete Rendite des Portefeuilles μ_a gedanklich zu isolieren. Sie besteht aus folgender Beziehung:

$$\mu_a = i_f + a \cdot (\mu_M - i_f) \qquad \text{(VII-31)}$$

Neben dem Parameter „erwartete Rendite" wird im CAPM wie in der Portfoliotheorie das **Risiko des Marktportefeuilles** berücksichtigt. Im Fall der hier zugrunde gelegten einfachen Konstruktion des risikobehafteten Teiles des Portefeuilles gilt unter den getroffenen Annahmen:

$$\sigma_a = a \cdot \sigma_M \qquad \text{(VII-32a)}$$

bzw.

$$a = \frac{\sigma_a}{\sigma_M} \qquad \text{(VII-32b)}$$

2 Capital Asset Pricing Model (CAPM)

Der Parameter μ_a aus Gleichung (VII-31) lässt sich mittels Gleichung (VII-32b) reformulieren:

$$\mu_a = i_f + \frac{\mu_M - i_f}{\sigma_M} \cdot \sigma_a \qquad \text{(VII-33)}$$

wobei gilt: $\frac{\mu_M - i_f}{\sigma_M} = tg\alpha = \lambda$ (s. Abb. VII-16). Der **Parameter λ** kennzeichnet den **Marktpreis des Risikos**. Der funktionale Zusammenhang in Gleichung (VII-33) verkörpert eine Gerade, die man nach *Sharpe* (1964, S. 434) „**Capital Market Line**" (Kapitalmarktlinie) nennt. Da im Kapitalmarktgleichgewicht alle Investoren ihre Portefeuilles analog der Struktur des Marktportefeuilles halten, beschreibt Gleichung (VII-33) die **Lage** der auf der Kapitalmarktlinie befindlichen individuellen **Portefeuilles**:

$$\mu_a = i_f + \lambda \cdot \sigma_a \qquad \text{(VII-34)}$$

Grafisch gesehen liegen Mischportefeuilles mit dem risikobehafteten Anteil *a* im $\mu\sigma$-Diagramm immer auf der **Kapitalmarktlinie**.

Die erwartete Rendite eines effizienten Portefeuilles setzt sich aus dem risikolosen Kapitalmarktzinssatz (i_f) und einer Risikoprämie zusammen. Die Risikoprämie ergibt sich aus der mit dem jeweiligen Portefeuillerisiko übernommenen Risikomenge σ_a bzw. σ_M und dem für jede Einheit dieser Risikomenge erhaltenen Preis λ, der auch die Steigung der Kapitalmarktlinie bezeichnet.

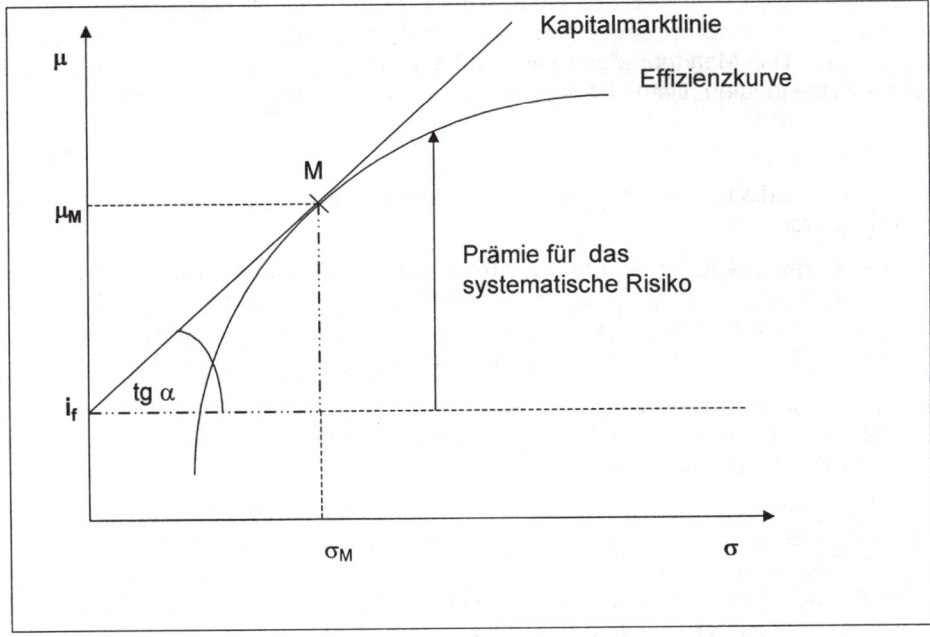

Abb. VII-16: Kapitalmarktlinie

Die **Steigung der Kapitalmarktlinie** ist in besonderer Weise zu interpretieren:

- Sie stellt den Marktpreis für die Risikoänderung um eine Risikoeinheit (ausgedrückt durch σ) dar.
- Die Differenz ($\mu_M - i_f$) ist der Gegenwert dafür, dass Investoren bereit sind, Risiko im Umfang σ_M zu übernehmen. Man bezeichnet sie auch als **Marktpreis für die Risikoübernahme** auf dem Kapitalmarkt bei Gleichgewicht.

Kapitalmarktlinie des **CAPM** und **Effizienzkurve** der **Portfoliotheorie** stehen in einer engen Beziehung:

- Grundsätzlich stellen Werte **unterhalb** der Kapitalmarktlinie, aber noch auf der Effizienzkurve, Portefeuilles dar, die zwar effizient, aber nicht optimal sind.
- Auf der Kapitalmarktlinie **rechts** vom Marktportefeuille (= Punkt *M* in Abb. VII-16) lässt sich durch Kreditaufnahme bei gleichem Risiko gegenüber individuellen Mischportefeuilles (auf der Effizienzkurve) eine höhere Rendite erzielen.
- **Links** vom Punkt *M* des Marktportefeuilles (Anlage eigener Mittel in die risikolose Anlagemöglichkeit und Aktien) liegen Punkte auf der Kapitalmarktlinie, die bei gleichem Risiko eine höhere Rendite als individuelle Mischportefeuilles mit ausschließlich Aktien aufweisen.
- Im **Punkt *M*** ergibt sich wegen seiner Tangentialeigenschaft kein Unterschied in der Bedeutung von Effizienzkurve und der Kapitalmarktlinie für die individuelle Geldanlage.

Der Marktpreis des Risikos und damit die Steigung der Kapitalmarktlinie lassen sich aufgrund ihres linearen Verlaufs mittels des Marktportefeuilles *M* exakt bestimmen. Das Marktportefeuille liegt auf der Effizienzkurve dort, wo sie die Kapitalmarktlinie tangiert. Damit ist obige Gleichung (VII-33) erfüllt und es gilt:

$$\mu_M = i_f + \lambda \cdot \sigma_M \qquad\qquad\qquad (VII\text{-}35)$$

Auf der Grundlage der bisherigen Erkenntnisse werden zentrale Aussagen des CAPM gewonnen:

- Die **Gleichgewichtsverzinsung effizienter Portefeuilles** ist die Summe aus einer Basisverzinsung für die risikolose Geldanlage (i_f) und einer Risikoprämie [$a\,(\mu_M - i_f)$]. Sie ist das Produkt aus einem Maß für das Risiko *a* eines bestimmten (effizienten) Portefeuilles und einer Risikoprämie pro Risikoeinheit ($\mu_M - i_f$).
- Im **Kapitalmarktgleichgewicht** ergibt sich gem. Gleichung (VII-35) die erwartete Rendite eines effizienten Portefeuilles aus dem risikolosen Zinssatz sowie dem Marktpreis des Risikos.

Die Determinanten des Marktportefeuilles stellen ausschließlich μ_M und σ_M sowie der risikolose Zinssatz i_f dar. Es handelt sich um bekannte Daten des Kapitalmarkts. Sie sind für den einzelnen Investor nicht veränderbar (= exogen bestimmt). Die von ihm veränderbaren Variablen sind die Anteile *a* bzw. (*1-a*) sowie die daraus resultierenden Größen μ_a und σ_a.

2.1.3 Wertpapiermarktlinie („Security Market Line")

Nachdem die Kapitalmarktlinie für die individuelle Entscheidungssituation eines Investors hergeleitet wurde, geht es jetzt darum, eine vergleichbare **lineare Funktion für den gesamten Kapitalmarkt** und damit die Bewertung einer **einzelnen Aktie** *i* (= risikotragende Investitionsmöglichkeit) zu begründen. Dies ist aufgrund der bisher behandelten Komponenten möglich, weil jede einzelne Aktie *i* Bestandteil des Marktportefeuilles *M* ist. Der Wert einer einzelnen Aktie *i* kann daraufhin in Relation zum Marktportefeuille ausgedrückt werden:

- Das **Risiko des Marktportefeuilles**: Es wird ausgedrückt durch die Varianz oder Standardabweichung der erwarteten Renditen der einzelnen Aktien, wobei die Anteile am Marktportefeuille als Gewichtungsfaktoren dienen. Die Varianz der Rendite des Marktportefeuilles ist das gewogene arithmetische Mittel der Kovarianzen der Renditen der einzelnen Aktien mit der Rendite des Marktportefeuilles.

- Jede Aktie trägt soviel zum Risiko des Marktportefeuilles bei, wie ihre Kovarianz mit dem Marktportefeuille ausmacht. Daraus folgt, dass das sinnvolle Risikomaß für Aktien als Bestandteile von Portefeuilles ihr Beitrag zum Portefeuillerisiko (= **systematisches Risiko**, **Kovarianzrisiko**) ist.

Für das Gesamtrisiko einer Aktie gilt daraufhin:

Gesamtrisiko einer Aktie	= Unsystematisches Risiko (unternehmens-individuelles Risiko)	+ systematisches Risiko (Marktrisiko)
Portefeuillevarianz $Var(\tilde{r}_M) = \sigma_M^2$	Einzelvarianz $\sum_{i=1}^{m} x_i^2 \cdot \sigma_i^2$	paarweise Kovarianz $2 \cdot \sum_{i=1}^{m}\sum_{j=1}^{m} x_i \cdot x_j \cdot cov(\tilde{r}_i, \tilde{r}_j)$ mit j≠i
↓	↓	↓
lässt sich nicht unter die Summe der mit den Anteilen der einzelnen Aktien gewichteten systematischen Risiken absenken	• diversifizierbares Risiko • keine Vergütung durch den Kapitalmarkt	• nicht diversifizierbares Risiko • Vergütung durch den Kapitalmarkt

Abb. VII-17: Grundlagen des CAPM

Nach Umformungen lässt sich die Varianz der Rendite des Marktportefeuilles als gewogenes Mittel der Kovarianzen der Renditen der einzelnen Aktien *i* (*i* = 1,..., *m*) mit der Rendite des Marktportefeuilles darstellen:

$$Var(\tilde{r}_M) = \sigma_M^2 = \sum_{i=1}^{m} x_i \, cov(\tilde{r}_i, \tilde{r}_M) \qquad \text{(VII-36)}$$

Betrachtet werden soll jetzt ein Portefeuille p, das der Einfachheit halber wieder zu
- Anteil b aus der Aktie i und
- Anteil $(1-b)$ aus dem Marktportefeuille M besteht.

Unter diesen Annahmen gilt für die erwartete Rendite des Portefeuilles:

$$\mu_p = b \cdot \mu_i + (1-b) \cdot \mu_M \qquad \text{(VII-37)}$$

und für das Portefeuillerisiko:

$$\sigma_p = \left[b^2 \cdot \sigma_i^2 + (1-b)^2 \cdot \sigma_M^2 + 2 \cdot b \cdot (1-b) \cdot \sigma_{i,M} \right]^{\frac{1}{2}} \qquad \text{(VII-38)}$$

mit

σ_i^2 = Varianz der Aktie i,
σ_M^2 = Varianz des Marktportefeuilles M,
$\sigma_{i,M}$ = Kovarianz von Aktie i und Marktportefeuille M.

Variiert man den Anteil der Aktie i am Marktportefeuille marginal und fragt wie sich Erwartungswert und Standardabweichung ändern, so liefert hierzu die erste Ableitung von μ_p und σ_p nach b gem. Gleichungen (VII-37 und VII-38) die Antwort:

$$\frac{\partial \mu_p}{\partial b} = \mu_i - \mu_M \qquad \text{(VII-39a)}$$

und

$$\frac{\partial \sigma_p}{\partial b} = \frac{1}{2} [b^2 \sigma_i^2 + (1-b)^2 \sigma_M^2 + 2b(1-b)\sigma_{i,M}]^{-\frac{1}{2}} \cdot [2b\,\sigma_i^2 - 2\sigma_M^2 + 2b\sigma_M^2 + 2\sigma_{i,M} - 4b\sigma_{i,M}]$$

$$\text{(VII-39b)}$$

Im Marktgleichgewicht ist Aktie i mit dem Anteil b im Marktportefeuille M vertreten. Variiert man den Aktienanteil am Marktportefeuille, wird dies einen Nachfrage- oder Angebotsüberschuss zur Folge haben. Es liegt eine **Gleichgewichtsstörung** vor. Betrachtet werden soll der Gleichgewichtspunkt, indem definitionsgemäß keine Nachfrage- oder Angebotsüberhänge bestehen. Veränderungen von b sind dann im Gleichgewicht nicht zulässig $\partial b = 0$. Es gilt somit (vgl. Perridon/ Steiner 2002, S. 273ff.):

$$\left.\frac{\partial \mu_p}{\partial b}\right|_{\partial b = 0} = \mu_i - \mu_M \qquad \text{(VII-40a)}$$

bzw.

$$\left.\frac{\partial \sigma_p}{\partial b}\right|_{\partial b = 0} = \frac{1}{2} \cdot (\sigma_M^2)^{-\frac{1}{2}} \cdot (-2 \cdot \sigma_M^2 + 2 \cdot \sigma_{i,M}) = \frac{\sigma_{i,M} - \sigma_M^2}{\sigma_M} \qquad \text{(VII-40b)}$$

Für das **Grenzaustauschverhältnis von Risiko und Rendite** (= Risk-Return-Beziehung, Grenzrate der Substitution zwischen Risiko und erwarteter Rendite) gilt im Marktgleichgewicht:

2 Capital Asset Pricing Model (CAPM)

$$\left.\frac{\partial \mu_p / \partial b}{\partial \sigma_p / \partial b}\right|_{\partial b=0} = \frac{\mu_i - \mu_M}{\dfrac{\sigma_{i,M} - \sigma_M^2}{\sigma_M}} \tag{VII-41}$$

Beziehung (VII-41) bezeichnet den Tangentialpunkt M: Er stellt die Steigung der Grenzrate der Risk-Return-Substitution dar. Im Gleichgewicht gilt, dass das Marktportefeuille mit dem Tangentialpunkt M übereinstimmt und somit

$$\frac{\mu_M - i_f}{\sigma_M} = \frac{\mu_i - \mu_M}{\dfrac{\sigma_{i,M} - \sigma_M^2}{\sigma_M}} \tag{VII-42a}$$

Löst man Gleichung (VII-42a) nach der Aktienrendite auf, so wird die **standardmäßige Darstellung** des **CAPM** formulierbar:

$$\mu_i = i_f + (\mu_M - i_f) \cdot \frac{\sigma_{i,M}}{\sigma_M^2} \tag{VII-43a}$$

oder alternativ dargestellt:

$$\mu_i = i_f + (\mu_M - i_f) \frac{\text{cov}(\tilde{r}_i, \tilde{r}_M)}{\text{Var}(\tilde{r}_M)} = \rho_{i,M} \frac{\sigma_i}{\sigma_M} \tag{VII-43b}$$

Folgende **Erkenntnisse zur Wertpapiermarktlinie** lassen sich hieraus ziehen:

- Es liegt eine **lineare Beziehung** zwischen Erwartungswert der Rendite und Risiko einer Aktie vor.

- i_f und $\dfrac{\mu_M - i_f}{\text{Var}(\tilde{r}_M)} = \lambda$, Basiszinssatz und Risikoprämie pro Risikoeinheit, sind vom Kapitalmarkt vorgegeben und weder unternehmensindividuelle Größen noch können sie von einem einzelnen Marktteilnehmer verändert werden.

- Nur das **Risikomaß** $\text{cov}(\tilde{r}_i, \tilde{r}_M)$ ist je Aktie **individuell** verschieden.

Ausgehend von Gleichung (VII-43a) lässt sich die Größe **Beta** (= β_i) entwickeln, die für die **Wertpapiermarktlinie** zentrale Bedeutung hat:

$$\beta_i = \frac{\sigma_{i,M}}{\sigma_M^2} = \frac{\text{cov}(\tilde{r}_i, \tilde{r}_M)}{\text{Var}(\tilde{r}_M)} = \rho_{i,M} \cdot \frac{\sigma_i}{\sigma_M} \tag{VII-44}$$

und damit

$$\mu_i = i_f + (\mu_M - i_f) \cdot \beta_i \tag{VII-45}$$

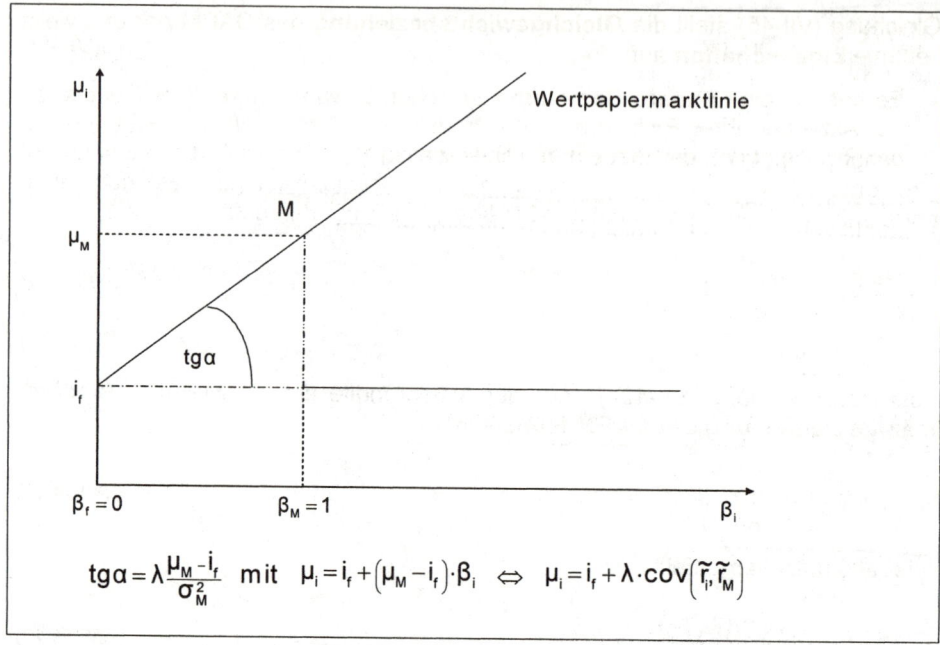

Abb. VII-18: Wertpapiermarktlinie

Die Größe β_i ist das lineare Maß für das **systematische Risiko** einer einzelnen Aktie bzw. risikotragendem Investitionsobjekt generell mit folgenden zentralen Eigenschaften (vgl. auch Abb. VII-18):

- Die risikolose Kapitalanlage hat ein Beta von **Null**, da ihre Kovarianz mit dem Marktportefeuille Null ist.

- Das **Beta** des Marktportefeuilles hat den Wert **Eins**: Die Kovarianz $cov(\tilde{r}_M, \tilde{r}_M)$ des Marktportefeuilles mit sich selbst entspricht der Varianz des Marktportefeuilles, d.h., es gilt $Var(\tilde{r}_M) / Var(\tilde{r}_M) = 1$.

Folgende **Gemeinsamkeiten** bzw. **Unterschiede** bestehen zwischen **Kapitalmarkt- und Wertpapiermarktlinie** (vgl. Ross/ Westerfield/ Jaffe 2002, S. 275):

Kapitalmarktlinie	Wertpapiermarktlinie
Lineare Gleichgewichtsbeziehungen für Rendite und Risiko	
Gleicher Absolutbetrag (= Ordinatenabschnitt) i_f	
gültig nur für **effiziente Portefeuilles**, die sich aus risikobehafteten und risikolosen Investitionsobjekten zusammensetzen können	• gültig auch für **einzelne Aktien** und • **Portefeuilles**
Risikomaß σ	Risikomaß β

Abb. VII-19: Kapitalmarkt- und Wertpapiermarktlinie

2 Capital Asset Pricing Model (CAPM)

Gleichung (VII-45) stellt die **Gleichgewichtsbeziehung des CAPM** dar und weist zentrale **Eigenschaften** auf:

- Es besteht eine **lineare Beziehung** zwischen Erwartungswert der Rendite einer Aktie und ihrer Risikoprämie (= Produkt aus Risikomaß und Risikoprämie pro Risikoeinheit), ergänzt um den Basiszinssatz i_f.
- Risikoloser Basiszinssatz und Risikoprämie pro Risikoeinheit sind **exogen vom Markt vorgegeben** und **nicht** durch Investoren veränderbar.
- Dagegen sind die Risikomaße $cov(\tilde{r}_i, \tilde{r}_M)$ und β_i je Aktie individuell verschieden.
- Das Risikomaß kann für einzelne Aktien isoliert angegeben werden.

2.2 Ex post-Version des CAPM

Die Ex ante-Version des CAPM ist nicht empirisch überprüfbar und daher auch nicht falsifizierbar. Um diese Anwendung zu ermöglichen, wurde die Ex post-Version des CAPM entwickelt (vgl. *Spremann* 1996, S. 547). Es ist daher zu unterscheiden zwischen der in Abschnitt 2.1 hergeleiteten Gleichung (VII-45) als

Ex ante-Version des CAPM

$$\mu_i = i_f + (\mu_M - i_f) \cdot \beta_i \tag{VII-45}$$

und

Ex post-Version des CAPM (sog. Marktmodell):

$$R_{it} = i_f + (R_{Mt} - i_t) \cdot \beta_i + \varepsilon_{it} \tag{VII-46}$$

wobei

i = Aktienindex mit 1,..., m,
t = Zeitindex mit 1,...,T,
R_{it} = Rendite des i-ten Wertpapiers für den Zeitraum t mit $E(R_{it}) = \mu_i$,
i_t = risikofreier Zinssatz im Zeitraum t,
R_{Mt} = Rendite des Marktportefeuilles für den Zeitraum t mit $E(R_{Mt}) = \mu_M$,
ε_{it} = nicht beobachtbare Störvariable mit $E(\varepsilon_{it}) = 0$,

Die Überführung der Ex ante- in die Ex post-Version erfordert, dass bestimmte **Prämissen** erfüllt sind:

- Die realisierten Renditen entsprechen im Mittel ihren erwarteten Renditen, d.h. $E(R_{it}) = \mu_i$.
- Der Kapitalmarkt ist stationär und die Verteilungsfunktionen der Renditen sind invariant bezüglich der Zeit.
- Die Verteilungsfunktionen sind stochastisch unabhängig. Aus Vergangenheitsdaten kann nicht auf zukünftige Renditen geschlossen werden (Gültigkeit der Random Walk-Hypothese, vgl. auch Kapitel VIII, Abschnitt 3.2.1).

Mit der Ex post-Version wird die zentrale Erkenntnis des CAPM – Linearität zwischen Rendite und Risiko eines Investitionsobjekts – **im Mittel** zwar aufrechterhalten, doch überlagert von einer nicht beobachtbaren Störvariablen ε_{it}.

Die Ex post-Version des CAPM stellt ebenfalls einen linearen Zusammenhang zwischen der Rendite R_i eines Wertpapiers und der Rendite R_M des Kapitalmarkts her. Abgebildet wird diese Relation auf der **Characteristic Security Line**. Sie lässt sich für einzelne Aktien ermitteln, indem deren historisch beobachteten Wertpapierrenditen R_{it} in Abhängigkeit zu den jeweiligen Marktrenditen des Analysezeitraums Zeitraums (R_{Mt}) gesetzt werden. Hierzu wird Gleichung (VII-46) in folgende statistische Schätzgleichung reformuliert:

$$\tilde{R}_{it} = \alpha_i + \beta_i \cdot \tilde{R}_{Mt} + \varepsilon_{it} \tag{VII-47}$$

Die Renditeparameter stellen jetzt Schätzgrößen dar, was durch die Tilden markiert ist.

Für den Beta-Faktor wird häufig auch der Parameter b eingesetzt, um die Ex ante von der Ex post-Version des CAPM abzuheben. Kann man voraussetzen, dass α- und β-Faktoren über die Zeit stabil bleiben (Steady-state-Annahme), lassen sich Rendite und Risiko für einzelne Aktien aufgrund deren vergangenen Renditen ermitteln.

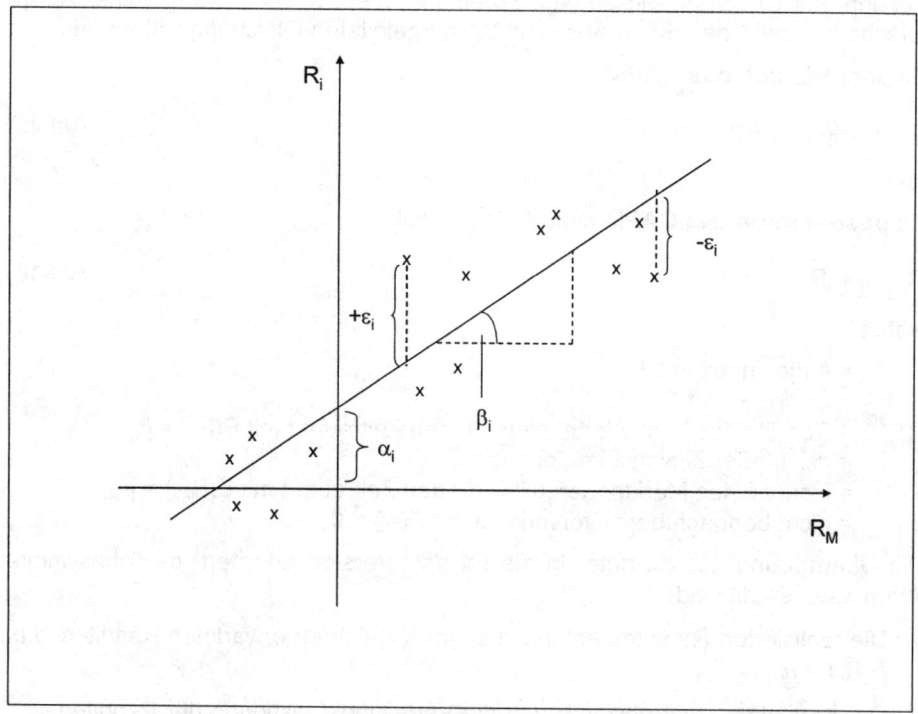

Abb. VII-20: Regressionsgerade in Gestalt der Characteristic Security Line

Die Regressionsgerade wird gebildet, indem die Summe der (quadratischen) Abweichungen der empirisch erhobenen $(\tilde{R}_i, \tilde{R}_M)$-Kombinationen (sog. Kleinst-Quadratmethode) minimiert wird (s. Abb. VII-20). Mit einer solchen Regressionsfunktion lassen sich künftige Rendite- und Risikoschätzungen ausführen. Ergebnis ist die **Characteristic Security Line** einer Aktie *i*, die durch Gleichung (VII-47) mit folgenden **Parametern** beschrieben wird (vgl. *Süchting* 1995, S. 376):

- Der Parameter ε_{it} ist ein sog. **„Zufallsterm"** einer Aktie *i*, der mit den Zufallstermen der übrigen R_{Mt}-Werte nicht korreliert sein darf (Erwartungswert, Varianz, Kovarianz $cov\ (\varepsilon_{it},\ \varepsilon_{lMt})$ und $cov(\varepsilon_{it},\ \varepsilon_{lkt})\ != 0)$. Die Größe ε erfasst alle Auswirkungen unternehmensspezifischer Ereignisse auf die Rendite der Aktie *i* (die sich so in dieser Form nicht in den übrigen Aktien des Portefeuilles niederschlagen). Er dient der Erfassung des **unsystematischen Risikos**.

- Um den Erwartungswert von ε_{it} als reine Störgröße auf Null setzen zu können, wird im **Absolutglied** α_i (sog. α-Faktor) gesondert erfasst, wie sich diese von der Marktentwicklung unabhängigen Einflussgrößen niedergeschlagen haben. Es handelt sich auch um den Ordinatenabschnitt. Im CAPM war dieser Wert einheitlich als risikolose Sockelrate verstanden und innerhalb von i_f erfasst. Im Ex post-Modell dagegen ergeben sich entsprechend den empirisch vorfindbaren R_{it}/R_{Mt}-Konstellationen und den davon abhängigen unterschiedlichen Verläufen der Regressionsgeraden wertpapierindividuelle α-Faktoren in unterschiedlicher Höhe (sowohl im positiven wie auch im negativen Bereich).

- Die **Steigung** der **Regressionsgeraden** wird durch den Koeffizienten β_i bestimmt. Er gibt an

  ♦ wie stark die Rendite der Aktie *i* im Durchschnitt von ihrem Erwartungswert abweicht, wenn die Rendite des Marktwerts um eine Einheit von ihrem Erwartungswert divergiert,

  ♦ die Empfindlichkeit der Aktienrendite gegenüber den Schwankungen in der Rendite des Marktportefeuilles, was von Aktie zu Aktie verschieden sein wird.

Damit wird der **Beta-Faktor** verkürzt wie folgt **definiert**:

$$\beta_i = \frac{\text{Relative Abweichung der Rendite einer Aktie}}{\text{Relative Abweichung der Marktrendite}}$$

Zur Berechnung des Beta-Faktors wird i.d.R. nicht auf das Marktportefeuille zurückgegriffen, sondern auf einen Aktienindex (z.B. DJ EURO STOXX 50 für europäische Aktienwerte) und so der Rechenaufwand minimiert. Die Vergangenheitswerte des Aktienindex müssen eine verlässliche Approximation der Wahrscheinlichkeitsverteilung der Marktrendite darstellen. Aus dem Marktmodell wird dann ein **„Single-Indexmodell"** (vgl. *Sharpe* 1963). Die aus Vergangenheitswerten ermittelten Beta-Faktoren stellen eine gute Approximation dar, wenn sie im Zeitablauf stabil sind (vgl. *Hachmeister* 2000, S. 190).

Es ist bemerkenswert, dass im Ex post-Modell auf der Grundlage der soeben näher erläuterten Gleichung (VII-47) das Gesamtrisiko einer Aktie analog des Ex ante-CAPM in das unsystematische und das systematische Risiko zerlegbar ist (vgl. *Sharpe/ Alexander/ Bailey* 1999, S. 240):

Gesamtrisiko einer Aktie	=	unsystematisches Risiko	+	systematisches Risiko
Portefeuillevarianz		Varianz		Kovarianz
σ_i^2	=	$\sigma_{\varepsilon_i}^2$	+	$\beta_i^2 \sigma_M^2$

Abb. VII-21: Grundlage des Ex post-CAPM

In Verbindung mit der Characteristic Security Line in Abb. VII-20 lassen sich für das Gesamtrisiko einer Aktie folgende **Beziehungen** unterscheiden:

- Liegen historische Renditewerte einer Aktie nahe an der Regressionsgeraden, ist das Gesamtrisiko dieser Aktie weitgehend ein systematisches Risiko.
- Liegen die Renditewerte aus der Vergangenheit weiter von der Geraden entfernt, überwiegt im Gesamtrisiko das unsystematische Risiko. Es kann durch Diversifikation eliminiert werden.

	Aktienrendite reagiert auf Veränderung der Marktrendite ...	Steigt (fällt) Marktrendite um 1% ...
$\beta = 1$	proportional	steigt (fällt) Aktienrendite um 1%.
$\beta > 1$	überproportional (= aggressive Aktie)	steigt (fällt) Aktienrendite (z.B. +1,3%)
$\beta < 1$	unterproportional (= konservative Aktie, defensive Aktie)	steigt (fällt) Aktienrendite (z.B. +0,6%)
$\beta < 0$	entgegengesetzt	fällt (steigt) Aktienrendite (z.B. -0,8%).

Abb. VII-22: Beta-Konstellationen und Interpretationen

Für das gesamte Marktportefeuille und damit dem gewichteten Durchschnitt der β_i-Werte aller Aktien nimmt β den Wert Eins an. Abb. VII-22 fasst die wichtigsten Konstellationen und Interpretationen von β im Überblick zusammen.

Lesehinweis: Zur Anwendung des Ex post-CAPM für Testzwecke vgl. *Spremann* (1996, S. 548f.).

2 Capital Asset Pricing Model (CAPM)

Beispiel: Dies lässt sich an einer ausgewählten Aktie des DAX veranschaulichen. In nachfolgender Tab. VII-13 sind Kennzahlen für die Aktien des DAX in seiner Zusammensetzung vom November 2004 aufgeführt.

Aktien-kürzel	Volatilität		Korrelation		Beta
	30 Tage p.a.	250 Tage p.a.	30 Tage	250 Tage	250 Tage
DAX	21,38 %	23,38 %	1,0000	1,0000	1,000
ADS	21,49 %	19,99 %	0,5630	0,5042	0,6118
ALV	24,44 %	24,72 %	0,8291	0,8564	1,2849
ALT	29,45 %	21,20 %	0,2693	0,2564	0,3299
BAS	21,07 %	18,25 %	0,8076	0,8172	0,9055
HVM	23,40 %	30,10 %	0,6798	0,6084	1,1117
BMW	22,24 %	21,24 %	0,8181	0,7465	0,9623
BAY	19,15 %	23,37 %	0,9295	0,7992	1,1339
CBK	18,72 %	25,43 %	0,6407	0,7141	1,1020
CON	23,04 %	26,12 %	0,5480	0,6377	1,0108
DCX	21,27 %	21,76 %	0,8895	0,7691	1,0158
DBK	18,05 %	22,85 %	0,8660	0,7715	1,0700
DB1	18,69 %	20,47 %	0,4993	0,4251	0,5282
DPW	21,70 %	25,21 %	0,3844	0,6254	0,9571
DTE	16,87 %	20,00 %	0,7844	0,7711	0,9362
EOA	16,76 %	17,81 %	0,4967	0,6178	0,6678
FME	17,04 %	19,62 %	0,4596	0,3351	0,3991
HEN3	16,97 %	18,68 %	0,4855	0,4867	0,5520
IFX	24,55 %	32,11 %	0,7851	0,6692	1,3043
LIN	16,80 %	20,55 %	0,7727	0,6257	0,7785
LHA	28,80 %	28,48 %	0,7375	0,6585	1,1384
MAN	18,07 %	27,11 %	0,7364	0,6628	1,0907
MEO	25,98 %	22,94 %	0,6001	0,6123	0,8527
MUV2	22,09 %	22,86 %	0,7125	0,7541	1,0466
RWE	17,22 %	22,37 %	0,7575	0,6209	0,8431
SAP	23,24 %	24,94 %	0,8418	0,7736	1,1710
SCH	16,91 %	20,43 %	0,4211	0,3352	0,4157
SIE	18,71 %	22,60 %	0,9322	0,8875	1,2177
TKA	20,97 %	26,27 %	0,5588	0,7384	1,1774
TUI	20,58 %	31,17 %	0,5410	0,6157	1,1651
VOW	31,73 %	23,46 %	0,4389	0,6912	0,9845

(Quelle: Deutsche Börse AG vom 5.11.2004)

Tab. VII-13: Kennzahlen zu DAX-Werten

Auf der Grundlage der Kennzahlen für DAX-Werte gem. Tab. VII-13 soll in Abb. VII-23 eine Interpretation ausgewählter Werte für die Deutsche Bank-Aktie vorgenommen werden:

Kennzahlen Deutsche Bank-Aktie (= DBK)	Interpretation	Bedeutung
β-Faktor = 1,0700	Stieg (sank) der DAX in den vergangenen 250 Tagen um 10%, stieg (sank) die Rendite der Deutsche Bank-Aktie um 10,70%.	Relativ hohes systematisches Risiko aufgrund β > 1, vgl. im Gegensatz dazu z.B. die RWE-Aktie (= Kürzel „RWE") mit β < 1 (= 0,8431).
Korrelations-koeffizient = 0,7715 (250 Tage)	Da relativ nahe bei 1, ist von einem engen Zusammenhang zwischen Kursentwicklung Deutsche Bank-Aktie und Marktentwicklung auszugehen.	Renditeentwicklung folgt im Vergleich zu den übrigen DAX-Werten enger dem DAX-Verlauf.
Volatilität = 22,85% (250 Tage)	Deutsche Bank-Aktie war im Durchschnitt der gemessenen 250 Tage um 22,85% von ihrer durchschnittlichen Rendite dieser Zeit abgewichen.	In etwa durchschnittliche Volatilität in den Renditen im Vergleich zu den übrigen DAX-Werten. Aktie reagiert in ihren Renditeschwankungen durchschnittlich auf allgemeine Marktschwankungen.

Abb. VII-23: Beispielhafte Interpretation von Kennzahlen der Deutsche Bank-Aktie

2.3 Kritik am CAPM

Kennt man die prinzipielle Konstruktion des CAPM, so stellt sich die Frage im Kontext der Investitionstheorie, inwiefern tatsächliche Investitionsentscheidungen mit diesem Modell gelöst werden können (vgl. *Kruschwitz/ Schöbel* 1987, S. 71f.) Die Ex post-Version liefert die wichtigste Basis, um empirische Hinweise auf die Antwort dieser Frage zu erhalten. Eine Vielzahl empirischer Studien sind über die Jahre erschienen, von denen die Mehrzahl den amerikanischen Aktienmarkt zur Grundlage der Untersuchung hatten (vgl. *Copeland/ Weston* 1992, S. 214 und *Kruschwitz* 1995, S. 230-234).

Die meisten **Untersuchungen** für den **amerikanischen Aktienmarkt** kamen zu annähernd gleichen Ergebnissen. Demzufolge genügte die empirische Rendite-Risiko-Beziehung häufig dem durch das CAPM beschriebenen linearen Zusammenhang. Dagegen fiel der empirische Wert α für den Ordinatenabschnitt meist höher aus als der im Analysezeitraum bestehende risikolose Zinssatz. Auch in der Steigung der Characteristic Security Line, die geringer war als die Differenz aus Marktrendite und risikolosem Zinssatz, drückten sich Unstimmigkeiten zwischen Empirie und Theorie aus. Die empirischen Renditen von Aktien mit kleinem Beta-Faktor lagen oberhalb der durch das CAPM beschriebenen gleichgewichtigen Renditen. Umgekehrt befanden sich die Renditen von „aggressiven Aktien" darunter. Dieses Missverhältnis zwischen Theorie und Empirie führte zur Suche nach weiteren Einflussfaktoren auf Beta und/oder Aktienrenditen. So wurden in der Höhe des Kurs-Gewinn-Verhältnisses der fehlenden Handlungsmöglichkeiten (vgl. *Schäfer/ Schässburger* 2001a) oder der Firmengröße Abweichungsursachen vermutet.

Lesehinweise: Um einen Überblick über die amerikanischen Studien zu erhalten, eignen sich *Elton/ Gruber/ Brown/ Goetzmann* (2003, Kapitel 14) und *Alexander/ Francis* (1986, Kapitel 10).

Vor allem seit den **empirischen Untersuchungen** amerikanischer Aktienmärkte von *Fama/ French* (1992, 1993) und *Chan/ Chen* (1991) wird die Gültigkeit des CAPM aus empirischer Sicht vermehrt kritisiert. So ermittelten *Fama/ French* für die Zeit von 1941 bis 1990 eine schwache Korrelation zwischen der durchschnittlichen Aktienrendite und Beta und für den Zeitraum 1963 bis 1990 eine völlig fehlende Beziehung. Ferner fanden sie heraus, dass eine negative Korrelation zwischen der Aktienrendite und der Unternehmensgröße (= Marktkapitalisierung des Eigenkapitals) sowie dem Kurs-Gewinn-Verhältnis vorlag. Kleine Unternehmen wiesen zudem regelmäßig höhere Renditen auf, als es durch das CAPM erklärbar wäre. Dies wurde mit Risikoprämien für höhere Risiken bei solchen (schwach kapitalisierten) Unternehmen erklärt, die nicht vom Konzept des Marktrisikos im CAPM erfasst werden.

Für eine gewisse „**Rehabilitation**" des CAPM sorgten anschließende empirische Studien, die das CAPM erweiterten. So konnte eine positive Beziehung zwischen durchschnittlichen Renditen und Betas bestätigt werden, wenn das Marktportefeuille um Humankapital ergänzt wurde oder Beta-Faktoren über den Konjunkturzyklus schwanken durften (vgl. *Chan/ Lakonishok* 1993 und *Black* 1993).

Wenige **Studien** existieren für den **deutschen Aktienmarkt**. Insbesondere können die theoretischen Modelle, die den Studien über den amerikanischen Aktienmarkt zugrunde lagen, wegen des anders gearteten Anlegerverhaltens und der „Aktienkultur" Deutschlands im Vergleich zu den USA nicht ohne Weiteres übertragen werden (vgl. *Möller* 1984). Die von *Möller* vorgelegten Untersuchungen bestätigen im wesentlichen die Rendite-Risiko-Beziehung des CAPM. Allerdings weist die empirische Wertpapiermarktlinie in ihren Koeffizienten Abweichungen zum CAPM auf (vgl. *Möller* 1988). Ein besonderes Problem deutscher Aktienmärkte besteht zudem in der Illiquidität für den Großteil der Aktien. *Zimmermann* (1997, S. 375 f.) leitet hieraus die Implikation ab, dass bei Untersuchungen des CAPM auf amerikanischen Aktienmärkten die höhere Übereinstimmung von Theorie und Empirie nicht unerheblich durch den geringeren Einfluss der Illiquidität begründet sein dürfte. Für deutsche Aktienmärkte dürften zudem branchenbezogene Betas (anstelle des Gesamtmarkt-Betas analog des Marktportefeuille-Ansatzes) höhere empirische Erklärungskraft für Aktienrenditen besitzen (vgl. *Zimmermann* 1997, S. 322ff., *Freygang* 1993, S. 255ff., *Hupe/ Ritter* 1997, S. 601).

Lesehinweis: Eine gute Einführung in die Problematik der Empirie zur Überprüfung des CAPM und weiterführende Lösungsansätze liefert *Zimmermann* (1997).

Das Ergebnisbild der empirischen CAPM-Studien mag bis zu einem gewissen Grad auch mit den sehr restriktiven Annahmen des CAPM zusammenhängen. Dabei konzentriert sich die **Kritik** auf folgende zwei zentrale Bereiche:

(1) Ob man überhaupt das CAPM empirisch überprüfen kann, wird von einem prominenten Vertreter der Kapitalmarkttheorie, dem amerikanischen Ökonom *Roll*, grundsätzlich bezweifelt. Für ihn ist der Haupteinwand das effiziente **Marktportefeuille**, das sämtliche vorstellbaren Vermögenswerte enthalten müsste. Dies ist für ihn praktisch aber nicht bestimmbar und damit auch dessen Effizienz nicht überprüfbar (vgl. *Roll* 1977, S. 129ff.). Um diesem Einwand zu begegnen, haben einige methodische Verfeinerungen stattgefunden, auf die im nächsten Abschnitt eingegangen wird.

(2) Eine wesentlich fundamentalere Kritik zielt auf die **Einperiodigkeit** im CAPM ab. Die Reduktion von Investitionsentscheidungen auf eine Periode widerspricht demzufolge einer zentralen Eigenschaft von Investitionen als mehrperiodigem Vorgang. Wie in Kapitel III mit der Zeitpräferenztheorie von *Fisher* aufgezeigt wurde, ist in der Tat die intertemporale Allokation von Einkommenszah-

lungsströmen zu Konsumzwecken das tragende Element. Damit müsste sich das CAPM auf die Ebene der **Optimierung** des **Konsumverhaltens** eines privaten **Haushaltes** verlagern und zu einem Untersuchungsgegenstand der Haushaltstheorie werden. Ein Gleichgewichtsmodell des Kapitalmarkts müsste aus diesem Grund aus einem intertemporalen Kapitalmarktmodell unter Unsicherheit entwickelt werden. Erste Ansätze in diese Richtung wurden bereits frühzeitig, so von *Samuelson* (1969) und *Merton* (1969), unternommen. *Fama* (1970b, 1976b) gelang es zu beweisen, dass sich das (am Kapitalmarkt zu beobachtende) Verhalten eines über mehrere Perioden optimierenden Haushalts nicht von einem Haushalt unterscheidet, der über eine Periode (wie im CAPM implizit) optimiert. *Merton* (1973) entwickelte den Ansatz weiter und gelangte zu einem **Mehr-Perioden-CAPM** mit multiplen Betas. Allen Modellen haftet aber das Problem an, dass die zugrunde liegende Zielfunktion des Haushaltes (= Maximierung des Konsumnutzens) nur indirekt eine Rolle spielt; es fehlt die Preisbestimmung auf dem Kapitalmarkt explizit aus der individuellen Konsumentscheidung heraus. Diesem Anspruch wird eine andere Gruppe von CAPM-orientierten Modellen eher gerecht: **Consumption Based Capital Asset Pricing-Modelle** (CCAPM) analysieren die Preisbestimmung auf dem Kapitalmarkt explizit mittels der Konsumentscheidung eines Haushaltes (vgl. *Breeden* 1979).

2.4 Erweiterungsansätze

Das CAPM wurde in seiner Standardversion vorgestellt. Es hat umfassende Erweiterungen und Ergänzungen gegeben. Hier soll mit dem Multi-Beta-CAPM eine Erweiterung vorgestellt werden, die eine breite Aufmerksamkeit in Wissenschaft und Praxis auf sich gezogen hat. Ferner soll mit der Arbitrage Pricing Theory das wichtigste „Konkurrenzmodell" zum CAPM skizziert werden.

<u>Lesehinweis:</u> Eine umfassende Behandlung der vielfältigen Weiterentwicklungen präsentieren und diskutieren *Elton/ Gruber/ Brown/ Goetzmann* (2003, Kap. 14).

2.4.1 Multi-Beta-CAPM

Bei der vorgestellten Basisversion des CAPM handelt es sich um ein sog. **Einfaktoren-Modell**. Zahlreiche Erweiterungen des CAPM setzen an der Einfaktoren-Hypothese an. Im sog. **Multi-Beta-CAPM** erfolgt eine Aufspaltung des Beta-Faktors in Einzelbetas nach folgendem Prinzip:

$$E(R_i) = I_f + [E(R_M) - I_f] \cdot \sum_{k=1}^{\overline{K}} \frac{\sigma(F_k)}{\sigma(R_M)} \cdot \beta_{M,k} \cdot \beta_{i,k} \qquad \text{(VII-48)}$$

mit

$k,...,\overline{K}$ = Risikofaktoren,
$\beta_{M,k}$ = Sensitivität der Rendite des Marktportefeuilles in bezug auf die Ausprägung des Risikofaktors k,
$\beta_{i,k}$ = Sensitivität der Rendite des Wertpapiers i in bezug auf die Ausprägung des Risikofaktors k,
$\sigma(F_k)$ = Varianz des k-ten Risikofaktors,
$\sigma(R_M)$ = Varianz der Rendite des Marktportfolios.

Das Multi-Beta-CAPM erklärt die erwartete Rendite eines Wertpapiers durch den risikolosen Zins und *k*-Risikoprämien. Mit den faktorbezogenen Risiken lassen sich explizit mehrere Risikomaße berücksichtigen. Voraussetzung ist wiederum ein vollständig diversifiziertes Marktportefeuille (vgl. *Sharpe* 1977).

Ein weiterer Ansatzpunkt im Rahmen der CAPM-Erweiterung ist die Zerlegung des systematischen Risikos in **spartenbezogene Beta-Faktoren**. Sie werden insbesondere dann für erforderlich gehalten, wenn sich börsennotierte Unternehmen aus sehr heterogenen Unternehmenssparten zusammensetzen. Zu diesem Zweck greift man häufig auf einheitliche Beta-Faktoren zurück, die für gleiche Sparten verschiedener Unternehmen gebildet wurden (vgl. *Serfling/ Pape* 1994, S. 520f.).

2.4.2 Arbitrage Pricing Theory (APT)

Die APT ähnelt in den Grundüberlegungen dem Mehrfaktorenmodell, liefert aber eine eigenständige gleichgewichtstheoretische Fundierung. Im Gegensatz zum CAPM beruht die APT nicht auf einem Ansatz, der durch die Risikopräferenz der Marktteilnehmer und das Marktportefeuille (im wesentlichen) begründet wird. Die APT basiert auf dem **Gleichgewichtsmodell** der **Arbitragefreiheit**, in dem keine explizite Bezugnahme zu den Risikopräferenzen der Marktteilnehmer erforderlich ist. Ferner beeinflussen im APT mehrere Faktoren die erwartete Rendite einer Aktie, was ebenfalls ein deutlicher Unterschied zum CAPM darstellt, da dort der **Marktfaktor** (= Marktportefeuille mit dessen „Marktrendite") als einzelner Einflussfaktor wirkt. In der APT verkörpert die Einflussstärke der unterschiedlichen Faktoren auf die erwartete Rendite einer betrachteten Aktie das systematische Risiko. Insgesamt sind daher die Einflussfaktoren mit dem Beta-Faktor des CAPM vergleichbar, bzw. es lassen sich die Einzelfaktoren im APT mit den Risikokomponenten des CAPM-Mehrfaktorenmodells vergleichen. In der APT weist jeder Faktor eine Risikoprämie auf, die für die zusätzliche erwartete Rendite pro zusätzlicher Einheit des Risikofaktors steht.

Sind Aktien beliebig teilbar und besteht ein vollkommener, vollständiger Kapitalmarkt, ist ein **Arbitragegleichgewicht** möglich. Die sich dann einstellenden Renditeerwartungen stellen eine **Linearkombination** der **Faktorsensitivitäten** mit den risikospezifischen Risikoprämien und der risikolosen Rendite dar (vgl. *Elton/ Gruber/ Brown/ Goetzmann* 2003, S. 365f.).

Die allgemeine **Grundgleichung** der APT lautet:

$$R_i = a_i + b_{i1} \cdot F_1 + b_{i2} \cdot F_2 + ... + b_{i\overline{K}} \cdot F_{\overline{K}} + \varepsilon_i \qquad \text{(VII-49)}$$

mit

F_k = Rendite bestimmender Einflussfaktor k ($k = 1,...,\overline{K}$),
a_i = faktorunabhängiger Renditebestandteil,
b_{ik} = Sensitivität der Rendite gegenüber Faktor k,
ε_i = wertpapierspezifische Störgröße (Zufallsterm).

Problematisch ist, welche Faktoren letztlich für die Wertpapierrenditen maßgeblich sind. Mikro- und makroökonomische Faktoren können jeweils darin Raum finden. Letztlich bestehen aber keine inhaltlichen Interpretationen der Faktoren aus der APT selbst (wie zum Vergleich das Marktportefeuille im CAPM). Dies wird als entscheidender Nachteil der APT gegenüber dem CAPM angesehen. Im Fokus der neueren Kritik steht vor allem die Grundidee der Verallgemeinerung des CAPM durch die APT. So weisen *Kruschwitz/ Löffler* (1997) nach, dass entgegen der Annahmen der APT nur ein Marktfaktor existieren kann, wenn der Aktienmarkt tatsächlich arbitragefrei ist.

Lesehinweis: Zur weiterführenden Diskussion und Vergleich von CAPM mit APT vgl. *Ross/ Westerfield/ Jaffe* (2002, Kap. 11).

3 Kalkulationszinsfuß und CAPM

Nach der Herleitung und Erweiterung des CAPM ist es weitergehend möglich, eine gleichgewichtige durch den Kapitalmarkt bestimmte Risikoprämie in die dynamischen Investitionsbewertungsverfahren zu integrieren. Die Risikoprämie erfasst im Rahmen von Investitionsentscheidungen das spezifische Risiko eines Investitionsobjekts. Mit der Bewertungsgleichung (VII-45) der Ex ante-Version des CAPM liegt ein risikoabhängiger Alternativertragsatz aller Eigenkapitalgeber vor. Diese haben demzufolge immer die alternative Möglichkeit, statt der Anlage ihrer Finanzmittel in ein (reales) Investitionsobjekt, eine Anlage am Kapitalmarkt in risikotragende Investitionsobjekte (resp. Aktien) vorzunehmen. Damit wird die Rendite μ_j erzielbar. Diese kann nun im Sinne einer **Mindestrendite** verstanden werden, die von einzelnen Investitionsobjekten zu fordern ist. Erreicht der interne Zinsfuß eines Investitionsobjekts jenen Satz nicht, so erweist es sich als nicht vorteilhaft. Dadurch übernimmt die vom Kapitalmarkt geforderte Rendite die Funktion des Kalkulationszinsfußes. Ein einzelnes risikobehaftetes Investitionsobjekt wird mit der ebenfalls risikobehafteten Alternativanlage vorhandener Finanzmittel am Kapitalmarkt verglichen.

Hilfreich für die weitere Übertragung des CAPM-Ansatzes auf die Investitionsbewertung unter Risiko ist die Vorstellung, eines **Unternehmens** als Netto-Wertgröße und Investitionsprogramm, das sich aus verschiedenen **Teilinvestitionsprogrammen** und letztendlich aus einzelnen Investitionsobjekten zusammensetzt. Die Zulässigkeit dieser Vorgehensweise ist durch das **Wertadditivitätstheorem** begründet. Der Unternehmenswert stellt sich in dieser Betrachtung als Summe aller Kapitalwerte der in einem Unternehmen in Betrieb befindlichen Investitionsobjekte dar. In einem einfachen **Zwei-Investitionsobjekte-Fall** folgt hieraus:

$$C_{0,12} = C_{01} + C_{02} \qquad \text{(VII-50)}$$

In Gleichung (VII-50) wurden Investitionsobjekt I_1 und I_2 so bewertet, als seien sie eigenständige Unternehmen, in die Eigenkapitalgeber investieren können. Der Kapitalwert eines jeden Einzelinvestitionsobjekts ergibt sich wie gehabt aus den diskontierten periodenbezogenen Zahlungsströmen mit dem projektspezifisch adjustierten Kalkulationszinsfuß. Damit muss jede zusätzliche Investition ebenfalls mit ihrem risikoadjustierten Kalkulationszinsfuß bewertet werden und nicht mit dem bis dahin für das gesamte Unternehmen ermittelten durchschnittlichen Kapitalkostensatz.

Der aus dem CAPM übertragbare Ansatz der Bewertung eines Unternehmens mit seiner um den Beta-Faktor angepassten Rendite, kann man wegen der **Wertadditivität der Einzelinvestitionen** auch auf die Kalkulationszinsfüße (i_j) von Investitionsobjekten übertragen. Für jedes einzelne Investitionsobjekt lässt sich nach dieser Vorstellung ein Beta-Faktor dann ermitteln, wenn die **Streuung** der **Renditen** eines **Einzelinvestitionsobjekts** wie die Renditestreuung eines Unternehmens

- der **Normalverteilungshypothese** unterliegt, womit sie durch die Parameter μ und σ in ihrer Verteilung beschrieben sind, sowie

- eine **Kovarianz** und **Korrelation** der einzelnen Investitionsrenditen zur erwarteten Rendite und Varianz des Marktportefeuilles auf einem Aktienmarkt ermittelt werden kann und

- **risikoscheue Kapitalgeber** unterstellt werden.

Es lässt sich auf dieser Grundlage das spezifische Beta eines betrachteten Investitionsobjekts (= β_j) ermitteln und dessen erwartete Rendite errechnen:

$$\mu_j = i_f + (\mu_M - i_f) \cdot \beta_j \qquad \text{(VII-51)}$$

$$\text{mit} \quad \beta_j = \frac{\text{cov}(\tilde{r}_j, \tilde{r}_M)}{\sigma_M^2}$$

Der Index *j* in Gleichung (VII-51) stellt das einzelne Investitionsobjekt dar. Die methodische Berechtigung für dieses Vorgehen gibt analog zum CAPM die Linearität des Risikomaßes Beta:

„Das Kovarianz- oder β-Risiko eines Bündels von Objekten ist gleich dem Durchschnitt der Kovarianz- bzw. β-Risiken der einzelnen Objekte im Bündel. Damit sind auch die Kovarianz der Rendite der Aktien einer Unternehmung mit dem Markt und der β-Wert der Unternehmung gleich dem gewogenen Durchschnitt der Kovarianz- bzw. β-Werte der einzelnen in einer Unternehmung zusammengefassten Investition, denn eine Unternehmung ist – aus neoklassischer Sicht – nichts anderes als ein Bündel von Investitionsobjekten" (Schmidt/ Terberger 1997, S. 361-362).

Zentrale **Prämisse** für die Übertragung des CAPM auf investitionstheoretische Fragestellungen ist, dass Investitionsobjekte keine sachlich-technischen Abhängigkeiten aufweisen sowie **einperiodig** und **eigenfinanziert** sind. Dies stellt eine deutliche Einengung der Anwendung dieses kapitalmarkttheoretischen Konzepts für die Investitionsbewertung dar.

3.1 CAPM und Methode des internen Zinsfußes

Die Gedanken zur Übertragung des CAPM-Ansatzes auf die Methode des internen Zinsfußes soll anhand eines Beispielunternehmens, die Solartec AG (kurz „Solar"), durchgeführt werden. Die unternehmensspezifischen CAPM-Parameter sind β_{Solar} und μ_{Solar}. Der letztgenannte Parameter verkörpert die erwartete durchschnittliche Rendite bzw. den Kapitalkostensatz der Solartec AG.

Bevor die Methode des internen Zinsfußes angewendet werden kann, sind einige **Vorüberlegungen** zwecks Integration des **CAPM** erforderlich. Für einzelne Investitionsobjekte lassen sich deren erwarteten Renditen und spezifischen (systematischen) Risiken ermitteln. Zu diesem Zweck setzt man das Einzelrisiko eines Investitionsobjekts ins Verhältnis zu einer Größe, die aus der standardisierten **Kovarianz** der **Investitionsrendite zur Rendite des Marktportefeuilles** besteht. Man erhält für jedes Investitionsobjekt der Solartec AG Beta-Faktoren und erwartete Renditen analog der Vorgehensweise bei Aktien von Unternehmen.

Als **Entscheidungsregel** für die Vorteilhaftigkeit ergibt sich nun der **interne Zinsfuß** als **erwartete Rendite des Investitionsobjekts** j (= μ_j). Sie wird mit der erwarteten Gleichgewichtsrendite verglichen, die das betrachtete Investitionsobjekt erbringen würde, wenn es am Kapitalmarkt isoliert gehandelt und sein Risikobeitrag gleichgewichtig bewertet würde. Ist die erwartete Rendite des Investitionsobjekts größer oder gleich der Marktrendite, so ist es als vorteilhaft einzustufen. Nachfolgende Gleichung (VII-52) drückt diese Beziehung formal aus:

$$\mu_j \geq i_f + (\mu_M - i_f) \cdot \beta_j \tag{VII-52}$$

$$\text{mit } \beta_j = \frac{\text{cov}(\tilde{r}_j, \tilde{r}_M)}{\sigma_M^2}$$

Die Vorteilhaftigkeit der einzelnen Investitionsobjekte der Solartec AG wird ausschließlich

- aufgrund deren Lage im Verhältnis zur Wertpapiermarktlinie bestimmt,
- damit im Verhältnis zu den jeweils vergleichbaren Alternativanlagen in Aktien des Kapitalmarkts beurteilt und
- so eine risikoadjustiert Rentabilität gegenüber dem Kapitalmarkt betrachtet.

Als **Entscheidungsregel** der durch das CAPM angepassten Methode des internen Zinsfußes gilt:

> All diejenigen Investitionsobjekte, deren individuelles Beta auf oder oberhalb der Wertpapiermarktlinie liegen, gelten als vorteilhaft. Es sind jetzt auch solche Investitionsobjekte vorteilhaft, die unterhalb der Kurve der durchschnittlichen Kapitalkosten des Gesamtunternehmens liegen, sofern die Beta-Faktoren auf oder oberhalb der Wertpapiermarktlinie angesiedelt sind.

In Abb. VII-24 sind diese Überlegungen grafisch zusammengestellt. Es werden vier Investitionsobjekte beispielhaft abgebildet, mit denen die Anwendung der um das CAPM angepassten Methode des internen Zinsfußes erklärt werden kann (vgl. *Brealey/ Myers* 2003, S. 221-223 und *Schmidt/ Terberger* 1997, S. 359-362).

Zuerst sei das Auswahlverfahren nach der um das **CAPM adjustierten Methode** des **internen Zinsfußes** erläutert. Maßgebend für die Vorteilhaftigkeitsbestimmung der Investitionsobjekte ist ihre Lage im Verhältnis zur Wertpapiermarktlinie. Alle Investitionsobjekte, die oberhalb oder auf der Wertpapiermarktlinie liegen, sind gem. Gleichung (VII-52) vorteilhaft:

- Dies trifft für I_1 und I_3 zu. Deren Rendite-Risiko-Kombination ist jeweils größer als die des Gesamtunternehmens Solartec AG.
- Mit ihrer Lage unterhalb der Wertpapiermarktlinie der Solartec AG sind I_4 und I_2 nicht vorteilhaft.

3 Kalkulationszinsfuß und CAPM

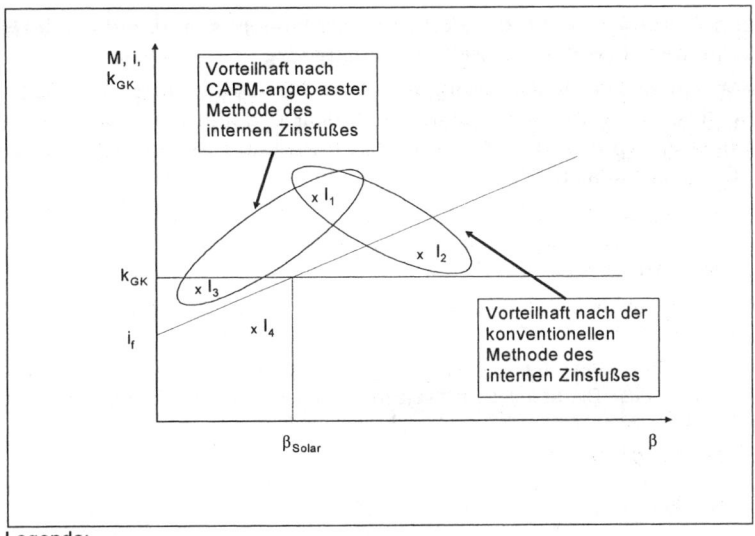

Legende:
k_{GK} = durchschnittlicher Gesamtkapitalkostensatz der Solartec AG (z.B. 13%),
β_{Solar} = unternehmensspezifischer Beta-Faktor der Solartec AG (z.B. 1,1)
i_f = risikoloser Kapitalmarktzinssatz (z.B. 10%).

Abb. VII-24: Vorteilhaftigkeiten nach Methoden des internen Zinsfußes

Nun zum Vergleich das Auswahlergebnis, wenn die **konventionelle Methode des internen Zinsfußes** angewendet würde. Zu diesem Zweck wird eine Vergleichsgröße benötigt. In Abb. VII-24 liefert dies der durchschnittliche Kapitalkostensatz der Solartec AG (k_{GK}). Demzufolge würden solche Investitionsobjekte als vorteilhaft gelten, die auf oder über dem durchschnittlichen Kapitalkostensatz des gesamten Unternehmens Solartec AG liegen. Damit beruht der Vorteilhaftigkeitsvergleich nicht auf einer Marktgröße, sondern der Rendite aller in der Vergangenheit realisierter Investitionsobjekte der Solartec AG. Die Lösung des Wahlproblems lautet unter diesen Umständen:

- I_1 und I_2 sind vorteilhaft, da ihre Renditen über dem durchschnittlichen Kapitalkostensatz der Solartec AG liegen.

- I_4 und I_3 weisen Renditen auf, die unterhalb des durchschnittlichen Kapitalkostensatzes liegen und sind somit nicht durchzuführen.

Investitionsobjekt I_3 demonstriert aufgrund seiner Lage anschaulich den Unterschied im Entscheidungsergebnis zwischen den beiden Methoden:

- Nach der **konventionellen Methode des internen** Zinsfußes beurteilt, ist Investitionsobjekt 3 abzulehnen. Seine Rendite ist unterhalb des durchschnittlichen Kapitalkostensatzes. Wie man feststellen wird, steht hinter dieser Wahlregel die Vorstellung eines risikolosen Vergleichsrenditemaßes, das zudem aus dem Gesamtunternehmen Solartec AG hergeleitet wird.

- Lässt man dagegen für den Vorteilhaftigkeitsvergleich explizit das Risiko zu, so ist die risikoadjustierte Rendite der Solartec AG, da durchschnittlicher Kapitalkostensatz, nicht mehr anwendbar. Die um das **CAPM angepasste Methode des internen Zinsfußes** bietet demgegenüber eine methodisch korrekte Vergleichsbasis: die Wertpapierlinie der Solartec AG und die Rendite-Risiko-

Kombination des zu beurteilenden Investitionsobjekts. Im Beispielfall zeigt sich daraufhin, dass Investitionsobjekt 3 vorteilhaft ist.

Ausgehend von diesen Grundüberlegungen für die Vorteilhaftigkeit eines isolierten Investitionsobjekts lässt sich auch das **Wahlproblem** mittels der CAPM-adjustierten Methode des internen Zinsfußes behandeln. Nachfolgend wird dies an einem Beispiel verdeutlicht.

Beispiel (vgl. *Busse von Colbe/ Laßmann* 1990, S. 240 – 241): Betrachtet werden die Investitionsobjekte I_1 und I_2 mit ihren spezifischen Risikofaktoren $\beta_1 = 0,4$ und $\beta_2 = 1,5$. Die Zahlungsreihen der internen Zinsfüße der Investitionen lauten:

$I_1 := \{-1000_0, 1070_1\}$, mit $\mu^*_1 = 0,07$ und $I_2 := \{-1000_0, 1085_1\}$, mit $\mu^*_2 = 0,085$ als die erwarteten Renditen (= interne Zinsfüße).

Die Alternative zur Realinvestition bestehe in der Kapitalmarktanlage, die bei Aktien eine Marktrendite von 8% erwarten lässt. Die risikolose festverzinsliche öffentliche Anleihe bringt eine Rendite von 5%. Hieraus ermittelt man folgende Mindestrenditen gem. CAPM:

$\mu_1 = 5 + 0,4 \cdot (8 - 5) = 6,2$,

$\mu_1 = 5 + 1,5 \cdot (8 - 5) = 9,5$.

Die ermittelten Kapitalmarktrenditen dienen anschließend zum Vorteilhaftigkeitsvergleich mit den internen Zinsfüßen:

$\mu^*_1 > \mu_1$ (0,07 > 0,062),

$\mu^*_2 < \mu_2$ (0,085 < 0,095).

Nachfolgende Abbildung verdeutlicht die Zusammenhänge.

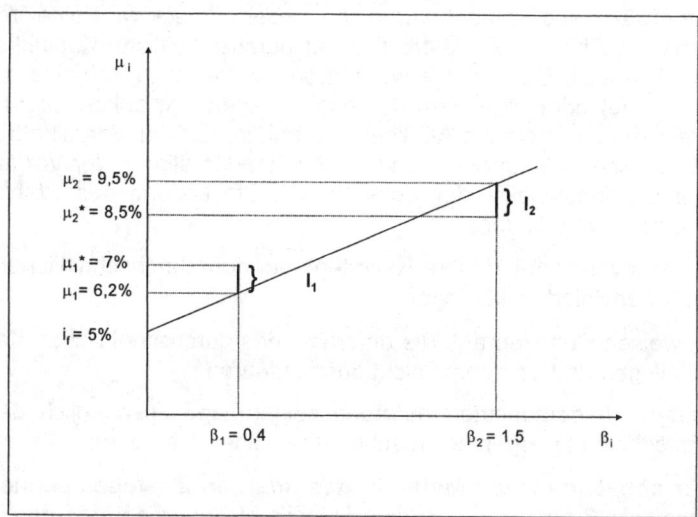

Abb. VII-25: Wahlproblem bei zwei Investitionsobjekten durch Vergleich der Kapitalrenditen

Folgende Schlüsse sind hieraus zu ziehen:

- Investitionsobjekt *1* weist eine erwartete Rendite auf, die über der vergleichbaren Marktrendite bei gleichem Risiko der alternativen Kapitalmarktanlage liegt. Bei Investitionsobjekt *2* ist dies nicht der Fall.

- Verfügt die Unternehmensleitung über einen Investitionsbetrag von *2000 €*, so wird sie diesen so aufteilen, dass sie mit der Hälfte Investitionsobjekt *1* realisiert und die andere Hälfte in Aktien anlegt, die ein Beta von *1,5* aufweisen. Mit der Aktienanlage erzielt sie eine Rendite in Höhe von *9,5%*.

3.2 Kapitalwertmethode und CAPM

Die Integration des CAPM in die Kapitalwertmethode drückt sich in der Form der Diskontierung der Zahlungsströme eines Investitionsobjekts aus. Zwei mögliche Vorgehensweisen sind diesbezüglich zu unterscheiden (vgl. Brealey/ Myers 2003, S. 239-243).

Methode des risikoangepassten Kalkulationszinsfußes

Projektspezifische Beta-Faktoren erlauben es, erwartete Renditen von Investitionsobjekten bei Risiko zu bestimmen. Vorausgesetzt, dass das Projekt-Beta über die Nutzungsdauer des Investitionsobjekts konstant ist, kann mit risikoadjustierten Renditen der Kalkulationszinsfuß in der Barwertberechnung durch die Projektrendite ersetzt werden:

Projektrendite gemäß CAPM	$\mu_j = i_f + (\mu_M - i_f) \cdot \beta_j$
Barwertermittlung mittels CAPM	$B_0 = \sum_{t=0}^{T} CF_t (1+\mu_j)^{-t}$

Abb. VII-26: Zusammenhang zwischen Projektrendite und Barwertermittlung nach CAPM

Dies soll an einem einfachen Beispiel demonstriert werden.

Beispiel: Zwei Investitionsobjekte I_1 und I_2, die beide gleich hohe Anschaffungsauszahlungen und eine gleiche Nutzungsdauer (3 Jahre) haben, sollen bewertet werden. Es bestehe ein risikofreier Zinssatz von 6%. Die Investitionsobjekte weisen folgende Einzahlungsüberschüsse auf (in €):

$I_1 := \{100_1, 100_2, 100_3\}$, die **Zahlungen** sind **unsicher**.

$I_2 := \{94,6_1, 89,6_2, 84,8_3\}$, die **Zahlungen** sind **sicher**.

Zuerst sei das **erste Investitionsobjekt** bewertet:

I_1 weise ein Projekt-Beta von 0,75 auf. Die erwartete Rendite des Marktportefeuilles (μ_M) beträgt 14%, sodass dessen Risikoaufschlag 8% ausmacht ($\mu_M - i_f$). Daraus errechnet man folgenden Kalkulationszinsfuß für I_1:

$\mu_j = 0{,}06 + 0{,}08 \cdot 0{,}75 = 0{,}12$

Mit diesem Satz lassen sich die Einzahlungsüberschüsse von I_1 zu Barwerten diskontieren:

Jahr	d_t	Diskontierung	Barwerte
1	100	100/1,12	89,3
2	100	100/1,12^2	79,7
3	100	100/1,12^3	71,2
			Σ = 240,20

Die Barwertermittlung des **zweiten Investitionsobjekts** erfolgt wegen der sicheren Einzahlungsüberschüsse auf der Grundlage des risikofreien Zinssatzes von 6%:

Jahr	d_t	Diskontierung	Barwerte
1	94,6	94,6/1,06	89,3
2	89,6	89,6/1,06²	79,7
3	84,8	84,8/1,06³	71,2
			$\Sigma = 240{,}20$

Beide Investitionsobjekte weisen die gleichen Barwerte pro Jahr und den gleichen Barwert über die gesamte Nutzungsdauer auf. Es besteht keinerlei Vorteilhaftigkeit des einen gegenüber dem anderen Investitionsobjekt.

Interessant ist jetzt der Vergleich beider Investitionsobjekte. So erzielt man grundsätzlich den gleichen Barwert pro Jahr bei I_2 mit einem niedrigeren, dafür sicheren Einzahlungsüberschuss (z.B. im ersten Jahr *94,6 €* gegenüber *100 €* für I_1). Die Differenz kann als Sicherheitsäquivalent interpretiert werden (z.B. *5,4 €* im ersten Jahr). Stellt man die Einzahlungsüberschüsse beider Investitionsobjekte gegenüber, so sind die Zahlungsströme von I_1 riskanter als die von I_2.

Die Kenntnis des Sicherheitsäquivalents führt zur zweiten Methode.

Methode der Sicherheitsäquivalente

Die Herleitung des Sicherheitsäquivalents (= *SÄ*) kann direkt aus dem CAPM erfolgen. Für das Sicherheitsäquivalent der ersten Zahlung ($SÄ_1$) gilt nämlich:

$$SÄ_1 = d_1 - \lambda \cdot cov(\tilde{d}_1, \tilde{r}_M) \qquad \text{(VII-53)}$$

mit

$cov(\tilde{d}_1, \tilde{r}_M)$ = Kovarianz zwischen dem unsicheren Einzahlungsüberschuss in t_1 und der erwarteten Marktrendite,

λ = Marktpreis des Risikos, d.h. $\lambda = \dfrac{r_M - i_f}{\sigma_M^2}$.

Der Wert des Sicherheitsäquivalents wird mit dem risikofreien Kapitalmarktzinssatz diskontiert. Auf diese Wiese erhält man zwei Wege, um den Gegenwartswert einer Investition zu berechnen:

$$V_{0,j} = \frac{d_{1,j}}{1+\mu_j} \qquad \text{(VII-54a)}$$

$$V_{0,j} = \frac{SÄ_{1,j}}{1+i_f} \qquad \text{(VII-54b)}$$

$V_{0,j}$ stellt in den Gleichungen (VII-54a) und (VII-54b) den Ertragswert eines Investitionsobjekts *j* dar, wie er sich als Barwert des Sicherheitsäquivalents ergibt. Die Berechnung dieser Größe erfolgt für jedes einzelne Jahr, in dem die Einzahlungsüberschüsse anfallen. Mit Gleichung (VII-54) ist es möglich zu errechnen,

- wie hoch der Marktwert einer Investition ist und damit die Höhe einer Vermögensmehrung für Unternehmenseigner,
- die Steigerung des gesamten Eigenkapitalswerts bei Durchführung der zu beurteilenden Investition,
- Begründung von Wahlproblemen.

Kritik

Das Problem der CAPM-Anwendung im Rahmen der Kapitalwertmethode besteht in der grundsätzlichen Einperiodigkeit des Kapitalmarktmodells, da **Investitionen** i.d.R. **mehrperiodig** sind. Eine theoretisch korrekte Lösung ist unter diesen widersprüchlichen Bedingungen nicht möglich; es ist eine pragmatische Vorgehensweise beschreibbar:

- Die Investitionsbewertung erfolgt **rekursiv** ausgehend vom letzten Zahlungszeitpunkt, d.h., es werden für die unsicheren Einzahlungen in den Perioden t_1 und t_2 die möglichen Werte der Investition im Zeitpunkt t_1 ermittelt, die aus **Sicht von t_0** unsicher sind.

- Auf die Wahrscheinlichkeitsverteilung dieser Werte wird das CAPM mit den bekannten und gegebenen Marktparametern der ersten Periode angewendet.

4 Kapitalstruktur als Grundlage des Kalkulationszinsfußes

Im CAPM begründet die Existenz des systematischen Risikos die Risikoprämie als Aufschlag zum risikofreien Kapitalmarktzinssatz. Das **systematische Risiko** verdankt seine Entstehung dem **Marktrisiko**, das sich im Unternehmen in der **Streuung** der **Umsätze** um deren Mittelwert zeigt. Verantwortlich hierfür sind Veränderungen in den Marktbedingungen, in denen ein Unternehmen operiert (z.B. zunehmender Wettbewerbsdruck, Rückgang der Nachfrage etc.) (vgl. *Schäfer* 2002, S. 103-105). Die Finanzierungsseite und damit das Verhältnis von Eigen- zu Fremdkapital (= Verschuldungsgrad) haben im CAPM keine Wirkung auf den Beta-Faktor und damit das systematische Risiko. Es lässt sich zeigen, dass dies nur dann gerechtfertigt ist, wenn das *Modigliani/ Miller*-**Theorem** gilt: In diesem, auf den Annahmen des vollkommenen Kapitalmarkts explizit basierenden Fall ist der Gesamtwert eines Unternehmens unabhängig von der Kapitalstruktur, d.h. dem Verschuldungsgrad. Es gilt das **Irrelevanz-Theorem** der Kapitalstruktur für die Investitionspolitik (vgl. *Brealey/ Myers* 2003, S. 468).

Lesehinweis: Die Erläuterung der Modelle zur Kapitalstruktur finden sich in *Schäfer* (2002, S. 105f.).

Wenn die Kapitalstruktur keine Bedeutung hat, dann müssen Verschuldungsgrade zwischen Unternehmen rein zufällig schwanken. Tatsächlich lässt sich beobachten, dass es bestimmte Branchen wie die Flugzeug- und Raumfahrtindustrie, Chemie- oder Stahlindustrie gibt, die spezifische Verschuldungsgrade aufweisen. Man kann sogar soweit gehen und **branchentypische Verschuldungsgrade** feststellen. Es gibt für das Auseinanderfallen der in der Realität beobachtbaren Kapitalstrukturen und den normativen Aussagen des Irrelevanztheorems Erklärungsbedarf. Die Ursache wird darin gesehen, dass im *Modigliani/ Miller*-Theorem bestimmte Determinanten für die Kapitalstrukturbestimmung nicht explizit enthalten sind. Dabei handelt es sich vor allem um den Einfluss der Unternehmenssteuern und den Kosten, die einem Unternehmen durch Vergleich oder Konkurs entstehen. Diese Komponenten lassen sich in das Modell des vollkommenen Kapitalmarkts und das *Modigliani/ Miller*-Theorem integrieren. Sie tragen zur Bestimmung des Kapitalkostensatzes als geforderte Rendite der Kapitalgeber bei, indem sie die Risikoprämie mitbestimmen. Damit wird zusätzlich zum Marktrisiko das **Finanzierungsrisiko** bestimmend für den Kalkulationszinsfuß. Diese Anpassung um den **Financial Leverage-Effekt** schlägt sich im Rahmen der dynamischen **Investiti-**

onsbewertungsverfahren in bestimmten Methoden nieder. Zu unterscheiden sind den Ansatz des Weighted Average Cost of Capital (WACC), des Flow to Equity (FTE) und des Adjusted Present Value (APV). Sie werden einzeln vorgestellt.

4.1 WACC-Ansatz

Beim gewichteten Kapitalkostensatz – WACC – wird für die Investitionsbewertung unterstellt, dass die **Finanzierung** eines Investitionsobjekts bei verschuldeten Unternehmen **gemischt**, d.h. aus Fremd- und Eigenkapital erfolgt. Demzufolge sind für die Ermittlung der Vorteilhaftigkeit einzelner Investitionsobjekte Kalkulationszinsfüße zugrunde zu legen, die die unterschiedlichen Kapitalkosten von Eigen- und Fremdkapital einschließen. Da man im Einzelfall einer **Investition** nicht zwingend weiß, mit welcher Kapitalstruktur sie finanziert wird, lässt man sich näherungsweise von der **Kapitalstruktur** des investierenden **Unternehmens** leiten.

Mit der Relevanz der Kapitalstruktur verbunden ist für die Findung des Kapitalkostensatzes (als Basis des Kalkulationszinsfußes) die besondere **steuerliche Wirkung** der **Fremdkapitalzinsen**. Grundlage der Überlegung ist, dass Fremdkapitalzinsen von der steuerlichen Bemessungsgrundlage abzugsfähig sind, was die Höhe der Fremdkapitalzinsen nach Steuern verringert. In Folge reduziert sich der Kapitalkostensatz. Die **steuerliche Erfolgswirkung** ist durch das Investitionsobjekt verursacht und daher als dessen Beitrag zur Maximierung des Marktwerts des Unternehmens im Kapitalwert zu berücksichtigen. In der angelsächsischen Literatur wird diese steuerliche Wirkung der Fremdkapitalzinsen als **Interest Tax Shield** bezeichnet (vgl. *Brealey/ Myers* 2003, S. 489).

Formell wird die Wirkung des Interest Tax Shield erfasst, in dem anstelle des einfachen Fremdkapitalkostensatzes k_{FK} der Fremdkapitalkostensatz nach Steuern [$k_{FK} (1 - st)$] verwendet wird. Dadurch wird der Kalkulationszinsfuß aus dem **durchschnittlich gewichteten Kapitalkostensatz nach Steuern** (= k_{WACC}) herleitbar. Nach der angelsächsischen Methode kommt nachfolgende Berechnungsweise zum tragen (vgl. *Brealey/* Meyers 2003, S. 524f.):

$$k_{WACC} = k_{FK} \cdot (1 - st) \cdot \frac{V_{FK}}{V_{FK} + V_{EK}} + k_{EK} \cdot \frac{V_{EK}}{V_{FK} + V_{EK}} \qquad \text{(VII-55)}$$

mit

k_{EK} = vom Aktionär geforderte Eigenkapitalrendite (nach Steuern des Unternehmens),
k_{FK} = Fremdkapitalkostensatz,
st   = Durchschnittssteuersatz des Unternehmens,
V_{FK}, V_{EK} = Marktwert des Fremd- bzw. Eigenkapitals (keine Buchwerte!).

Der **Zwischenschritt** erfordert die Ermittlung der risikoangepassten Eigenkapitalrendite (= k_{EK}) wie sie die Unternehmensleitung für die Zeit der Nutzungsdauer des Investitionsobjekts **anstrebt** (vgl. *Ross/ Westerfield/ Jaffe* 2002, S. 399 und 412):

$$k_{EK} = k_0 + \frac{V_{FK}}{V_{EK}} \cdot (1 - st) \cdot (k_0 - k_{FK}) \qquad \text{(VII-56)}$$

mit

k_0 = Eigenkapitalkostensatz nach CAPM (d.h. ohne Verschuldung),
V_{FK}/V_{EK} = Verschuldungsgrad des Unternehmens (Basis: Marktwerte).

4 Kapitalstruktur als Grundlage des Kalkulationszinsfußes

Der WACC-Ansatz unterstellt, dass der **Kapitalkostensatz linear** auf die Veränderung des Verschuldungsgrads reagiert und folgt den Erkenntnissen des *Modigliani/ Miller*-Theorems. Die Integration von Steuern ändert aufgrund des WACC-Ansatzes nichts an der unterstellten Gültigkeit der Irrelevanz der Kapitalstruktur.

Die Folge des WACC-Ansatzes für die Kapitalwertberechnung ist, dass Anpassungen erforderlich werden:

- Der **Kalkulationszinsfuß** besteht jetzt aus dem durchschnittlichen gewichteten Kapitalkostensatz (= k_{WACC}).
- Die Einzahlungsüberschüsse werden brutto angesetzt (= $d_{t,brutto}$, sog. „Cash Flows to the Unlevered Equityholders", kurz UCF). Diese **Bruttoeinzahlungsüberschüsse** verstehen sich vor Abzug von Fremdkapitalzinsen, Kredittilgung und dem Steuereffekt des Fremdkapitals.

Der **Kapitalwert** wird aufgrund dieser Modifikationen wie folgt bestimmt:

$$C_{0,WACC} = -a_0 + \sum_{t=1}^{T} d_{t,brutto} \cdot (1+k_{WACC})^{-t} \qquad \text{(VII-57)}$$

Beispiel (in Anlehnung an *Ross/ Westerfield/ Jaffe* 2002, S. 471-472): Betrachtet sei ein einzelnes Investitionsobjekt mit unendlicher Nutzungsdauer, das pro Jahr Einzahlungen aus Umsatzerlösen in Höhe von *500.000 €* erbringe. Dem stehen jährliche Auszahlungen (für Personal etc.) in Höhe von *72%* der Umsätze entgegen. Die Anschaffungsauszahlung für die Investition betrage *475.000 €*. Diese wird wie folgt finanziert: *126.229,50 €* mit Fremdkapital und der Rest (*348.770,50 €*) mit Eigenkapital. Die von der Unternehmensleitung zugrunde gelegte Zielkapitalstruktur als das Verhältnis von Fremd- zu Gesamtkapital (Eigen- zu Gesamtkapital) zu Marktwerten beläuft sich auf *1/4* (*3/4*). Daraus ergibt sich ein Verschuldungsgrad von *1/3*. Der Steuersatz des Unternehmens sei *34%*, der Eigenkapitalkostensatz *20%* (unverschuldet) und der Kostensatz des Fremdkapitals *10%*. Folgende Rechenschritte führen zum Kapitalwert:

Schritt 1: Bestimmung des Eigenkapitalkostensatzes [gem. Gleichung (VII-56)]

$$k_{EK} = 0{,}2 + \frac{1}{3} \cdot (1 - 0{,}34) \cdot (0{,}2 - 0{,}1) = 0{,}222 \,.$$

Schritt 2: Bestimmung von WACC [gem. Gleichung (VII-55)]

$$k_{WACC} = 0{,}1 \cdot (1 - 0{,}34) \cdot \frac{1}{4} + 0{,}222 \cdot \frac{3}{4} = 0{,}183 \,.$$

Schritt 3: Ermittlung der Bruttoeinzahlungsüberschüsse

Zahlungskomponente	Betrag (in €)
Einzahlung aus Umsatzerlösen	500.000
Auszahlungen	- 360.000
Einzahlungsüberschuss vor Steuer	140.000
Ertragssteuer (34% von 140.000 €)	- 47.600
Bruttoeinzahlungsüberschuss (= UCF)	92.400

Schritt 4: Kapitalwertberechnung [gem. Gleichung (VII-57)]

$$C_{0,WACC} = -475{.}000 + \frac{92{.}400}{0{,}183} = 29{.}918\,€, \text{ d.h., die Investition ist vorteilhaft.}$$

WACC kann ebenso im Rahmen der Methode des internen Zinsfußes verwendet werden, indem er die Rolle der Vergleichsgröße übernimmt, die dem internen Zinsfuß gegenübergestellt wird.

WACC lässt sich auch auf der Grundlage des **CAPM** ermitteln. Abb. VII-27 zeigt die beiden grundsätzlich möglichen Vorgehensweisen:

Vorgehensweise 1	Vorgehensweise 2
(1) Errechnen der erwarteten Eigenkapitalrendite mittels der CAPM-Formel durch Einsetzen eines Beta-Faktors für das Eigenkapital (= β_{EK}).	(1) Ermittlung eines gewichteten Beta-Faktors (= β_{GK}) aus den jeweiligen Beta-Faktoren für Eigen- und für Fremdkapital
(2) Ermittlung von WACC aus den gewichteten Renditen des Eigen- und des Fremdkapitals $$k_{WACC} = k_{FK} \cdot (1-st) \cdot \frac{V_{FK}}{V_{GK}} + k_{EK} \cdot \frac{V_{EK}}{V_{GK}}.$$	$$\beta_{GK} = \beta_{FK} \cdot (1-st) \cdot \frac{V_{FK}}{V_{GK} - st \cdot V_{FK}}$$ $$+ \beta_{EK} \cdot \frac{V_{EK}}{V_{GK} - st \cdot V_{FK}}.$$ (2) Einsetzen von β_{GK} in die CAPM-Formel ergibt den Opportunitätskostensatz des Gesamtkapitals (= k_j), anschließend zur Ermittlung des WACC des Unternehmens $$k_{WACC} = k_j \cdot (1 - st \cdot L)$$ mit L = zusätzlicher Beitrag des Investitionsobjekts zur Verschuldungskapazität des Unternehmens, ausgedrückt als Verhältnis zum Ertragswert des Investitionsobjekts.

Abb. VII-27: WACC via CAPM – Zwei alternative Vorgehensweisen im Überblick

Bisher wurden Betawerte betrachtet, die implizit aus Aktienbetas bestanden, auf historischen Aktienrenditen basierten und das systematische Risiko, d.h. Marktrisiko erfassten. Aktienbetas können auch verstanden werden als systematisches Risiko des Eigenkapitals oder als Risiko für den Anleger aufgrund einer bestimmten bestehenden Kapitalstruktur eines Unternehmens. Verbindet man das *Modigliani/ Miller*-**Theorem** mit dem **CAPM**, der **Wertadditivität** und der **Linearität** der Betawerte, lässt sich das systematische Risiko des Eigenkapitals in Abhängigkeit vom Verschuldungsgrad darstellen (vgl. *Kruschwitz/ Milde* 1996, S. 1121):

$$\beta_{EK} = \beta_0 \cdot \left(1 + \frac{V_{FK}}{V_{EK}}\right) - \beta_{FK} \cdot \frac{V_{FK}}{V_{EK}} \tag{VII-58}$$

4.2 Flows to Equity-Ansatz (FTE)

Eine Alternative zum WACC-Ansatz stellt die Flows to Equity-Methode (= FTE) dar. Die Grundüberlegung des WACC-Ansatzes – gemischte Finanzierung eines Investitionsobjekts basierend auf der Kapitalstruktur des Gesamtunternehmens – kommt ebenfalls in diesem Konzept zum tragen. Zentrale Merkmale des FTE-Ansatzes sind:

- der Kalkulationszinsfuß, der aus dem Satz der **risikoangepassten Renditeforderung** der Eigenkapitalgeber besteht (= k_{EK}) und

4 Kapitalstruktur als Grundlage des Kalkulationszinsfußes

- die **Nettoeinzahlungsüberschüsse** (= $d_{t,netto}$, sog. „Cash Flows from the Project to Equityholders of a Levered Firm", kurz LCF).

Der FTE-Ansatz bedarf zur Anwendung zweier vorausgehender **Schritte**.

Im **ersten Schritt** sind die **Nettoeinzahlungsüberschüsse** zu bestimmen:

$$d_{t,netto} = (e_t - a_t - k_{FK} \cdot FK_{t-1})(1-st) - (FK_{t-1} - FK_t) \quad \text{(VII-59)}$$

mit

$k_{FK} \cdot FK_{t-1}$ = Fremdkapitalzinsen auf den Kreditbestand der Vorperiode,
$FK_{t-1} - FK_t$ = Fremdkapitaltilgung.

In Gleichung (VII-59) befindet sich wieder der Interest Tax Shield und zwar (nach Umstellungen) in der Form *(st · k_{FK} · FK_{t-1})*.

Der **zweite Schritt** erfordert die Ermittlung der risikoangepassten Eigenkapitalrendite gem. Gleichung (VII-56). Anschließend kann der **Kapitalwert** wie folgt errechnet werden:

$$C_{0,FTE} = -a_0 + \sum_{t=1}^{T} d_{t,netto} (1+k_{EK})^{-t} \quad \text{(VII-60)}$$

<u>Beispiel</u> Es gelten die Daten aus dem Beispiel zum WACC-Ansatz. Für die Berechnung des Kapitalwerts nach FTE sind folgende Teilschritte zu unterscheiden:

Schritt 1: Nettoeinzahlungsüberschüsse

Zahlungskomponente	Betrag (in €)
Einzahlung aus Umsatzerlösen	500.000,00
Auszahlungen	- 360.000,00
Zinszahlungen (*0,1 · 126.229,50* €)	- 12.622,95
Einzahlungsüberschuss vor Steuer nach Zinsen	127.377,05
Ertragssteuer (*34% von 127.377,05* €)	- 43.308,20
Nettoeinzahlungsüberschuss (= LCF)	84.068,85

Schritt 2: Eigenkapitalkostensatz [gem. Gleichung (VII-56)]

$k_{EK} = 0{,}2 + \frac{1}{3} \cdot (1 - 0{,}34) \cdot (0{,}2 - 0{,}1) = 0{,}222$.

Eine Besonderheit der Aufgabenstellung liegt darin, dass wegen der unendlichen Laufzeit des Investitionsobjekts Kredittilgungszahlungen nicht berücksichtigt werden müssen, sondern separat in der Anschaffungsauszahlung zum Abzug kommen. Dadurch wird nur noch der Eigenkapitalanteil der Anschaffungsauszahlung für die Kapitalwertbestimmung berücksichtigt.

Schritt 3: Eigenkapitalanteil des Investitionsobjekts

475.000 – 126.229,50 = 348.770,50 €.

Schritt 4: Kapitalwert [gem. Gleichung (VII-60)]

$C_{0,FTE} = -348.770{,}50 + \frac{84.068{,}85}{0{,}222} = 29.918$ €. Der Kapitalwert ist positiv und die Investition vorteilhaft.

Bei Übertragung des FTE-Ansatzes auf die **Methode des internen Zinsfußes** ist die Anpassung der Einzahlungsüberschüsse auf die Nettogrößen zu beachten.

Danach kann der interne Zinsfuß dem risikoangepassten Eigenkapitalkostensatz gegenübergestellt und die Vorteilhaftigkeitsaussage ermittelt werden.

WACC und FTE-Ansatz sind eine grobe Vorgehensweise, die zwar in der Praxis häufiger anzutreffen sind (vor allem in angelsächsischen Unternehmen), doch auch **kritische Aspekte** aufweist:

- Es fehlt bei diesem Ansatz die Berücksichtigung des Effektes, der von der Finanzierungsmaßnahme auf den Kapitalwert des zu beurteilenden Investitionsobjekts und weiter auf die Kapitalstruktur des Unternehmens ausgeht.

- Der Kalkulationszinsfuß wird mit der WACC-Methode pauschal angepasst. Die Auswirkungen der anzuwendenden meist recht komplexen Bestimmungen des Steuerrechts und die durch die Finanzierungsmaßnahmen anfallenden Transaktionskosten (z.B. Emissionskosten bei Ausgabe von Anleihen, die der Fremdkapitalbeschaffung dienen) finden nur in einer einzigen Größe (= k_{WACC}) ihren Niederschlag. Komplexere Sachverhalte können aber nicht in einer einzigen Größe abgebildet werden, ohne dass der Einfluss verschiedener Faktoren auf die Änderung des Kapitalwerts entsprechend quantifiziert wird (vgl. *Brealey/ Myers* 2003, S. 536).

Lesehinweis: Eine instruktive Verdeutlichung der Kritik anhand eines Rechenbeispiels findet sich in *Luehrman* (1997a).

4.3 Adjusted Present Value-Methode (APV)

Die Konzeption von WACC und FTE passt den Kalkulationszinsfuß an, um die Finanzierungs- bzw. Kapitalstruktureffekte (sog. **Financial Side Effects**) zu integrieren. Im WACC-Konzept werden keinerlei Anpassungen in der Zusammensetzung der Zahlungsströme erforderlich. Die Methode des angepassten Kapitalwerts zerlegt stattdessen die Zahlungsströme eines Investitionsobjekts in Hinblick auf die Finanzierungseffekte und lässt den Kalkulationszinsfuß davon unberührt. Die **Zerlegung** der **Zahlungsströme** (= Unbundling) führt zu **zwei Komponenten** und Werten:

- Als **Basisinvestition** wird die Fiktion bezeichnet, nach der das zu beurteilende Investitionsobjekt ausschließlich aus eigenen Mitteln finanziert wird. Dadurch können alle Finanzierungseffekte, die aus dem Fremdkapital rühren, ignoriert werden. Der dieser Finanzierungsannahme entsprechende Kalkulationszinsfuß wird als Kapitalkostensatz ohne Verschuldung (= k_0) aus dem CAPM bestimmt. Das Ergebnis ist eine Kapitalwertkomponente (= $C_{0,Basis}$, sog. „Base-Case Value").

$$C_{0,Basis} = -a_0 + \sum_{t=1}^{T} d_{t,brutto}(1+k_0)^{-t} \qquad \text{(VII-61)}$$

- Der **Finanzierungseffekt** aus der Fremdfinanzierung wird in einen zweiten Kapitalwert „gegossen" (= $C_{0,Finanz}$, sog. „Value of all Financing Side Effects"). Als Kalkulationszinsfuß wird der entsprechende Fremdkapitalzinssatz angesetzt. Die eigentliche methodische und praktische Überlegenheit des APV-Ansatzes kommt in dieser zweiten Komponente zum Tragen – der Finanzierungseffekt wird zerlegbar in Untergruppen und ermöglicht eine Transparenz der Finanzierungseffekte. Solche Untergruppen setzen sich häufig aus folgenden Kompo-

4 Kapitalstruktur als Grundlage des Kalkulationszinsfußes

nenten zusammen (vgl. *Brealey/ Myers* 2003, 536-544 und *Ross/ Westerfield/ Jaffe* 2002, S. 468-469):

Komponente	Symbol	Wirkung auf C_0
Finanzierungseffekte mit Einzahlungscharakter (= $e_{t,Finanz}$)		
Interest Tax Shield	$e_{t,TS}$	↑
öffentliche Subventionen, ausgelöst durch die zu beurteilende Investition	$e_{t,Sub}$	↑
Finanzierungseffekte mit Auszahlungscharakter (= $a_{t,Finanz}$)		
Kosten der Insolvenz	$a_{t,Dis}$	↓
Finanzierungskosten (z.B. Kosten der Emission von Anleihen)	$a_{t,Fk}$	↓
Kosten des Risikomanagements	$a_{t,RM}$	↓

Abb. VII-28: Finanzierungseffekte im APV-Ansatz

Unter Berücksichtigung des Finanzierungseffektes aus der Fremdfinanzierung des Investitionsobjekts ermittelt sich dessen spezifischer Kapitalwert (= $C_{0,Finanz}$):

$$C_{0,Finanz} = \sum_{t=1}^{T}(e_{t,Finanz} - a_{t,Finanz}) \cdot (1+k_{FK})^{-t} \qquad (VII-62)$$

Der Kapitalwert einer Investition setzt sich auf der Grundlage des **Wertadditivitätstheorems** aus der Summe der einzelnen Kapitalwerte jeder Komponente zusammen:

$$C_{0,APV} = C_{0,Basis} + C_{0,Finanz} \qquad (VII-63)$$

Beispiel: Zugrunde gelegt werden die Daten aus dem Beispiel zum WACC-Ansatz. Der Einfachheit halber wird bei den Finanzierungseffekten ausschließlich auf den Interest Tax Shield abgestellt. Er ist barwertig zu betrachten. Der Kapitalwert nach APV besteht dann aus folgenden Teilschritten:

Schritt 1: Kapitalwert der Basisinvestition [gem. Gleichung (VII-61)]

$C_{0,Basis} = -475.000 + \frac{92.400}{0,20} = -13.000 €.$

Schritt 2: Tax Shield [gem. Gleichung (VII-62)]

$0,34 \cdot 126.229,50 = 42.918 €$

Der Interest Tax Shield ergibt sich aus der barwertigen Betrachtung (ewige Rente) des Zinsaufwands für das Fremdkapital.

Schritt 3: angepasster Kapitalwert [gem. Gleichung (VII-63)]

$C_{0,APV} = -13.000 + 42.918 = 29.918 €$. Der Kapitalwert ist positiv und die Investition vorteilhaft.

Vergleicht man die Ergebnisse aus der Beispielaufgabe, wie sie nach den drei Methoden – WACC, FTE und APV – zustande gekommen sind, so erkennt man, dass sie alle drei zum gleichen Kapitalwert führen. Die Ursache liegt darin, dass lediglich der Umgang mit dem Interest Tax Shield in den einzelnen Methoden unterschiedlich ist. Für die jeweilige **Anwendung der drei Methoden** kann man folgende **Regel** zugrunde legen (vgl. *Ross/ Westerfield/ Jaffe* 2002, S. 474 - 476):

- **WACC-** oder **FTE-Ansatz** sollten bevorzugt angewendet werden, wenn man davon ausgehen kann, dass sich das mit einem Investitionsobjekt verbundene Risiko während der geplanten Nutzungsdauer nicht verändert. Damit geht auf die Kapitalstruktur des Unternehmens vom betrachteten Investitionsobjekt keine Wirkung aus. Der der Kapitalwertermittlung zugrunde gelegte angepasste Eigenkapitalkostensatz (= k_{EK}) bleibt daher konstant. Der im Kalkulationszeitpunkt errechnete Kapitalwert verändert sich während der Nutzungsdauer des Investitionsobjekts daher nicht. Dies dürfte für die überwiegende Anzahl von Investitionsvorhaben zutreffen.

- Die **APV**-Methode empfiehlt sich dagegen, wenn sich über die Nutzungsdauer des Investitionsobjekts dessen **Fremdkapitalanteil** von Jahr zu Jahr ändert (aber in seinem Änderungsbetrag noch eindeutig vorhersagen lässt). Solche Investitionsobjekte sind in der Realität seltener vorzufinden. Beispielhaft kann hier eine Investitionsfinanzierung mittels Leveraged Buyout (= LBO) angeführt werden (vgl. auch *Schäfer* 2002, S. 259-261). In einem solchen Fall nimmt ein Unternehmen einen sehr hohen Fremdkapitalanteil auf, tilgt diese Fremdmittel aber in kurzer Zeit wieder. Der Fremdkapitalanteil des Investitionsobjekts ändert sich damit von Jahr zu Jahr, ist aber prognostizierbar, da die Tilgungshöhe vertraglich fixiert ist. Damit ist auch der Interest Tax Shield konkret ermittelbar. So wie in diesem Fall ist die Anwendung des APV-Ansatzes auch bei öffentlichen Subventionen u.ä. in Zusammenhang mit einer zu beurteilenden Investition dem WACC- und FTE-Ansatz überlegen.

<u>Lesehinweis:</u> Ein umfangreiches Beispiel, das die gesamten Teilschritte des APV-Konzepts verdeutlicht, findet sich in *Luehrman* (1997b, S. 146f.).

Kapitel VIII   Investitionstheorie und Realoptions-Ansatz

In den bisherigen Kapiteln wurde bei allen Überlegungen zur Investitionsbewertung davon ausgegangen, dass nach Erhalt des Bewertungsergebnisses eine Investition durchgeführt wird. Es handelte sich um die implizite Befolgung eines „Jetzt-oder-nie-Prinzips". Trotz der häufigen Anwendung (auch von) dynamischen Investitionsrechenverfahren in der Praxis zur Begründung von Investitionsentscheidungen lässt sich beobachten, dass vielfach die tatsächliche Durchführung von Investitionsvorhaben nicht zwingend auf Ergebnissen aus Investitionsrechenverfahren basiert. Manchmal wird ein späterer Zeitpunkt zur Durchführung der Investition gewählt und in einigen Fällen kommt es trotz der durch ein Investitionskalkül angezeigten Vorteilhaftigkeit nicht zu einer Realisierung.

> Das vorliegende Kapitel VIII beabsichtigt, Hinweise zu liefern, die solche „Ungereimtheiten" erklären können. Im Einzelnen stellen sich hierzu folgende **zentrale Fragen**:
>
> (1) Wird eine zentrale Determinante der Investitionsbewertung in den bisher vorgestellten Modellen und Rechenverfahren vernachlässigt?
>
> (2) Welches sind grundlegende rechtliche, erfolgswirtschaftliche und preisbestimmende Merkmale von Finanzoptionen?
>
> (3) Welches sind die Kennzeichen der zentralen Modelle der Optionsbewertung?
>
> (4) Wie lässt sich der Grundgedanke einer Finanzoption auf die Bedingungen sog. Realoptionen übertragen?
>
> (5) Mit welchen Anpassungen sind die Bewertungsmodelle der Finanzoptionen auf Realoptionen übertragbar?

1   Vorüberlegungen

Von einem zu bewertenden Investitionsobjekt gehen unter bestimmten Umständen Einflüsse auf zukünftige Investitionsmöglichkeiten aus. *Myers* (1984) verweist darauf, dass es neben den Schwierigkeiten der Ableitung eines Kalkulationsfußes unter Risiko eine konzeptionelle **Schwäche** der **dynamischen Investitionsrechenverfahren** gibt: Sie können nicht die mit einer Investition verbundenen wertbildenden Wahlhandlungsmöglichkeiten und Handlungsmöglichkeiten erfassen. Je vielfältiger und umfangreicher diese sind, um so mehr ist eine ausschließlich auf dem klassischen Investitionskalkül fundierte Investitionsentscheidung als rationale Handlungsempfehlung anzuzweifeln (vgl. *Myers* 1984, S. 11).

Verfügt ein Entscheidungsträger über den Freiheitsgrad, eine Investition nicht zwingend in der Gegenwart durchführen zu müssen, sondern sie aufschieben oder in besonderen Fällen sogar ganz fallen lassen zu können, so erweitert sich sein Handlungsspektrum signifikant: Er verfügt dann mit einer solchen Handlungsmöglichkeit über eine optionsartige Grundlage für die Investitionsentscheidung – genauer gesagt über eine sog. **Realoption**. Sie führt zu einer **asymmetrischen Charakteristik des Risikos** in Hinblick auf die Normalverteilungsannahme der Streuungen erwarteter Renditen, wie sie den präferenzorientierten Entscheidungsmodellen unter Risiko und dem CAPM zugrunde liegen. *Myers* sieht die Bedeutung von Realoptionen vor allem für solche Investitionen, die hochgradig immateriellen

Charakter haben (z.B. Investitionen in F&E, Unternehmensneugründungen) (vgl. *Myers* 1984, S. 12).

Grundlegend ist im Realoptions-Ansatz zwischen zwei zentralen Gruppen zu unterscheiden (vgl. *Kasanen* 1993, S. 252):

- **Flexibilitätsoptionen**, die die Gestaltungsmöglichkeiten erfassen, welche direkt mit einem zu beurteilenden Investitionsobjekt verbunden sind. Sie liegen im operativen Bereich von Realoptionen.
- Demgegenüber handelt es sich bei der zweiten Gruppe, den **Wachstumsoptionen**, um solche, die strategische Bedeutung haben.

Weitere Unterscheidungen beziehen sich auf den **Grad der Exklusivität** (vgl. *Laux* 1993, S. 955):

- Mit **exklusiven Optionen** bezeichnet man solche Handlungsmöglichkeiten, deren Ausübung ausschließlich einem einzelnen Investor zustehen.
- Können dagegen Handlungsmöglichkeiten von mehreren Investoren ausgeübt werden (z.B. betrachteter Entscheidungsträger und dessen Konkurrenten), so handelt es sich um **allgemeine Optionen**.

Weiterhin ist es gängig, zwischen einfachen Optionen und verbundenen Optionen zu unterscheiden. Bei einer **verbundenen Option** (= Compound Option) liegen Verbindungen eines gegenwärtig zur Entscheidung anstehenden Investitionsobjekts mit zukünftigen Investitionsentscheidungen vor, d.h. hier besteht eine enge methodische Nähe zu Wachstumsoptionen (vgl. *Kieschnik* 1990, S. 18). Nachfolgende Abb. VIII-1 gibt zum Einstieg eine erste **Klassifizierung von Realoptionen**.

	Realoptionen			
	exklusive Optionen		*allgemeine Optionen*	
	einfach	verbunden	einfach	verbunden
verfallend	z.B. routinemäßige Instandhaltungsmaßnahmen	z.B. direktes Franchiseangebot	z.B. Kaufgebot für Vermögensgegenstände eines Unternehmens	z.B. Gebot für die Akquisition eines Unternehmens
aufschiebbar	z.B. Fabrikmodernisierung	z.B. Entwicklung eines neuen Produkts	z.B. Einführung eines neuen Produkts mit einer begrenzten Anzahl von Substituten am Markt	z.B. Möglichkeit, in einen neuen lokalen Markt einzutreten

Abb. VIII-1: Klassifizierung von Realoptionen

Bei zunehmender Volatilität von entscheidungsrelevanten Informationen und hoher Kurzfristorientierung im wirtschaftlichen Handeln kann die Vernachlässigung von Optionen in Investitionskalkülen zu Fehlinvestitionen führen, die im Fall hoher Irreversibilität zu Sunk Costs führen (vgl. auch Kapitel I, Abschnitt 1.3.5). Nicht zuletzt diese Überlegung macht deutlich, dass eine risikoorientierte Behandlung von Investitionbewertungsmodellen auf die Integration von Realoptionsansätzen nicht

1 Vorüberlegungen

verzichten kann. Die Behandlung von Realoptionen stellt gegenüber den bisherigen Investitionsbewertungsmodellen einen methodischen Einschnitt dar, vor allem weil Risiko jetzt nicht mehr primär mit den negativen Abweichungen vom Mittelwert betrachtet wird. Risiko wird jetzt als Ausprägung einer Gewinn- oder Verlustmöglichkeit verstanden, was dem unternehmerischen Handeln wesentlich mehr entsprechen dürfte als die reine Betonung einer Verlustgefahr.

Wegen dieses gravierenden Unterschieds im Verständnis von Risiko und der damit verbundenen Bewertungsmethodik ist es erforderlich, vor der eigentlichen Behandlung der Realoption deren Grundlagen anhand von Finanzoptionen vorzubereiten.

2 Finanzoptionen

Finanzoptionen beziehen sich auf vertraglich zugesicherte Handlungsmöglichkeiten hinsichtlich Finanzkontrakte (und damit nicht in Bezug auf reale Investitionsobjekte). Das Wort **Option** hat seine etymologische Wurzel im Lateinischen „optio" = **Wahlrecht**. Mit einem Optionskontrakt ist ein asymmetrisches Recht verbunden und sie sind **Terminkontrakte**: Sie werden in der Gegenwart abgeschlossen und betreffen ein Geschäft, das in der Zukunft zu erfüllen ist, sofern nicht von der Erfüllung seitens des Käufers abgesehen wird. Dies ist ein entscheidender Unterschied zu **Futureskontrakten**, bei denen beide Vertragsparteien einer Symmetrie in ihren vertraglichen Rechten und Pflichten unterliegen. Nachfolgende Abb. VIII-2 gibt eine Vorstellung davon, in welchem Zusammenhang Finanzoptionen im Terminmarktbereich gesehen werden müssen und liefert Hinweise auf noch zu besprechende Kernelemente von Optionen.

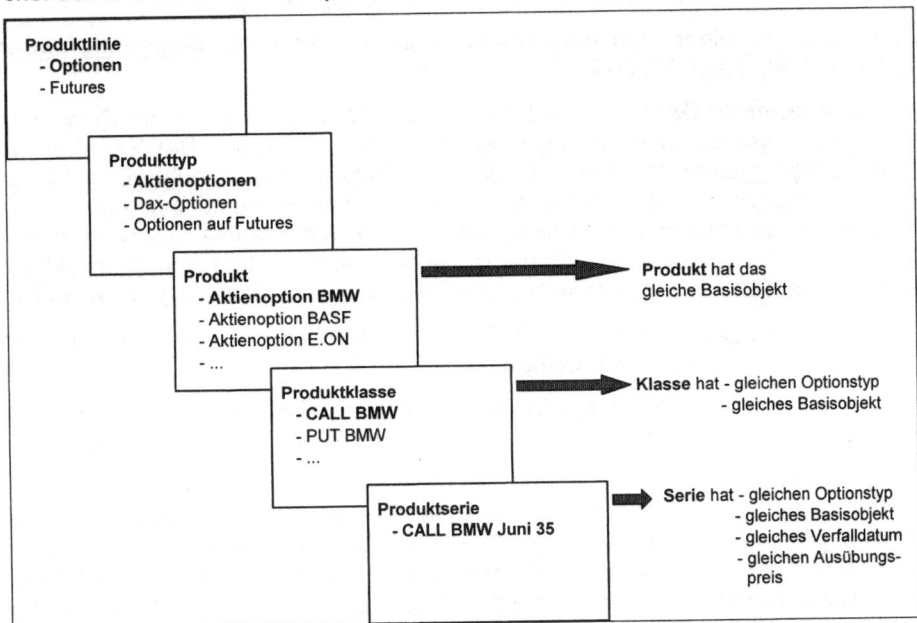

Abb. VIII-2: Einordnung der Optionen als Teil der Familie von Terminmarktkontrakten

Die grundlegenden Zusammenhänge sollen anhand einer **Aktienoption** verdeutlicht werden.

2.1 Begriffliche Grundlagen

Eine **Finanzoption** ist das **Recht**,

- eine bestimmte Anzahl (= Kontraktgröße) von Wertpapieren (= Basiswert, Optionspapier, Basisobjekt oder Underlying),
- zu einem im voraus fest vereinbarten Preis (= Ausübungspreis, Bezugspreis oder Strike bzw. Exercise Price),
- jederzeit an oder bis zu einer festgelegten Frist (= Optionsfrist, Laufzeit, Verfalltermin oder Expiration Date),
- zu kaufen (Kaufoption, Call) oder zu verkaufen (Verkaufoption, Put).

Die zentralen Komponenten einer Option sind damit umrissen. Nachfolgende Abb. VIII-3 hält sie nochmals im Überblick am Beispiel einer Call-Option auf die VW-Aktie fest.

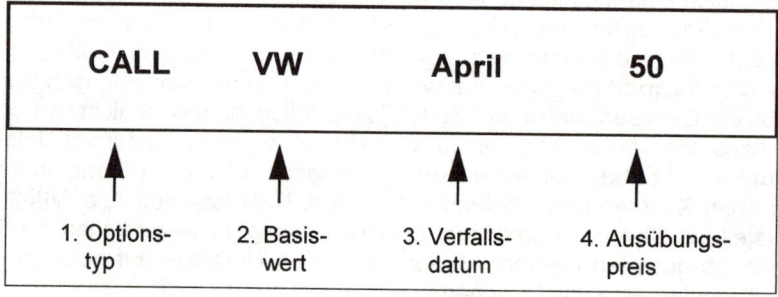

Abb. VIII-3: Spezifikation einer Option

Zum Abschluss eines Optionskontrakts kommt es durch die Beteiligung zweier Vertragsparteien (vgl. hierzu auch Abb. VIII-4, auf S. 349):

- **Erwerber einer Option:** Er ist Käufer einer Option und zahlt in der Gegenwart bei Vertragsabschluss den Optionspreis an den Stillhalter. Der Erwerber hat drei Möglichkeiten: (1) Option ausüben, (2) Option weiterveräußern, (3) Option nicht ausüben. Er hat grundsätzlich das Recht, gewisse Handlungen (Kauf oder Verkauf von Basisobjekten) entsprechend den Vertragsbestimmungen auszuführen. Wichtig ist für den Stillhalter, welche Einigung über den Zeitpunkt der Optionsausübung getroffen wurde. Zwei Möglichkeiten gilt es zu unterscheiden:

    - Kann der Käufer jederzeit sein Recht aus der Option ausüben, spricht man von **American (Styled) Option**.

    - Hingegen bezeichnet die **European (Styled) Option** das Recht für den Käufer, ausschließlich am Ende der festgelegten Optionsfrist die Option auszuüben.

- **Stillhalter:** Als Kontraktpartner des Erwerbers ist er der Verkäufer des Optionskontrakts. Er erhält in der Gegenwart den Optionspreis und muss daraufhin jederzeit oder zu einem bestimmten Zeitpunkt transferbereit sein. Er weiss nicht von vornherein, ob der Erwerber sein Wahlrecht ausüben wird. Bei einer American Styled Option ist ihm zudem unbekannt, wann die Option ausgeübt wird.

2 Finanzoptionen 349

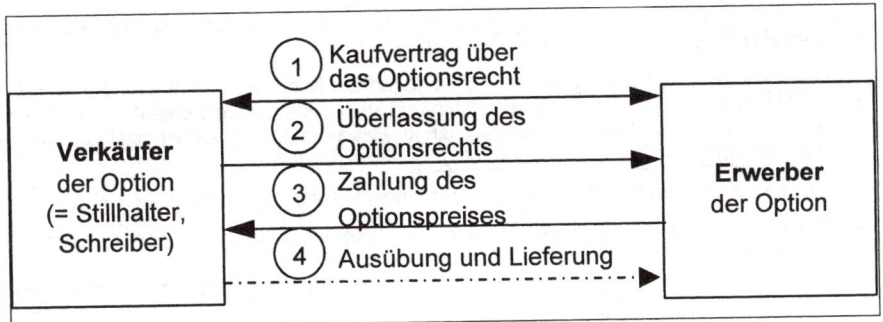

Abb. VIII-4: Grundbeziehungen eines Optionsgeschäfts

Beispiel: Grundlage des Optionsgeschäfts stellt ein Kaufvertrag über das Optionsrecht (Pfeil 1 in Abb. VIII-4) dar. Betrachtet sei eine American Styled Option. Person V (= Verkäufer der Option) verpflichtet sich, der Person K (= Käufer)

- ab dem *01.03.2005* bis spätestens *15.07.2005* (= **Laufzeit**),
- *100* Stück (= **Kontraktgröße**),
- der *X*-Aktien (= **Basisobjekt**),
- auf Anforderung des *K*,
- zu einem Kurs von *30 €* pro Aktie (= **Ausübungspreis**) zu verkaufen.

V hat an K eine Option verkauft, die K das Recht zum späteren Erwerb von Aktien ermöglicht. V ist Verkäufer einer Kaufoption, einer sog. **Call-Option**. Er hätte statt dessen auch als Verkäufer einer Verkaufoption auftreten können. Bei dieser sog. **Put-Option** hätte V bei Ausübung des Rechts durch K die vereinbarte Kontraktgröße an Basisobjekten zum vereinbarten Ausübungspreis abzunehmen. Seine einzige Handlungsmöglichkeit ist im einfachsten Fall in beiden Geschäftsarten während der Laufzeit des Optionskontrakts darauf zu warten, ob K seine Option ausübt. Erst dann muss V wie vereinbart die Stücke zum Ausübungspreis liefern (Call-Option) (oder abnehmen, Put-Option).

Da V aus dem Optionskontrakt direkt keine eigenen Aktionsmöglichkeiten zustehen, hält er innerhalb der Vertragslaufzeit quasi „still" (= **Stillhalter**). Man sagt auch, er hat eine Option „geschrieben" (= **Schreiber**), d.h. er ist eine Abnahme (Put-Option)- oder Lieferverpflichtung (Call-Option) eingegangen.

Aufgrund dieser Einigung ist K berechtigt, von V zwischen dem *01.03.* und dem *15.07.2005* zu jedem beliebigen Zeitpunkt die Lieferung von *100* Aktien zum Kurs von *30 €* je X-Aktie zu verlangen. Der Verkäufer einer Option überlässt dem Erwerber der Option also das Optionsrecht (Pfeil 2 in Abb. VIII-4). Das bedeutet, dass bei einer Kaufoption der Verkäufer Sicherheit durch Hinterlegung der Basisobjekte leisten muss. Der Erwerber zahlt daraufhin den **Optionspreis** (Pfeil 3 in Abb. VIII-4). Die Höhe des Optionspreises ist faktisch das Ergebnis von Angebots- und Nachfragekonstellationen am Optionsmarkt. Die objektive Wertermittlung ist Gegenstand von Optionspreistheorien, die in Abschnitt 2 dieses Kapitels behandelt werden.

Der Optionspreis ist zu unterscheiden von den Anschaffungskosten für die Option, die sich aus Transaktionskosten (= Gebühren und Provisionen) und Optionspreis zusammensetzen. Folgende Unterscheidungen sind zu treffen:

- Der **Verkäufer** einer Option erhält den **Optionspreis**. Er steht ihm zu, unabhängig, ob die Option ausgeübt wird oder nicht. Damit kann der Verkäufer einer Option selbst nie mehr **verdienen**, als die vom Käufer erhaltene Optionsprämie.
- Der **Käufer** kann nicht mehr als den **Optionspreis**, zzgl. Transaktionskosten **verlieren**.

Der **Käufer der Option** hat nun **zwei Möglichkeiten**:

(1) **Ausübung des Optionsrechts**, d.h. Kauf oder Verkauf der Basisobjekte unter Bezahlung des vereinbarten Ausübungspreises (Pfeil 4 in Abb. VIII-4). Angenommen, die Kursnotiz der X-AG steigt und erreicht am *10.04.2005* einen Kurs von *40 €*. Dann erhält K auf sein Verlangen hin

vereinbarungsgemäß von *V* 100 Aktien zum Preis von *30* € ausgeliefert. *K* kann sie sofort für *40* € weiterverkaufen. Er erlöst damit pro Aktie *10* € Gewinn.

(2) **Verfallen lassen des Optionsrechts**. Fällt dagegen der Kurs der *X*-Aktie auf 10 €, wird *K* auf die Ausübung seines Optionsrechts verzichten und keine Aktien zu *300* € kaufen wollen. *V* wird seiner Verpflichtung zur Lieferung (und vorheriger Beschaffung) der Aktien nicht nachkommen müssen. Die Option verfällt und ist am Ende der Laufzeit wertlos:

- Der Käufer der Option kann sein Recht nicht mehr in Anspruch nehmen.
- Der Verkäufer ist von seiner Verpflichtung zur Lieferung (Call-Option) oder Abnahme (Put-Option) befreit.

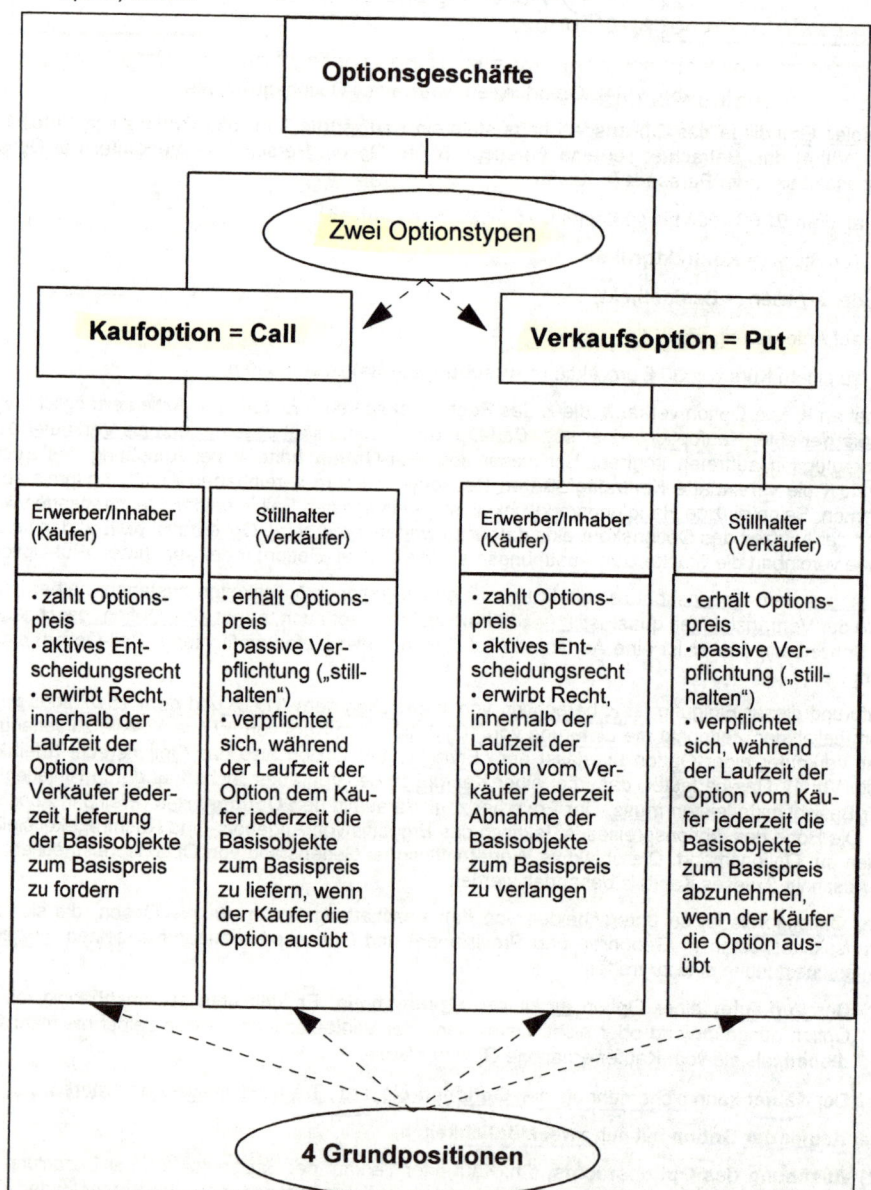

Abb. VIII-5: Optionstypen und Grundpositionen

2 Finanzoptionen

Aufbauend auf der im Beispiel beschriebenen Grundstruktur des Optionsgeschäfts sind grundsätzlich zwei Optionstypen zu unterscheiden: **Kaufoption (= Call)** und **Verkaufoption (= Put)**. Abb. VIII-5 liefert einen Überblick über die diesbezüglichen Rechte und Pflichten der Kontraktparteien. Aus der Kombination von Optionstyp (Call bzw. Put) und Kontraktpartei (Käufer bzw. Stillhalter) werden vier einfache Grundstrategien mit Optionen darstellbar. Zuerst sei die Position des Käufers betrachtet (im Folgenden wird bis auf weiteres auf Aktienoptionen Bezug genommen):

Long Call (Kauf einer Kaufoption)

Der Käufer einer Kaufoption nimmt eine Long Call-Position ein. Er rechnet damit, dass der Kassakurs des Basisobjekts bis zum Verfallsdatum der Option über den Ausübungspreis steigt. Aufgrund dieser Erwartungshaltung auf hohe Kursvolatilität und Kursanstieg bezeichnet man ihn auch als Haussier, seine Markteinstellung ist Bullish. Der Optionskäufer erzielt folgende Ergebnisse:

- **Unbegrenzte Ertragsmöglichkeiten** abhängig davon, wieweit der Aktienkurs am Fälligkeitstag über der Gewinnschwelle liegt.
- **Begrenztes Verlustrisiko** maximal in Höhe des gezahlten Optionspreises.

Nachfolgende Abb. VIII-6 zeigt die zentralen Erkenntnisse dieser Kontraktposition.

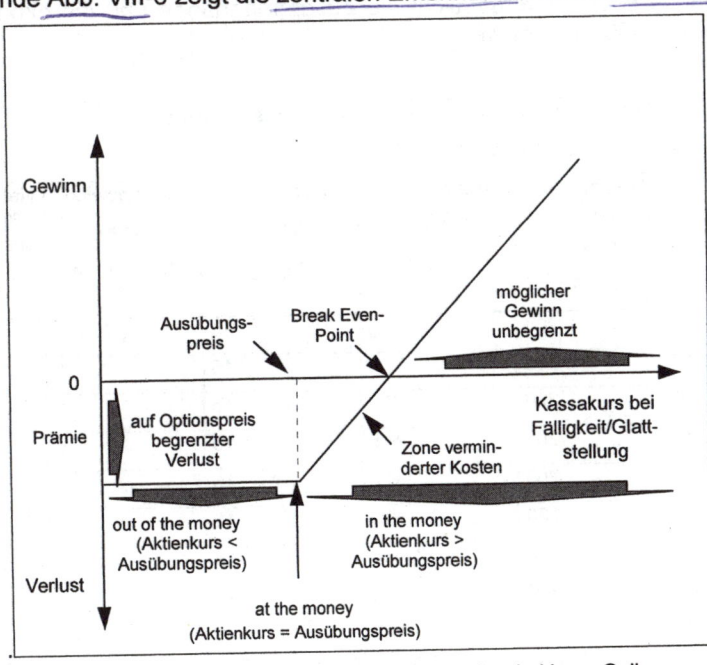

Abb. VIII-6: Gewinn- und Verlustmöglichkeiten bei Long Call

Aus Abb. VIII-6 wird deutlich, in welchen Fällen sich die Ausübung aus Sicht des Käufers wirtschaftlich lohnt: Wenn der aktuelle Aktienkurs über dem Ausübungspreis liegt. Das wirtschaftliche Kalkül des Käufers eines Calls ist also, dass es am Kassamarkt im Kurs des seinem Call zugrunde liegenden Basiswerts zu einem Kursanstieg kommt. In einem solchen Fall übt der Käufer seinen Call aus, d.h. er lässt sich vom Stillhalter zum vereinbarten Ausübungspreis die vereinbarte Anzahl von Aktien liefern, zahlt den Gegenwert und veräußert die Aktien am Kassamarkt.

Aus der Differenz zwischen niedrigerem Ausübungspreis (= Kaufpreis) und höherem aktuellen Aktienkurs (= Verkaufspreis) erzielt der Käufer der Kaufoption einen Bruttogewinn, der allerdings um die zuvor geleistete Optionsprämie zu kürzen ist. Einen Nettogewinn erzielt der Käufer, wenn der aktuelle Kassakurs über den Wert steigt, der der Summe von Ausübungspreis und Optionsprämie entspricht (= Break Even-Point). Theoretisch ist die Gewinnerzielung unbegrenzt, da die Kassakursentwicklung der Aktie prinzipiell keine Begrenzung nach oben hat. In dieser Konstellation befindet sich für den Käufer der Call im Geld und man bezeichnet die Call-Option ab da auch als In the money-Option.

Auf eine Ausübung seines Optionsrechts, d.h. Lieferung der Aktien, wird der Käufer verzichten, wenn der aktuelle Kassakurs unterhalb des Ausübungspreises liegt. Da durch den Verkauf der aus dem Termingeschäft bezogenen Aktien am Kassamarkt kein Kursgewinn zu erzielen ist, wird er die Option verfallen lassen. Solange solche Relationen zwischen Kassakurs und Ausübungspreis bestehen spricht man von einer Out of the money-Option.

Entsprechen sich Ausübungspreis und Kassakurs betraglich, spricht man von einer At the money-Option. Die Ausübung einer solchen Option ist für den Käufer ohne Gewinn, da er in voller Höhe den zeitlich vorangegangenen Aufwand in Höhe der Optionsprämie tragen muss.

Nachfolgendes Beispiel verdeutlicht die Zusammenhänge und die ökonomischen Kalküle in einem Zahlenbeispiel.

Beispiel:

| Käufer einer Kaufoption über Aktien spekuliert auf steigende Kurse. |||||||
| Ausübungspreis: 200 €, Optionspreis: 15 € (ohne Spesen) ||||||
Aktienpreis (in €) Sp. 1	Ausübungspreis (in €) Sp. 2	Bruttogewinn (in €) Sp.1-2 =3	Optionspreis (in €) Sp. 4	Nettogewinn (in €) Sp. 3-4 = 5	Nettogewinn in % des Optionspreises von 15 €
190	200	-10*)	15	(-25)-15	-100
200	200	0	15	-15	-100
210	200	+10**)	15	-5	-331/3
215	200	+15	15	0	0
220	200	+20	15	+5	+331/3
230	200	+30	15	+15	+100
240	200	+40	15	+25	+1662/3
250	200	+50	15	+35	+2331/3
260	200	+60	15	+45	+300
*) Option wird nicht ausgeübt, **) Ausübung der Option führt zu vermindertem Verlust					

Tab. VIII-1: Beispiel einer Kaufoption

Im Beispiel wird noch ein weiterer Effekt der Kaufoption, die Hebelwirkung (= Leverage-Effekt), deutlich: Steigt der Aktienkurs z.B. um 30% vom vereinbarten Ausübungspreis von 200 € auf 260 €, verdreifacht der Optionskäufer sein eingesetztes Kapital (45/15). Bei Kauf der Aktie im Kassamarkt anstelle des Optionsgeschäfts ergäbe sich nur eine Erhöhung des eingesetzten Kapitals um (260 – 200)/200 = 30%. Mit dem Optionskauf wurde zudem nur 7,5% (15/300) des Kapitals eingesetzt, das für die alternative Kassatransaktion erforderlich wäre.

Long Put (Kauf einer Verkaufoption)

Der **Optionskäufer** einer Long Put-Position erwartet für den Zeitraum ab dem Kontraktabschluss bis zum Verfalldatum **sinkende Kurse** des Basiswerts unter den Ausübungspreis. Der Käufer einer Verkaufoption erwartet eine hohe Kursvolatilität, jedoch im Gegensatz zum Käufer einer Kaufoption rechnet er mit sinkenden Kursen. Er verkörpert den **Baissier**, seine Markterwartung ist **Bearish** und er erzielt folgende Ergebnisse:

- **Begrenzte Ertragsmöglichkeiten** maximal in Höhe des Ausübungspreises abzüglich des gezahlten Optionspreises.
- **Begrenztes Verlustrisiko** maximal in Höhe des gezahlten Optionspreises.

Für den Verkäufer eines Puts ist die Verkaufoption gewinnbringend, wenn der aktuelle Kassakurs des Basiswerts unter den Ausübungspreis fällt. Ist der Kursrückgang höher als die Summe aus Ausübungspreis und Optionsprämie, so erzielt der Käufer einer Verkaufoption einen Gewinn. Er besitzt eine **In the money-Option**, deren Ausübung für ihn wirtschaftlich lohnenswert ist. Dagegen wird er eine **Out of the money-Option** verfallen lassen, da aufgrund des höheren Kassakurses ein Bezug des Basisobjekts am Kassamarkt und sein anschließender Verkauf an den Stillhalter aus dem Optionskontrakt zu einem Verlust führen würde. Im Fall der **At the money-Option** lohnt sich die Ausübung ebenfalls nicht, da es zu keinem Gewinn aus dem Kauf des Basisobjekts am Kassamarkt und anschließendem Verkauf an den Stillhalter kommt: Basisobjekt und Kassakurs sind in dieser Konstellation betraglich identisch. Nachfolgende Abb. VIII-7 zeigt das Gewinn-Verlust-Profil für einen Long-Put aus Sicht des Käufers.

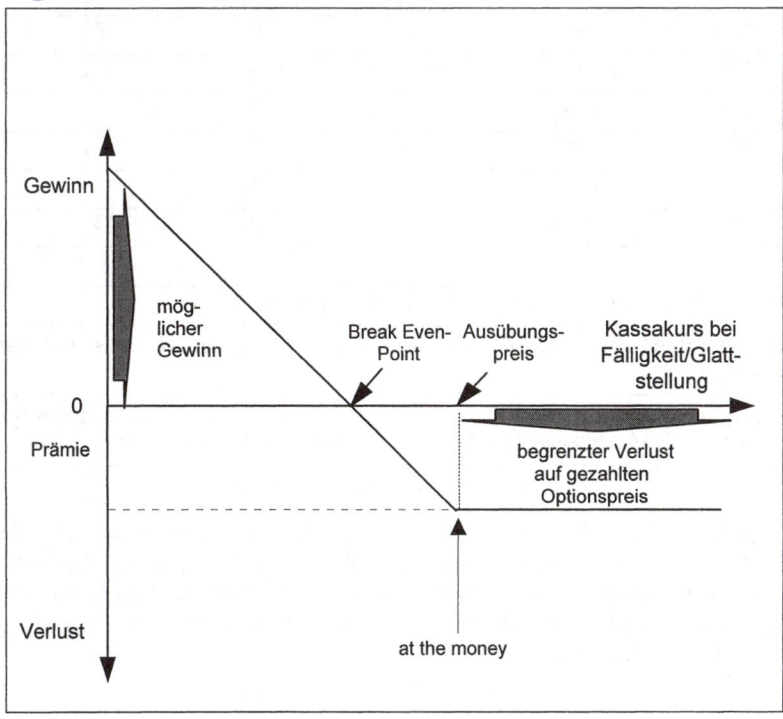

Abb. VIII-7: Gewinn- und Verlustmöglichkeiten bei Long Put

Analog zu den Konstellationen von Basiswert und Kassakurs der Call-Option lassen sich aus Sicht des Käufers diese drei Fälle auf die Put-Option übertragen:

		Put (Verkaufoption) ist...
Ausübungspreis < Aktienkurs	→	out of the money (aus dem Geld)
Ausübungspreis = Aktienkurs	→	at the money (am Geld)
Ausübungspreis > Aktienkurs	→	in the money (im Geld)

Abb. VIII-8: Mögliche Wertstadien eines Puts

Ein Beispiel verdeutlicht die grafischen Zusammenhänge in Zahlenwerten.

Beispiel:

Käufer einer Verkaufoption über Aktien spekuliert auf fallende Kurse.
Ausübungspreis: 240 €, Optionspreis: 8 € (ohne Spesen)

Ausübungs-preis (in €) Sp. 1	Aktienpreis (in €) Sp. 2	Bruttogewinn (in €) Sp. 1-2=3	Optionspreis (in €) Sp. 4	Nettogewinn (in €) Sp. 3-4=5	Nettogewinn in % des Optionspreises von 8 €
240	250	-10*)	8	(-18)-8	-100
240	240	0	8	-8	-100
240	235	+5**)	8	-3	-37,5
240	230	+10	8	+2	+25
240	225	+15	8	+7	+87,5
240	220	+20	8	+12	+150
240	216	+24	8	+16	+200

*) Option wird nicht ausgeübt, **) Ausübung der Option führt zum Verlust

Risikobegrenzung auf den Optionspreis: Übt er die Option nicht aus, verliert er höchstens den gezahlten Optionspreis.

Hebelwirkung bei fallenden Kursen: Sinkt der Aktienkurs um *10%* vom vereinbarten Ausübungspreis von *240 €* auf *216 €*, verdoppelt der Optionskäufer sein eingesetztes Kapital.

Tab. VIII-2: Beispiel einer Verkaufoption

Mit dem Long Call und dem Long Put liegen die beiden charakteristischen Positionen vor, die der Käufer eines Optionskontrakts einnehmen kann. Aus der **Sicht des Verkäufers** stellen sich die hierzu komplementären Vertragspositionen als Short Call bzw. Short Put dar. Auch ihre prinzipiellen Gewinn- und Verlustmerkmale sollen nachfolgend vorgestellt werden.

Short Call (Verkauf einer Kaufoption)

Der **Verkauf** einer **Kaufoption** (= Short Call) ist das Pendant zum Kauf einer Kaufoption (= Long Call) des Käufers. Damit es zur Einnahme einer solchen Vertragsposition kommt, muss die Erwartung des Stillhalters entgegengesetzt derjenigen des Käufers sein. Besteht die **Kurserwartung** des Käufers beim Long Call in hoher Volatilität und steigenden Aktienkursen, so vermutet der Stillhalter aus der Short Call-Position geringe Kursschwankungen und **leicht sinkende**, zumindest aber gegenüber dem Ausübungspreis nur **geringfügig steigende Kurse**. Tendenziell ist der Stillhalter im Short Call also Baissier, allerdings erwartet er geringere Kursrückgänge als der Käufer eines Long Put. (Ansonsten wäre es für den Stillhalter sinnvoller dessen Position einzunehmen). Nachfolgende Abb. VIII-9 zeigt das Gewinn-Verlust-Profil einer Short Call-Position.

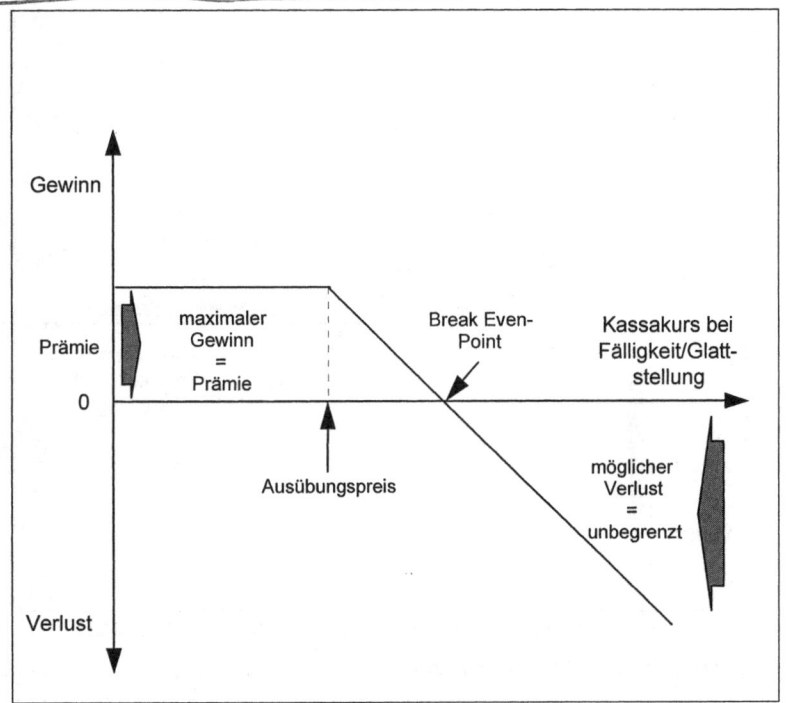

Abb. VIII-9: Gewinn- und Verlustmöglichkeiten bei Short Call

Der Optionsverkäufer, der eine Short Call-Position einnimmt, erhält vom Käufer des Calls den Optionspreis gezahlt und kann in Abhängigkeit von der Entwicklung des Kassakurses im Basiswert während der Laufzeit des Kontrakts eine der nachfolgenden Ergebnisse erzielen:

- **Begrenzte Ertragsmöglichkeiten** maximal in Höhe des vereinnahmten Optionspreises.
- **Unbegrenztes Verlustrisiko** abhängig davon, wie weit der Aktienkurs am Fälligkeitstag über der Verlustschwelle liegt.

Short Put (Verkauf einer Verkaufoption)

Die andere mögliche Stillhalterposition bezieht sich auf den Put. Der Verkäufer eines Puts nimmt eine Short Put-Position ein und stellt den Kontraktpartner des

Put-Käufers dar. Seine **Erwartung** ist auf geringe Volatilität und **leicht steigende oder leicht sinkende Kurse** gerichtet. Der Optionsverkäufer erhält im Gegenzug den Optionspreis und kann eines der folgenden Ergebnisse erzielen:

- **Begrenzte Ertragsmöglichkeiten** maximal in Höhe des vereinnahmten Optionspreises.
- **Unbegrenztes Verlustrisiko** maximal in Höhe des Ausübungspreis abzüglich des vereinnahmten Optionspreises.

In Abb. VIII-10 werden die Erfolgspositionen im Zusammenspiel mit dem Verlauf des Kassakurs mit dem Basiswert wiederum dargestellt.

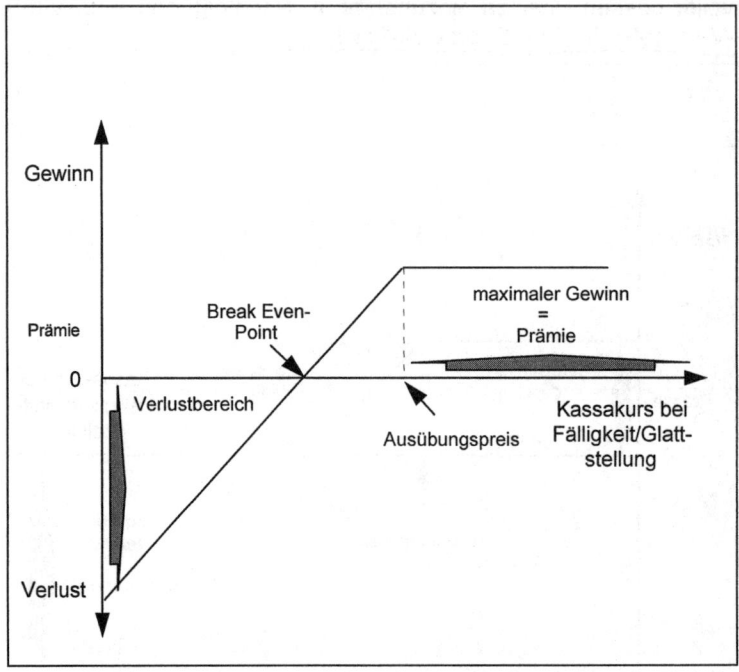

Abb. VIII-10: Gewinn- und Verlustmöglichkeiten beim Short Put

Lesehinweis: *Brealey/ Myers* (2003, S. 564-572).

2.2 Determinanten des Optionspreises

Im Fokus der wissenschaftlichen Auseinandersetzung mit Optionen stehen weniger deren strategischen Einsatzmöglichkeiten von Optionen wie das Absichern von Vermögenspositionen gegen Preisänderungsrisiken (sog. **Hedging**), das spekulative Eingehen von Optionspositionen (**Trading**) oder das Ausschöpfen von Bewertungsunterschieden (**Arbitrage**) als vielmehr die Optionsbewertung. Zentrale Rolle hat dabei die Vorstellung, dass auf vollkommenen und vollständigen Kapitalmärkten zu jedem Zeitpunkt ein Gleichgewichtspreis einer Option existiert, zu dem es keinem Marktteilnehmer möglich ist, risikofreie Gewinne zu erzielen. Wie noch zu zeigen sein wird liegt einer solchen objektiven Optionsbewertung das Paradigma des Arbitragegleichgewichts zugrunde. Bevor auf die zentralen zwei Modellgruppen der Optionspreistheorie – **Binomial-Modell** und *Black/ Scholes*-**Modell** –

2 Finanzoptionen

eingegangen wird, sollen die zum Verständnis erforderlichen Basisbegriffe und Zusammenhänge erläutert werden.

Für die Bewertung von Optionen spielen folgende **Einflussfaktoren** eine zentrale Rolle:

- aktueller (= Kassa)Kurs (= S) des der Option zugrunde liegenden Wertpapiers (= Basisobjekt),
- Ausübungspreis (= X),
- gegenwärtiger Zeitpunkt (= t),
- Verfalltag der Option (= T),
- verbliebene Zeitspanne der Option bis zu ihrem Verfall (= t, mit $t = T - t_0$),
- Volatilität des Kurses des Basisobjekts (= σ),
- Marktzinssatz (= r),
- Dividendenauszahlungen innerhalb der Optionsfrist (= Div).

Im folgenden wird die Betrachtung ausschließlich auf den Fall der **Call-Option** bezogen. Auf abweichende Betrachtungen zur Put-Option wird separat hingewiesen.

Der Wert einer Option ergibt sich als Optionspreis am Terminmarkt aus Angebot und Nachfrage und besteht während der Kontraktlaufzeit aus zwei Komponenten:

> **Optionspreis = innerer Wert + Zeitwert**

Es gilt, die beiden Komponenten und deren Beziehung untereinander zu klären. Bezug wird wiederum auf das Basisobjekt Aktie genommen.

Innerer Wert einer Option

Der Aktienkurs und der Ausübungspreis haben zusammen einen unmittelbaren wertbildenden Einfluss auf den Optionswert, indem sie den inneren Wert determinieren. Der innere Wert, auch **Intrinsic Value** genannt,

- ist Wert einer Option, wenn sie während der Laufzeit sofort ausgeübt werden müsste,
- ist der Betrag, um den ein Aktienkurs den Ausübungspreis übersteigt,
- stellt den Gewinn dar, den der Optionsinhaber durch Ausübung der Option und gleichzeitigem kompensierenden Geschäft im Kassamarkt realisieren könnte (bei fehlenden Transaktionskosten).

Beispiel: Betrachtet sei der Kauf einer BASF-Kaufoption (Long Call BASF) mit folgenden Spezifikationen: Ausübungspreis: *280 €*, aktueller BASF-Kurs: *350 €*. Der aktuelle Börsenkurs liegt über dem Ausübungspreis, weshalb das Ausüben der Option sinnvoll ist: Man bezieht die BASF-Aktien zum Preis von *280 €* und kann sie sofort zu *350 €* an der Börse verkaufen. Die Differenz zwischen Börsenkurs und Ausübungspreis beträgt *70 €* und quantifiziert den inneren Wert dieser Option.

Ferner gilt, dass **am Verfalltag** des Optionskontrakts der Wert der Option und mithin (bei gleichgewichtiger Bewertung) der Optionspreis ausschließlich aus dem inneren Wert besteht. Weist am Verfalltag die **Call-Option** einen positiven (d.h. inneren) Wert auf, so resultiert er aus einem höheren Kassakurs gegenüber dem Ausübungspreis. Wie bereits in Abschnitt 1.1 gezeigt wurde, ist für den Optionskäufer nur in diesem Fall die Ausübung des Call wirtschaftlich sinnvoll. Liegt der

Kassakurs dagegen unter dem Ausübungspreis, wird er die Option nicht ausüben, also verfallen lassen. Die Option hat dann für ihn keinen Wert mehr. Man kleidet diese Überlegungen formal wie folgt ein:

$$C(S,X) = \max(0; S - X) \qquad \text{(VIII-1a)}$$

Für den Inhaber einer **Put-Option** ist die Ausübung am Verfalltag wirtschaftlich sinnvoll, wenn der Ausübungspreis über dem aktuellen Kassakurs des Basisobjekts liegt. Andernfalls lässt er die Option verfallen. Formal wird dieses Kalkül wie folgt ausgedrückt:

$$P(S,X) = \max(0; X - S). \qquad \text{(VIII-1b)}$$

Aufgrund dieser Vorüberlegungen lassen sich nun auf die inneren Werte für Call-Optionen (= C_{in}) und für Put-Optionen (= P_{in}) Konstellationen von Kassakurs und Ausübungspreis zusammenstellen und deren Wirkung auf den Optionswert aufzeigen. Nachfolgende Abb. VIII-11 liefert diesbezüglich einen Überblick.

	innerer Wert	
	fallspezifisch	allgemein
Call (Kaufoption)	$C_{in} = \begin{cases} 0 & \text{falls } S \leq X \\ S - X & \text{falls } S > X \end{cases}$	$C_{in} = \max\{0; S - X\}$
Put (Verkaufoption)	$P_{in} = \begin{cases} 0 & \text{falls } X \leq S \\ X - S & \text{falls } X > S. \end{cases}$	$P_{in} = \max\{0; X - S\}$

Abb. VIII-11: Innerer Wert von Call- und Put-Optionen

Diese Wertbestimmungen lassen sich in Beziehung setzen zu den in Abschnitt 1.1 vorgestellten Gewinn- und Verlustbereichen. Abb. VIII-12 fasst diese Überlegungen zusammen.

	Call (Kaufoption)	Put (Verkaufoption)
Ausübungspreis > Aktienkurs (X > S)	out of the money (innerer Wert = 0)	in the money (innerer Wert > 0)
Ausübungspreis = Aktienkurs (X = S)	at the money (innerer Wert = 0)	at the money (innerer Wert = 0)
Ausübungspreis < Aktienkurs (X < S)	in the money (innerer Wert > 0)	out of the money (innerer Wert = 0)

Abb. VIII-12: Innerer Wert von Put und Call im Verhältnis zu Gewinn- und Verlustbereichen

Grafisch lassen sich die Überlegungen in nachfolgenden Abb. VIII-13a für die Call-Option und in Abb. VIII-13b für die Put-Option darstellen.

2 Finanzoptionen

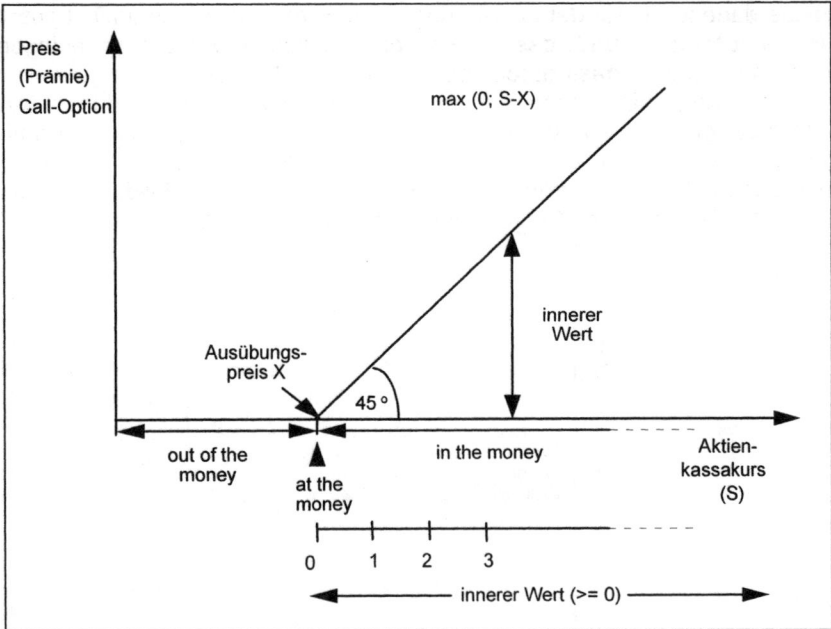

Abb. VIII-13a: Wert eines Calls am Verfalltag

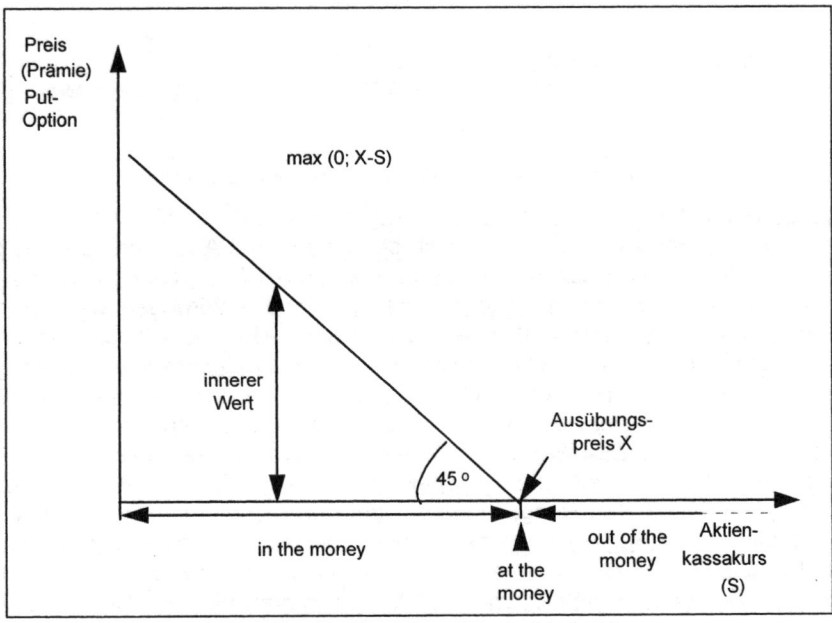

Abb. VIII-13b: Wert eines Puts am Verfalltag

Zeitwert einer Option

Bisher wurde der Optionswert zum Verfalltag betrachtet. Vor Erreichen des Verfalltermins, also während der Laufzeit des Kontrakts, ist ergänzend für die Wertbildung zu berücksichtigen, dass eine Call-Option einen weiteren Einflussfaktor der

Wertbildung aufweist. Hierzu ist ein kurzer Rückgriff auf die zentrale Erkenntnis der **Portfoliotheorie** und des **CAPM** erforderlich. Eine der grundlegenden Erkenntnisse dort war, dass durch geschickte Diversifikation das unsystematische Risiko eines Wertpapierportefeuilles im günstigsten Fall auf Null reduziert werden kann. Das systematische Risiko ist dagegen nicht „wegdiversifizierbar" und hierfür vergütet der Kapitalmarkt eine Risikoprämie. Optionen ermöglichen es nun, das **systematische Risiko** zu **reduzieren** und den Umfang der Reduktion entsprechend den Präferenzen des Entscheidungsträgers zu gestalten.

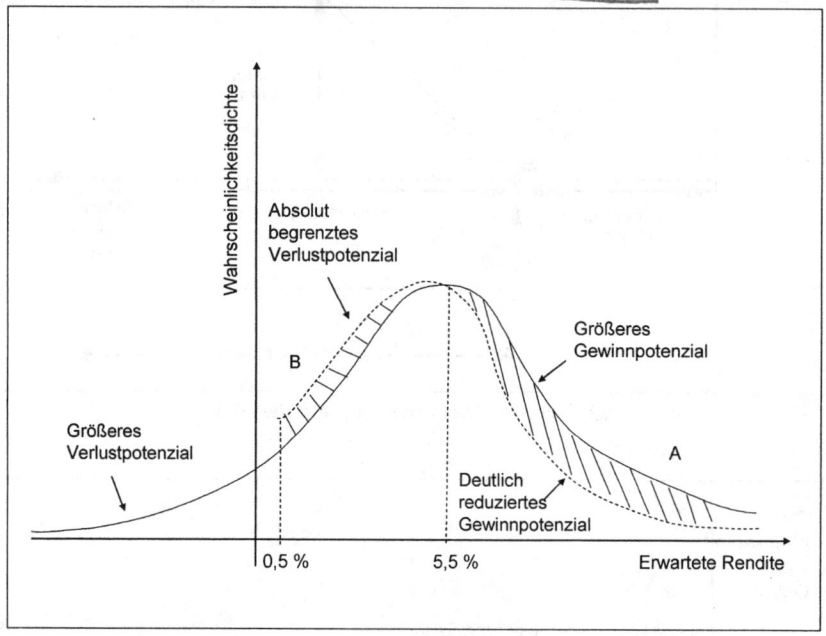

Abb. VIII-14: Verteilungsmodifikation mittels Protective Put

Ausgehend von der Normalverteilungshypothese wie sie in Abb. VIII-14 in Form der durchgezogenen Kurve dargestellt ist, bewirkt z.B. die Absicherung eines Portefeuilles bestehend aus der Aktie eines Emittenten mit Put-Optionen auf den Basiswert, dass die Wahrscheinlichkeitsdichte der Rendite verändert wird. Es folgt aus diesem sog. **Protective Put** eine **asymmetrische Verteilung** der Wahrscheinlichkeit. Bildlich gesprochen verkauft ein Entscheidungsträger mittels einer Long Put-Option einen Teil des rechten Flügels der Wahrscheinlichkeitsverteilung und zwar genau in Höhe der von ihm zu zahlenden Optionsprämie (schattierter Bereich). Um diesen Betrag wird das Gewinnpotenzial des (unterstellten) Ein-Aktienportefeuilles reduziert. Der Entscheidungsträger zahlt damit aber auch einen Preis, um den linken Verteilungsflügel, der das Verlustpotential darstellt, zu stutzen, gemeint ist die Begrenzung des Verlustpotenzials seines Aktienportefeuilles. Einen ähnlichen Effekt kann man statt durch Absicherung mit Protective Puts unter bestimmten Umständen mit **Covered Call Writings** erzielen, d.h. durch Einnahme einer Stillhalterposition (Short Call).

Lesehinweis: Eine ausführliche Darstellung der skizzierten Absicherungsmethoden liefert u. a. Spremann (1996, S. 618–621).

Versicherungen schützen vor den finanziellen Folgen eines Risikos, d.h. des Eintritts von Umweltzuständen in der Zukunft, die aus heutiger Sicht unsicher sind (vgl. *Eisen* 1979, S. 20-21). Die Absicherungsmöglichkeiten zeigen, dass **Optionen** auch als **Versicherungsinstrumente** verstanden werden können. Während der Laufzeit eines Optionskontrakts kann dieser prinzipiell wie ein Versicherungsvertrag gegen Kursrisiken in Aktienportefeuilles eingesetzt werden:

- Eine **Put-Option** ist in diesem Sinne als ein Versicherungsvertrag zu verstehen, dessen Auszahlung jedwede Verluste abdeckt, die sich aus einer Minderung des Werts des zugrundeliegenden Basiswerts (hier Aktie) unterhalb des Ausübungspreises der Option ergeben. Das Eingehen einer Long Put-Position schützt also den Inhaber eines Aktienbestands gegen Abwertungsverluste aufgrund von Kursrückgängen.

- Auch der Kauf einer **Call-Option** kann als Versicherungsschutz interpretiert werden. Hier schützt sich der Käufer gegen Kursanstiege von Aktien. Dies ist besonders dann bedeutsam wenn er Aktien bereits heute verkauft hat und in Zukunft liefern muss, ohne sie aber heute zu besitzen. Man nennt dies **Leerverkäufe** (vgl. auch Kapitel VII, Abschnitt 1.1). Bei diesem Verkauf von Aktien per Termin muss der Verkäufer in Zukunft die Aktien am Kassamarkt kaufen, um sie dann dem Verkäufer wie vereinbart liefern zu können. Das Risiko des Verkäufers per Termin besteht in steigenden Aktienkursen per Kasse. Durch den Long Call schreibt er mit dem Ausübungspreis den Kaufpreis zukünftiger Aktien aus dem Kassamarkt fest und entledigt sich des Kursrisikos.

Das Risiko bezog sich in den bisherigen Fällen auf die Richtung der zukünftigen Aktienkursentwicklung. Jeder Versicherungsschutz erfordert, dass es einen **Versicherer** gibt. Der Versicherer des Käufers einer Long Put- oder Long Call-Position ist der jeweilige Verkäufer, d.h. der **Stillhalter**. Mithin ist ein Teil des Optionspreises als Versicherungsprämie zu interpretieren. Bereits jetzt lässt sich sagen: Je höher die Schwankungsbreite (Standardabweichung) von Aktienkursen (d.h. umgerechnet deren Renditen) und damit das Kurs- bzw. Preisrisiko, desto höher ist die **Versicherungsprämie**. Neben dem inneren Wert muss also auch diese Versicherungsleistung als wertbildender Faktor in den Optionspreis eingehen.

Noch eine weitere Komponente geht in den Optionswert ein. Beim Long Call erfordert der Versicherungsschutz, dass der Stillhalter während der Laufzeit die Aktien des Basisobjekts auch verfügbar hat, da er bei Ausübung des Calls durch den Käufer liefern muss. Im einfachsten Fall muss also der Stillhalter mit Beginn der Laufzeit des Optionskontrakts die entsprechende Anzahl und Art an Aktien im Bestand haben (sog. Covered Call Writing). Kauft er sie zu diesem Zweck am Kassamarkt, wird deutlich, dass die **Bestandshaltung** Kapital bindet, das nicht anderweitig verzinslich angelegt werden kann. Diesen Verlust an Zinseinnahmen (= Opportunitätskosten) lässt sich der Stillhalter im Rahmen des erhaltenen Optionspreises vom Optionskäufer vergüten. Die zweite zusätzliche Komponente zum inneren Wert stellen daher die **Opportunitätskosten des Stillhalters** dar. Sie werden barwertig betrachtet und bestehen aus $X \cdot \left(\dfrac{1}{(1+r)^{T-t}} \right)$, bzw. für den stetigen Fall: $X \cdot e^{-r(T-t)}$, mit e = Basis des natürlichen Logarithmus (= *2,718281...*). Unter Berücksichtigung von Versicherungsprämie und Opportunitätskosten ist die **Bewertungsgleichung** für eine Call-Option jetzt wie folgt zu reformulieren:

$$C = \max\left(0; S - X \cdot \frac{1}{(1+r)^{T-t}}\right) \qquad \text{(VIII-2a)}$$

Für den Fall stetiger Verzinsung ergibt sich:

$$C = \max\left(0; S - X \cdot e^{-r(T-t)}\right) \qquad \text{(VIII-2b)}$$

Beispiel: Folgende Daten seien für eine Call-Option auf eine Aktie gegeben: $S = 40$ €, $X = 28$ €, $r = 5\%$ p. a. und $T - t = 1$ Jahr. Für diesen Fall errechnet man auf der Grundlage von Gleichung (VIII-2b) folgenden Optionspreis: $C = 40 - 28e^{-0{,}05 \cdot 1} = 40 - 26{,}6345 = 13{,}37$ €. Angenommen, der Callpreis wäre am Optionsmarkt 10 € und würde niedriger als sein theoretischer unterer Wert gehandelt. Ein Arbitrageur würde unter diesen Umständen den Call zu 10 € kaufen und die Aktie leer verkaufen. Aus dem Aktienverkauf erhielte er 40 € abzüglich des aufzuwendenden Optionspreises von 10 €. Dies führt beim Arbitrageur zu einem Gewinn von 30 €. Legt er diesen Betrag für ein Jahr zum herrschenden Zinssatz von 5% p. a. an, erhält er einen Endwert von $30e^{0{,}05} = 31{,}538$ €. Am Ende des Jahres läuft die Call-Option aus. Sollte der dann herrschende Aktien(Kassa-)Kurs größer als 28 € sein, würde der Arbitrageur die Call-Option ausüben, die leerverkauften Aktien an den Aktienkäufer verkaufen und folgenden Gewinn machen: $31{,}538$ € $- 28$ € $= 3{,}538$ €. Sollte dagegen zum Verfalltag der Option der Aktien(Kassa-)Kurs kleiner als der Basispreis sein, z.B. 26 €, würde der Arbitrageur die Aktie am Kassamarkt kaufen und damit seine Shortposition aus dem Aktienleerverkauf schließen. Hierbei erzielt er einen höheren Gewinn: $31{,}538 - 26 = 5{,}538$ €.

Indem nun Arbitrageure solche Fehlbewertungen von Call-Optionen (wie im Beispiel dargestellt) erkennen und Call-Optionen kaufen, steigen aufgrund der Überschussnachfrage am Optionsmarkt die Optionspreise maximal bis zur Höhe des theoretischen Werts der Call-Option (im Beispiel $13{,}37$ €). Werden Bewertungsungleichgewichte schnell erkannt und ziehen sie ebenso schnell entsprechende Arbitragetransaktionen nach sich, so befindet sich der Optionsmarkt immer wieder erneut in einem (temporären) Gleichgewicht. Dies ist also erreicht, wenn der **theoretische Optionspreis** der **Marktbewertung entspricht**. In diesem Fall lohnen sich für die Arbitrageure keinerlei Arbitragetransaktionen. Man sagt daher, der Markt ist **frei** von **Arbitrage**, d.h. im **Gleichgewicht**.

Am Verfalltag ist die Laufzeit einer Option beendet, d.h. es gilt $T - t = 0$. Dadurch wird der Ausdruck im Exponent des Diskontierungsfaktors Null und es gilt $(1 + i)^0 = 1$. Gleichungen (VIII-2a) und (VIII-2b) gehen **am Verfalltag** über in Gleichung (VIII-1); am Verfalltag ist der Optionswert gleich dem inneren Wert. Damit ist auch die sog. **Untergrenze** oder **untere Wertschranke** einer (Call-)Option gefunden.

Beispiel: Folgende Daten seien für eine Call-Option auf eine Aktie gegeben: $S = 40$ €, $X = 28$ €, $r = 5\%$ p. a. und $T - t = 0$. Für diesen Fall errechnet man auf der Grundlage von Gleichung (VIII-2b) folgenden Optionspreis: $C = 40 - 28e^{-0{,}05 \cdot 0} = 40 - 28 = 12$ €.

Der Wert einer Call-Option **vor** dem **Verfalltag** führt zur Bestimmung der **Obergrenze** auch **obere Wertschranke** genannt. Sie besteht aus dem (Kassa-)Kurs des Basiswerts:

$$C = S \qquad \text{(VIII-3)}$$

Dieser Zusammenhang wird verständlich, wenn man den Verfallzeitpunkt T immer mehr in die Zukunft schiebt. Je höhere Werte er im Gefolge annimmt, desto größer wird der Abzinsungseffekt und desto kleiner wird X. Bei genügend **großem T** verschwindet der Ausübungspreis durch den hohen Abzinsungseffekt vollständig. Der

Ausdruck $X \cdot \left(\dfrac{1}{(1+r)^{T-t}}\right)$ strebt grenzwertig gegen Null, so dass im Resultat

$C = S$ gilt. Man spricht auch davon, dass die **Aktie** dann als **Option auf sich selbst** zu verstehen ist. Dies ist nur eine andere Umschreibung des Falls, in dem das Recht, eine Aktie zu beziehen, teurer ist, als der sofortige Kauf der Aktie; die Direktinvestition vorteilhafter als das Recht auf den eigentlichen Bezug ist. Ferner ist die Laufzeit einer Aktie nur durch die Lebensdauer der emittierenden Aktiengesellschaft (= AG) begrenzt. Wegen des Going Concern-Prinzips hat die AG ein sehr großes T. Es ist daher optionspreistheoretisch folgerichtig, dass sich ein Ausübungspreis von Null ergibt.

Für die Wertbildung der Call-Option ist zu berücksichtigen, dass die Aktie in praxi i.d.R. mehr Wert ist als die Option, da sie zusätzliche Rechte einschließt wie Stimm- und Dividendenrechte sowie eine längere Laufzeit hat als die Option.

Lesehinweis: Vgl. zu den vorangegangenen Ausführungen *Hull* (2003, S. 167 – 174).

Innerhalb der oberen und der unteren Wertschranke verläuft der sog. Zeitwert einer Option. Der **Zeitwert** (= Zeitprämie, Prämie i.e.S, Premium Over Parity oder Time Value) hat folgende **Eigenschaften**:

- aktueller Optionspreis (C bzw. P) abzgl. innerer Wert,
- Betrag, den der Optionskäufer zu zahlen bereit ist für die Chance, dass sich während der Laufzeit der Aktienkurs für ihn vorteilhaft entwickelt,
- „Kauf von Zeit",
- Charakter einer Versicherungsprämie.

Beispiel: Kauf einer BASF-Kaufoption (Long Call BASF), Ausübungspreis: *280 €*, aktueller BASF-Kurs: *350 €*, gezahlter Optionspreis: *50 €*, aktueller Preis der Option: *85 €*. Der innere Wert dieses Calls beträgt *70 €*. Die Differenz zum aktuellen Optionspreis ergibt den Zeitwert in Höhe von *15 €*. Der Käufer einer Option bezahlt diesen Aufschlag, weil er erwartet, dass bis zum Ende der Laufzeit der Option der Kurs der BASF-Aktie weiter steigt.

Aus drei Gründen ist es für den Käufer einer Call-Option **sinnvoll**, für den **Zeitwert der Option einen Betrag zu zahlen**:

(1) Die Option könnte über den Zeitraum ihrer Laufzeit Gewinn abwerfen.

(2) Er wendet einen vergleichsweise geringen Kapitaleinsatz auf, um an Gewinnchancen teilzuhaben.

(3) Das Risiko ist wegen der asymmetrischen Ertrags-Risiko-Struktur stärker beschränkt als die Gewinnchance.

In Abb. VIII-15 wird der Zeitwertverlauf einer **Call-Option** durch die **Kurvenkonvexität** ausgedrückt. Während sich der innere Wert der Option, die in the money ist, linear zum Aktienkurs bewegt (= *45°*-Gerade), ist die Erklärung des Zeitwertverlaufs komplexer:

- Vom Ursprung aus steigt die konvexe Kurve zunächst langsam an.
- Bis zum At the money-Punkt der Option weist sie dann ihren stärksten Anstieg auf und hat im At the money-Punkt ihren größten Steigungszuwachs.
- Danach und je weiter die Option in the money gerät verringert sich der Zuwachs des Neigungsanstiegs.

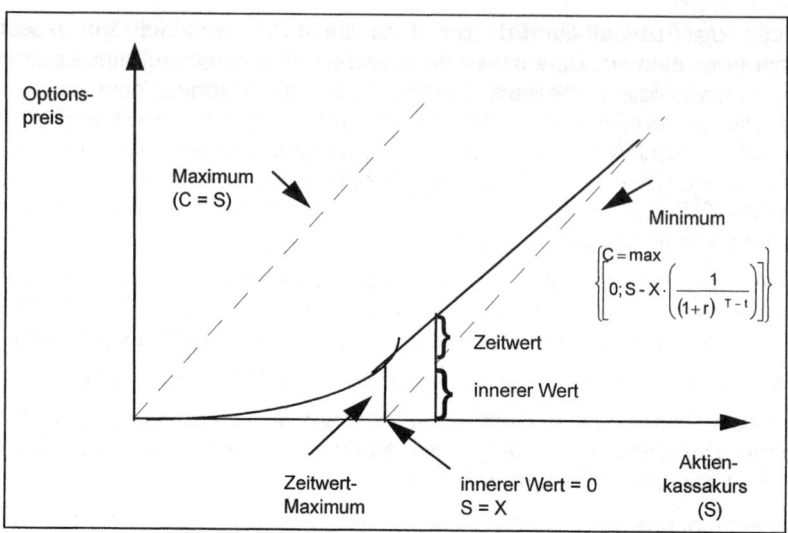

Abb. VIII-15: Ober- und Untergrenze eines Calls

Der konvexe Kurvenverlauf lässt sich ökonomisch wie folgt begründen (zentral ist dabei der Begriff der **Werthaltigkeit einer Option**, d.h. sie besitzt einen positiven inneren Wert):

- **Call out of the money**: Großer Kursanstieg erforderlich, um den inneren Wert einer Option positiv werden zu lassen.

- **Call at the money**: Wahrscheinlichkeit der Werthaltigkeit erhöht sich, je näher sich die Option at the money zu bewegt. An diesem Punkt angelangt bedarf es nur eines geringen Kursanstiegs, um die Option wertig werden zu lassen, was mit einem steigenden Zeitwert vergütet wird. Die Wahrscheinlichkeit der Ausübung der Option steigt. Der Stillhalter verlangt daher eine höhere Versicherungsprämie, da er zur Andienung der Aktien einen höheren Kurs am Kassamarkt hat.

- Je weiter die Option **in the money** gerät, desto stärker reduziert sich der Zeitwert und um so größer ist ihr Gesamtwert. Der innere Wert hebt immer mehr den Optionspreis an und nähert sich seinem Maximum - dem Aktienkurs:

  ♦ Je mehr die Option der Aktie gleicht, desto geringer ist der Vorteil des geringeren Kapitaleinsatzes für den Inhaber und

  ♦ je höher die Optionsprämie, desto höher der maximale Stillhalterverlust.

Beispiel: Nachfolgende Tab. VIII-3 zeigt dieses Zusammenspiel exemplarisch für eine Call-Option.

S	X	C	innerer Wert	Zeitwert	Klassifikation
Sp. 1	Sp. 2	Sp. 3	Sp. 4	Sp. 3 - 4	
300	260	42	40	2	(deep) in the money
300	280	34	20	14	in the money
300	300	28	0	28	at the money
300	320	18	0	18	out of the money

Tab. VIII-3: Zeitwert einer Kaufoption im Beispiel (Angaben in €)

2 Finanzoptionen

Mittels der sog. **Put-Call-Parität**, die in Abschnitt 2.3 behandelt wird, lassen sich der Verlauf der Zeitwertkurve sowie die oberen und unteren Schranken einer **Put-Option** in vergleichbarer Weise aufzeigen. Abb. VIII-16 verdeutlicht dies.

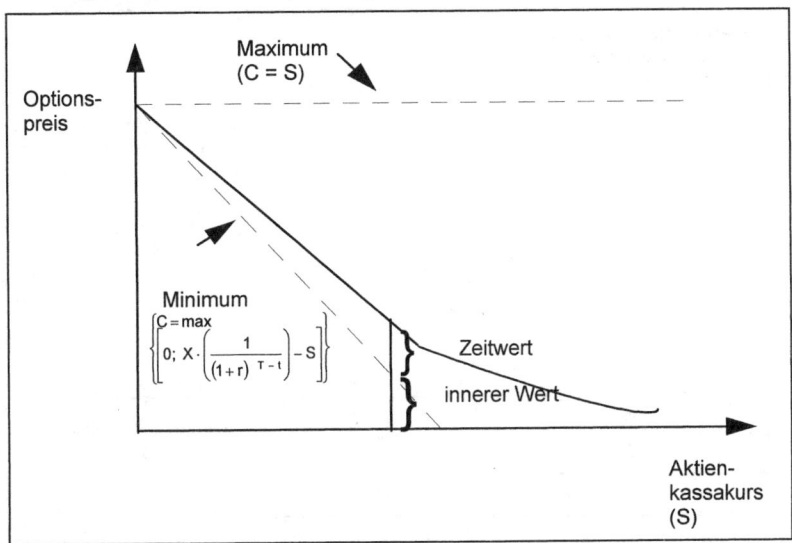

Abb. VIII-16: Ober- und Untergrenze eines Puts

Aus den beiden Abbildungen lassen sich die wesentlichen funktionalen Zusammenhänge festhalten:

Wertpapierkurs S	Wert der Kaufoption	Wert der Verkaufoption
↑ (↓)	↑ (↓)	↓ (↑)
Ausübungspreis X	Wert der Kaufoption	Wert der Verkaufoption
↓ (↑)	↑ (↓)	↑ (↓)

Tab. VIII-4: Schematisierung der Zusammenhänge aus den vorangegangenen Abbildungen

Aus **Sicht des Stillhalters** ist der Zeitwert wie folgt zu verstehen:

- Er stellt die Vergütung für die Übernahme des Volatilitätsrisikos dar.
- Ferner bestimmt er die Höhe der von ihm in Rechnung zu stellenden Optionsprämie i.S. der Versicherungsprämie.

Am Verfalltag besteht keine Zeit mehr, in der sich der innere Wert einer Option bilden kann. Es gilt $C = max (0; S - X)$. Der Zeitwert wächst also auch mit der **Länge der Restlaufzeit**, da sich innerhalb der Laufzeit ein Aktienkurs über oder unter den Ausübungspreis bewegen kann und so den Zeitwert der Option beeinflusst:

- Kurze Restlaufzeit: Wahrscheinlichkeit großer Kursausschläge ist i.d.R. geringer.
- Lange Restlaufzeit: Wahrscheinlichkeit großer Kursausschläge steigt, da nun mehr Zeit vorhandenen ist, in der seltener eintretende überdurchschnittliche Kursentwicklungen (nach oben oder nach unten) auftreten können.
- Je länger (*kürzer*) die Restlaufzeit, desto höher (*niedriger*) ist der Zeitwert.

Damit ergibt sich die sog. **Wasting Asset-Eigenschaft** von Optionen: je näher eine Option ihrem Verfalltag nahe kommt, desto rasanter reduziert sich der Optionspreis, bis zum Ende der innere Wert bleibt.

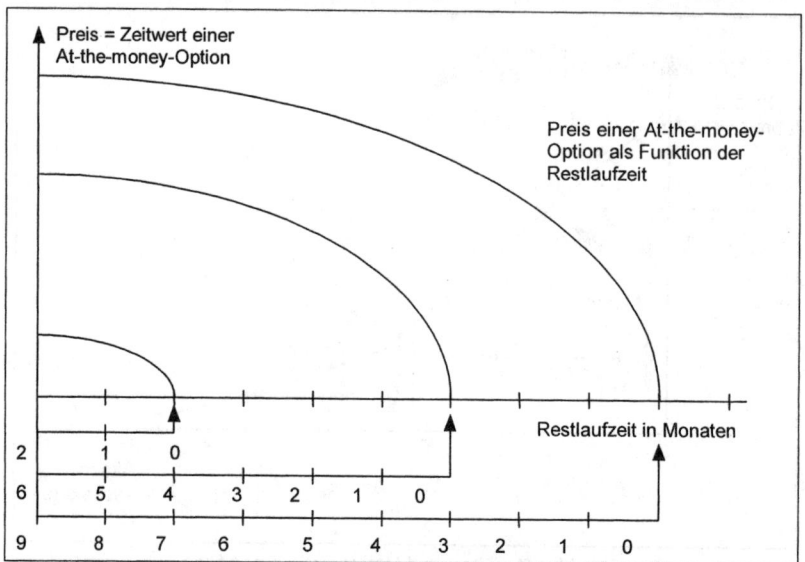

Abb. VIII-17: Zeitwert einer Option in Abhängigkeit von ihrer Restlaufzeit

<u>Lesehinweise:</u> *Spremann*, 1996, S. 612-616, *Uhlir/ Steiner* 2001, S. 215-227.

2.3 Theorie der Optionsbewertung

Die einführenden Überlegungen zur Optionsbewertung sollen weitergehend überführt werden in die Optionspreistheorie. Im folgenden werden zwei **Standardmodelle** dargestellt. Zentral ist das **Gleichgewichtsmodell** der **Arbitragefreiheit** auf Kapitalmärkten.

Die Optionspreistheorie beschäftigt sich mit der Bewertung des Derivats „Option". Insofern stellt diese Theorie bereits ein Bewertungsmodell einer Investition dar. Für den hier ausschließlich betrachteten Typus der Aktienoption bedeutet dies, dass ihr Wert unter anderem durch die Preisentwicklung der zugrundeliegenden Aktie bestimmt wird. Hierzu sind **Annahmen** über die **Wahrscheinlichkeitsverteilung** zukünftiger Aktienkurse erforderlich. Die Allgemeingültigkeit der noch vorzustellenden Bewertungsansätze unterstellt, dass der zukünftige **Aktienkursverlauf** auch tatsächlich den im Bewertungsmodell getroffenen Annahmen folgt. Im **Modell** von *Black/ Scholes* ist als Annahme die **Lognormalverteilung** der Aktienkurse zugrundegelegt. *Cox/ Ross/ Rubinstein* u. a. beschreiben die Aktienkursentwicklung ihres Modells mit einer Binomialverteilung.

Gemeinsam ist den Modellgruppen, dass der Optionspreisableitung die Bildung eines risikolosen **Hedge-Portfolios** (= *HP*) zugrunde liegt. Es besteht aus dem Kauf von Aktien und dem Verkauf von Kaufoptionen auf diese Aktien. Ziel ist es, genau diejenige Zusammensetzung des *HP* zu ermitteln, bei der aufgrund negativer Korrelationen zwischen gekauftem Aktienwert und verkauftem Kaufoptionswert eine kleine Änderung des Aktienkurses durch eine entsprechende Wertänderung der Kaufoption kompensiert wird. Im **Resultat** wird der *HP*-Wert durch die Aktienkursänderung nicht verändert. In diesem Fall ist das Portfolio (kurs)risikofrei und der Optionspreis kann unabhängig von der tatsächlichen und risikobehafteten Entwicklung des Aktienkurses ermittelt werden (vgl. *Spremann* 1996, S. 639).

2.3.1 Das Binomialmodell

Kennzeichnend für das Binomialmodell wie es vor allem durch *Cox/ Ross/ Rubinstein* (1979) in die wissenschaftliche Literatur eingeführt wurde ist, dass der stochastische Prozess der Preisbewegung des Basisobjekts (= Aktie) durch einen **zeitdiskreten Prozess** mit zwei Folgezuständen beschrieben wird: **Aktienkurs steigt oder fällt.** Eine solche Annahme ist restriktiv, da in der Realität ein Basisobjekt meistens mehr als nur zwei Werte pro Zeitintervall annehmen kann und sich eher über die Zeit kontinuierlich verändert (vgl. *Plötz* 1991, S. 149). Der Vorteil des Binomialmodells ist aber, dass es den jeweiligen Bewertungsfällen flexibel angepasst werden kann. Solche Bewertungen sind insbesondere bei Realoptionen von Bedeutung. Ein weiterer Vorteil des Binomialmodells ist, dass es als numerisches Verfahren Näherungslösungen ermöglicht. Diese werden vorzuziehen sein, wenn (wie im zeitstetigen Fall von Realoptionen) partielle Differentialgleichungen analytisch zu komplex werden (vgl. *Trigeorgis* 1996, S. 20f.). Es ist daher zweckmäßig, die Grundstruktur dieses Modells kennenzulernen.

Lesehinweise: Die grundlegenden Arbeiten, denen auch die nachfolgenden Ausführungen folgen, finden sich bei *Cox/ Ross/ Rubinstein* (1979, S. 229-241).

Um zu einer geschlossenen Lösung für das Optionsbewertungsproblem zu gelangen, sind folgende **Annahmen** zu treffen (vgl. *Jarrow/ Rudd* 1983, S. 95ff und S. 115f.):

(1) Es existiert ein **vollständiger** und **vollkommener Kapitalmarkt**. Steuern, Transaktionskosten und sonstige Beschränkungen des Kapitalmarkts existieren nicht. Es besteht vollkommene Markttransparenz und alle Wertpapiere sind beliebig teilbar.

(2) Alle Investoren handeln **rational**.

(3) **Leerverkäufe** sind **ohne Beschränkungen** möglich.

(4) Der **risikolose Zinssatz** r ist über eine betrachtete Periode bekannt und konstant.

(5) Für die der Option zugrundeliegende Aktie werden **keine Dividenden** oder andere Ausschüttungsformen geleistet. Von Bezugsrechten während der Laufzeit der Option wird aus Gründen der Vereinfachung abgesehen.

(6) Betrachtet werden ausschließlich **europäische Optionen**. Dadurch kann die Option nur am Fälligkeitstag T ausgeübt werden. Der Ausübungspreis X ist vertraglich festgelegt.

(7) Der **Aktienkurs** folgt einem multiplikativen **Binomialprozess**.

Der multiplikative Binomialprozess

Es wurde darauf hingewiesen, dass die Annahme über die Wahrscheinlichkeitsverteilung der Aktienkursentwicklung zentral für die Bestimmung des Optionspreises ist. Im Fall der Binomialverteilung unterteilt man die **Restlaufzeit** t (genauer T-t) einer Kaufoption **in n Perioden**. Daraufhin wird unterstellt, dass es in jeder dieser *n* Perioden zu einer Änderung des Aktienkurses kommen kann. Den **Grundgedanken** dieses Prozesses der Aktienkursänderung kann man sich an folgendem einfachen Zufallsexperiment verdeutlichen.

Zu diesem Zweck soll der Parameter *S* einen zu Beginn der Periode t_0 gegebenen Aktienkurs darstellen, der aus heutiger Sicht nach Ablauf der Periode t_1 zwei verschiedene Werte als neuer Aktienkurs aufweisen kann: Entweder ist der **Aktienkurs** gegenüber dem Ausgangswert zu Beginn der Periode **gestiegen** (= *uS*) oder **gesunken** (= *dS*). Der Aktienkurs nach Ablauf von Periode t_1 ist ungewiss und wird mit der **Zufallsvariablen** S_1 beschreiben. Von S_1 lässt sich sagen: sie nimmt mit einer Wahrscheinlichkeit *v* den Wert *uS* und mit einer Wahrscheinlichkeit *1-v* den Wert *dS* an. Der Parameter *u* („Upward") stellt die Wachstumsrate des Kursanstiegs und *d* diejenige des Kursrückgangs dar („Downward"). Diese Überlegung wird formalisiert:

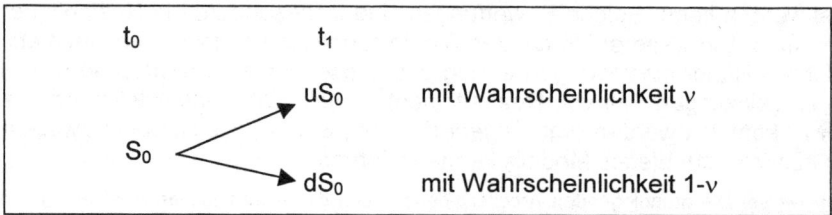

Für die Wachstumsraten des Aktienkurses gilt: $u > d \geq 0$.

Beispiel: Es sei unterstellt, dass der gegenwärtige Aktienkurs *40 €* betrage und aus heutiger Sicht wird erwartet, dass der Aktienkurs entweder *44 €* oder *36 €* sein wird. Es bestehe für beide Pfade eine gleich hohe Wahrscheinlichkeit von *50%*. Es ergibt sich hieraus folgende Struktur:

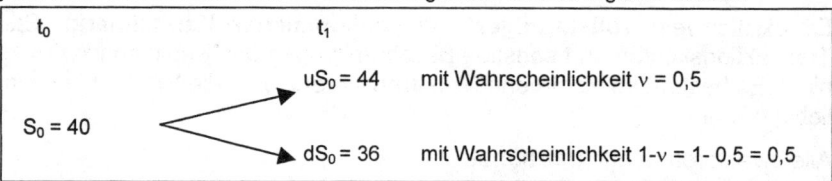

Die Grundüberlegungen aus dem Ein-Perioden-Fall können auf den **Mehr-Perioden-Fall** übertragen werden. Wiederholt man unter dieser Bedingung das Zufallsexperiment für eine beliebige Anzahl von *n* Perioden identisch, bleiben also alle Parameter gleich, ist der Zufallsprozess für z.B. *n = 3* wie auf S. 369 grafisch darstellbar.

Nach Ablauf der Periode t_3 kann die Zufallsvariable S_3 einen der folgenden Werte aufweisen:

- $u^3 S_0$ oder $du^2 S_0$
- $d^2 u S_0$ oder $d^3 S_0$.

Die Überlegungen zum Drei-Perioden-Fall können verallgemeinert werden. Für diesen Fall nimmt die Zufallsvariable S_n nach Ablauf der Periode t_n den Wert: $u^j d^{n-j} S_0$ mit $j \in \{0,1,...,n\}$ an. Der Index *j* misst die Anzahl der Aufwärtsbewegungen der Aktie in einem Zeitraum von *n* Perioden.

2 Finanzoptionen

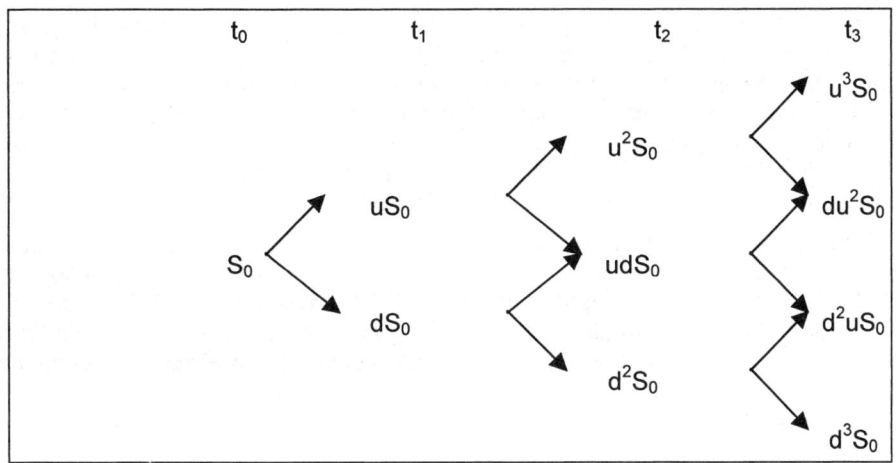

Mit den bisherigen Erkenntnissen aus den Zufallsexperimenten lassen sich zwei **Eigenschaften** des **Binomialprozesses** ableiten, die von Bedeutung für die Modellierung des Aktienkursverlaufs sind:

- Der Prozess der Aktienkursbildung ist für den zukünftigen Aktienkurs ohne Bedeutung. Der Grund liegt darin, dass die Wahrscheinlichkeit einer Kursbewegung immer gleich der Größe υ ist - unabhängig, ob eine Aufwärts- bzw. Abwärtsbewegung vorliegt.

- Ferner ist die Wahrscheinlichkeit einer Kursbewegung auch unabhängig vom Prozessverlauf der Vergangenheit und damit von historischen Aktienkursen. So war es im obigen Zufallsexperiment für $n = 3$ gleichgültig, in welchem der drei Knoten des Baums man sich nach zwei Perioden befindet, da die Wahrscheinlichkeit einer Kursbewegung in der dritten Periode wiederum immer gleich der Größe υ ist.

Mit diesen Erkenntnissen lassen sich für die Aktienkursbewegung folgende Verallgemeinerungen zusammentragen: Der Aktienkurs in einer Periode n stellt eine Zufallsvariable S_n dar, die binomialverteilt ist. Auf dieser Grundlage lässt sich die Wahrscheinlichkeit für j Kursbewegungen nach n Perioden wie folgt berechnen:

$$t(S_n = u^j \cdot d^{n-j} \cdot S_0) = t(X_{n=j}) = \left(\frac{n!}{j!(n-j)!}\right) \upsilon^j (1-\upsilon)^{n-j} \qquad \text{(VIII-4)}$$

Die bisherigen Überlegungen führen zu einer ersten wichtigen Erkenntnis: Mit dem multiplikativen Binomialprozess kann man eine einfache Aktienkursentwicklung beschreiben und dies liefert die Grundlage vom Optionspreismodell von *Cox/ Ross/ Rubinstein*.

Die diskrete Optionsbewertungsformel nach Cox/ Ross/ Rubinstein

Die Überlegungen zur Bewertung einer Option werden nun mit einer ganz zentralen Gleichgewichtsbedingung weitergeführt: dem Prinzip der Arbitragefreiheit. Gelten die zuvor auf S. 367 getroffenen Annahmen, so ist die Erzielung risikoloser Arbitragegewinne unter der Annahme des Hedge Portfolios (= *HP*) ausgeschlossen. Dies ist gleichbedeutend mit der Aussage, dass keine risikofreien Gewinne durch Preisunterschiede auf Märkten gemacht werden können. Das Marktsystem ist dann frei von Arbitragemöglichkeiten und es besteht ein Arbitragegleichgewicht. Um ein solches Gleichgewicht für den Optionspreis zu erzielen, werden die aus der Option resultierenden Zahlungen durch ein **äquivalentes Portfolio** dupliziert. Dies hat zur Folge, dass für jeden zukünftig möglichen Umweltzustand identische Zahlungen sowohl aus der Option als auch dem Portfolio folgen. Im Gleichgewicht dürfen risikolose Arbitragegewinne nicht mehr möglich sein. Der Optionspreis entspricht dann dem Wert des äquivalenten Portfolios.

Zuerst wird der **Ein-Perioden-Fall** betrachtet, d.h., die Option habe eine Restlaufzeit von einer Periode ($n = 1$). Der Kurs der als Basiswert benutzten Aktie entwickelt sich entsprechend dem vorgestellten Binomialprozess. Wegen des Ein-Perioden-Falls tritt genau eine Kursbewegung auf, die aber unsicher ist. Als Option wurde eine europäische Call-Option zugrunde gelegt, deren Preis (= C) unbekannt ist:

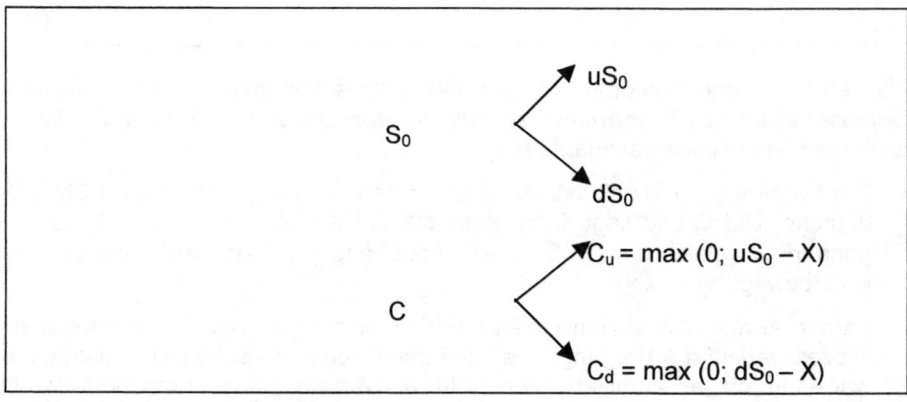

Der unbekannte Preis der Call-Option wird mithilfe des Hedge Portfolios ermittelt. Durch eine noch zu bestimmende Anzahl Aktien und Anleihen (= B) dupliziert das Portfolio die Zahlungsströme der Option am Verfalltag. Für das Hedge-Portfolio kann daher der Preispfad ebenfalls im Binomialmodell dargestellt werden:

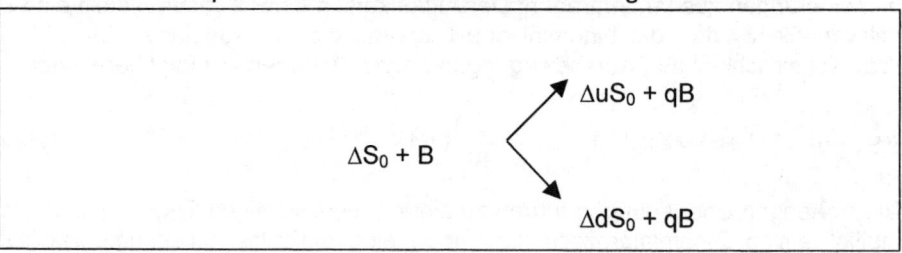

Hierbei gelten:

S_0 = Aktienkurs in t_0,
B = Betrag einer (ausfall-)risikolosen Anleihe in t_0,
q = $1 + r$ (r = risikoloser Zins),
Δ = Anzahl der im Portfolio gehaltenen Aktien.

Ferner gilt für die Wachstumsraten des Aktienkurses die Bedingung $d < q < u$. Dadurch ist es unmöglich, risikolose Arbitragegewinne (sog. **„Free Lunch"**) zu erzielen. Da die Zahlungen aus dem Portfolio und der Option am Verfalltag identisch sein sollen, muss gelten:

$$C_u = \Delta u S_0 + qB \qquad \text{(VIII-5a)}$$

$$C_d = \Delta d S_0 + qB \qquad \text{(VIII-5b)}$$

Durch Auflösen des Gleichungssystems nach dem Anteil Δ ergibt sich:

$$\Delta = \frac{C_u - C_d}{S_0(u-d)} \qquad \text{(VIII-6a)}$$

Gleichung (VIII-6a) wird auch als **Optionsdelta** bezeichnet. Die Gleichungen (VIII-5a) und (VIII-5b) lassen sich ebenso nach dem Anteil B auflösen und man erhält:

$$B = \frac{uC_d - dC_u}{(u-d)q} \qquad \text{(VIII-6b)}$$

Gleichung (VIII-6b) drückt den Wert der risikolosen Kapitalmarktposition aus.

Der Größe Δ kommt in diesem Zusammenhang eine besondere Rolle zu. Es handelt sich hierbei um eine Angabe, um wieviel Prozent sich der Optionspreis ändert, wenn sich der Preis des zugrundeliegenden Basiswerts um eine Einheit ändert. Wichtig ist dabei die c.p.-Annahme: Die Aussage gilt nur, sofern sich keiner der anderen Faktoren, die einen Optionspreis beeinflussen können, ändern. Mit Delta wird die Sensitivität und Reagibilität des Optionswerts auf Bewegungen im Aktienkurs angegeben. Der Kehrwert des Optionsdeltas ist das **Hedge-Ratio**.

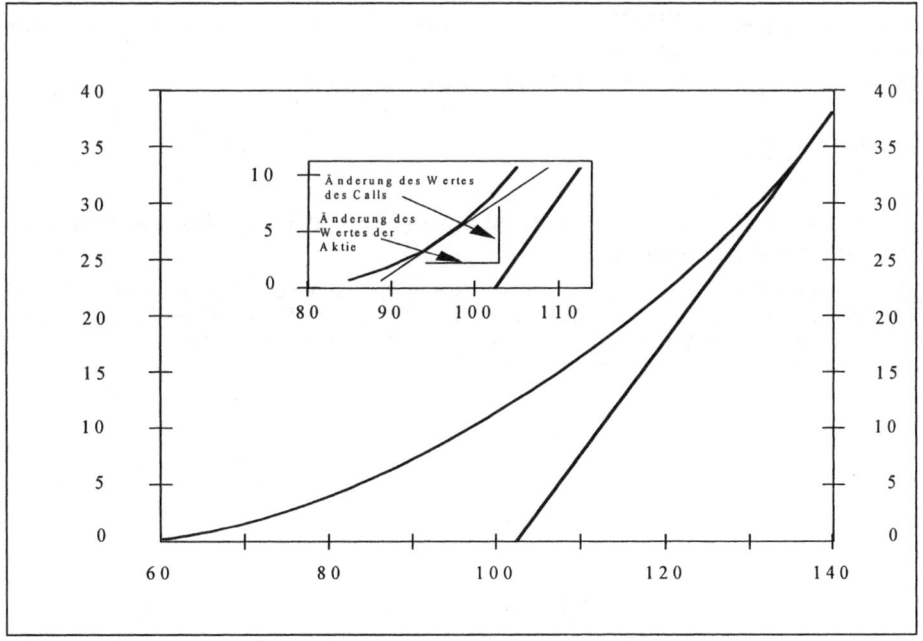

Abb. VIII-18: Options-Delta einer Call-Option

Geometrisch lässt sich Delta als Gradient (= Steigungswinkel) der Tangente der Optionswertkurve an der Stelle, an der sie sich mit dem betreffenden Aktienkurs schneidet interpretieren (vgl. Abb. VIII-18). Delta liefert grundsätzlich wichtige Informationen, wenn man eine Aktienposition gegen Verluste, die aus einer unvorteilhaften Kursentwicklung resultieren könnte, absichern möchte. Diese Überlegung kennzeichnet auch die Konstruktion des Hedge-Portfolios, nur dass hierbei der gleichgewichtige Arbitrage-Prozess betrachtet wird.

Beispiel: Eine Investorin besitzt einen Call mit Ausübungspreis *200 €*. Die zugrunde liegende Aktie steht ebenfalls bei *200 €*. Das Delta betrage *0,50*, d.h., der Preis des Calls steigt bei einem Kursanstieg der Aktie von *200 €* auf *201 €* um *50%* also um *0,50 €*. In diesem Fall müssen *2 Calls* (leer-)verkauft werden, um wieder einen Ausgleich zwischen sich Gewinn- und Verlust-Chancen dieses Portefeuilles zu sichern.

Zurück zum **Hedge Portfolio**, das aus der Anzahl von Δ Aktien und einem Betrag B an Anleihen besteht. Am **Verfalltag** darf nach dem Gleichgewichtskonzept der Arbitragefreiheit keine risikolose Arbitragemöglichkeit existieren. Daher gilt für den Optionswert aus dem Hedge Portfolio:

$$C = \Delta S_0 + B \tag{VIII-7a}$$

bzw.

$$C = \frac{[(\frac{q-d}{u-d})C_u + (\frac{u-q}{u-d})C_d]}{q} \tag{VIII-7b}$$

Aus Gleichung (VIII-7b) erkennt man, wie der Wert einer Option bestimmt wird: durch den Aktienkurs, die Parameter des Zufallsprozesses u und d, den Ausübungspreis und den risikolosen Zinssatz. Ferner lassen sich sog. **Pseudo-** oder **Hedge-Wahrscheinlichkeiten** in der Preisbestimmung finden, indem man für $v = \frac{(q-d)}{(u-d)}$ und für $1-v = \frac{(u-q)}{(u-d)}$ einsetzt, da v stets positiv und kleiner Eins ist. Nach Reformulierung von Gleichung (VIII-7b) erhält man dann:

$$C = \frac{vC_u + (1-v)C_d}{q} \tag{VIII-7c}$$

Der Wert einer Option ergibt sich damit aus der Diskontierung des erwarteten Optionswerts am Periodenende.

Beispiel: Der Kassakurs einer Aktie in t_0 betrage *10 €* (= S_0), der Ausübungspreis sei ebenfalls *10 €* (= *X*). Die Laufzeit des betrachteten Calls sei eine Periode (*t = 1*). Der risikolose Zinssatz betrage *5%*. Die Investoren erwarten, dass der Aktienkurs um jeweils *30%* steigt oder fällt, d.h. *u = 1,3* und *d = 0,7*. Gesucht ist der Preis der Call-Option (= *C*).

Fall I

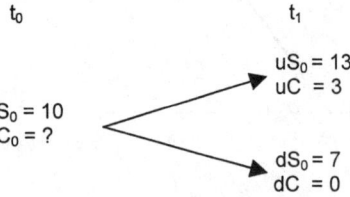

Wegen *t = 1* ist ein einperiodiges Binomialmodell der Berechnung von *C* zugrunde zu legen. Nachfolgender Binomialbaum zeigt den Verlauf des Aktienkurses und des Optionspreises.

Um den Wert der Option gem. Gleichung (VIII-7c) ermitteln zu können, ist es erforderlich, die Hedge-Wahrscheinlichkeiten zu errechnen:

2 Finanzoptionen

$$v = \frac{(1+0{,}05)-0{,}7}{1{,}3-0{,}7} = \frac{1{,}05-0{,}7}{1{,}3-0{,}7} = \frac{0{,}35}{0{,}6} = 0{,}583 \quad \text{und} \quad 1-v = 1-0{,}583 = 0{,}417.$$

Damit ist der Wert für die Option mittels Gleichung (VIII-6c) errechenbar:

$$C = \frac{0{,}583 \cdot 3 + 0{,}4 \cdot 0}{1{,}05} = 1{,}667$$

Fall II

Es lässt sich nun zeigen, dass der Betrag für den Optionswert auch mittels der Überlegungen zu einem Hedge-Portfolio errechnet werden kann. Zu diesem Zweck ist zu bestimmen wie hoch das Optionsdelta und das Hedge-Ratio sind. Zum Zweck der Ermittlung des Optionsdeltas wird auf Gleichung (VIII-5a) zurückgegriffen:

$$\Delta = \frac{3-0}{(1{,}3-0{,}7)\cdot 10} = \frac{3}{6} = 0{,}5.$$

Aufgrund des ermittelten Werts für das Optionsdelta wäre pro leerverkauftem Call das 0,5-fache einer Aktie zu kaufen. Betrachtet man die Sache aus Sicht des Hedge-Ratio, dann ist der Kehrwert des Optionsdeltas der Betrag 2. Pro einer Aktie müssen nach dieser Interpretation 2 Calls (leer-)verkauft werden. Nachfolgende Tab. VIII-5 zeigt, dass das Endvermögen des Investors in t_1 unabhängig von der Aktienkursentwicklung den gleichen Betrag aufweist.

t_1	t_1			
	$uS_1 = 13$ €		$dS_1 = 7$ €	
Kauf einer Aktie zu 10 €	Ausübung der Option, Investor muss wegen Stillhalterposition zwei Aktien liefern		Keine Ausübung der Option, Investor bleibt im Aktienbesitz, verkauft diese zum Kassakurs	
Verkauf von 2 Calls	Kauf einer zusätzlichen Aktie zu 13 € (Ausgabe)	-13	Einnahme aus Aktienverkauf	+7
	Verkauf beider Aktien an den Käufer des Call zum Ausübungspreis	+20		
	wirtschaftliches Ergebnis	**+7**	**wirtschaftliches Ergebnis**	**+7**

Tab. VIII-5: Beispiel für ein Hedge Portfolio

Wenn wie gezeigt das Endvermögen unabhängig vom Aktienkurs ist, wurde das Risiko eliminiert und das Portfolio ist risikofrei. Unter diesen Umständen erzielt das Portfolio ausschließlich einen Ertrag in Höhe der Verzinsung zum Marktzinssatz. Aus dieser Grundüberlegung lässt sich jetzt der gesuchte Optionswert ermitteln. Ausgangspunkt ist, dass der Investitionsbetrag (10 – 2C) aufgezinst zum Marktzinssatz 5% p. a das Endvermögen 7 ergeben muss: (10 – 2C) 1,05 = 7. Nach Umformung erhält dann den Wert für C = 1,667 €.

Nach den vorangegangenen allgemeinen Überlegungen ist eine **allgemeine Optionsbewertungsformel für *n*-Perioden** darstellbar, in der der Optionswert dem sich nach Diskontierung ergebenden erwarteten Optionswert am Verfalltag entspricht (vgl. *Elton/ Gruber/ Brown/ Goetzmann* 2003, S. 588 - 589):

$$C = \frac{\left\{\sum_{j=0}^{n}(\frac{n!}{j!(n-j)!})v^j(1-v)^{n-j} \cdot \max[0;\ u^j d^{n-j} S_0 - X]\right\}}{q^n} \qquad \text{(VIII-8)}$$

Der Ausdruck (VIII-8) wird vereinfacht, wenn man die Mindestanzahl von Aufwärtsbewegungen des Aktienkurses mit *a* bezeichnet, die für eine In the money-Option notwendig ist, um am Verfalltag die Option auszuüben. Für Kurssequenzen, die weniger als den Umfang *a* ausmachen, ist die Ausübung der Option nicht sinnvoll. Der Optionswert am Verfalltag ist Null. Die Summation aus (VIII-8) kann daher mit a beginnen und die Komponente für die Maximierungsbedingung (= max) vereinfacht werden zu $u^j \, d^{n-j} \, S_0 - X$. Aus Gleichung (VIII-8) wird aufgrund dieser Überlegung:

$$C = \frac{\left\{ \sum_{j=a}^{n} (\frac{n!}{j!(n-j)!}) v^j (1-v)^{n-j} \left[u^j d^{n-j} S_0 - X \right] \right\}}{q^n} \qquad \text{(VIII-9)}$$

Nach Umstellungen erhält man die gebräuchliche Form der **diskreten Optionsbewertungsformel** nach *Cox/ Ross/ Rubinstein*:

$$C = S_0 \left[\sum_{j=a}^{n} (\frac{n!}{j!(n-j)!}) \frac{(vu)^j [(1-vd)]^{n-j}}{q^n} \right] - X q^{-n} \left[\sum_{j=a}^{n} (\frac{n!}{j!(n-j)!}) v^j (1-v)^{n-j} \right] \qquad \text{(VIII-10a)}$$

Die Klammerausdrücke enthalten die Binomialformel und Gleichung (VIII-10a) lässt sich wie folgt vereinfachen:

$$C = S_0 B(a,n,v') - X q^{-n} B(a,n,v) \qquad \text{(VIII-10b)}$$

Es gelten für $v = \frac{q-d}{u-d}$ und für $v' = \frac{uv}{q}$. Die weiteren Komponenten in Gleichung (VIII-10b) sind wie folgt definiert:

B(...)   = komplementäre Verteilungsfunktion einer Binomialverteilung.

B(a, n, v')   = Wahrscheinlichkeit, dass der Aktienkurs am Verfalltag größer ist als der Ausübungspreis, wobei in jeder Periode die Wahrscheinlichkeit für eine Aufwärtsbewegung des Aktienkurses gleich v' ist.

B(a, n, v)   = Wahrscheinlichkeit, dass der Aktienkurs am Verfalltag größer ist als der Ausübungspreis, wobei in jeder Periode die Wahrscheinlichkeit für eine Aufwärtsbewegung des Aktienkurses gleich v ist.

Der **Optionswert** ist gem. Gleichung (VIII-10a) **am Verfalltag** wie folgt bestimmt:

- *$S_0 B(a, n, v')$*, d.h. aus dem bedingten Erwartungswert für Aktienkurse nach Diskontieren (sofern der jeweilige Aktienkurs größer ist als der Ausübungspreis)

abzüglich

- *$X q^{-n} \cdot B(a, n, v)$*, dem Gegenwartswert der erwarteten Kosten bei Ausübung der Option.

Daraufhin lassen sich nunmehr alle Faktoren bestimmen, die direkt den Optionswert beeinflussen: der Aktienkurs S, der Ausübungspreis X, der risikolose Zinssatz $q = 1 + r$, die Restlaufzeit der Option T, die Parameter des binomialen stochastischen Prozesses (u, d), welche die Aktienkursbewegungen beschreiben. Für die Bewertung von Optionen kommt es allerdings nicht darauf an, mit welchen subjektiven Wahrscheinlichkeiten v und $1-v$ die einzelnen Marktteilnehmer die Kursschwankungen beurteilen. Die Investoren können durchaus die Wahrscheinlichkeit für Kursschwankungen unterschiedlich einschätzen. Es wird aber dennoch zu einer einheitlichen Optionsbewertung kommen, sofern die Investoren gleiche Vorstellungen hinsichtlich des Schwankungsbereichs, über den sich künftige Aktienkursbewegungen erstrecken werden, haben.

2 Finanzoptionen

Die Parameter in Gleichung (VIII-10a) zeigen, dass **keine** der verwendeten Größen durch **individuelle Risikopräferenzen** beeinflusst wird. Würde die subjektiv erwartete Aktienrendite in der Bewertungsformel (VIII-10a) auftreten, so wäre der Erwartungswert der Aktienrendite von den individuellen Risikopräferenzen des Investors abhängig: Vom Ausmaß der Risikoaversion des Investors würde seine Renditeforderung gegenüber der Aktie bestimmt. Da eine solche präferenzadäquate Komponente in Gleichung (VIII-10a) nicht enthalten ist, wird das Optionsbewertungsmodell von *Cox/ Ross/ Rubinstein* als präferenzfreier Lösungsansatz klassifiziert. Damit verbunden ist die **Risikoneutralität** für die Bewertung von Optionen.

Unter der Annahme der Risikoneutralität entspricht die erwartete Rendite für alle Wertpapiere dem risikolosen Zinssatz. Dies gilt auch für die der Option zugrundeliegenden Aktie:

$$X\left(\frac{S_1}{S_0}\right) = v\frac{uS}{S_0} + (1-v)\frac{dS}{S_0} = q \qquad \text{(VIII-11)}$$

Hieraus lässt sich der Wert für v bei Risikoneutralität bestimmen:

$$v = \frac{q-d}{u-d} \qquad \text{(VIII-12)}$$

Daraus folgt: Bei Risikoneutralität in der Ökonomie entspricht die Wahrscheinlichkeit v der subjektiven Wahrscheinlichkeit für eine Aufwärtsbewegung des Aktienkurses. Der Bewertungsansatz ist präferenzfrei; die expliziten Renditeerwartungen und speziellen Risikonutzenvorstellungen der Investoren müssen nicht berücksichtigt werden. Der **Vorteil** des **risikoneutralen Bewerungsansatzes** ist, dass die Lösung des Bewertungsproblems erheblich erleichtert wird.

Eine Anmerkung zum **praktischen Umgang** mit den **Parametern** u und d ist erforderlich. In der Praxis der Optionsbewertung werden die Standardabweichung der Aktienrendite und die Anzahl der Intervalle, in denen bis zum Verfalltag Aktienkursbewegungen stattfinden können, verwendet. Formal hat die Vorgehensweise folgenden Aufbau (vgl. *Hull* 2003, S. 211-212):

$$u = e^{+\sigma\sqrt{t/n}} \quad \text{und} \quad d = \frac{1}{u} \quad \text{bzw.} \quad d = e^{-\sigma\sqrt{t/n}} \quad \text{womit gilt:} \quad v = \frac{\left(e^{rt/n} - d\right)}{(u-d)} \qquad \text{(VIII-13)}$$

Folgende Symbole gelten:
σ = annualisierte zeitkontinuierliche Standardabweichung der Aktienrendite,
n = Anzahl der Zeitintervalle bis zum Verfalldatum,
t = Restlaufzeit der Option,
e = Exponentialfunktion.

Als kritische Größe der Herleitung erweist sich der unterstellte stochastische Prozess des Aktienkurses. Die Betrachtung alternativer Prozesse leitet über zum *Black/ Scholes*-Modell.

2.3.2 Das *Black/ Scholes*-Modell (Contingent Claims-Analyse)

Im diskreten Optionsbewertungsmodell sind insbesondere die aus der Annahme eines multiplikativen Binomialprozesses folgenden Implikationen für die Aktienkursbildung mit der Wirklichkeit kaum vereinbar: Aufgrund des mittlerweile hohen Organisationsgrads von Börsen und der zunehmenden Internationalisierung des

Wertpapierhandels ist es realitätsnäher anzunehmen, dass die Aktienkursentwicklung einem kontinuierlichen Zufallsprozess folgt. Akzeptiert man diese Kritik, so drängt sich aus methodischer Sicht die Frage auf, ob der kontinuierliche Zufallsprozess in der Aktienkursentwicklung statistisch in die **Normalverteilungshypothese** überführt werden kann. Bevor die eigentliche Herleitung der *Black/ Scholes*-Formel erfolgen kann, ist diese Überführung zu bewerkstelligen.

Es ist naheliegend, an den methodischen Ausgangspunkt der kontinuierlichen Optionsbewertungsformel das mehrperiodige Binomialmodell zu stellen. Es konvergiert gegen das *Black/ Scholes*-Modell, wenn die Restlaufzeit der Option in immer mehr Zeitintervalle unterteilt wird. Bezeichnet h die Länge einer Periode, t die Restlaufzeit der Option und n die Anzahl ihrer Perioden, so lässt sich folgender Zusammenhang formulieren: $h = \frac{t}{n}$. Wird die Anzahl der Perioden n erhöht, so wird die Größe h ständig kleiner. Die Erhöhung der Periodenanzahl n bedeutet auch, dass sich die Anzahl der Kursbewegungen vergrößert. Sie treten in immer kürzeren Abständen auf und ermöglichen in der Grenzbetrachtung (n $\to \infty$) die Abbildung eines (annähernd) kontinuierlichen Wertpapierhandels. Im Gefolge wird eine (ebenfalls annähernde) kontinuierliche Kursfeststellung begründet und der Aktienkursverlauf wird seinerseits kontinuierlich.

Mit dieser Vorüberlegung ist die methodische Grundlage gebildet, um im *Black/ Scholes*-Modell Annahme (7) des Binomialmodells bezüglich des Kursverlaufes (vgl. S. 368) wie folgt anpassen zu können:

(7) Der zukünftige Kurs des Basiswerts (Aktie) folgt einem stetigen und stationären Zufallsprozess. *Black/ Scholes* unterstellen dabei lognormalverteilte Aktienkurse was impliziert, dass die kontinuierliche Aktienrendite normalverteilt ist.

Cox/ Ross/ Rubinstein (1979, S. 246-255)

- verbinden nun die Grundüberlegung zur Anzahl der Perioden n
- mit den Kursbewegungen

und können zeigen, dass ihr diskreter Bewertungsansatz beim **Grenzübergang** $n \to \infty$ die kontinuierliche Optionsbewertungsformel von *Black/ Scholes* als **Spezialfall** enthält. Die Konvergenz der in ihrer Bewertungsformel auftretenden Binomialverteilungsfunktionen gegen die entsprechenden kumulierten Normalverteilungsfunktionen stellen *Cox/ Ross/ Rubinstein* durch geeignete Parameterwahl her. Daraufhin lassen sich die im Rahmen des diskreten Optionsbewertungsmodells nach *Cox/ Ross/ Rubinstein* getroffenen Aussagen entsprechend auf das *Black/ Scholes*-Modell übertragen, da beide bis auf Annahme (7) den gleichen Prämissen unterliegen.

<u>Anmerkung:</u> Methodisch bewegen sich nachfolgende Ausführungen in der **Analyse bedingter Güter**, Contingent Claims-Analyse genannt. Bedingte Güter, zu denen auch bedingte Forderungen zählen, zeichnet aus, dass ein Gut nicht mehr nur durch seine physikalischen Eigenschaften, seine Verfügungszeit und seinen Verfügungsort bestimmt ist, sondern auch durch die Umstände, unter denen es verfügbar ist. Die Umstände treten in der Zukunft ein und sind aus heutiger Sicht unsicher. Bedingte Güter müssen also genau im Vertrag, der in der Gegenwart abgeschlossen wird, spezifizieren, bei Eintritt welchen Zustands sie geliefert werden sollen. Terminkontrakte regeln dies, ein Optionskontrakt ist in diesem Sinne ein Contingent Claim auf Bezug von Aktien (Call-Option) oder Bezug von Geld (Put-Option) (vgl. hierzu *Eisen* 1979, S. 24f.).

Wegen der zentralen Bedeutung dieser Annahme für die Gültigkeit des *Black/ Scholes*-Modells ist es erforderlich, die von den beiden Wissenschaftlern gewählte Methodik zur Bestimmung des Aktienkursverlaufs etwas ausführlicher zu betrachten.

2 Finanzoptionen

Prozess des Aktienkursverlaufs

Die Bestimmung des Aktienkursverlaufs wird von *Black/ Scholes* im Rahmen des sog. **Markov-Prozesses** gesehen. Hierbei handelt es sich um den Typ eines stochastischen Prozesses, bei dem ausschließlich der gegenwärtige Wert einer Variablen (heutiger Aktienkurs) ihren zukünftigen Wert (Aktienkurs am folgenden Tag) beeinflusst. Der Wert von zurückliegenden Perioden geht nicht in die Bestimmung des zukünftigen Werts ein. Ein Spezialfall des *Markov*-Prozesses ist der **Wiener-Prozess**. Allgemein versteht man darunter den Verlauf einer Variablen z, deren Änderung Δz eine Zufallsvariable verkörpert, die wie folgt beschrieben ist:

$$\Delta z = \chi \cdot \sqrt{\Delta t} \qquad \text{(VIII-14a)}$$

bzw. in der Grenzwertbetrachtung

$$dz = \chi \cdot \sqrt{dt} \qquad \text{(VIII-14b)}$$

mit

$\Delta z, dz$ = Änderung der Zufallsvariablen z innerhalb von Δt, dt,
χ = standardnormalverteilte Zufallsvariable (mit $\mu = 0$; $\sigma = 1$),
Δt, dt = betrachteter Zeitabschnitt.

Die Realisationen von Δz sollen aus zwei unterschiedlichen Intervallen der Zeitspanne Δt voneinander unabhängig sein. Sofern diese beiden Eigenschaften erfüllt sind, ist Δz normalverteilt mit einem Erwartungswert von Null und einer Standardabweichung von $\sigma = \Delta t^{1/2}$.

Der einfache *Wiener*-Prozess hat eine Drift von Null und eine Varianzrate von *1,0*. Daraus folgt, dass der Erwartungswert von z für jeden zukünftigen Zeitpunkt dem gegenwärtigen Wert entspricht. Mit der Varianzrate von *1,0* wird angegeben, dass die Varianz der Änderungen von z einen Wert von *1,0 T* hat, wobei *T* die Länge des betrachteten Zeitintervalls darstellt. Im Unterschied dazu ist der generalisierte *Wiener*-Prozess zu sehen, der für eine Zufallsvariable x wie folgt definiert ist:

$$dx = a \cdot dt + b \cdot dz \qquad \text{(VIII-14c)}$$

Die Konstanten bestehen aus a und b; der Term (***a · dt***) gibt in (VIII-14c) die **Drift** der Zufallsvariablen x pro Zeiteinheit an; (***b · dz***) entspricht der **Zufallskomponente**, die die Driftbewegung überlagert. Bei der Bewertung von Finanz- und Realoptionen wird der *Wiener*-Prozess in Form der **Brownschen Bewegung** beschrieben (vgl. auch *Pindyck* 1991, S. 1144).

<u>Anmerkung:</u> Der englische Biologe *Brown* hatte Anfang des *18*. Jahrhunderts die Bewegungen von Molekülen in stehenden Flüssigkeiten untersucht. „Die Moleküle beschreiben einen Zufallspfad. Sie ändern ihre Lage nur, wenn sie durch den Zusammenprall mit anderen Molekülen einen Impuls erhalten. Richtung und Stärke des Impulses sind normalverteilt mit dem Mittelwert 0 und der Standardabweichung σ pro Zeiteinheit. Die Wahrscheinlichkeitsverteilung für das Auftreten von Impulsen, die eine Lageveränderung der Partikel herbeiführen, ist unabhängig und in allen Zeiteinheiten gleich. Man kann die Position von Molekülen als Realisation eines stochastischen Prozesses betrachten" (*Schmidt* 1976, S. 267).

Die ist eine sehr zentrale Annahme, da damit unterstellt wird, dass ein Aktienmarkt informationseffizient in dem Sinne arbeitet, als die Kursentwicklung einem Zufallsprinzip folgt und somit auch keine Kursbeeinflussung aus dem Studium historischer Kursdaten möglich ist. Die Änderung des Aktienkursverlaufs (= *dS*) wird unter dieser Bedingung wie folgt beschrieben:

$$dS = \mu S dt + \sigma S dz \qquad \text{(VIII-15)}$$

mit

μ = Erwartungswert der Rendite der Aktie,
σ = Standardabweichung der Rendite,
dz = standardnormalverteilte Zufallsvariable mit $\mu(z) = 0$ und $\sigma(z) = 1$.

Gleichung (VIII-15) ist wegen ihrer hohen Bedeutung für die Optionsbewertungsgleichung nach *Black/ Scholes* gesondert zu betrachten. Die Parameter μ und σ sind Funktionen der ihnen zugrundeliegenden Variablen S (Aktienkurs) und t (Laufzeit der Option). Die Kursänderung der Aktie ist durch einen sog. **Itô-Prozess** (= geometrische *Brownsche* Bewegung) beschrieben. Mit der Variablen dS wird die Änderung des Aktienkurses während des infinitesimal kleinen Zeitintervalls dt bezeichnet. Aus der zeit- und zustandskontinuierlichen Gleichung (VIII-15) folgt, dass die Kursänderungen der Aktie in infinitesimal kleinen Zeitintervallen dt voneinander unabhängig und stationär normalverteilt sind, mit dem Erwartungswert μdt und der Standardabweichung $\sigma \cdot \sqrt{dt}$. Daraus folgt wiederum, dass der Aktienkurs logarithmisch normalverteilt ist. Die Risikokomponente steigt unter diesen Umständen proportional zur Länge des betrachteten Zeitraums. Es ist gängig, den so definierten *Wiener*-Prozess der zukünftigen **Aktienkursentwicklung** als **stetigen Zufallspfad mit Drift** zu beschreiben, der keine Sprungstellen aufweist (= **fusion Process**) und ausschließlich von zwei **Komponenten** geprägt

rtete Renditeänderung (deterministische Komponente),
- **Störvariable** (Zufallskomponente, folgt dem angegebenen stochastischen Prozess und führt zur Abweichung von der erwarteten Rendite).

Eine zeitstabile Standardabweichung stellt eine erhebliche Abstraktion von der Realität dar (vgl. *Mason/ Merton* 1985, S. 24). Diese Annahmen haben sich in empirischen Tests insofern bewährt, als sie eine befriedigende Abbildung der Realität erbrachten. Empirisch erhält man eine **leptokurtisch gewölbte Verteilung** (vgl. *Bruns/ Meyer-Bullerdiek* 2000, S. 41).

Lesehinweis: Mit dem *Wiener*-Prozess wie er für die *Black/ Scholes*-Gleichung zugrunde gelegt wird, handelt es sich um einen von möglichen Prozessen. Eine Diskussion dieser Prozesse und eine eingehende Erläuterung des *Wiener*-Prozesses bzw. der *Brownschen* Bewegung findet man in *Hull* (2003, S. 216-228).

Aufbau des Hedge-Portfolios

Die Optionspreisermittlung von **Black/ Scholes** basiert ebenfalls auf der Methode des **Hedge-Portfolios**. Es handelt sich jetzt um die Kombination von Aktie(n) und Kaufoptionen. Der gleichgewichtige Ertrag des Hedge-Portfolios ist in Form des risikolosen Zinssatzes wiederum bekannt (vgl. zu nachfolgenden Ausführungen *Elton/ Gruber/ Brown/ Goetzmann* 2003; S. 589–591). Die nachfolgenden Betrachtungen beziehen sich auf die **europäische Option** (= Ausübung ausschließlich zum Verfalltag).

Das Hedge-Portfolio stellt sich wie folgt dar:

Verkauf von einer Kaufoption (Wert: $-C$),
Kauf einer Anzahl von Q_S Aktien (Wert: ΔS),

wobei wiederum gilt: $Q_S = \dfrac{\partial C}{\partial S}$ (entspricht dem Optionsdelta Δ).

2 Finanzoptionen

Der **Wert** eines solchen **Hedge-Portfolios** aus Aktien und Optionen ist:

$$V_{HP} = Q_S \cdot S + Q_C \cdot C \qquad \text{(VIII-16)}$$

mit:

V_{HP} = Wert (Preis) des HP,
S = Preis der Aktie,
C = Wert des Call,
Q_S = Menge der Aktien im HP,
Q_C = Menge der Kaufoptionen im HP.

Eine Änderung des Werts des *HP* (= dV_{HP}) zeigt das totale Differential von Gleichung (VIII-16):

$$dV_{HP} = Q_S \cdot dS + Q_C \cdot dC \qquad \text{(VIII-17)}$$

Über die kleine Periode *dt* ändern sich Aktienpreis und Optionswert so, dass sich insgesamt das Vermögen des Hedge-Portfolios mit dem risikolosen Zinssatz *r* verzinst:

$$r \cdot V_{HP} \cdot dt = Q_S \cdot dS - Q_c \cdot dC \qquad \text{(VIII-18)}$$

Setzt man in Gleichung (VIII-18) $Q_C = \dfrac{-1}{\partial C / \partial S}$ und für Q_S = *+1* ein, erhält man

$$r \left[S - \frac{C}{\partial C / \partial S} \right] dt = dS - \frac{1}{\partial C / \partial S} \cdot dC \qquad \text{(VIII-19)}$$

und nach Umformung

$$dC = \frac{\partial C}{\partial S} dS - r \frac{\partial C}{\partial S} \left[S - \frac{C}{\partial C / \partial S} \right] dt = \frac{\partial C}{\partial S} dS - rS \frac{\partial C}{\partial S} dt + rCdt \qquad \text{(VIII-20)}$$

Gleichung (VIII-20) zeigt, wie *C* auf Änderungen des Aktienkurses des Basiswerts reagiert. Benötigt wird der **geometrische Brownsche Prozess**, der den Aktienkurs bestimmt. Er ergibt sich aus Gleichung (VII-15) nach Umstellung wie folgt:

$$\frac{dS}{S} = \mu dt + \sigma dz \qquad \text{(VIII-21)}$$

Aufgrund des funktionalen Zusammenhangs zwischen Aktienkurs und Optionspreis, d.h. *S(t)*, denn *C = C[t; S(t)]*, kann auch die Preisänderung *dC* der Kaufoption angegeben werden. Hierzu wird *Itô's* **Lemma** benötigt. Es handelt sich um eine Differentiationsregel, mit der Zufallsvariablen, die einem stetigen Prozess folgen, differenziert werden können (vgl. *Hull*, 2003, S. 226-227). Aufgrund dessen ist mit Gleichung (VIII-19) die Preisänderung der Kaufoption in Form der folgenden stochastischen Gleichung reformulierbar:

$$dC = \frac{\partial C}{\partial S} dS + \frac{\partial C}{\partial t} dt + \frac{1}{2} \cdot \frac{\partial^2 C}{\partial S^2} \sigma^2 S^2 dt \qquad \text{(VIII-22)}$$

Gleichung (VIII-22) eingesetzt für *dC* in Gleichung in (VIII-21) ergibt nach Vereinfachung:

$$\frac{\partial C}{\partial t} = rC - rS\frac{\partial C}{\partial S} - \frac{1}{2}\frac{\partial^2 C}{\partial S^2}\sigma^2 S^2 \qquad \text{(VIII-23)}$$

Die Differentialgleichung (VIII-23) wird lösbar, wenn die Endbedingung vorgegeben ist. Unter den bisher bereits erarbeiteten Optionsbewertungsgedanken heißt dies bei $C = \begin{matrix} S-X \\ 0 \end{matrix}$ wenn $\begin{matrix} S > X \\ S \leq X \end{matrix}$.

Die Herleitung der *Black/ Scholes*-Formel ist auf dieser Grundlage möglich und es folgt:

$$C = S\,N(d_1) - \frac{X}{e^{rt}}\,N(d_2) \qquad \text{(VIII-24)}$$

mit

$$d_1 = \frac{\ln(S/X) + (r + \frac{1}{2}\sigma^2)t}{\sigma\sqrt{t}} \quad \text{und} \quad d_2 = \frac{\ln(S/X) + (r - \frac{1}{2}\sigma^2)t}{\sigma\sqrt{t}}$$

bzw. $d_2 = d_1 - \sigma\sqrt{t}$.

Hieraus sind zwei zentrale **Erkenntnisse** zu folgern:

- Der Optionspreis nach der Bewertungsgleichung von *Black/ Scholes* hängt von den Parametern X, t, r und σ als die annualisierte Standardabweichung der zukünftigen Aktienrendite sowie der Zustandsvariablen S ab. Aufgrund des zeitkontinuierlichen Modells wird der diskrete risikolose Zinssatz r (unter Anwendung der *Eulerschen* Zahl, e) zum Ansatz gebracht. $N(d_i)$ bezeichnet den Flächeninhalt der Verteilungsdichtefunktion unter der Standard-Normalverteilung von $-\infty$ bis $N(d_i)$.

- Aufgrund des Hedge-Portfolios wird eine risikopräferenzfreie Gleichgewichtslösung erbracht. Die einzige Annahme hinsichtlich individueller Präferenzen bezieht sich darauf, dass zwei vollständig substituierbare Vermögensgegenstände im Gleichgewicht die gleiche Rendite erwirtschaften müssen. „This suggests that if a solution to the problem can be found which assumes one particular preference structure, it must be the solution to the differential equation for any preference structure that permits equilibrium (...). (*Smith* 1976, S. 22).

Auch im Fall der *Black/ Scholes*-Formel lässt sich der Optionswert wieder in seine bereits vorgestellten zwei **Komponenten** spalten:

- Die erste Komponente ist der **innere Wert** aus der Differenz von S und X.
- Die zweite Komponente wird durch den **Zeitwert** verkörpert. Er wird durch t, r und σ determiniert.

Beispiel (vgl. *Elton/ Gruber/ Brown/ Goetzmann* 2003, S. 579): Betrachtet sei eine Call-Option, die es mittels der *Black/ Scholes*-Gleichung zu bewerten gilt. Die Laufzeit sei sechs Monate, d.h. für den Parameter $t = 0{,}5$. Der risikofreie Kapitalmarktzinssatz beträgt *10%* p. a. und damit $r = 0{,}1$. Weitere Komponenten der Optionsbewertung sind: $S_0 = 90$, $X = 100$, $\sigma = 0{,}5$. Zuerst sind die Werte für d_1 und d_2 zu ermitteln:

$$d_1 = \frac{\ln(90/100) + \left(0{,}1 + \frac{1}{2}(0{,}25)\right)\cdot 0{,}5}{0{,}5\sqrt{0{,}5}} \approx 00{,}2\,;\quad d_2 = \frac{\ln(90/100) + \left(0{,}1 - \frac{1}{2}(0{,}25)\right)\cdot 0{,}5}{0{,}5\sqrt{0{,}5}} \approx -0{,}33\,.$$

2 Finanzoptionen

Benötigt wird anschließend die Tabelle der Normalverteilung, die hier beispielhaft für die relevanten Werte abgebildet ist.

d	0	1	2	3	4	5	6
0,0	0,5000	0,5040	0,5080	0,5120	0,5160	0,5199	0,5239
0,1	0,5398	0,5438	0,5478	0,5517	0,5557	0,5596	0,5636
0,2	0,5793	0,5832	0,5871	0,5910	0,5948	0,5987	0,6026
0,3	0,6179	0,6217	0,6255	0,6293	0,6331	0,6368	0,6406
0,4	0,6554	0,6591	0,6628	0,6664	0,6700	0,6736	0,6772

Tab. VIII-6: Tabelle der Flächeninhalte der Standardnormalverteilung bei alternativen d_i-Werten (Quelle: *Steiner/ Bruhns* 2002, S. 327)

Es lassen sich daraufhin folgende Werte ablesen:
$N(d_1) = N(0,02) = 0,5080$ und $N(d_2) = N(-0,33) = 1 - 0,6293 = 0,3707$.

Der Wert der Call-Option ist daraufhin:

$$C = 90 \cdot (0,5080) - \frac{100}{e^{0,1(0,5)}} \cdot (0,3707) = 10,46.$$

Lesehinweis: Der „klassische" Aufsatz zu diesem Thema ist der auch heute noch lesenswerte Beitrag von *Black/ Scholes* (1973).

Die Preise von Put-Optionen stehen über die Put-Call-Parität in einem **festen Bewertungsverhältnis** zu Call-Optionen. Bei ansonsten gleichen Kontraktbedingungen besteht in der Put-Call-Parität eine Gleichgewichtsbedingung.

Die Put-Call-Parität besitzt Gültigkeit lediglich bei **europäischen Optionen**, da amerikanische Optionen einige Bewertungsbesonderheiten erfordern. Bevor die Preisermittlung von Puts vorgenommen werden kann, ist die Put-Call-Paritätsbeziehung darzustellen. Grundlage bildet wiederum das Hedge-Portfolio und das **Arbitrageprinzip**. In Tab. VIII-7 werden zur Veranschaulichung Arbitrage-Operationen durchgeführt, für die folgende Notationen gelten:

S_0, S_1 =	Aktienkurs heute, Aktienkurs in einem Monat (= Verfalltag),
uS_1 =	Aktienkurs am Verfalltag bei gestiegenem Niveau,
dS_1 =	Aktienkurs am Verfalltag bei gesunkenem Niveau,
C_0, P_0 =	Wert von Call und Put heute,
X =	Ausübungspreis,
r =	risikofreier Zinssatz für einen Monat.

t_0		bei Fälligkeit	
		t_1- $S_1 \leq X$	t_1+ $S_1 > X$
Verkauf eines Call	$+C_0$	0	$-(uS_1 - X)$
Kauf einer Aktie	$-S_0$	$+dS_1$	$+uS_1$
Kauf eines Put	$-P_0$	$X - dS_1$	0
Darlehensaufnahme	$X(1+r)^{-t}$	$-X$	$-X$
Portfoliowert in t_1 : $C_0 - S_0 - P_0 + X(1+r)^{-t}$		0	0

Tab. VIII-7: Ermittlung der Put-Call-Parität aus dem Arbitrageprinzip (vgl. *Steiner/ Bruhns* 2002, S. 321)

Bei Arbitragefreiheit muss der Wert des Portfolios in t_0 Null sein:

$$C - P - S_0 + \frac{X}{(1+r)^t} = 0 \qquad \text{(VIII-25a)}$$

bzw.

$$C = P + S_0 - \frac{X}{(1+r)^t} \qquad \text{(VIII-25b)}$$

woraus nach Umstellung der Preis für den Put bestimmbar wird:

$$P = C + \frac{X}{(1+r)^t} - S_0 \qquad \text{(VIII-25c)}$$

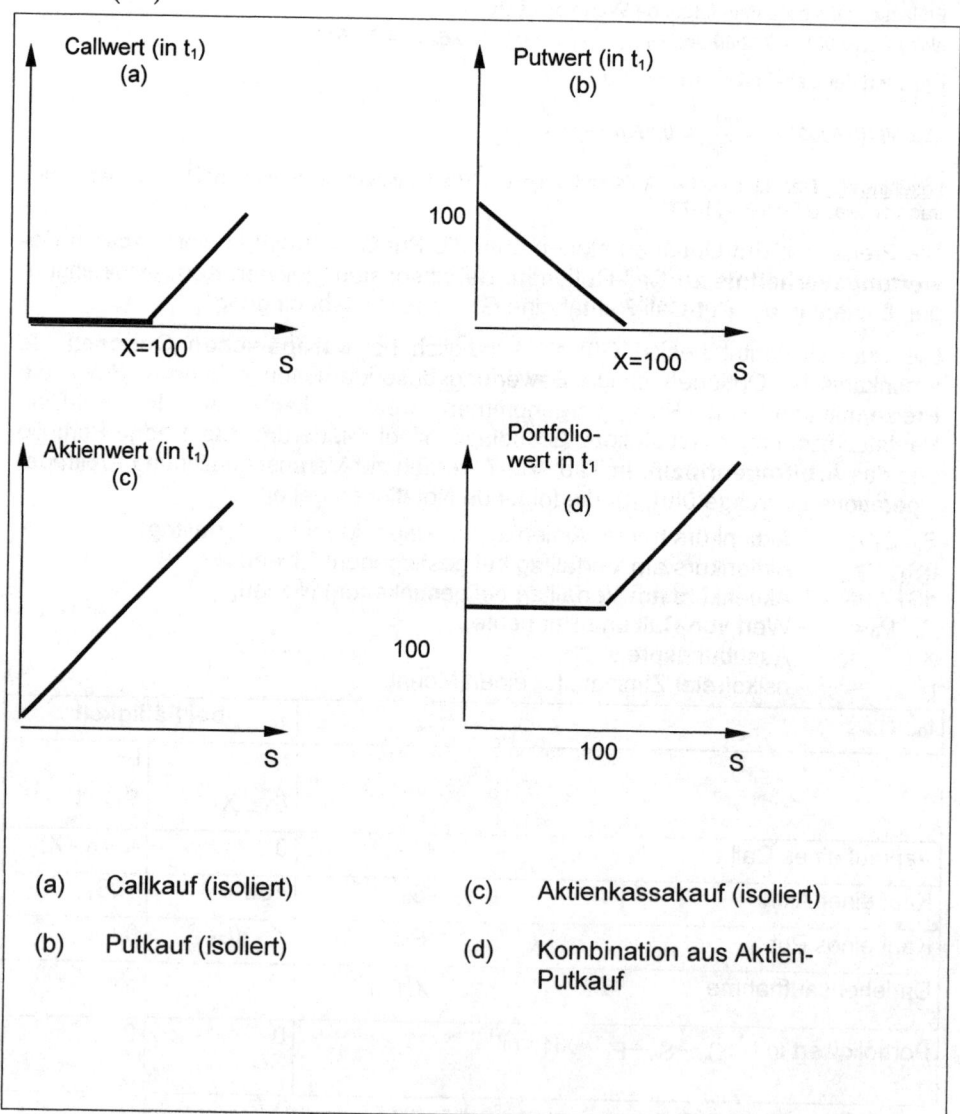

Abb. VIII-19: Replikation einer Call-Option aus Aktien(kassa)kauf und Putkauf

2 Finanzoptionen

Aus der Gegenüberstellung von Gleichung (VIII-25b) mit (VIII-24) wird die Put-Call-Parität erkennbar:

- Der Putpreis setzt sich demnach zusammen aus Callpreis zzgl. Barwert des Ausübungspreises, abzgl. des Aktienkurses in t_0.
- Der Unterschied zwischen den Barwerten von Call und Put entspricht der Differenz zwischen dem Aktienkurs in t_0 und dem Barwert des Ausübungspreises.

Man kann sich dies veranschaulichen, indem man den Kauf einer Call-Option als Ergebnis einer Kombination aus Aktien(kassa-)kauf und Putkauf darstellt (vgl. *Brealey/ Myers* 1991, S. 485-487). Zu diesem Zweck wird Gleichung (VIII-25a) nochmals umgeformt:

$$C + \frac{X}{(1+r)^t} = P + S_0 \qquad \text{(VIII-25d)}$$

Auf der Grundlage von Gleichung (VIII-25c) lässt sich die Kombination grafisch in Abb. VIII-19 veranschaulichen.

Die *Black/ Scholes*-Formel lässt sich aufgrund der **Put-Call-Parität** auch für die Bewertung einer **Put-Option** heranziehen:

$$P = X\, e^{-rt} N(-d_2) - S\, N(-d_1) \qquad \text{(VIII-26)}$$

wiederum mit

$$d_1 = \frac{\ln(S/X) + (r + \frac{1}{2}\sigma^2)t}{\sigma\sqrt{t}} \quad \text{und} \quad d_2 = \frac{\ln(S/X) + (r - \frac{1}{2}\sigma^2)t}{\sigma\sqrt{t}}$$

bzw. $d_2 = d_1 - \sigma\sqrt{t}$.

Mit der *Black/ Scholes*-Formel ist also sowohl eine Bewertung von Call- als auch von Put-Optionen durchführbar. Für beide Optionstypen sind die gleichen Einflussgrößen verantwortlich. Variiert man diese Einflussgrößen, so erhält man Aussagen über die Dynamik des Optionspreises.

Mithilfe der partiellen Ableitungen des Optionspreises nach den einzelnen Parametern und Variablen können die unterschiedlichen Wirkungen der Einflussgrößen auf den Optionspreis (= **Sensitivitäten** genannt) bestimmt werden.

Bei Anstieg der Einflussgröße	...folgt für den Callpreis	...folgt für den Putpreis
Aktienkurs (DELTA)	Anstieg	Fall
Ausübungspreis	Fall	Anstieg
Restlaufzeit (THETA)	Fall	Fall
Volatilität (VEGA)	Anstieg	Anstieg
Zinssatz (RHO)	Anstieg	Fall

Abb. VIII-20: Wirkungen von Variationen einzelner Einflussgrößen auf Optionspreise
(Quelle: *Steiner/ Bruhns* 2002, S. 336f.)

Abb. VIII-20 gibt die Richtung der Veränderung des Preises von Call- bzw. Put-Optionen bei Variation der einzelnen **Einflussgrößen** und Konstanz der übrigen Größen an. Hinzugefügt sind in Klammern die **griechischen Buchstaben**, mit denen die partiellen Ableitungen bezeichnet werden, die die Sensitivität der Einflussgröße auf den Optionspreis messen. Vorab lässt sich feststellen, dass der Volatilität ein hoher Einfluss auf die absolute Optionspreishöhe zukommt (vgl. *Hauck* 1990, S. 91).

Berücksichtigung von Dividendenzahlungen

Bislang wurde bei der Optionsbewertung die während der Optionslaufzeit mögliche Zahlung von Dividenden aus dem Basiswert ausgeklammert. Bei **European Styled Options** ist die Ausübung erst am Verfalltag möglich, weshalb während der Optionslaufzeit Dividendenzahlungen vorkommen können und die Bewertung beeinflussen. Die Dividendenzahlung lässt sich für den Fall eines kontinuierlichen, konstanten Dividendenstroms in Höhe der analysierten Dividendenrendite (δ = Dividende/Aktienkurs) in das *Black/ Scholes*-Modell integrieren. Die diesbezügliche Darstellung erfolgt in verkürzter Form. Ausgangspunkt ist eine europäische Option und das Hedge-Portfolio. Zugrundegelegt ist die um die Dividendengröße angepasste Gleichung (VIII-22):

$$rC_{Div} = \frac{\partial C_{Div}}{\partial t} + (r - \delta)S \frac{\partial C_{Div}}{\partial S} + rS \frac{\sigma}{2} S^2 \frac{\partial^2 C_{Div}}{\partial S^2} \qquad \text{(VIII-27)}$$

Der Dividendenstrom geht in die Gesamtrendite einer Aktie ein, auf den Optionswert hat er jedoch eine negative Wirkung, da er dem Optionsinhaber nicht zufließt. Aus diesem Grund ist in der Bewertungsgleichung die Größe S um den Gegenwartswert der Dividende zu bereinigen (vgl. *Jarrow/ Rudd* 1983, S. 131).

Die Herleitung der *Black/ Scholes*-Formel ist unter Einschluss der Dividende analog der vorangegangenen Vorgehensweisen möglich und es folgt für die Bewertung der Call-Option:

$$C_{Div} = S\ e^{-\delta t}\ N(d_1) - X\ e^{-rt}\ N(d_2) \qquad \text{(VIII-28)}$$

bzw. für die Put-Option

$$P = X\ e^{-rt}\ N(-d_2) - S\ e^{-\delta t}\ N(-d_1) \qquad \text{(VIII-29)}$$

wiederum mit

$$d_1 = \frac{\ln(S/X) + (r - \delta + \frac{1}{2}\sigma^2)t}{\sigma\sqrt{t}} \quad \text{und} \quad d_2 = \frac{\ln(S/X) + (r - \delta - \frac{1}{2}\sigma^2)t}{\sigma\sqrt{t}}$$

bzw. $d_2 = d_1 - \sigma\sqrt{t}$

Die Dividendenzahlung hat auf den Aktienkurs zur Folge, dass er reduziert wird. Für den Fall einer begrenzten Anzahl von sicheren, bekannten und diskreten Dividendenzahlungen D_i wird der Kurs S daher vermindert (vgl. *Jarrow/ Rudd* 1983, S. 122ff.). Bei Betrachtung einer **amerikanischen Optionen** trifft die Annahme aber nicht zu, da jederzeit die Option bis zur Fälligkeit ausgeübt werden kann. Bei Dividendenzahlungen wird grundsätzlich die Wahrscheinlichkeit einer vorzeitigen Aus-

2 Finanzoptionen

übung der Option erhöht. Im Fall einer Dividendenzahlung D_1 in t_1 ist der Preis einer amerikanischen Option unter Berücksichtigung der Dividendenzahlung (= $C_{am,Div}$) wie folgt definiert:

$$C_{am,Div} = \left(S - Div_1 \, e^{-r(t_1-t)}\right) N(b_1) + \left(S \, Div_1 - e^{-r(t_1-t)}\right) M\left(a_1, -b_1, -\sqrt{(t_1-t)/t}\right)$$

$$- X \, e^{-r(t_1-t)} M\left(a_2, -b_2, -\sqrt{(t_1-t)/t}\right) - (X - Div_1) \, e^{-r(t_1-t)} N(b_2) \qquad \text{(VIII-30)}$$

mit

$$a_1 = \frac{\ln\left[(S - D_1 \, e^{-r(t_1-t)})/X\right] + (r + \frac{1}{2}\sigma^2)t}{\sigma \sqrt{t}} \quad \text{und} \quad a_2 = a_1 - \sigma\sqrt{t}$$

$$b_1 = \frac{\ln\left[(S - D_1 \, e^{-r(t_1-t)})/\bar{S}\right] + (r + \frac{1}{2}\sigma^2)(t_1-t)}{\sigma \sqrt{(t_1-t)}} \quad \text{und} \quad b_2 = b_1 - \sigma\sqrt{(t_1-t)}$$

M (.) entspricht in Gleichung (VIII-30) der **kumulierten Verteilungsfunktion** einer standardisierten bivariaten Nomalverteilung. $\bar{S}$ ist der Ex-Dividenden-Aktienkurs ab dem die Option ausgeübt wird.

Compound Option

Eine spezielle Bewertung ergibt sich für den Fall einer verbundenen Option, auch Compound Option bezeichnet. Sie ist als „**Option auf eine Option**" zu verstehen und zählt zur Gruppe der „exotischen Optionen" (vgl. *Hull* 2003, S. 472f.). Die Compound Option kann in folgenden **Kombinationen** auftreten:

- Call auf Call,
- Put auf Call,
- Call auf Put,
- Put auf Put.

Die Bewertung einer Compound Option soll mittels der Variante **Call auf Call** erläutert werden. Compound Optionen (europäischer Art) haben zwei **Ausführungstermine**:

- Zum ersten Termin, T^*, kann der Optionsinhaber erstmalig die Option ausüben, den ersten Ausübungspreis (= X^*) zahlen und die dahinter geschaltete zweite Option beziehen. Erst diese zweite Option gewährt das Recht auf Bezug von Aktien im Basisobjekt.

- Daher ist ein zweiter Verfalltermin, T, zu unterscheiden, an dem der Optionsinhaber den Call auf das Basisobjekt ausüben kann. Gegen Zahlung des Ausübungspreises X bezieht er die Aktie.

Die Ausübung der ersten Option in T^* wird nur dann erfolgen, wenn der Wert der Option größer ist als der erste Ausübungspreis.

Diese Optionsart hat für Realoptionen besondere Bedeutung. Das nachfolgend vorgestellte Bewertungsmodell einer (europäischen) Compound Option basiert auf *Geske* (1979). Im *Geske*-Modell wird der **Wert** einer **Compound Option** (= c) in Analogie zum *Black/ Scholes*-Modell formuliert. Modifiziert werden der Verfallzeitpunkt (= T^* mit $T^* < T$) und der Ausübungspreis (= X^*). Ausgangspunkt bildet die für die Compound Option modifizierte und nach rc aufgelöste Differentialgleichung (VIII-23):

$$\frac{\partial c}{\partial t} + rS\frac{\partial c}{\partial S} + \frac{1}{2}\frac{\partial^2 c}{\partial S^2}\sigma^2 S^2 = rc \tag{VIII-31}$$

Zusätzlich gelten folgende Nebenbedingungen: c_{T^*} = max $(c_{T^*} - X^*; 0)$, $0 \leq t \leq T^*$ und $0 \leq S < \infty$. Dadurch ergibt sich folgende Bewertungsgleichung:

$$c_t = Se^{-rT}M\left(a_1, b_1; \sqrt{(T^*/T)}\right) - Xe^{-rT}M\left(a_2, b_2, \sqrt{(T^*/T)}\right) - X^* e^{-rT^*}N(a_2) \tag{VIII-32}$$

Die Verteilungen lauten:

$$a_1 = \frac{\ln[(S/S^*)] + (r - q + \frac{1}{2}\sigma^2)T^*}{\sigma\sqrt{T^*}} \quad \text{und} \quad a_2 = a_1 - \sigma\sqrt{T^*}$$

sowie

$$b_1 = \frac{\ln[(S/X)] + (r - q + \frac{1}{2}\sigma^2)T}{\sigma\sqrt{T}} \quad \text{und} \quad b_2 = b_1 - \sigma\sqrt{T}$$

M (.) kennzeichnet wiederum die kumulierte Verteilungsfunktion einer **standardisierten bivariaten Normalverteilung**. Deren oberen Integrationsgrenzen sind *a* und *b* sowie $\left(\sqrt{(T^*/T)}\right)$ als Korrelationskoeffizient. Die Variable S^* entspricht dem Aktienkurs im Zeitpunkt T^*, zu dem der Optionswert dieses Zeitpunkts T^* dem Ausübungspreis X^* entspricht. Dies hat Konsequenzen:

- Liegt der aktuelle Aktienkurs zum Verfallzeitpunkt T^* über S^*, wird die **erste Option** ausgeübt, ansonsten lässt sie der Inhaber verfallen.

- Wurde die erste Option ausgeübt, wird zum Verfallzeitpunkt *T* die **zweite Option** ausgeübt, wenn der aktuelle Aktienkurs *S* über dem zweiten Ausübungspreis (= *X*) liegt. Liegt das Verhältnis $S \leq X$ vor, wird die Option nicht ausgeübt. Insofern sind ökonomisches Kalkül und Handlungsweise in diesem Fall entsprechend der bisher vorgestellten Vorgehensweise.

<u>Lesehinweise:</u> Für die übrigen Konstellationen der Compound Option liefert *Hull* (2003, S. 471ff.) die entsprechenden Bewertungsgleichungen. Compound Options und andere Arten von exotischen Optionen werden häufig im Bereich von Devisenoptionen eingesetzt (vgl. hierzu *Fürer* 1992). Einen einfachen Einstieg in das Themengebiet liefern *Adam-Müller/ Schäfer* (1998).

3 Risikobewertung von Investitionsobjekten mittels Realoptions-Ansatz

Es verdient besonderer Anmerkung, dass die beiden Exponenten der Optionspreistheorie – *Black* und *Scholes* – in ihrem wegweisenden Beitrag (1973) die Anwendung ihrer Optionspreistheorie nicht ausschließlich für Aktienoptionen, sondern für die Bewertung von bedingten Gütern (Contingent Claims) generell formuliert haben. „They suggest viewing the equity of a levered firm as an option purchased from the bondholders" (*Smith* 1976, S. 41). Mittlerweile wird dieser Gedanke u.a. im Rahmen der **Bewertung** des **Ausfallrisikos** von Kreditinstituten aufgriffen: Eine kreditgebende **Bank** wird hierin als **Verkäuferin** eines bedingten Anspruchs auf den Marktwert des (kreditnehmenden) Unternehmens gesehen (= **Put-Option**). Die Ausfallrisikoprämie, die die Bank vom Kreditgeber (genauer den Eigenkapitalgebern) erhält, ist die Einnahme der Risikoprämie aus der Put-Option. Liegt der Marktwert des Unternehmens unter dem Rückzahlungsbetrag des Kredits, kann auch der Kredit nicht mehr vollständig zurückgezahlt werden. Das Unternehmen geht in Konkurs und nur sein Restvermögen steht dem Gläubiger zwecks Verwertung zur Verfügung. Reicht der Verwertungserlös nicht aus, wird die vollständige Deckung des Restkreditbetrags unmöglich und das Kreditinstitut erleidet einen Kreditausfall. Solange der Marktwert des Unternehmens größer ist als der Rückzahlungsbetrag des Kredits, wird das Unternehmen fortbestehen und Kredit und Zinsen zurückzahlen – die Put-Option mithin nicht ausgeübt.

<u>Lesehinweis:</u> Ein solches Bewertungsmodell des Ausfallrisikos im Rahmen der Kreditvergabe einer Bank erläutern *Gerdsmeier/ Krob* (1994) und *Rohmann* (1998).

Damit sei ein Übergang von den Grundlagen der Bewertung von Finanzoptionen zur Bewertung von Investitionsobjekten gewiesen, was unter dem Realoptions-Ansatz subsumiert wird. Ursprünglich war der Begriff „**Realoption**" von *Myers* (1977, S. 147ff.) in Hinblick auf das Investitionsprogramm „Unternehmen" entwickelt worden. *Myers* spaltete den Unternehmenswert in zwei Komponenten auf, wodurch bereits der Kerngedanke der Bewertung von Investitionsobjekten nach dem Realoptions-Ansatz erkennbar ist:

Wert aller gegenwärtigen Vermögensgegenstände („Assets in Place")
+ Gegenwartswert zukünftiger Wachstumsmöglichkeiten des Unternehmens
= Unternehmenswert

Zentrale Bedeutung gegenüber den bisherigen Bewertungsmethoden gewinnt die additive Komponente „**Gegenwartswert zukünftiger Wachstumsmöglichkeiten**". Sie stellen für die Unternehmensleitung, resp. Investoren, eine **Möglichkeit** (und keine Verpflichtung) auf zukünftige unternehmerische Entscheidungen und Handlungen dar, die sie ausüben können, um bestimmte reale Vermögensgegenstände in der Zukunft zu erwerben.

Ausgehend von diesem Denkansatz drückt der Begriff „Realoption" allgemein die mit einer Investition verbundenen **Handlungsspielräume** und **Wahlmöglichkeiten** der Unternehmensleitung, resp. der Investoren aus. Solche aktiven Gestaltungsmöglichkeiten, die mit Investitionsobjekten verknüpft sein können, werden in den klassischen Investitionsbewertungsmodellen nicht erfasst. In die Kapitalwertmethode lässt sich der Gedanke der Realoption integrieren. Zu diesem Zweck trennt man den Kapitalwert wie folgt auf (vgl. *Trigeorgis/ Mason* 1987, S. 15):

erwarteter (passiver) Kapitalwert ($=C_0^e$)
+ aktiver Kapitalwert (Optionswert) (= *CX*)
= Wert der Investitionsgelegenheit ($=CR_0^e$)

Der erwartete Kapitalwert ist identisch mit dem herkömmlichen Kapitalwert. Er stellt sozusagen die optionsfreie Komponente des Investitionskalküls dar. Dagegen erfasst der Optionswert die mit einer Investition verbundenen Handlungsspielräume und Wahlmöglichkeiten. Er ist durch die Entscheidungsträger aktiv gestaltbar: Sie können die Option ausüben oder sie verfallen lassen. Auf dieser Grundlage erhält man im erweiterten Kapitalwert einen risikoadäquaten (erweiterten) Kapitalwert einer Investition.

3.1 Zwei zentrale Gruppen von Realoptionen

Handlungsspielräume und Wahlhandlungsmöglichkeiten von Investoren werden nach dem Realoptions-Ansatz häufig in zwei Gruppen eingeteilt. Die eine Gruppe stellt die der **Wachstumsoptionen** dar. Man bezeichnet sie auch als „**Interproject Compound Options**", da sie eine Abfolge von möglichen, aufeinander aufbauenden und damit interdependenten Investitionen im Basiswert verkörpern. Demzufolge besteht eine Wachstumsoption aus einer oder mehreren Anschlussinvestitionen, die einem Initialinvestitionsprojekt folgen können. Man muss Wachstumsoptionen daher als eine Call-Option verstehen mit dem Recht auf nachfolgende Call-Optionen zu späteren Zeitpunkten (vgl. *Mason/ Merton* 1985, S. 35). Besondere Einsatzgebiete für Wachstumsoptionen liegen in der Bewertung und Beurteilung von Investitionsobjekten der High-Tech-Industrie und Branchen mit mehreren Produktgenerationen. Ferner sind sie prinzipiell in solchen Fällen geeignet, in denen bei Investitionen hohe Volatilitäten in Absatzmengen oder –preisen vorliegen. Auch zur Bewertung von Investitionen in Existenzgründungen und strategische Akquisitionen sind sie anwendbar (vgl. *Kester* 1984, S. 155).

Neben Wachstumsoptionen bilden **Flexibilitätsoptionen** die zweite Gruppe der Realoptionen. Sie beziehen sich sowohl auf erst zur Entscheidung anstehende Investitionen als auch auf bereits realisierte Projekte. Sie sind nachfolgend in Abb. VIII-21 in standardisierter Übersicht voran gestellt (vgl. *Kulatilaka/ Marcus* 1988, S. 188 f., *Laux* 1993, S. 944, *Kester* 1984, S. 156, *Trigeorgis/ Mason* 1987, S. 19).

Option		Beschreibung	Einsatzschwerpunkte in der Investitionsbewertung
Art	Typ		
Option zu warten (Aufschuboption)	C	• Durchführung des Investitionsobjekts nicht sofort, • Annahme oder Ablehnung abhängig von neuen Informationen, • Verringerung des Risikos der Investitionsentscheidung, • Call auf die durch das Investitionsobjekt generierbaren Cash Flows, • Basiswert: Investitionsobjekt, • Ausübungspreis: Investitionsausgaben, • Laufzeit der Option: Zeitraum in dem die Entscheidung über Projektdurchführung getroffen werden kann.	• Abbau natürlicher Ressourcen, • Landerschließung, • Branchen mit langen Projektlaufzeiten und hohen Unsicherheiten, • Verwertung von Lizenzen und Patenten.
Option zu verzögern (Fortführungsoption)	CC	• betrifft Investitionsobjekte, die nicht mit einer Auszahlung abgeschlossen sind, sondern mehrere hintereinander geschaltete Teilzahlungsbeträge aufweisen, • von der Zahlung der Beträge ist die Fortführung der Investition abhängig, • Option besteht darin, entweder weitere Investitionsausgaben abzubrechen (Optionsverfall) oder den erforderlichen nächsten Teilbetrag zu zahlen (Option ausüben), • mit Zahlung wird Anrecht auf Ausübung der nächsten Option (= Teilauszahlungsbetrag) erworben.	• forschungs- und entwicklungsintensive Branchen wie Pharma, • Unternehmensneugründungen mit Produktinnovationen.
Option zu beenden	P	• Möglichkeit, bei verschlechterten Marktbedingungen Investitionsobjekt abzubrechen, • Ausübungspreis: Wiederverkaufswert oder Wert alternativer Nutzung des Investitionsobjekts.	• kapitalintensive Branchen wie Flugzeugbau und Finanzdienstleistungssektor, • Produkteinführung auf unsicheren Märkten.
Option, Input oder Output zu variieren	C oder CC	Möglichkeit bei einer Investition, zwischen verschiedenen Input- oder Outputfaktoren zu wählen.	• Kleinserienfertigung, • Branchen mit volatilem Nachfrageverhalten (z.B. Konsumelektronik).
Option zu erweitern, Option einzuschränken	C oder P	• Möglichkeit bei erfolgreicher Entwicklung eines Investitionsobjekts die Kapazität durch nachfolgende Erweiterungsinvestition zu erweitern, • Umgekehrt: Möglichkeit, ein Investitionsobjekt teilweise wieder zu reduzieren, wenn ungünstige Marktentwicklung vorliegt.	• Abbau natürlicher Ressourcen, • zyklische Branchen.
Option stillzulegen und Option wiederzueröffnen	P oder CC	• Möglichkeit, Investitionsobjekt vorübergehend stillzulegen, • Ausübung, wenn Cash Flow des Investitionsobjekts kleiner als variable Kosten, • Ausübungspreis: vorübergehend eingesparte Ausgaben, • gleichzeitig mit Schließung wird Option auf spätere Wiedereröffnung erworben.	• Konsumgüterindustrie, • Modebranche.

Es gelten: C = Call-Option, P = Put-Option, CC = Compound Call-Option

Abb. VIII-21: Überblick über Arten von Flexibilitätsoptionen

3.2 Realoptions-Ansatz

Führt ein Unternehmen eine irreversible Investition durch, kann dies gedanklich als Ausübung eines Calls verstanden werden: Die Investition wird mit den daraus resultierenden Einzahlungsüberschüssen während der zukünftigen Nutzungsdauer angeschafft. Die Frage, die sich in Kenntnis der Eigenschaften von Optionen aufdrängt, ist, zu welchem Zeitpunkt eine **Call-Realoption** ausgeübt werden sollte und wie sie zu bewerten ist. Zunächst soll anhand eines Beispiels eine Einführung gegeben werden, die sich in den methodischen Bahnen der Kapitalwertmethode bewegt, um in den optionspreistheoretischen Ansatz überleiten zu können.

3.2.1 Kapitalwertmethode und Realoptions-Ansatz

Zur Verdeutlichung des Realoptions-Ansatzes in der Investitionsbewertung wird ein **Zwei-Perioden-Fall** gewählt. Ausgangspunkt bildet ein Investitionsobjekt, mit dem zur Vereinfachung nur ein Gut hergestellt wird. Der Absatzpreis dieses Guts ist unsicher. Es soll verdeutlicht werden, welchen Einfluss diese Unsicherheit auf die Bewertung des Investitionsobjekts in Hinblick auf den optimalen Zeitpunkt der Investitionsdurchführung hat. Die Darstellung basiert auf einem Modell von *Pindyck* (1991, S. 1113ff.) und bezieht sich auf eine „**Call Realoption** im Sinne einer **Aufschuboption**".

Betrachtet wird ein Unternehmen, das eine maßgefertigte Spezialmaschine benötigt, um Gut Y produzieren zu können. Wegen der Sonderanfertigung ist eine Weiterveräußerung der Maschine nach Nutzung nicht möglich, es würden andernfalls versunkene Kosten anfallen. Die Investition gilt daher als irreversibel. Dieses Investitionsobjekt kann sofort angeschafft und installiert werden. Die Investition führt mit Anschaffung zu einer Ausgabe in t_0 in Höhe von $a_0 = 800\ €$. Die Maschine kann unbegrenzt genutzt werden ($T = \infty$) und produziert pro Jahr eine Einheit des Guts Y mit variablen Kosten von Null. Das mit dem Objekt gefertigte Gut Y erziele in der Gegenwart einen Marktpreis von $\varpi_0 = 100\ €$, der sich im nächsten Jahr ($= t_1$) nach Schätzung der Investoren wie folgt ändern wird:

- Ein Preisanstieg auf $\varpi_1 = 150\ €$ wird mit einer Wahrscheinlichkeit von $v = 0{,}5$ (u = 1,5) erwartet und

- in Höhe der Restwahrscheinlichkeit ($1 - v = 0{,}5$) wird mit einem Sinken auf $\varpi_1 = 50\ €$ (d = 0,5) gerechnet.

Es wird der Einfachheit unterstellt, dass der Preis für die nachfolgenden Perioden auf dem sich dann einstellenden Niveau von t_1 verharrt. Die Preisentwicklung lässt sich als Binomialbaum wie folgt darstellen:

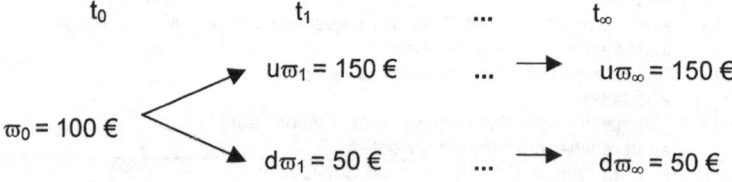

Für die Wachstumsraten des Güterpreises gilt $u > d \geq 0$. Es wird angenommen, dass die Unsicherheit des Investitionsobjekts aufgrund der möglichen Güterpreisentwicklung vollständig diversifizierbar ist. Dadurch kann der Investitionsbewertung ein risikofreier Zinssatz als Kalkulationszinsfuß zugrunde gelegt werden. Er betrage 10% ($v = 0,1$). Für den Investor ist zu klären, ob er die Investition in der Gegenwart anschafft oder stattdessen eine Periode wartet und sie in t_1 realisiert. Es wird zuerst Periode t_1 analysiert.

Periode t_1

In t_1 weist das Investitionsobjekt einen Gegenwartswert von Einzahlungsüberschüssen (B_1) auf, die ausschließlich vom Preis des Guts (ϖ_1) abhängen:

$$B_1 = \sum_{t=0}^{\infty} \varpi_1 \cdot (1+r)^{-t} \quad \text{bzw.} \quad B_1 = \frac{1+r}{r} \cdot \varpi_1 \tag{VIII-33}$$

Für den Investor ist es nur dann sinnvoll, in Periode t_1 die **Investition zu tätigen**, wenn der **Güterpreis gestiegen** ist. In diesem Fall erwirbt er die Investition, zahlt den Anschaffungspreis von *800 €* und übt damit seine Option aus der Periode t_0, in der Zukunft investieren zu können, aus. Stellt sich dagegen der **niedrige Güterpreis** ein, hat sich das Warten nicht gelohnt, die **Investition** wird **nicht durchgeführt** – der Investor lässt die Option zu investieren verfallen. Dies ist unmittelbar nachvollziehbar, da unter diesen Umständen der Barwert der Einzahlungsüberschüsse *550 €* betragen würde und damit unterhalb den Anschaffungskosten von *800 €* läge. Das **Investitionskalkül** wird unter diesen Umständen vom **Wert der Investitionsgelegenheit** in t_1 ($= CR_1$) bestimmt. Nachfolgend sind entsprechende Konstellationen zusammengestellt. In kursiver Schrift wurde zum Vergleich die (Aktien-)Finanzoption aufgeführt.

Güterpreisentwicklung	Barwert der Einzahlungsüberschüsse	Wert der Investitionsgelegenheit	Entscheidungsregel
$u\varpi_1$	$uB_1(u\varpi_1)$	$CR_1 = B_1 - a;\ CR_1 > 0$	investiere in t_1
150 €	1650 €	$CR_1 = 1650 - 800 = 850\ €$	
uS_1		*$S_1 - X > 0;\ C = (S_1 - X) > 0$*	*Call ausüben*
$d\varpi_1$	$dB_1(d\varpi_1)$	$CR_1 = B_1 - a;\ CR_1 = 0$	investiere nicht in t_1
50 €	550 €	$CR_1 = 550 - 800 = -250\ €$	
dS_1		*$S_1 - X < 0;\ C = 0$*	*Call nicht ausüben*

Abb. VIII-22: Konstellationen zentraler Komponenten einer Realoption

Die entscheidungsrelevanten Konstellationen aus Abb. VIII-22 können für **Periode t_1** wie folgt als **Optimierungsregel** ausgedrückt werden:

$$CR_1(\varpi_1) = \max[B_1(\varpi_1) - a;\ 0] \tag{VIII-34}$$

Periode t_0

Betrachtet sei anschließend das Entscheidungsproblem t_0. Der Investor kann die Investition entweder in t_0 durchführen oder die Realisierung auf die Folgeperiode t_1 vertagen. Es handelt sich um eine gängige Entscheidungssituation unter Unsicherheit, die im Modell ausschließlich von der zukünftigen Güterpreisentwicklung bestimmt wird. Dem **Investitionskalkül** sind jetzt folgende **Determinanten** zugrunde zu legen:

- **erwarteter Kapitalwert** in t_0: $C_0^e = B_0^e - a$,

- **erwarteter Wert der Investitionsgelegenheit** in t_0: CR_0^e.

Hieraus folgt für **Periode t_0** folgende **Optimierungsregel**:

$$CR_0^e = \max\left[C_0^e; \frac{CR_1^e}{1+r}\right] \qquad \text{(VIII-35)}$$

Tritt in t_1 der niedrigere Güterpreis $d\varpi_1$ ein (was zu $1-\nu$ für wahrscheinlich gehalten wird), würde der Wert der Investitionsgelegenheit Null sein, ($CR_1 = 0$) und die Investition wird nicht durchgeführt. Ihre Realisierung ist nur bei Eintritt des höheren Güterpreises ökonomisch sinnvoll. Für die Bestimmung der Komponente $\left[\frac{CR_1^e}{1+r}\right]$ in der Optimierungsregel gilt daher:

$$\frac{CR_1^e}{1+r} = \nu\left[\frac{B_1^e - a}{1+r}\right] \qquad \text{(VIII-36)}$$

Übertragen auf die Beispielwerte resultiert für den **Wert der Investitionsgelegenheit**: $\frac{CR_1^e}{1+r} = 0{,}5\left[\frac{1650 - 800}{1{,}1}\right] = 386{,}36\,€$. Der **Erwartungswert des Kapitalwerts** ergibt sich aus der Wahrscheinlichkeitsverteilung der Preise: $E(\varpi_1) = u\varpi_1 \cdot \nu + d\varpi_1 \cdot (1-\nu)$, in Zahlenwerten: $E(\varpi_1) = 150 \cdot 0{,}5 + 50 \cdot 0{,}5 = 100\,€$. Unter diesen Umständen errechnet man: $C_0^e = -800 + \left[\sum_{t=1}^{\infty} 100 \cdot 1{,}1^{-t}\right] + 100 = -800 + 1100 = 300\,€$.

Aus der Konstellation von erwartetem Kapitalwert und Wert der Investitionsgelegenheit erkennt man bereits die **Investitionsregel** der Kapitalwertmethode für den Fall existierender irreversibler Investitionen bzw. Sunk Costs: Die Beispielinvestition wird in t_1 durchgeführt, da der Wert der Investitionsgelegenheit den erwarteten Kapitalwert übersteigt. Würde man dagegen die Investition sofort durchführen, d.h. die Option sofort ausüben, wäre nur ein Kapitalwert in Höhe von *300 €* realisierbar. Die Durchführung der Investition vernichtet zudem die Option, da die Investition (unter den gegebenen Prämissen) irreversibel ist.

Soll also die sofortige Durchführung der Investition beurteilt werden, muss zu den Anschaffungsausgaben von *800 €* der Betrag des vernichteten Werts der Investitionsmöglichkeit addiert werden, da er die Opportunitätskosten der Investition verkörpert. Es sind dann die **Gesamtkosten der Investition** zu betrachten, bestehend aus Anschaffungskosten und dem vernichteten Wert der Investitionsmöglichkeit. Sie belaufen sich auf *1186,36 €* (= *800 €* + *386,36 €*) und übersteigen den Barwert der Einzahlungsüberschüsse (= *1100 €*). Die Investition hat dadurch einen negativen Kapitalwert und ist in t_0 nicht vorteilhaft. Es ist sinnvoll, die Investition um eine Periode in die Zukunft zu verschieben.

3 Risikobewertung von Investitionsobjekten mittels Realoptions-Ansatz

Entscheidungssituation	Entscheidungsregel
reines Vorteilhaftigkeitsproblem	• *Investitionsobjekt heute durchführen:* $$0 < C_0^e > \frac{C_1^e}{1+r}$$ • *Investitionsobjekt in vollem Umfang später (in t_1) durchführen:* $$0 < C_0^e > \frac{C_1^e}{1+r}$$

Abb. VIII-23: Überblick über die Entscheidungsregeln der Kapitalwertmethode nach dem Realoptionsansatz

Mit den bisherigen Zusammenhängen lässt sich auch der Wert der Realoption bestimmen. Hierzu sollte man sich folgende Sachverhalte vergegenwärtigen:

- Die Durchführung der Investition in t_0 führt zu einem zusätzlichen Einzahlungsüberschuss in Höhe des Güterpreises. Bei Verschiebung der Investition auf den Folgezeitpunkt verzichtet der Investor auf diesen Ertrag. Dafür fallen mit der Investition in der Gegenwart aber auch die Auszahlungen für die Anschaffung des Investitionsobjekts an. Der Investor hat für den Fall der Investition in der **Gegenwart** folgenden **Nettoertrag** im Kalkül: $\varpi_0 - \frac{r \cdot a}{1+r}$.

- Die Durchführung der Investition in t_0 impliziert den **Verzicht auf investieren** in der **Folgeperiode** und führt damit zum **Verlust von Flexibilität**. Dieser Verlust ist zu bewerten und wird durch den Eintritt der ungünstigen Preisentwicklung ($d\varpi_1$), die zu ($1-v$) wahrscheinlich ist, bestimmt. Denn: Wenn die Investition in t_0 realisiert ist, kann zu 50% der Absatz des gefertigten Guts zum niedrigeren Preis möglich werden. Nicht in t_0 investieren (= abzuwarten) und ausschließlich bei günstiger Preisentwicklung in der Folgeperiode die Investition durchführen, kann diesen Verlust verhindern. Er ist aufgrund dieser Überlegungen wie folgt quantifizierbar: $(1-v)\left[\frac{dB_1 - a}{1+r}\right]$ mit $dB_1 = B_1(d\varpi_1)$.

Die Gesamtkosten der Investitionsdurchführung in t_0 bestehen daher aus den Anschaffungskosten des Investitionsobjekts und den damit verbundenen Kosten (= Sunk Costs) des Verlusts von Flexibilität. Diese **Gesamtkosten** sind in t_0 dem Ertragszuwachs aus dem Investitionsobjekt gegenüberzustellen. Die Differenz beschreibt dann den **Wert des Wartens** und damit den Wert dieser (Aufschub)Realoption (= CX):

$$CX = \frac{CR_1^e}{1+r} - (B_0^e - a) = (1-v)\left[\frac{dB_1 - a}{1+r}\right] - \left[\varpi_0 - \frac{r \cdot a}{1+r}\right] \quad (VIII-37)$$

Der **Callpreis** einer Realoption resultiert nun aus zwei **Komponenten**:

Komponente	Beispielwerte (in €)
Ersparnis aus der Verschiebung der Investition	386,36
- Kapitalwert bei sofortiger Durchführung der Investition	300,00
= Callpreis der Realoption	86,36

3.2.2 Analogie zwischen Finanzoptions- und Realoptions-Ansatz

Das Beispiel führte in die Grundstruktur einer Investitionsentscheidung mit flexiblem Investitionszeitpunkt ein. Es ist demzufolge ökonomisch sinnvoll, die Investition zu verschieben, wenn die Realoption einen positiven Wert hat. Die Determinanten dieses Realoptionspreises wurden mit dem erwarteten Kapitalwert und dem Wert der Investitionsmöglichkeit vorgestellt. Der erwartete Kapitalwert lässt sich entsprechend der Kapitalwertmethode bestimmen, benötigt wird aber zusätzlich die Größe CR_0^e. Deren Bestimmung soll nachfolgend mittels des Instruments des **Hedge-Portfolios einer Realoption** (= *HPR*) und der Gleichgewichtsbedingung „Arbitragefreiheit" ermittelt werden.

Gebildet wird ein Portfolio aus dem zu beurteilenden Investitionsobjekt und dem damit produzierten Gut Y. Zu diesem Zweck wird die Menge von Gut Y so gewählt, dass das Portfolio risikofrei wird. In diesem Fall ist der *HPR* -Wert unabhängig von der zufallsbedingten Entwicklung des Güterpreises ϖ_1. Das so risikofrei gestellte *HPR* verzinst sich unter diesen Bedingungen des Kapitalmarktgleichgewichts zum risikofreien Zinssatz (= *r*). Das *HPR* wird aufgebaut, indem die **Realoption gehalten** und Q_Y **Einheiten** von **Gut Y** zum **Preis** ϖ_0 **leer verkauft** werden. Der Wert V_{HPR} des Portfolios beträgt so in t_0:

$$V_{HPR_0} = CR_0^e - Q_Y \cdot \varpi_0 \tag{VIII-38}$$

wobei $CR_0^e = \dfrac{CR_1^e}{1+r}$, was den Wert der Investitionsmöglichkeit in t_0 darstellt.

Übertragen auf die Beispielwerte gilt: $V_{HPR_0} = CR_0^e - Q_Y \cdot 100$.

In t_1 hängt V_{HPR} vom Güterpreis ϖ_1 ab, denn aufgrund der unveränderten Zusammensetzung gilt:

$$V_{HPR_1} = CR_1^e - Q_Y \cdot \varpi_1 \tag{VIII-39}$$

Da in t_1 zwei (gleich wahrscheinliche) zustandsabhängige Güterpreise für möglich gehalten werden, gilt für den Wert des *HPR* basierend auf den Beispieldaten:

Falls $\varpi1 = 150 \Rightarrow CR_1^e = 850 \Rightarrow V_{HPR_1} = 850 - Q_Y \cdot 150$ (VIII-39a)

Falls $\varpi1 = 50 \Rightarrow CR_1^e = 0 \Rightarrow V_{HPR_1} = 0 - Q_Y \cdot 50$ (VIII-39b)

Das risikofreie Hedge-Portfolio muss annahmegemäß bei jedem Güterpreis ϖ_1 den gleichen Wert haben. Auf diese Weise ist V_{HPR} von Änderungen des Güterpreises und damit vom Risiko unabhängig. Durch Gleichsetzen von (VIII-39a) und (VIII-39b) erhält man:

$$850 - Q_Y \cdot 150 = -Q_Y \cdot 50 \Leftrightarrow Q_Y = 8{,}5 \tag{VIII-39c}$$

Durch Einsetzen von $Q_Y = 8{,}5$ in (VIII-39a) oder (VIII-39b) erkennt man den Wert für $V_{HPR_1} = -425$. Das *HPR* ist bei diesem Wert unabhängig von ϖ_1. Der *HPR*-Ertrag ergibt sich als Vermögenszuwachs von t_0 auf t_1 abzüglich der Kosten für den Leerverkauf. Da der Erwartungswert für ϖ_1 dem gegenwärtigen Güterpreis entspricht, wird ein anderer Investor Gut Y halten, wenn er erwarten kann, mindestens den risikofreien Zinssatz (= *10%*) erzielen zu können. Diese Zinskosten muss der Leerverkäufer tragen *(0,1 · ϖ_0 = 10 €*, d.h. bei Q_Y = *8,5* leerverkauften Einheiten von Gut Y entspricht dies Kosten von *85* €). Diese Überlegung ist analog zur Behandlung von Leerverkäufen in Aktien bei Finanzoptionen zu sehen. Dort muss der Leerverkäufer dem Käufer die Dividende zahlen (vgl. *Kolb* 1996, S. 34ff.). Durch die Berücksichtigung der Kosten der Leerverkäufe ist der Nettoertrag aus dem Halten des Portfolios von t_0 auf t_1 errechenbar:

$$V_{HPR_1} - V_{HPR_0} - 85 = V_{HPR_1} - (CR_0^e - Q_Y \cdot \varpi_0) - 85 \qquad \text{(VIII-40a)}$$

$$V_{HPR_1} - V_{HPR_0} - 85 = 340 - CR_0^e \qquad \text{(VIII-40b)}$$

Da im *HPR* der Ertrag sicher ist, hat er dem risikofreien Zinsertrag des *HPR* zu entsprechen. Auf der Grundlage eines Zinssatzes von *10%* p.a. ermittelt man folgenden Ertrag des *HPR*:

$$340 - CR_0^e = 0{,}1 \cdot (CR_0^e - 850) \qquad \text{(VIII-41)}$$

$$CR_0^e = 386 \, € \qquad \text{(VIII-42)}$$

Mit dem Wert von *386 €* wurde der gleiche Betrag wie in der Vorgehensweise des vorangegangenen Abschnitts ermittelt.

Die dargestellten Ergebnisse lassen sich grundsätzlich aufrecht erhalten, wenn einzelne Parameter verändert werden, z.B. die unrealistische Annahme konstanter Preise für Gut Y nach Periode t_1. Mittels der Veränderung des Güterpreises für die nach Periode *1* folgenden Perioden wird die Unsicherheit im Mehr-Perioden-Fall analog der Vorgehensweise des Binomialmodells darstellbar, wie es bei den Finanzoptionen dargestellt wurde.

<u>Lesehinweis:</u> Die Anwendung der vorausgehend beschriebenen Methode veranschaulicht u.a. Schäfer (2001a).

Der Einfluss verschiedener Parameter auf den Wert der Call-Realoption lässt sich auch für den zeitstetigen Fall analog den Vorgehensweisen von *Black/ Scholes* für Realoptionen darstellen. Dies soll im Folgenden ausgeführt werden.

3.2.3 Bewertung von Realoptionen

Grundlegend für die Übertragung der Bewertungsgrundlagen aus Finanzoptionen nach *Black/ Scholes* ist der Beitrag von *McDonald/ Siegel* (1986), der zusätzlich zur Variabilität der Güterpreise auch die laufenden Kosten variabilisert. *Pindyck* (1991) weist nach, dass die grundsätzlichen Aussagen ebenfalls gewonnen werden, wenn man auf die Berücksichtigung laufender Kosten verzichtet. Diesem vereinfachten Vorgehen wird hier gefolgt.

<u>Lesehinweise:</u> Neben dem Beitrag von *McDonald/ Siegel* (1986) liefern *Dixit/ Pindyck* (1994, S. 136ff.) entsprechende Modelle mit weiteren Parametern für die Berücksichtigung der Unsicherheit im Investitionsobjekt.

Im *Pindyck*-Modell hat ein Investor die Möglichkeit, gegen Zahlung der Anschaffungsausgabe *a* eine Investition mit dem aktuellen Barwert der Einzahlungsüberschüsse (= *B*) durchzuführen. Die Investition kann entweder sofort (in t_0) oder später realisiert werden, was den Charakter der Call-Realoption ausdrückt. Im Laufe des Wartens kann zwar der Informationsstand verbessert werden, letztlich bleibt die Entwicklung des Investitionswertes aber unsicher. Der Wert des Investitionsobjekts im Zeitablauf wird entsprechend den Ausführungen zu Finanzoptionen und analog Gleichung (VIII-15) mittels einer **Brownschen Bewegung mit** der **Drift** αB und σB beschrieben (*man beachte, dass das Symbol „d" in diesem Abschnitt die Ableitung einer Größe bezeichnet*):

$$dB = \alpha dBdt + \sigma Bdz \qquad (VIII-43)$$

mit

α = Erwartungswert des aktuellen Gegenwartswerts der Einzahlungsüberschüsse,

σ = Standardabweichung des aktuellen Gegenwartswerts der Einzahlungüberschüsse,

dz = positives Differential eines *Wiener*-Prozesses mit dz = $\varepsilon(t)(dt)^{1/2}$, wobei $\varepsilon(t)$ standardnormalverteilte Zufallsvariable mit $\alpha(\varepsilon) = 0$ und $\sigma(\varepsilon) = 1$.

Werden (bei bekanntem Barwert) die zukünftigen Werte einer Investition bestimmt, so unterliegt dieser Zukunftswert gem. Gleichung (VIII-43) einer Lognormalverteilung mit einer Varianz, die linear mit der Zeit wächst. Damit entwickelt sich der Barwert über die Zeit stochastisch und die Investition erhält Eigenschaften einer unendlich laufenden Call-Option. Die Investitionsentscheidung ist daraufhin als Entscheidung über die Ausübung einer Call-Realoption zu interpretieren. Die **unbegrenzte** Laufzeit der **Realoption** ist ein gravierender Unterschied zu einer Finanzoption (vgl. *McDonald/ Siegel* 1986).

In Gleichung (VIII-43) ist die **stochastische Änderung des Barwerts der Einzahlungsüberschüsse** zwar eingeführt, doch wie soll man diese quantifizieren?

In Finanzoptionen mit Aktien als Basiswerte erfolgt dies mittels des Aktienpreises. Diese Größe entsteht auf einem **vollständigen** und **vollkommenen Kapitalmarkt**. Nun sind für Investitionsobjekte wie sie Gegenstand des Realoptions-Ansatzes sind, in den wenigsten Fällen die strengen Bedingungen des Kapitalmarkts erfüllt. Um im Realoptionsansatz analog den Anforderungen des vollkommenen Kapitalmarkts eine Optionsbewertung vornehmen zu können, kann man mit Substituten die nicht am Markt beobachtbaren stochastischen Änderungen des Barwerts der Einzahlungsüberschüsse replizieren:

(1) Geeignet sind zum einen die **Preise der mit dem Investitionsobjekt produzierten Güter**, wenn für sie ein vollständiges Marktsystem und ein vollkommener Gütermarkt bestehen.

   Beispiel: Ein Mineralölkonzern stehe vor der Bewertung einer größeren Investition in die Erdölförderung. Die stochastische Änderung des Barwerts der Einzahlungsüberschüsse dieser Investition kann durch den Marktpreis des geförderten Rohöls repliziert werden, da eine hohe positive Korrelation zwischen dem Rohölpreis und den Einzahlungsüberschüssen dieser Investition i.d.R. besteht. Für Rohöl einer bestimmten Sorte existieren Kassa- und Terminmärkte, auf denen eine regelmäßige Notierung der Rohölpreise für bestimmte Ölsorten erfolgt.

   Probleme bereitet dieses Replizieren bei z.B. neu entwickelten Produkten, da hier meist noch keine Märkte bestehen (vgl. *Dixit/ Pindyck* 1994, S. 147f.).

(2) Der stochastische Prozess des Barwerts einer Investition kann anstelle des Preispfads des Güterpreises ersatzweise durch die Preisentwicklung eines gänzlich anderen Vermögensgegenstandes erfolgen. Voraussetzung hierfür ist,

3 Risikobewertung von Investitionsobjekten mittels Realoptions-Ansatz

dass eine hohe Korrelation zwischen ihm und dem zu beurteilenden Investitionsobjekt besteht sowie die notwendigen Marktprämissen von ihm erfüllt werden. Ein solcher Ersatzvermögensgegenstand wird daher nicht ohne Grund als „Zwilling" des zu beurteilenden Investitionsobjekts bezeichnet (= **Twin Security**). Die Methodik stellt „**Spanning**" dar (vgl. *Dixit/ Pindyck* 1994, S. 117f.).

Lesehinweis: Bei Investitionen mit hohem Innovationspotenzial ist diese Vorgehensweise meist nicht möglich, da sie nicht mit einem bereits vorhandenen Vermögensgegenstand korreliert. In diesem Fall greift man auf die Bewertung mit einem generalisierten Ansatz auf der Grundlage des CAPM zurück (vgl. hierzu *Trigeorgis* 1993, S. 205f. und *Kulatilaka* 1993, S. 274f.).

Durch eine der beiden vorgestellten Vorgehensweisen wird der Übergang zu einer Investitionsentscheidung vorbereitet, die auf dem Kapitalwertkriterium basiert, aber keinerlei Annahmen zur Risikopräferenz des Entscheidungsträgers oder zum Kalkulationszinsfuß bedarf. Die Investitionsbewertung bewegt sich vollständig im Rahmen der Contingent Claims-Analyse.

Für die nun folgende Herleitung des Preises einer Realoption wird Vorgehensweise (2) zugrunde gelegt. Das Spanning erfolgt mit einer **Twin Security** bestehend aus einer börsennotierten **Aktie**, deren Preis Γ annahmegemäß vollständig mit dem Barwert des Investitionsobjekts korreliert ($\rho_{B;\Gamma} = 1$). Γ unterliegt folgendem Preisbildungsprozess:

$$d\Gamma = \mu\Gamma dt + \sigma\Gamma dz \qquad \text{(VIII-44)}$$

Der Parameter μ bezeichnet den Erwartungswert der Rendite der Aktie und ist analog des CAPM definiert:

$$\mu = r + \frac{\mu_M - r}{\sigma_M} \cdot \rho_{B;M} \sigma_B \qquad \text{(VIII-45)}$$

mit

$\rho_{B,M}$ = Korrelation zwischen dem Barwert der Einzahlungsüberschüsse des Investitionsobjektes mit dem Marktportfolio des Aktienmarkts.

Der Umfang der **erwarteten Steigerung des Barwerts des Investitionsobjekts** (= α) ist geringer als die risikoäquivalente Rendite der Aktie (= μ), d.h., es gilt $\theta = \mu - \alpha > 0$. Man vergegenwärtige sich zur Begründung die Analogie zu einer Finanzoption bestehend aus einem Call auf eine Aktie: B wäre dann mit dem Preis der Aktie und θ mit der Dividendenrendite zu vergleichen. Der Gesamtertrag der Aktie besteht aus der Summe von Kurssteigerung und Dividende, d.h. $\mu = \theta + \alpha$ (vgl. *Pindyck* 1991, S. 1119). Übertragen auf das zu bewertende Investitionsobjekt muss nun der Parameter θ als **Opportunitätskosten des Hinausschiebens** der Investitionsentscheidung verstanden werden. θ repräsentiert dadurch auch die Cash Flows, die dem Investor durch das Warten entgehen und solange dem Eigentümer des Investitionsobjekts (= Verkäufer des Investitionsobjekts bzw. Stillhalter der Realoption) zustehen (vgl. *Dixit/ Pindyck* 1994, S. 149f.).

Vor diesem Hintergrund soll weiterführend CR, der Wert der Realoption mit $CR = CR(B)$, bestimmt werden. **Gesucht** ist neben der Funktion $CR(B)$ auch die **optimale Investitionsregel**. Zu diesem Zweck wird wieder auf das **risikofreie Hedge-Portfolio** der Realoption (= HPR) zurückgegriffen, das wie folgt entsteht:

Kauf einer Kaufoption	- CR
(Leer-)Verkauf einer Anzahl von B an Investitionserträgen oder äquivalenten Erträgen des Twin Security „Aktie" im Fall des Spanning	Δ B

Da mit änderndem B das Verhältnis dCR/dB variieren kann, muss die Zusammensetzung des Portfolios angepasst werden (vgl. Pindyck 1991, S. 1120). Unter diesen Prämissen beträgt **der Wert des HPR** (vgl. hierzu auch Gleichung VIII-38):

$$V_{HPR} = CR - \frac{dCR}{dB} \cdot B \tag{VIII-46}$$

Das Halten dieser Shortposition verursacht Kosten in Höhe von $\theta \cdot B \cdot \frac{dCR}{dB}$.

Der Gesamtertrag des Portfolios im Zeitintervall dt ist:

$$dV_{HPR} = dCR - \frac{dCR}{dB} dB - \theta B \cdot \frac{dCR}{dB} dt \tag{VIII-47}$$

Da dieser Ertrag wegen der Bedingungen des HPR risikofrei ist, muss er bei Arbitragefreiheit dem risikofreien Zinsertrag zum Zinssatz r auf den Portfoliowert entsprechen: $r(B - \frac{dCR}{dB} B)dt$. Eingesetzt in Gleichung (VIII-47) erhält man

$$dCR - \frac{dCR}{dB} dB - \theta B \cdot \frac{dCR}{dB} dt = r(B - \frac{dCR}{dB} B)dt \tag{VIII-48}$$

Auch hier wird Itô's Lemma angewendet, um den Ausdruck für dCR zu erhalten:

$$dCR = \frac{\partial CR}{\partial B} dB + \frac{1}{2} \cdot \frac{\partial^2 CR}{\partial B^2} (dB)^2 \tag{VIII-49}$$

In Gleichung (VIII-49) wird dB gem. Gleichung (VIII-43) durch die geometrische Brownsche Bewegung und $(dB)^2$ durch $\sigma^2 B^2 dt$ ersetzt. Ferner wird in Gleichung (VIII-43) α durch $(\mu - \theta)$ substituiert. Hieraus folgt:

$$dCR = (\mu - \theta)B \frac{\partial CR}{\partial B} dt + \sigma B \frac{\partial CR}{\partial B} dz + \frac{1}{2} \cdot \frac{\partial^2 CR}{\partial B^2} \sigma^2 B^2 dt \tag{VIII-50}$$

Beim Einsetzen von (VIII-50) in (VIII-48) kürzen sich alle Terme in dz (= Risikokomponente) heraus, wodurch das **HPR risikofrei** wird. Durch Umstellen erhält man diejenige Differentialgleichung, die von der gesuchten Funktion CR(B) erfüllt werden muss:

$$dCR = \frac{1}{2} \cdot \frac{\partial^2 CR}{\partial B^2} \sigma^2 B^2 + (r - \theta)B \frac{\partial CR}{\partial B} - r \cdot CR \stackrel{!}{=} 0 \tag{VIII-51}$$

Zusätzlich unterliegt CR(B) folgenden Randbedingungen (vgl. Pindyck 1991, S. 1120):

3 Risikobewertung von Investitionsobjekten mittels Realoptions-Ansatz

$$CR(0) = 0 \quad \text{(VIII-52a)}$$

$$CR(B^*) = B^* - a \quad \text{(VIII-52b)}$$

$$\frac{\partial CR}{\partial B}(B^*) = a \quad \text{(VIII-52c)}$$

Auf der Grundlage der vorangegangenen Gleichungen lassen sich folgende Interpretationen treffen:

- Der unterstellte stochastische Prozess der *Brownschen* Bewegung [vgl. Gleichung (VIII-43)] impliziert, dass sich der Wert der Investition nicht mehr ändert, wenn er einmal auf Null gesunken ist. Damit ist auch der Optionswert gem. Gleichung (VIII-52a) Null. *B** stellt die Schwelle für *B* dar, bei dessen Erreichen die Option durchgeführt wird.

- Gleichung (VIII-52b) besagt, dass der Investor bei Durchführung der Investition den Kapitalwert (*B** - *a*) erhält. Eine alternative Interpretation von Gleichung (VIII-52b) kann nach Umstellen der Gleichung zu *B** = *a* + *CR(B*)* gefunden werden: Eine Investition soll dann erst durchgeführt werden, wenn der Wert der Investition der Summe aus den Anschaffungskosten *a* und den Opportunitätskosten der Ausübung (und der Vernichtung) der Option entspricht.

- Gleichung (VIII-52c) bezeichnen *Dixit/ Pindyck* (1994, S. 141) als „Smooth Pasting Condition", die der Bestimmung von *B** dient. Sie besagt, dass die Optionspreisfunktion *CR (B)* im kritischen Wert *B** die Kurve des Kapitalwerts (*B* − *a*) tangieren muss.

Bei Beachtung dieser Randbedingungen nimmt *CR(B)* in Gleichung (VIII-51) folgende Form an:

$$CR(B) = \xi B\iota \quad \text{(VIII-53)}$$

Hierbei ist ξ konstant und der Parameter ι besteht aus folgender Beziehung:

$$\iota = \tfrac{1}{2} - (r - \theta)/\sigma^2 + \{[(r - \theta)/\sigma^2 - \tfrac{1}{2}]^2 + 2 r/\sigma^2\}^{1/2} \quad \text{(VIII-54)}$$

Durch Einsetzen von Gleichung (VIII-53) in (VIII-52b) und (VIII-52c) erhält man die Bestimmungsgleichung für die Konstante ξ und den kritischen Barwert *B**:

$$B^* = \iota\, a\, /(\iota - 1) \quad \text{(VIII-55a)}$$

$$\xi = (B^* - a)/(B^*)\iota \quad \text{(VIII-55b)}$$

Mit den Gleichungen (VIII-53) bis (VIII-55b) sind der Wert der Investitionsmöglichkeit und die optimale Investitionsregel bestimmbar. Sie sind abhängig von den Parametern *r, θ, B, a* und *σ*, die auf der Grundlage der restriktiven Annahme des vollständigen und vollkommenen Kapitalmarkts hergeleitet wurden. Dies gelang mittels des Spanning auf das Twin Security „Aktie". Sollte ein solches Verfahren nicht möglich sein, kann eine Lösung für *CR(B)* über das **Verfahren der dynamischen Programmierung** gefunden werden (vgl. grundsätzlich *Dixit/ Pindyck* 1994, S. 140f. und als Anwendungsfall *Schäfer* 2001b).

Aufgrund des bisherigen Analysen ist eine Gegenüberstellung der Komponenten der Finanzoption und ihren Entsprechungen bei Realoptionen möglich.

	Finanzoption	Realoption
Basiswert	Aktie	Investitionsobjekt
Maß für den Basiswert	Aktien(kassa)kurs	Barwert der Einzahlungsüberschüsse des Investitionsobjekts (B)
Ausübungspreis	Aktien(termin)kurs	Investitionsbetrag (Anschaffungsauszahlung a)
Laufzeit	Kontraktlaufzeit	Zeit, bis die Investitionsmöglichkeit verfällt.
Zahlungen während der Laufzeit	Dividende, Bezugsrecht (steht Besitzer der Aktie zu).	Nettoertrag (steht Besitzer des Investitionsobjekts zu, das als Basisobjekt fungiert).
Volatilität	historische oder implizite Aktienkursvolatilität.	historische Volatilität des Gegenwartswerts des Investitionsobjekts
Zinssatz	risikoloser Kapitalmarktzinssatz	

Abb. VIII-24: Vergleich zwischen Real- und Finanzoption (vgl. *Trigeorgis* 1996, S. 125)

3.3 Investitionsregel im Realoptions-Ansatz

Im vorangegangenen Abschnitt wurde begründet, dass der **Wert der Realoption** $CR(B)$ von den Parametern r, θ, B, a und σ abhängt. Es soll nun gezeigt werden, wie sich Änderungen ausgewählter Parameter auf den Optionswert und den kritischen Wert B^* auswirken. Hierzu wird das im vorangegangenen Abschnitt entwickelte Verfahren und dessen Ergebnis zugrunde gelegt. Beispielhaft sollen für die Parameter eingesetzt werden: $r = 0,04$, $\theta = 0,04$, $a = 1$. Der Wert der Investitionsmöglichkeit $CR(B)$ kann grafisch analog der **Zeitwertkurve** dargestellt werden, wie sie aus der Behandlung der Call-Finanzoption bekannt ist.

In Abb. VIII-25 bezeichnet die Stelle $(B = a)$, dass der Barwert der Investition den Anschaffungskosten entspricht – bzw. der Barwert der Investitionsmöglichkeit gleich ist dem Ausübungspreis und mithin der innere Wert der Realoption Null beträgt [$CR(B) = 0$]. An dieser Stelle weist der Zeitwert der Realoption sein Maximum auf. Über diesen Punkt hinaus wird die Realoption in the money. Der **Tangentialpunkt** der Funktion $CR(B)$ mit der Kapitalwertgeraden $(B - a)$ repräsentiert den kritischen Wert B^*. Damit hat man die Grundlage für die **Investitionsregel**: Die Investition sollte durchgeführt (die Realoption ausgeübt) werden, wenn der Barwert des Investitionsobjekts den kritischen Wert B^* übersteigt (bzw. ihm entspricht) $B \geq B^*$. Der kritische Wert B^* entspricht den Anschaffungskosten des Investitionsobjekts (= a), wenn keinerlei Volatilität (= σ) vorliegt [vgl. Gleichungen (VIII-54) bis (VIII-55b)]. Ein positiver Wert für σ bewirkt $B^* > a$ und die Realoption weist ihrerseits einen positiven Wert auf [= $CR(B) > 0$].

3 Risikobewertung von Investitionsobjekten mittels Realoptions-Ansatz

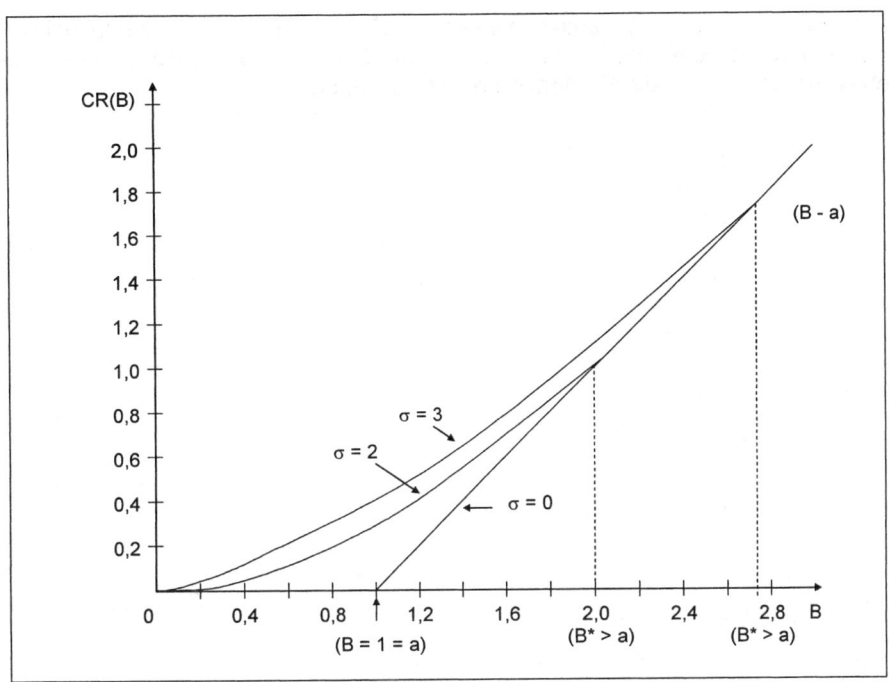

Abb. VIII-25: Wert der Realoption und optimaler Basiswert

Welche Konsequenzen ergeben sich hieraus für das Investitionskalkül nach der Kapitalwertmethode?

Die **Investitionsregel** der **klassischen Form der Kapitalwertmethode** lautet: Investiere, wenn der Barwert der Einzahlungsüberschüsse die Anschaffungsauszahlungen übersteigt. Will man die **Kapitalwertmethode mit** dem **Realoptions-Ansatz** erweitern, so sind die Opportunitätskosten zu berücksichtigen, die entstehen, wenn statt Verschieben in die Zukunft in der Gegenwart investiert wird. CR(B) verkörpert die Opportunitätskosten, die gemeinsam mit den Anschaffungskosten die jetzt zu betrachtenden Gesamtkosten der Investition darstellen. Sind die Gesamtkosten größer als der Barwert des Investitionsobjekts [$B < CR(B) + a$ bzw. $CR(B) > B - a$], so ist die Investition in der Gegenwart nicht vorteilhaft. Der Entscheider sollte die Investition aufschieben. Mithin gilt auch $B < B^*$ (vgl. hierzu *Pindyck* 1991, S. 1123).

Anhand der Zeitwertkurve der Realoption in Abb. VIII-25 lässt sich durch Variation des **Parameters für das Risiko** (σ) auch aufzeigen, wie die Möglichkeit des Wartens und des Aufschiebens der Investitionsentscheidung den Wert des Investitionsobjekts beeinflusst. So muss der Wert für ein vorteilhaftes Investitionsobjekt bei einem Risikowert von $\sigma = 0{,}2$ mit $B^* = 2$, mindestens doppelt so groß sein wie im Fall der einfachen Kapitalwertmethode mit $B = a = 1$. Der Zeitwert der Realoption erhöht sich (analog dem Verlauf bei Finanzoptionen) mit steigender Volatilität der Einzahlungsüberschüsse und damit des Barwerts. Wie bei Finanzoptionen auch, so bewirkt die steigende Volatilität, dass die Ausschläge für B größer werden, wodurch der Erfolg für den Investor steigt. Von Bedeutung sind also nur die positiven Ausschläge, da der Investor gegen die negativen Folgen der ebenfalls im gleichen Umfang möglichen negativen Ausschläge geschützt ist, denn er muss die Option nicht ausüben. Wiederum analog zu Finanzoptionen erhöht sich mit steigender Volatilität auch der kritische Wert B^*. Die Vorteilhaftigkeit des Investitionsobjekts reagiert zunehmend sensibler auf die Zunahme des Risikos. Der Unternehmenswert, in dem die Realoption enthalten ist, steigt.

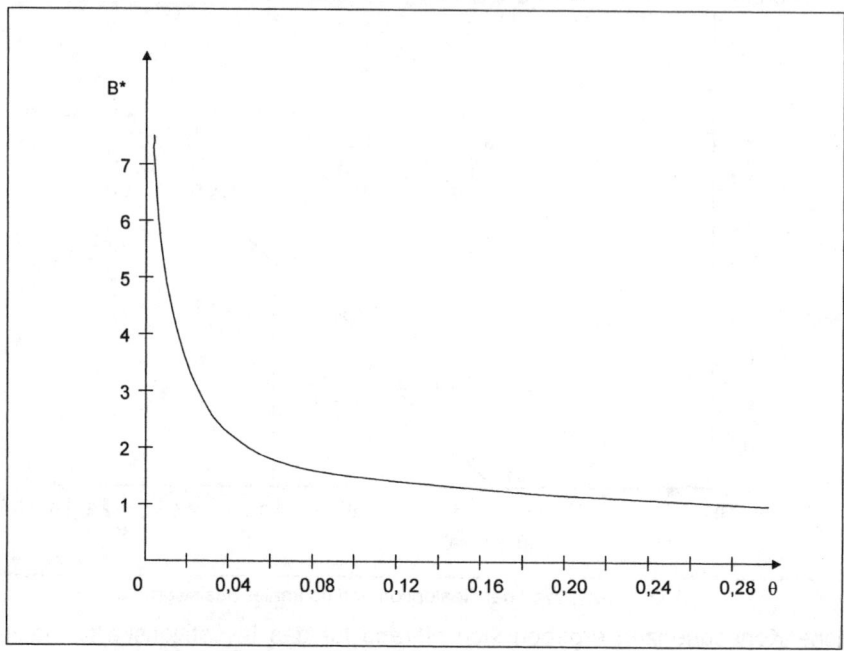

Abb. VIII-26: Abhängigkeit des kritischen Werts B^* von θ

Für den Wert der Realoption von Bedeutung ist ferner der **Parameter** θ. Er drückt die durch das Warten aufgeschobenen zukünftigen Einzahlungsüberschüsse eines Investitionsobjekts aus. Abb. VIII-26 zeigt, dass mit einem Anstieg von θ c. p. bei konstantem μ eine sinkende Wachstumsrate für B^* und damit ein Sinken der erwarteten Wertsteigerung der Realoption auf das Investitionsobjekt verbunden ist. Die Kosten des Wartens steigen daher relativ zu den Kosten der sofortigen Durchführung der Investition und damit Ausübung der Realoption – der kritische Wert B^* sinkt infolgedessen.

3.4 Modellierung von Realoptionen – Verfeinerungen

Die Abwandlung der Kapitalwertmethode mithilfe des Realoptions-Ansatzes und die Ermittlung des erweiterten Kapitalwerts basiert auf einer vereinfachten Vorgehensweise. Tatsächlich werden im Einzelfall der Investitionsbewertung Anpassungen erforderlich sein. Diese sollen für die einzelnen Komponenten der Realoptionen problemorientiert skizziert werden.

Basiswert

Kennzeichnend für Finanzoptionen, resp. Aktienoptionen ist die häufige Handelbarkeit des Basisobjekts auf Kapitalmärkten. Damit ist prinzipiell eine regelmäßige Kursfeststellung gewährleistet und der Aufbau des *HPR* zum Zweck der Optionsbewertung möglich. Ein entscheidender Unterschied zu Finanzoptionen liegt bei Realoptionen darin, dass der Basiswert weder ein auf den Kapitalmärkten ver-

3 Risikobewertung von Investitionsobjekten mittels Realoptions-Ansatz

gleichbaren Märkten handelbarer Vermögensgegenstand ist, noch eine regelmäßige Marktpreisfeststellung erfolgt. Im Realoptions-Ansatz behilft man sich, indem Vermögensgegenstände, die die fehlenden Eigenschaften des Basiswerts aufweisen, als **Substitute** gesucht werden. Hierzu wurden das Verfahren des Spanning und des Outputpreises vorgestellt.

Ein weiteres Problem im Rahmen des Basiswerts betrifft den **Barwert der Einzahlungsüberschüsse** B, mit dem der Basiswert quantifiziert wird. Der Barwertermittlung liegt der Kalkulationszinsfuß zugrunde. Nach wie vor bleibt das Problem der adäquaten Bestimmung des Kalkulationszinsfußes bestehen. Eine alternative Möglichkeit wird in Beiträgen zu Realoptionen für Investitionsfragen im Bereich natürlicher Ressourcen in der Verwendung der *Hotelling*-**Regel** gesucht (vgl. *Sick* 1989, S. 10–11).

Ein weiterer Problembereich im Basiswert ist dessen **stochastischer Prozess**. Der stetige Kursverlauf einer Aktie als Basiswert ist bei realen Investitionsobjekten häufig nicht gegeben. Unstetigkeiten oder Sprünge wie sie z.B. aufgrund des Eintritts neuer Konkurrenten in den Markt oder durch technische Determinanten in Prozessinnovationen häufig vorkommen, kennzeichnen u.U. den Verlauf von B_d. Für solche Fälle beschreibt der *Wiener*-Prozess in Gestalt der geometrischen *Brownschen* Bewegung den stochastischen Prozess nicht mehr hinreichend. Erweitert werden kann der Ansatz durch einen „**Mixed Jump-Diffusion-Process**", bei dem die geomerische *Brownsche* Bewegung ergänzt wird um Sprünge im Verlauf von B_d, die zu diskreten zufälligen Zeitpunkten auftreten. Alternativ wird gerade für technologiestarke Investitionsobjekte ein reiner Sprungprozess („**Pure Jump-Process**") in Ansatz gebracht (vgl. *Schäfer/ Schässburger* 2001b, S. 277-278).

Volatilität

Analog der Volatilitätsmessung bei Finanzoptionen kann die Volatilität bei Realoptionen mittels der historischen Volatilität gemessen werden. Hierzu bedarf es vergangener Wert- bzw. Preisbewegungen, wenn standardisierte oder gehandelte Güter mit dem Investitionsobjekt erstellt werden, die einen solchen vergangenen Preispfad marktmäßig erheben lassen. Für Investitionsobjekte aus dem F&E-Bereich und Innovationen ist dies meist nicht darstellbar. Alternativ gilt diese Anforderung für das Twin Security. Die andere Möglichkeit ist die Verwendung einer **impliziten Volatilität**, bei der wie bei Finanzoptionen die Volatilitätsbestimmung rekursiv aus dem Marktpreis der Option erfolgt. Da dies einen liquiden Markt, auf dem Optionen gehandelt werden, voraussetzt, ist diese Methode auf Realoptionen nicht anwendbar (vgl. *Sick* 1989, S. 4).

Laufzeit

Gegenüber Finanzoptionen dürften die Laufzeiten von Realoptionen bedingt durch die Eigenschaften ihrer Basiswerte länger sein. Häufig ist die **genaue Laufzeitbestimmung** als solche ein **Problem**. Eine exogene Laufzeitbegrenzung kann gerade bei strategischen Realoptionen durch den Eintritt neuer Konkurrenten die Exklusivität der Investitionsmöglichkeit beeinträchtigen bzw. vollständig aufheben.

Ausübungspreis

Für Realoptionen gilt als weitere Besonderheit, dass durch die i.d.R. längeren Laufzeiten gegenüber Finanzoptionen der **Ausübungspreis zunehmend** eine

stochastische Größe wird. Hierzu kann mittels eines Diffusionsprozesses, für den häufig eine geometrische *Brownsche* Bewegung unterstellt wird, eine Modellierung des Prozessverlaufes im Ausübungspreis erfolgen (vgl. *McDonald/ Siegel* 1986, S. 709f.).

Zinssatz

Eine weitere Folge der längeren Laufzeiten von Realoptionen ist, dass der über die Laufzeit konstante Zinssatz wie er bei Finanzoptionen zugrunde gelegt ist, nicht aufrechterhalten werden kann. Es kann erforderlich werden, einen stochastischen Verlauf des Zinssatzes zu modellieren (vgl. *Ingersoll/ Ross* 1992). Im *HPR* lässt sich – neben dem stochastischen Verlauf des Preises des Basiswerts - der stochastische Verlauf des Zinssatzes eliminieren. Dadurch kann nach wie vor der Optionspreis auf dieser Methodengrundlage ermittelt werden.

3.5 Kritik und Ausblick

Mit dem Realoptions-Ansatz liegt ein noch junges Instrumentarium der Investitionsbewertung vor, mit dem es möglich wurde, Handlungsspielräume und Wahlmöglichkeiten in einer Investition quantitativ zu fassen und in ein rationales Investitionskalkül zu integrieren (Erweiterung der Kapitalwertmethode). Aufgrund der möglichen markanten Fehleinschätzungen von Investitionsobjekten durch Bewertungen nach dem klassischen Kapitalwertkalkül stellt eine mathematisch einfache Anwendung des Optionspreisansatzes eine Verbesserung des Entscheidungsprozesses dar.

<u>Lesehinweis:</u> In einer lesenswerten Fallstudie zur Fa. Merck illustriert *Luehrmann* (1997b) dieses Problem.

Die **Anwendung** des **Realoptions-Ansatzes** erfolgt häufig zur Investitionsbewertung im Bereich der **natürlichen Ressourcen** (vgl. *Brennan/ Schwartz* 1985) sowie in Zusammenhang mit Investitionen im **Rohstoffsektor** oder bei **Agrarprodukten** (vgl. *Trigeorgis* 1995, S. 24). Hier ist wegen der meist verfügbaren Marktpreise der Dateninput für die Determinanten des Bewertungsmodells leicht beschaffbar. *Paddock/ Siegel/ Smith* (1988, S. 494ff.) weisen nach, dass es einen signifikanten empirischen Zusammenhang zwischen Marktpreisgeboten für Erdölexplorationsrechten und den auf der Basis des Bewertungsansatzes von Realoptionen ermittelten Preisen gibt.

Breite Anwendungen finden Realoptions-Modelle vor allem bei Investitionsentscheidungen in Zusammenhang mit der **Flexibilität des Produktionsapparates** (vgl. *Kulatilaka* 1993, S. 271ff.). Im Bereich des internationalen Finanz- und Investitionsmanagements bestehen aussichtsreiche Anwendungsmöglichkeiten in Zusammenhang mit der Unsicherheit über zukünftige Wechselkursentwicklungen und für die Beurteilung von Investitionen in internationale Produktionsstandorte (vgl. *Bell* 1995, S. 163). Auch im Rahmen unternehmensstrategischer Entscheidungen kann der Realoptions-Ansatz Entscheidungsgrundlagen liefern. *Smith/ Triantis* (1995, S. 135ff.) kamen in ihrer Untersuchung über den Einfluss von Realoptionen bei **Unternehmensakquisitionen** zu dem Ergebnis, dass strategische und operative Realoptionen eine wichtige Rolle spielen. Aufgrund solcher Werte kann der i.d.R. mit dem CAPM analysiert und häufig als zu hoch erachtete Kaufpreis von Unternehmen erklärt werden. *Schäfer/ Sochor* (2005) demonstrieren anhand einer

Ölmühle, die mit den zwei alternativen Inputfaktoren Soja und Raps betrieben werden, dass eine solche Wechselmöglichkeit den Unternehmenswert erhöht.

Für den **Immobiliensektor** wurden ebenfalls Realoptions-Modelle angewendet, auch wenn bei diesen Investitionsobjekten wegen der geringen Standardisierung die Bewertungsmöglichkeiten eingeschränkter sind (vgl. hierzu *Sick* 1989, S. 4). Immerhin konnte *Quigg* (1993, S. 621ff.) für Immobilieninvestitionen hinsichtlich einer „Option zu warten" theoretische Immobilienpreise ermitteln, die empirisch Relevanz besaßen. So wiesen die Marktpreise der von ihm analysierten Immobilien im Durchschnitt eine Prämie von 6% für die Option, mit dem Beginn der Investition zu warten, auf.

Der Vorteil der Realoptionen, sehr anwendungsspezifisch eingesetzt werden zu können, kehrt sich leicht in ihren Nachteil um, da auf kein einheitliches Bewertungsformelsystem zurückgegriffen werden kann. Dies hat zur Folge, dass der Bewerter die **Bewertungsgleichung** für die Optionspreisberechnung **selbst aufstellen** muss. In der Praxis sind zudem **Wertschöpfungsketten** meist wesentlich **umfangreicher** und sorgen für wachsende Probleme in der Umsetzung der Realoptions-Ansätze. Es sind vor allem die **zunehmenden Handlungsspielräume** und die mangelnde Erfüllbarkeit der Annahme der Replizierbarkeit, die dann statt numerischer nur noch Näherungslösungen ermöglichen. Dadurch steigt der Anteil der subjektiven Bewertung zu Lasten einer objektivierten Marktbewertung und mögen neue diskretionäre Handlungsspielräume schaffen (vgl. *Eble/ Völker* 1993, S. 417 und *Kieschnick* 1990, S. 21). Damit schimmert ein grundsätzliches Problem der neoklassischen Kapitalmarkttheorie durch – asymmetrische Informationsverteilungen zwischen Kapitalnehmer und –geber.

Kapitel IX   Investitionstheorie und Neo-Institutionenökonomik

Bisher basierten alle investitionstheoretischen Betrachtungen auf dem neoklassischen Paradigma, in dem dem Kapitalmarkt die zentrale Bedeutung zukommt. Damit waren die Annahmenkombinationen A, B und C, wie sie in Kapitel I, Abschnitt 6, vorgestellt wurden, nacheinander für die Weiterentwicklung der Investitionsmodelle herangezogen worden.

Das fundamentale Ergebnis des CAPM betrifft die Verteilung und Bewertung von Risiken der Marktteilnehmer. Auf der Grundlage der zentralen Annahmen (vollkommener Kapitalmarkt, homogene rationale Erwartungen und quadratische Nutzenfunktion) wird nachgewiesen, dass im Marktgleichgewicht ausschließlich das **systematische Risiko** (bzw. Marktrisiko) für die Bewertung von Investitionsobjekten von Bedeutung ist. Maßgröße für das Risiko ist der Beta-Faktor. Das unsystematische Risiko wird durch Diversifikation eliminierbar, der Kapitalmarkt vergütet dieses Risiko nicht.

Das systematische Risiko eines Portefeuilles lässt sich weitergehend reduzieren, wenn eine Absicherung des Portefeuilles gegen Wertschwankungen mittels Optionen möglich ist. Dies setzt neben der Vollkommenheit auch die Vollständigkeit des Kapitalmarkts voraus. Neben Kassa- müssen auch Zukunftsmärkte geöffnet und in Betrieb sein. Der **Finanzoptionsansatz** lässt sich über das Risikomanagement hinaus ausbauen zum **Realoptions-Ansatz**.

Portfoliotheorie, CAPM und Realoptions-Ansatz sind eingebettet in die neowalrasianische Gleichgewichtswelt wie sie für das neoklassische Paradigma kennzeichnend ist. Innerhalb dieses Paradigmas existiert mit den Arbeiten von *Arrow* (1964) aber auch ein Zweig, der die Irrelevanz des unsystematischen Risikos für die Bewertung von Vermögensobjekten in Frage stellt. *Arrows* Arbeiten zum Versicherungsgleichgewicht bei Vorliegen des moralischen Risikos (= **Moral Hazard**) ist nicht auf Versicherungsmärkte begrenzt geblieben, sondern hat seinen festen Stellenwert innerhalb der allgemeinen Gleichgewichtstheorie gefunden (vgl. *Stiglitz* 1983) und weitreichende Übertragungen auf andere Gebiete der Wirtschaftswissenschaften erfahren – so auch auf die Kapitalmarkttheorie. Zudem liegt die Vermutung nahe, dass die Bedeutung des unsystematischen Risikos zumindest für manche Investitionsobjekte bzw. Vertragsbeziehungen von Kapitalmarktteilnehmern größere Bedeutung hat als das systematische Risiko. Dies scheint dort der Fall zu sein, wo ausgeprägte (unsicherheitsbedingte) **Transaktionskosten** direkte Kontraktabschlüsse zwischen Kapitalgebern und -nehmern verhindern und besondere Kooperationsdesigns zum reibungslosen Ablauf erfordern. Die Vielzahl bestehender Institutionen für den Kapitalmarkt wie Gesetze, staatliche Aufsichtsorgane und die Existenz von Finanzintermediären wie Kreditinstituten, Versicherungsunternehmen, Bausparkassen etc. kann nicht durch die neoklassische Theorie erklärt werden (vgl. *Terberger* 1994, S. 21-26). Dies nährt den Verdacht, dass Friktionen in der intertemporalen Allokation von Kapital bestehen und dem unsystematischen Risiko Vorschub leisten. Solcherart skizzierte Rahmenbedingungen könnten auf die Investitionspolitik eines Unternehmens Auswirkungen haben, die bisher nicht analysiert wurden.

Im vorliegenden Kapitel IX wird die noch ausstehende Annahmenkombination D – **unvollkommener Kapitalmarkt und unsichere Erwartungen** – mit ihren Auswirkungen auf die Investitionstheorie behandelt. Damit findet auch ein Paradigmawechsel statt: An die Stelle der Neoklassik tritt die Neo-Institutionenökonomik.

> Mit dem neo-institutionenökonomisch ausgerichteten Kapitel IX sollen auf folgende **zentrale Fragen** Antworten gegeben werden:
>
> (1) Worin besteht das grundsätzliche Merkmal endogener Unsicherheiten und welches sind die daraus resultierenden Allokationsprobleme?
>
> (2) Was kennzeichnet den Prinzipal-Agent-Ansatz innerhalb der Neo-Institutionenökonomik?
>
> (3) Welche Konsequenzen ergeben sich aus den neo-institutionenökonomischen Grundlagen für die Investitionstheorie?

1 Vorüberlegungen

Bevor investitionstheoretische Konsequenzen der Neo-Institutionenökonomik aufgezeigt werden können, ist es erforderlich, einige zentrale Eckpfeiler dieses Paradigmas für die Kapitalmarkttheorie aufzuzeigen.

Lesehinweis: Die Ausführungen dieses Abschnitts sind knapp gehalten. Leserinnen und Leser werden zur weitergehenden Beschäftigung mit dem neo-institutionenökonomischen Paradigma für die Kapitalmarkttheorie auf *Schäfer* (2002, S. 69-84 und 1997, S. 173f.) und die dort aufgeführte Vertiefungs- bzw. Spezialliteratur verwiesen.

Das neo-institutionalistische Forschungsprogramm ist kaum in allgemeiner Form charakterisierbar, da es sich mit unterschiedlichen Fragestellungen und Methoden beschäftigt. Es lässt sich eher noch eine Abgrenzung zur Neoklassik vornehmen, da die Neo-Institutionenökonomik im Gegensatz zur Neoklassik von **begrenzten Informationsverarbeitungsmöglichkeiten** der Wirtschaftssubjekte, **opportunistischem Verhalten** der Marktteilnehmer und **dauerhaften Verträgen** ausgeht (vgl. *Hax* 1991, S. 55f.). Bezeichnend ist für neo-institutionenökonomische Ansätze auch, dass sie aus der Neoklassik entwickelt wurden, indem sie durch marginale Variationen der Annahmen die Existenz von Institutionen in ihren Modellen zu erklären versuchen. Ausgangspunkt stellt das neo-walrasianische Gleichgewichtsmodell wie es von *Arrow, Debreu* und *McKenzie* entwickelt wurde, dar.

1.1 Gleichgewichtstheoretische Grundlagen

Neben der Verwendung von **Geld** sind **Institutionen** die zweite Säule, mit der Reibungsverluste beseitigt werden können, die andernfalls kennzeichnend für eine reine Tauschwirtschaft sind (vgl. *Schäfer* 1988, S. 47f.). Dadurch werden letztlich Unsicherheiten reduziert und Transaktionskosten gesenkt.

Im neoklassischen Paradigma und den neoklassischen Theorien wird durch ihre Fundierung aus dem neo-walrasianischen totalen Gleichgewichtsmodell nach *Arrow* und *Debreu* implizit unterstellt, dass im vollkommenen und vollständigen Marktsystem alle Güter und Zustände in vollständige Verträge eingekleidet werden können und dadurch handelbar werden (vgl. auch Kapitel III, Abschnitt 2.1). Es ist das Verdienst neo-institutionenökonomischer Forschungen herausgearbeitet zu haben, dass die **Vollständigkeit von Verträgen** nicht der Regel-, sondern der Ausnahmefall darstellt, wenn die Anbahnung, Formulierung und Durchsetzung von Verträgen nicht (transaktions)kostenfrei erfolgen kann. Dies wäre nur dann der

1 Vorüberlegungen

Fall, wenn die Vertragsparteien **vollständige** und **symmetrische Information** über die während der vor ihnen liegenden Vertragslaufzeit eintretenden vertragsrelevanten Umweltzustände hätten. Dies berührt die Frage des Managements von Unsicherheiten und an dieser Stelle kommt die in Kapitel I, Abschnitt 1.3.3 eingeführte Unterscheidung in exogene und endogene Unsicherheit zum Tragen.

Diese Unterscheidung in exogene und endogene Unsicherheiten hat weitreichende Auswirkungen auf die Kapitalmarkttheorie. Verträge werden unter diesen Bedingungen nur dann vollständig formuliert werden können, wenn Unsicherheiten abgebaut werden. Dies erfordert eine spezifische Informationstechnologie auf Seiten der Marktteilnehmer, die Transaktionskosten zur Folge hat. Von der Höhe solcher Transaktionskosten hängt es ab, ob überhaupt Verträge vollständig formuliert werden können, oder ob sie nicht stattdessen unvollständig bleiben oder impliziten Charakter bekommen. Alle neoklassischen Kapitalmarktmodelle und so auch deren investitionstheoretischen Abkömmlinge basieren auf der Vorstellung exogener Unsicherheiten und dem daraus resultierenden Risiko. Auch das systematische Risiko des CAPM ist so zu verstehen. Es ist gängig, die verschiedenen Ausprägungen der endogenen Unsicherheiten und ihrer Gefahren für die Allokation in bestimmte Kategorien einzuteilen. Nachfolgende Abb. IX-1 liefert hierzu eine Übersicht.

Vergleichskriterium \ Typ	Hidden Characteristics	Hidden Intention	Hidden Information	Hidden Action
Entstehungszeitpunkt	**vor** Vertragsabschluss	**vor oder nach** Vertragsabschluss	nach Vertragsabschluss **vor** Entscheidung	nach Vertragsabschluss **nach** Entscheidung
Entstehungsursache	ex ante verborgene Eigenschaften des Agenten	ex ante verborgene Absichten des Agenten	nicht beobachtbarer Informationsstand des Agenten	nicht beobachtbare Aktivitäten des Agenten
Problem	Eingehen der Vertragsbeziehung	Durchsetzung impliziter Ansprüche	Ergebnisbeurteilung	Verhaltens-/ Leistungsbeurteilung
Resultierende Gefahr	• Qualitätsunsicherheit • Adverse Selection	Hold Up	• Moral Hazard • Adverse Selection	• Moral Hazard • Shirking

Abb. IX-1: Überblick zu neo-institutionenökonomischen Unsicherheitskonstellationen

1.2 Elemente der Prinzipal-Agent-Beziehung

Prinzipal-Agent-Beziehungen setzen eine **asymmetrische Informationsverteilung** zwischen Kapitalgeber und -nehmer voraus. Aus diesem Grund gibt es Marktteilnehmer, die über **Informationsvorsprünge** bezüglich Eigenschaften der zu erbringenden Leistungen einer Transaktion gegenüber den übrigen Marktteilnehmern haben. Der Informationsvorsprung begründet einen **diskretionären Handlungsspielraum** der besser informierten Marktteilnehmer, der zu deren Vorteil und zu Lasten der schlechter informierten Seite genutzt werden kann. Es folgt dann **opportunistisches Verhalten** bzw. **unvollkommene Moral** (vgl. *Arrow* 1985).

Entscheidend ist nun, dass der Prinzipal diesem Verhaltensrisiko ausgesetzt ist. Den **Prinzipal** kennzeichnet, dass

- er gegenüber dem Agenten schlechter informiert ist,
- Handlungen des Agenten nicht vollständig erkennen und kontrollieren kann,
- u. U. vom Agenten abweichende Interessen und Ziele verfolgt und
- vom wirtschaftlichen Ergebnis der Handlungen in seiner Wohlfahrt abhängig ist.

Zur exogenen Unsicherheit gesellt sich also für den Prinzipal die endogene Unsicherheit. Klassifiziert man Prinzipal und Agent in Finanzierungs- und Investitionsbeziehungen, so zeigt Abb. IX-2 dies für den Bereich von Kreditbeziehungen. Der Kreditgeber ist als Prinzipal und der Kreditnehmer als Agent zu bezeichnen. Der Agent wird durch die Unternehmensleitung repräsentiert. In ihrer Verantwortung und ihrem Handlungsspielraum steht auch die Investitionspolitik.

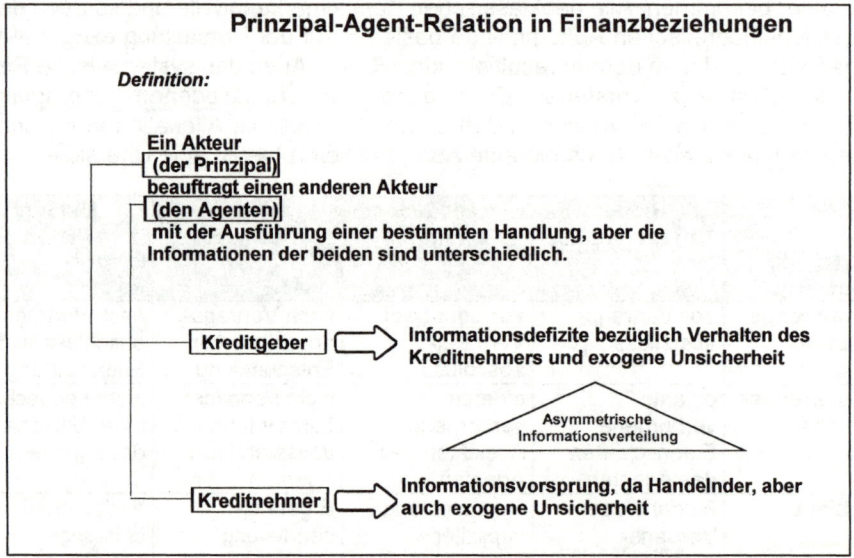

Abb. IX-2: Prinzipal-Agent-Relation in Kreditbeziehungen

In Kapitalgesellschaften sowie in Personengesellschaften mit entsprechender satzungsmäßiger oder vertraglicher Regelung taucht die Prinzipal-Agent-Beziehung aufgrund der Delegation der Unternehmensleitungskompetenz auf. In diesem Fall wird die Rolle der Unternehmensleitung von der des Eigenkapitalgebers separiert. Die Unternehmensleitung (Vorstand, Aufsichtsrat oder Geschäftsführung) verkörpert hierin wiederum die Agentenseite und die Kapitalgeber, hier die **Eigenkapitalgeber**, nehmen die Rolle der Prinzipalen ein. Die Prinzipal-Agent-Beziehung lässt sich also sowohl auf Kredit-, als auch auf Beteiligungsfinanzierungen übertragen.

Asymmetrische Informationsverteilung, diskretionäre Handlungsspielräume und die Gefahr von opportunistischem Verhalten bewirken aus wohlfahrtsökonomischer Sicht eine Abkehr vom **Pareto-Optimum**, dem Idealzustand ökonomischen Zusammenwirkens aller Marktkräfte, das implizit **symmetrische Informationsverteilung** voraussetzt.

Abb. IX-3 fasst die besonderen Informations- und Verhaltenskonstellation in Investitions- und Finanzierungsbeziehungen zusammen.

1 Vorüberlegungen

Kapitalnehmerseite		Kapitalgeberseite
• besteht aus Unternehmen, die lukrative Investitionsmöglichkeiten kennen, aber über keine ausreichenden Finanzmittel verfügen		• verfügen über überschüssige Finanzmittel, möchten ihre Konsummöglichkeiten zu Lasten der Gegenwart in der Zukunft wahrnehmen - Anlage gesucht!
Interessen / Ziele	Verhältnis	Interessen / Ziele
• möglichst wenig von den Investitionserträgen an Kapitalgeber abgeben • möglichst viel Risiko abwälzen	konfliktär	• möglichst viel von den erwarteten Erträgen der Investition erhalten • sowenig wie möglich Risiko tragen
• Finanzmittel für Investitionen verwenden, durch die beide Seiten besser gestellt werden	komplementär	
		Einflussmöglichkeit
Ansprüche auf Residualzahlungen Grund: Träger des Investitionsrisikos (Haftung mit Reinvermögen)	⇐	• direkte Einflussmöglichkeit auf das Management i.d.R. bei Eigenkapitalgebern
Ansprüche auf kontraktbestimmte Zahlungen keine formalen Träger des Risikos	⇐	• bei Fremdkapitalgebern indirekte Einflussmöglichkeit durch die Art der Kreditverträge bei Banken: Umfang der Geschäftsbeziehung Kapitalmärkte: Emissionsbedingungen
Da Eigenkapital relativ teuer ist, zur Risikoträgerschaft und Bereitstellung von Finanzmitteln gebraucht wird, ist die Aufgabe des Finanzmanagements die Schaffung von Vertrauen vor allem bei den Eigenkapitalgebern		

Abb. IX-3: Interessen und Ziele in Investitionsentscheidungen

Versucht der Prinzipal, durch geeignete Kooperationsdesigns, insbesondere der Kontraktspezifikation, das Verhalten des Agenten im Sinne der Zielsetzungen des Kapitalgebers zu beeinflussen, so entstehen ganz **spezifische Transaktionskosten**, die man als Agency Costs bezeichnet.

Jensen/ Meckling (1976, S. 308) kategorisieren drei Komponenten der Agency Costs:

- **Bonding Costs** für die vertragliche Vereinbarungen eines Handlungsrahmens,
- **Monitoring Costs** der Überwachung und Kontrolle des Agenten,
- **Residual Loss** als Differenz zwischen einem für den Prinzipal optimalen und dem tatsächlichen Agentenverhalten.

Diese Kosten können auch als „**Reibungsverluste**" verstanden werden, die entstehen, wenn die Finanzierungsbeziehungen nicht dem Idealzustand der vollständigen und kostenlosen Informationslage zwischen Kapitalgeber und -nehmer entsprechen (vgl. hierzu *Schäfer* 2002, S. 73-76).

Des Weiteren soll die Prinzipal-Agent-Beziehung und ihre Konsequenz für die Investitionstheorie anhand der Kreditfinanzierung von Investitionen dargestellt werden.

Kapitalgeber stellen in der Gegenwart dem Kreditnehmer (= Unternehmensleitung) Vermögen als Kapital zur Verfügung. Die Problematik der Prinzipal-Agent-Beziehung liegt in der Besonderheit, mit der das wirtschaftliche Ergebnis aus Investitionen aufgeteilt wird:

- **Kreditgeber** (= Gläubiger) verbinden mit der Kapitalvergabe die Forderung nach Zahlung eines **periodischen kontraktbestimmten Einkommens** und der Rückgabe der überlassenen Vermögensteile zu einem vereinbarten Zeitpunkt.

Tritt beim Kreditnehmer der Konkurs ein, partizipiert der Kreditgeber i.d.R. aufgrund ihm seitens des Kreditnehmers überlassener Sicherheiten am Verwertungserlös der Investitionsobjekte.

- Der **Kreditnehmer** (= Schuldner), insbesondere wenn er als Eigentümer eines Unternehmens auch gleichzeitig die Unternehmensleitung inne hat, partizipiert am Periodenerfolg des Unternehmens, was ein **periodisches Residualeinkommen** darstellt. Es entsteht nach Abzug der Einkommensansprüche anderer Interessensgruppen aus deren Vertragsrechten (neben Gläubigern sind dies Arbeitnehmer, Lieferanten etc.) (vgl. *Schäfer* 2002, S. 61f.).

Kontraktbestimmte und Residualeinkommenszahlungen werden durch die **Einzahlungsüberschüsse** der realisierten Investitionsobjekte aus den Vorperioden gespeist. Der Kapitalnehmer kennt i.d.R. die Wahrscheinlichkeitsverteilung der Rückflüsse dieser Investitionsobjekte besser als der Kapitalgeber, womit diesbezüglich asymmetrische Informationsverteilung vorliegt. Ferner weiss der Kapitalnehmer, dass die Breite bzw. Höhe, zeitliche Struktur und Sicherheit dieser Zahlungsströme nicht unerheblich und im Einzelfall sogar vollständig von seinem Verhalten abhängen.

Seine Verfügungsgewalt über fremdes Vermögen (aufgenommene Kredite und beschaffte Eigenkapitalteile) und das Vorliegen asymmetrischer Informationsverteilung bilden prinzipiell Anreize für den Kapitalnehmer, sein Verhalten nicht an Zielen und Vorgaben des Kapitalgebers auszurichten. Treten Unterschiede in der Interessenlage zwischen Kapitalnehmer und -geber hinzu, kann der Anreiz Vermögensverschiebungen seitens des Schuldners zu Lasten des Gläubigers nach Vertragsabschluss auslösen. Eine kurze Systematisierung der sich dann einstellenden Änderungen in der Politik des Schuldners gegenüber dem Gläubiger kann wie folgt dargestellt werden (vgl. *Terberger* 1987, S. 119):

Änderung seitens der Kapitalnehmer in der	
Finanzierungspolitik	Investitionspolitik
• Verminderung des haftenden Eigenkapitals durch erhöhte Ausschüttungen bzw. Entnahmen	• Unterlassen von Investitionen, die nur die Gläubigerposition verbessern würde (= Unterinvestitionsproblem)
• Aufnahme weiterer Kredite mit Verwässerung der Altgläubigerpositionen	• Erhöhung des Risikos der Investitionsobjekte (= Überinvestitionsproblem)

Abb. IX-4: Zentrale Anreizfolgen aus einer Prinzipal-Agent-Beziehung

Vorsprung in der Kenntnis der Wahrscheinlichkeitsverteilung seitens der Kapitalnehmer bedeutet aber auch bessere Kenntnis über die Bonität des Gesamtunternehmens, da dies die Addition aller im Unternehmen realisierten einzelnen Investitionsobjekte darstellt (Wertadditivitätstheorem). Von besonderer Bedeutung für die Investitionspolitik ist aus dieser Grundkonstellation der Prinzipal-Agent-Beziehung das **Problem des Moral Hazard**.

2 Prinzipal-Agent-Beziehung und Investitionstheorie

Nachdem einige zentrale Elemente der Neo-Institutionenökonomik vorgestellt wurden, soll anhand eines Zahlenbeispiels in die investitionstheoretische Problematik eingeführt werden.

2.1 Ein konfliktfreies Grundmodell

Folgendes **Beispiel** in Anlehnung an *Wenger/ Terberger* (1988, S. 508ff.) liefert eine Einführung in die Agency-Problematik im Rahmen der (Finanzierungs- und) Investitionstheorie.

Angenommen wird, es stehen zwei Investitionsalternativen (I_1 und I_2) zur Beurteilung an. Beide können mit einer Anschaffungsauszahlung von *80 €* realisiert werden. Ihre Einzahlungsüberschüsse sind einperiodisch und identisch. Sie unterscheiden sich nur mit den Wahrscheinlichkeiten, mit denen sie in Abhängigkeit von zufälligen Einflüssen aufgrund exogener Unsicherheiten eintreten werden. Wird keines der beiden Alternativen realisiert, wäre eine Anlage der Finanzmittel zu *12,5%* am Kapitalmarkt möglich. Nachfolgende Tab. IX-1 zeichnet die Zahlungsströme mit den zugehörigen Wahrscheinlichkeiten auf.

	s_1	s_2	s_3	s_4
d_t	300	200	100	0
$w(d_t / I_1)$	0,05	0,05	0,75	0,15
$w(d_t / I_2)$	0,15	0,15	0,15	0,55

Tab. IX-1: Einzahlungsüberschüsse und objektabhängige Eintrittswahrscheinlichkeiten

Es bezeichnen:

d_t = Einzahlungsüberschüsse,
$w(d_t / I_j)$ = Wahrscheinlichkeit für das Auftreten des Einzahlungsüberschusses der Investition j.

Welches der beiden Investitionsobjekte ist vorzuziehen?

Im Rahmen der Neo-Institutionenökonomik ist die Beantwortung dieser Frage ohne die explizite Berücksichtigung des Agenten, d.h. hier der Unternehmensleitung, nicht möglich. Die Realisierung der Investitionen ist mit Arbeitseinsatz des Agenten verbunden und dieser bestimmt erheblich die Wahrscheinlichkeitsverteilung der Einzahlungsüberschüsse.

Um die Steigerung des Arbeitseinsatzes im Modell zu erfassen, wird angenommen, dass die

- Wahrscheinlichkeiten für die beiden **höheren Einzahlungsüberschüsse** von *300* bzw. *200 €* **um jeweils *0,05* über** den in Tab. IX-1 dargestellten Werten realisiert werden;

- um *0,05* die **Wahrscheinlichkeiten der beiden niedrigeren Werte** der Einzahlungsüberschüsse (*100 €* bzw. *0 €*) jeweils in gleicher Höhe **vermindert** werden.

Die Zahlungsströme der beiden Investitionsobjekte werden daraufhin modifiziert und mit I_1+ bzw. I_2+ bezeichnet. Der Steigerung des Arbeitseinsatzes schlägt sich bei der Unternehmensleitung (als Agenten) im Arbeitsleid nieder, dessen monetärer Gegenwert mit $Y = 15$ € angesetzt wird. Soweit ist das Ausgangsmodell beschrieben. In einer ersten Betrachtung sollen Investitions- und Finanzierungsvorgänge ohne Organisationsprobleme und damit ohne Prinzipal-Agent-Problematik analysiert werden.

Fall I: Keine Delegation von Leitungsfunktionen

Hierzu wird von einem Bild eines **risikoneutralen Alleinunternehmers** ausgegangen, der die Investitionen vollständig aus eigenen Finanzmitteln finanziert. Er ist **Eigentümer und Unternehmensleitung** in einer Person, ein Prinzipal-Agent-Problem ist mithin nicht vorhanden. Aufgrund seiner Risikoneutralität wendet der Alleinunternehmer die μ-Regel an und wählt die Investition mit dem höchsten Erwartungswert der Einzahlungsüberschüsse [$= E(d_t)$] reduziert um das Arbeitsleidäquivalent ($= Y$).

	s_1	s_2	s_3	s_4	$E(d_t)$	Y	$E(d_t)-Y$
d_t	300	200	100	0	-	-	-
$w(d_t/I_1)$	0,05	0,05	0,75	0,15	100	0	100
$w(d_t/I_2)$	0,15	0,15	0,15	0,55	90	0	90
$w(d_t/I_1+)$	0,1	0,1	0,7	0,1	120	15	105
$w(d_t/I_2+)$	0,2	0,2	0,1	0,5	110	15	95

Tab. IX-2: Bewertung der Entscheidungsalternativen

Den höchsten Nutzen [$= E(d_t)-Y$] erbringt Investitionsobjekt 1. Dessen Wert von 105 € liegt auch über dem Wert von 100 €, der die Zahlungsreihe ohne Arbeitseinsatz des Alleinunternehmers kennzeichnet. Investition 1 ist ferner der alternativen Investition in I_2+ sowie auch der Anlage der Finanzmittel am Kapitalmarkt zu 12,5% überlegen, da deren Erwartungswert nur 90 € beträgt (80·1,125).

Fall II: Delegation von Leitungsfunktionen

Der Alleineigentümer trennt nun seine Doppelrolle als Eigentümer (und Eigenkapitalgeber) von der Unternehmensleitung und setzt eine Unternehmensleitung ein. Das **Management** hat die Rolle des **Agenten** und der **Eigentümer** die des **Prinzipalen** inne. In diesem Fall müssen nicht Organisationsprobleme entstehen. Vermeidbar wäre dies, wenn der Agent einen Teil der Anschaffungsauszahlungen durch einen außenstehenden Fremd- oder Eigenkapitalgeber finanzieren lässt.

	s_1	s_2	s_3	s_4	$E(d_{tB})$	$E(d_{tK})$
$d_t (I_1+)$	300	200	100	0	-	-
$w(d_t/I_1+)$	0,1	0,1	0,7	0,1	-	-
$d_{tEK} = 0{,}375 \cdot d_t$	112,5	75	37,5	0	45	-
$d_{tFK} = \min(50; d_t)$	50	50	50	0	-	45

Tab. IX-3: Zahlungsansprüche bei Beteiligung und Kreditvergabe

2 Prinzipal-Agent-Beziehung und Investitionstheorie

Es gilt in Tab. IX-3:

d_{tEK} = Einkommenszahlung an den Eigenkapitalgeber,
d_{tFK} = Einkommenszahlung an den Fremdkapitalgeber.

Angenommen der Agent realisiert das erste Investitionsobjekt mit dem höheren Erwartungswert und setzt zur Finanzierung zur Hälfte der Anschaffungsauszahlung (= 40 €) Eigenkapital ein (**Beteiligungsfinanzierung**). Die restlichen Mittel beschafft er am Kapitalmarkt (**Kreditfinanzierung**). Externe Kapitalgeber werden Finanzmittel nur bereitstellen, wenn das Investitionsobjekt mindestens die geforderte Rendite entsprechend des Kapitalmarktzinssatzes von 12,5% ermöglicht, der Erwartungswert der Kapitalgeber beträgt also 45 €, was aus der Tilgung von 40 € und den Zinsen von 5 € (12,5% vom Kreditbetrag von 40 €) resultiert.

Betrachtet man den Eigenkapitalgeber, so entspricht der geforderte Erwartungswert von 45 € einem Anteil von 37,5% an den erwarteten Zahlungsüberschüssen von I_1+ in Höhe von 120 €. Demnach erfordert die Beteiligungsfinanzierung Zahlungen in Höhe von $d_{tEK} = 0{,}375 \cdot d_t$ als Gegenleistung für die Kapitalüberlassung. Dagegen beträgt die nominelle Zahlungsforderung des Fremdkapitalgebers 50 €. Diese kommen zustande, weil für den Fremdkapitalgeber noch seitens der Unternehmensleitung das Ausfallrisiko abzugelten ist. Dieses wird über den Kreditzinssatz bewerkstelligt und umfasst 25% der bereitgestellten Kreditsumme von 40 € $(40 \cdot 0{,}25 + 40 = 50)$. Sollte also während der Nutzungsdauer des Investitionsobjekts der Kredit ausfallen, so erhält der Kreditgeber den Betrag von 50 €. Wird das Investitionsobjekt planmäßig durchgeführt und es kommt zu keinem Ausfall, fließen an den Kreditgeber Zahlungen von $d_{tFK} = \min(50; d_t)$, die gerade den benötigten Erwartungswert von 45 € aufweisen.

Unter diesen Umständen verbleibt dem Agenten unabhängig vom gewählten Finanzierungsvertrag ein erwarteter Nutzen von 120 - 15 - 45 = 60 €. Dieser Betrag ist höher, als er bei Durchführung jeder anderen Handlungsalternative erzielen könnte, wenn seine Eigenmittel auf 40 € beschränkt sind.

Mit dem Ergebnis wird grundlegendes der Finanzierungstheorie widergespiegelt:

- Es drückt das **Separations- und Irrelevanztheorem** des vollkommenen Kapitalmarkts aus. Demzufolge kann die Investitionsentscheidung unabhängig von der Finanzierungsentscheidung getroffen werden. Der Unternehmenswert ist durch die Investitionsentscheidung determiniert. Finanzierungsentscheidungen sind für den Unternehmenswert ohne Bedeutung. Die Finanzierung bestimmt lediglich die Art der Zerlegung dieser Vermögensposition in einzelne Parten.

- Ferner gilt das **Wertadditivitätstheorem**, wonach die Einzelwerte der Teilpositionen unabhängig von der gewählten Aufteilung sich zum vorgegebenen Gesamtwert addieren müssen.

Diese zentralen Aussagen der neoklassischen Finanzierungstheorie sind nur gültig, wenn es **keine Organisationsprobleme** zwischen Prinzipalen und Agenten gibt, d.h., wenn der investierende Agent den außenstehenden Kapitalgebern glaubhaft und kostenlos versichern kann, dass I_1+ wie angekündigt von ihm durchgeführt wird. Dies ist nur dann der Fall, wenn zwischen Agenten und Prinzipalen eine symmetrische Informationsverteilung vorliegt, also eine spezifische Annahme des vollkommenen Kapitalmarkts erfüllt ist. Besteht dieser nicht, so ist mit spezifischen Informations- und daraus abgeleiteten Anreizproblemen zu rechnen. Die Irrelevanz der Finanzierung kann dann obsolet werden.

2.2 Moral Hazard und Investitionspolitik

Moral Hazard tritt nach Abschluss eines Vertrags auf und steht in der Verantwortung des Agenten. Im Fall von **Kreditbeziehungen** hat der Abschluss eines Kreditvertrags für den Gläubiger zur Folge, dass er über einen bestimmten Zeitraum auf Vertragserfüllung durch den Schuldner angewiesen ist. Aufgrund der asymmetrische Informationsverteilung und dem Anreiz zu opportunistischem Verhalten besteht für den Gläubiger die Gefahr, dass der Schuldner das ihm zeitweise überlassene Vermögen verschiebt und so Gläubigeransprüche vor allem bei beschränkt haftenden Unternehmensrechtsformen nicht mehr erfüllt werden können.

Im Rahmen der **Beteiligungsfinanzierung** bei delegierter Unternehmensleitungsfunktion kann das Management versuchen, Teile der Einzahlungsüberschüsse der Ausschüttung an die Eigenkapitalgeber vorzuenthalten, indem sie sie innerhalb des Unternehmens zur Erhöhung ihrer persönlichen Wohlfahrt einsetzen. Denkbar ist auch, dass die Unternehmensleitung erst gar nicht solche Investitionsobjekte realisiert, die für sie zwar höheren Arbeitseinsatz erfordern, aber relativ geringeren Einkommenszuwachs erbringen.

Im Rahmen der Investitionspolitik kann der Agent eine solche Verschiebung durch den Wechsel der ihm überlassenen Vermögensteile auf risikoreichere Investitionsobjekte vornehmen, die dann in ihren negativen Folgen einseitig zu Lasten des Gläubigers gehen (sog. **Asset Substitution**). In diesem Fall werden **Unter-** und **Überinvestitionsprobleme** möglich. Kapitalgeber können in Kenntnis der Verhaltensweisen von Agenten u.a. durch entsprechende Vertragsgestaltungen die nachteiligen Folgen zu neutralisieren suchen.

Beteiligungsfinanzierung und Moral Hazard

Zugrunde gelegt werden die Daten aus Abschnitt 2.2.1. Dabei wird jetzt ausschließlich eine **Finanzierung** des Investitionsobjekts mit **Beteiligungskapital** durch den **externen Eigenkapitalgeber** und durch eigene Mittel des Unternehmens (**Selbstfinanzierung**) vorgenommen. Ein Kreditgeber wird also nicht betrachtet. Es soll untersucht werden, wie der Agent mit seinem Arbeitseinsatz eine Veränderung der Investitionspolitik vornimmt. Zentral für die Analyse ist, dass der außenstehende Eigenkapitalgeber (als Prinzipal) weder ex post noch ex ante **beobachten** kann,

- welche **Investitionspolitik** der Agent (die Unternehmensleitung) ergreift und
- wie hoch sein **Arbeitseinsatz** ist.

Erkennbar ist für den Eigentümer lediglich das Ergebnis der Handlungen des Agenten: Sie beeinflussen die jeweiligen Eintrittswahrscheinlichkeiten der Einzahlungsüberschüsse. Somit ist eine Situation modelliert, die **asymmetrische Informationsverteilung** als Grundlage für eine auf **Moral Hazard** basierende Verhaltensweise begründet.

Es soll daraufhin das wirtschaftliche **Ergebnis des anreizkompatiblen Verhaltens des Agenten** untersucht werden. Ausgangspunkt bildet die Eigenkapitalzufuhr von außen durch den Eigentümer in Höhe von 40 €, was wieder einer Beteiligungsquote von *37,5%* entspricht.

Nach wie vor ist es für den Agenten optimal, Investitionsobjekt *1* zu realisieren, allerdings wird er seinen Arbeitseinsatz nicht erhöhen. Der Grund hierfür ist, dass sein erwarteter Nutzen $E(d_{tA}) - Y$ dadurch zwar von *60* auf *62,5 €* ansteigen würde, doch für ihn besteht hierzu kein ausreichender wirtschaftlicher Anreiz:

- Die Kosten zusätzlicher Arbeit (= *15 €*) wären allein vom Agenten zu tragen.
- Die positiven Folgen (= verbesserte Wahrscheinlichkeitsverteilung) kämen ausschließlich zu *37,5%* dem außenstehenden Kapitalgeber zugute.
- Eine Steigerung des Arbeitseinsatzes des Agenten käme nur dem Prinzipal (= Eigentümer) zugute. Mithin ist die Steigerung des Erwartungswerts zu gering, um, das zusätzliche Arbeitsleid zu kompensieren.

Zur Verdeutlichung dient Tab. IX-4.

	s_1	s_2	s_3	s_4	$E(d_t)$	Y	$E(d_{tEK})$	$E(d_{tA})$ - Y
d_t	300	200	100	0				
$d_{tB} = 0{,}375 \cdot d_t$	112,5	75	37,5	0				
$d_{tA} = 0{,}625 \cdot d_t$	187,5	125	62,5	0				
$w(d_t / l_1)$	0,05	0,05	0,75	0,15	100	0	37,5	62,5
$w(d_t / l_2)$	0,15	0,15	0,15	0,55	90	0	33,75	56,25
$w(d_t / l_1+)$	0,1	0,1	0,7	0,1	120	15	45	60
$w(d_t / l_2+)$	0,2	0,2	0,1	0,5	110	15	41,25	53,75

Tab. IX-4: Neubewertung der Alternativen bei Beteiligungsfinanzierung

Der **Eigenkapitalgeber** kann den hohen Arbeitseinsatz nicht wirkungsvoll vertraglich vorschreiben, da er einen Verstoß gegen eine solche vertragliche Vereinbarung nicht wirklich nachweisen und somit nicht sanktionieren kann. Einem Eigenkapitalgeber bliebe aber die Möglichkeit, sich **gegen eine Vermögensverschiebung** auf andere Weise zu **schützen**: Er ändert die Beteiligungsquote und schützt sich so gegen eine Absenkung seines Erwartungswerts von *45 €* auf *37,5 €*. Er wird die Konditionen für seine Kapitalüberlassung so festsetzen, dass er mindestens die Kapitalmarktrendite von *12,5%* erzielen kann, wenn der Agent nach Vertragsabschluss sein individuelles Entscheidungsoptimum anstrebt. Für die Beteiligung in Höhe von *40 €* wird der Eigenkapitalgeber aus diesem Grund eine Beteiligung am erzielten Ergebnis in Höhe von *45%* fordern. Bei einem Erwartungswert von *100 €* bei l_1 entspricht diese Ergebnisquote gerade den *45 €*, die eine Alternativanlage am Kapitalmarkt erbracht hätte. Damit sinkt aber der Nutzenerwartungswerts des Agenten auf *55 €*.

Kreditfinanzierung und Moral Hazard

Im Fall der Finanzierung eines Teils der Investition durch Kredit beziehen die **Kreditgeber** regelmäßig eine **erfolgsunabhängige Einkommenszahlung**. Nur im Ausnahmefall des Konkurses des kreditnehmenden Unternehmens wird dieses Prinzip durchbrochen, wenn die Einzahlungsüberschüsse nicht ausreichen, um die ausstehende Schuldenhöhe zu begleichen. Dann wird ein Teil der Investitionsobjekte liquidiert und der Erlös an die Kreditgeber abzuführen sein. Dies setzt eine Vertragsgestaltung voraus, in denen sich der Kreditnehmer verpflichtet, dem Kreditgeber **Sicherheiten** zu stellen. Kreditverträge werden sich allein aus diesem Grund von Verträgen der Eigenkapitalgeber unterscheiden.

Unterstellt wird, dass der vereinbarte Kreditzinssatz 25% beträgt. Der Satz setzt sich aus der Kapitalmarktrendite und der Risikoprämie für einen möglichen Kreditausfall zusammen. In Tab. IX-5 ist ersichtlich, dass es für den Agenten unter diesen Bedingungen vorteilhaft ist, auf das riskantere Investitionsobjekt 2 überzugehen und dieses statt des ersten Investitionsobjekts zu realisieren. Mit I_2 kann der Agent seinen Nutzen gegenüber I_1 um *10 €* erhöhen und das obwohl der zu verteilende Erwartungswert um *10 €* sinkt.

	s_1	s_2	s_3	s_4	$E(d_t)$	Y	$E(d_{tFK})$	$E(d_{tA})$ - Y
d_t	300	200	100	0				
d_{tFK} = min(50; d_t)	50	50	50	0				
d_{tA} = max(d_t-50; 0)	250	150	50	0				
$w(d_t /I_1)$	0,05	0,05	0,75	0,15	100	0	42,5	57,5
$w(d_t /I_2)$	0,15	0,15	0,15	0,55	90	0	22,5	67,5
$w(d_t /I_1+)$	0,1	0,1	0,7	0,1	120	15	45	60
$w(d_t /I_2+)$	0,2	0,2	0,1	0,5	110	15	25	70

Tab. IX-5: Neubewertung der Alternativen bei Kreditfinanzierung

Die Investitionspolitik erklärt sich vor dem Hintergrund des Kreditvertrags und der dort vereinbarten **Teilungsregel**. Da der Kreditnehmer eine erfolgsunabhängige Einkommenszahlung erhält, profitiert allein die kreditnehmende Unternehmensleitung von den höheren Ertragschancen der riskanteren Investitionspolitik. Die Kreditgeberseite trägt dagegen die Last der zusätzlichen Risiken in Form der höheren Konkurswahrscheinlichkeit und mindert so faktisch ihren Positionswert gegenüber dem Kreditnehmer.

In Kenntnis (oder besser in Vorahnung) von möglichem Moral Hazard kann die Kreditgeberseite den Vertrag vor Abschluss entsprechend gestalten. Ziel wäre es, die vermutete, während der Kreditlaufzeit ansteigende Konkurswahrscheinlichkeit im Kreditzinssatz zu antizipieren. Rechnet man mit einer 5%igen **Konkurswahrscheinlichkeit** bei Realisation von I_2+, so erfordert diese **Kompensation** einen Zinssatz von *125%*. Dadurch wäre sichergestellt, dass der Gläubiger denselben Erwartungswert erzielt wie bei einer sicheren Kapitalmarktanlage.

Die **Neo-Institutionenökonomik** bewirkt für die Investitionstheorie, dass dem unsystematischen Risiko eine höhere Aufmerksamkeit zuteil wird und nach Kooperationsdesigns gesucht wird, die die negativen Folgen von Handlungsspielräumen der Agenten reduzieren helfen. In den Beispielfällen geschah dies über einfache Modifikationen in der Vertragsgestaltung. Unabhängig davon, welche Kooperationsdesigns im Einzelfall geeignet sein mögen, kann die den neoklassischen Investitionsmodellen inhärente wohlfahrtsökonomische **First-best-Lösung nicht mehr erreicht** werden. Neo-Institutionenökonomisch erklärte Investitionstheorie und -politik ist daher immer ein gutes Stück entfernt vom Pareto-Optimum.

Literaturverzeichnis

Adam, D., 2000, Investitionscontrolling, 3., völlig neu bearb. u. wesentl. erw. Aufl., München, Wien.

Adam, D., 1966, Das Interdependenzproblem in der Investitionsrechnung und die Möglichkeiten einer Zurechnung von Erträgen auf einzelne Investitionsobjekte, in: Der Betrieb, 19. Jg., S. 989-993.

Adam-Müller, A. F./ Schäfer, K., 1998, Exotische Optionen. Merkmale, Bewertung und Einsatz, in: Wirtschaftswissenschaftliches Studium, 27. Jg., S. 559-564.

Akerlof, G. A., 1970, The Market For ‚Lemons': Quality Uncertainty and the Market Mechanism, in: Quarterly Journal of Economics, Vol. 84, S. 488-500.

Albach, H., 1962, Investition und Liquidität, Wiesbaden.

Alchian, A. A., 1955, The Rate of Interest, Fisher's Rate of Return over Cost and Keynes' Internal Rate of Return, in: American Economic Review, Vol. 45, S. 938-943.

Alexander, G. J./ Francis, J. C., 1986, Portfolio Analysis, 3rd Ed., Englewood Cliffs, NJ.

Altrogge, G., 1994, Investition, 3. Aufl., München, Wien.

Altrogge, G., 1973, Zur Beurteilung einzelner Investitionen durch Rentabilitätskennziffern und Volumensangaben, in: Zeitschrift für Betriebswirtschaft, 43. Jg., S. 663-680.

Ando, A./ Modigliani, F., 1963, The ‚Life Cycle' Hypothesis of Saving: Aggregate Implications and Tests, in: American Economic Review, Vol. 53, S. 55-84.

Arrow, K. J., 1985, The Economics of Agency, in: Pratt, J. W./ Zeckhauser, R. J. (Eds.), Handbook of Mathematical Economics, Vol. III, Chap. 23.

Arrow, K. J., 1970, Essays in the Theory of Risk Bearing, Amsterdam, London.

Arrow, K. J., 1964, The Role of Securities in the Optimal Allocation of Risk-Bearing, in: Review of Economic Studies, Vol. 31, S. 91-96.

Arrow, K. J./ Debreu, G., 1954, Existence of an Equilibrium for a Competitive Economy, in: Econometrica, Vol. 22, S. 265-290.

BAKred, 1997, Bekanntmachung über die Änderung und Ergänzung der Grundsätze über das Eigenkapital und die Liquidität der Kreditinstitute vom 29. Oktober 1997, Berlin.

Baldwin, R. H., 1959, How to Assess Investment Proposals, in: Harvard Business Review, Vol. 37, S. 98-104.

Ballmann, W., 1954, Beitrag zur Klärung des betriebswirtschaftlichen Investitionsbegriffs und zur Entwicklung einer Investitionspolitik der Unternehmung, Diss., Univ., Mannheim.

Ballwieser, W., 1981, Die Wahl des Kalkulationszinsfuß bei der Unternehmensbewertung unter Berücksichtigung von Risiko und Geldentwertung, in: Betriebswirtschaftliche Forschung und Praxis, 33. Jg., S. 97-114.

Bamberg, G./ Coenenberg, A. G., 2002, Betriebswirtschaftliche Entscheidungslehre, 11., überarb. Aufl., München.

Becker, F. G., 1994, Finanzmarketing von Unternehmungen. Konzeptionelle Überlegungen jenseits von Investor Relations, in: Die Betriebswirtschaft, 54. Jg., S. 295-313.

Bell, G. K., 1995, Volatile Exchange Rates and the Multinational Firm: Entry, Exit, and Capacity Options, in: Trigeorgis, L. (Eds.), Real Options in Capital Investment: Models, Strategies, and Applications, Westport, S. 163-183.

Bernstein, P. L., 1996, The New Religion of Risk Management, in: Harvard Business Review, Vol. 74, S. 47-51.

Bidlingmaier, J., 1964, Unternehmensziele und Unternehmensstrategien, Wiesbaden.

Biergans, E., 1979, Investitionsrechnung, Verfahren der Investitionsrechnung und ihre Anwendung in der Praxis, Nürnberg 1973 (unveränderter Nachdruck 1979).

Bitz, M., 2002, Finanzdienstleistungen, 6., unwes. veränd. Aufl., München, Wien.

Bitz, M., 1981, Entscheidungstheorie, München.

Bitz, M., 1977, Der interne Zinsfuß in Modellen zur simultanen Investitions- und Finanzplanung, in: Zeitschrift für betriebswirtschaftliche Forschung, 29. Jg., S. 146-162.

Black, F., 1993, Return and Beta, in: Journal of Portfolio Management, Vol. 20, S. 8-18.

Black, F./ Scholes, M., 1973, The Pricing of Options and Corporate Liabilities, in: Journal of Political Economy, Vol. 81, S. 637-654.

Blohm, H./ Lüder, K., 1995, Investition. Schwachstellenanalyse des Investitionsbereichs und Investitionsrechnung, 8., akt. u. erg. Aufl., München.

Bode, O./ Fromme, S., 1996, Forward Rates: Zur Zinsprognose geeignet?, in: Die Bank, o. Jg., H. 11, S. 668-670.

Bodie, Z./ Kane, A./ Marcus, A. J., 1998, Essentials of Investments, 3rd Ed., Boston, MA.

Bossert, R., 1997, Unternehmensbesteuerung und Bilanzsteuerrecht. Grundlagen der Einkommen- und Körperschaftbesteuerung von Unternehmen, Heidelberg, u.a.

Bossert, R./ Manz, U. L., 1996, Externe Rechnungslegung. Grundlagen der Einzelrechnungslegung, Konzernrechnungslegung und internationaler Rechnungslegung, Heidelberg, u.a.

Boulding, K.E., 1936, Time and Investment, in: Economica, Vol. 3, S. 196-220 u. S. 440-442

Brandt, H., 1967, Statische und dynamische Verfahren der Investitionsrechnung, in: Agthe, K./ Blohm, H./ Schnaufer, E., (Hrsg.), Industrielle Produktion, Baden-Baden, S. 369-394.

Brealey, R. A./ Myers, St. C., 2003, Principles of Corporate Finance, 7th Ed., Boston, Mass., et. al.

Brealey, R. A./ Myers, St. C., 1991, Principles of Corporate Finance, 5th Ed., New York, et. al.

Breeden, D., 1979, An Intertemporal Asset Pricing Model with Stochastic Consumption and Investment Opportunities, in: Journal of Financial Economics, Vol. 7, S. 265-296.

Brennan, M. J./ Schwartz, E. S., 1985, Evaluating Natural Resource Investments, in: Journal of Business, Vol. 68, No. 2, S. 135-157.

Broer, H./ Däumler, K.-D., 1986, Investitionsrechnungsmethoden in der Praxis – Eine Umfrage, in: Buchführung, Bilanz, Kostenrechnung, o. Jg., H. 13, S. 709-715.

Bruns, Chr./ Meyer-Bullerdiek, F., 2000, Professionelles Portfolio-Management: Aufbau, Umsetzung und Erfolgskontrolle strukturierter Anlagestrategien, 2., überarb. u. erw. Aufl., Stuttgart.

Brüning, J.-B./ Hoffjan, A., 1997, Gesamtbanksteuerung mit Risk-Return-Kennzahlen, in: Die Bank, o. Jg., H. 6, S. 362-369.

Buchner, R., 1993, Kapitalwert, interner Zinsfuß und Annuität als investitionsrechnerische Auswahlkriterien, in: Wirtschaftswissenschaftliches Studium, 22. Jg., S. 218-222.

Bühner, R./ Tuschke, A., 1997, Zur Kritik am Shareholder Value - eine ökonomische Analyse, in: Betriebswirtschaftliche Forschung und Praxis, 49. Jg., S. 499-516.

Busse von Colbe, W./ Laßmann, G., 1990, Betriebswirtschaftstheorie, Band 3: Investitionstheorie, 3. Aufl., Berlin.

Chan, L. K. C./ Lakonishok, J., 1993, Are the Reports of Beta's Death Premature?, in: Journal of Portfolio Management, Vol. 19, S. 51-62.

Chan, L. K. C./ Chen, N., 1991, Structural and Return Characteristics of Small and Large Firms, in: Journal of Finance, Vol. 46, S. 1467-1484.

Chmielewicz, K., 1970, Die Formalstruktur der Entscheidung, in: Zeitschrift für Betriebswirtschaft, 40. Jg., S. 239-268.

Coase, R. H., 1937, The Nature of the Firm, in: Economica, Vol. 4, S. 386-405.

Copeland, J. F./ Weston, Th. E., 1992, Financial Theory and Corporate Policy, 3rd Ed. (Reprinted with Corrections), Reading, MA.

Cox, J./ Rubinstein, M., 1985, Option Markets, Englewood Cliffs, NJ.

Cox, J. C./ Ingersoll, J./ Ross, St. A., 1981, A Re-examination of Traditional Hypotheses about Term Structure of Interest Rates, in: Journal of Finance, Vol. 36, S. 769-799.

Cox, J. C./ Ross, St. A./ Rubinstein, M., 1979, Option Pricing: A Simplified Approach, in: Journal of Financial Economics, Vol. 7, S. 229-263.

Culbertson, J. M., 1957, The Term Structure of Interest Rates, in: Quarterly Journal of Economics, Vol. 72, S. 489-504.

Däumler, K.-D., 2003, Grundlagen der Investitions- und Wirtschaftlichkeitsrechnung. Mit Fragen und Aufgaben, Antworten und Lösungen, Tests und Tabellen, 11., neubearb. Aufl., Herne, Berlin.

Dean, J., 1951, Capital Budgeting, New York.

Debreu, G., 1959, The Theory of Value, New York.

Deutsche Bundesbank, 1997, Schätzung von Zinsstrukturkurven, in: Monatsbericht Oktober 1997, Frankfurt a.M., S. 61-66.

Dinkelbach, W., 1969, Entscheidungen bei mehrfacher Zielsetzung und die Problematik der Zielgewichtung, in: Busse von Colbe, W./ Meyer-Dohm, P. (Hrsg.), Unternehmerische Planung und Entscheidung, Bielefeld, S. 55-70.

Dixit, A. K./ Pindyck, R. S., 1994, Investment under Uncertainty, Englewood Cliffs, NJ.

Dixit, A. K./ Pindyck, R. S., 1995, The Options Approach to Capital Investment, in: Harvard Business Review, Vol. 73, S. 105-115.

Doerks, W., 1991, Die Berücksichtigung von Zinsstrukturkurven bei der Bewertung von Kuponanleihen, in: Wirtschaftswissenschaftliches Studium, 20. Jg., S. 275-280.

Drukarczyk, J., 1999, Finanzierung. Eine Einführung, 8., neu bearb. u. erw. Aufl., Stuttgart.

Drukarczyk, J., 1993, Theorie und Politik der Finanzierung, 2. Aufl., München.

Eble, S./ Völker, R., 1993, Die Behandlung von Optionen in der betrieblichen Investitionsrechnung, in: Die Unternehmung, 47. Jg., S. 329-334.

Eisen, R., 1979, Theorie des Versicherungsgleichgewichts. Unsicherheit und Versicherung in der Theorie des generellen ökonomischen Gleichgewichts, Berlin.

Eisen, R./ Mahr, W., 1986, Allgemeine Volkswirtschaftslehre. Grundlagen für die Versicherungswirtschaft, 3., vollst. überarb. Aufl., Wiesbaden.

Elton, E. J./ Gruber, M. J. /Brown, S. J./ Goetzmann, W. N., 2003, Modern Portfolio Theory and Investment Analysis, 6th Ed., New York, et. al.

Fabozzi, F., J., 2001, The Structure of Interest Rates, in: Fabozzi, F. J. (Ed.), Handbook of Fixed Income Securities, 6th Ed., New York, et. al., S. 131-154.

Fabozzi, F., J., 2000, Bond Markets, Analysis and Strategies, 4th Ed., Upper Saddle River, NJ.

Fama, E. F., 1976a, Foundations of Finance, New York.

Fame, E. F., 1976b, Multiperiod Consumption-Investment Decisions: A Correction, in: American Economic Review, Vol. 66, S. 723-724.

Fama, E. F., 1970a, Efficient Capital Markets: A Review of Theory and Empirical Work, in: Journal of Finance, Vol. 25, S. 383-417.

Fama, E. F., 1970b, Multiperiod Consumption-Investment Decisions, in: American Economic Review, Vol. 60, S. 163-174.

Fama, E. F., 1968, Risk, Return and Equilibrium: Some Clarifying Comments, in: Journal of Finance, Vol. 23, S. 29-40.

Fama, E. F./ French, K. R., 1993, Common Risk Factors in the Returns on Stocks and Bonds, in: Journal of Financial Economics, Vol. 33, S. 3-56.

Fama, E. F./ French, K. R., 1992, The Cross-Section of Expected Stock Returns, in: Journal of Finance, Vol. 47, S. 427-466.

Fisher, I., 1930, The Theory of Interest, New York.

Fisher, I., 1907, The Rate of Interest, New York.

Franke, G., 1993, Neuere Entwicklungen auf dem Gebiet der Finanzmarkttheorie, in: Wirtschaftswissenschaftliches Studium, 22. Jg., S. 389-398.

Franke, G./ Hax, H., 1999, Finanzwirtschaft des Unternehmens und Kapitalmarkt, 4., neu bearb. u. erw. Aufl., Berlin, u.a.

Freygang, W., 1993, Kapitalallokation in diversifizierten Unternehmen: Ermittlung divisionaler Eigenkapitalkosten, Wiesbaden.

Friedman M., 1957, A Theory of Consumption Function, Princeton, NJ.

Fürer, G., 1992, Währungsabsicherung mit „low cost"-Optionen, in: Die Bank, o. Jg., H. 4, S. 206 – 211.

Gerdsmeier, St./ Grob, B., 1994, Kundenindividuelle Bewertung des Ausfallrisikos mit dem Optionspreismodell, in: Die Bank, o. Jg., H. 8, S. 469 – 475.

Gerlach, St., 1995, The Information Content of the Term Structure: Evidence for Germany, BIS Working Paper No. 29, Sept. 1995, BIS, Monetary and Economic Dept., Basel.

Geske, R., 1979, The Valuation of Compound Options, in: Journal of Financial Economics, Vol. 7, No. 1, S. 63-81.

Götze, U./ Bloech, J., 2002, Investitionsrechnung: Modelle und Analysen zur Beurteilung von Investitionsvorhaben, 3. verb. u. erw. Aufl., Berlin, u.a.

Grabbe, H.-W., 1976, Investitionsrechnung in der Praxis – Ergebnisse einer Unternehmensbefragung, Köln.

Grob, H. L., 1989, Investitionsrechnung mit vollständigen Finanzplänen, München.

Grob, H. L., 1984, Investitionsrechnung auf der Grundlage vollständiger Finanzpläne – Vorteilhaftigkeitsanalyse für ein einzelnes Investitionsobjekt, in: Das Wirtschaftsstudium, 23. Jg., S. 16-23.

Gümbel, R., 1964, Die Bedeutung der Gewinnmaximierung als betriebswirtschaftliche Zielsetzung, in: Betriebswirtschaftliche Forschung und Praxis, 16. Jg., S. 71-81.

Gümbel, R., 1963, Nebenbedingungen und Varianten der Gewinnmaximierung, in: Zeitschrift für handelswirtschaftliche Forschung, 15. Jg., S. 12-21.

Gutenberg, E., 1958, Einführung in die Betriebswirtschaftslehre, Wiesbaden.

Hachmeister, D., 2000, Der Discounted Cash Flow als Maß der Unternehmenswertsteigerung, 4., durchges. Aufl., Frankfurt a. M., u.a. (zugl. Diss., Univ., München, 1994).

Hansen, G., 1985, Methodenlehre der Statistik, 3. Aufl., München.

Hartmann-Wendels, Th./ Gumm-Heußen, M., 1994, Zur Diskussion um die Marktzinsmethode: Viel Lärm um Nichts? in: Zeitschrift für Betriebswirtschaft, 64. Jg., S. 1285-1301.

Hauck, W., 1990, Börsenmäßig gehandelte Finanzoptionen, in: Hielscher, U. (Hrsg.), Investmentanalyse, 3., unwes. veränd. Aufl., München, Wien, S. 103-146.

Hax, H., 1993, Investitionstheorie, 5., bearb. Aufl. (korrigierter Nachdruck), Heidelberg.

Hax, H., 1991, Theorie der Unternehmung – Information, Anreiz und Vertragsgestaltung, in: Ordelheide, D./ Rudolph, B./ Büsselmann, E. (Hrsg.), Betriebswirtschaftslehre und ökonomische Theorie, Stuttgart, S. 359-380.

Hax, H., 1964, Investitions- u. Finanzplanung mit Hilfe der linearen Programmierung, in: Zeitschrift für betriebswirtschaftliche Forschung, 16. Jg., S. 430-446.

Hax, H./ Laux, H., 1972, Flexible Planung - Verfahrensregeln und Entscheidungsmodelle für die Planung bei Ungewißheit, in: Zeitschrift für betriebswirtschaftliche Forschung, 24. Jg., S. 318-340.

Heidtmann, D./ Däumler, K.-D., 1997, Anwendung von Investitionsrechnungsverfahren bei mittelständischen Unternehmen – eine empirische Analyse, in: Beilage zu Buchführung, Bilanz, Kostenrechnung, H. 12, S. 1-23.

Heinen, E., 1966, Das Zielsystem der Unternehmung, Wiesbaden.

Heister, M., 1962, Rentabilitätsanalyse von Investitionen. Ein Beitrag zur Wirtschaftlichkeitsrechnung, Bd. 17 der Beiträge zur betriebswirtschaftlichen Forschung, Hrsg.: Gutenberg, E./ Haseneck, W./ Hax, H./ Schäfer, E., Köln und Opladen [mit einem Vorwort von E. Gutenberg].

Hering, Th., 1995, Investitionstheorie aus der Sicht des Zinses, Wiesbaden (zugl. Diss., Univ., Münster, 1994).

Hicks, J. R., 1946, Value and Capital, 2nd Ed., London.

Hirshleifer, J., 1958, On the Theory of Optimal Investment Decision, in: Journal of Political Economy, Vol. 66, S. 329-352.

Hirshleifer, J./ Riley, J. G., 1979, The Analytics of Uncertainty and Information - An Expository Survey, in: Journal of Economic Literature, Vol. 17, S. 1375-1421.

Hoffmeister, W., 1995, Investition, in: Hoffmeister, W./ Schäfer, H., Hauptstudium: Investition, Finanzierung. Fernlehrbuch 12, Institut für angewandte Wirtschafts- und Sozialwissenschaften (IFAWISO)/ FH Bund Deutsche Telekom, September 1995, Dieburg.

Horsmann, W./ Ilgmann, G., 1978, Zur Monetarisierung von Wirksamkeiten im Rahmen von Kosten-Wirksamkeits-Analysen, in: Zeitschrift für Verkehrswissenschaft, 49. Jg., S. 55-62.

Hubbard, R. G., 1994, Investment Under Uncertainty: Keeping One's Options Open, in: Journal of Economic Literature, Vol. 32, S. 1816-1831.

Hull, J., 2003, Options, Futures, and Other Derivatives, 5th Ed. (Intern. Ed.), Upper Saddle River, NJ.

Hupe, M./ Ritter, G., 1997, Der Einsatz risikoadjustierter Kalkulationszinsfüße bei Investitionsentscheidungen: Theoretische Grundlagen und empirische Untersuchung, in: Betriebswirtschaftliche Forschung und Praxis, 49. Jg., S. 593-612.

Hurwicz, L., 1951, Optimality Criteria for Decision Making Under Ignorance, Coles Commission Discussion Paper, Statistics, No. 370.

Ingersoll, J. E./ Ross, St. A., 1992, Waiting to Invest: The Professional's Guide to the World Capital Markets, New York, et. al.

Jacob, H., 1964, Neuere Entwicklungen in der Investitionsrechnung, in: Zeitschrift für Betriebswirtschaft, 34. Jg., S. 487-507.

Jarrow, R. A./ Rudd, A., 1983, Option Pricing, New Jersey.

Jensen, M. C., 1972, Capital Markets: Theory and Evidence, in: Bell Journal of Economic and Management Sciences, Vol. 3, S. 357-398.

Jensen, M. C./ Meckling, W. H., 1976, Theory of the Firm: Managerial Behaviour, Agency Costs and Ownership Structure, in: Journal of Financial Economics, Vol. 3, S. 305-360.

Jorion, P., 2001, Value at Risk: The New Benchmark for Managing Financial Risk, 2nd Ed., New York, et. al.

Kasanen, E., 1993, Creating Value by Spawning Investment Opportunities, in: Financial Management, Vol. 22, S. 251-258.

Kenma, A. G. Z., 1993, Case Studies on Real Options, in: Financial Management, Vol. 22, S. 259-270.

Kester, C. W., 1984, Today's Options for Tomorrow's Growth, in: Harvard Business Review, Vol. 62, S. 153-160.

Kern, W., 1974, Investitionsrechnung, Stuttgart.

Keynes, J. M., 1936, The General Theory of Employment, Interest, and Money, New York.

Kieschnick, R. L., 1990, Corporate Applications of Contingent Claims Analysis: A Selective Perspective, in: Managerial Finance, Vol. 16, S. 16-22.

Kilger, W., 1965a, Zur Kritik am internen Zinsfuß, in: Zeitschrift für Betriebswirtschaft, 35. Jg., S. 765-798.

Kilger, W., 1965b, Kritische Werte in der Investitions- und Wirtschaftlichkeitsrechnung, in: Zeitschrift für Betriebswirtschaft, 35. Jg., S. 338-353.

Kirsch, W., 1969, Die Unternehmensziele in organisationstheoretischer Sicht, in: Zeitschrift für betriebswirtschaftliche Forschung, 21. Jg., S. 665-675.

Kolb, R. W., 1996, Financial Derivatives, 2rd Ed., Cambridge.

Knight, F. H., 1921, Risk, Uncertainty, and Profit, Boston.

Krahnen, J. P., 1993, Finanzwirtschaftslehre zwischen Markt und Institution, in: Die Betriebswirtschaft, 53. Jg., S. 793-806.

Krahnen, J. P., 1991, Sunk Costs und Unternehmensfinanzierungen, Wiesbaden.

Krelle, W., 1961, Preistheorie, Tübingen, Zürich.

Kruschwitz, L., 2003, Investitionsrechnung, 9., neu bearb. Aufl., München, Wien.

Kruschwitz, L., 2001, Finanzmathematik, 3., neu bearb. Aufl., München.

Kruschwitz, L., 1978, Investitionsrechnung, 1. Aufl., Berlin, New York.

Kruschwitz, L./ Löffler, A., 1997, Ross' APT ist gescheitert. Was nun?, in: Zeitschrift für betriebswirtschaftliche Forschung, 49. Jg., S. 644-651.

Kruschwitz, L./ Milde, H., 1996, Geschäftsrisiko, Finanzierungsrisiko und Kapitalkosten, in: Zeitschrift für betriebswirtschaftliche Forschung, 48. Jg., S. 1115-1133.

Kruschwitz, L./ Schöbel, R., 1987, Die Beurteilung riskanter Investitionen und das Capital Asset Pricing Model (CAPM), in: Wirtschaftswissenschaftliches Studium, 16. Jg., S. 67-72.

Kulatilaka, N., 1993, The Value of Flexibility: The Case of a Dual-Fuel Industrial Stream Boiler, in: Financial Management, Vol. 22, S. 271-280.

Kulatilaka, N./ Marcus, A. J., 1988, General Formulation of Corporate Real Options, in: Research in Finance, Vol. 7, S. 183-199.

Laux, C., 1993, Handlungsspielräume im Leistungsbereich des Unternehmens: Eine Anwendung der Optionspreistheorie, in: Zeitschrift für betriebswirtschaftliche Forschung, 45. Jg., S. 933-958.

Laux, H., 2003, Entscheidungstheorie, 5., verb. Aufl., Berlin, u.a.

Levi, M. D., 1996, International Finance. The Markets and Financial Management of Multinational Business, 3rd Ed., New York, et. al.

Lintner, J., 1965, The Valuation of Risk Assets, in: Review of Economic and Statistics, Vol. 47, S. 13-37.

Loistl, O., 1990, Zur neueren Entwicklung der Finanzierungstheorie, in: Die Betriebswirtschaft, 50. Jg., S. 793-805.

Lutz, F. A., 1967, Zinstheorie, 2. Aufl., Tübingen.

Lutz, F. A., 1940/41, The Structure of Interest Rates, in: Journal of Economics, Vol. 13, S. 36-63.

Lücke, W., 1975, Investitionslexikon, Stichwort: Wahlproblem, München.

Luehrman, T. A., 1997a, What's it Worth? A General Manager's Guide to Valuation, in: Harvard Business Review, Vol. 75, S. 132-142.

Luehrman, T. A., 1997b, Using APV: A better Tool for Valuing Operations, in: Harvard Business Review, Vol. 75, No. 3, S. 145-154.

Luehrman, T. A., 1994, Financial Engineering at Merck, in: Harvard Business Review, Vol. 72, No. 1, S. 94-97.

Markowitz, H. M., 1952, Portfolio Selection, in: Journal of Finance, Vol. 7, S. 77-91.

Mason, S. P./ Merton, R. C., 1985, The Role of Contingent Claims of Analysis, in: Altman, E. I./ Subrahmanyam, M. G. (Eds.), Recent Advances in Corporate Finance, Homewood, III., S. 7-54.

McDonald, R. L./ Siegel, D. R., 1986, The Value of Waiting to Invest, in: Quarterly Journal of Economics, Vol. 101, S. 707-727.

McEnally, R. W./ Jordan, J. V., 1997, The Term Structure of Interest Rates, in: Fabozzi, F. J. (Ed.), Handbook of Fixed Income Securities, 5th Ed., Chicago, et. al., S. 818-864.

McKenzie, L. W., 1959, On the Existence of General Equilibrium for a Competitive Market, in: Econometrica, Vol. 27, S. 54-71.

Mellwig, W., 1985, Investition und Besteuerung, Wiesbaden.

Merton, R. C., 1973, An Intertemporal Capital Asset Pricing Model, in: Econometrica, Vol. 41, S. 867-887.

Merton, R. C., 1969, Lifetime Portfolio Selection under Uncertainty: The Continous-time Case, in: Review of Economics and Statistics, Vol. 51, S. 247-257.

Mishan, E. J., 1975, Elemente der Kosten-Nutzen-Analyse, Frankfurt a. M., New York.

Mobil Corp., 1997, 1997 Annual Report, Fairfax, VA.

Modigliani, F./ Sutch, R., 1966, Innovations in Interest Rate Policy, in: American Economic Review, Vol. 56, S. 178-197.

Möller, H. P., 1988, Die Bewertung risikobehafteter Anlagen an deutschen Wertpapierbörsen, in: Zeitschrift für betriebswirtschaftliche Forschung, 40. Jg., S. 779-797.

Möller, H. P., 1984, Stock Market Research in Germany: Some Empirical Results and Critical Remarks, in: Bamberg, G./ Spremann, K. (Hrsg.), Risk and Capital. Lecture Notes in Economics and Mathematical Systems 227, Berlin, S. 224-242.

Möller, J./ Beißinger, Th., 1994, Die Neue Investitionstheorie, in: Wirtschaftswissenschaftliches Studium, 23. Jg., S. 270 – 275.

Mossin, J., 1966, Equilibrium in a Capital Asset Market, in: Econometrica, Vol. 34, S. 768-783.

Moxter, A., 1965, Offene Probleme der Investitions- und Finanzierungstheorie, in: Zeitschrift für betriebswirtschaftliche Forschung, 17. Jg., S. 1-12.

Moxter, A., 1964, Präferenzfunktion und Aktivitätsfunktion des Unternehmers, in: Zeitschrift für betriebswirtschaftliche Forschung, 16. Jg., S. 6-35.

Müller-Meerbach, H., 1973, Operations Research, 3. Aufl., München.

Munz, M., 1971, Investitionsrechnung, Wiesbaden.

Mus, G., 1975, Zielkombinationen – Entscheidungsformen und Entscheidungsmaxime, Frankfurt a. M.

Myers, S. C., 1984, Finance Theory and Financial Strategy, in: Midland Corporate Finance Journal, Vol. 14, S. 6-13.

Myers, S. C., 1977, Determinants of Corporate Borrowing, in: Journal of Financial Economics, Vol. 5, S. 147-175.

Niehans, J., 1948, Zur Preisbildung bei ungewissen Erwartungen, in: Schweizerische Zeitschrift für Volkswirtschaft und Statistik, 81. Jg., S. 433-456.

Olfert, K., 2003, Investition, 9., durchges. u. akt. Aufl., Ludwigshafen.

Pack, L., 1965, Rationalitätsprinzip, Gewinnprinzip und Rentabilitätsprinzip, in: Zeitschrift für Betriebswirtschaft, 35. Jg., S. 523-535.

Paddock, J. L./ Siegel, D. R./ Smith, J. L., 1988, Option Valuation of Claims on Real Assets: The Case of Offshore Petroleum Leases, in: Quarterly Journal of Economics, Vol. 103, S. 479-508.

Paulos, J. A., 1992, Von Algebra bis Zufall. Streifzüge durch die Mathematik, Frankfurt a. M., New York.

Perridon, L./ Steiner, M., 2002, Finanzwirtschaft der Unternehmung, 11., überarb. u. erw. Aufl., München.

Pindyck, R. S., 1991, Irreversibility, Uncertainty, and Investment, in: Journal of Economic Literature, Vol. 29, S. 1110-1148.

Plötz, G., 1991, Optionsmarkt-Ansätze: Bewertungsprobleme börsennotierter Optionen, Wiesbaden.

Quigg, L., 1993, Empirical Testing of Real Option-Pricing Model, in: Journal of Finance, Vol. 48, S. 621-639.

Rohmann, M., 1998, Optionspreismodell zur Bewertung von Ausfallrisiken (Kreditgeschäft), in: Zeitschrift für das gesamte Kreditwesen, 51. Jg., S. 1185-1190.

Rolfes, B., 1993, Marktzinsorientierte Investitionsrechnung, in: Zeitschrift für Betriebswirtschaft, 63. Jg., S. 691-713.

Rolfes, B., 1998, Moderne Investitionsrechnung: Einführung in die klassische Investitionsrechnung und Grundlagen marktorientierter Investitionsentscheidung, 2., unwes. veränd. Aufl., München, Wien.

Rolfes, B., 1986, Statische Verfahren der Wirtschaftlichkeitsrechnung, in: Das Wirtschaftsstudium, 15. Jg., S. 411-417.

Roll, R., 1977, A Critique of the Asset Pricing Theory's Test, in: Journal of Financial Economics, Vol. 4, S. 129-176.

Ross, St. A./ Westerfield, R. W./ Jaffe, J. F., 2002, Corporate Finance, 6th Ed., Boston, et. al.

Rudolph, B., 1983, Die Bedeutung der kapitaltheoretischen Separationstheoreme für die Investitionsplanung, in: Zeitschrift für Betriebswirtschaft, 53. Jg., S. 261-287.

Samuelson, P. A., 1969, Lifetime Portfolio Selection by Dynamic Stochastic Programming, in: Review of Economics and Statistics, Vol. 51, S. 239-246.

Savage, L. J., 1951, The Theory of Statistical Decision, in: Journal of American Statistical Association, Vol. 46, S. 55-67.

Schäfer, H., 2002, Unternehmensfinanzen. Grundzüge in Theorie und Management, 2., überarb. u. erw. Aufl., Heidelberg.

Schäfer, H., 2001a, Marktorientierte Bewertung von Marketingmaßnahmen in der Kreditwirtschaft mit dem Realoptionsansatz, in: Zeitschrift Bank Archiv, Zeitschrift für das gesamte Bank- und Börsenwesen, 49. Jg., S. 961-940.

Schäfer, H. 2001b, Optionspreistheoretische Bewertung von strategischer Flexibilität im kundenorientierten Versicherungsbetrieb, in Mager, H.-Chr./ Schäfer, H./ Schrüfer, K. (Hrsg.), Private Versicherung und soziale Sicherung. Festschrift für Roland Eisen, Marburg, S. 129-146.

Schäfer, H., 1997, Kreditinstitute, Kunden und Öffentlichkeit: Reputation und Kommunikation versus Image und Werbung, in: Hesse, J./ Kaupp, P., (Hrsg.), Kundenkommunikation und Kundenbindung. Neue Ansätze zum Dialog im Marketing, Berlin, S. 151-212.

Schäfer, H., 1991, Elektronische Medien, Erwartungen und Effizienz auf den Devisenmärkten, in: Jahrbuch für Sozialwissenschaft, Bd. 42, S. 14-32.

Schäfer, H., 1988, Währungsqualität, asymmetrische Information und Transaktionskosten. Informationsökonomische Beiträge zu internationalen Währungsbeziehungen, Heidelberg, u.a. (zugl. Diss., Univ. Frankfurt a. M. 1986).

Schäfer, H./ Schässburger, B., 2001a, Bewertungsmängel von CAPM und DCF bei innovativen wachstumsstarken Unternehmen und optionspreistheoretische Alternativen, in: Zeitschrift für Betriebswirtschaft, 71. Jg., S. 85-106.

Schäfer, H./ Schässburger, B., 2001b, Bewertung eines Biotech-Start-ups mit dem Realoptionsansatz, in: Hommel, U./ Scholich, M./ Vollrath, R. (Hrsg.), Realoptionen in der Unternehmenspraxis. Wert schaffen durch Flexibilität, Berlin et. al. (Springer-Verlag), S. 251-278.

Schäfer, H./ Sochor, M., 2005, Der Wert von Wandlungsfähigkeit durch Wechselmöglichkeit – eine fallgestützte Analyse mittels des Realoptionsansatzes, in: Foschiani, S./ Habenicht/ W., Wäscher, G./ Foschiani, St., (Hrsg.), Strategisches Wertschöpfungsmanagement in dynamischer Umwelt, Festschrift für Erich Zahn., Frankfurt a. Main (P. Lang Verlag), S. 491-520.

Scheurle, F., 1997, „Stripped Bonds" – Getrennte Kapital- und Zinsansprüche aus Anleihen, in: Der Betrieb, 50. Jg., S. 1839-1844.

Schierenbeck, H., 2003, Grundzüge der Betriebswirtschaftslehre, 16., vollst. überarb. u. erw. Aufl., München, Wien.

Schierenbeck, H., 2001a, Ertragsorientiertes Bankmanagement, Bd. 1: Grundlagen, Marktzinsmethode und Rentabilitäts-Controlling, 7., vollst. überarb. u. erw. Aufl., Wiesbaden.

Schierenbeck, H., 2001b, Ertragsorientiertes Bankmanagement, Bd. 2: Risiko-Controlling und integrierte Rendite-/Risikosteuerung, 7., vollst. überarb. u. erw. Aufl., Wiesbaden.

Schierenbeck, H./ Lister, M., 1997, Integrierte Risikomessung und Risikokapitalallokation, in: Die Bank, o. Jg., H. 8, S. 492-499.

Schierenbeck, H./ Wiedemann, A., 1996, Marktwertrechnung im Finanzcontrolling, Stuttgart.

Schmidt, R. H., 1991, Zum Praxisbezug der Finanzwirtschaftslehre, in: Ordelheide, D. u.a. (Hrsg.), Betriebswirtschaftslehre und ökonomische Theorie, S. 197-224.

Schmidt, R. H., 1986, Grundzüge der Investitions- und Finanzierungstheorie, 2., durchges. Aufl., Wiesbaden.

Schmidt, R. H., 1976, Aktienkursprognose. Aspekte positiver Theorie über Aktienkursänderungen, Wiesbaden.

Schmidt, R. H.,/ Terberger, E., 1997, Grundzüge der Investitions- und Finanzierungstheorie, 4., überarb. u. erw. Aufl., Wiesbaden.

Schmidt-Sudhoff, U., 1967, Unternehmensziel und unternehmerisches Zielsystem, Wiesbaden.

Schneider, D., 1992, Investition, Finanzierung und Besteuerung, 7., vollst. überarb. u. erw. Aufl., Wiesbaden.

Schneider, D., 1963, Bilanzgewinn und ökonomische Theorie, in: Zeitschrift für handelswissenschaftliche Forschung, N. F., 15. Jg., S. 457-474.

Schrüfer, K., 1997, Allgemeine Volkswirtschaftslehre, Berlin.

Serfling, K./ Pape, U., 1994, Der Einsatz spartenspezifischer Beta-Faktoren zur Bestimmung spartenbezogener Kapitalkosten, in: Das Wirtschaftsstudium, 23. Jg., S. 519-526.

Sharpe, W. F., 1977, The CAPM: A „Multi-Beta" Interpretation, in: Levy, H./ Sarnat, M. (Eds.), Financial Decision Making und Uncertainty, New York, S. 127-135.

Sharpe, W. F., 1970, Portfolio Theory and Capital Markets, New York, et. al.

Sharpe, W. F., 1964, Capital Asset Prices, in: Journal of Finance, Vol. 19, S. 442-452.

Sharpe, W. F., 1963, A Simplified Model for Portfolio Analysis, in: Management Science, Vol. 9, S. 277-293.

Sharpe, W. F./ Alexander, G. J./ Bailey, J. V., 1999, Investments, 6th Ed., Upper Saddle River, NJ.

Shubik, M., 1975, The General Equilibrium Model is Incomplete and Not Adequate for the Reconciliation of Micro and Macroeconomic Theory, in: Kyklos, Vol. 28, S. 545-573.

Sick, G., 1989, Capital Budgeting with Real Options, New York.

Siegel, Th., 1992, Methoden der Unsicherheitsberücksichtigung in der Unternehmensbewertung, in: Wirtschaftswissenschaftliches Studium, 21. Jg., S. 21-26.

Smith, C. W., 1976, Option Pricing. A Review, in: Journal of Financial Economics, Vol. 3, No. 1/2, S. 3-51.

Smith, K. W./ Triantis, A. J., 1995, The Value of Options in Strategic Acquisitions, in: Trigeorgis, L. (Ed.), Real Options in Capital Investment: Models, Strategies, and Applications, Westport, S. 135-150.

Spremann, K., 1996, Wirtschaft, Investition und Finanzierung, 5., verb. Aufl., München, Wien.

Statman, M., 1987, How Many Stocks Make a Diversified Portfolio?, in: Journal of Financial and Quantitative Analysis, Vol. 22, No. 3, S. 353-363.

Steiner, M., 1993, Investitionsgüter, in: Lück, W. (Hrsg.), Lexikon der Betriebswirtschaft, 5., überarb. Aufl., Landsberg, Lech, S. 600.

Steiner, M./ Bruns, Chr., 2002, Wertpapiermanagement, 8., überarb. u. erw. Aufl., Stuttgart.

Steiner, M./ Kölsch, K., 1989, Finanzierung. Zielsetzungen, zentrale Ergebnisse und Entwicklungsmöglichkeiten der Finanzierungsforschung, in: Die Betriebswirtschaft, 49. Jg., S. 409-432.

Stiglitz, J. E., 1983, Risk, Incentives and Insurance: The Pure Theory of Moral Hazard, The Geneva Papers 26, S. 4-33.

Süchting, J., 1995, Finanzmanagement. Theorie und Politik der Unternehmensfinanzierung, 6., vollst. überarb. u. erw. Aufl., durchges. Nachdruck, Wiesbaden.

Swoboda, P., 1993, Investition (Überblicksartikel), in: Lück, W. (Hrsg.), Lexikon der Betriebswirtschaft, 5., überarb. Aufl., Landsberg, Lech, S. 595-596.

Terberger, E., 1994, Neoinstitutionalistische Ansätze: Entstehung und Wandel, Anspruch und Wirklichkeit, Wiesbaden, (zugl. Habil.-Schr., Univ., Frankfurt a.M., 1993).

Terberger, E., 1987, Der Kreditvertrag als Instrument zur Lösung von Anreizproblemen, Heidelberg.

Terborgh, G., 1962, Leitfaden der betrieblichen Investitionspolitik, Wiesbaden.

Tobin, J., 1958, Liquidity Preferences as Behavior towards Risk, in: Review of Economic Studies, Vol. 25, S. 65-86.

Treynor, J., 1961, Toward a Theory of the Market Value of Risky Assets, Unpublished Manuscript.

Trigeorgis, L., 1996, Real Options: Managerial Flexibility and Strategy in Resource Allocation, Cambridge, MA, London.

Trigeorgis, L., 1995, Real Options: An Overview, in: Trigeorgis, L. (Ed.), Real Options in Capital Investment: Models, Strategies, and Applications, Westport, S. 1-30.

Trigeorgis, L., 1993, Real Options and Interactions with Financial Flexibility, in: Financial Management, Vol. 22, No. 3, S. 202-224.

Trigeorgis, L., 1988, A Conceptual Options Framework for Capital Budgeting, in: Ritchken, P./ Rabinowitz, G. (Eds.), Advances in Futures and Options Research, Vol. 3, Greenwich, Conn., London, S. 145-167.

Trigeorgis, L./ Mason, S. P., 1987, Valuing Managerial Flexibility, in: Midland Corporate Finance Journal, Vol. 5, S. 14-21.

Uhlir, H./ Aussenegg, W., 1997, Value-at-Risk (2): Cash Flow Mapping, in: Österreichisches Bankarchiv, 45. Jg., S. 273-277.

Uhlir, H./ Aussenegg, W., 1996, Value-at-Risk (VAR): Einführung und Methodenüberblick, in: Österreichisches Bankarchiv, 44. Jg., S. 831-836.

Uhlir, H./ Steiner, P., 2001, Wertpapieranalyse, 4., vollst. überarb. u. erw. Aufl., Heidelberg.

Ulph, A. M./ Ulph, D. T., 1975, Transaction Costs in General Equilibrium Theory – A Survey, in: Economica, Vol. 42, S. 355-372.

Von Neumann, J./ Morgenstern, O., 1944, Theory of Games and Economic Behavior, Princeton NJ.

Von Nitzsch, R., 1999, Investitionsrechnung. Grundlagen, Modelle und Kalküle, 2. Aufl., Aachen.

Wehrle-Streif, H.,1989, Empirische Untersuchungen zur Investitionsrechnung, Beiträge zur Wirtschafts- und Sozialpolitik, Nr. 171 des Instituts der deutschen Wirtschaft, Köln.

Weingartner, H. M., 1977, Capital Rationing: Authors in Search of a Plot, in: Journal of Finance, Vol. 32, S. 1403-1431.

Weingartner, H. M., 1963, Mathematical Programming and the Analysis of Capital Budgeting Problems, Englewood Cliffs NJ.

Weintraub, E. R., 1979, Microfoundations. The Compatibility of Microeconomics and Macroeconomics, Cambridge, MA.

Wenger, E./ Terberger, E., 1988, Die Beziehung zwischen Agent und Prinzipal als Baustein einer ökonomischen Theorie der Organisation, in: Wirtschaftswissenschaftliches Studium, 17. Jg., S. 506-514.

Werder, A. v., 1992, Risk Management(s), Organisation des, in: Frese, E. (Hrsg.), Handwörterbuch der Organisation, 2. Aufl., Stuttgart, Spalte 2212-2224.

Wiedemann, A., 1998, Die Passivseite als Erfolgsquelle. Zinsmanagement in Unternehmen, Wiesbaden (zugl. Habil.-Schr., Univ., Basel, 1997).

Williamson, O., 1985, The Economic Institutions of Capitalism, New York, et. al.

Wilson, J. A., 1986, Ägypten, in: Mann, G./ Heuß, A./ Nitschke, A. (Hrsg.), Propyläen Weltgeschichte. Eine Universalgeschichte, Band I, Vorgeschichte, Frühe Hochkulturen, Frankfurt a. M., Berlin, S. 323-521.

Wöhe, G., 2002, Einführung in die Allgemeine Betriebswirtschaftslehre, 21., neu bearb. Aufl., München.

Zangemeister, C., 1973, Nutzwertanalyse in der Systemtechnik. Eine Methodik zur multidimensionalen Bewertung und Auswahl von Projektalternativen, München.

Zechner, J., 1993, Investitionsobjekt, in: Lück, W. (Hrsg.), Lexikon der Betriebswirtschaft, 5., überarb. Aufl., Landsberg, Lech, S. 601.

Zimmermann, P., 1997, Schätzung und Prognose von Betawerten: Eine Untersuchung am deutschen Aktienmarkt, Bad Soden.

Stichwortverzeichnis

A

Abschreibungen 32
Abschreibungsmethode 32, 179
Abzinsungsfaktor
 Siehe auch Diskontierungsfaktor 103
Adverse Selection 15, 409
Agency Costs 411
Agency-Problematik 413
Agent 410
Aktie 278, 280, 282, 287, 312, 314, 317, 324, 325
Aktienindex 321, 323
Aktienkursverlauf, Prozess des 377
Aktienrendite 280, 319, 323, 324, 327
Amortisation 32, 34, 35, 37, 38, 39, 40, 44, 57, 61, 65 Siehe auch Kapitalfreisetzung
Amortisationsdauer 60, 61, 62, 63, 147
Amortisationsrechnung 60, 65, 147
 Anwendung in der Praxis 64
 Durchschnittsverfahren 62
 dynamische 263
 Entscheidungsregel 149
 Kritik der - 64
Amortisationszeit 147, 148, 149
Amortisationszeitpunkt 61, 63, 147, 149
Anleihe 279, 302, 308, 309, 334, 370, 372
Annuität 106, 110, 142, 151
 äquivalente 111
 Arten der 129
Annuitätenmethode
 Entscheidungsregel 130
Annuitätenrechnung 110, 111
 Methode der - 128
APT Siehe Arbitrage Pricing Theory
APV-Ansatz 343, 344
Arbitrage Pricing Theory 329
Arbitragefreiheit 193, 201, 329, 366, 372, 382, 394, 398
Arbitragegewinne 369, 370
Arbitragegleichgewicht 191, 329, 362
Aufzinsungsfaktor 101, 103, 112
Ausfallrisiko 387
Ausgabenannuität 146
Ausübungspreis 348, 349, 351, 352, 353, 354, 355, 356, 357, 358, 361, 362, 363, 365, 367, 372, 373, 374, 381, 383, 385, 386, 389, 400, 403
Auszahlungsüberschüsse 7

B

Baldwin-Verzinsungssatz 165
Bankbilanz 182, 183
Barwert 98, 104, 106
 Berechnung des - 104, 105
 einer ewigen Rente 107
 einer Investitionskette 109
 und Wachstumsrate 108
Basisinvestition 342, 343
Basiswert 348, 349, 352, 353, 354, 355, 356, 357, 358, 360, 367, 384, 385, 388, 389, 400, 401, 402, 403
Bedauernsmatrix 234
Bernoulli-Kriterium 240, 241 Siehe *Bernoulli*-Prinzip
Bernoulli-Prinzip 240, 243, 247, 249, 259
Beta-Faktor 319, 320, 322, 323, 324, 325, 326, 327, 328, 329, 330, 331, 332, 333, 334, 337, 340
 eines Investitionsobjekts 331
Beta-Faktoren
 spartenbezogen 329
Beta-Funktion Siehe Beta-Verteilung
Beta-Verteilung 266, 267, 268, 269, 270
Betriebsergebnisvergleichsrechnung
 Siehe Gewinnvergleichsrechnung
Betriebskosten 32
Bewertungsansatz, risikofrei 375
Binomialprozess 367, 369, 370, 375
Black/Scholes-Formel 376, 380, 383
 für Call Optionen 380
 für Put Option 383
 unter Dividendeneinschluss 384
Black/Scholes-Modell Siehe Optionspreistheorie
Break Even-Point 43, 52, 53, 54, 61
 der Option 352
Brownsche Bewegung 377, 378, 396, 398, 399, 403, 404
Bruttoinvestition 19
Bruttorendite 56

C

Call-Option 348, 349, 350, 352, 354, 357, 358, 359, 361, 362, 363, 364, 371, 372, 376, 380, 381, 382, 383, 384, 396
Capital Budgeting-Modell Siehe Dean-Modell

Capital Market Line *Siehe* Kapitalmarktlinie
CAPM 277, 278, 311, 312, 313, 314, 316, 317, 319, 321, 326, 327, 330, 331, 333, 334, 339, 340, 345, 360, 397, 404, 407, 409
  Ex ante-Version 311, 321, 330
  Ex post-Version 311, 321, 322, 326
  und deutscher Aktienmarkt 277, 327
  und Kalkulationszinsfuß 330
  und WACC-Ansatz 340
Cash Flow 62, 63, 104, 109
Characteristic Security Line 322, 324, 326
Consumption Based Capital Asset Pricing-Modell 328
Contingent Claims-Analyse 375, 376, 397
Cut Off-Rate 214, 215

D

Datenbeschaffung 96
  Problemgruppen 96
DAX 325, 326
Dean-Modell 216
Deckungsbeitrag 50
Delegation 410, 414
Dichtefunktion *Siehe* Wahrscheinlichkeitsdichte
Differenzinvestition 114, 121, 125, 140, 143, 158, 159
  in der Rentabilitätsrechnung 58
Diskontierungsfaktor 103, 172, 174
Diskontierungssummenfaktor *Siehe* Rentenbarwertfaktor
Diversifikation 277, 287, 288, 290, 293, 301, 312, 324
Diversifizierungsinvestition 20
Dividende 279
Dividenden 367, 385
Dominanzprinzip 229, 255, 259, 278, 294
Downside Risk 310
Durchschnittsgewinn 144
Durchschnittsrisiko
  eines Portefeuilles 284, 288, 289, 290, 292
Durchschnittszinssätze *Siehe* Spot Rates
dynamische Investitionsrechenverfahren
  Annahmen 95
  Anwendung der - 167
  Kritik an den - 167

E

Effektivverzinsung 152
Efficient Frontier 301 *Siehe* Effizienzkurve
Effizienzkurve 290, 297, 298, 299, 300, 301, 302, 305, 306, 307, 308, 316
Eigenkapitalrendite 338, 340, 341
Eigenkapitalrentabilität 57
Ein-Jahres-Zukunftszinssätze *Siehe* Forward Rates
Einkommen
  kontraktbestimmtes 411
  psychisches 72
Einkommensstrom 74, 75, 92
Einkommensströme 227, 259
  Dimensionen 72
Einzahlungsüberschüsse 8, 412
  Brutto- 339
Endwert 85, 89, 98, 99, 100, 101, 102, 103, 104, 112, 151, 211
  Maximierung des - 88
Entscheidungsmatrix 21
Entscheidungsmodell
  Komponenten 20
Entscheidungstheorie 226, 227, 228, 229, 230, 240, 259, 260
Ergänzungsinvestition 126
  in der Kapitalwertmethode 122
  und Anschaffungsauszahlung 125
  und Methode des internen Zinsfußes 158
  und Vermögenswertmethode 210
  und Wiederanlageprämisse 124
Ergebnismatrix 226, 229, 230, 233
Ersatzinvestition 20
Ersatzzeitpunkt
  optimaler 143
Ertragswert 117, 140, 152
Erwartungen 22, 26, 27, 28
  homogene 81
  unsichere 407
Erwartungsnutzen 240, 244
Erwartungswert 237, 238, 239, 240, 242, 243, 244, 245, 246, 247, 248, 249, 251, 252, 253, 254, 255, 256, 257, 258, 282, 291, 292, 294, 295, 296, 306, 309, 313, 318, 319, 321, 323, 374, 375, 377, 378, 394, 396, 397
  des Nutzens 241, 243, 244
Erwartungswertkriterium *Siehe* μ-Prinzip
Erweiterungsinvestitionen 19

F

Faktorsensitivitäten 329
Fehlinvestition 229, 346

Financial Leverage-Effekt 337
Financial Side Effects 342
finanzielles Gleichgewicht 211
Finanzierung
   Definition 5, 7
   gemischte 338
Finanzierungsrisiko 337
Finanzinvestition 18
Finanzkontrakte 12
Finanzoptionen 345, 347, 387, 395, 396, 401, 402, 403, 404
Fisher/ Hirshleifer-Modell 202, 203, 205
Fisher-Effekt 170, 172, 186
Fisher-Separation 67, 82, 83, 88, 89, 90, 91, 92, 98, 169, 220, 415
   bei unvollkommenem Kapitalmarkt 202
flexible Planung 260
Flows to Equity-Methode *Siehe* FTE-Ansatz
Forward Rate-Kurve 192
Forward Rates 191
   Ermittlung von - 193
   und Grenzprinzip 192
Free Lunch *Siehe* Arbitragegewinne
Fristentransformation
   Irrelevanz der - 185
Fristentransformationsbeitrag 183, 184, 185
FTE-Ansatz 341, 342

G

Gegenwartswert 98, 99, 103, 104, 105, 112
   Maximieren des - 91
Geldeinkommen 72, 76
Gesamtkapitalrentabilität 57
Gesamtkosten 31
Gesamtrendite 384
Gesamtrisiko
   einer Aktie 277, 287, 317, 323, 324
Gesetz der großen Zahl 238
Gewinn
   ökonomischer *Siehe* Surplus
Gewinnannuität 128, 129, 131, 132, 144, 145
Gewinnbegriff
   in der Gewinnvergleichsrechnung 50
Gewinnmaximierung
   Kritik des Ziels - 70
Gewinnschwellenberechnung 53
Gewinnvergleichsrechnung 50, 65
   Anwendung in der Praxis 55
   Kritik der - 55
   Merkmale der 50

Grenzauszahlungen 138
Grenzeinzahlungen 138
Grenzeinzahlungsüberschüsse 136, 141, 144
Grenzgewinn 136, 137, 140, 144
Grenzrendite 214, 219
Grenzzinssätze *Siehe* Forward Rates

H

Habenzinssatz 169, 201, 204, 205, 206, 207, 210
Handlungsspielraum
   diskretionär 17
Handlungsspielraum, diskretionärer 409
Hedge-Portfolio 373, 378, 381, 384, 394, 397
Hedge-Ratio 371, 373
Hidden
   Action 409
   Characteristics 409
   Information 409
   Intention 409
Hold Up 17, 409
Hurwicz-Prinzip 232

I

immaterielle Investition 18
Indifferenzkurven 84
Inflationsrate 172
Informationsverteilung
   asymmetrische 12, 409, 412, 416
   symmetrische 10, 409, 410, 415
Ingenieurformel
   orthodoxe 40
   variierte 50
Initialverzinsung 164
Interdependenzen 95, 227
   Arten 13
   in der Investitionsbewertung 15
Interdependenzproblem 13
Interest Tax Shield 338, 341, 343, 344
Investition
   Art *Siehe*
   idiosynkratische 15
   irreversibel 392
   reversible 15
   wirkungsbezogen 19
   zahlungsstromorientiert 6
Investitionsbegriff
   finanzwirtschaftlich 5
   leistungswirtschaftlich 4
   vermögensbestimmt 4
Investitionsbewertung
   einzelwirtschaftlich 23
   gesamtwirtschaftlich 24

Investitionsbewertungsverfahren
  Arten 25
  Typen 23
Investitionsfunktion,
  gesamtwirtschaftliche 152
Investitionsgut 3
Investitionskette 109, 127
  endliche 139
  unendliche 127, 139, 140, 141, 142, 143, 145
Investitionsmarge 158
Investitionsmöglichkeitenkurve 86, 87, 88, 89
Investitionspolitik 407, 410, 412, 416, 418
Investitionsprogramm 3
  bei vollkommenem Kapitalmarkt 213
Investitionsvolumen
  optimales 214
Irrelevanztheorem 8
Itô-Prozess 378

K

Kalkulationszinsfuß 36
  angepasst um Steuereffekt 178
  Bewertungsmaßstab 94
  und Spot Rates 189
Kapital
  direkt produktives 18
Kapitalangebotskurve 217
Kapitalbindung
  Dauer 9
Kapitalbudget 219, 220
Kapitaldienst *Siehe* Kapitalkosten
  -faktor 112
Kapitalfreisetzung 34, 35, 36, 37, 38, 47
Kapitalfreisetzungsverlauf 32, 34
Kapitalkosten 32
Kapitalkostensatz 202, 219, 330, 331, 333, 338, 339, 342
  gewichteter *Siehe* WACC-Ansatz
Kapitalmarkt
  unvollkommen 79, 201, 407
  vollkommen 74, 95, 278, 360, 396, 400, 415
Kapitalmarktlinie
  Formel der 315
  grafische Darstellung der - 316
  Herleitung der - 314
  Unterschied zur Wertpapiermarktlinie 320
Kapitalnachfragekurve 216
Kapitalrationierung 9, 169, 202, 215, 216
Kapitalstruktur 337, 338, 339, 340, 342, 344

Kapitalwert 224, 225, 226, 227, 228, 261, 262, 263, 264, 267, 271, 273
  aktiver 388
  Berechnung des 114
  erwarteter (passiver) 388
  Erwartungswert des - 392
  -funktion 118, 119, 121, 138, 150, 153, 154, 159
  Gesamt - 125, 126, 140
  -gleichung 173
  -maximum 138, 144
  -methode bei Preisänderungen 173
  Methode des angepassten - *Siehe* APV-Ansatz
  mittels (theoretischer) Spot Rates 197
  mittels Forward Rates 196
  mittels Spot Rates 188
  mittels Zerobondabzinsungsfaktoren 200
  nach dem WACC-Ansatz 339
  ökonomische Interpretation 116
  -rate 120
  und Wechselkursänderungen 175
Kapitalwertfaktor 114
Kapitalwertgleichung 137, 150
Kapitalwertmethode 388, 390, 393, 401, 402, 404
  bei irreversiblen Investitionen 392
  Entscheidungsregel der - 120
  und CAPM 335
Kapitalwiedergewinnungsfaktor 111, 128, 132, 142
Kaptialwertgleichung 262
Kaufkraftparitätentheorie 175
Kaufoption *Siehe* Call-Option
Kettenfaktor 109
Konsum-Ausgabenkombinationen 84
Konsum-Ausgabenplan
  präferenzkonformer 84
Kooperationsdesign 17, 407, 411, 418
Korrekturverfahren 223
Korrelation
  vollständig negative 293
  vollständig positive 290
  von Null 295
Korrelationskoeffizient 288, 289, 290, 292, 294, 295, 296
Kosten, versunkene *Siehe* Sunk Costs
Kostenvergleichsrechnung
  Alternativenvergleich mit Hilfe der - 40
  Anwendung in der Praxis 49
  Kritik der - 48
  Lösung des Ersatzproblems mit Hilfe der - 46
Kosten-Wirksamkeitsanalyse 25

Kovarianz 285, 286, 287, 312, 317, 318, 320, 323, 324, 331, 336
Kredit 303, 305, 306, 308, 309, 313, 316
Kreditausfallrisiko 190
Kreditbeziehungen 410, 416
Kreditrationierung 80
kritische Menge 262
kritischen Menge
  Verfahren der 43
Kumulationsverfahren 63
Kuponanleihen 189, 190, 201
Kurve der guten Handlungsmöglichkeiten Siehe Effizienzkurve
Kurve effizienter Mischportefeuilles 304, 305, 306, 307, 308

L

Laplace-Regel 233, 234
Laufzeit 348, 349, 350, 355, 357, 359, 361, 362, 363, 365, 367, 372, 378, 380, 389, 396, 400, 403, 404
Leerverkauf 279, 361, 362, 367, 372, 373, 394, 395
lineare Interpolation 155
lineare Programmierung 220
Liquidationserlös 129, 134, 137, 143, 148
  und Abschreibung 32
Long Call 351, 354, 355, 357, 361, 363
Long Put 353, 354, 355, 360, 361
LP-Modelle Siehe lineare Programmierung

M

MAPI-Verzinsung 165
Marginal Efficiency of Capital 152
Markov-Prozess 377
Marktmodell Siehe CAPM, Ex post-Version
Marktportefeuille 312, 313, 314, 315, 316, 317, 318, 320, 321, 323, 328, 331, 335
Marktrendite 323, 324, 326, 329, 332, 334, 336
Marktwertmaximierung 202
Marktzinsmodell 181
Maximax-Regel 231, 232
Mean-Variance-Modell 278
Mehr-Perioden-CAPM 328
Mindestrentabilität 59
Minimax-Regel 231, 232, 235
Mittelwert 237, 249, 250, 252
Mixed Investments 153
Modigliani/ Miller-Theorem 337, 340
Modus 237, 265, 267, 268, 271

Momentanverzinsung Siehe Verzinsung, kontinuierlich
Moral Hazard 407, 409, 412, 416, 417, 418
Multi-Beta-CAPM 328
μ-Prinzip 239, 278
μ-Regel 414

N

Neo-Institutionenökonomik 17, 407, 408, 413, 418
Nettoinvestition 19
Nettorendite 56
Normalinvestition 118, 119, 154
Normalverteilung 249, 250, 265, 283, 331, 360, 376, 380, 381, 386
Normalverteilungshypothese 248, 249, 250, 264
Nullkuponanleihe Siehe Zerobond
Nullkuponstrukturkurve 191, 197, 198, 201
Nutzen
  des Erwartungswerts 243
Nutzen-Kosten-Analyse 25
Nutzungsdauer 173, 180, 181, 185, 188, 210, 211
  nach dem Grenzwertkalkül 136
  optimale 135
  optimale und Steuern 180
  wirtschaftliche 133
Nutzwertanalyse 25

O

Oberziel
  des Unternehmens 92
opportunistisches Verhalten 408, 409, 410, 416
Opportunitätskosten 361, 392, 397, 399, 401
Optimismusparameter 232, 233
Option
  Aktien- 347, 366, 396
  als Versicherungsinstrument 361, 363, 364, 365
  American (Styled) 348, 349, 384, 385
  At the money 352, 353, 354, 358, 363, 364
  Call auf Call Siehe Option, Compound
  Compound - 346, 385, 386, 388
  europäische Siehe European (Styled) Option
  European (Styled) 348, 378, 384
  In the money 352, 353, 354, 358, 363, 364

innerer Wert der - 357, 358, 363, 364, 365, 366, 380
Intrinsic Value Siehe Option, innerer Wert der -
Käufer der 348, 349, 350, 351, 352, 353, 354, 355, 361, 363, 373, 395
Leverage-Effekt 352
Out of the money 352, 353, 354, 358, 364
Schreiber der - Siehe Option, Stillhalter der -
Stillhalter der - 348, 349, 351, 353, 355, 361, 364
und Dividende 363
verbundene Siehe Compound Option
Wasting Asset-Eigenschaft der - 366
Zeitwert der - 357, 359, 363, 364, 365, 366, 380
Zeitwertverlauf der - 363
Optionsbewertungsformel
im Binomialmodell 373, 374
Optionsdelta 371, 373
Optionsfrist 348, 357
Optionsgeschäft 349, 351, 352
Optionsprämie Siehe Optionspreis
Optionspreis 348, 349, 352, 353, 354, 355, 356, 357, 360, 361, 362, 363, 364, 365, 366, 367, 370, 371, 379, 380, 384, 404
Determinanten 357
Geske-Modell 386
Obergrenze 362
Sensitivitäten 383
und Dividende 384, 397
Untergrenze 362, 364, 365
Optionspreistheorie
Binomialverteilung 366, 367, 374
Cox/ Ross/ Rubinstein 366, 367, 369, 374, 375, 376
Hedge-Portfolio 366, 372, 378, 379, 380
Hedge-Portfolio einer Realoption 394, 395, 398, 402, 404
nach Black/ Scholes 375, 376, 386

P

Pessimismusparameter 232, 233
Portefeuille
effizientes 298
ineffizientes - 299
optimales 300, 303, 306
risikominimales - 296, 297, 298
unzulässiges 299
varianzminimales - Siehe Portefeuille, risikominimales -

Portefeuilleanteil 286, 295, 304
Portefeuillerisiko 284, 285, 286, 288, 289, 290, 292, 294, 295, 296, 315, 317, 318
Portfolioauswahl
alternative Ansätze 310
Portfoliotheorie 277, 278, 279, 281, 284, 290, 302, 309, 311, 312, 313, 314, 316, 360
Annahmen 278
Portfoliovarianz 285, 287
Präferenzen 81
Preiniveauänderung 267, 269, 271
Preisänderungen
gleichmäßige 173
unterschiedliche 173
Preisänderungsrate 170, 171, 172, 173, 174
Preisniveaueffekt 170
Prinzipal-Agent-Beziehung 17, 409, 410, 411, 412, 413
Privatkapital 18
Produktionsmittel 3
Projekt-Beta 335
Protective Put 360
Pseudowahrscheinlichkeit 372
Pure Rate 77
Put-Call-Parität 365, 381, 383
Put-Option 349, 350, 354, 357, 358, 361, 365, 376, 383, 384, 387

Q

quadratische Risikonutzenfunktion 255
Qualitätsunsicherheit 16, 409

R

Random Walk 264, 279, 321
Rate of Return Over Cost 151
Rationalisierungsinvestition 20, 62
Realeinkommen 72
Realoption
allgemeine 346, 373
als Flexibilitätsoption 346, 388, 389
als Wachstumsoption 346, 388
Aufschuboption 389, 390, 393
Begriff 387
Callpreis 393
exklusive 346
Fortführungsoption 389
Optimierungsregel 391
Option stillzulegen/wiederzueröffnen 389
Option zu beenden 389
Option zu erweitern/einzuschränken 389

Option, Input oder Output zu variieren 389
Spanning 397
Twin Security 397, 403
Vergleich mit Finanzoption 399
Wert der Investitionsgelegenheit 388, 391, 392
Wert des Wartens 393
Zeitwertkurve 365, 400, 401
Zwei-Perioden-Beispielfall 390
Regressionsgeraden 323, 324
Re-Investition 19
Rendite
  des Portefeuilles 281
  erwartete 280, 312
Rendite-Risiko-Indifferenzkurven 299
Renditestrukturkurve 181, 182, 188, 189, 190, 191, 192, 193, 195, 196, 197, 198, 201
Rentabilitätsgröße
  dynamische - 165
Rentabilitätsrechnung 56
  Anwendung in der Praxis 59
  Kritik der - 60
Rente 106
Rentenbarwertfaktor 106, 107, 110, 111, 112, 148
Residualeinkommen 8, 412
Restnutzungsdauer 144, 145, 146
Return on Investment 57, 275
Return on Risk Adjusted Capital (RORAC) 275
Risiko
  Definition 10
  diversifizierbares Siehe Risiko, unsystematisches
  moralisches 17 Siehe auch Moral Hazard
  systematisches 312, 317, 324, 326, 337, 340, 360, 407, 409
  unsystematisches 287, 312, 317, 323, 324, 407, 418
Risikoanalyse 228, 260, 264, 265, 274
Risiko-Ertrags-Indifferenzkurven 253, 254, 256
Risikofreude 232, 241, 244, 245, 254, 258
Risikokennzahlen
  alternative 309
Risikomanagement 274
Risikoneutralität 234, 239, 241, 246, 247, 254, 375
Risikonutzenfunktion 240, 241, 242, 247, 248, 249
  bei Risikoaversion 247
  bei Risikofreude 245, 246

quadratische 248
Risikopräferenzfunktion 249, 253, 299
Risikoprämie 77, 244, 245, 246
Risikoscheu 231, 241, 245, 246, 254, 257, 299, 300, 303, 307, 310, 375
Risikosimulation 264, 265
Risk Adjusted Return on Capital (RAROC) 275
Risk-Return-Beziehung 318
Rückfluss
  durchschnittlich 62
  periodenbezogen 63

S

Sachinvestitionen 18
Safety First-Modelle 310
Savage/Niehans-Kriterium 234
Schwellenwert *Siehe* Break Even-Point
Security Market Line *Siehe* Wertpapiermarktlinie
Semiinterquartile Range 309
Semivarianz 310
Sensibilitätsanalyse *Siehe* Sensitivitätsanalyse
Sensitivitätsanalyse 228, 261, 262, 263
  Kritik und Anwendung 263
  Verfahren der kritischen Werte 261, 262
Separation
  universelle 313
Separationstheorem
  von *Tobin* 303, 313
Sequenzentscheidung 23
Shareholder Value-Konzept 92
Shirking 409
Short Call 354, 355, 360
Short Put 354, 355, 356
Sicherheit
  Definition 11
  Quasi - 80
Sicherheitsäquivalent 244, 245, 246, 255, 256, 258, 336
Sicherungsinvestition 20
Simulationsparameter 264, 265, 267, 270
Sollzinssatz 202, 204, 205, 206, 207, 209, 212, 215
Spitzeninvestition 163
Spot Rate-Kurve 192
Spot Rates
  theoretische 190
Spot-Rates
  und Durchschnittsprinzip 191
Standardabweichung 247, 248, 249, 250, 251, 252, 253, 255, 282, 283,

290, 292, 293, 294, 295, 296, 297, 303, 306, 308, 309, 313, 317, 318, 361, 375, 377, 378, 380, 396
 des Portefeuilles 283
statische Verfahren
 Mängel der - 66
 Merkmale der - 29
Steuern
 erfolgsabhängige 176
 erfolgsunabhängige 176
stochastischer Prozess 378, 403
Stückkosten 42
Summenhäufigkeitsfunktion 271, 272
Sunk Costs 15, 346, 392, 393
Surplus 98, 100, 116, 117, 118

T

Tangentialportfolio 313
Teilinvestitionsprogramme 3, 330
Transaktionskosten 12, 81, 407, 408, 409, 411
Transformationskurve 291, 292, 295, 296, 297, 298

Ü

Überinvestitionsproblem 412

U

Umstellungsinvestition 20
Unsicherheit
 Definition 10
 des Einkommensstroms 74
 exogene 10
 im engeren Sinn 12
 strategische 13
 technische *Siehe* Unsicherheit, exogene
Unsicherheiten 408, 409, 413
Unterinvestitionsproblem 412
Unternehmenskoalitionäre 69
Unternehmenstheorie 69
Unternehmenswert 387, 402, 415
Unterziel
 des Unternehmens - 92

V

Value at Risk-Modelle 275
VAR *Siehe* Value at Risk-Modelle
Varianz 247, 251, 252, 255, 377, 396
 des Portefeuilles 282
Verhalten
 anreizkompatibles 416
Verhaltensunsicherheit 17
Verkaufsoption *Siehe* Put-Option

Vermögensendwert 206, 210
 bei Kontenausgleichgebot 208
 bei Kontenausgleichsverbot 206
Vermögensendwertmethode
 Verfahren der - 206
Vermögensmaximierung 93
Verschuldungsgrad
 branchentypischer 337
Verteilungsfunktion 265, 266, 270, 271, 321, 374, 380
Verträge
 vollständig 409
 vollständige 408
Verzinsung
 kontinuierlich 102, 104
 nachschüssig 101
 unterjährig 102
Verzinsungsintensität
 interne *Siehe* kontinuierliche Verzinsung
Volatilität 325, 326, 346, 357, 383, 384, 388, 400, 401, 403
 implizite 403
vollständiger Finanzplan 211

W

WACC-Ansatz 338, 339, 340, 341, 342, 343, 344
Wahlhandlungsproblem, intertemporales 133
Wahrscheinlichkeiten
 objektive 11
 subjektive 12
Wahrscheinlichkeitsdichte 360 *Siehe* Verteilungsfunktion
Wertadditivitätstheorem 8, 92, 330, 343, 412, 415
Wertpapiermarktlinie 317, 319, 320, 327, 332, 333
Widerspruch
 zwischen Kapitalwert und Annuität 132
Wiederanlageprämisse 124, 152, 153, 158, 159, 161, 162, 163, 166, 167
Wiener-Prozess 377, 378, 403
Wirtschaftlichkeitsgrundsatz 22
Wohlstandsmaximierung 93

X

X-Investition *Siehe* Differenzinvestition

Z

Zeitpräferenzen 74, 76, 94